高等院校信息安全专业规划教材

编译与反编译技术

Technology of Compiling and Decompiling

庞建民 陶红伟 刘晓楠 岳峰 编著

U0259577

机械工业出版社
China Machine Press

图书在版编目（CIP）数据

编译与反编译技术 / 庞建民等编著 . —北京：机械工业出版社，2016.4
（高等院校信息安全专业规划教材）

ISBN 978-7-111-53412-9

I. 编⋯　II. 庞⋯　III. 计算机网络 - 安全技术 - 高等学校 - 教材　IV. TP393.08

中国版本图书馆 CIP 数据核字（2016）第 062427 号

　　本书首先从正向角度介绍编译系统的一般原理和基本实现技术，主要内容有词法分析、语法分析、语义分析与处理、符号表、运行时存储组织、优化、目标代码生成和多样化编译等；然后从反向角度介绍反编译的相关原理和技术，包括反编译及其关键要素、反编译器的整体框架、反编译中的指令解码和语义描述与映射、反编译中的恢复技术、编译优化的反向处理、反编译与信息安全等。

　　本书可作为计算机及信息安全相关专业高年级本科生的教科书或教学参考书，也可供计算机相关专业研究生和从事编程或者软件逆向分析工作的工程技术人员参考。

出版发行：机械工业出版社（北京市西城区百万庄大街 22 号　邮政编码：100037）

责任编辑：佘　洁　　　　　　　　　　　　责任校对：董纪丽
印　　刷：北京诚信伟业印刷有限公司　　　版　　次：2016 年 4 月第 1 版第 1 次印刷
开　　本：185mm×260mm　1/16　　　　　印　　张：25.25
书　　号：ISBN 978-7-111-53412-9　　　　定　　价：59.00 元

前言

　　"编译原理"是高等院校计算机科学与技术和软件工程专业的必修专业课之一，是一门理论与实践相结合的课程，对大学生科学思维的养成和解决实际问题能力的提高具有重要作用。"编译技术"是"编译原理"课程中介绍的关键技术，已经被广大计算机软件从业者所掌握和熟悉。"反编译技术"则是近几年得以迅速发展的新兴技术，许多计算机软件或信息安全从业者非常关心该项技术，但目前这方面的书籍较少，与"编译技术"结合起来讲解的更少。本书就是在这种需求以及编者在这两方面的科研实践体会的驱动下诞生的，目的是为计算机软件和信息安全从业者提供编译与反编译技术方面的知识和技能。

　　本书的编写得到了中国人民解放军信息工程大学和机械工业出版社的支持，在此表示诚挚的谢意。

　　本书由庞建民教授确定内容的选取和组织结构，由庞建民、陶红伟、刘晓楠、岳峰具体执笔，庞建民编写第1、9章，陶红伟编写第2、3、4、5、7章，刘晓楠编写第10、11、12、13章，岳峰编写第6、8、14、15章，最后由庞建民定稿。赵荣彩教授对本书的编写提出了许多宝贵的意见和建议，在此表示衷心的感谢。

　　本书力图反映编译与反编译及其相关领域的基础知识和发展方向，尝试用通用的语言讲述抽象的原理与技术，由于编者水平有限，书中难免有错误与欠妥之处，恳请读者批评指正。

编者

教学建议

教学内容	教学要点及教学要求	课时安排	
		计算机及安全专业	非计算机专业
第1章 引论	熟悉编译器和解释器的概念，掌握二者的区别。了解编译的过程，熟悉编译器的结构、编译器的分类及其生成方式、高级语言的分类及其特点，理解编译前端和后端的概念，掌握C语言程序的编译流程，了解UNIX/Linux环境中make和makefile的概念及其应用	2～4	2～3 （选讲）
第2章 词法分析的理论与实践	了解词法分析器的功能以及输出形式，熟悉词法分析器的结构和超前搜索技术。掌握状态转换图及其实现、正规式与正规文法、NFA与DFA、正规式与有穷自动机的关系以及DFA的最小化。了解词法分析器的自动产生工具及其使用	6～7	5～6 （选讲）
第3章 语法分析	掌握上下文无关文法的相关概念，理解自上而下语法分析的概念，掌握LL(1)分析法、左递归和回溯的消除方法，学会构造预测分析程序。理解自下而上语法分析的概念，掌握LR(0)分析、SLR(1)分析、LR(1)分析和LALR(1)分析。学会使用YACC工具	8～10	6～7 （选讲）
第4章 语义分析与处理	理解语法制导定义和语法制导翻译模式的相关概念，理解语法制导翻译的基本思想。掌握属性计算的常用方法，包括基于依赖图的属性计算方法、基于树遍历的属性计算方法和基于一遍扫描的属性计算方法。掌握S-属性文法的自下而上计算、L-属性文法的自上而下翻译。理解中间语言的基本概念，掌握表达式的逆波兰表示法、DAG表示法、三地址代码。掌握说明语句的翻译、赋值语句的翻译、布尔表达式的翻译、控制语句的翻译和过程调用的处理	7～8	4～6 （选讲）
第5章 符号表	了解符号表的作用、内容、组织和实现等	1～2	1～2 （选讲）
第6章 运行时存储组织	熟悉程序运行时的存储区域划分，掌握静态存储分配、动态存储分配的思想。充分理解栈式动态存储分配中简单的栈式存储分配的实现和嵌套过程语言的栈式实现，能够分析程序运行时的栈的变化情况。了解堆式动态存储分配的两种途径：定长块管理、变长块管理。熟悉并掌握存储分配存在的安全性问题，充分理解缓冲区溢出的原理，了解相关的防范方法	3～4	2～4 （选讲）
第7章 优化	理解优化和基本块的基本概念。掌握将三地址语句序列划分为基本块的算法和以基本块为结点的控制流图构造方法。掌握常用的局部优化技术，包括删除公共子表达式、复写传播、删除无用代码、合并已知量、常数传播等。掌握基于基本块的DAG的局部优化 掌握如何利用程序的控制流程图来定义和查找循环，掌握常用的循环优化技术，包括循环展开、代码外提、强度削弱和删除归纳变量 了解进行数据流分析的几种常用方法，包括到达-定值数据流分析、活跃变量数据流分析和可用表达式数据流分析等，了解如何利用上述数据流分析结果进行全局范围内常数传播、合并已知量、删除公共子表达式和复写传播	6～8	4～6 （选讲）

（续）

教学内容	教学要点及教学要求	课时安排	
		计算机及安全专业	非计算机专业
第8章 目标代码生成	熟悉并掌握代码生成器设计中的问题，掌握线性扫描的寄存器分配方法的思想，并充分理解线性扫描寄存器分配算法。了解图着色的寄存器分配算法的思想及典型的实现过程，熟悉并掌握窥孔优化的三种典型方法，能够分析简单的代码生成过程	5～6	3～4（选讲）
第9章 多样化编译	了解软件多样化的需求，特别是安全方面的需求；掌握多变体代码的特点、执行环境。理解海量软件多样性的概念及其目的，掌握多样化编译所涉及的多项技术，了解多样化编译技术的实现和应用范围	2～4	1～2（选讲）
第10章 反编译及其关键要素	熟悉并掌握反编译的概念，其与编译的关系，以及反编译器的构成。熟悉反编译的基本过程，了解反编译技术的发展历程。熟悉反编译技术的局限、先决条件和评价指标，了解反编译的应用领域和研究重点	4～5	2～4（选讲）
第11章 反编译器的整体框架	熟悉并掌握经典的、纯粹的反编译器的框架设计，了解经典多源反编译框架的基本构成。了解两款以反编译器为核心的二进制翻译系统的框架构造，熟悉从单一功能的反编译器到支持多源平台的反编译器，乃至利用反编译技术实现的静态二进制翻译器的设计思路、基本技术、软件系统的构造和主要功能	3～4	2～3
第12章 反编译中的指令解码和语义描述与映射	熟悉并掌握二进制0/1代码向汇编码转换过程中的主要知识：指令描述和解码。熟悉并掌握汇编级代码向中间表示转换过程中的基本知识：指令的语义映射	3～4	1～3（选讲）
第13章 反编译中的恢复技术	熟悉数据流（或数据）恢复的过程，掌握高级控制流恢复的基本方法。掌握从低级代码中识别并还原成高级语言中的过程和函数的主要方法	3～4	2～3（选讲）
第14章 编译优化的反向处理	了解常用的编译优化方法，熟悉并掌握谓词执行的概念，掌握谓词消除的方法	3～4	2～3（选讲）
第15章 反编译与信息安全	了解恶意代码检测的背景，熟悉并掌握反编译技术在三种层次上的行为提取方法。了解基于推理的程序恶意性分析系统及功能模块	4～6	3～4
教学总学时建议		60～80	40～60

说明：

1. 计算机或信息安全专业本科教学使用本教材时，建议课堂授课学时数为60～80（包含习题课、课堂讨论等必要的课堂教学环节，实验另行安排学时），不同学校可以根据各自的教学要求和计划学时数酌情对教材内容进行取舍。

2. 非计算机专业的师生使用本教材时可适当降低教学要求。若授课学时数少于60，建议主要学习第1章、第2章、第3章、第4章、第6章、第7章、第8章、第10章、第11章、第12章，第13章、第15章的内容可以适当简化，第5章、第9章、第14章可以不做要求。

目录

第1章

引

论

人类之间的交流是通过语言进行的，但语言不是唯一的，不同的语言之间需要翻译，这就导致了翻译行业的建立。人与计算机之间也是通过语言进行交流的，但人类能理解的语言与机器能理解的语言是不同的，也需要翻译，这就导致了系列编译器的诞生。编译技术所讨论的问题，就是如何把符合人类思维方式的意愿（源程序）翻译成计算机能够理解和执行的形式（目标程序）。实现从源程序到目标程序转换的程序，称为编译程序或编译器。反编译技术所讨论的问题，就是如何把计算机能够理解和执行的形式（目标程序）翻译成便于人类理解的形式（高级语言源程序或流程图）。实现从目标程序到便于人类理解的系列文档的转换，称为反编译程序或反编译器。

编译器这个术语是由 Grace Murray Hopper 在 20 世纪 50 年代初期提出的，现代意义上最早的编译器是 20 世纪 50 年代后期的 Fortran 编译器，该编译器验证了经过编译的高级语言的生命力，也为后续高级语言和编译器的大量涌现奠定了基础。

反编译技术起源于 20 世纪 60 年代，比编译技术晚 10 年左右，但反编译技术的成熟度远不如编译技术。在半个世纪的发展过程中，出现了不少实验性的反编译器，其中以 Dcc、Boomerang 和 IDA Pro 的反编译插件 Hex_rays 最为著名。但这些反编译器都有这样或那样的缺陷。例如，Dcc 只能识别最简单的数据类型；Boomerang 无法识别复杂的数据结构，如 C++ 的类和多维数组；Hex_rays 只能产生可读性较低的 C 伪代码，且同样无法识别复杂的数据结构。因此，反编译技术还有很广阔的研究与发展空间。

本章仅对编译器和编译流程方面的知识进行概要阐述，反编译方面的概要介绍将在第 10 章给出。

1.1　编译器与解释器

计算机的硬件只能识别和理解由 0、1 字符串组成的机器指令序列，即目标程序或机器指令程序。在计算机刚刚发明的时期，人们只能向计算机输入机器指令程序来让它进行简单的计算。由于机器指令程序不易被人类理解，用它编写程序既困难又容易出错，于是就引入了代替0、1字符串的由助记符号表示的指令，即汇编指令，汇编指令的集合称为汇编语言，汇编指令序列称为汇编语言程序。但汇编程序实际上与机器语言程序是一一对应的，均要求程序员按照指令工作的方式来思考和解决问题，两者之间并无本质区别。因此，它们被称为面向机器的语言或低级语言。

随着计算机的发展和应用需求的增长，程序员的需求也大幅增长，但能够用机器语言或汇编语言编程的人员数量满足不了这种需求，许多科技工作者也想自己动手编写程序，因此，需要抽象度更高、功能更强的语言来作为程序设计语言，于是产生了面向各类应用的便于人类理解与运用的程序设计语言，即高级语言。尽管人类可以借助高级语言来编写程序，但计算机硬件真正能够识别和理解的语言还是由0、1组成的机器语言，这就需要在高级语言与机器语言之间建立桥梁，使得高级语言能够过渡到机器语言。也就是说，需要若干"翻译"，把各类高级语言翻译成机器语言。语言通常被分成三个层次：高级语言、汇编语言、机器语言。高级语言可以翻译成机器语言，也可以翻译成汇编语言，这两种翻译都称为编译。汇编语言到机器语言的翻译称为汇编。编译和汇编属于正向工程，有时还需要将机器语言翻译成汇编语言或高级语言，这通常称为反汇编或反编译，属于逆向工程。

在编译器工作方式下，源程序的翻译和翻译后程序的运行是两个相互独立的阶段。用户输入源程序，编译器对该源程序进行编译，生成目标程序，这个阶段称为编译阶段。目标程序在适当的输入下执行，最终得到运行结果的过程称为运行阶段。

解释器是另一种形式的翻译器。它把翻译和运行结合在一起进行，边翻译源程序，边执行翻译结果，这种工作方式被称为解释器工作方式。

换句话说，编译器的工作相当于翻译一本原著，原著相当于源程序，译著相当于目标程序，计算机的运行相当于阅读一本译著，这时，原著和翻译人员并不需要在场，译著是主角。解释器的工作相当于现场翻译，外宾和翻译都要在场，翻译边听外宾讲话，边翻译给听众，翻译是主角。解释器与编译器的主要区别是：运行目标程序时的控制权在解释器而不是目标程序。

1.2   编译过程

考虑一种场景，让一个既懂英文又懂中文的俄罗斯人将一篇英文文章翻译成中文，此人可能要经历这样几个阶段：识别英文单词、识别英文句子、理解意思、先译成俄语并进行合理修饰、译成中文。编译器对高级语言的翻译也需要经历这样几个类似阶段：先进行词法分析，识别出合法的单词；再进行语法分析，得到由单词串组成的句子；然后进行语义分析，生成中间代码；再进行中间代码级别的优化，生成优化的中间代码；最后再翻译成目标代码。可见这两种情况的各个阶段的对应非常一致。

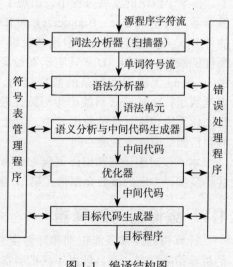

图 1-1   编译结构图

1.3   编译器结构

编译过程的每个阶段工作的逻辑关系如图1-1

所示，图中每个阶段的工作由相关程序模块承担，其中的符号表管理程序和错误处理程序贯穿编译过程的各个阶段。这些程序模块构成了编译器的基本结构。

1.4　编译器的分类及生成

　　根据不同的用途和侧重点，编译程序可以进一步分类，换句话说，有许多不同种类的编译器变体。譬如：用于帮助程序开发和调试的编译程序称为诊断编译程序，这类编译器可对程序进行详细检查并报告错误；另一类侧重于提高目标代码效率的编译程序称为优化编译程序，这类编译器通常使用多种混合的"变换"来改善程序的性能，但这往往是以编译器的复杂性和编译时间的增加为代价的。通常，将运行编译程序的机器称为宿主机，将运行编译程序所产生的目标代码的机器称为目标机。如果一个编译程序产生不同于其宿主机指令集的机器代码，则称它为交叉编译程序（Cross Compiler）。还有一类编译器，其目标机器可以改变，而不需要重写它的与机器无关的组件，这类编译器称为可再目标编译器（Retargetable Compiler），通常，这类编译器难以生成高效的代码，因为其难以利用特殊情况和目标机器特性。目前，很多编译程序同时提供了调试、优化、交叉编译等多种功能，用户可以通过"编译选项"进行选择。

　　编译器本身也是一个程序，这个程序是怎么编写的呢？早期，人们是用汇编语言编写编译器。虽然用汇编语言编写出的编译器代码效率很高，但由于与高级语言编程相比，汇编语言编程难度较大，对编写编译器这种复杂的系统效率不高，因此人们改用高级语言来编写编译器。随着编译技术的逐步成熟，一些专门的编译器编写工具相继涌现，比较成熟和通用的工具有词法分析器生成器（如 LEX）和语法分析器生成器（如 YACC）等。还有一些工具，如用于语义分析的语法制导翻译工具，用于目标代码生成的自动代码生成器，用于优化的数据流工具等。

1.5　高级语言及其分类

　　根据应用类型的不同，涌现了多种多样的面向人类的高级语言，其中典型的有如下几类形式。

1. 过程式语言

　　过程式语言也称为强制式语言（Imperative Language）。这类语言的特点是面向语句，命令驱动。一个用过程式语言编写的程序由一系列语句组成，语句的执行会引起若干存储单元中的值发生改变。许多著名的语言，如 Algol、Fortran、Pascal、C 等，属于这类语言。

2. 函数式语言

　　函数式语言也称为应用式语言（Applicative Language）。这类语言的特点是用函数的方式表示其功能，而不是通过一个语句接一个语句的执行来表示具体的操作步骤。这类程序的开发过程体现为，由之前已有的函数构造更复杂的函数。Lisp、ML 和 Haskell 属于这类语言。

3. 逻辑程序设计语言

　　逻辑程序设计语言也称为基于规则的语言。这类语言的程序执行过程是：检查由逻辑表达式表示的条件，当其为真时，则执行相应的动作。Prolog 语言是这类语言的典型代表，它使用 Horn 子句逻辑来表述相关规则，体现程序要做什么，而不是怎么做。

4. 面向对象的语言

　　面向对象的语言已成为目前最流行的语言，这类语言的主要特征是支持封装性、继承性和多态性等特性。像近世代数中的代数系统那样，这类语言将复杂的数据和对这些数据的操作封装在一起，构成对象；对简单对象进行扩充，在继承简单对象特性的基础上，增加新的特性，从而得到更复杂的对象；这一点与近世代数中半群、群、环、域等代数系统之间的继承等关系非常相似。通过对象的构造可以使得面向对象程序获得过程式语言的有效性，通过作用于限定范围内数据的函数的构造可以使其获得函数式语言的灵活性和可靠性。Smalltalk、C++、Java 等语言是面向对象语言的典型代表，而 OCAML、F# 则融合了函数式语言和面向对象的特性。

5. 结构化查询语言

结构化查询语言（Structured Query Language）简称 SQL，是一种数据库查询和程序设计语言，通常用于存取数据以及查询、更新和管理关系数据库系统。结构化查询语言允许用户在高层数据结构上工作，它不要求用户指定数据的存放方法，也不需要用户了解具体的数据存放方式，即使具有完全不同底层结构的不同数据库系统也可以使用相同的结构化查询语言作为数据输入与管理的接口。结构化查询语言中的语句还可以嵌套，这使其具有很大的灵活性和很强的功能。

6. 其他面向特定应用领域的语言

随着计算机应用领域的进一步拓展，涌现了多种面向特定应用领域的高级语言，较为典型的有：面向互联网应用的 HTML、XML，面向集成电路设计的 VHDL、Verilog，面向计算机辅助设计的 Matlab，面向虚拟现实的 VRML 等。这些语言推动了计算机应用的快速发展，使得计算机成为人类生活中不可或缺的重要工具。

1.6　编译的前端和后端

通常，编译的阶段被分成前端和后端两部分。前端是由只依赖于源语言的那些阶段或阶段的一部分组成，往往包含词法分析、语法分析、语义分析和中间代码生成等阶段，当然还包括与这些阶段同时完成的错误处理和独立于目标机器的优化。后端是指编译器中依赖于目标机器的部分，往往只与中间语言有关而独立于源语言。后端包括与目标机器相关的代码优化、代码生成和与这些阶段相伴的错误处理和符号表操作。

基于同一个前端，重写其后端就可以产生同一种源语言在另一种机器上的编译器，这已经是为不同类型机器编写编译器的常用做法。反过来，把几种不同的语言编译成同一种中间语言，使得不同的前端都使用同一个后端，进而得到一类机器上的几个编译器，却只取得了有限的成功，其原因在于不同源语言的区别较大，使得包容它们的中间语言庞大臃肿，难以实现高效率。

编译的几个阶段往往通过一遍（pass）扫描来实现，这里的"一遍扫描"通常是指读一个输入文件和写一个输出文件的过程。把几个阶段组成"一遍"，并且这些阶段的活动在该遍中交错进行是经常发生的。

1.7　C 语言程序的编译流程

本节以 C 语言程序的编译流程为例，介绍实际的 C 语言编译器是如何运作的。通常把整个代码的编译流程分为编译过程和链接过程。

1. 编译过程

编译过程可分为编译预处理、编译与优化、汇编等阶段。

（1）编译预处理

编译预处理即读取 C 源程序，对其中的伪指令（以 # 开头的指令）和特殊符号进行处理。主要包括以下几个方面：

1）宏定义指令，如 # define Name TokenString、# undef 等。对于前一个伪指令，预编译所要做的是将程序中的所有 Name 用 TokenString 替换，但作为字符串常量的 Name 则不被替换。对于后一个伪指令，则将取消对某个宏的定义，使以后该串的出现不再被替换。

2）条件编译指令，如 # ifdef、# ifndef、# else、# elif、# endif 等。这些伪指令的引入使得程序员可以通过定义不同的宏来决定编译程序对哪些代码进行处理。预编译程序将根据有关的文件，将那些不必要的代码过滤掉。

3）头文件包含指令，如 # include "FileName" 或者 # include <FileName> 等。在头文件中一般用伪指令 # define 定义了大量的宏，还有对各种外部符号的声明。采用头文件的目的是使某些定义可以供多个不同的 C 源程序使用。因为在需要用到这些定义的 C 源程序中，只需加上一条 # include 语句，而不必再在此文件中将这些定义重复一遍。预编译程序将把头文件中的定义统统都加入它所产生的输出文件中，以供编译程序对之进行处理。注意，这个过程是递归进行的，也就是说，被包含的文件可能还包含其他文件。包含到 C 源程序中的头文件可以是系统提供的，这些头文件一般放在 /usr/include 目录下，在 # include 中使用它们要用尖括号（< >）。另外开发人员也可以定义自己的头文件，这些文件一般与 C 源程序放在同一目录下，此时在 # include 中要用双引号（" "）。

4）特殊符号。例如在源程序中出现的 LINE 标识将被解释为当前行号（十进制数），FILE 则被解释为当前被编译的 C 源程序的名称。预编译程序对于在源程序中出现的这些串将用合适的值进行替换。预编译程序所完成的基本上是对源程序的"替代"工作。经过此种替代，生成一个没有宏定义、没有条件编译指令、没有特殊符号的输出文件。这个文件的含义与没有经过预处理的源文件是相同的，但内容有所不同。下一步，此输出文件将作为编译程序的输入而被翻译成为机器指令序列。

5）删除注释。删除所有的注释"//…"和"/*…*/"。

6）保留所有的 #pragma 编译器指令。以 #pragma 开始的编译器指令必须保留，因为编译器需要使用它们。

经过预编译后的 .i 文件不包含任何宏定义，因为所有的宏已经被展开，并且包含的文件也已经被插入 .i 文件中。所以，当无法判断宏定义是否正确或头文件包含是否正确时，可以查看预编译后的文件来确定。

（2）编译与优化

经过预编译得到的输出文件中只有常量、变量的定义，以及 C 语言的关键字，如 main、if、else、for、while、{、}、+、-、*、\ 等。编译程序所要做的工作就是通过词法分析和语法分析，在确认所有的指令都符合语法规则之后，将其翻译成等价的中间代码表示或汇编代码。优化处理涉及的问题不仅同编译技术本身有关，而且同机器的硬件环境也有关。优化中的一种是对中间代码的优化。另一种优化则主要是针对目标代码的生成而进行的。对于前一种优化，主要的工作是删除公共表达式、循环优化（代码外提、强度削弱、变换循环控制条件、已知量的合并等）、复写传播，以及无用赋值的删除等。后一种类型的优化同机器的硬件结构密切相关，最主要的是考虑如何充分利用机器的各个硬件寄存器存放有关变量的值，以减少对内存的访问次数。另外，如何根据机器硬件执行指令的特点（如流水线、RISC、CISC、VLIW 等）而对指令进行一些调整使目标代码比较短，执行的效率比较高，也是优化的一个重要任务。经过优化得到的汇编代码序列必须经过汇编程序的汇编转换成相应的机器指令序列，方能被机器执行。

（3）汇编

汇编过程是把汇编语言代码翻译成目标机器指令的过程。对于待编译处理的每一个 C 语言源程序，都将经过这一处理过程而得到相应的目标文件。目标文件中所存放的也就是与源程序等效的机器语言代码。目标文件由段组成，通常一个目标文件中至少有两个段：①代码段。该段中所包含的主要是程序的机器指令，一般是可读和可执行的，但却不可写。②数据段。主要存放程序中要用到的各种全局变量或静态的数据，一般是可读、可写、可执行的。

UNIX 环境下主要有三种类型的目标文件：①可重定位文件，其中包含适合于其他目标文件链接以创建一个可执行的或者共享的目标文件的代码和数据。②共享的目标文件，这种文件存放了适合于在两种上下文里链接的代码和数据。第一种是静态链接程序，可把它与其他可重定位文件共享的目标文件一起处理来创建另一个目标文件；第二种是动态链接程序，将它与另一个可执行文件及其他共享目标文件结合到一起，创建一个进程映像。③可执行文件，它包含了一个可以被操作系统通过创建一个进程来执行的文件。汇编程序生成的实际上是第一种类型的目标文件。对于后两种还需要其他的一些处理方能得到，这就是链接程序的工作了。

2. 链接过程

由汇编程序生成的目标文件并不能立即被执行，其中可能还有许多没有解决的问题。例如，某个源文件中的函数可能引用了另一个源文件中定义的某个符号（如变量或者函数调用等）；在程序中可能调用了某个库文件中的函数，等等。所有的这些问题，都需要经过链接程序的处理方能得以解决。链接程序的主要工作就是将有关的目标文件彼此相连接，亦即将在一个文件中引用的符号同该符号在另外一个文件中的定义连接起来，使得所有的这些目标文件成为一个能够被操作系统装入执行的统一整体。根据开发人员指定的与库函数的链接方式的不同，链接处理通常可分为两种：①静态链接。在该方式下，函数的代码将从其所在的静态链接库中被复制到可执行程序中。这样当该程序被执行时，这些代码将被装入该进程的虚拟地址空间中。静态链接库实际上是一个目标文件的集合，其中的每个文件含有库中的一个或者一组相关函数的代码。②动态链接。在该方式下，函数的代码被放到称作动态链接库或共享对象的某个目标文件中。链接程序此时所做的只是在最终的可执行程序中记录下共享对象的名字以及一些少量的登记信息。在该可执行文件被执行时，动态链接库的全部内容将被映射到运行时相应进程的虚地址空间。动态链接程序将根据可执行程序中记录的信息找到相应的函数代码。对于可执行文件中的函数调用，可分别采用动态链接或静态链接的方法。使用动态链接能够使最终的可执行文件比较短小，并且当共享对象被多个进程使用时能节约一些内存，因为在内存中只需要保存一份此共享对象的代码。但并不是使用动态链接就一定比使用静态链接要优越，在某些情况下动态链接可能带来一些性能上的损失。

3. GCC 的编译链接

在 Linux 中使用的 GCC 编译器是把以上几个过程进行了捆绑，使用户只使用一次命令就完成编译工作，这确实很方便，但对于初学者了解编译过程却很不利。GCC 代理的编译流程如下：①预编译，将 .c 文件转化成 .i 文件，使用的 GCC 命令是 gcc –E（对应于预处理命令 cpp）；②编译，将 .c/.h 文件转换成 .s 文件，使用的 gcc 命令是 gcc –S（对应于编译命令 cc1，实际上，现在版本的 GCC 使用 cc1 将预编译和编译两个步骤合成为一个步骤；③汇编，将 .s 文件转化成 .o 文件，使用的 GCC 命令是 gcc –c（对应于汇编命令 as）；④链接，将 .o 文件转化成可执行程序，使用的 GCC 命令是 gcc（对应于链接命令 ld）。

以名为 hello.c 的程序为例，编译流程主要经历如图 1-2 所示的四个过程。

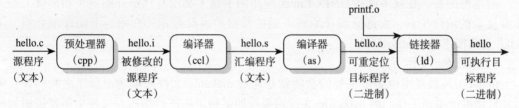

图 1-2　C 语言程序编译流程图

例如，hello.c 为：

```
#include <stdio.h>
Int main(int argc, char *argv[])
{
    printf("hello world\n");
    return 0;
}
```

运行 gcc –S hello.c 可以得到 hello.s 文件，其内容为：

```
.file "hello.c"
.def    ___main; .scl  2; .type 32; .endef
.section  .rdata, "dr"
LC0:
.ascii "hello world\0"
.text
.globl _main
.def _main; .scl  2; .type 32; .endef
_main:
LFB6:
.cfi_startproc
pushl    %ebp
.cfi_def_cfa_offset 8
    ...
```

所有以字符"."开头的行都是指导汇编器和链接器的命令，其他行则是被翻译成汇编语言的代码。

C 语言编译的整个过程是比较复杂的，涉及的编译器知识、硬件知识、工具链知识非常多。一般情况下，只需要知道其分成编译和链接两个阶段，编译阶段是将源程序（*.c）转换成为目标代码（一般是 obj 文件），链接阶段是将源程序转换成的目标代码（obj 文件）与程序里面调用的库函数对应的代码链接起来形成对应的可执行文件（exe 文件），其他的都需要在实践中多多体会才能有更加深入的理解。

1.8　UNIX/Linux 环境中的 make 和 makefile

在 UNIX 或 Linux 环境中，make 是一个非常重要和经常使用的编译工具。无论是自己进行项目开发还是安装应用软件，都会经常用到 make 或 make install。使用 make 工具，可以将大型的开发项目分解成多个更易于管理的模块。对于一个包括数百个源文件的应用程序，使用 make 和 makefile 工具可以简洁明快地理顺各个源文件之间复杂的相互依赖关系。针对这么多的源文件，如果每次都要键入 gcc 命令进行编译，那对程序员来说就是一场灾难。而 make 工具则可自动完成编译工作，并且可以只对程序员在上次编译后修改过的部分进行编译。因此，有效地利用 make 和 makefile 工具可以大大提高项目开发的效率。同时掌握了 make 和 makefile 之后，再也不会面对 Linux 下的应用软件而头疼了。

但遗憾的是，在众多讲述 UNIX/Linux 应用的书籍上都没有详细介绍这个功能强大但又非常复杂的编译工具，大部分编译原理方面的教材中也没有相关介绍。下面详细介绍一下 make 及其描述文件 makefile。

1. makefile 文件

make 工具最基本也是最主要的功能就是通过 makefile 文件来描述源程序之间的相互关系并自动维护编译工作。而 makefile 文件需要按照某种语法进行编写，文件中需要说明如何编译各个源文件，如何链接生成可执行文件，并要求定义源文件之间的依赖关系。

makefile 文件是许多编译器——包括 Windows NT 下的编译器——维护编译信息的常用方法，只是在集成开发环境中，用户是通过友好的界面修改 makefile 文件而已。在 UNIX 系统中，习惯使用首字母大写的 Makefile 作为 makfile 文件。如果要使用其他文件作为 makefile，则可利用类似下面的 make 命令选项指定 makefile 文件：

```
$ make -f Makefile.debug
```

例如，一个名为 prog 的程序由三个 C 源文件 filea.c、fileb.c 和 filec.c 以及库文件 LS 编译生成，这三个文件还分别包含自己的头文件 a.h 、b.h 和 c.h。通常情况下，C 编译器将会输出三个目标文件 filea.o、fileb.o 和 filec.o。假设 filea.c 和 fileb.c 都要声明一个名为 defs 的文件，但 filec.c 不用，即在 filea.c 和 fileb.c 里有这样的声明：

```
#include "defs"
```

下面的文档就描述了这些文件之间的相互联系：

```
#It is a example for describing makefile
prog : filea.o fileb.o filec.o
cc filea.o fileb.o filec.o -LS -o prog
filea.o : filea.c a.h defs
cc -c filea.c
fileb.o : fileb.c b.h defs
cc -c fileb.c
filec.o : filec.c c.h
cc -c filec.c
```

这个描述文档就是一个简单的 makefile 文件。

从上面的例子可以看到，第一个字符为"#"的行是注释行。第一个非注释行指定 prog 由三个目标文件 filea.o、fileb.o 和 filec.o 链接生成。第 3 行描述了如何从 prog 所依赖的文件建立可执行文件。接下来的第 4、6、8 行分别指定三个目标文件，以及它们所依赖的 .c、.h 文件和 defs 文件。而第 5、7、9 行则指定了如何从目标所依赖的文件建立目标文件。

当 filea.c 或 a.h 文件在编译之后又被修改时，make 工具可自动重新编译 filea.o，如果在前后两次编译之间 filea.c 和 a.h 均没有被修改，而且 filea.o 还存在的话，就没有必要重新编译。这种依赖关系在多源文件的程序编译中尤其重要。通过这种依赖关系的定义，make 工具可避免许多不必要的编译工作。当然，也可以利用 Shell 脚本达到自动编译的效果，但是，Shell 脚本将编译全部源文件，包括那些不必要重新编译的源文件，而 make 工具则可根据目标上一次编译的时间和目标所依赖的源文件的更新时间而自动判断应当编译哪个源文件。

作为一种描述文档，makefile 文件一般需要包含以下内容：

1）宏定义。

2）源文件之间的相互依赖关系。

3）可执行的命令。

makefile 中允许使用简单的宏指代源文件及其相关编译信息，在 Linux 中也称宏为变量。在引用宏时只需在变量前加"$"符号，但值得注意的是，如果变量名的长度超过一个字符，在引用时就必须加圆括号"( )"。

下面都是有效的宏引用：

```
$(CFLAGS)
$3
$Y
$(Y)
```

其中最后两个引用是完全一致的。

值得注意的是一些宏的预定义变量，在 UNIX 系统中，"$*"、"$@"、"$?"和"$<"四个特殊宏的值在执行命令的过程中会发生相应的变化，而在 GNU make 中则定义了更多的预定义变量。宏定义的使用可以使我们脱离那些冗长乏味的编译选项，为编写 makefile 文件带来很大的方便。

```
# Define a macro for the object files
OBJECTS= filea.o fileb.o filec.o
# Define a macro for the library file
LIBES= -LS
# use macros rewrite makefile
prog: $(OBJECTS)
cc $(OBJECTS) $(LIBES) -o prog
...
```

此时若执行不带参数的 make 命令，则将链接三个目标文件和库文件 LS，但是如果在 make 命令后带有新的宏定义：

```
make "LIBES= -LL -LS"
```

则命令行后面的宏定义将覆盖 makefile 文件中的宏定义。若 LL 也是库文件，make 命令将链接三个目标文件以及两个库文件 LS 和 LL。

2. make 命令

在 make 命令后不仅可以出现宏定义，还可以跟其他命令行参数，这些参数指定了需要编译的目标文件。其标准形式为：

```
target1 [target2 ...]:[:][dependent1 ...][;commands][#...]
[(tab) commands][#...]
```

方括号中间的部分表示可选项。target 和 dependent 当中可以包含字符、数字、句点和"/"符号。除了引用，commands 中不能含有"#"，也不允许换行。

通常情况下命令行参数中只含有一个":"，此时 command 序列通常与 makefile 文件中某些定义文件间依赖关系的描述行有关。如果与目标相关联的那些描述行指定了相关的 command 序列，那么就执行这些相关的 command 命令，即使分号和"(tab)"后面的 command 字段是 NULL。如果那些与目标相关联的行没有指定 command，那么将调用系统默认的目标文件生成规则。

如果命令行参数中含有两个冒号"::"，则此时的 command 序列也许会与 makefile 中所有描述文件依赖关系的行有关。此时将执行那些与目标相关联的描述行所指向的相关命令，同时还将执行 build-in 规则。

如果在执行 command 命令时返回了一个非"0"的出错信号，例如 makefile 文件中出现了错误的目标文件名或者出现了以连字符开始的命令字符串，make 操作一般会就此终止，但如果 make 后带有 "-i" 参数，则 make 将忽略此类出错信号。

make 命令本身可带有四种参数，即标志、宏定义、描述文件名和目标文件名。其标准形式为：

```
make [flags] [macro definitions] [targets]
```

在 UNIX 系统中标志位 flags 选项及其含义为：

- -f file：指定 file 文件为描述文件，如果 file 参数为 "-" 符号，那么描述文件指向标准输入。如果没有 "-f" 参数，则系统将默认当前目录下名为 makefile 或者 Makefile 的文件为描述文件。

  在 Linux 系统中，GNU make 工具在当前工作目录中按照 GNUmakefile、makefile、Makefile 的顺序搜索 makefile 文件。

- -i：忽略命令执行返回的出错信息。
- -s：沉默模式，在执行之前不输出相应的命令行信息。
- -r：禁止使用 build-in 规则。
- -n：非执行模式，输出所有执行命令，但并不执行。
- -t：更新目标文件。
- -q：make 操作将根据目标文件是否已经更新返回 "0" 或非 "0" 的状态信息。
- -p：输出所有宏定义和目标文件描述。
- -d：Debug 模式，输出有关文件和检测时间的详细信息。

Linux 下 make 标志位的常用选项与 UNIX 系统中稍有不同，下面只列出了不同部分：

- -c dir：在读取 makefile 之前改变到指定的目录 dir。
- -I dir：当包含其他 makefile 文件时，利用该选项指定搜索目录。
- -h：help 文档，显示所有的 make 选项。
- -w：在处理 makefile 之前和之后都显示工作目录。

通过命令行参数中的 target，可指定 make 要编译的目标，并且允许同时定义、编译多个目标，操作时按照从左向右的顺序依次编译 target 选项中指定的目标文件。如果命令行中没有指定目标，则系统默认 target 指向描述文件中的第一个目标文件。

通常，makefile 中还定义了 clean 目标，可用来清除编译过程中的中间文件，例如：

```
clean:
rm -f *.o
```

运行 make clean 时，将执行 rm -f *.o 命令，最终删除编译过程中产生的所有中间文件。

在 make 工具中包含一些内置的或隐含的规则，这些规则定义了如何从不同的依赖文件建立特定类型的目标。UNIX 系统通常支持一种基于文件扩展名即文件名后缀的隐含规则。这种后缀规则定义了如何将一个具有特定文件名后缀的文件（例如 .c 文件），转换成为具有另一种文件名后缀的文件（例如 .o 文件）：

```
.c:.o
$(CC) $(CFLAGS) $(CPPFLAGS) -c -o $@ $<
```

系统中默认的常用文件扩展名及其含义为：

.o：目标文件。

.c：C 源文件。

.f：Fortran 源文件。

.s：汇编源文件。

.y：Yacc-C 源语法。

.l：Lex 源语法。

早期的 UNIX 系统还支持 Yacc-C 源语法和 Lex 源语法。在编译过程中，系统会首先在 makefile 文件中寻找与目标文件相关的 .c 文件，如果还有与之相依赖的 .y 和 .l 文件，则首先将其转换为 .c 文件后再编译生成相应的 .o 文件；如果没有与目标相关的 .c 文件而只有相关的 .y 文件，则系统将直接编译 .y 文件。

而 GNU make 除了支持后缀规则外还支持另一种类型的隐含规则——模式规则。这种规则更加通用，因为可以利用模式规则定义更加复杂的依赖性规则。模式规则看起来类似于正则规则，但在目标名称的前面多了一个 "%" 符号，同时可用来定义目标和依赖文件之间的关系，例如下面的模式规则定义了如何将任意一个 file.c 文件转换为 file.o 文件：

```
%.c:%.o
$(CC) $(CFLAGS) $(CPPFLAGS) -c -o $@ $<
#EXAMPLE#
```

下面将给出一个较为全面的示例来对 makefile 文件和 make 命令的执行进行详细的说明，其中 make 命令不仅涉及 C 源文件还包括了 Yacc 语法。

下面是描述文件的具体内容：

```
#Description file for the Make command
#Send to print
P=und -3 | opr -r2
#The source files that are needed by object files
FILES= Makefile version.c defs main.c donamc.c misc.c file.c \
dosys.c gram.y lex.c gcos.c
#The definitions of object files
OBJECTS= vesion.o main.o donamc.o misc.o file.o dosys.o gram.o
LIBES= -LS
LINT= lnit -p
CFLAGS= -O
make: $(OBJECTS)
cc $(CFLAGS) $(OBJECTS) $(LIBES) -o make
size make
$(OBJECTS): defs
gram.o: lex.c
cleanup:
-rm *.o gram.c
install:
@size make /usr/bin/make
cp make /usr/bin/make ; rm make
#print recently changed files
print: $(FILES)
pr $? | $P
touch print
test:
make -dp | grep -v TIME>1zap
/usr/bin/make -dp | grep -v TIME>2zap
diff 1zap 2zap
rm 1zap 2zap
lint: dosys.c donamc.c file.c main.c misc.c version.c gram.c
$(LINT) dosys.c donamc.c file.c main.c misc.c version.c \
gram.c
rm gram.c
arch:
ar uv /sys/source/s2/make.a $(FILES)
```

通常在描述文件中应像上面一样定义要求输出将要执行的命令。在执行了 make 命令之后，输出结果为：

```
$ make
cc -c version.c
cc -c main.c
cc -c donamc.c
cc -c misc.c
cc -c file.c
cc -c dosys.c
yacc gram.y
mv y.tab.c gram.c
cc -c gram.c
cc version.o main.o donamc.o misc.o file.o dosys.o gram.o \
-LS -o make
13188+3348+3044=19580b=046174b
```

最后的数字信息是执行"@size make"命令的输出结果。之所以只有输出结果而没有相应的命令行，是因为"@size make"命令以"@"起始，这个符号禁止打印输出它所在的命令行。

描述文件中的最后几条命令行在维护编译信息方面非常有用。其中"print"命令行的作用是打印输出在执行过上次 make print 命令后所有改动过的文件名称。系统使用一个名为 print 的 0 字节文件来确定执行 print 命令的具体时间，而宏"$?"则指向那些在 print 文件改动过之后进行修改的文件的文件名。如果想要指定执行 print 命令后将输出结果送入某个文件，那么就可修改 P 的宏定义：

```
make print "P= cat>zap"
```

Linux 中大多数软件提供的是源代码，而不是可执行文件，这就要求用户根据系统的实际情况和自身的需要来配置、编译源程序，之后软件才能使用。也就是说，只有掌握了 make 工具，才能真正享受到 Linux 这个自由软件世界带来的乐趣，提高软件开发或应用效率。

1.9 本章小结

本章首先介绍了编译器和解释器的概念以及二者的区别。然后分析了编译的过程，剖析了编译器的结构，给出了编译器的分类，阐述了编译器的生成方式，对高级语言进行了分类，并简述了各类高级语言的特点。将编译的阶段划分为前端和后端两部分，讲述了 C 语言程序的编译流程，介绍了 UNIX/Linux 环境中 make 和 makefile 的概念及其应用。通过本章的阐述，为以后章节的学习提供了整体框架和指导。

习题

1. 简述编译器与解释器的区别。
2. 编译过程一般由哪几个阶段构成？
3. 请给出高级语言的某种分类方式。
4. 简述 make 工具以及 makefile 的功能。

第2章 词法分析的理论与实践

词法分析是编译过程的第一步，也是编译过程必不可少的步骤。编译过程中执行词法分析的程序称为词法分析器。本章主要介绍词法分析器的手动构造和自动构造的原理。

2.1 词法分析器的需求分析

本节首先介绍词法分析器的功能及其输出的单词符号的表示方式，然后研究将词法分析独立出来的原因。

2.1.1 词法分析器的功能

词法分析器的功能是从左往右逐个字符地对源程序进行扫描，然后按照源程序的构词规则识别出一个个单词符号，把作为字符串的源程序等价地转化为单词符号串的中间程序。因此词法分析器又叫作扫描器。单词符号是程序设计语言中基本的语法单元，通常分为 5 种：

1）关键字（又称基本字或保留字）：程序设计语言中定义的具有固定意义的英文单词，通常不能用作其他用途，如 C 语言中的 while、if、for 等都是关键字。

2）标识符：用来表示名字的字符串，如变量名、数组名、函数名等。

3）常数：包括各种类型的常数，如整型常数 386、实型常数 0.618、布尔型常数 TRUE 等。

4）运算符：又分为算术运算符，如 +、−、*、/ 等；关系运算符，如 =、>=、> 等；逻辑运算符，如 or、not、and 等。

5）界符：如 ","";""("")"":" 等。

在上面所给出的 5 种单词符号类中，关键字、运算符和界符是程序设计语言提前定义好的，因此它们的数量是固定的，通常只有几十个或者上百个。而标识符和常数是程序设计人员根据编程需要按照程序设计语言的规定构造出来的，因此数量即便不是无穷，也是非常大的。

词法分析程序输出的单词符号通常用二元式（单词种别，单词符号的属性值）表示。其中：

1）单词种别。单词种别表示单词种类，常用整数编码，这种整数编码又称为种别码。至于一种程序设计语言的单词如何分类、怎样编码，主要取决于技术上的方便。一般来说，基本字可"一字一种"，也可将其全体视为一种；运算符可"一符一种"，也可按运算符的共性分为几种；界符一般采用"一符一种"分法；标识符通常统归为一种；常数可统归为一种，也可按整型、实型、布尔型等分为几种。

2）单词符号的属性值。单词符号的属性值是反映单词特征或者特性的值，是编译中其他阶段所需要的信息。如果一个种别只含有一个单词符号，那么其种别编码就完全代表了自身的值，因此相应的属性值就不需要再单独给出。如果一个种别含有多个单词符号，那么除了给出种别编码之外还应给出单词符号自身的属性值，以便把同一种类的单词区别开来。例如，对于标识符，可以用它在符号表的入口指针作为它自身的值；而常数也可用它在常数表的入口指针或者其二进制值作为它自身的值。

例 2.1　假定基本字、运算符、界符都是一符一种，词法分析器只给出种别编码不给出属性值，标识符和常量分别单列一种。考虑如下的程序段

```
if(a>1)
b=10;
```

则它所输出的单词符号是：

```
(1,-)
(29,-)
(10, 指向 a 的符号表项的指针 )
(23,-)
(11,'1' 的二进制 )
(30,-)
(10, 指向 b 的符号表项的指针 )
(17,-)
(11,'10' 的二进制 )
(26,-)
```

其中 1 为关键字 if 的种别编码，10 为标识符的种别编码，11 为常数的种别编码，26、29 和 30 分别为界符"；""（"和"）"的种别编码，17 和 23 分别为运算符"="和">"的种别编码。

2.1.2　分离词法分析的原因

可以将词法分析独立地作为"一遍"来完成，此时词法分析器读入整个源程序，将字符串形式的源程序改造成单词符号串形式的中间程序，并将所得到的中间程序存放于文件中，待语法分析程序工作时再从文件中读入这些中间程序作为其输入，如图 2-1 所示。

也可将词法分析和语法分析放在同一遍中执行，此时将词法分析程序设计为一个独立子程序，在进行语法分析时，每当语法分析程序需要新单词符号，便调用该子程序，每调用一次这个子程序，其便从源程序字符串中识别出一个单词符号交给语法分析程序，如图 2-2 所示，采用这种设计方法，省掉了中间文件上的存取工作。

编译程序通常采用第二种处理结构。无论采用哪种结构，词

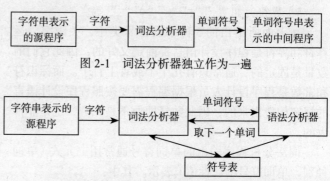

图 2-1　词法分析器独立作为一遍

图 2-2　词法分析器作为语法分析器的子程序

法分析程序作为一个独立的阶段存在，主要是基于以下几方面的考虑：

1）简化编译器的设计，降低语法分析的复杂性。词法分析要比语法分析简单很多，在对源程序字符串进行扫描的过程中，词法分析程序可以对源程序做一些必要的预处理，比如删除其中的注释和空格等不影响程序的语法结构和执行语义的元素，这样便于语法分析程序致力于语法分析，降低其分析复杂性。

2）提高编译效率。编译的大部分时间花费在扫描源程序字符串来识别单词符号上，把词法分析独立出来，可以采用专门的技术读字符和分离单词以加快编译速度。再者，单词的结构便于采用有效的方法和工具进行描述和识别，进而可实现词法分析器的自动生成。

3）增加编译器的可移植性。与机器有关的特征以及语言字符集中的非标准符号的处理可以放在词法分析器中处理，而不影响编译器其他部分的设计。

2.2　词法分析器的设计

下面将词法分析器作为一个独立的子程序来考虑其设计。本节主要探讨实现词法分析器的关键技术和词法分析器的手工实现。

2.2.1　输入及其处理

词法分析器的结构如图 2-3 所示。词法分析器首先将源程序文本输入一个缓冲区中，该缓冲区称为输入缓冲区，单词符号的识别可以直接在输入缓冲区中进行。但在通常情况下为了单词识别的方便性，需要对输入的源程序字符串做一个预处理。对于许多程序语言来说，空格、制表符、换行符等编辑性字符只有出现在符号常量中时才有意义；注释几乎可以出现在程序中的任何地方。但编辑性字符和注

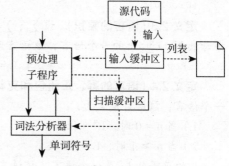

图 2-3　词法分析器

释的存在大多只是为了改善程序的易读性和易理解性，不影响程序本身的语法结构和实际意义。通常在词法分析阶段可以通过预处理将它们删除。因此可以设计一个预处理子程序来完成上述工作，每当词法分析器调用该预处理子程序时，其便处理一串固定长度的源程序字符串，并将处理结果放在词法分析器指定的缓冲区中，称为扫描缓冲区。接下来单词符号的识别就可以直接在该扫描缓冲区中进行，而不必考虑其他的杂务。

词法分析器对扫描缓冲区进行扫描时通常使用两个指针，即开始指针和搜索指针。其中，开始指针指向当前正在识别的单词的起始位置，搜索指针用于向前搜索以寻找该单词的终点位置，两个指针之间的符号串就是当前已经识别出来的那部分单词。刚开始，两个指针都指向下一个要识别的单词符号的开始位置，然后，搜索指针向前扫描，直到发现一个单词符号为止，一旦发现一个单词，搜索指针指向该单词的右部，在处理完这个单词以后，两个指针同时指向下一个要识别的单词符号的起始位置。

为了尽可能避免在单词符号识别过程中，单词符号超过缓冲区边界，通常将扫描缓冲区划分为长度相等的两个区，两区进行互补使用，假设两区的长度都为 N。如果搜索指针搜索到半区的边缘但尚未找到单词的终点，那么就调用预处理程序，将后续的 N 个输入字符输入另一半区。

2.2.2　单词符号的描述：正规文法和正规式

为了便于后面讨论的展开，首先定义一些相关概念。

定义 2.1（字母表、字母和字） 字母表是一个非空有穷集合，记作 $\sum$。字母表 $\sum$ 中的元素称为该字母表的一个字母，也称为字母表上的字符（或符号）。字母表 $\sum$ 中符号组成的有穷序列称为 $\sum$ 上的字符串，也称为 $\sum$ 上的字或者句子，不包含任何字符的序列称为空字，记作 ε。

$\sum^+$ 表示 $\sum$ 上的所有非空字组成的集合，$\sum^*$ 表示 $\sum$ 上的所有字组成的集合。

例 2.2　{0，1} 就是一个字母表，0110、ε 是该字母表上的字。

对于一种高级程序设计语言而言，它的字母表就是该语言的有效字符集。

定义 2.2（语言和句子） 设 $\sum$ 是一个字母表，$\sum^*$ 的任意子集 L 称为字母表 $\sum$ 上的一个语言。对于 $\forall x \in L$，x 称为 L 的一个句子。

例 2.3　下面集合均为字母表 {0，1} 上的语言

```
{0, 1}
{00, 11}
{0, 1, 00, 11}
{0, 1, 00, 11, 01, 10}
{00, 11}*
{01, 10}*
```

定义 2.3（语言的乘积） 设 $\sum_1$、$\sum_2$ 是字母表，$L_1 \subseteq \sum_1^*$，$L_2 \subseteq \sum_2^*$，语言 L_1 与 L_2 的乘积是字母表 $\sum_1 \cup \sum_2$ 上的一个语言，该语言定义为：

$$L_1L_2 = \{xy \mid x \in L_1, y \in L_2\}$$

定义 2.4（语言的幂、正闭包和克林闭包） 设 $\sum$ 是一个字母表，$\forall L \subseteq \sum^*$，L 的 n 次幂是一个语言，该语言定义为：

1）当 n = 0 时，$L^n = \{\varepsilon\}$；

2）当 n ≥ 1 时，$L^n = L^{n-1}L$。

L 的正闭包 L^+ 是一个语言，该语言定义为：

$$L^+ = L \cup L^2 \cup L^3 \cup L^4 \cup \cdots$$

L 的克林闭包 L^* 也是一个语言，该语言定义为：

$$L^* = L^0 \cup L \cup L^2 \cup L^3 \cup L^4 \cup \cdots$$

设 $\sum$ 是一个字母表，基于上述定义，$\sum^+$ 可表示为：

$$\sum{}^+ = \sum \cup \sum{}^2 \cup \sum{}^3 \cup \sum{}^4 \cup \cdots$$

$\sum^*$ 可表示为：

$$\sum{}^* = \sum{}^0 \cup \sum{}^+ = \sum{}^0 \cup \sum{}^1 \cup \sum{}^2 \cup \sum{}^3 \cup \cdots$$

例 2.4　设 {0，1} 是一个字母表，则

$\{0, 1\}^3 = \{000, 001, 010, 011, 100, 101, 110, 111\}$

$\{0, 1\}^+ = \{0, 1, 00, 01, 10, 11, 000, 001, 010, 011, 100, \cdots\}$

$\{0, 1\}^* = \{\varepsilon, 0, 1, 00, 01, 10, 11, 000, 001, 010, 011, 100, \cdots\}$

1. 正规文法

文法是用来描述语言语法结构的形式规则，而单词符号是程序设计语言的基本语法单位，如果把每类单词都看作一种语言，那么多数程序设计语言的单词符号构词规则都可以用正规文法来描述。

定义 2.5（正规文法） 正规文法 G 定义为一个四元组 (V_T, V_N, P, S)，其中

1）V_T 为终结符组成的非空有限集。

2）V_N 为非终结符组成的非空有限集，V_N 和 V_T 不含公共的元素，即 $V_N \cap V_T = \varnothing$。

3）P 为产生式组成的集合，每个产生式形如 A → αB 或 A → α，其中，α∈V_T^*，A，B∈V_N。

4）S 称为文法的开始符号，它是一个非终结符，至少要在一条产生式中作为左部出现。

正规文法所描述的是 V_T 上的正规集。若正规文法 G 的产生式集 P 中每个产生式都限定为具有如下形式：

$$A → a 或 A → aB, \ a∈V_T∪\{ε\}, \ A, \ B∈V_N$$

则称 G 为右线性文法。显然，右线性文法是特殊的正规文法，而任何由正规文法产生的语言都能被右线性文法产生，因此右线性文法类和正规文法类是等价的。任何由右线性文法产生的语言又都能被如下形式的文法 G =（V_T，V_N，P，S）产生，其中 V_T、V_N、S 和右线性文法中的定义相同，P 中的产生式仅为 A → a 和 A → Ba 两种形式，其中 a∈$V_T∪\{ε\}$，A、B∈V_N，该文法称为左线性文法。反之任何由左线性文法产生的语言都能被右线性文法产生。因此有时也把右线性文法和左线性文法称为正规文法。

为了书写简单起见，通常将具有相关左部的产生式，如

$$P → α_1$$
$$P → α_2$$
$$…$$
$$P → α_n$$

缩写为 P → $α_1|α_2|…|α_n$，其中，"|" 读成 "或"，每个 $α_i$ 称为 P 的一个候选式。表示一个文法时，通常只给出开始符号和产生式。

下面给出 C 语言的标识符、无符号整数和无符号数的正规文法。

例 2.5　C 语言标识符的正规文法。C 语言的标识符集是由以字母或下划线开始的字母、数字和下划线组成的串的集合，生成该集合的正规文法为 G(id)：

$$id → A \ rid \ | \ B \ rid \ | \ … \ | \ Z \ rid \ | \ a \ rid \ | \ b \ rid \ | \ … \ | \ z \ rid \ | \ \_ \ rid$$
$$rid → ε \ | \ A \ rid \ | \ B \ rid \ | \ … \ | \ Z \ rid \ | \ a \ rid \ | \ b \ rid \ | \ … \ | \ z \ rid \ | \ \_ \ rid$$
$$0 \ rid \ | \ 1 \ rid \ | \ 2 \ rid \ | \ … \ | \ 9 \ rid$$

其中，id 和 rid 为文法的非终结符，每个产生式的左部都只有一个非终结符，右部是由一个终结符和一个非终结符或者 ε 组成，显然这是一个正规文法，并且是右线性文法。

通常，在书写上述正规文法时，会用 letter 表示字母（即 letter → A | … | Z | a | … | z），用 digit 表示数字（即 digit → 0 | 1 | … | 9），这样 C 语言标识符的正规文法可以表示为如下形式 G(id)：

$$id → letter \ rid \ | \_ \ rid$$
$$rid → ε \ | \ letter \ rid \ | \_ \ rid \ | \ digit \ rid \quad\quad\quad （2.1）$$

在今后如无特殊说明，在书写正规文法时，我们都用 letter 表示字母，用 digit 表示数字。

例 2.6　Pascal 语言无符号整数的正规文法。无符号整数整数的正规文法为 G(digits)：

$$digits → digit \ rint$$
$$rint → ε \ | \ digit \ rint$$

例 2.7　Pascal 语言无符号数的正规文法。无符号数是形如 1946、11.28、63E8、1.99E-6 这样的符号串，生成无符号串的正规文法 G(num) 如下：

$$num → digit \ num1$$
$$num1 → digit \ num1 \ | \ . \ num2 \ | \ E \ num4 \ | \ ε$$
$$num2 → digit \ num3$$

$$num3 \rightarrow digit\ num3\ |\ E\ num4\ |\ \varepsilon$$
$$num4 \rightarrow +\ digits\ |\ -\ digits\ |digit\ num5$$
$$digits \rightarrow digit\ num5$$
$$num5 \rightarrow digit\ num5\ |\ \varepsilon \tag{2.2}$$

其中：num1 表示无符号数的第一个数字之后的部分，num2 表示小数点以后的部分，num3 表示小数点后第一个数字以后的部分，num4 表示 E 之后的部分，digits 表示数字组成的非空串，num5 表示数字组成的串，包括空串。

2. 正规式

除了可以利用正规文法来表示单词符号外，还可以利用正规式来表示单词符号。正规式又称为正则表达式，其也是描述正规集的工具。下面是正规式和正规集的递归定义。

定义 2.6（正规式和正规集） 对于给定的字母表 $\sum$，正规式和正规集的递归定义如下：

1）ε 和 $\emptyset$ 都是 $\sum$ 上的正规式，它们所表示的正规集为 $\{\varepsilon\}$ 和 $\emptyset$。

2）任何 $a \in \sum$，a 是 $\sum$ 上的正规式，它所表示的正规集为 $\{a\}$。

3）假定 r_1 和 r_2 都是 $\sum$ 上的正规式，它们所表示的正规集为 $L(r_1)$ 和 $L(r_2)$，则

① $(r_1|r_2)$ 为正规式，它所表示的正规集为 $L(r_1) \cup L(r_2)$。

② $(r_1.r_2)$ 为正规式，它所表示的正规集为 $L(r_1)L(r_2)$。

③ $(r_1)^*$ 为正规式，它所表示的正规集为 $(L(r_1))^*$。

仅由有限次使用上述三个步骤而定义的表达式才是 $\sum$ 上的正规式，仅由这些正规式表示的子集才是 $\sum$ 上的正规集。

正规式间的运算符"|"表示或，"·"表示连接（通常可省略），"*"表示闭包，使用括号可以改变运算的次序。如果规定"*"优先于"·"，"·"优先于"|"，则在不出现混淆的情况下括号也可以省去。

例 2.8 C 语言标识符的正规式。C 语言标识符的正规式为 $(letter|\_)(letter|\_|digit)^*$，其所表示的正规集即为所有以字母或下划线开头的字母、数字和下划线组成的串的集合。

例 2.9 Pascal 语言无符号整数的正规式。无符号整数的正规式为 $digit(digit)*$。其所表示的正规集为：

$$L(digit(digit)*) = L(digit)L(digit)* = L(digit)(L(digit))* = \{0 \sim 9\ 数字组成的字符串\}$$

例 2.10 Pascal 语言无符号数的正规式。无符号数的正规式为 $digit\ digit^*(.digit\ digit^*|\varepsilon)$ $(E(+\ |\ -\ |\ \varepsilon)digit\ digit^*\ |\ \varepsilon)$，其所表示的正规集为形如 1946、11.28、63E8、1.99E-6 的符号串组成的集合。

定义 2.7（正规式的等价性） 若两个正规式 r_1 和 r_2 所表示的正规集相同，则称这两个正规式等价，记作 $r_1 = r_2$。

例 2.11 证明 $b(ab)^* = (ba)^*b$。

证明：因为 $L(b(ab)*) = L(b)L((ab)*) = L(b)(L(ab))* = L(b)(L(a)L(b))*$
$$= \{b\}\{ab\}* = \{b\}\{\varepsilon, ab, abab, ababab, \cdots\} = \{b, bab, babab, bababab, \cdots\}$$
$L((ba)*b) = L((ba)*)L(b) = (L(ba))*L(b) = (L(b)L(a))*L(b)$
$$= \{ba\}*\{b\} = \{\varepsilon, ba, baba, bababa, \cdots\}\{b\} = \{b, bab, babab, bababab, \cdots\}$$

所以 $L(b(ab)*) = L((ba)*b)$，从而 $b(ab)* = (ba)*b$。

设 r_1、r_2 和 r_3 为正规式，则下面代数定律成立：

1）$r_1|r_2 = r_2|r_1$ 或运算满足交换律

2）$r_1|(r_2|r_3) = (r_1|r_2)|r_3$ 或运算满足结合律

3）$r_1(r_2r_3) = (r_1r_2)r_3$ 　　　　　　连接运算满足结合律

4）$r_1(r_2|r_3) = r_1r_2|r_1r_3, (r_2|r_3)r_1 = r_2r_1|r_3r_1$ 　　连接运算对或运算满足分配律

5）$\varepsilon r = r, r\varepsilon = r$ 　　　　　　　　ε 是连接运算的单位元（或称幺元）

在正规式中，由于某些结构频繁出现，为了方便起见，可以用缩写形式来表示它们。

1）一个或者多个："＋"是一元操作符，表示一个或者多个。比如，a^+ 表示由一个或多个 a 构成的所有串的集合。

假设 r 为一个正规式，则有如下代数恒等式：

$$r^* = r^+ | \varepsilon, \quad r^+ = r^*r = rr^*$$

2）零个或一个："？"是一元操作符，表示零个或一个。比如，$r? = r | \varepsilon$。

使用"＋"和"？"，可以将无符号数正规式重写为"$digit^+(.digit^+)?(E(+|-)?digit^+)?$"。

3）字符类：缩写的字符类 [a-z] 表示正规式 $a | b | \cdots | z$。

使用字符类可将无符号整数用正规式"[0-9][0-9]*"描述。

3. 正规定义式

为了表示方便，可以对正规式进行命名，并用这些名字来引用相应的正规式。

定义 2.8（正规定义式） 令 $\sum$ 是基本符号的字母表，那么正规定义式是如下形式的序列

$$d_1 \rightarrow r_1$$
$$d_2 \rightarrow r_2$$
$$\cdots$$
$$d_n \rightarrow r_n$$

其中，各个 d_i 的名字都不同，每个 r_i 都是 $\sum \cup \{d_1, d_2, \cdots, d_{i-1}\}$ 上的正规式。

例 2.12 C 语言标识符集合的正规定义式：

$$letter\_ \rightarrow A | B | \cdots | Z | a | b | \cdots | z | \_$$
$$digit \rightarrow 0 | 1 | \cdots | 9$$
$$id \rightarrow letter\_ (letter\_ | digit)^*$$

例 2.13 Pascal 语言无符号数集的正规定义式：

$$digit \rightarrow 0 | 1 | \cdots | 9$$
$$digits \rightarrow digit\ digit^*$$
$$optional\_fraction \rightarrow .digits | \varepsilon$$
$$optional\_exponent \rightarrow (E (+ | - | \varepsilon) digits) | \varepsilon$$
$$number \rightarrow digits\ optional\_fraction\ optional\_exponent$$

4. 正规文法和正规式的等价性

正规文法与正规式等价，也即对任意一个正规文法，存在一个定义同一语言的正规式，反之，对任意一个正规式存在一个定义同一语言的正规文法。有些语言可以很容易用正规文法来定义，而有些语言则可以很容易地用正规式来定义，下面介绍两者之间的等价性转化。

算法 2.1　将正规文法转化为等价的正规式

输入： 正规文法 (V_T, V_N, P, S)

输出： 与 (V_T, V_N, P, S) 等价的正规式 r

步骤：

1. 给定一个正规文法 (V_T, V_N, P, S)，利用以下转换规则对文法的产生式进行转换。

① 若 $A \rightarrow xB \in P$，并且 $B \rightarrow y \in P$，则将两个产生式转化为 $A = xy$。

② 若 $A \rightarrow xA \in P$，并且 $A \rightarrow y \in P$，则将两个产生式转化为 $A = x^*y$。

③ 若 A → x∈P，并且 A → y∈P，则将两个产生式转化为 A = x | y。

2. 不断应用规则①～③，直至只剩下一个开始符号定义的正规定义式，并且正规定义式的右部不含非终结符，此时所得到的正规定义式的右部即为所求的等价正规式。

例 2.14 将描述 C 语言标识符的正规文法（2.1）转换成与之等价的正规式。

解：利用算法 2.1 中规则③和连接运算关于或运算满足分配律将

$$rid → letter\ rid\ |\ \_\ rid\ |\ digit\ rid$$

转化为

$$rid → (letter\ |\ \_\ |\ digit)\ rid$$

从而有

$$rid → (letter\ |\ \_\ |\ digit)\ rid\ |\ ε$$

由算法 2.1 中规则②可得

$$rid → (letter\ |\ \_\ |\ digit)^*$$

同理，利用算法 2.1 中规则③和连接运算关于或运算满足分配律将

$$id → letter\ rid\ |\_\ rid$$

转化为

$$id → (letter\ |\_)\ rid$$

由算法 2.1 中规则①将

$$id → (letter\ |\_)\ rid，rid → (letter\ |\ \_\ |\ digit)^*$$

转化为

$$id → (letter|\_)(letter|\_|digit)^*$$

则 (letter|_)(letter|_|digit)* 即为所求正规式。

算法 2.2 将 ∑ 上的正规式 r 转化为等价的正规文法（V_T, V_N, P, S）

输入：∑ 上的正规式 r

输出：与 r 等价的正规文法（V_T, V_N, P, S）

步骤：

1. 令 V_T = ∑，对任何正规式 r，选择一个非终结符，比如 S，生成 S → r，并将 S 作为文法的开始符号。

2. 按照如下规则对 S → r 以及分解过程中所产生的各个正规定义式进行分解。

① 若 x、y 是正规式，对形如 A → xy 的产生式，重写为 A → xB，B → y，其中 B 为新的非终结符。

② 若 x、y 是正规式，对于形为 A → x*y 重写为 A → xA，A → y。

③ 若 x、y 是正规式，对于形为 A → x|y 重写为 A → x，A → y。

3. 不断应用分解规则①～③对各个正规定义式进行分解，直到每个正规定义式右端只含一个语法变量（即符合正规文法产生式的形式）为止。

例 2.15 将描述 C 语言标识符的正规式 (letter | _)(letter |_ | digit)* 转换成相应的正规文法。

解：根据算法 2.2，引入 id 作为要转化的正规文法的开始符号，并生成

$$id → (letter\ |\ \_)(letter\ |\ \_\ |\ digit)^*$$

利用算法 2.2 中的规则①和规则②，引入非终结符 rid，将上述正规式分解为

$$id → (letter\ |\ \_)\ rid$$

$$rid \rightarrow (letter \mid \_ \mid digit)\ rid \mid \varepsilon$$

执行连接运算对"|"运算的分配律可得

$$id \rightarrow letter\ rid \mid \_\ rid$$

$$rid \rightarrow letter\ rid \mid \_\ rid \mid digit\ rid \mid \varepsilon$$

综上可得,产生 C 语言标识符的正规文法为 ({letter, _, digit}, {id, rid}, P, id),其中 P 是由如下产生式组成的集合

$$id \rightarrow letter\ rid \mid \_\ rid$$

$$rid \rightarrow letter\ rid \mid \_\ rid \mid digit\ rid \mid \varepsilon$$

2.2.3 单词符号的识别:超前搜索

由于程序设计语言中的某些单词符号可能存在公共前缀,因此,词法分析器在读取单词时,为了判断是否已读入整个单词的全部字符,常采取向前多读取字符并通过读取的字符来判别,即所谓超前搜索技术。

1. 基本字识别

像 Fortran 语言对关键字不加保护,关键字和用户自定义的标识符或标号之间可以没有特殊的界符做间隔。为了识别关键字,就需要进行超前搜索。

例如:

1)DO99K = 1,10

2)DO99K = 1.10

前者是循环语句,相当于 C 语言的 "for (K=1;K<=10;K++)",其循环体为从当前语句开始到标号为 99 的语句结束。后者是赋值语句,相当于 C 语言的 "DO99K=1.10"。语句 1 和语句 2 的区别在于等号之后的第一个界符:前者为逗号,后者不是逗号。为了从语句 1 中识别出关键字 DO,必须超前扫描多个字符,直到能够确定词性为止。对于语句 1 和语句 2,不能当发现字母 D 和 O 时就立即将其识别为关键字 DO,而是应该超前扫描,跳过所有的字母和数字,看是否有等号。如果有等号,则开始的 DO 就有可能是关键字,继续往前搜索,若下一个界符是逗号,可将 DO 识别为关键字。否则,DO 构不成关键字,即它只是用户自定义的标识符的前两个字符。

2. 标识符识别

多数语言将标识符定义为以字母开头的字母和数字串,而且在程序中标识符后跟界符或算符,因此标识符的识别大多没有困难。

3. 常数识别

按照值的类型不同,常数可以划分为算术常数、逻辑常数和字符串常数。其中,算术常数是指数值型常数,通常包括整数、实数和复数。逻辑常数只有真和假两种取值。字符串常数是程序设计语言中的有效字符组成的任意字符串,为了与标识符相区别,有时候用引号把字符串常数括起来。例如,"string"就是一个由 6 个字母组成的字符串常数。

多数语言的算术常数可以直接识别,但有些语言的算术常数也要超前搜索。比如,像 Fortran 程序段中 6.EQ.M,只有超前扫描到 Q 时才能断定 6 是一个整常数,这是因为实数 6.E3 与 6.EQ.M 的前三个字符完全一样,其中 6.EQ.M 表示"6=M"是否成立的关系表达式,而 6.E3 是表示常数 6.0×10^3。

逻辑常数和用引号括起来的字符串常数通常都很容易识别,但是对于某些单词的识别需要理解词头的含义,比如,Fortran 语言的文字常量 $nHa_1a_2\cdots a_n$,当词法分析器读到后面紧跟

H 的无符号型整常数时，首先需将这个常数的值翻译出来，然后把 H 后面的 n 个（n 为该整常数的值）字符取出来，作为字符串常数输出。

4. 算符和界符的识别

对于由多个字符组成的算符或界符，如 ++、:=、.EQ.、--、>=，词法分析器需要将它们识别为一个单词符号，而这些单词与其他单词拥有相同的前缀。比如"+"是"++"和"+"的公共前缀。因此也需要利用超前搜索技术来进行识别。

2.2.4 状态转换图及其实现

构造词法分析器首先需要将描述单词符号的正规文法或者正规式转化为状态转换图，然后再依据状态转换图进行词法分析器的构造。所谓的状态转换图是一个有限方向图，结点代表状态，用圆圈表示；状态之间用箭弧连接，箭弧上的标记（字符）代表射出结点状态下可能出现的输入字符或字符类。一张转换图只包含有限个状态，其中有一个为初态，至少要有一个终态（用双圈表示）。

1. 由正规文法构造状态转换图

这里以右线性文法为例，说明如何构造状态转换图。具体见算法 2.3。

算法 2.3   构造右线性文法的状态转换图

输入：右线性文法 $G = (V_T, V_N, P, S)$

输出：文法 G 的状态转换图

步骤：

1. 状态集合的构成。

对文法 G 的每一个非终结符号设置一个对应的状态，文法的开始符号对应的状态称为初态，增加一个新的状态，称为终态。

2. 状态之间边的形成。

对于右线性文法 G 中所包含三种形式的产生式，即 $A \to aB$，$A \to a$，$A \to \varepsilon$，执行如下操作：

① 对于形如 $A \to aB$ 的产生式，画一条从状态 A 到状态 B 标记为 a 的边。

② 对于形如 $A \to a$ 的产生式，画一条从状态 A 到终态标记为 a 的边。

③ 对于形如 $A \to \varepsilon$ 的产生式，画一条从状态 A 到终态标记为 ε 的边。

例 2.16   依据算法 2.3，对于产生 C 语言标识符的正规文法（2.1），将非终结符 id 和 rid 分别用标号为 0 和 1 的状态来表示，引入状态 2 表示终态。对于文法（2.1）中的产生式

$$id \to letter\ rid\ |\ \_\ rid$$

从状态 0 到状态 1 画一条标记为 letter | _ 的有向边。

对于产生式

$$rid \to letter\ rid\ |\ \_\ rid\ |digit\ rid$$

从状态 1 到状态 1 画一条标记为 letter | _ | digit 的有向边。

对于产生式

$$rid \to \varepsilon$$

从状态 1 到状态 2 画一条标记为 ε 的有向边。从而可以得到正规文法（2.1）的状态转换图，如图 2-4 所示。

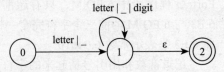

图 2-4   正规文法（2.1）的状态转换图

例 2.17   依据算法 2.3，对于产生无符号数的正

规文法（2.2），将非终结符 num、num1、num2、num3、num4、digits、num5 分别用标号为 0 ～ 6 的状态来表示，引入状态 7 表示终态。

对于产生式

$$num \rightarrow digit\ num1$$

从状态 0 到状态 1 画一条标记为 digit 的有向边。

对于产生式

$$num1 \rightarrow digit\ num1\ |\ .\ num2\ |\ E\ num4\ |\ \varepsilon$$

分别从状态 1 到状态 1 画一条标记为 digit 的有向边，从状态 1 到状态 2 画一条标记为 "."的有向边，状态 1 到状态 4 画一条标记为 E 的有向边，状态 1 到状态 7 画一条标记为 ε 的有向边。对于剩余的产生式做类似处理，可以得到正规文法（2.2）的状态转换图，如图 2-5 所示。

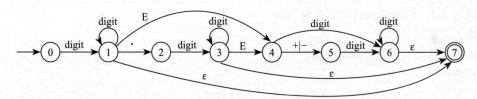

图 2-5　正规文法（2.2）的状态转换图

在词法分析过程中，通常为了表示一些例外情况，允许在状态转换图的某些边上标记 other，若离开状态 s 的某条边上标记为 other，则 other 表示离开 s 的其他边标记的字符以外的任意符号。这样 C 语言标识符和无符号数的状态转换图又可以分别表示为图 2-6 和图 2-7。其中，终态结点上的标记 "*"表示多读了一个与当前单词符号无关的字符，由于这个无关字符是下一个单词的开始符号，所以必须把它退还给输入串。

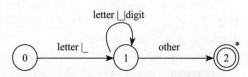

图 2-6　C 语言标识符的状态转换图

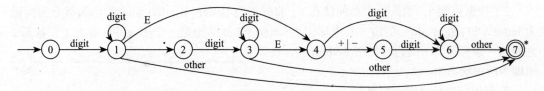

图 2-7　无符号数的状态转换图

2. 由正规式构造状态转换图

根据正规式的意义和状态转换图中状态及其变换的意义，下面是正规式到状态转换图的基本转化规则。其中 a、r、s 都是 ∑ 上的正规式，并且 a∈∑。

1）∅ 对应的状态转换图如图 2-8a 所示。

2）ε 对应的状态转换图如图 2-8b 所示。

3）a 对应的状态转换图如图 2-8c 所示。

4）r | s 对应的状态转换图如图 2-8d 所示。

5）rs 对应的状态转换图如图 2-8e 所示。

6）r^* 对应的状态转换图如图 2-8f 所示。

7）r^+ 对应的状态转换图如图 2-8g 所示。

8）rs* 对应的状态转换图如图 2-8h 所示。

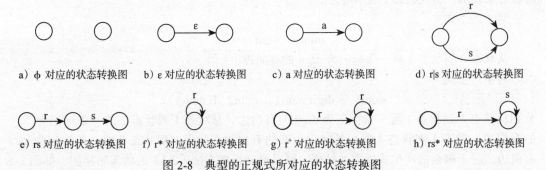

a）φ 对应的状态转换图　　b）ε 对应的状态转换图　　c）a 对应的状态转换图　　d）r|s 对应的状态转换图

e）rs 对应的状态转换图　　f）r* 对应的状态转换图　　g）r⁺ 对应的状态转换图　　h）rs* 对应的状态转换图

图 2-8　典型的正规式所对应的状态转换图

算法 2.4　构造正规式的状态转换图

输入：正规式 r

输出：正规式 r 的状态转换图

步骤：

1. 设置一个开始状态和一个终止状态，从开始状态到终止状态引一条有向边，边上标记为待转换正规式 r。

2. 检查图中边的标记，如果相应的标记不是单个字符、∅、ε 或用 "|" 连接的字符，则根据基本规则 1～8 进行替换，直到图中不再存在不满足要求的边。按照习惯，如果一条边上标记的是 ∅，这个边就不用画出来。

例 2.18　请给出描述 C 语言标识符的正规式 (letter|_)(letter|_|digit)* 相应的状态转换图。

解：依据算法 2.4，按照如下过程构造状态转换图。

1）先构造开始状态 0 和终止状态 2，并在两状态之间添加一条标记为 (letter|_)(letter|_|digit)* 的边，如图 2-9a 所示。

2）依据规则 h，引入一个新的状态 1，将标记为 (letter|_)(letter|_|digit)* 的边拆分为标记为 letter|_ 和 letter|_|digit 的边，其中标记为 letter|_|digit 的边是一个圈，并在状态 1 和状态 2 之间加一条标记为 ε 的边，如图 2-9b 所示，该图即为所求状态图。

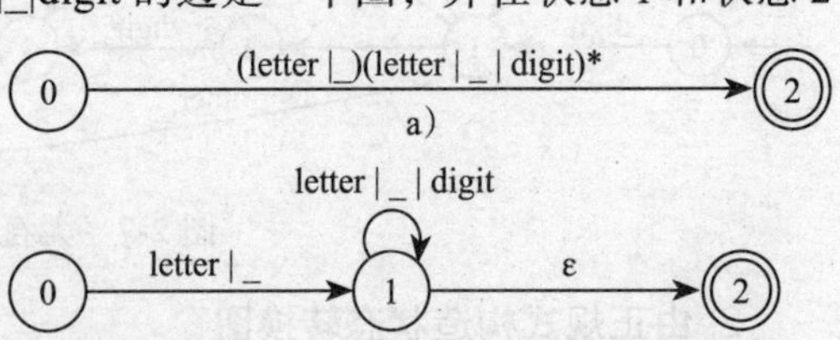

3. 利用状态转换图识别单词

一个状态转换图可以用来识别或者接收某个字符串。具体过程如下：

1）从初始状态出发。

2）读入一个字符。

3）按当前字符转入下一状态。

4）重复步骤 2～3 直到无法继续转移为止。

图 2-9　(letter|_)(letter|_|digit)* 状态图的构造

在遇到读入的字符是单词的界符时，若当前状态是终止状态，说明读入的字符组成了一个单词；否则，说明输入字符串不符合词法规则。

例 2.19　识别 C 语言标识符的状态转换图如图 2-6 所示，其中 0 为初态，2 为终态。这个转换图识别标识符的过程是：从初态 0 出发，读入一个输入字符，如果输入字符是字母或者下划线，则转移到状态 1；在状态 1 下读入一个输入字符，如果输入字符是字母、下划线或者数字，则仍然转移到状态 1，直到读入非字母、下划线或者数字的字符，然后转移到终态 2（终态 2 上的星号（*）表示此时还要把超前读出的字符退回，即搜索指针回调一个字符位置）。这意味着已经识别出来一个标识符，宣布识别成功。

将从状态转换图的初始状态出发到达终态的所有可能路径上的标记依次连接成的字符串所组成的集合就是该状态转换图能够识别的所有单词，此集合也就是该状态转换图所识别的语言。

大多数程序语言的单词符号都可以用状态转换图予以识别。这里以一个 C 语言子集作为例子，来说明如何编写词法分析程序。主要步骤是：首先给出描述该子集中各种单词符号的词法规则，其次构造其状态转换图，然后根据状态转换图编写词法分析器。

表 2-1 列出了这个 C 语言子集的所有单词符号以及它们的种别编码和内码值。由于直接使用整数编码不利于记忆，故该例中用一些称为助忆符的特殊符号来表示种别编码，每个助忆符均以 $ 开始。

该语言子集所包含的单词符号有：

1）标识符：以字母、下划线开头的字母、数字和下划线组成的符号串。

2）关键字：标识符的子集，包括 while、for、if、else、switch、case。

表 2-1 C 语言子集的单词符号及内码值

单词符号	种别编码	助忆符	内码值
while	1	$while	—
for	2	$for	—
if	3	$if	—
else	4	$else	—
switch	5	$switch	—
case	6	$case	—
标识符	7	$id	id 在符号表中的位置
无符号整数	8	$num	num 在常数表中的位置
*	9	$star	—
+	10	$plus	—
−	11	$minus	—
=	12	$assign	—
<	13	$relop_lt	—
<=	14	$relop_le	—
==	15	$relop_eq	—
;	16	$comma	—

3）无符号整数：由 0 ～ 9 数字组成的字符串。

4）关系运算符：<、<=、= =。

5）算术运算符：+、*、−。

6）赋值号如 "="。

7）界符如 ";"。

下面为产生所涉及单词符号的文法的产生式：

1）标识符文法：

$$id \rightarrow letter\ rid\ |\ \_\ rid$$
$$rid \rightarrow letter\ rid\ |\_\ rid\ |digit\ rid\ |\ \varepsilon$$

2）无符号整数文法：

$$digits \rightarrow digit\ rdigit$$
$$rdigit \rightarrow digit\ rdigit\ |\varepsilon$$

3）关系运算符和算术运算符的文法：

$$op \rightarrow *\ |\ +\ |\ -\ |\ <\ |\ <equal\ |\ =equal$$
$$equal \rightarrow =$$

4）赋值号文法：

$$assign\_op \rightarrow =$$

5）界符文法：

$$single \rightarrow ;$$

所得到的状态转换图如图 2-10 所示。在状态 2 时，所识别出的标识符应先与表 2-1 的前六项逐一比较，若匹配，则该标识符是一个保留字，否则就是标识符。如果是标识符，应先查符号表，看表中是否有此标识符。若表中无此标识符，则将它登录到符号表中，然后返回其在符号表中的入口指针（地址）作为该标识符的内码值；若表中有此标识符，则返回其在符号表中的入口指针。在状态 4 时，应将识别的常数转换成二进制常数并将其登录到常数表，然后返回其在常数表中的入口指针作为该常数的内码值。

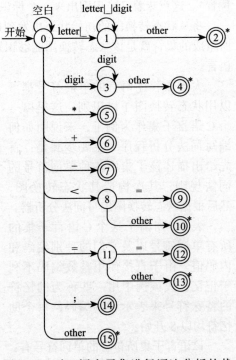

图 2-10 对 C 语言子集进行词法分析的状态转换图

4. 状态转换图的实现

状态转换图非常易于实现，最简单的方法是为每个状态编写一段程序。下面首先引进一组变量和过程：

1）ch 字符变量：存放最新读入的源程序字符。

2）strToken 字符数组：存放构成单词符号的字符串。

3）GetChar() 子程序过程：把下一个字符读入 ch 中。

4）GetBC() 子程序过程：每次调用时，检查 ch 的字符是否为空白符，若是空白符，则反复调用 GetChar()，直至 ch 中读入一非空白符。

5）Concat() 子程序过程：把 ch 中的字符连接到 strToken。

6）IsLetter()、IsDigital() 和 IsUnderline 布尔函数：判断 ch 中字符是否为字母、数字或下划线。

7）Reserve() 整型函数：对于 strToken 中的字符串查找表的前六项（即判断它是否为保留字），若它是保留字则给出它的编码，否则返回 0。

8）Retract() 子程序：把搜索指针回调一个字符位置。

9）InsertId 整型函数：将 strToken 中的标识符插入符号表，返回符号表指针。

10）InsertConst 整型函数：将 strToken 中的常数插入常数表，返回常数表指针。

11）Error( )：出现非法字符则显示出错信息。

对于不含回路的分支状态来说，可以用一个 switch( ) 语句或一组 if-else 语句实现。例如，图 2-11 的状态 i 所对应的 switch 语句如下：

```
ch=GetChar( );
switch (ch)
{ case 'a':
 case 'b':
 ...
 case 'z':
```

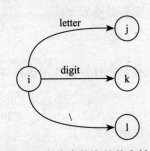

图 2-11 含有分支状态的状态转换图

```
…实现状态 j 功能的语句…;
 case '0':
 case '1':
…
 case '9':
 …实现状态 k 功能的语句…;
case '\':
…实现状态 l 功能的语句…;
 }
```

对于含回路的状态来说，可以让它对应一个 while 语句。例如，图 2-12 的状态 i 所对应的 while 语句如下：

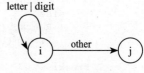

```
ch=GetChar( );
while (IsLetter(ch) || IsDigit( ch))
     GetChar ( );
     …实现状态 j 功能的语句…;
```

图 2-12　含有回路状态的状态转换图

终态一般对应一个 return( ) 语句；return 意味着从词法分析器返回到调用段，一般指返回到语法分析器。

相对于图 2-10 的词法分析器构造如下：

```
int code,;
char ch;
char * strToken;
strToken= " ";                      /* 对 strToken 数组初始化 */
ch=GetChar();
GetBC();                            /* 滤除空格 */
if (IsLetter(ch) || IsUnderline(ch))
{       while (IsLetter(ch) || IsDigit(ch) || IsUnderline(ch))
        {
        Concat();                   /* 将当前读入的字符送入 strToken 数组 */
        GetChar();
        }
        Retract();                  /* 扫描指针回退一个字符 */
        code=Reserve();
        if (code = = 0)
        {
        return (7,InsertId(strToken));
        }
        else
        return (code,-);
}
else if (IsDigit(ch))
{
        while (IsDigit())
        {
        Concat( );
        GetChar( );
        }
        Retract();
        return(8,InsertConst(strToken));
}
else
switch(ch)
{
    case '*':  return(9,-); break;
    case '+':  return(10,-); break;
    case '-':  return(11,-); break;
    case '=':  ch=getchar();
```

```
            if (ch= ='=')
            return(15,-);
            else
            { Retract();
              return(12,-);
            }
        break;
        case'<':  ch=getchar();
            if (ch= ='=')
              return(14,-);
            else
            { Retract();
              return(13,-);
            }
        break;
        case'<': return(16,-); break;
        default:  Error ( ); break;
    }
```

2.3 有穷自动机

前面在介绍词法分析程序的手工实现时引入了状态转换图，为了讨论词法分析器的自动生成，需要将上述状态图的概念形式化，即引入有穷自动机。有穷自动机分为确定的有穷自动机和非确定的有穷自动机。

2.3.1 确定的有穷自动机

定义 2.9（确定的有穷自动机（Deterministic Finite Automaton，DFA）） 一个确定的有穷自动机 M 是一个五元式 $M =(Q，\sum，\delta，q_0，F)$，其中：

1）Q 是一个有穷状态集，它的每一个元素称为一个状态。

2）$\sum$ 是一个输入字母表，它的每个元素称为一个输入字符。

3）δ 是从 $Q \times \sum$ 到 Q 的单值部分映射，称为状态转换函数，$\delta(p,a)=q$ 表示当前状态为 p，输入符号为 a 时，自动机将转换到下一个状态 q，q 称为 p 的一个后继。

4）$q_0 \in Q$ 是唯一的初态（又称为开始状态）。

5）$F \subseteq Q$，称之为终止态集，其可为空。

之所以称为确定的有穷自动机，是因为 δ 为一个单值映射。DFA 可用状态转换图来表示，假定 DFA M 含有 m 个状态和 n 个输入字符，那么，与之相对应的状态转换图含有 m 个状态结点，每个结点最多含有 n 条箭弧射出，且每条箭弧用 $\sum$ 上的不同输入字符来作标记。状态转换图在计算机上有不同的实现方法，最简单的实现方法是转换表（转移矩阵），其行表示状态，列表示输入字符，表的内容对应相应的状态转移函数值。

例 2.20 DFA M=({0, 1, 2}, {letter, digit, −, other}, δ, 0, {2})，其中，δ 定义如下：

$$\delta(0, letter)=1 \qquad \delta(0, -)=1 \qquad \delta(1, letter)=1$$
$$\delta(1, dight)=1 \qquad \delta(1, -)=1 \qquad \delta(1, other)=2$$

其状态转移矩阵见表 2-2，所对应的状态转换图如图 2-6 所示。

不难看出，字符串 *w* 被 DFA M 接受的充分必要条件是在 M 的状态转换图中存在一条从开始状态到某一个终态的有向路，该有向路上所有弧上的标记符连接成的字等于 *w*。若 M 的初态结点同时又是终态结点，则空字 ε 可为 M 所识别（接收）。DFA M 所识

表 2-2 例 2.20 中 DFA 的状态转移矩阵

	letter	digit	−	other
0	1		1	
1	1	1	1	2

别的字的全体称为其所识别的语言，记作 L(M)。例 2.20 中自动机所识别的语言即为所有以字母或下划线开头的字母、数字和下划线组成串的集合。

2.3.2　非确定的有穷自动机

若状态转换函数是一个多值函数，且输入可允许为 ε，则有穷自动机是不确定的，即在某个状态下，对于某个输入字符存在多个后继状态。

定义 2.10（非确定的有穷自动机 (Non-deterministic Finite Automaton，NFA)） 一个非确定有穷自动机 M 是一个五元式 $M=(Q, \sum, \delta, q_0, F)$，其中：

1）Q 是一个有穷状态集，它的每一个元素称为一个状态。

2）$\sum$ 是一个输入字母表，它的每个元素称为一个输入字符。

3）$\delta: Q \times (\sum \cup \{\varepsilon\}) \rightarrow 2^Q$，对 $\forall (q, a) \in Q \times (\sum \cup \{\varepsilon\})$，$\delta(q, a) = \{p_1, p_2, \cdots, p_m\}$ 表示 M 在状态 q 读入字符 a，可以选择地将状态变成 p_1 或者 p_2 或者 p_m。

4）$q_0 \in Q$ 是唯一的一个初态。

5）$F \subseteq Q$，F 称为终止态集，其可为空。

同样，NFA 可用状态转换图来表示。假定 NFA M 含有 m 个状态和 n 个输入字符，那么这个图含有 m 个状态结点；同一个字符或者空字可能出现在同一状态射出的多条弧上。对于 $\sum^*$ 中的任何字 α，若存在一条从某一初态到某一终态的道路，且这条路上所有弧上的标记符连接成的字（忽略那些标记为 ε 的字）等于 α，则称 α 为 NFA M 所识别（接收）。若 M 的初态结点同时又是终态结点，或者存在一条从某一初态到某一终态的 ε 道路，则空字 ε 可为 M 所识别（接收）。NFA M 所识别的字的全体称为其所识别的语言，记做 L(M)。

例 2.21　NFA $M=(\{0, 1, 2\}, \{a, b\}, \delta, 0, \{2\})$，其中，δ 定义如下：

$$\delta(0, a) = \{0, 1\} \qquad \delta(1, b) = \{1, 2\}$$

其状态转移矩阵见表 2-3，所对应的状态转换图如图 2-13 所示。该非确定自动机所识别的语言为 $\{a^m b^n \mid m, n \geq 1\}$。

例 2.22　NFA $M=(\{0, 1, 2, 3, 4, 5, 6, 7\}, \{+, -, digit, ., E\}, \delta, 0, \{\varepsilon\})$，其中 δ 定义如下：

$\delta(0, digit) = \{1\}$	$\delta(1, digit) = \{1\}$
$\delta(1, .) = \{2\}$	$\delta(1, E) = \{4\}$
$\delta(1, \varepsilon) = \{7\}$	$\delta(2, digit) = \{3\}$
$\delta(3, digit) = \{3\}$	$\delta(3, E) = \{4\}$
$\delta(3, \varepsilon) = \{7\}$	$\delta(4, +) = \{5\}$
$\delta(4, -) = \{5\}$	$\delta(4, digit) = \{6\}$
$\delta(5, digit) = \{6\}$	$\delta(6, digit) = \{6\}$
$\delta(6, \varepsilon) = \{7\}$	

其状态转移矩阵见表 2-4，所对应的状态转换图如图 2-5 所示，该非确定自动机所识别的语言为无符号常数组成的集合。

表 2-3　例 2.21 中 NFA 的状态转移矩阵

	a	b
0	{0, 1}	
1		{1, 2}

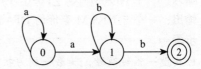

图 2-13　例 2.21 中 NFA 所对应的状态转换图

表 2-4　例 2.22 中 NFA 的状态转移矩阵

	+	-	digit	.	E	ε
0			{1}			
1			{1}	{2}	{4}	{7}
2			{3}			
3			{3}		{4}	{7}
4	{5}	{5}	{6}			
5			{6}			
6			{6}			{7}

2.3.3　NFA 到 DFA 的转化

由定义可知 DFA 是 NFA 的特例，而对于每个 NFA M 存在一个 DFA M'，使得 L(M)= L(M')，亦即 DFA 与 NFA 描述能力相同。下面介绍一种将 NFA 转化成等价的 DFA 的方法，该方法称为子集构造法。其基本思想是：

1）DFA 的一个状态对应 NFA 的一个状态集合。

2）读了输入 $a_1 a_2 \cdots a_n$ 后，NFA 能到达的所有状态为 s_1、s_2、$\cdots$、s_k，则 DFA 读了输入 $a_1 a_2 \cdots a_n$ 后到达状态 $\{s_1, s_2, \cdots, s_k\}$。

在未介绍该方法之前，首先介绍与状态集合 I 相关的几个函数。

定义 2.11（状态子集 I 的 ε-闭包） 设 I 是有穷自动机 M 的状态集的一个子集，定义 I 的 ε-闭包 ε-closure(I) 为：

1）若 $s \in I$，则 $s \in$ ε-closure(I)。

2）若 $s \in I$，则从 s 出发经过任意条 ε 弧而能到达的任何状态 s' 都属于 ε-closure(I)。

即 ε-closure(I)=I ∪ {s'| 从某个 $s \in I$ 出发经过任意条 ε 弧能到达 s'}。

定义 2.12（状态子集 I 的 I_a） 给定一个有穷自动机 M=$(Q, \sum, \delta, q_0, F)$，设 a 是 $\sum$ 中的一个字符，I 是 Q 的一个子集，定义

$$I_a = \text{ε-closure}(J)$$

其中，J 为从 I 中的状态出发经过一条 a 弧而到达的状态集合。

例 2.23 图 2-14 为一个 NFA 所对应的状态转换图，已知 I=ε-closure({1})={1，2}，试求 I_a。

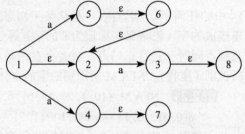

解：由定义 2.12 可得，从状态 I 中的状态 1 或状态 2 出发经过一条 a 弧而能到达的状态集 J 为 {5，4，3}。

再由定义 2.11 可得 I_a = ε-closure(J)= ε-closure ({5，4，3})={5，4，3，6，2，7，8}。

下面给出将 NFA 转化成等价的 DFA 的子集构造法。

图 2-14　例 2.23 中的状态转换图

算法 2.5　从 NFA 到 DFA 的子集构造法

输入：一个 NFA M=$(Q, \sum, \delta, q_0, F)$

输出：一个与 NFA M 等价的 DFA D

步骤：

1. 构造一张转换表，其第一列为状态子集 I，对不同的 a ($a \in \sum$) 在表中单设一列 I_a。

2. 置表的第一行第一列为 ε-closure($\{q_0\}$)。

3. 根据第一列中的 I 为每一个 a 求其 I_a 并记入对应的 I_a 列中，如果此 I_a 不同于第一列已存在的所有状态子集 I，则将其填入后面空行的第一列。

4. 重复步骤 3 直至所有状态子集 I_a 全部出现在第一列为止。

5. 重新命名该表中的每一状态子集，得到一个新的状态转换矩阵，该矩阵唯一刻画了一个确定的有穷自动机 D，它的初态是子集 ε-closure($\{q_0\}$) 所对应的状态，它的终态是含有原终态集 F 中元素的子集所对应的状态。

例 2.24 利用子集构造法将例 2.22 中的 NFA 转化为等价的 DFA。

解：用子集构造法将例 2.22 的 NFA M 确定化为表 2-5。对表 2-5 中的所有子集重新命名，得到如表 2-6 所示的状态转换矩阵。与表 2-6 相对应的状态转换图如图 2-15 所示，该图所对应的 DFA 即为所求。

表 2-5　例 2.24 的状态转换表

I	I+	I-	I_d	I.	I_E	I	I+	I-	I_d	I.	I_E
{0}	—	—	{1, 7}	—	—	{3, 7}	—	—	{3, 7}	—	{4}
{1, 7}	—	—	{1, 7}	{2}	{4}	{5}	—	—	{6, 7}	—	—
{2}	—	—	{3, 7}	—	—	{6, 7}	—	—	{6, 7}	—	—
{4}	{5}	{5}	{6, 7}	—	—	—	—	—	—	—	—

表 2-6　例 2.24 的状态转换矩阵

I	I+	I-	I_d	I.	I_e	I	I+	I-	I_d	I.	I_e
0	—	—	1	—	—	4	—	—	4	—	3
1	—	—	1	2	3	5	—	—	5	—	—
2	—	—	4	—	—	6	—	—	6	—	—
3	5	5	·6								

2.3.4　DFA 的化简

对于同一个正规语言可以由不同的有穷自动机所识别，识别同一个语言的多个自动机中，有的状态数目比较多，有的状态数目比较少，是否可以将状态数目比较多的自动机转化为等价的状态比较少的自动机呢？从理论上讲，每一个正规语言都可以由一个状态数最少的 DFA 所识别，而且这个 DFA 是唯一的。本节将介绍一种将 DFA 状态化简到最少的方法。首先介绍几个相关概念。

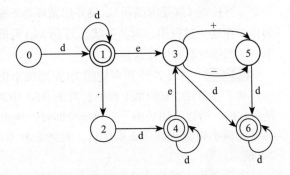

图 2-15　例 2.24 的 DFA

定义 2.13（状态等价和状态可区别）　对于一个给定的 DFA $M = (Q, \sum, \delta, q_0, F)$，定义状态集 Q 上的等价关系如下：对于 $p, q \in Q$，若对每个 $x \in \sum^*$，$\delta(p, x) \in F$ 当且仅当 $\delta(q, x) \in F$，则称 p 和 q 等价，记作 $p \equiv q$。否则，称 p 和 q 为可区别的。

上述定义的意思是说，从 DFA M 的两个状态 p 和 q 出发，在读过任何字符串 x 以后，它们或者都到达 M 的终态，或者都不到达 M 的终态，此时称 p 和 q 等价。需要注意的是，定义 2.13 并不要求对一切字符串 x，都将 p 和 q 同时引向终态，或同时引向非终结状态。例如，对某个字符串 x_1，它将 p 和 q 同时引向终结状态，而对另一个字符串 x_2，它将 p 和 q 同时引向非终结状态，这是不违反 p 和 q 等价的要求的。相反的是，只要有一个字符串 x，使得 $\delta(p, x)$ 在 F 中，而 $\delta(q, x)$ 不在 F 中，这就肯定 p 和 q 不等价了。从定义 2.13 也可明显看出，对任何一个 DFA，其终态与非终态永远不会等价（也就是它们是可区别的）。例如，$p \in F$，$q \notin F$，取 $\varepsilon \in \sum^*$，则 $\delta(p, \varepsilon) = p \in F$，而 $\delta(q, \varepsilon) = q \notin F$。所以 p 和 q 不等价。

对一个 DFA M 最少化的基本思想是把 M 的状态集划分为一些不相交的子集，使得任何两个不同子集的状态是可区别的，而同一子集的任何两个状态是等价的。最后，从每个子集选出一个代表，同时消去其他状态。下面是确定 DFA 状态集上所有状态对是否等价的极小化算法。

算法 2.6　极小化算法

输入：一个 DFA $M = (Q, \sum, \delta, q_0, F)$

输出：DFA M 所有等价状态对

步骤：

1. 为所有状态对 (p，q) (p，q∈Q) 画一张表，开始时表中每个格子内均为空白（未做任何标记）。

2. 对 p∈F，q∉F 的一切状态对 (p，q)，在相应的格子内做标记（例如画一个"×"）。

3. 重复下述过程，直到表中内容不再改变为止：如果存在一个未被标记的状态对 (p，q)，且对于某个 a∈∑，(δ(p，a)，δ(q，a)) 已做了标记，则在 (p，q) 相应的格子内做标记。

4. 在完成步骤 1、2、3 之后，所有未被标记的状态对 (p，q) 都是等价的，即 p≡q。

对上述算法有以下几点说明。在第 2 步，因为终态和非终态肯定是不等价的，所以对这些状态对首先做了标记。第 3 步是算法的主体，它由三重循环构成。中循环是扫描代表状态对的所有格子，如果存在一个尚未被标记的状态对 (p，q)，则对于所有的 a∈∑，检查 (δ(p，a)，δ(q，a)) 是否已做了标记，如果已做了标记，则在 (p，q) 相应的格子内做标记；否则，对下一个 a 再检查（这是内循环）。最外层循环是不断重复中循环的工作，直到表中内容不再改变为止。在这一过程中，对某些状态对 (p，q) 可能查看多次，因为这一轮扫描时未被标记，到下一轮扫描时就有可能被标记。

例 2.25　对图 2-16 所对应的 DFA 用极小化算法进行化简。

解：在算法 2.6 的第 1 步中，对该 DFA 中的 6 个状态建立一个空白表，因为两状态等价是对称的，所以只用表的下三角部分即可，如表 2-7 所示。

在极小化算法的第 2 步之后，对终态和非终态的状态对的格子内做了标记，结果如表 2-8 所示。

在第 3 步，找出表 2-8 中尚未标记的状态对，例如 (0，3)，对于 a∈∑，有 δ(0，a)=1，δ(3，a)=5，因为 (1，5) 未被标记，所以现在也不能标记 (0，3)。对于 b∈∑，有 δ(0，b)=2，δ(3，b)=5，因为 (2，5) 未被标记，所以现在仍不能标记 (0，3)。由于 ∑ 中只有 a、b 两个符号，故 (0，3) 暂时无法标记。基于同样的理由 (0，4) 和 (1，2) 也不能被标记。但是对于 (1，5)，对 a∈∑，有 δ(1，a)=3，δ(5，a)=5，而此时 (3，5) 已被标记，所以 (1，5) 也应被标记，对于 b 就不用再看了。类似地，可以标记 (2，5)。接下来看 (3，4)，对于 a∈∑，有 δ(3，a)=5，δ(4，a)=5，因为 (5，5) 等价，所以现在不能标记 (3，4)。对于 b∈∑，也有同样情况，因此暂时无法标记 (3，4)。至此，表中的情况如表 2-9 所示。

现在开始下一遍考察。对于 (0，3)，仍与上次一样，有 δ(0，a)=1，δ(3，a)=5。但此时 (1，5) 已于上一遍被标记，所以这

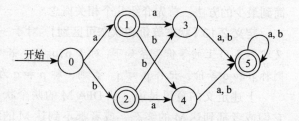

图 2-16　例 2.25 的未化简的 DFA

表 2-7　等价状态计算的第 1 步

	0	1	2	3	4
1	—				
2	—	—			
3	—	—	—		
4	—	—	—	—	
5	—	—	—	—	—

表 2-8　等价状态计算的第 2 步

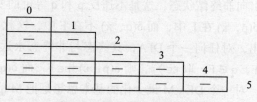

	0	1	2	3	4
1	×				
2	×	—			
3	—	×	×		
4	—	×	×	—	
5	×	—	—	×	×

一遍我们标记 (0，3)。类似地，可以标记 (0，4)。至于其他状态 (1，2) 和 (3，4)，经考察仍不能做标记，这一遍结束。再做一遍仍然不能改变这一情况，所以算法结束。此时表中的情况如表 2-10 所示。

最后得出的结论是：$1 \equiv 2$ 和 $3 \equiv 4$。

从集合 {1，2} 和 {3，4} 中分别选取一个代表，比如 1 和 3。将原来指向 2 和 4 的有向边分别指向 1 和 3，将原来以 2 和 4 为起点的有向边改为以 1 和 3 为起点，从而构造出具有 4 个状态的等价 DFA，如图 2-17 所示。

可以证明从任何一个接受正规语言 A 且没有不可到达状态的 DFA M 出发，施用极小化算法，找出等价状态，然后通过合并等价状态所构造出的 DFA，就是接受 A 的具有最小状态数的 DFA。

表 2-9　等价状态计算的第 3 步（第一遍）

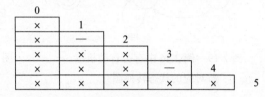

表 2-10　等价状态的计算的最终结果

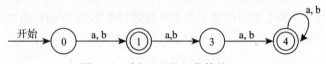

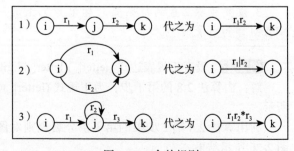

图 2-17　例 2.25 的已化简的 DFA

2.4　正规式和有穷自动机的等价性

正规式和有穷自动机的等价性可以从下面两个方面来说明：

1）对 $\sum$ 上任何 NFA M，都存在 $\sum$ 上一个正规式 r，使得 L(r)=L(M)。

2）对 $\sum$ 上任何正规式 r，都存在 $\sum$ 上一个 NFA M，使得 L(M)=L(r)。

首先介绍如何将 $\sum$ 上的 NFA M，转为 $\sum$ 上一个等价的正规式 r。在未给出具体的转化算法之前先对状态转换图概念进行拓广，令每条弧可用一个正规式作标记。由有穷自动机构造等价的正规式的算法见算法 2.7。

算法 2.7　由有穷自动机构造等价的正规式

输入：一个 NFA M=(Q，$\sum$，δ，q_0，F)

输出：与 NFA M 等价的 $\sum$ 上一个正规式 r

步骤：

1. 在 M 的转换图上加进两个新状态 X 和 Y，从 X 用 ε 弧连接到 M 的初态结点，从 M 的所有终态结点用 ε 弧连接到 Y，从而形成一个新的 NFA，记为 M′，它只有一个初态 X 和一个终态 Y，显然 L(M)=L(M′)。

2. 反复使用如图 2-18 所示的合并规则，逐步消去 M′ 的所有结点，直到只剩下 X 和 Y 为止。

图 2-18　合并规则

3. 最后，X 到 Y 的弧上标记的正规式即为所构造的正规式 r。

例 2.26 已知一个 NFA M 所对应的状态转换图如图 2-19 所示，试利用算法 2.7 构造与该自动机等价的正规式。

解：由算法 2.7 的第 1 步，在 M 的转换图上加进两个新状态 X 和 Y，并分别用 ε 弧将 X 与 M 的初态结点，将 M 的所有终态结点与 Y 连接，从而形成一个新的 NFA，其状态转化图如图 2-20 所示。

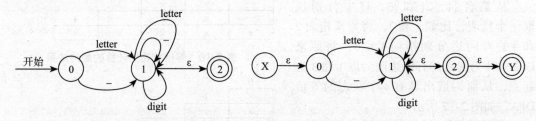

图 2-19　例 2.26 中有穷自动机　　　　图 2-20　利用算法 2.7 第 1 步计算后的结果
　　　　　所对应的状态转换图

利用算法 2.7 第 2 步中的第 2 条合并规则对图 2-20 中的转换图进行合并，可以得到如图 2-21 所示结果。

再反复利用算法 2.7 第 2 步中的第 1 条合并规则对图 2-21 中的转换图进行合并，可以得到如图 2-22 所示结果。

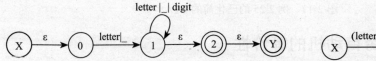 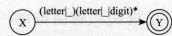

图 2-21　利用算法 2.7 第 2 步中的　　　　图 2-22　利用算法 2.7 第 2 步的
　　　　第 2 条合并规则后的结果　　　　　　　　第 1 条合并规则后的结果

由算法 2.7 的第 3 步可知，(letter|_)(letter|_|digit)* 即为最终所求的正规式。

下面介绍将正规式转换为等价的有限自动机的算法，具体见算法 2.8。

算法 2.8　由正规式构造等价的有穷自动机

输入：$\sum$ 上的一个正规式 r

输出：与 r 等价的 NFA M

步骤：

开始 X —r→ Y

图 2-23　拓广转换图

1. 首先，将正规式 r 表示成如图 2-23 所示的拓广转换图。

2. 按照图 2-24 所示的分裂规则对正规式 r 进行分裂。

3. 重复步骤 2 直到每条弧只标记为 $\sum$ 上的一个字符或 ε，此时得到转换图所对应的 NFA M 即为所求。

例 2.27 设有正规表达式 (letter|_)(letter|_|digit)*，试利用算法 2.8 构造与之等价的 NFA。

解：由算法 2.8 的第 1 步，为正规式 (letter|_)(letter|_|digit)* 构造拓广转换图，如图 2-25 所示。

利用算法 2.8 第 2 步中的第 1 条分裂规则对图 2-25 中的转换图进行分裂，可以得到如图 2-26 所示结果。

利用算法 2.8 第 2 步中的第 2 条和第 3 条分裂规则对图 2-26 中的转换图进行分裂，可以得到如图 2-27 所示结果。

再利用算法 2.8 第 2 步中的第 2 条分裂规则对图 2-27 中的转换图进行分裂，可以得到如图 2-28 所示结果。由算法 2.8 的第 3 步可知，图 2-28 所对应的 NFA 即为所求。

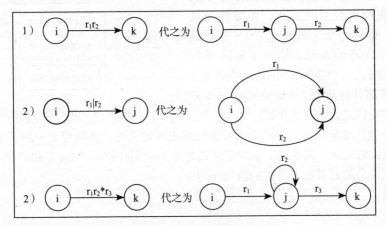

图 2-24　分裂规则

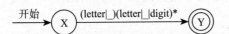

图 2-25　(letter|_)(letter|_|digit)* 的拓广转换图

图 2-26　利用算法 2.8 第 2 步
的第 1 条分裂规则后的结果

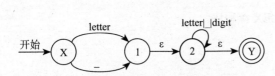

图 2-27　利用算法 2.8 第 2 步的第 2 条和
第 3 条分裂规则后的结果

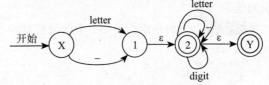

图 2-28　与 (letter|_)(letter|_|digit)*
等价的 NFA 所对应的状态图

2.5　词法分析器的生成器

鉴于各种不同的高级程序语言中单词的总体结构大致相同，基本上都可用一组正规式来描述，因此，人们希望构造一个自动生成系统：对于一个给定的高级语言，只要给出用来描述其各类单词词法结构的一组正规表达式，以及识别各类单词时词法分析程序应采取的语义动作，则该系统便可自动产生此语言的词法分析程序。

1975 年美国 Bell 实验室的 M.Lesk 和 Schmidt 基于正规式与有限自动机的理论研究，用 C 语言研制了一个词法分析程序的自动生成工具 LEX。对任何高级程序语言，用户只需用正规式描述该语言的各个词法类（这一描述称为 LEX 的源程序），LEX 就可以自动生成该语言的词法分析程序。LEX 及其编译系统的作用如图 2-29 所示。

一般而言，LEX 源程序由用 "%%" 分隔的三部分组成：第一部分为声明，第二部分为识别规则，最后一部分为辅助过程。其书写格式为：

```
声明部分
%%
```

识别规则部分
%%
辅助过程部分

其中，声明部分和辅助过程部分是任选的，而识别规则部分是必需的。如果辅助过程部分缺省，则第二个分隔符号"%%"可以省去；但如果无声明部分，第一个分隔符号"%%"不能省去，因为第一个分隔符号是用于指示识别规则部分的开始。下面将对这三部分的内容及其书写格式进行概括介绍。

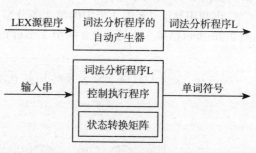

图 2-29　LEX 编译系统的功能

声明部分包括变量说明、标识符常量说明和正规定义等。正规定义中的名字可在识别规则中用作正规式的成分。其中除了正规定义式之外的声明必须用"%{"和"}%"括起来。

识别规则部分是具有如下形式的语句序列：

P_1　{ 动作 1 }
P_2　{ 动作 2 }
…
P_n　{ 动作 n }

其中，P_i 是一个正规式，描述一种单词模式；动作 i 是 C 语言的程序段，表示当一个串匹配模式 P_i 时，词法分析器应执行的动作。

辅助过程是对识别规则的补充，识别规则部分中某些动作需要调用的过程，如果不是 C 语言的库函数，则要在此给出具体的定义。

下面给出一个简单语言的单词符号的 LEX 源程序例子，其输出单词的类别编码用整数编码表示。

例 2.28　下面是识别表 2-1 中单词符号的 LEX 源程序。

```
/* 声明部分 */
letter→A | B | C | … | Z | a | b | c | … | z
digit→0 | 1 | 2 | 3 | … | 9
%%
    /* 识别规则部分 */
    (1) while              {return (1, _);}
    (2) for                {return (2, _l);}
    (3) if                 {return (3, _);}
    (4) else               {return (4, _);}
    (5) switch             {return (5, _);}
    (6) case               {return (6, _);}
    (7) (letter|_)(letter|_|digit)*    {yylval = install_id( );
                           return(7, yylval);}
    (8) digit (digit)*     {yylval = install_num( );
                           return(8, yylval);}
    (9) *                  {return (9, _)}
    (10) +                 {return (10, _)}
    (11) -                 {return (11, _)}
    (12) =                 {return (12, _)}
    (13) <                 {return (13, _)}
    (14) <=                {return (14, _)}
    (15) = =               {return (15, _)}
    (16) ;                 {return (16, _)}
%%
    /* 辅助过程部分 */
    yylval = install_id( ) {
    …
```

```
/* 该过程负责把单词插入符号表并返回指针，yytext 指向该单词的第一个字符，yyleng 给出它的
   长度。如果该单词已经出现在符号表中，则返回指向该单词所在表项的指针，否则为它创建一个新表
   项，将单词填入该表项中，并返回指向新表项的指针 */
}
install_num( ) {
...
/* 类似于上面的过程，但单词是常数 */
}
```

LEX 可以用两种方式来使用：一种是将 LEX 作为一个单独的工具，用以生成所需的识别程序；另一种是将 LEX 与语法分析器自动生成工具（如 YACC）结合起来使用，以生成一个编译程序的扫描器和语法分析器。

2.6　本章小结

词法分析是编译过程的第一个阶段，是编译过程的基础，它负责对源程序进行扫描，按照源程序的构词规则识别出一个个单词符号。本章主要讨论了词法分析器的手工实现、自动实现以及相关的理论知识。

首先，对词法分析的实现进行了需求分析，给出了词法分析器的功能。探讨了实现词法分析器的关键技术，介绍了一种基于状态转换图的词法分析器的手工实现，该方法首先将描述源语言单词符号结构的正规文法或者正规式转化为状态转换图，然后手工把这种状态转换图翻译为识别单词符号的程序。

接下来讨论了词法分析器的自动生成，介绍了与之相关的确定的有穷自动机、非确定的有穷自动机的概念以及两者之间的等价性转化，并讨论了确定的有穷自动机的化简，与此同时，还给出了正规式与有穷自动机之间的等价性转化方法。最后，介绍了一个词法分析器自动生成工具 LEX。

习题

1. 用自然语言描述下列正规式所表示的语言。

（1）0(0 | 1)*0

（2）((ε | 0) 1*)*

（3）(0 | 1) * 0(0 | 1) (0 | 1)

（4）0*10*10*10*

（5）(A | B | C |···| Z)(a | b | c |···| z)*

（6）(aa | b)*(bb | a)*

2. 写出下列各语言的正规式。

（1）处于"/*"和"*/"之间的串构成的注释，注释中没有"*/"，除非它们出现在双引号中。

（2）所有不含子串"011"的由 0 和 1 构成的符号串的全体。

（3）所有含子串"011"的由 0 和 1 构成的符号串的全体。

（4）以 a 开头和结尾的所有小写字母串。

（5）所有表示偶数的数字串。

3. 正规式 $(ab)^*a$ 与正规式 $a(ba)^*$ 是否等价？请说明理由。

4. 设有正规文法 G(Z)：

$$Z \rightarrow 0A$$

$$A \rightarrow 0A \mid 0B$$
$$B \rightarrow 1A \mid \varepsilon$$

试给出该文法生成语言的正规式。

5. 将正规式 r = (a | b)(aa)*(a | b) 转换成与之等价的正规文法。

6. 画出用来识别如下三个关键字的状态转换图：

STEP STRING SWITCH

7. 设有右线性文法 G(S)：

$$S \rightarrow aB$$
$$B \rightarrow aB \mid bS \mid a$$

试构造与之相对应的状态转换图。

8. 已知描述八进制数的正规式如下：

0(0|1|2|3|4|5|6|7)(0|1|2|3|4|5|6|7)*

试给出识别八进制数的状态图。

9. 一个人带着一只狼、一只山羊和一棵白菜来到一条河的岸边，想要过河到对岸去，此时，岸边只有一条船，其大小恰好能装下人和其余三件东西中的一件，也即，人每次只能将随行中的一件物品带到对岸。但是若人将狼和山羊留在同一岸上而无人照看的话，狼就会将羊吃掉；类似的，如果人把山羊和白菜留在同一岸而无人照看，山羊也会把白菜吃掉。请用状态转换图作为工具，描述人可以采取的所有乘船渡河方案，并从中找出使得羊和白菜都不被吃掉的方案。

10. 已知有语言 L={w | w∈(0, 1)⁺，并且 w 中至少有两个 1，又在任何两个 1 之间有偶数个 0}，试构造接受该语言的确定的有穷自动机。

11. 设有 L(G)={$a^{2n+1}b^{2m}a^{2p+1}$ | n ≥ 0, p ≥ 0, m ≥ 1}。

（1）给出描述该语言的正规式。

（2）构造识别该语言的确定的有穷自动机。

12. 试构造识别语言 r=(a | b)*abb 的非确定的有穷自动机 N，使 L(N)=L(r)。

13. 已知正规式 $((a|b)^*|aa)^*b$ 和正规式 $(a|b)^*b$。

（1）试用有穷自动机的等价性证明这两个正规式是等价的。

（2）分别给出与这两个正规式相对应的正规文法。

14. 设 M=({x, y}, {a, b}, δ, x, {y}) 为一非确定的有穷自动机，其 δ 定义如下：

$$\delta(x, a)=\{x, y\} \qquad \delta\{x, b\}=\{y\}$$
$$\delta(y, a)=\varnothing \qquad \delta\{y, b\}=\{x, y\}$$

试构造与之等价的确定的有穷自动机 D，并对所构造的自动机进行极小化。

15. 已知一有穷自动机的状态转换图如图 2-30 所示，试求该自动机所识别语言的正规式。

16. 为下列正规式构造极小化的 DFA。

（1）(a|b)*a(a|b)

（2）(a|b)*a(a|b (a|b)

（3）(a|b)*a(a|b)(a|b)(a|b)

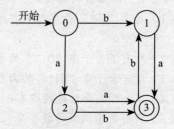

图 2-30　习题 15 中有穷自动机所对应的状态转换图

本章阐述编译器常用的语法分析方法，首先介绍描述语法结构的上下文无关文法的相关概念，然后介绍自上而下的语法分析方法，接下来介绍自下而上的语法分析方法，最后介绍语法分析器的自动生成工具 YACC 软件。

3.1 上下文无关文法

要进行语法分析，必须对语言的语法结构进行描述。采用正规文法可以描述和识别语言的单词符号，而采用上下文无关文法则可以用来描述语法规则。

3.1.1 上下文无关文法的定义

在第 2 章用正规文法定义了一些简单的语言，比如 C 语言标识符组成的语言和无符号整数组成的语言，但是有很多相对复杂的语言是不能用正规文法来定义的，比如，由配对括号构成的串所组成的集合就不能用正规文法来描述。为了定义比正规文法描述能力更强的文法，这里介绍上下文无关文法。

定义 3.1（上下文无关文法） 一个上下文无关文法是一个四元式 $G=(V_T, V_N, P, S)$，其中：

1）V_T 为终结符组成的非空有限集。

2）V_N 为非终结符组成的非空有限集，V_N 和 V_T 不含公共的元素，即 $V_N \cap V_T = \varnothing$。

3）P 为产生式组成的集合，每个产生式形如 $A \rightarrow \alpha$，$A \in V_N$，$\alpha \in (V_T \cup V_N)^*$。

4）S 称为文法的开始符号，它是一个非终结符，至少要在一条产生式中作为左部出现。

之所以称之为上下文无关文法，是因为其所定义的语法范畴（语法单元）是完全独立于这种范畴可能出现的环境的。由正规文法和上下文无关文法的定义可知，正规文法是一类特殊的上下文无关文法。以后如果不做特殊说明，我们所指的文法就是上下文无关文法。

例 3.1 只含 +、* 的简单算术表达式的文法可定义为 $G=(\{i, +, *, (,)\}, \{E\}, E, P)$，其中，P 由下

列产生式组成：

$$E \rightarrow i$$
$$E \rightarrow E+E$$
$$E \rightarrow E*E$$
$$E \rightarrow (E)$$

同样可以只用开始符号和产生式来表示上下文无关文法，因此该文法还可表示为：

$$G(E): \quad E \rightarrow i \mid E+E \mid E*E \mid (E) \tag{3.1}$$

3.1.2　语法树和推导

为了描述文法所定义的语言，需要使用推导的概念，所谓的推导就是把产生式看成重写规则，把符号串中的非终结符用其产生式右部的串来代替，其定义如下。

定义 3.2（直接推导和推导） 称 $\alpha A \beta$ 直接推出 $\alpha \gamma \beta$ 当且仅当 $A \rightarrow \gamma$ 是一个产生式，且 α、$\beta \in (V_T \cup V_N)^*$，记作 $\alpha A \beta \Rightarrow \alpha \gamma \beta$。如果 $\alpha_1 \Rightarrow \alpha_2 \Rightarrow \cdots \Rightarrow \alpha_n$，则称这个序列是从 α_1 到 α_n 的一个推导。若存在一个从 α_1 到 α_n 的推导，则称 α_1 可以推导出 α_n。

通常，用 $\alpha_1 \Rightarrow^+ \alpha_n$ 表示从 α_1 出发，经过一步或若干步，可以推出 α_n。用 $\alpha_1 \Rightarrow^* \alpha_n$ 表示：从 α_1 出发，经过 0 步或若干步，可以推出 α_n。所以，$\alpha \Rightarrow^* \beta$ 即 $\alpha = \beta$ 或 $\alpha \Rightarrow^+ \beta$。

定义 3.3（文法的句型、句子、语言和上下文无关语言） 假定 G 是一个文法，S 是它的开始符号。如果 $S \Rightarrow^* \alpha$，则称 α 是该文法的一个句型。仅含终结符号的句型称为句子。文法 G 所产生的句子的全体是一个语言，将它记为 L(G)。上下文无关文法所产生的语言称为上下文无关语言。

在以后的使用中，将对上下文无关文法 $G=(V_T, V_N, P, S)$ 做如下限制：

1）不能含有形为 $A \rightarrow A$ 的产生式。它对描述语言显然是没有必要的，其只会引起文法的二义性。

2）每个非终结符 A 必须有用处，也即必须满足如下两个条件：

① A 必须在某句型中出现。即有 $S \Rightarrow^* \alpha A \beta$，其中 α、β 属于 $(V_T \cup V_N)^*$。

② 必须能够从 A 推出终结符号串 w 来。即 $A \Rightarrow^* w$，其中 $w \in V_T^*$。

例 3.2 证明 (i*i+i) 是式（3.1）文法的一个句子。

证明：因为 $E \Rightarrow (E) \Rightarrow (E+E) \Rightarrow (E*E+E) \Rightarrow (i*E+E) \Rightarrow (i*i+E) \Rightarrow (i*i+i)$
是从 E 到 (i*i+i) 的一个推导。并且 (i*i+i) 是只有终结符组成的字符串。所以，(i*i+i) 是文法 G(E) 的一个句子。

例 3.3 对于文法 G(S)，它有如下产生式：

$$S \rightarrow (S) S \mid \varepsilon$$

试证明该文法所产生的语言 L(G) ={ 配对的括号串 }

证明：首先按推导步数进行归纳证明 S 所产生的每个句子都是配对的括号串。

归纳基础：$S \Rightarrow \varepsilon$。S 经过一步推导能推导出来的终结符串只有空串，它是配对的。

归纳假设：少于 n 步的推导都产生配对的括号串。

归纳步骤：n 步的一个推导如下。

$$S \Rightarrow (S)S \Rightarrow^* (x) S \Rightarrow^* (x) y$$

因为从 S 到 x 和 y 的推导都少于 n 步，所以由归纳假设，可得 x 和 y 都是配对的括号串，从而 (x) y 也是配对的括号串。

然后按串长进行归纳证明任何配对的括号串都可由 S 产生。

归纳基础：由 S ⇒ ε 可知，空串可以从 S 推导出。

归纳假设：长度小于 2n 的配对括号串都可以从 S 推导出来。

归纳步骤：考虑长度为 2n(n ≥ 1) 的括号串 w = (x) y，其中 x 和 y 都是配对括号串，其长度都小于 2n。由归纳假设可知，它们都可以从 S 推导出来，所以有如下推导

$$S \Rightarrow (S)S \Rightarrow^* (x) S \Rightarrow^* (x) y$$

从而 w = (x) y 也可以从 S 推导出。

例 3.4 对于文法 G(S)，它有两个产生式：

$$S \rightarrow aSb$$
$$S \rightarrow ab$$

试证明该文法所产生的语言 $L(G)=\{a^n b^n \mid n \geq 1\}$。

证明：考虑从 S 开始进行推导，若先用 G 中第二个产生式，则 S⇒ab，就不能再往下推导了，此时相当于语言中 n=1 的情况。

若从 S 出发，先用 n-1 次第一个产生式，即 $S \Rightarrow aSb \Rightarrow aaSbb \Rightarrow \cdots \Rightarrow a^{n-1} S b^{n-1}$，最后再使用第二个产生式一次，得到 $S \Rightarrow^* a^n b^n$，其中 n > 1。

再加上 n=1 的情况，即可得到 $L(G)=\{a^n b^n \mid n \geq 1\}$。

例 3.5 构造一个文法，使其能产生语言 $L=\{ww^R \mid w \in \{a, b\}^+\}$，其中 w^R 是 w 的逆转。

解：ww^R 是由偶数个 a、b 组成且由中心开始左右对称的串，处于 ww^R 中间的两个符号一定是同样的，不是 aa 就是 bb，我们先用产生式来产生它们，然后再向左右两边扩充。由于要保持对称性，因此扩充的左右两边符号一定要相同（a 或者 b）。基于以上考虑，可以写出下面一组产生式。

1）S → aa

2）S → bb

3）S → aSa

4）S → bSb

下面证明由上面 4 个产生式组成的文法能够产生语言 L。

如果要产生长度为 2 的句子，只用前两个产生式就行了。如果要产生所有长度为 4 的句子，则用后两个式子各一次，然后中间的 S 用前两个式子分别代入即可。也就是用以下的推导：

$$S \Rightarrow aSa \Rightarrow aaaa, \quad S \Rightarrow aSa \Rightarrow abba,$$
$$S \Rightarrow bSb \Rightarrow baab, \quad S \Rightarrow bSb \Rightarrow bbbb。$$

一般地，设 S 已能推导出一切长度为 2m（m ≥ 2）的串，我们就可以从 S 推导出一切长度为 2（m+1）的串。办法是用后两个产生式中的一个，在原来长度为 2m 的串上，左右两边都加上 a（或 b），就可以得到长度为 2（m+1）的串。

例 3.6 构造能产生全部十进制整数（每个整数前可有若干个 0）的文法。

解：首先要有产生式能产生单个的十进制数字，然后再用递归的方法产生任意多位的十进制数。于是我们有文法 $G_1(N)$。

$$D \rightarrow 0 \mid 1 \mid 2 \mid 3 \mid 4 \mid 5 \mid 6 \mid 7 \mid 8 \mid 9$$
$$N \rightarrow D \mid DN$$

还可以有如下的另一个文法 $G_2(N)$：

$$N \rightarrow 0 \mid 1 \mid 2 \mid 3 \mid 4 \mid 5 \mid 6 \mid 7 \mid 8 \mid 9$$
$$N \rightarrow 0N \mid 1N \mid 2N \mid 3N \mid 4N \mid 5N \mid 6N \mid 7N \mid 8N \mid 9N$$

$G_2(N)$ 同样能产生全部十进制整数。可以看出，G_2 相当于在 G_1 中将第一组产生式中 D 的各右部"代入"第二组产生式中而获得，它比 G_1 少了一个变元 D，但是产生式的个数由原来的 12 个扩充为 20 个。

定义 3.4（文法的等价性）　对于两个不同的文法 $G_1=(V_{T_1}, V_{N_1}, P_1, S_1)$，$G_2=(V_{T_2}, V_{N_2}, P_2, S_2)$，如果 $L(G_1)=L(G_2)$，则称文法 G_1 与 G_2 等价。

同一个语言可以由不同的文法产生。在例 3.6 中已经看到，一个很简单的十进制整数（每个整数前可有若干个 0）所组成的语言就可由两个不同的文法产生。文法是用四元组定义的，在两个四元组的各对应部分中，只要有一点点的不同就应当看作不同的文法。如在一个已有的文法上随意加上一些变元、一些终结符，或一些不影响 S 推导结果的产生式等，都会变成新的文法。在这个意义下，任何一个语言都可以有无穷多个文法产生它。

从一个句型到另一个句型的推导往往不唯一。例如，对于式（3.1）文法，关于 i+i 就存在如下两个不同的推导：

$$E \Rightarrow E+E \Rightarrow i+E \Rightarrow i+i \quad\quad E \Rightarrow E+E \Rightarrow E+i \Rightarrow i+i$$

为了对句子结构进行确定性分析，我们往往只考虑最左推导或最右推导。

定义 3.5（最左推导和最右推导）　所谓的最左推导是指任何一步 $\alpha \Rightarrow \beta$ 都是对 α 中的最左非终结符进行替换。所谓的最右推导是指任何一步 $\alpha \Rightarrow \beta$ 都是对 α 中的最右非终结符进行替换。最右推导又称为规范推导，由规范推导所得到的句型称为规范句型。

例 3.7　式（3.1）文法关于 i*i+i 的最左推导为

$$E \Rightarrow E+E \Rightarrow E*E+E$$
$$\Rightarrow i*E+E \Rightarrow i*i+E \Rightarrow i*i+i$$

最右推导为

$$E \Rightarrow E+E \Rightarrow E+i$$
$$\Rightarrow E*E+i \Rightarrow E*i+i \Rightarrow i*i+i$$

可以使用图形来表示推导，这种表示称为语法分析树，或简称语法树，其能更清楚、直观地表示句型或者句子的语法结构。

定义 3.6（语法分析树）　给定上下文无关文法 $G=(V_T, V_N, P, S)$，满足下列要求的一棵树称为关于 G 的语法分析树：

1）树的每个结点带有一个标记，它是 $V_T \cup V_N \cup \{\varepsilon\}$ 中的一个符号。

2）根结点的标记是 S。

3）树的内部结点（非叶结点）只能以 V_N 中的符号作为标记。

4）如果结点 n 带有标记 A，结点 n_1, n_2, $\cdots$, n_k 是结点 n 从左到右的儿子结点，并分别带有标记 X_1, X_2, $\cdots$, X_k、则 $A \rightarrow X_1 X_2 \cdots X_k$ 必须是 P 中的一个产生式。

5）如果结点带有标记 ε，则该结点是它父结点的唯一的儿子结点。

可以采用如下方法为文法的某一个句型构造语法分析树：

1）开始符号作为根结点。

2）如果非终结符被它的某个候选式所代替，则产生下一代新结点，并且候选式中自左向右每一个符号对应一个新结点，并用这些符号标记相应的新结点。

3）每个新结点与其父结点之间都有一条连线。

例 3.8　式（3.1）文法关于句子 i*i+i 的语法分析树的生成过程如图 3-1 所示。

定义 3.7（短语、直接短语和句柄）　对于一个给定的文法 G(S)，假定 $\alpha\beta\delta$ 是它的一个句型，如果有

$$S \Rightarrow^* \alpha A\delta \text{ 且 } A \Rightarrow^+ \beta$$

则称 β 是句型 $\alpha\beta\delta$ 相对于非终结符 A 的短语。特别是，如果有

$$A \Rightarrow \beta$$

则称 β 是句型 $\alpha\beta\delta$ 相对于产生式 $A \rightarrow \beta$ 的直接短语。一个句型的最左直接短语称为该句型的句柄。

直观理解：短语就是某句型中的一个子串，这个子串是由某个非终结符通过至少一步推导得到，而直接短语是由某个非终结符通过一步推导得到的子串。基于上述理解，在一个句型对应的语法树中，以某非终结符为根的两代和两代

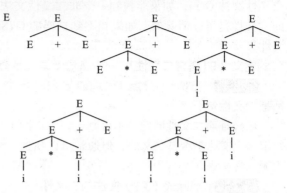

图 3-1 式（3.1）文法关于句子 i*i+i 的语法分析树的生成过程

以上的子树的所有末端结点从左到右排列所得到的子串，就是相对于该非终结符的一个短语；如果子树只有两代，则该短语就是直接短语。

例 3.9 考虑文法 G(E)：

$$（1）E \rightarrow E+T$$
$$（2）E \rightarrow T$$
$$（3）T \rightarrow T*F$$
$$（4）T \rightarrow F$$
$$（5）F \rightarrow (E)$$
$$（6）F \rightarrow i \qquad\qquad\qquad\qquad （3.2）$$

和句型 $i_1*i_2+i_3$。因为

$$E \Rightarrow E+T \Rightarrow E+F \Rightarrow E+i_3 \Rightarrow T+i_3$$
$$\Rightarrow T*F+i_3 \Rightarrow T*i_2+i_3 \Rightarrow F*i_2+i_3$$
$$\Rightarrow i_1*i_2+i_3$$

所以 i_1、i_2、i_3、i_1*i_2 和 $i_1*i_2+i_3$ 是句型 $i_1*i_2+i_3$ 的所有短语，并且 i_1、i_2 和 i_3 是直接短语，i_1 是句柄。

3.1.3 二义性

一棵语法分析树表示了一个句型的多种可能推导，包括最左推导和最右推导，如果坚持使用最左（最右）推导，那么，一棵语法分析树就完全等价于一个最左（最右）推导，这种等价包括树的步步成长和推导的步步展开之间的完全一致性。但是并不是每一个句型只对应一棵语法分析树，也就是说并不是每一个句型只有一个最左推导或者最右推导。

定义 3.8（文法的二义性） 如果一个文法存在某个句子对应两棵不同的语法分析树，也即两个不同的最左（右）推导，则称这个文法是二义的。

例 3.10 证明式（3.1）文法是二义文法。

证明：在例 3.2 中已经证明 (i*i+i) 是式（3.1）文法的一个句子。又因为式（3.1）文法关于 (i*i+i) 存在如下两个不同的最左推导。

$$E \Rightarrow (E) \Rightarrow (E+E) \Rightarrow (E*E+E) \Rightarrow (i*E+E) \Rightarrow (i*i+E) \Rightarrow (i*i+i)$$
$$E \Rightarrow (E) \Rightarrow (E*E) \Rightarrow (i*E) \Rightarrow (i*E+E) \Rightarrow (i*i+E) \Rightarrow (i*i+i)$$

所以式（3.1）文法是二义文法。

一个文法是二义性的，并不能说明该文法所描述的语言也是二义性的。也即，对于一个二义性文法 G(S)，如果能找到一个非二义性文法 G'(S)，使得 L(G')=L(G)，则该二义性文法的二义性是可以消除的。如果找不到这样的 G'(S)，则该二义性文法所描述的语言为先天二义性。

定义 3.9（语言二义性） 一个语言是二义性的，如果不存在产生该语言的无二义性文法。

例 3.11 $\{a^i b^i c^j \mid i, j \geq 1\} \cup \{a^i b^j c^j \mid i, j \geq 1\}$ 就是一个二义性语言，对于 $n \geq 1$，$a^n b^n c^n$ 都是二义性句子。

已经证明二义性问题是不可判定问题，即不存在一个算法，它能在有限步骤内，确切地判定一个文法是否是二义的，但通常可以找到一组充分条件能够将一个二义文法等价地转化为无二义文法。

例 3.12 消除式（3.1）文法的二义性。

解：造成式（3.1）文法二义性的原因是该文法中没有体现出运算符的结合律和优先级。要想体现做了乘、除运算之后才能做加、减运算，就必须将乘、除运算表示成另一种较高层次的语法单元，只有这个成分才有资格参加加、减运算。为此引入下面相关概念。

1）因子：因子是运算的最基本单位，通常包含常数、标识符、加括号的表达式等，用 F 表示。

2）项：一个因子是一个项，一个项乘以一个因子也是一个项，用 T 表示。

3）表达式：一个项是一个表达式，一个表达式加上一个项也是一个表达式，用 E 表示。

将上述内容用产生式的形式表示出来，就得到如式（3.2）文法所示的无二义文法。对于式（3.2）文法的句子（i*i+i），则有如下唯一的最左推导：

$$E \Rightarrow T \Rightarrow F \Rightarrow (E)$$
$$\Rightarrow (E+T) \Rightarrow (T+T)$$
$$\Rightarrow (T*F+T) \Rightarrow (F*F+T)$$
$$\Rightarrow (i*F+T) \Rightarrow (i*i+T)$$
$$\Rightarrow (i*i+F) \Rightarrow (i*i+i)$$

例 3.13 已知有如下文法 G(stmt)：

$$\text{stmt} \rightarrow \text{if expr then stmt}$$
$$| \text{ if expr then stmt else stmt}$$
$$| \text{ other} \qquad\qquad (3.3)$$

这里的 other 代表任何其他的语句。因为存在句子 if expr then if expr then stmt else stmt 有两个不同的最左推导：

$$\text{stmt} \Rightarrow \text{if expr then stmt}$$
$$\Rightarrow \text{if expr then if expr then stmt else stmt}$$
$$\text{stmt} \Rightarrow \text{if expr then stmt else stmt}$$
$$\Rightarrow \text{if expr then if expr then stmt else stmt}$$

所以这是一个二义性文法。为了避免二义性，在所有允许这两种形式条件语句的程序设计语言中，都规定"else 必须匹配离它最近的那个未匹配的 then"。根据这个原则，出现在 then 和 else 之间的语句必须是配对的，而所谓的配对语句是指那些不是条件语句的语句，还有那些只含配对语句的 if-then-else 语句。基于此，式（3.3）文法可改写为如下无二义文法：

$$\text{stmt} \rightarrow \text{matched\_stmt} \mid \text{unmatched\_stmt}$$
$$\text{matched\_stmt} \rightarrow \text{if expr then matched\_stmt else matched\_stmt}$$

$$| other$$
$$unmatched\_stmt \rightarrow if\ expr\ then\ matched\_stmt\ else\ unmatched\_stmt$$
$$| if\ expr\ then\ stmt$$

3.2　语法分析器的功能

语法分析是编译的核心部分，其任务是检查由词法分析器给出的单词符号序列是否是给定文法的正确句子，也即是否符合源语言的语法规则。执行语法分析任务的程序称为语法分析程序，也称为语法分析器，其在编译器中的地位如图 3-2 所示。

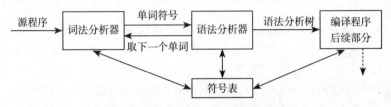

图 3-2　语法分析器在编译器中的地位

判断某个单词序列是否是源语言的句子，主要有两种方法：一种是从文法的开始符号出发，一步步推导出这个单词序列，这种分析方法称为自上而下的语法分析；另一种方法是从单词序列开始逐步归约为文法的开始符号，这种分析方法称为自下而上的语法分析。本章的剩下部分主要介绍这两种分析方法。

3.3　自上而下的语法分析

所谓自上而下的语法分析方法是指对于一个给定的输入单词符号串，尝试从文法的开始符号出发，寻求该串的一个最左推导，或者试图从根结点出发，自上而下地为该串建立一棵语法树。其本质上是一种试探过程，是一种反复使用不同产生式谋求匹配输入串的过程，对文法的限制比较多。

3.3.1　LL(1) 分析方法

下面首先用一个例子来说明自上而下的语法分析过程。

例 3.14　假定文法 G(S) 有如下产生式

$$S \rightarrow xAy$$
$$A \rightarrow cd\ |\ c$$

若输入串为 xcy，则自上而下的语法分析过程如下：

1）首先按文法的开始符号建立根结点 S，并让指示器 IP 指向输入串的第一个符号 x。

2）文法关于 S 的产生式只有一个，利用 S 的这个产生式将语法树发展为如图 3-3a 所示。此时，该树的最左叶结点为终结符 x 与输入串第一字符 x 匹配。将 IP 调整为指向下一个输入符号 c，期待着与语法树中在 x 右侧且与 x 相邻的叶结点 A 匹配。

3）非终结符 A 有两个候选式，先选用第一个候选式去匹配输入串，于是把语法树发展为如图 3-3b 所示，这时 A 子树的最左叶结点 c 恰与 IP 所指的字符 c 匹配。

4）将 IP 调整为指向下一个输入符号 y，它期待与图 3-3b 中第三个叶结点 d 匹配，但匹配时发现这两个字符是不同的，即匹配失败。这意味着 A 的第一个候选式此刻不适用于构造输入串 xcy 的语法分析树。

5）因不匹配，将 A 所生成的这棵子树注销，把指示器 IP 回退到输入串的第二个字符 c。

6）A 选用第二个候选式去匹配，并生成长语法树如图 3-3c 所示，这时第二个叶结点 c 与输入串的第二个结点 c 匹配。

7）将指示器 IP 指向输入串的下一个待分析字符 y，而语法树的下一个未匹配的叶结点也为 y，两者恰好匹配。因此，图 3-3c 的语法树即为输入串 xcy 的语法树。

自上而下的语法分析过程中可能会遇到如下一些问题。

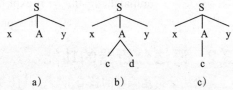

图 3-3　自上而下试探分析 xcy 所对应的
语法分析树

1. 左递归问题

定义 3.10（直接左递归和间接左递归） 假设 P 是文法 G 的一个非终结符，如果存在形如 $P \rightarrow P\alpha$ 的产生式，则称该文法含有直接左递归。如果存在形如 $P \Rightarrow^+ P\alpha$ 的推导，则称该文法含有间接左递归。

含有左递归的文法将会使上述的自上而下的语法分析过程陷入无限循环。

例 3.15　采用自上而下的分析方法分析 i*i+i 是否为式（3.2）文法的句子。

解：按照自上而下的分析思想，选用产生式（1）来推导 $E \Rightarrow E + T$，并将语法分析树发展为如图 3-4a 所示。图 3-4a 所对应的语法树末端结点最左符号为非终结符 E，所以选用产生式（1）继续推导 $E \Rightarrow E+T \Rightarrow E+T+T$，并将语法分析树发展为如图 3-4b 所示。图 3-4b 中的语法树末端结点最左符号仍为非终结符 E，所以仍选择产生式（1）继续推导，也即

$$E \Rightarrow E+T \Rightarrow E+T+T \Rightarrow E+T+T+T$$

如此重复下去，会得到一个无穷循环的推导过程

$$E \Rightarrow E+T \Rightarrow E+T+T \Rightarrow E+T+T+T \Rightarrow \cdots$$

因此，无法用自上而下的分析方法判断 i*i+i 是否为式（3.2）文法的句子。

由例 3.15 可知自上而下的语法分析方法无法处理左递归文法，因此需要一种方法来消除左递归。通过引入新的非终结符 P' 可以将直接左递归

$$P \rightarrow P\alpha \mid \beta$$

其中 α 不等于 ε，β 不以 P 开头，转化为等价的非左递归

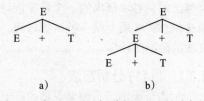

图 3-4　自上而下试探分析 i*i+i 所对应的
语法分析树

$$P \rightarrow \beta P'$$
$$P' \rightarrow \alpha P' \mid \varepsilon$$

这种方法就是把左递归转化为右递归，由于自上而下的语法分析过程是从左向右进行的，所以右递归不会导致无穷推导问题。

例 3.16　考虑式（3.2）文法，通过消除 E 和 T 的直接左递归后，可以得到如下不含左递归的文法：

（1）$E \rightarrow TE'$

（2）$E' \rightarrow +TE'$

（3）$E' \rightarrow \varepsilon$

（4）$T \rightarrow FT'$

（5）$T' \rightarrow *FT'$

（6）$T' \rightarrow \varepsilon$

$$（7）F \rightarrow (E)$$
$$（8）F \rightarrow i \qquad\qquad （3.4）$$

一般而言，假定含有直接左递归的非终结符 P 的全部产生式如下

$$P \rightarrow P\alpha_1 \mid P\alpha_2 \mid \cdots \mid P\alpha_m \mid \beta_1 \mid \beta_2 \mid \cdots \mid \beta_n$$

其中，每个 α 都不等于 ε，每个 β 都不以 P 开头。那么，消除 P 的直接左递归性就是把这些产生式改写成：

$$P \rightarrow \beta_1 P' \mid \beta_2 P' \mid \cdots \mid \beta_n P'$$
$$P' \rightarrow \alpha_1 P' \mid \alpha_2 P' \mid \cdots \mid \alpha_m P' \mid \varepsilon$$

上述方法只能消除直接左递归，但不能消除间接左递归。

例 3.17 考虑文法 G(S)：

$$S \rightarrow Qc \mid c$$
$$Q \rightarrow Rb \mid b$$
$$R \rightarrow Sa \mid a \qquad\qquad （3.5）$$

该文法虽没有直接左递归，但 S、Q、R 都是左递归的，比如，

$$S \Rightarrow Qc \Rightarrow Rbc \Rightarrow Sabc$$

然而 S 不是直接左递归，所以无法通过上述方法来消除左递归。

如果一个文法当中不含有循环推导（即形如 $A \Rightarrow^+ A$ 的推导）和 ε- 产生式（以 ε 为右部的产生式），则以下算法 3.1 可以消除间接左递归。该算法的基本思想就是对非终结符进行编号，然后通过代入将间接左递归转化为直接左递归，再用上面所介绍的方法消除直接左递归。而循环推导和 ε- 产生式多数情况下可以从文法中系统地消除。

算法 3.1 消除文法左递归

输入：不含循环推导和 ε- 产生式的文法 G

输出：与 G 等价的不含左递归的文法

步骤：

1. 把文法 G 的所有非终结符按任一种顺序进行排列，假设排序后记为 P_1，P_2，$\cdots$，P_n。
2. for i:=1 to n
   {
3.   for m:=1 to i-1
      {
4.   把形如 $P_i \rightarrow P_m\gamma$ 的产生式改写成
5. $P_i \rightarrow \delta_1\gamma \mid \delta_2\gamma \mid \cdots \mid \delta_k\gamma$；
6.   （其中 $P_m \rightarrow \delta_1 \mid \delta_2 \mid \cdots \mid \delta_k$ 是关于 P_m 的所有产生式）
      }
7.   消除关于 P_i 产生式的直接左递归性
   }
8. 化简由上述所得的文法。去除那些从开始符号出发永远无法到达的非终结符的产生式。

例 3.18 考虑式（3.5）文法，令它的非终结符的排序为 R、Q、S。对于 R 不含有直接左递归。把 R 代入到 Q 的有关候选式中，Q 的产生式变为

$$Q \rightarrow Sab \mid ab \mid b$$

现在的 Q 不含直接左递归，把它代入到 S 的有关候选后，S 变成

$$S \rightarrow Sabc \mid abc \mid bc \mid c$$

消除 S 的直接左递归后：

$$S \rightarrow abcS' \mid bcS' \mid cS'$$
$$S' \rightarrow abcS' \mid \varepsilon$$
$$Q \rightarrow Sab \mid ab \mid b$$
$$R \rightarrow Sa \mid a$$

关于 Q 和 R 的产生式已是多余的，化简为：

$$S \rightarrow abcS' \mid bcS' \mid cS'$$
$$S' \rightarrow abcS' \mid \varepsilon \tag{3.6}$$

注意，由于对非终结符排序的不同，最后所得的文法在形式上可能不一样。但不难证明，它们都是等价的。

例 3.19　若对例 3.17 中式（3.5）文法的非终结符排序选为 S、Q、R，那么，最后所得的无左递归文法是：

$$S \rightarrow Qc \mid c$$
$$Q \rightarrow Rb \mid b$$
$$R \rightarrow bcaR' \mid caR' \mid a R'$$
$$R' \rightarrow bca R' \mid \varepsilon \tag{3.7}$$

式（3.6）和（3.7）文法的等价性是显然的。

2. 回溯问题

由例 3.14 可知，如果非终结符 A 有多个候选式存在公共前缀，则自上而下的语法分析无法根据当前输入符号准确地选择用于推导的产生式，只能试探。当试探不成功时就需要退回到上一步的推导，查看 A 是否还有其他候选式，这就是回溯。由于回溯的存在，可能在已经做了大量的语法分析工作之后，才发现走了一大段错路而必须回头，就要把已经做的一大堆语义工作（指中间代码产生工作和各种表格的登记工作）推倒重来。回溯使得自上而下语法分析只具有理论意义而无实际使用的价值。因此，要使自上而下语法分析具有实用性就要消除回溯。为了消除回溯，必须保证，对文法的任何非终结符，当要用它匹配输入串时，我们能够根据当前所面临的输入符号准确地指派它的一个候选式执行任务。这个准确是指：若此候选式匹配成功，那么这种匹配绝不是虚假的；若此候选式无法完成匹配任务，则任何其他候选式也肯定无法完成该任务。换句话说，假定现在轮到非终极符 A 执行匹配任务，A 共有 n 个候选式 α_1，α_2，$\cdots$，α_n，即 $A \rightarrow \alpha_1 \mid \alpha_2 \mid \cdots \mid \alpha_n$，A 所面临的当前输入符号为 a，如果 A 能够根据不同的输入符号准确指派相应的候选式 α_i 作为全权代表去执行任务，那就肯定无须回溯了。

那么在不带回溯的前提下，对文法需要做什么样的限制呢？前面已经说过，要进行自上而下的语法分析，文法不得含有左递归，因此令 G 是一个不含左递归的文法。我们首先对 G 的所有非终结符的每一个候选式 α 定义首符号集。

定义 3.11（首符号集）　对一个给定的文法 G(S)，其所有非终结符的每一个候选式 α 的首符号集 FIRST(α) 定义如下：

$$FIRST(\alpha) = \{a \mid \alpha \Rightarrow^* a\cdots,\ a \in V_T\}$$

特别是 $\alpha \Rightarrow^* \varepsilon$ 时，规定 $\varepsilon \in FIRST(\alpha)$。也即，FIRST($\alpha$) 是 α 的所有可能推导的开头终结符或可能的 ε。假设 A 是文法 G 的一个非终结符，其共有 n 个候选式 α_1，α_2，$\cdots$，α_n，即 $A \rightarrow \alpha_1 \mid$

①若 ε 属于某个 FIRST($α_i$) 且 a∈FOLLOW(A)，则选择来 $α_i$ 来代替 A。

②否则，a 的出现是一种语法错误。

任何 LL(1) 文法都是无二义的，且不含左递归，但并不是所有的语言都可以用 LL(1) 文法来描述，因此，不带回溯的自上而下的语法分析只能分析一部分上下文无关语言。不存在这样的算法，即它能判定任意上下文无关语言能否由 LL(1) 文法产生，但存在一种算法，它能判定任一文法是否为 LL(1) 文法。下面就是讨论 LL(1) 文法的判断问题。要判断一个文法是不是 LL(1) 文法，由其定义可知需要求出该文法所有候选式的 FIRST 集和所有非终结符的 FOLLOW 集。下面介绍 FIRST 集和 FOLLOW 集的计算方法。算法 3.2 和算法 3.3 分别用来计算单个文法符号 X 和文法符号串 α 的 FIRST 集，算法 3.4 是用来计算非终结符 A 的 FOLLOW 集。

算法 3.2　计算 FIRST(X)

输入：文法 G=(V_T, V_N, P, S), X∈(V_T∪V_N)

输出：FIRST(X)

步骤：对每一文法符号 X∈V_T∪V_N，连续使用下面的规则，直至每个集合 FIRST(X) 不再增大为止：

1. 若 X∈V_T，则 FIRST(X)={X}。

2. 若 X∈V_N，且有产生式 X→a⋯，则 a∈FIRST(X)；

3. 若 X∈V_N，且 X→ε，则 ε∈FIRST(X)；

4. 若 X∈V_N，且 X→Y⋯是一个产生式，Y∈V_N，则把 FIRST(Y) 中的所有非 ε- 元素都加到 FIRST(X) 中；

5. 若 X∈V_N，X→$Y_1Y_2⋯Y_k$ 是一个产生式，$Y_1⋯Y_{i-1}$⇒*ε，则把 FIRST(Y_j) (1≤j≤i-1) 中的所有非 ε- 元素都加到 FIRST(X) 中；特别是，若所有的 FIRST(Y_j) 均含有 ε (1≤j≤k)，则把 ε 加到 FIRST(X) 中。

算法 3.3　计算 FIRST(α)

输入：文法 G=(V_T, V_N, P, S), α∈(V_T∪V_N)*, α=$X_1⋯X_n$

输出：FIRST(α)

步骤：

1. 计算 FIRST(X_1)；

2. FIRST(α):= FIRST(X_1)−{ε}；

3. k:=1；

4. while (ε∈FIRST(X_k) and k<n) do

5. 　{ FIRST(α):= FIRST(α)∪(FIRST(X_{k+1})−{ε})；

6. 　k:=k+1}

7. if (k=n and ε∈FIRST(X_k)) then FIRST(α):=FIRST(α)∪{ε}；

例 3.22　对于式（3.4）文法，构造每个非终结符以及各个非终结符的候选式的 FIRST 集。

解：由算法 3.2 的步骤 1 可知，对于每一个终结符有

$$FIRST(+)=\{+\}$$
$$FIRST(*)=\{*\}$$
$$FIRST(\ (\ )=\{\ (\ \}$$
$$FIRST(\ )\ )=\{\ )\ \}$$

$$FIRST(i)=\{i\}$$

由算法 3.2 的步骤 2 和步骤 3 可知

$$FIRST(E')=\{+, \varepsilon\}$$
$$FIRST(T')=\{*, \varepsilon\}$$
$$FIRST(F)=\{(, i\}$$

因为 T → FT' 和 E → TE'，由算法 3.2 的步骤 4 和步骤 5 可知

$$FIRST(F) \subseteq FIRST(T) \subseteq FIRST(E)，且有 FIRST(T)=FIRST(E)=\{(, i\}$$

由算法 3.3，易得对各个非终结符的候选式有如下结果：

$$FIRST(TE')= \{(, i\}$$
$$FIRST(+TE')= \{+\}$$
$$FIRST(FT')= \{(, i\}$$
$$FIRST(*FT')= \{*\}$$
$$FIRST((E))= \{(\}$$
$$FIRST(\varepsilon)= \{\varepsilon\}$$

算法 3.4　计算 FOLLOW 集

输入：文法 $G=(V_T, V_N, P, S)$，$A \in V_N$

输出：FOLLOW(A)

步骤：

1. 对 $A \in V_N$，FOLLOW(A) := Ø；

2. FOLLOW(S) := {#}，# 为句子的结束符；

3. 对 $A \in V_N$，重复下面的第 4 步到第 5 步，直到所有 FOLLOW 集不变为止。

4. 若 $A \to \alpha B\beta \in P$，则 FOLLOW(B):=FOLLOW(B) $\cup$ (FIRST(β)−{ε})；

5. 若 $A \to \alpha B$ 或 $A \to \alpha B\beta \in P$ 且 $\beta \Rightarrow^* \varepsilon$（即 $\varepsilon \in FIRST(\beta)$），则

FOLLOW(B):=FOLLOW(B)$\cup$FOLLOW(A)；

例 3.23　对于式（3.4）文法，构造每个非终结符的 FOLLOW 集，并判断该文法是否为 LL(1) 文法。

解：依据例 3.22 中的计算结果，构造 FOLLOW 集的步骤如下：

1）FOLLOW(E)={#}；

2）由 E → TE' 知 FIRST(E')−{ε}$\subseteq$FOLLOW(T)，即 FOLLOW(T)={+}；

3）由 T → FT' 知 FIRST(T')−{ε}$\subseteq$FOLLOW(F)，即 FOLLOW(F)={*}；

4）由 F → (E) 知 FIRST( ))$\subseteq$FOLLOW(E)，即 FOLLOW(E)={), #}；

5）由 E → TE' 知 FOLLOW(E) }$\subseteq$FOLLOW(E')，即 FOLLOW(E')={), #}；

6）由 E → TE' 且 E' → ε 知 FOLLOW(E) }$\subseteq$FOLLOW(T)，即 FOLLOW(T)={+,), #}；

7）由 T → FT' 知 FOLLOW(T) }$\subseteq$FOLLOW(T')，即 FOLLOW(T')={+,), #}；

8）由 T → FT' 且 T' → ε 知 FOLLOW(T) }$\subseteq$FOLLOW(F)，即 FOLLOW(F)={*, +,), #}。

最终的计算结果如下

$$FOLLOW(E)=\{), \#\}$$
$$FOLLOW(E')=\{), \#\}$$
$$FOLLOW(T) =\{+,), \#\}$$
$$FOLLOW(T')=\{+,), \#\}$$

$$FOLLOW(F) =\{*, +,), \#\}$$

根据 LL(1) 文法的定义，只有 E'、T' 和 F 有多于一个的候选式，所以只需考虑这些产生式即可。由例 3.22 中的计算可知，对于 E' → +TE' | ε，FIRST(+TE')={+}，FIRST(ε)={ε}，两者相交为空，并且

$$FIRST(+TE') \cap FOLLOW(E')= \emptyset$$

对于 T' → *FT' | ε，FIRST(*FT')={*}，FIRST(ε)={ε}，两者相交为空，并且

$$FIRST(*FT') \cap FOLLOW(T')= \emptyset$$

对于 F → (E) | i，FIRST((E))={(}，FIRST(i)={i}，两者相交为空。

因此式（3.4）文法为 LL(1) 文法。

3.3.2　预测分析程序

预测分析法又称 LL(1) 分析法，是一种不带回溯的非递归自上而下分析法。其基本思想是根据输入串的当前输入符号来唯一确定选用某个产生式来进行推导；当这个输入符号与推导的第一个符号相同时，再取输入串的下一个符号，继续确定下一个推导应选的产生式；如此下去，直到推导出被分析的输入串为止。预测分析程序采用预测分析法实现语法分析，又称为预测分析器或者 LL(1) 分析器。

预测分析程序采用表驱动的方式来实现，包含一个输入缓冲区、一个输出缓冲区、一个符号栈、一个预测分析表（又称为 LL(1) 分析表）和一个总控程序，如图 3-5 所示。其中：

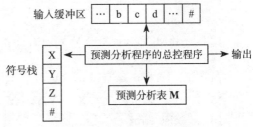

图 3-5　预测分析程序模型

1）输入缓冲区用来存放待分析的符号串，它以界符 "#" 作为结束标志（"#" 不是文法的终结符，我们总把它当做输入串的结束符）。

2）输出缓冲区用来存放分析过程中所使用的产生式序列。

3）符号栈中存放分析过程中的文法符号，分析开始时栈底先放入一个 "#"，然后再压入文法的开始符号；当分析栈中仅剩 "#"，输入串指针也指向待分析串尾的 "#" 时，分析成功。

4）预测分析表用一个矩阵（或二维数组）M[A, a] 表示，其中 A 为非终结符，而 a 为终结符或 "#"。分析表元素 M[A, a] 中的内容为一条关于 A 的产生式，表明当 A 面临输入符号 a 时当前推导所应采用的候选式；当元素内容为空白（空白表示 "出错标志"）时，则表明 A 不应该面临这个输入符号 a，即输入串含有语法错误。

5）总控程序根据符号栈栈顶符号 X 和当前输入符号 a 来决定分析器的动作：

①若 X=a='#'，则分析成功，分析器停止工作。

②若 X=a≠'#'，即栈顶符号 X 与当前扫描的输入符号 a 匹配，将 X 从栈顶弹出，输入指针指向下一个输入符号，继续对下一个字符进行分析。

③若 X 为非终结符 A，则查 M[A, a]：

　a）若 M[A, a] 中为一个 A 的产生式，则将 A 自栈顶弹出，并将 M[A, a] 中的产生式右部符号串按逆序逐一压入栈中；如果 M[A, a] 中的产生式为 A → ε，则只将 A 自栈顶弹出。

　b）若 M[A, a] 中为空，则发现语法错误，调用出错处理程序进行处理。

对于任意一个给定的文法 G=(V_T, V_N, P, S)，其预测分析程序的总控程序可以用算法 3.5

来描述。

算法 3.5　预测分析程序的总控程序。

输入： 输入串 w 和文法 G=(V_T，V_N，P，S) 的预测分析表 M

输出： 如果 w 属于 L(G)，则输出 w 的最左推导，否则报告错误

步骤：

1.　将栈底符号 # 和文法开始符号 S 压入栈中；
2.　repeat
3.　　　X:= 当前栈顶符号；
4.　　　a:= 当前输入符号；
5.　　　if X∈{V_T∪{#}} then
6.　　　　if X= =a then
7.　　　　　{ if X != # then
8.　　　　　　{将 X 弹出栈；
9.　　　　　　　前移输入指┼}}
10.　　　else error
11.　　else
12.　　if M[X，a]=X→$Y_1Y_2 \cdots Y_k$ then
13.　　　{将 X 弹出栈；
14.　　　依次将 Y_k，…，Y_2，Y_1 压入栈；
15.　　　输出产生式 X→$Y_1Y_2 \cdots Y_k$}
16.　　else error
17.　until X=#

例 3.24　已知式（3.4）文法的预测分析表如表 3-1 所示，试对输入串 $i_1 * i_2 + i_3$ 利用分析表 3-1 进行预测分析。

表 3-1　式（3.4）文法的预测分析表

	i	+	*	(	)	#
E	E→TE'			E→TE'		
E'		E'→+TE'			E'→ε	E'→ε
T	T→FT'			T→FT'		
T'		T'→ε	T'→*FT'		T'→ε	T'→ε
F	F→i			F→(E)		

解：利用分析表对输入串 $i_1 * i_2 + i_3$ 进行预测分析的步骤如表 3-2 所示。

表 3-2　对输入串 $i_1 * i_2 + i_3$ 进行预测分析的过程

步骤	符号栈	输入缓冲区	输出	步骤	符号栈	输入缓冲区	输出
0	#E	$i_1 * i_2 + i_3$#		6	#E'T'F	$i_2 + i_3$#	
1	#E'T	$i_1 * i_2 + i_3$#	E→TE'	7	#E'T'i	$i_2 + i_3$#	F→i
2	#E'T'F	$i_1 * i_2 + i_3$#	T→FT'	8	#E'T'	$+i_3$#	
3	#E'T'i	$i_1 * i_2 + i_3$#	F→i	9	#E'	$+i_3$#	T'→ε
4	#E'T'	$* i_2 + i_3$#		10	#E'T+	$+i_3$#	E'→+TE'

（续）

步骤	符号栈	输入缓冲区	输出	步骤	符号栈	输入缓冲区	输出
5	#E'T'F*	*i_2+i_3#	T' → *FT'	11	#E'T	i_3#	
12	#E'T'F	i_3#	T → FT'	15	#E'	#	T' → ε
13	#E'T'i	i_3#	F → i	16	#	#	E' → ε
14	#E'T'	#					

在表驱动的预测分析器中，除了预测分析表因文法的不同而异之外，符号栈、总控程序都是相同的。因此，构造一个文法的预测分析器实际上就是构造该文法的预测分析表。构造预测分析表的主要思想如下：

如果 A → α 是产生式，当 A 呈现于栈顶：

1）当前输入符号 a∈FIRST(α) 时，α 应被选作 A 的唯一代表，即用 α 展开 A，所以 M[A，a] 中应放入产生式 A → α。

2）当 α⇒*ε 时，如果当前输入符号 b（包括 #）∈FOLLOW(A)，则认为 A 自动得到匹配，因此，应把产生式 A → α 放入 M[A，b] 中。

根据上述思想，在对文法 G 的每个非终结符 A 及其任意候选 α 都求出 FIRST(α) 和 FOLLOW(A) 之后，便可得到预测分析表的构造方法，如算法 3.6 所示。

利用算法 3.6，可以构造任何文法的分析表，但对于某些文法，有些 M[A，a] 中可能有若干条产生式，这称为分析表的多重定义或者多重入口。一个文法 G(S)，若它的分析表 M 不含多重定义，则称它是一个 LL(1) 文法，它所定义的语言恰好就是它的分析表所能识别的全部句子。如果 G 是左递归或二义的，那么，M 至少含有一个多重定义。因此，消除左递归和提取左因子将有助于获得无多重定义的分析表 M。

可以证明，一个文法 G 的预测分析表 M 不含多重定义，当且仅当该文法为 LL(1) 文法。

算法 3.6　构造预测分析表

输入：文法 G=(V_T，V_N，P，S)

输出：文法 G 的预测分析表 M

步骤：

1.　for 文法 G 的每个产生式 A → α
　　　{

2.　　for 每个终结符号 a∈FIRST(α)

3.　　　把 A → α 放入 M[A，a] 中；

4.　　if ε∈FIRST(α) then

5.　　　{ for 任何 b∈FOLLOW(A)

6.　　　　把 A → α 放入 M[A，b] 中；}
　　　}

7.　for 所有无定义的 M[A，a]

8.　　标上错误标志

例 3.25　对于式（3.4）文法，构造其相应的预测分析表。

解：根据算法 3.6 检查文法的每一个产生式。

1）对于产生式 E → TE'：

由例 3.22 中的计算结果可知，FIRST(TE')= { (，i }，故应把 E → TE' 放入 M[E，(] 和

M[E，i] 中。

2）对于产生式 E' → +TE'：

同样由例 3.22 中的计算结果可知，FIRST(+TE')={ + }，所以，应把 E' → +TE 放入 M[E'，+] 中。

3）对于产生式 E' → ε：

由于 FOLLOW(E')={)，# }，故应把 E' → ε 放入 M[E'，)] 和 M[E'，#] 中。

4）依次检查其余产生式，就可得如表 3-1 所示的预测分析表。

3.4 自下而上的语法分析

所谓自下而上的语法分析就是从左向右扫描输入串，逐步进行"归约"，直到文法的开始符号，或者从树末端开始，自下而上为输入串构造语法分析树。这里的归约是指根据文法的产生式规则，把产生式的右部替换成左部符号。

3.4.1 移进与归约

自下而上的语法分析法是一种"移进 – 归约"法，移进 – 归约的基本思想是用一个寄存符号的先进后出栈，把输入符号一个一个地移进栈里，当栈顶形成某个产生式的候选式时，即把栈顶的这一部分替换成（归约为）该产生式的左部符号。移进 – 归约分析程序的结构与预测分析程序的结构类似，也是采用表驱动的方式实现。其包含一个输入缓冲区、一个输出缓冲区、一个符号栈、一个分析表和一个总控程序。

1）输入缓冲区用来存放待分析的符号串，它以界符"#"作为结束标志。

2）输出缓冲区用来存放分析结果，通常是产生式序列或者语法分析树。

3）分析栈中存放分析过程中的文法符号，栈底符号为"#"，分析开始时栈里面只含有"#"。当分析栈中仅剩"#"和文法的开始符号 S，输入串指针也指向输入串尾的"#"时，分析成功。

4）分析表用来存放不同情况下的分析动作，分析动作有四种：

① 移进：将下一输入符号移入栈。

② 归约：用产生式左侧的非终结符替换栈顶的可归约串（某产生式右部）。

③ 接受：分析成功。

④ 出错：出错处理。

5）移进 – 归约分析的总控程序按照如下方式进行工作：把输入符号自左至右逐个移进分析栈，并且边移入边分析，一旦栈顶的符号串形成某个句型的可归约串时就进行一次归约，即用相应产生式的左部非终结符替换当前可归约串。接下来继续查看栈顶是否形成新的可归约串，若为可归约串则再进行归约；若栈顶不是可归约串则继续向栈中移进后续输入符号。不断重复这一过程，直到将整个输入串处理完毕。若此时分析栈只剩有"#"和文法的开始符号则分析成功，即确认输入串是文法的一个句子；否则，即认为分析失败。如图 3-6 所示为移进 – 归约语法分析器模型。

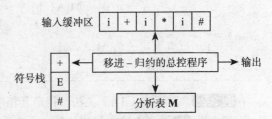

图 3-6　移进 – 归约语法分析器模型

移进 – 归约的关键是识别可归约串，如果归约的过程中每次都选择某个句型的句柄作为可归约串，则这样的归约称为规范归约，下面为规范归约的形式化定义。

定义 3.13（规范归约） 假定 α 是文法 G 的一个句子，我们称序列

$$\alpha_n, \ \alpha_{n-1}, \ \cdots, \ \alpha_0$$

是一个规范归约，如果此序列满足：

1）$\alpha_n = \alpha$；

2）α_0 为文法的开始符号，即 $\alpha_0 = S$；

3）对任何 i，$0 \leqslant i \leqslant n$，$\alpha_{i-1}$ 是从 α_i 经将句柄替换成为相应产生式左部符号而得到的。规范归约是关于 α 一个最右推导的逆过程，因此规范归约也称为最左归约。无二义文法的最右推导的逆过程一定是规范归约。对于规范句型而言句柄的后面只能出现终结符。

例 3.26 考虑式（3.2）文法，对输入串 $i_1 * i_2 + i_3$ 进行规范归约的过程如表 3-3 所示。

表 3-3　对输入串 $i_1 * i_2 + i_3$ 进行规范归约的过程

步骤	符号栈	输入串	动作	步骤	符号栈	输入串	动作
0	#	$i_1 * i_2 + i_3$#	预备	8	#E	$+i_3$#	用 E→T 归约
1	#i_1	$* i_2 + i_3$#	移进	9	#E+	i_3#	移进
2	#F	$* i_2 + i_3$#	用 F→i 归约	10	#E+i_3	#	移进
3	#T	$* i_2 + i_3$#	用 T→F 归约	11	#E+F	#	用 F→i 归约
4	#T*	$i_2 + i_3$#	移进	12	#E+T	#	用 T→F 归约
5	#T*i_2	$+i_3$#	移进	13	#E	#	用 E→E+T 归约
6	#T*F	$+i_3$#	用 F→i 归约	14	#E	#	接受
7	#T	$+i_3$#	用 T→T*F 归约				

3.4.2　LR 分析

本小节介绍一种有效的自下而上的语法分析方法，称为 LR 分析法，其中，L 表示从左到右扫描输入符号，R 表示为输入串构造一个最右推导的逆过程，实现 LR 分析法的程序称为 LR 分析程序，又称为 LR 分析器。LR 分析法比 LL(1) 分析法对文法的限制都要少得多。对大多数用无二义的上下文无关文法所描述的语言都可以用 LR 分析器予以识别，而且速度快，并能准确、及时地指出输入串的任何语法错误及出错位置。LR 分析法的一个主要缺点是，若用手工构造分析器则工作量相当大，因此必须求助于自动产生 LR 分析器的产生器（典型的产生器是 YACC）。

LR 分析方法的基本思想是在规范归约过程中，一方面记住已移进和归约出的整个符号串，即记住"历史"；另一方面根据所用的产生式推测未来可能遇到的输入符号，即对未来进行"展望"；当一串貌似句柄的符号串呈现于分析栈的顶端时，根据所记载的"历史"和"展望"，以及"现实"的输入符号三方面的材料，来确定栈顶的符号是否构成相对某一产生式的句柄，从而确定应该采用的分析动作。

LR 分析程序作为一种特殊的移进 – 归约程序，其同样由五部分组成，也即：一个输入缓冲区、一个输出缓冲区、一个符号栈、一张 LR 分析表和一个 LR 分析程序的总控程序，如图 3-7 所示。

1）输入缓冲区用来存放待分析的符号串，它以界符 "#" 作为结束标志。

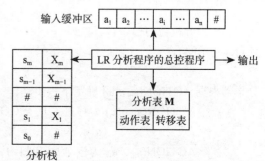

图 3-7　LR 分析器模型

2）输出缓冲区用来存放 LR 分析总控程序对输入串进行分析过程中所采用的动作序列。

3）符号栈的每一项都分为两栏，分别包括状态 s 和文法符号 X 两部分。栈里的每个状态概括了从分析开始直到某一归约阶段的全部"历史"和"展望"资料。$(s_0, \#)$ 为分析开始前预先放入栈里的初始状态 s_0 和句子括号 #；任何时候，栈顶的状态 s_m 都代表了整个"历史"和已推出的"展望"，栈中自下而上所包含的符号串 $X_1X_2 \cdots X_m$ 是至今已移进归约出的文法符号串。

4）一张 LR 分析表包括两部分，一部分是"动作"（ACTION）表，另一部分是"状态转换"(GOTO) 表；它们都是二维数组。ACTION[s，a] 规定了当状态 s 面临输入符号 a 时应采取什么动作，而 GOTO[s，X] 规定了状态 s 面对文法符号 X（终结符或非终结符）时的下一状态是什么。每一项 ACTION[s，a] 所规定的动作是以下四种情况之一：

① 移进：使（s，a）的下一状态 s'= GOTO[s，a] 和输入符号 a 进栈，下一输入符号变成现行输入符号。

② 归约：指用某一产生式 $A \to \beta$ 进行归约。假若 β 的长度为 γ，则归约的动作是去掉栈顶的 γ 个项，即，使状态 $s_{m-\gamma}$ 变成栈顶状态，然后使 $(s_{m-\gamma}, A)$ 的下一状态 $s'=GOTO[s_{m-\gamma}, A]$ 和文法符号（非终结符）A 进栈。归约的动作不改变现行输入符号，执行归约的动作意味着呈现于栈顶的符号串 $X_{m-\gamma+1} \cdots X_m$ 是一个相对于 A 的句柄。

③ 接受：宣布分析成功，停止分析器的工作。

④ 报错：报告发现源程序含有错误，调用出错处理程序。

5）LR 分析器的总控程序本身的工作十分简单，它的任何一步只需按分析栈的栈顶状态 s 和现行输入符号 a 执行 ACTION[s，a] 所规定的动作即可。

在实际实现时，文法符号不必存放在栈里，但为了有助于明确归约过程，仍然把已归约出的文法符号串也同时放在栈中。对于不同的 LR 分析器，其总控程序都一样，不同的是 LR 分析表，构造 LR 分析表的方法不同就形成各种不同的 LR 分析法。后面将介绍四种分析表的构造方法，它们是：

1）LR(0) 分析表构造法：这种方法局限性很大，但它是建立一般 LR 分析表的基础。

2）SLR(1) 分析表（即简单 LR 分析表）构造法：这种方法较易实现又极有使用价值。

3）LR(1) 分析表（即规范 LR 分析表）构造法：这种表适用大多数上下文无关文法，但分析表体积庞大。

4）LALR(1) 分析表（即向前 LR 分析表）构造法：该表能力介于 SLR(1) 分析表和 LR(1) 分析表之间。

一个 LR 分析器的工作过程可看成栈里的状态序列、已归约串和输入串所构成的三元组的变化过程。分析开始时初始三元组为

$$(s_0, \#, a_1a_2 \cdots a_n \#)$$

其中，s_0 为分析器的初始状态；第一个 # 为句子的左括号；$a_1a_2 \cdots a_n$ 为输入串，其后的 # 为结束符（句子的右括号）。以后每步的结果可以表示为：

$$(s_0 s_1 \cdots s_m, \# X_1 \cdots X_m, a_ia_{i+1} \cdots a_n \#)$$

分析器根据 $ACTION(s_m, a_i)$ 确定下一步动作：

1）若 $ACTION(s_m, a_i)$ 为移进，且 $s=GOTO(s_m, a_i)$，则三元组变为：

$$(s_0 s_1 \cdots s_m s, \# X_1 \cdots X_m a_i, a_{i+1} \cdots a_n \#)$$

2）若 $ACTION(s_m, a_i)$ 为按 $A \to \beta$ 归约，三元组变为：

$$(s_0 s_1 \cdots s_{m-r} s, \# X_1 \cdots X_{m-r}A, a_ia_{i+1} \cdots a_n \#)$$

此处，s=GOTO(s_{m-r}, A)，r 为 β 的长度，β= X_{m-r+1} ··· X_m。

3）若 ACTION(s_m, a_i) 为"接受"，则三元组不再变化，变化过程终止，宣布分析成功。

4）若 ACTION(s_m, a_i) 为"报错"，则三元组变化过程终止，报告错误。

一个 LR 分析器的工作过程就是一步一步地变化三元组的过程，直到执行接受或报错动作为止。上面讨论的分析思想可用算法 3.7 来描述。

算法 3.7　LR 分析算法

输入：文法 G 的 LR 分析表和输入串 w

输出：如果 w∈L(G)，则输出 w 的自下而上分析，否则报错

步骤：

1. 将 # 和初始状态 s_0 压入栈，将 w# 放入输入缓冲区；

2. 令输入指针 ip 指向 w# 的第一个符号；

3. 令 s 是栈顶状态，a 是 ip 所指向的符号；

4. repeat

5. if ACTION[s，a]==sj then /* sj 表示将下一个状态 j 和现行的输入符号 a 移进栈 */

6. ｛把状态 j 和符号 a 分别压入栈；

7. 令 ip 指向下一输入符号；｝

8. else if ACTION[s，a]=rj then /* rj 表示按第 j 个产生式 A→β 归约 */

9. ｛从栈顶弹出 |β| 个符号；

10. 令 s' 是现在的栈顶状态；

11. 把 GOTO[s'，A] 和 A 先后压入栈中；

12. 输出产生式 A→β；｝

13. else if ACTION[s，a]= acc then

14. return；

15. else

16. error();

例 3.27　考虑式（3.2）文法，其 LR 分析表如表 3-4 所示。表中所引用的记号的意义是：acc 表示接受，空白符表示出错。另外，若 a 为终结符，则 GOTO[s，a] 的值已列在 ACTION[s，a] 的 sj 之中（即状态 j），因此 GOTO 表仅对所有非终结符（比如 A）列出 GOTO[s，A] 的值。假定输入串为 $i_1+i_2*i_3$，则 LR 分析器的工作过程如表 3-5 所示。

表 3-4　式（3.2）文法的 LR 分析表

状态	ACTION						GOTO		
	i	+	*	(	)	#	E	T	F
0	s5			s4			1	2	3
1		s6				acc			
2		r2	s7		r2	r2			
3		r4	r4		r4	r4			
4	s5			s4			8	2	3
5		r6	r6		r6	r6			
6	s5			s4				9	3
7	s5			s4					10
8		s6			s11				

（续）

状态	ACTION						GOTO		
	i	+	*	(	)	#	E	T	F
9		r1	s7		r1	r1			
10		r3	r3		r3	r3			
11		r5	r5		r5	r5			

表 3-5　i+i*i 的 LR 分析过程

步骤	状态	符号	输入串	动作说明
1	0	#	$i_1+i_2*i_3$#	s5: 状态 5 和 i_1 入栈
2	0 5	# i_1	$+i_2*i_3$#	r6: 用 F→i 归约且 GOTO(0, F)=3 入栈
3	0 3	# F	$+i_2*i_3$#	r4: 用 T→F 归约且 GOTO(0, T)=2 入栈
4	0 2	# T	$+i_2*i_3$#	r2: 用 E→T 归约且 GOTO(0, E)=1 入栈
5	0 1	# E	$+i_2*i_3$#	s6: 状态 6 和 + 入栈
6	0 1 6	# E+	i_2*i_3#	s5: 状态 5 和 i_2 入栈
7	0 1 6 5	# E+i_2	$*i_3$#	r6: 用 F→i 归约且 GOTO(6, F)=3 入栈
8	0 1 6 3	# E+F	$*i_3$#	r4: 用 T→F 归约且 GOTO(6, T)=9 入栈
9	0 1 6 9	# E+T	$*i_3$#	s7: 状态 7 和 * 入栈
10	0 1 6 9 7	# E+T*	i_3#	s5: 状态 5 和 i_3 入栈
11	0 1 6 9 7 5	#E+T*i_3	#	r6: 用 F→i 归约且 GOTO(7, F)=10 入栈
12	0 1 6 9 7 10	# E+T*F	#	r3: 用 T→T*F 归约且 GOTO(6, T)=9 入栈
13	0 1 6 9	# E+T	#	r1: 用 E→E+T 归约且 GOTO(0, E)=1 入栈
14	0 1	# E	#	acc: 分析成功

定义 3.14（LR 文法） 对于一个给定的文法 G(S)，如果能够构造一张上述的 LR 分析表，使得它的每个入口均是唯一确定的，则称该文法为 LR 文法。

对于一个 LR 文法，当分析器对输入串进行自左至右扫描时，一旦句柄呈现于栈顶，就能及时对它实行归约。

定义 3.15（LR(k) 文法） 对于一个给定的文法 G(S)，如果能用一个每步顶多向前检查 k 个输入符号的 LR 分析器进行分析，则称该文法为 LR(k) 文法。

对于多数语言而言，k=0 或 1 就够了。LR 文法肯定是无二义的，一个二义文法决不会是 LR 文法；但是，LR 分析技术可以进行适当修改以适用于分析一定的二义文法。

3.4.3　LR(0) 分析

采用 LR(0) 分析表进行语法分析的方法称为 LR(0) 分析方法，LR(0) 分析方法不需要向前查看输入符号，分析器根据当前的栈顶状态即可确定下一步所应采取的动作。

在未讨论 LR(0) 分析表的构造之前，首先需要定义一些相关概念。

定义 3.16（活前缀） 活前缀是指规范句型的一个前缀，这种前缀不含句柄之后的任何符号。也就是说，对于规范句型 αβδ，β 为句柄，如果 αβ=$u_1u_2\cdots u_r$，则符号串 ε，$u_1u_2\cdots u_i$（$1 \le i \le r$）是 αβδ 的活前缀（δ 必为终结符串）。

之所以称为活前缀，是因为在其右边增添一些终结符号之后，就可以使它成为一个规范句型。活前缀与句柄之间有如下关系之一：

1）活前缀不含有句柄的任何符号，期望从剩余输入串中能够看到由某产生式 A→α 的右部 α 所推导出的符号串。

2）活前缀只含有句柄的部分符号，某产生式 A→$α_1α_2$ 的右部子串 $α_1$ 已经出现在栈顶，期待从剩余的输入串中能够看到 α_2 推导出的符号串。

3）活前缀已经含有句柄的全部符号，某一产生式 A → α 的右部符号串 α 已经出现在栈顶，用该产生式进行归约。

LR 分析法分析过程中，只要已分析的符号串是正确的，符号栈里的文法符号由底到顶就构成规范句型的一个活前缀，当这个活前缀包含句柄时就归约，否则移进。因此，只要能识别出所有活前缀，识别活前缀是否包含句柄，就能决定什么时候移进，什么时候归约。下面的问题就是，给定一个文法，如何识别该文法的所有活前缀以及活前缀与句柄之间的关系。为此，引入 LR(0) 项目的概念。

定义 3.17（LR(0) 项目） 给定一个文法 G(S)，右部某个位置上标有圆点的产生式称为该文法的一个 LR(0) 项目。其中，圆点在产生式最右端的 LR(0) 项目称为归约项目；对文法开始符号的归约项目又称接受项目；圆点后第一个符号为非终结符号的 LR(0) 项目称为待约项目；圆点后第一个符号为终结符号的 LR(0) 项目称为移进项目。

注意：产生式 A → ε 只有一个 LR(0) 归约项目 "A → ·"。LR(0) 项目中的圆点符分割已获取的内容和待获取的内容，点的左边代表历史信息，右边代表展望信息。直观地讲，LR(0) 项目表示在分析过程的某一阶段，已经看到了产生式的多大部分以及希望看到的部分。

例 3.28 产生式 S → bBB 对应有 4 个 LR(0) 项目

$$S → \cdot bBB$$
$$S → b \cdot BB$$
$$S → bB \cdot B$$
$$S → bBB \cdot$$

其中，

1）S → ·bBB 是移进项目，表示活前缀不包含句柄，分析过程中应将 b 移进符号栈。

2）S → b·BB 是待约项目，表示活前缀不包含句柄，期待在继续分析过程中进行归约而得到 B。

3）S → bB·B 也是待约项目，表示活前缀不包含句柄，期待在继续分析过程中进行归约而得到 B。

4）S → bBB· 是归约项目，表示已从输入串看到能由 bBB 推导出的符号串，联系到可将 bBB 归约为 S，bBB 是句柄，此时活前缀包含句柄。

为了保证文法开始符号只出现在一个产生式的左边，亦即保证分析器只有一个接受状态，对该文法进行拓广，构造其拓广文法。便会有一个仅含项目 S' → S· 的状态，这就是唯一的"接受"态。

定义 3.18（拓广文法） 假定文法 G 是一个以 S 为开始符号的文法，构造一个文法 G'，它包含了整个 G，但它引进了一个不出现在 G 中的非终结符 S'，并加进一个新产生式 S' → S，而这个 S' 是 G' 的开始符号。那么，称 G' 是 G 的拓广文法。

下面介绍识别文法所有活前缀的方法，算法 3.8 给出了利用 DFA 来识别文法所有活前缀的方法。

算法 3.8　构造识别文法所有活前缀的 DFA 方法

输入：文法 G=(V_T, V_N, P, S) 的拓广文法 G'

输出：识别文法 G' 所有活前缀的 DFA

步骤：

1. 拓广文法的每个项目表示一个状态，规定包含拓广文法开始符号的待归约项目所对的状态为初态，其余的任何状态均可认为是 NFA 的终态（活前缀识别态）。

2. 状态之间转换关系的确定方法如下：

① 若状态 i 为 $X \to X_1 \cdots X_{i-1} \cdot X_i \cdots X_n$，状态 j 为 $X \to X_1 \cdots X_{i-1} X_i \cdot X_{i+1} \cdots X_n$，则从状态 i 画一条标志为 X_i 的有向边到状态 j；

② 若状态 i 为 $X \to \alpha \cdot A\beta$，A 为非终结符，则从状态 i 画一条 ε 边到所有状态 $A \to \cdot \gamma$。

3. 把识别文法所有活前缀的 NFA 确定化，就可以得到一个以项目集合为状态的识别文法 G′ 所有活前缀的 DFA。

定义 3.19（LR(0) 项目集规范族）　构成识别一个文法活前缀的 DFA 的项目集（状态）的全体称为文法的 LR(0) 项目集规范族。

例 3.29　已知文法 G(A)：

$$A \to aA$$
$$A \to b$$

构造识别该文法所有活前缀的 DFA。

解：先对 G(A) 进行拓广，拓广后的文法 G′(S′) 为

$$S' \to A$$
$$A \to aA$$
$$A \to b \tag{3.12}$$

G′(S′) 的 LR(0) 项目有

（1）$S' \to \cdot A$

（2）$A \to \cdot aA$

（3）$A \to a \cdot A$

（4）$A \to \cdot b$

（5）$A \to b \cdot$

（6）$S' \to A \cdot$

（7）$A \to aA \cdot$

依据算法 3.8 可以得到识别文法 G′(S′) 活前缀的 NFA，如图 3-8 所示。

对图 3-8 中的 NFA 进行确定化，得到识别文法 G′(S′) 的活前缀的 DFA，如图 3-9 所示。

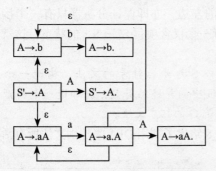

图 3-8　识别例 3.29 中文法 G′(S′) 的活前缀的 NFA

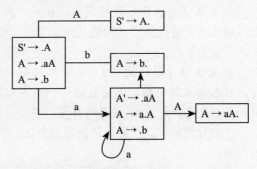

图 3-9　识别例 3.29 中文法 G′(S′) 的活前缀的 DFA

从而可以得到，文法 G′(S′) 的 LR(0) 项目集规范族 C 为：

C = {{$S' \to \cdot A$, $A \to \cdot aA$, $A \to \cdot b$}, {$A \to a \cdot A$, $A \to \cdot aA$, $A \to \cdot b$},

$\{A \rightarrow b \cdot\}$，$\{S' \rightarrow A \cdot\}$，$\{A \rightarrow aA \cdot\}\}$

通过列出拓广文法的所有 LR(0) 项目，进而构造识别活前缀的 NFA，再确定化为 DFA 的方法，工作量较大，不实用，实用的方法是直接构造以项目集为状态的识别活前缀的 DFA。在未介绍这个方法之前先介绍几个概念。

定义 3.20　（LR(0) 项目集的闭包 (CLOSURE)） 假定 I 是文法 G 的任一 LR(0) 项目集合，定义 I 的闭包 CLOSURE(I) 如下：

1）I 的任何项目都属于 CLOSURE(I)。

2）若 $A \rightarrow \alpha \cdot B\beta$ 属于 CLOSURE(I)，那么，对任何关于 B 的产生式 $B \rightarrow \gamma$，项目 $B \rightarrow \cdot \gamma$ 也属于 CLOSURE(I)。

3）重复执行上述两步骤直至 CLOSURE(I) 不再增大为止。

为了识别活前缀，还需要定义一个状态转换函数 GO。

定义 3.21　（LR(0) 项目集的转换函数 GO） 假定 I 是文法 G 的一个 LR(0) 项目集，X 是文法 G 的一个文法符号，函数值 GO(I，X) 定义为：

$$GO(I，X)=CLOSURE(J)$$

其中 J={ 任何形如 $A \rightarrow \alpha X \cdot \beta$ 的项目 | $A \rightarrow \alpha \cdot X\beta$ 属于 I}。GO(I，X) 称为转移函数，项目 $A \rightarrow \alpha X \cdot \beta$ 称为 $A \rightarrow \alpha \cdot X\beta$ 的后继。

通过 CLOSURE 和 GO 函数很容易构造文法 G 的拓广文法 G' 的 LR(0) 项目集规范族，具体见算法 3.9。

算法 3.9　构造文法的 LR(0) 项目集规范族

输入：文法 $G=(V_T, V_N, P, S)$ 的拓广文法 G'

输出：G' 的 LR(0) 项目集规范族 C

步骤：

1. C:={CLOSURE({S' → · S})}；
2. repeat
3. 　for C 中每个项目集 I 和 G' 的每个符号 X
4. 　　if GO(I，X) 非空且不属于 C then
5. 　　　把 GO(I，X) 放入 C 族中；
6. until C 不再增大

转换函数 GO 把 LR(0) 项目集规范族 C 中项目集连接成一个 DFA 转换图。

例 3.30 对式（3.12）文法，利用算法 3.9 计算其 LR(0) 项目集规范族。

解：I_0= CLOSURE ({S' → · A})={S' → · A，A → · aA，A → · b}

GO(I_0，a)= CLOSURE ({A → a · A})={A → a · A，A → · aA，A → · b}=I_1

GO(I_0，b)= CLOSURE ({A → b · })={A → b · }=I_2

GO(I_0，A)= CLOSURE ({S' → A · })={S' → A · }=I_3

GO(I_1，a)= CLOSURE ({A → a · A})=I_1

GO(I_1，b)= CLOSURE ({A → b · })={A → b · }=I_2

GO(I_1，A)= CLOSURE ({A → aA · })={A → aA · }=I_4

由于 I_2、I_3 和 I_4 都是归约项目，所以计算结束，故 G'(S') 的 LR(0) 项目集规范族 C={I_0，I_1，I_2，I_3，I_4}。

我们希望从识别文法活前缀的 DFA 建立 LR 分析器。因此需要研究这个 DFA 的每个项目集中项目的不同作用。

定义 3.22（LR(0) 有效项目） 项目 $A \to \beta_1 \cdot \beta_2$ 对活前缀 $\gamma=\alpha\beta_1$ 是有效的，如果存在一个规范推导：

$$S \Rightarrow^* \alpha A \omega \Rightarrow \alpha\beta_1\beta_2\omega, \quad \omega \in V_T^*$$

一个项目可能对好几个活前缀都是有效的（当一个项目出现在 LR(0) 项目集规范族的好几个不同的项目集合中时便是这种情形）。若归约项目 $A \to \beta_1 \cdot$ 对活前缀 $\alpha\beta_1$ 是有效的，则它告诉我们应把符号串 β_1 归约为 A，即把活前缀 $\alpha\beta_1$ 变为 αA。若移进项目 $A \to \beta_1 \cdot \beta_2$ 对活前缀 $\alpha\beta_1$ 是有效的，则它告诉我们句柄尚未形成，因此下一步动作应是移进。但是，可能存在如下情形，即对同一个活前缀存在不止一个有效项目，并且有的是移进项目，有的是归约项目，这就有可能存在冲突，这种冲突通过向前多看几个输入符号或许能够获得解决。

若项目 $A \to \alpha \cdot B\beta$ 对活前缀 $\gamma=\delta\alpha$ 是有效的，并且 $B \to \eta$ 是一个产生式，则项目 $B \to \cdot \eta$ 对 $\gamma=\delta\alpha$ 也是有效的。那是因为如果 $A \to \alpha \cdot B\beta$ 对 $\gamma=\delta\alpha$ 是有效的，则存在规范推导

$$S \Rightarrow^* \delta A \omega \Rightarrow \delta\alpha B\beta\omega, \quad \omega \in V_T^*$$

假定存在规范推导 $\beta\omega \Rightarrow^* \varphi\omega$，$\varphi\omega \in V_T^*$，则对任意的 $B \to \eta$，有规范推导

$$S \Rightarrow^* \delta A \omega \Rightarrow \delta\alpha B\beta \omega \Rightarrow^* \delta\alpha B\varphi \omega \Rightarrow \delta\alpha\eta\varphi \omega$$

由定义 3.22 可知，项目 $B \to \cdot \eta$ 对 $\gamma=\delta\alpha$ 也是有效的。依据该结论，对于每个活前缀，就可以构造它的有效项目集。实际上，一个活前缀 γ 的有效项目集就是从上述 DFA 的初态出发，沿着标记为 γ 的路径到达的那个项目集（状态）。也即，在任何时候，分析栈里的活前缀 $X_1X_2\cdots X_m$ 的有效项目集正是栈顶状态 S_m 所代表的那个集合。这是 LR 分析理论的一个基本定理，我们不打算在这里证明该定理，而是通过一个例子对其进行说明。

例 3.31 考虑式（3.12）文法及图 3-9 中它的识别活前缀自动机。符号串 aa 是一个活前缀，这个自动机在读出 aa 后到达的状态包含有三个项目，它们分别是

$$A \to a \cdot A$$
$$A \to \cdot aA$$
$$A \to \cdot b$$

下面说明这三个项目都对 aa 有效。考虑下面三个规范推导

$$S' \Rightarrow A \Rightarrow aA \Rightarrow aaA$$
$$S' \Rightarrow A \Rightarrow aA \Rightarrow aaA \Rightarrow aaaA$$
$$S' \Rightarrow A \Rightarrow aA \Rightarrow aaA \Rightarrow aab$$

第一个推导表明 $A \to a \cdot A$ 的有效性，第二个推导表明 $A \to \cdot aA$ 的有效性，第三个推导表明 $A \to \cdot b$ 的有效性。显然对活前缀 aa 不再存在其他有效项目了。

定义 3.23（LR(0) 文法） 对于一个给定的文法 G，假若识别其拓广文法 G' 活前缀的自动机中的每个状态（项目集）不存在下述情况：

1）既含有移进项目又含有归约项目。

2）含有多个归约项目。

则称 G 是一个 LR(0) 文法。

对于 LR(0) 文法，我们可直接从它的项目集规范族 C 和识别活前缀自动机的状态转换函数 GO 构造出 LR 分析表。算法 3.10 是构造 LR(0) 分析表的算法。

由于假定 LR(0) 文法规范族的每个项目集不含冲突项目，因此按上述方法构造的分析表的每个入口都是唯一的（即不含多重定义）。我们称如此构造的分析表是一张 LR(0) 分析表，使用 LR(0) 分析表的分析器叫做 LR(0) 分析器。

算法 3.10 构造 LR(0) 分析表

输入： 文法 G=(V_T，V_N，P，S) 的拓广文法 G'(S')

输出： 文法 G' 的 LR(0) 分析表

步骤：

1. 构造 G' 的 LR(0) 项目集规范族 C={I_0，I_1，…，I_n} 和识别活前缀自动机的状态转换函数 GO，令每个项目集 I_k 的下标 k 作为分析器的状态，包含项目 S'→·S 的集合 I_k 的下标 k 为分析器的初态。

2. ACTION 子表的构造：

① 若项目 A→α·aβ∈I_k 且 GO(I_k，a)=I_j，a 为终结符，则置 ACTION[k，a] 为 sj，表示将 (j，a) 移进栈。

② 若项目 A→α·∈I_k，则对任何终结符 a（或结束符 #），置 ACTION[k，a] 为 rj，表示用产生式 A→α 进行归约，其中 j 是产生式的编号，即 A→α 是文法 G'(S') 的第 j 个产生式。

③ 若项目 S'→S·∈I_k，则置 ACTION[k，#] 为 acc 表示分析成功。

3. GOTO 子表的构造：

若 GO(I_k，A)=I_j，A 为非终结符，则置 GOTO[k，A]=j。

4. 分析表中凡不能用规则 2～3 填入的空白格均置为"出错标志"。

例 3.32 对于式（3.12）文法，依据算法 3.10 可以得到其 LR(0) 分析表如表 3-6 所示。

并不是所有的上下文无关文法都是 LR(0) 文法，实际上只有很少的一部分上下文无关文法是 LR(0) 文法。

例 3.33 判断式（3.2）文法是否为 LR(0) 文法？

解： 首先对式（3.2）文法进行拓广，得到如下拓广文法 G'(S')：

表 3-6 式（3.12）文法的 LR(0) 分析表

状态	ACTION			GOTO
	a	b	#	A
0	s1	s2		3
1	s1	s2		4
2	r2	r2	r2	
3			acc	
4	r1	r1	r1	

（1）S'→E
（2）E→E+T
（3）E→T
（4）T→T*F
（5）T→F
（6）F→(E)
（7）F→i   （3.13）

图 3-10 是识别该拓广文法所有活前缀的 DFA。因为 I_1、I_2 和 I_9 都含有"移进–归约"冲突，所以，式（3.2）文法不是 LR(0) 文法。

由例 3.33 的计算结果可知，算术表达式（3.2）文法不是 LR(0) 文法，所以不能采用 LR(0) 分析方法对其进行分析。但是根据算术表达式文法的定义可知，在项目 I_1 对应的状态，只有遇到输入的结束符号"#"时才表明整个表达式归约完成，这时候才执行 acc，当遇到"+"时，表明表达式还在形成过程中，所以应该移进，不能归约；在项目集 I_2 对应的状态，遇到"*"时表示项还没有完全形成，所以需要移进"*"，只有遇到"+"、")"或"#"才能进行归约；在项目集 I_9 对应的状态也有类似的情况。而这里出现冲突的原因是 LR(0) 分析表的构造中，无论后面遇到什么符号都进行归约，这是不合理的。所以，可以采用向前查看一个输入符号的办法来解决一些冲突。下面将介绍一种通过向前查非终结符的 FOLLOW

集中的符号来解决冲突的方法，也即 SLR(1) 分析方法。

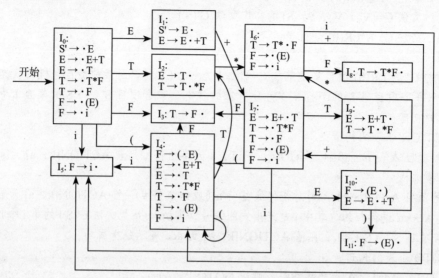

图 3-10　识别式（3.13）文法所有活前缀的 DFA

3.4.4　SLR(1) 分析

LR(0) 文法是一类非常简单的文法，其特点是该文法的活前缀识别自动机的每一状态（项目集）都不含冲突性项目。但是，由例 3.33 可知，即使是定义算术表达式这样的简单文法也不是 LR(0) 文法。与之相应的 LR(0) 分析方法，其只有概况了"历史"资料而不包含推测性"展望"材料的"状态"。这里将研究一种简单"展望"材料的 LR 分析法，即 SLR(1) 分析法。实际上，许多冲突性动作都可以通过考察有关非终结符的 FOLLOW 集（即紧跟在该非终结符之后的终结符或"#"）而获得解决。

假定 LR(0) 项目集规范族的一个项目集 I 中含有 m 个移进项目：

$$A_1 \rightarrow \alpha \cdot a_1\beta_1, \ A_2 \rightarrow \alpha \cdot a_2\beta_2, \ \cdots, \ A_m \rightarrow \alpha \cdot a_m\beta_m$$

同时含有 n 个归约项目：

$$B_1 \rightarrow \alpha \cdot, \ B_2 \rightarrow \alpha \cdot, \ \cdots, \ B_n \rightarrow \alpha \cdot$$

如果集合 $\{a_1, \cdots, a_m\}$、$FOLLOW(B_1)$、$\cdots$、$FOLLOW(B_n)$ 两两不相交（包括不得有两个 FOLLOW 集含有"#"），则隐含在 I 中的动作冲突可通过检查现行输入符号 a 属于上述 n+1 个集合中的哪个集合而获得解决，也即

1）若 a 是某个 a_i，i=1, 2, $\cdots$, m，则移进。

2）若 $a \in FOLLOW(B_i)$，i=1, 2, $\cdots$, n，则用产生式 $B_i \rightarrow \alpha$ 进行归约。

3）此外，报错。

这种冲突性动作的解决办法称为 SLR(1) 分析法。

基于 SLR(1) 解决办法的思想，对任给的一个文法 G(S)，我们可用算法 3.11 构造它的 SLR(1) 分析表。

算法 3.11　构造 SLR(1) 分析表

输入：文法 $G=(V_T, V_N, P, S)$ 的拓广文法 G'

输出：文法 G' 的 SLR(1) 分析表

步骤：

1. 构造 G' 的 LR(0) 项目集规范族 C={I_0, I_1, $\cdots$, I_n} 和识别活前缀自动机的状态转换函数 GO，令每个项目集 I_k 的下标 k 作为分析器的状态，包含项目 S'→·S 的集合 I_k 的下标 k 为分析器的初态。

2. ACTION 子表的构造：

① 若项目 A→α·aβ∈I_k 且 GO(I_k, a)=I_j，a 为终结符，则置 ACTION[k，a] 为 sj，表示将 (j，a) 移进栈。

② 若项目 A→α·∈I_k，则对任何终结符 a，a∈FOLLOW(A)，置 ACTION[k，a] 为 rj，其中，假定 A→α 为文法 G' 的第 j 个产生式。

③ 若项目 S'→S·∈I_k，则置 ACTION[k，#] 为 acc 表示分析成功。

3. GOTO 子表的构造：

若 GO(I_k, A)=I_j，A 为非终结符，则置 GOTO[k，A]=j。

4. 分析表中凡不能用规则 2～3 填入的空白格均置为"出错标志"。

定义 3.24（SLR(1) 文法和 SLR(1) 分析器） 对于一个给定的文法 G，如果按算照 3.11 构造出的 ACTION 与 GOTO 表不含多重入口，则称该文法为 SLR(1) 文法。数字"1"的意思是，在分析过程中顶多只要向前看一个符号。使用 SLR(1) 表的分析器称为 SLR(1) 分析器。

例 3.34 构造式（3.2）文法的 SLR(1) 分析表。

解：例 3.33 已给出识别式（3.2）文法的拓广文法所有活前缀的 DFA，见图 3-10。其中项目集 I_1、I_2 和 I_9 都含有"移进 - 归约"冲突。

首先考虑 I_1 中的项目

$$S' → E·$$

$$E → E·+T$$

因为 FOLLOW(S')={#}，所以 I_1 第一个项目产生 ACTION[1, #]=acc；而第二个项目 ACTION[1, +]=s7

再考虑 I_2 中的项目

$$E → T·$$

$$T → T·*F$$

因为 FOLLOW(E)={#,), +}，所以第一个项目使得 ACTION[2, #]=r2, ACTION[2,)]=r2, ACTION[2, +]=r2；第二个项目使得 ACTION[2, *]=s6。从而 I_2 的冲突可以解决。同理，I_9 的冲突也可以解决。最后得到式（3.2）文法的 SLR(1) 分析表如表 3-7 所示。

每一个 SLR(1) 文法都是无二义的文法，但并非无二义的文法都是 SLR(1) 文法。

表 3-7　式（3.2）文法的 SLR(1) 分析表

状态	ACTION						GOTO		
	i	+	*	(	)	#	E	T	F
0	s5			s4			1	2	3
1		s7				acc			
2		r2	s6		r2	r2			
3		r4	r4		r4	r4			
4	s5			s4			10	2	3
5		r6	r6		r6	r6			
6	s5			s4					8

（续）

状态	ACTION						GOTO		
	i	+	*	(	)	#	E	T	F
7	s5			s4				9	3
8		r3	r3		s11				
9		r1	s6		r1	r1			
10		s7			s11				
11		r5	r5		r5	r5			

例 3.35 文法 G(S) 具有如下产生式：

$$S \rightarrow L=R$$
$$S \rightarrow R$$
$$L \rightarrow *R$$
$$L \rightarrow id$$
$$R \rightarrow L \qquad\qquad （3.14）$$

该文法为无二义性，对其进行拓广，得到拓广文法 G'(S') 的产生式如下：

（0）$S' \rightarrow S$
（1）$S \rightarrow L=R$
（2）$S \rightarrow R$
（3）$L \rightarrow *R$
（4）$L \rightarrow id$
（5）$R \rightarrow L \qquad\qquad （3.15）$

构造文法 G'(S') 的识别活前缀的 DFA，如图 3-11 所示。考虑 I_2，第一个项目使 ACTION[2, =]=s6；而第二个项目由于“=”属于 FOLLOW(R)，所以将使 ACTION[2, =]=r5，因此含有“移进－归约”冲突，并且这种冲突不能用 SLR(1) 解决办法消解，因此不是 SLR(1) 文法。

因为式（3.14）文法不是 SLR(1) 文法，从而不能用 SLR(1) 分析方法进行分析。而实际上根据式（3.14）文法的定义可知，由于这个文法不存在以“ R=”为前缀的规范句型，因此，当状态 2 处于栈顶，面临输入符号“=”时，不能用 R → L 对栈顶的 L 进行归约。“=”属于 FOLLOW(R) 是因为存在以“ *R=”为前缀的规范句型，但不存在以“ R=”为前缀的规范句型，FOLLOW 函数不能区分这两种情况。究其原因，SLR(1) 分析方法只是孤立地考察了输入符号是否属于归约项目 A → α· 所关联的 FOLLOW(A)，而没有考察符号串 α 在规范句型中的上下文，因而具有一定的片面性。

所以当试图用某一产生式 A → α 归约栈顶符号串 α 时，不仅要向前扫描一个输入符号，还要查看栈中的所有符号串 δα，只有当 δA 加上后续的符号 a 的确构成文法某一规范句型的活前缀时，才能用 A → α 归约。但是，怎样确定 δAa 是否是文法某一规范句

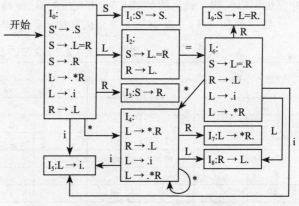

图 3-11　识别式（3.15）文法所有活前缀的 DFA

型的活前缀？下面将介绍一种对于产生式 A → α 的归约，考虑不同使用位置的 A 会要求不同的后继符号的方法，也即 LR(1) 分析方法。

3.4.5 LR(1) 分析

在 SLR(1) 分析方法中，若项目集 I_k 含有 A → α · ，那么在状态 k 时，只要所面临的输入符号 a∈FOLLOW(A)，就确定采取"用 A → α 归约"的动作。但在某种情况下，当状态 k 呈现于栈顶时，栈里的符号串所构成的活前缀 δα 未必允许把 α 归约为 A，因为可能没有一个规范句型含有前缀 δAa。因此，在这种情况下用 A → α 进行归约未必有效。为了解决这一问题，对 LR(0) 项目进行分裂，使得 LR 分析器的每个状态能确定地指出，当 α 后紧跟哪些终结符时，才允许把 α 归约为 A。为此，我们需要重新定义项目，使得每个项目都附带有 k 个终结符。

定义 3.25（LR(k) 项目） LR(k) 项目一般形式为 $[A → α · β, a_1a_2\cdots a_k]$，其中 A → α · β 是一个 LR(0) 项目，a_i（i=1，2，…，k）是终结符号。项目中的 $a_1a_2\cdots a_k$ 称为它的向前搜索符串（或展望串）。

向前搜索符串仅对归约项目 $[A → α · ，a_1a_2\cdots a_k]$ 有意义。对于任何移进或待约项目 $[A → α · β，a_1a_2\cdots a_k]$，β ≠ ε，搜索符串 $a_1a_2\cdots a_k$ 没有作用。归约项目 $[A → α · ，a_1a_2\cdots a_k]$ 意味着当它所属的状态呈现在栈项且后续的 k 个输入符号为 $a_1a_2\cdots a_k$ 时，才可以把栈顶上的 α 归约为 A。我们只对 k ≤ 1 的情形感兴趣，向前搜索（展望）一个符号就多半可以确定"移进"或"归约"。

与 LR(0) 文法类似，识别文法全部活前缀的 DFA 的每一状态也是用一个 LR(1) 项目集来表示，为保证在分析时每一步都在栈中得到规范句型的活前缀，应使每一个 LR(1) 项目集仅由对相应活前缀有效的项目组成。下面是 LR(1) 有效项目的定义。

定义 3.26(LR(1) 有效项目） 称一个 LR(1) 项目 [A → α · β,a] 对活前缀 γ=δα 是有效的，如果存在一个规范推导：

$$S ⇒^* δAω ⇒ δαβω$$

其中 ω 的第一个符号为 a，或者 ω=ε 且 a=#。

若项目 [A → α · Bβ，a] 对活前缀 γ=δα 是有效的，并且 B → η 是一个产生式，则对任何 b∈FIRST(βa)，项目 [B → · η，b] 对活前缀 γ=δα 也是有效的。那是因为如果 [A → α · Bβ，a] 对 γ=δα 有效，则存在规范推导：

$$S ⇒^* δAax ⇒ δαBβax$$

假定 βax⇒* by，则对任意的 B → η，有规范推导

$$S ⇒^* δAax ⇒ δαBβax ⇒^* δαBby ⇒ δαηby$$

由定义 3.26 可知，项目 [B → · η，b] 对活前缀 γ=δα 也是有效的。

定义 3.27（LR(1) 有效项目集和 LR(1) 项目集规范族） 文法 G 的某个活前缀 γ 的所有 LR(1) 有效项目组成的集合称为 γ 的 LR(1) 有效项目集。文法 G 的所有 LR(1) 有效项目集组成的集合称为 G 的 LR(1) 项目集规范族。

构造 LR(1) 项目集规范族的办法本质上与构造 LR(0) 项目集规范族的办法是一样的，也需要两个函数：CLOSURE 和 GO。

定义 3.28（LR(1) 项目集的闭包(CLOSURE)） 设 I 是文法 G 的一个 LR(1) 项目集，定义 I 的闭包 CLOSURE(I) 如下：

1）I 的任何项目都属于 CLOSURE(I)。

2）若项目 [A→α·Bβ，a] 属于 CLOSURE(I)，B→η 是一个产生式，那么，对于 FIRST(βa) 中的每个终结符 b，如果 [B→·η，b] 原来不在 CLOSURE(I) 中，则把它加进去。

3）重复执行步骤 2，直至 CLOSURE(I) 不再增大为止。

定义 3.29（LR(1) 项目集的转移函数 (GO)） 设 I 是文法 G 一个 LR(1) 项目集，X 是文法 G 一个文法符号，函数 GO(I，X) 定义为：

$$GO(I，X)=CLOSURE(J)$$

其中 J={ 任何形如 [A→αX·β，a] 的项目 | [A→α·Xβ，a]∈I}。项目 [A→αX·β，a] 称为 [A→α·Xβ，a] 的后继。

若 I 中项目 [A→α·Xβ，a] 对活前缀 γ=δα 是有效的，则由定义 3.26 可知，存在规范推导

$$S⇒*δAω ⇒δαXβax$$

这个推导同样说明 J 中的项目 [A→αX·β，a] 是活前缀 γX 的有效项目。所以若 I 是某个活前缀 γ 的有效项目集，则 GO(I，X) 便是活前缀 γX 的有效项目集。

算法 3.12　构造文法的 LR(1) 项目集规范族

输入： 文法 G=(V_T，V_N，P，S) 的拓广文法 G'

输出： G' 的 LR(1) 项目集规范族

步骤：

1. C:={CLOSURE({[S'→·S，#]})}；
2. repeat
3. 　for C 中每个项目集 I 和 G' 的每个符号 X
4. 　　if GO(I，X) 非空且不属于 C then
5. 　　　把 GO(I，X) 加入 C 中
6. until C 不再增大

例 3.36 依据算法 3.12 构造式（3.15）文法的 LR(1) 项目集规范族 C，并给出基于 LR(1) 项目识别该文法所有活前缀的 DFA。

解：I_0 = CLOSURE({[S'→·S，#]})
　　　= { [S'→·S，#]，[S→·L=R，#]，[S→·R，#]，[L→·*R，=/#]，[L→·i，/#]，
　　　　　[R→·L，#] }

I_1 = GO(I_0，S)= CLOSURE({[S'→S·，#]})={[S'→S·，#]}

I_2 = GO(I_0，L)= CLOSURE({[S→L·=R，#]，[R→L·，#]})
　　　={[S→L·=R，#]，[R→L·，#]}

I_3 = GO(I_0，R)= CLOSURE({[S→R·，#]})={[S→R·，#]}

I_4 = GO(I_0，*)= CLOSURE({[L→*·R，=/#]})
　　　= {[L→*·R，=/#]，[R→·L，=/#]，[L→·i，=/#]，[L→·*R，=/#]}

I_5 = GO(I_0，i)= CLOSURE({[L→i·，=/#]})={[L→i·，=/#]}

I_6 = GO(I_2，=)= CLOSURE({[S→L=·R，#]})
　　　= {[S→L=·R，#]，[R→·L，#]，[L→·*R，#]，[L→·i，#]}

I_7 = GO(I_4，R)= CLOSURE({[L→*R·，=/#]})={[L→*R·，=/#]}

I_8 = GO(I_4，L)= CLOSURE({[R→L·，=/#]})={[R→L·，=/#]}

I_9 = GO(I_6，R)= CLOSURE({[S→L=R·，#]})={[S→L=R·，#]}

I_{10}=GO(I_6, L)= CLOSURE({[R → L·, #]})={[R → L·, #]}

I_{11}=GO(I_6, i)= CLOSURE({[L → i·, #]})={[L → i·, #]}

I_{12}=GO(I_6, *)= CLOSURE({[L → * · R, #]})

　=={[L → * ·R, #], [R → ·L, #], [L → ·*R, #], [L → ·i, #]}

I_{13}=GO(I_{12}, R)= CLOSURE({[L → *R·, #]})={[L → *R·, #]}

综上可得，式（3.15）文法的 LR(1) 项目集规范族 C 如表 3-8 所示。根据该项目集可以得到识别式（3.15）文法所有活前缀的 DFA，如图 3-12 所示。

表 3-8　式 (3.15) 文法的 LR(1) 项目集规范族 C

I_0:	S' → · S, # S → · L=R, # S → · R, # L → · *R, =/# L → · i, =/# R → · L, #	I_3:	S → R·, #	I_6:	S → L=· R, # R · ·L, # L → ·*R, # L → ·i, #	I_{10}:	R → L·, #
		I_4:	L → * · R, =/# R → · L, =/# L → · i, =/# L → · *R, =/#			I_{11}:	L → i·, #
						I_{12}:	L → * · R, # R → · L, # L → · *R, # L → · i, #
I_1:	S' → S·, #	I_5:	L → i·, =/#	I_7:	L → *R·, =/#	I_{13}:	L → *R·, #
I_2:	S → L · =R, # R → L·, #			I_8:	R → L·, =/# S → L=R·, #		
				I_9:	S → L=R·, #		

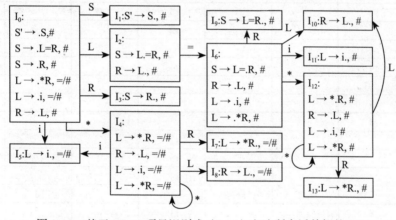

图 3-12　基于 LR(1) 项目识别式（3.15）文法所有活前缀的 DFA

算法 3.13 给出根据文法 LR(1) 项目集规范族 C 和转换函数 GO 构造 LR(1) 分析表的方法。

算法 3.13　构造 LR(1) 分析表

输入：文法 G=(V_T, V_N, P, S) 的拓广文法 G'

输出：文法 G' 的 LR(1) 分析表

步骤：

1. 构造 G' 的 LR(1) 项目集规范族 C={I_0, I_1, …, I_n} 和识别活前缀自动机的转换函数 GO，令每个项目集 I_k 的下标 k 作为分析器的状态，包含项目 [S' → · S, #] 的集合 I_k 的下标 k 为分析器的初态。

2. ACTION 子表的构造：

① 若项目 [A → α · aβ, b]∈I_k 且 GO(I_k, a)=I_j, a 为终结符，则置 ACTION[k, a] 为 sj，表示将 (j, a) 移进栈。

② 若项目 [A → α·, a]∈I_k，则 ACTION[k, a] 为 rj，其中，假定 A → α 为文法 G' 的第

j 个产生式。

③ 若项目 [S' → S·, #]∈I_k，则置 ACTION[k，#] 为 acc 表示分析成功。

3. GOTO 子表的构造：

若 GO(I_k, A)=I_j, A 为非终结符，则置 GOTO[k, A]=j。

4. 分析表中凡不能用规则 2 ～ 3 填入的空白格均置为"出错标志"。

定义 3.30（LR(1) 文法和 LR(1) 分析器） 对于一个给定的文法 G，如果按算法 3.13 构造出的 ACTION 与 GOTO 表不含多重入口，则称它是文法 G 的 LR(1) 分析表；具有 LR(1) 分析表的文法称为 LR(1) 文法；使用 LR(1) 分析表的分析器称为 LR(1) 分析器。

例 3.37 基于例 3.36 中的计算结果，利用算法 3.13 可以得到式（3.15）文法的 LR(1) 分析表，如表 3-9 所示。从而可知，式（3.15）文法不能用 SLR(1) 技术解决冲突，但能用 LR(1) 技术解决。

表 3-9 式（3.15）文法的 LR(1) 分析表

状态	ACTION				GOTO		
	=	*	i	#	S	L	R
0		s4	s5		1	2	3
1				acc			
2	s6			r5			
3				r2			
4		s4	s5			8	7
5	r4			r4			
6		s12	s11			10	9
7	r3			r3			
8	r5			r5			
9				r1			
10				r5			
11				r4			
12		s12	s11			10	13
13				r3			

LR(1) 分析方法与 LR(0) 分析方法及 SLR(1) 分析方法的区别体现在构造分析表算法的步骤 2 上。若项目 A → α· 属于 I_k，则当用产生式 A → α 归约时，LR(0) 分析方法无论面临什么输入符号都进行归约动作；SLR(1) 分析方法则是仅当面临的输入符号 a∈FOLLOW(A) 时进行归约动作，而不判断栈里的符号串所构成的活前缀 βα 是否存在着把 α 归约为 A 的规范句型——其前缀是 βAa；LR(1) 分析方法则明确指出了当 α 后跟终结符 a（即存在规范句型其前缀为 βAa）时，才容许把 α 归约为 A。因此，LR(1) 分析方法比 SLR(1) 分析方法更精确，解决的冲突也多于 SLR(1) 分析方法。但对 LR(1) 分析方法来说，其中的一些状态（项目集）除了向前搜索符不同外，其核心部分都是相同的；也即 LR(1) 分析方法比 SLR(1) 分析方法和 LR(0) 分析方法存在更多的状态。因此，LR(1) 分析表的构造比 LR(0) 分析表和 SLR(1) 分析表的构造更复杂，占用的存储空间也更多。

3.4.6 LALR(1) 分析

虽然 LR(1) 分析法的分析能力比 SLR(1) 分析方法的能力强，但是 LR(1) 分析表的规模要比 SLR(1) 分析表或者 LR(0) 分析表大很多，比如对于 Algol 一类语言来说，其 SLR(1) 分析表只有几百个状态，而 LR(1) 分析表则有几千个状态。为了克服 LR(1) 分析方法的缺点，F. DeRemer 提出了一种折中方法，也即 LALR(1) 分析方法，这种方法的基本思想是将 LR(1) 项目集族中的同心项目集合并，以减少项目集的个数，进而减少状态的数目。所谓同心的 LR(1) 项目集是指略去搜索符后是相同集合的 LR(1) 项目集。

例 3.38 表 3-8 中的 I_4={[L → * · R, =/#], [R → · L, =/#], [L → · i, =/#], [L → · *R, =/#]}，I_{12}={[L → * · R, /#], [R → · L, /#], [L → · i, /#], [L → · *R, /#]} 有相同的心 {L → * · R, R → · L, L → · i, L → · *R}，所以 I_4 和 I_{12} 是同心项目集。同理，表 3-8 中的 I_5 和 I_{11}、I_7 和 I_{13}、I_8 和 I_{10} 也是同心项目集。

若文法是 LR(1) 文法，同心集的合并不会引起新的移进 – 归约冲突。假设 I_k 和 I_j 为两个具有相同心的 LR(1) 项目集，其中

$$I_k: [A → α · , u_1]$$
$$[B → β · aγ, b]$$
$$I_j: [A → α · , u_2]$$
$$[B → β · αγ, c]$$

因为假设文法是 LR(1)，所以不存在移进 – 归约冲突，也即

$$\{u_1\} ∩ \{a\}=∅, \{u_2\} ∩ \{a\}=∅$$

显然合并后有

$$\{u_1, u_2\} ∩ \{a\}=∅$$

所以同心集的合并不会引起新的移进 – 归约冲突。

若文法是 LR(1) 文法，同心集的合并有可能产生新的归约 – 归约冲突，比如例 3.39 中所给出的式（3.16）文法。

例 3.39 试证明式（3.16）文法是 LR(1) 文法但不是 LALR(1) 文法。

$$S' → S$$
$$S → aBc | bCc | aCd | bBd$$
$$B → e$$
$$C → e \qquad\qquad (3.16)$$

证明：利用算法 3.12 可以得到式（3.16）文法的 LR(1) 项目集规范族，如表 3-10 所示。表 3-10 中的每一个项目集 I_i 都不含移进 – 归约冲突或者归约 – 归约冲突，因此式（3.16）文法是 LR(1) 文法。

表 3-10 式（3.16）文法的 LR(1) 项目集规范族

I_0:	S' → · S, #		S → a · Cd, #	I_4:	S → aB · c, #	I_9:	B → e · , d
	S → · aBc, #		B → · e, c	I_5:	S → aC · d, #		C → e · , c
	S → · bCc, #		C → · e, d	I_6:	B → e · , c	I_{10}:	S → aBc · , #
	S → · aCd, #	I_3:	S → b · Cc, #		C → e · , d	I_{11}:	S → aCd · , #
	S → · bBd, #		S → b · Bd, #	I_7:	S → bC · c, #	I_{12}:	S → bCc · , #
I_1:	S' → S · , #		C → · e, c	I_8:	S → bB · d, #	I_{13}:	S → bBd · , #
I_2:	S → a · Bc, #		B → · e, d				

I_6 和 I_9 是同心集，合并后为

$$I_{6/9}: \{[C → e · , c/d], [B → e · , d/c]\}$$

出现了新的归约 – 归约冲突。因为无论当前的符号是 d 或 c，既可以用 C → e 进行归约，也

可用 B→e 进行归约，因而可判断式（3.16）文法不是 LALR(1) 文法。

下面给出构造 LALR(1) 分析表的算法，其基本思想是，首先构造 LR(1) 项目集规范族，如果它不存在冲突，就把同心集合并在一起，若合并后的项目集规范族不存在归约–归约冲突，就按这个项目集规范族构造分析表。算法 3.14 描述了构造 LALR(1) 分析表的方法。

算法 3.14   构造 LALR(1) 分析表

输入：文法 G=(V_T，V_N，P，S) 的拓广文法 G'(S')

输出：文法 G'(S') 的 LALR(1) 分析表

步骤：

1. 构造文法 G' 的 LR(1) 项目集族 C={I_0，I_1，…，I_n} 和基于 LR(1) 项目识别活前缀自动机的状态转换函数 GO。

2. 把所有的同心集合并在一起，记 C'={ J_0，J_1，…，J_m } 为合并后的新族，令每个项目集 J_k 的下标 k 作为分析器的状态，含有项目 [S'→·S，#] 的集合 J_k 的下标 k 为分析表的初态。

3. 从 C' 构造 ACTION 表。

① 若 [A→α·aB，b]∈J_k 且 GO(J_k，a)=J_j，a 为终结符，则置 ACTION[k，a] 为 sj，表示将 (j，a) 移进栈。

② 若 [A→α·，a]∈J_k，则置 ACTION[k，a] 为 rj，其中，假定 A→α 为文法 G' 的第 j 个产生式。

③ 若 [S'→S·，#]∈J_k，则置 ACTION[k，#] 为 acc，表示分析成功。

4. GOTO 表的构造。

假定 J_k 是 I_{i1}，I_{i2}，…，I_{it} 合并后的新集，由于所有这些 I_i 同心，因而 GO(I_{i1}，X)，GO(I_{i2}，X)，…，GO(I_{it}，X) 也同心。记 J_j 为所有这些 GO 函数值合并后的集，那么就有 GO(J_k，X)=J_j。于是，若 GO(J_k，X)=J_j，则置 GOTO[k，X]=j。

5. 分析表中凡不能用步骤 3～4 填入信息的空白格均填上"出错标志"。

定义 3.31（LALR(1) 文法和 LALR(1) 分析器）   对于一个给定的文法 G，如果按照算法 3.14 构造出的 ACTION 与 GOTO 表不含多重入口，则称它是文法 G 的 LALR(1) 分析表；具有 LALR(1) 分析表的文法称为 LALR(1) 文法；使用 LALR(1) 分析表的分析器称为 LALR(1) 分析器。

对于同一个文法，LALR(1) 分析表和 LR(0) 分析表以及 SLR(1) 分析表永远具有相同数目的状态。由例 3.39 可知，LALR(1) 分析方法比 LR(1) 分析方法能力差一点，但它却能对付一些 SLR(1) 分析方法所不能对付的情况（见例 3.40），也即 LALR(1) 分析方法的能力介于 SLR(1) 分析方法和 LR(1) 分析方法之间。

例 3.40   由例 3.38 可知，式（3.15）文法的 LR(1) 项目集族 C 中 I_4 和 I_{12}、I_5 和 I_{11}、I_7 和 I_{13}、I_8 和 I_{10} 为同心集。I_4 和 I_{12} 合并同心集后的项目集为

$I_{4/12}$: {[L→*·R，=/#]，[R→·L，=/#]，[L→·i，=/#]，[L→·*R，=/#]}

I_5 和 I_{11} 合并同心集后的项目集为

$$I_{5/11}: \{[L→i·，=/#]\}$$

I_7 和 I_{13} 合并同心集后的项目集为

$$I_{7/13}: \{[L→*R·，=/#]\}$$

I_8 和 I_{10} 合并同心集后的项目集为

$$I_{8/10}: \{[R \to L\cdot , \ =/\#]\}$$

合并同心集后得到的项目集仍然不含有冲突，所以，式（3.15）文法也是 LALR(1) 文法。相应的识别式（3.15）文法的所有规范句型活前缀的 DFA 如图 3-13 所示。根据这个 DFA，利用算法 3.14 很容易构造出式（3.15）文法的 LALR(1) 分析表，如表 3-11 所示。

LALR(1) 分析方法与 LR(1) 分析方法还有一点不同之处，当输入串有误时，LR(1) 分析方法能够及时发现错误，而 LALR 分析方法则可能还需继续做一些不必要的归约动作，但决不会执行新的移进，即 LALR(1) 分析方法能够像 LR(1) 分析方法一样准确地指出出错的地点。

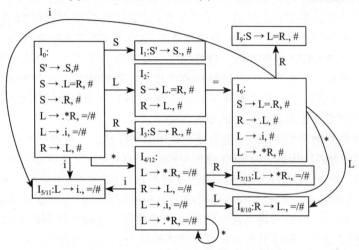

图 3-13　基于 LALR(1) 项目识别式（3.15）文法所有活前缀的 DFA

表 3-11　式（3.15）文法的 LALR(1) 分析表

状态	ACTION				GOTO		
	=	*	i	#	S	L	R
0		s4/12	s5/11		1	2	3
1				acc			
2	s6			r5			
3				r2			
4/12		s4/12	s5/11			8/10	7/13
5/11	r4			r4			
6		s4/12	s5/11			8/10	9
7/13	r3			r3			
8/10	r5			r5			
9				r1			

例 3.41　假设输入串为 $i_1=i_2=\#$，则表 3-9 所对应的 LR(1) 分析器的分析过程如表 3-12 所示，表 3-11 所对应的 LALR(1) 分析器的分析过程如表 3-13 所示。从表 3-12 和表 3-13 中可以看出 LALR(1) 分析方法多做了一些不必要的归约动作。

表 3-12　LR(1) 分析器对 $i_1=i_2=\#$ 的分析过程

步骤	状态	符号	输入串	步骤	状态	符号	输入串
0	0	#	$i_1=i_2=\#$	3	026	#L=	$i_2=\#$
1	05	$\#i_1$	$=i_2=\#$	4	02611	$\#L=i_2$	$=\#$
2	02	#L	$=i_2=\#$	5	报错		

表 3-13 LALR(1) 分析器对 i=i=# 的分析过程

步骤	状态	符号	输入串	步骤	状态	符号	输入串
0	0	#	$i_1=i_2=\#$	4	0265/11	$\#L=i_2$	=#
1	05/11	$\#i_1$	$=i_2=\#$	5	0268/10	#L=L	=#
2	02	#L	$=i_2=\#$	6	0269	#L=R	=#
3	026	#L=	$i_2=\#$	7	报错		

3.4.7 分析方法比较

至此,我们已经讨论了常用的语法分析方法,即 LL(1) 分析方法和 LR(k) 分析方法。下面我们就这些方法做一个比较。LR 分析方法能分析的文法类是 LL(1) 分析方法能分析的文法类的真超集。对于 LR(k) 分析方法,分析程序只要求在看见了产生式右部推出的所有符号以及从输入串中预测 k 个符号后,就能够识别产生式右部的出现。这个要求比 LL(k) 分析方法的要求弱,LL(k) 分析方法要求看见了右部推出的前 k 个符号后就识别所使用的产生式。所以,LR 文法比 LL 文法能够描述、识别更多的语言。

针对本章所介绍的常用的 LR 分析方法,LR(0) 分析方法不考虑搜索符,SLR(1) 分析方法在归约时考虑搜索符,因此,SLR(1) 分析方法比 LR(0) 分析方法的能力强,但是两种方法有相同的状态数,然而 SLR(1) 分析方法对搜索符所含信息量的利用有限,未考虑栈中内容。LR(1) 分析方法考虑对于产生式 $A \rightarrow \alpha$ 的归约,不同使用位置的 A 要求不同的后继符号,所以 LR(1) 分析方法比 SLR(1) 分析方法更精确,功能更强,但由于状态的细化,LR(1) 分析方法比 SLR(1) 分析方法和 LR(0) 分析方法存在更多的状态,代价更高。通过对 LR(1) 分析方法中 LR(1) 项目集族的同心项目集进行合并所得到的 LALR(1) 分析方法,其状态数目与 SLR(1) 分析法和 LR(0) 分析方法中的相同,功能比 LR(1) 分析方法弱但比 SLR(1) 分析法强。

3.5 语法分析器的生成器

本节介绍一个语法分析器的自动产生工具 YACC(Yet Another Compiler-Complier),YACC 通过输入用户提供的语言的语法描述规格说明,基于 LALR(1) 语法分析的原理,自动构造一个该语言的语法分析器。YACC 源程序又称 YACC 规格说明,同 LEX 源程序类似,也由说明部分、翻译规则和辅助过程三部分组成,形式如下:

```
[ 说明部分 ]
%%
翻译规则
[%%
辅助过程 ]
```

其中,用方括号括起来的部分可以省略,但是翻译规则部分不能省略。下面通过一个例子来说明 YACC 源程序。

例 3.42 构造一个简单的台式计算器,该计算器读入一个算术表达式,然后计算并打印它的值。该算术表达式文法的产生式为:

```
E → E+T  | T
T → T*F  | F
F → (E)  | digit
```

其中,digit 表示 0 ~ 9 的单个数字。根据这一文法写出的 YACC 源程序如下:

```
%{
# include  <ctype .h>
# include  <stdio.h >
```

```
%}
% token  DIGIT
%%
lines   :  expr '\ n'              {printf ( "%d \ n", $1 ) ;}
        ;
expr    :  expr '+' term           {$$ = $1 + $3; }
        |  term
        ;
term    :  term '*'factor          {$$ = $1 * $3; }
        |  factor
        ;
factor  :  '(' expr ')'            {$$ = $2; }
        |  DIGIT
        ;
%%
yylex ( ) {
        int c;
        c = getchar ( );
        if ( isdigit (c) )
        {
            yylval =c-'0'
            return  DIGIT;
        }
        return c;
}
```

　　YACC 源程序说明部分有任选的两部分：第一部分是处于 "%{" 和 "%}" 之间的部分，这里是一些普通的 C 语言的声明，在翻译规则或者辅助过程中用到的数据结构都需要在此进行声明。第二部分是文法记号的声明，一般以 "%start S" 的形式说明文法的开始符号，默认为第一条语法规则的左部符号。用 %token IF、DO、…、ID、… 的形式说明记号，记号被 YACC 赋予了不会与任何字符值冲突的数字值。

　　YACC 源程序翻译规则部分中的每条规则由一个产生式和有关的语义动作组成。形如产生式 $A \rightarrow \alpha_1 | \alpha_2 | \cdots | \alpha_n$，在 YACC 说明文件中写成

```
A : α₁  { 语义动作 1 }
  | α₂  { 语义动作 2 }
  …
  | αₙ  { 语义动作 n }
  ;
```

　　在 YACC 产生式里用单引号括起来的单个字符，如 'c'，是由终结符号 c 组成的记号，没有用引号括起来，也没有被说明成 token 类型的字母数字串是非终结符号。产生式左部非终结符之后是一个冒号，右部候选式之间用竖线分隔。在规则的末尾用 "；" 表示规则的结束。YACC 语义动作是用 C 语言描述的语句序列，用 "$$" 表示与产生式左部非终结符号相关的属性值，用 "$i" 表示与产生式右部第 i 个文法符号相关的属性值。由于语义动作都是放在产生式右部的尾部，所以，每当用某一个产生式进行归约时，执行与之相关的语义动作。这样，可以在每个 $i 值都计算出来之后再求 $$ 的值。比如，在本例的 YACC 源程序中，产生式 $E \rightarrow E+T | T$ 及其相关的语义动作表示为

```
expr   :  expr '+' term    {$$ = $1 + $3; }
       |  term
       ;
```

　　在第一个产生式中，非终结符 term 是右部的第三个文法符号，"+" 是第二个文法符号。第一个产生式的语义动作是把右部 expr 的值和 term 的值相加，把结果赋给左部非终结符

expr 作为它的值。第二个产生式的语义动作描述省略，因为当右部只有一个文法符号时，语义动作缺省就是表示值的复写，即它的语义动作是 {$$ = $1；}。

YACC 源程序辅助过程部分由一些 C 语言函数组成，其中必须包含名为 yylex 的词法分析器，其他过程则视需要而定。每次调用函数 yylex() 时，得到一个二元式的记号：<记号，属性值>。返回的记号必须事先在 YACC 说明文件的第一部分中用 %token 说明，属性值必须通过 YACC 定义的变量 yylval 传给分析器。

3.6 本章小结

语法分析是编译的核心部分，其任务是检查由词法分析器所产生的单词符号串是否符合源语言的语法规则。要分析源程序的语法规则，必须对编写源语言的语法结构进行描述，因此本章首先介绍了描述语法结构的上下文无关文法的相关概念。接下来，讨论了编译器常用的两种语法分析方法，即自上而下的语法分析方法和自下而上的语法分析方法，前者是为输入串寻找一个最左推导，后者是为输入串寻找一个最左归约，它们的共同点是从左向右逐个地扫描输入。

自上而下的语法分析会遇到左递归问题、回溯问题，因此本章又分别介绍了消除左递归和回溯的方法。此外，介绍了一类可以进行确定的自上而下的语法分析的文法，即 LL(1) 文法。讨论了如何利用 FIRST 集和 FOLLOW 集来判定某个上下文无关文法是否为 LL(1) 文法。探讨了如何利用 LL(1) 分析法对 LL(1) 文法进行不带回溯的非递归自上而下的语法分析，并给出了 LL(1) 分析法的表驱动方式的实现，也即 LL(1) 分析器。

自下而上语法分析法是一种"移进－归约"法。这一部分首先介绍了移进－归约的基本思想和表驱动方式的实现：移进－归约分析程序。接下来，介绍一种有效的自下而上的语法分析方法，即 LR 分析法。讨论了几种常用的 LR 分析方法，包括 LR(0) 分析方法、SLR(1) 分析方法、LR(1) 分析方法和 LALR(1) 分析方法，并对它们进行了比较。最后，介绍了 LALR(1) 语法分析器的自动生成工具 YACC 软件。

习题

1. 考虑文法 bexpr → bexpr or bterm | bterm

   bterm → bterm and bfactor | bfactor

   bfactor → not bfactor | (bexpr) | true | false

   （1）请指出该文法的终结符号、非终结符号和文法开始符号。

   （2）为句子 not (true or false) 构造一棵语法分析树。

   （3）给出句子 not (true or false) 的最左推导和最右推导。

   （4）试求该文法所产生的语言。

2. 给出产生下面语言的上下文无关文法

   （1）$L_1 = \{wcw^T\}$，其中 w^T 是 w 的逆

   （2）$L_2 = \{a^i b^n c^n | n \geq 1,\ i \geq 0\}$

   （3）$L_3 = \{a^n b^n a^m b^m | n,\ m \geq 0\}$

   （4）$L_4 = \{1^n 0^m 1^m 0^n | n,\ m \geq 0\}$

3. 对于文法 G(S)：S → (L) | aS | a

   　　　　　　　L → L, S | S

   （1）画出句型 (S, (a)) 的语法树。

（2）写出上述句型的所有短语、直接短语、句柄。

4. 已知文法 G(S)：S → aSb ｜ Sb ｜ b，试证明文法 G(S) 为二义文法。

5. 已知文法 G(S)：S → SaS ｜ ε，试证明文法 G(S) 为二义文法。

6. 试证明：左递归的文法不是 LL(1) 文法。

7. 试证明：LL(1) 文法不是二义的。

8. 考虑下面文法 G(S)：S → (T) ｜ ^ ｜ a

$$T → T, S ｜ S$$

（1）消去 G(S) 的左递归。

（2）经改写后的文法是否是 LL(1) 文法？如果是，给出它的预测分析表。

9. 已知文法 G(A)：A → aABc ｜ a

$$B → Bb ｜ d$$

（1）试给出与 G(A) 等价的 LL(1) 文法 G'(A)。

（2）构造 G'(A) 的 LL(1) 分析表。

（3）给出输入串 "aadc#" 的预测分析过程。

10. 已知文法 G(V)：V → N ｜ N[E]

$$E → V ｜ V+E$$
$$N → i$$

   判断该文法是否为 LL(1) 文法？如果不是，其是否可以改造为 LL(1) 文法？

11. 构造下面文法 G(D) 的 LL(1) 分析表。

$$D → TL$$
$$T → int | real$$
$$L → id R$$
$$R →, id R | ε$$

12. 考虑如下文法 G(E)：

$$E → (L) | a$$
$$L → L, E | E$$

（1）构造该文法的 LR(0) 项目集规范族及识别其所有活前缀的 DFA。

（2）构造该文法的 SLR(1) 分析表。

（3）给出对输入符号串 "((a)，a，(a，a))" 的移进 – 归约分析动作。

（4）该文法是 LR(0) 文法吗？如果是，请构造其 LR(0) 分析表；如果不是，请说明理由。

13. 考虑习题 12 中的文法：

（1）构造该文法的 LR(1) 项目集规范族及识别其所有活前缀的 DFA。

（2）构造该文法的 LR(1) 分析表。

（3）构造该文法的 LALR(1) 项目集规范族及识别其所有活前缀的 DFA。

（4）构造该文法的 LALR(1) 分析表。

14. 试构造下述文法的 SLR(1) 分析表。

$$S → bASB | bA$$
$$A → dSa | e$$
$$B → cAa ｜ c$$

15. 考虑文法

$$E → E + T | T$$

$$T \rightarrow TF \mid F$$
$$F \rightarrow F * \mid a \mid b$$

（1）为该文法构造 SLR(1) 分析表。

（2）构造其 LALR(1) 分析表。

16. 考虑文法

$$S \rightarrow A$$
$$A \rightarrow BA \mid \varepsilon$$
$$B \rightarrow aB \mid b$$

（1）证明该文法是 LR(1) 文法。

（2）构造该文法的 LR(1) 分析表。

（3）给出对于输入符号串"abab"的 LR(1) 分析过程。

17. 证明下面文法是 SLR(1) 文法，但不是 LR(0) 文法。

$$S \rightarrow A$$
$$A \rightarrow Ab \mid bBa$$
$$B \rightarrow aAc \mid a \mid aAb$$

18. 证明下面文法是 SLR(1) 文法，但不是 LL(1) 文法。

$$S \rightarrow SA \mid A$$
$$A \rightarrow a$$

19. 证明下面的文法是 LL(1) 文法，但不是 SLR(1) 文法。

$$S \rightarrow AaAb \mid BbBa$$
$$A \rightarrow \varepsilon$$
$$B \rightarrow \varepsilon$$

20. 证明所有 LL(1) 文法都是 LR(1) 文法。

21. 证明下面的文法是 LALR(1) 文法，但不是 SLR(1) 文法。

$$S \rightarrow Aa \mid bAc \mid dc \mid bda$$
$$A \rightarrow d$$

22. 证明每个 SLR(1) 文法都是 LALR(1) 文法。

23. 证明下面的文法是 LR(1) 文法，但不是 LALR(1) 文法。

$$S \rightarrow Aa \mid bAc \mid Bc \mid bBa$$
$$A \rightarrow d$$
$$B \rightarrow d$$

24. LR(0)、SLR(1)、LR(1) 及 LALR(1) 分析方法有何共同特征？它们的本质区别是什么？

25. 一个非 LR(1) 的文法如下：

$$L \rightarrow MLb \mid a$$
$$M \rightarrow \varepsilon$$

请给出所有有移进 – 归约冲突的 LR(1) 项目集，以说明该文法确实不是 LR(1) 文法。

第 4 章 语义分析与处理

编译程序的最终目标是把源程序翻译成目标程序，且目标程序必须与源程序的语义等价。一个源程序经过词法分析、语法分析之后，表明该源程序在形式上是正确的，也即符合程序语言所规定的语法规则。但是语法分析并未对程序内部的逻辑含义加以分析，因此编译程序接下来的工作是语义分析，通常要么由语法分析程序直接调用相应的语义子程序进行语义处理，要么首先生成语法树或该结构的某种表示，再进行语义处理。

编译中的语义处理有两个功能：一个是审查每个语法成分的静态语义，亦即，验证语法正确的程序是否真正有意义，有时把这个工作称为静态语义分析或静态审查，它通常涉及以下几个方面：

1）类型检查，如参与运算的操作数其类型应相容。

2）控制流检查，用以保证控制语句有合法的转向点。如 C 语言中不允许 goto 语句转入 case 语句流；break 语句需寻找包含它的最小 switch、while 或 for 语句方可找到转向点，否则出错。

3）一致性检查，如在相同作用域中标识符只能说明一次，case 语句的标号不能相同等。

语义处理的另一个功能是如果静态语义正确，则或者直接生成目标代码，或者生成由复杂性介于源程序语言与机器语言之间的中间语言所表示的与源程序等价的中间代码。直接生成目标代码的优点是编译时间短且无须中间代码到目标代码的翻译；而借助于中间代码翻译的优点是使编译结构在逻辑上更为简单明确，便于编译程序的建立和移植，可以将与机器相关的某些实现细节置于代码生成阶段仔细处理，并且可以在中间代码一级进行优化工作使得代码优化比较容易实现。

语义分析不像词法分析和语法分析那样可以分别用正规文法和上下文无关文法描述。由于语义是上下文有关的，因此语义的形式化描述是非常困难的，目前较为常见的是用语法制导定义或者语法制导翻译模式作为描述程序语言语义的工具，并采用语法制导翻译的方法完成对语法成分的翻译工作。

4.1　语法制导定义与语法制导翻译

将静态语义检查和中间代码生成结合到语法分析中进行的技术称为语法制导翻译，其基本思想是在进行语法分析的同时，完成相应的语义处理。具体来说，根据翻译的目标对文法中的每个产生式附加一个 / 多个语义动作（或语义子程序），在语法分析的过程中，每当需要使用一个产生式进行推导或归约时，语法分析程序除执行相应的语法分析动作外，还要执行相应的语义动作（或调用相应的语义子程序）。语义子程序指明相应产生式中各个文法符号的具体含义，并规定了使用该产生式进行分析时所应采取的语义动作（如传送或处理语义信息、查填符号表、计算值、生成中间代码等）。语法制导翻译将语义信息的获取和加工与语法分析同时进行，而且这些语义信息是通过文法符号来携带和传递的。

将语义规则与产生式相关联的常用方法有两种：一种是语法制导定义，另一种是语法制导翻译模式。语法制导定义是对翻译的高层次的说明，它隐蔽了一些实现细节，主要是无须指明翻译时语义规则的计算次序，而翻译模式则指明了语义规则的计算次序，规定了语义动作的执行时机，即实现途径。

语法制导定义是附带有属性和语义规则的上下文无关文法。其中每个文法符号有一组与之语义信息相关联的属性，如它的类型、值、中间代码和符号表中的内容等，如果 X 是一个文法符号，a 是 X 的一个属性，则用 X.a 来表示 X 的属性 a 的值；每个产生式有一组与属性计算相关的语义规则，随着语法分析的进行，执行属性值的计算，完成语义分析和翻译的任务。语法制导定义是基于语言结构的语义要求设计的，类似于程序设计；而语法制导定义中的属性则类似于程序中用到的数据结构，用于描述语义信息；语义规则类似于计算，用于收集、传递和计算语义信息。

定义 4.1（语法制导定义）　语法制导定义是在上下文无关文法 G(S) 的基础上，为每个文法符号配备了一组属性，对应于每个产生式 A → α 都有一套与之相关联的语义规则，用于属性的计算和传递，每条规则的形式为

$$b:=f(c_1, c_2, \cdots, c_k)$$

其中，f 是一个函数，b 和 c_1, c_2, $\cdots$, c_k 是该产生式文法符号的属性，该规则用来定义属性 b，并且

1）如果 b 是 A 的属性，c_1, c_2, $\cdots$, c_k 是产生式右部文法符号的属性或 A 的其他属性，那么称 b 是 A 的综合属性。

2）如果 b 是产生式右部某个文法符号 X 的属性，c_1, c_2, $\cdots$, c_k 是 A 的属性或者产生式右部文法符号的属性，那么称 b 是文法符号 X 的继承属性。

在这两种情况下，都说属性 b 依赖于属性 c_1, c_2, $\cdots$, c_k，并称 G 为该语法制导定义的基础文法。

属性值通常被保存在分析树的相关结点中，结点带有属性值的语法分析树称为带注释的语法分析树。终结符只有综合属性，由词法分析器提供，非终结符既可有综合属性也可有继承属性，文法开始符号的所有继承属性作为属性计算前的初始值。一般来说，对出现在产生式右边的继承属性和出现在产生式左边的综合属性都必须提供一个计算规则。属性计算规则中只能使用相应产生式中的文法符号的属性，出现在产生式左边的继承属性和出现在产生式右边的综合属性不由所给的产生式的属性计算规则进行计算，它们由其他产生式的属性规则计算或者由属性计算器的参数提供。

在某些情况下，一个语义规则并不计算属性值，而是为了完成某种功能，如打印一个

值、向符号表中插入一条记录等，这样的语义规则称为具有副作用的语义规则。

定义 4.2（属性文法） 所有语义规则函数都不具有副作用的语法制导定义称为属性文法。

属性文法的语义规则单纯根据常数和其他属性的值来定义某个属性的值。一般情况下，语义规则函数可写成表达式的形式，对于具有副作用的语义规则通常写成过程调用或程序段。可以把它们看成相应产生式左部非终结符号的虚拟综合属性，这个虚属性和符号" :="都没有显式表示出来。

例 4.1 表 4-1 所示的语法制导定义表示一个可读入含数字、括号和 +、* 运算符的算术表达式并打印其值的计算器程序。为了区分一个产生式中同一个非终结符多次出现，我们对某些非终结符加了下标，以便消除对这些非终结符的属性值应用的二义性。在该语法制导定义中每一个非终结符号 E、T、F 都与一个综合属性val 相联系，其表示相应非终结符所代表的子表达式的整数值，digit 的综合属性值 lexval 由词法分析器提供。L → En 的语义规则是一个过程，表示打印出由 E 产生的算术表达式的值，可以认为是非终结符 L 的一个虚拟综合属性，其中 n 为换行符，表示输入行的结束；其余每个产生式所对应的语言规则中，产生式左边的非终结符的属性值 val 由右边非终结符的属性值 val 计算出来。例如，对于输入 3*5+4n，则程序打印数值 19，其所对应的带注释的语法树如图 4-1 所示。假设属性 val 的值是按照自底向上的方式计算的，则整个表达式的计算顺序就是利用产生式进行归约的顺序，具体的计算顺序如下所示。假定词法分析首先完成，由于终结符的属性是由词法分析器返回的，所以所有 lexval 的计算都排在前面。

表 4-1　一个简单的计算器的语法制导定义

产生式	语义规则
L → En	print(E.val)
E → E_1+T	E.val := E_1.val+T.val
E → T	E.val := T.val
T → T_1*F	T.val := T_1.val* F.val
T → F	T.val := F.val
F → (E)	F.val := E.val
F → digit	F.val := digit.lexval

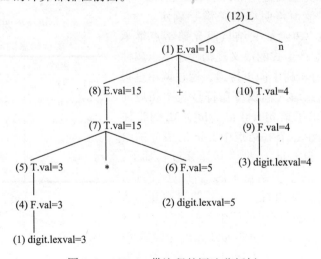

图 4-1　3*5+4n 带注释的语法分析树

1）digit.lexval:=gettoken(digit)　　digit.lexval=3
2）digit.lexval:=gettoken(digit)　　digit.lexval=5
3）digit.lexval:=gettoken(digit)　　digit.lexval=4
4）F.val:=digit.lexval　　　　　　　F.val=3
5）T.val:=F.val　　　　　　　　　　T.val=3

6）F.val:=digit.lexval   F.val=5

7）T.val:=T$_1$.val*F.val   T.val= T$_1$.val*F.val=3*5=15

8）E.val:=T.val   E.val=15

9）F.val:=digit.lexval   F.val=4

10）T.val:=F.val   T.val=4

11）E.val := E$_1$.val+T.val   E.val = E$_1$.val+T.val=15+4=19

12）print(E.val)   输出 19

接下来我们介绍两种语法制导定义，它们可以分别在自下而上和自上而下的语法分析的过程中被高效地加以实现。

定义 4.3（S- 属性定义） 如果一个语法制导定义仅仅使用综合属性，则称这种语法制导定义为 S- 属性定义，又称为 S- 属性文法。

对于 S- 属性定义，通常采用自下而上的方法对其分析树加注释，即从树叶到树根，按照语义规则计算每个结点的属性值。例 4.1 中简单的计算器的语法制导定义就是 S- 属性定义。

定义 4.4（L- 属性定义） 一个语法制导定义是 L- 属性定义（又称为 L- 属性文法），如果对于每个产生式 A → X$_1$X$_2$…X$_n$ 的每条语义规则计算的属性或者是 A 的综合属性，或是 X$_j$（1 ≤ j ≤ n）的继承属性，而该继承属性仅依赖于：

1）产生式中 X$_j$ 左边的符号 X$_1$，X$_2$，…，X$_{j-1}$ 的属性，或者

2）A 的继承属性。

这里的 L 是 left 的首字母，表示属性信息是从左到右相继出现的。显然每一个 S- 属性定义都是 L- 属性定义。

例 4.2 表 4-2 为描述说明语句中各种变量的类型信息的语法制导定义。该语法制导定义中 D 产生包含了类型关键字 int 或 real 且后跟一个标识符表的声明语句。非终结符 T 有综合属性 type，其值由声明中的关键字确定。L 有一个继承属性 L.in，表示从父结点或兄弟结点继承下来的类型信息，L 产生式的语义规则使用继承属性 L.in 把类型信息在分析树中向下传递，通过调用过程 addtype，把类型信息填入标识符在符号表中相应的表项中。图 4-2 给出了语句 real id$_1$, id$_2$, id$_3$ 的带注释的语法分析树。在三个 L 结点中 L.in 的值分别给出了标识符的 id$_1$、id$_2$、id$_3$ 类型。其计算过程如下：首先计算根结点 D 的左子结点 T 的属性 type 的值，并把计算的结果赋给 D 的右子结点 L 的属性 in，然后，自上而下计算根的右子树的三个 L 结点的属性值 L.in，并在每个 L 结点处调用过程 addtype，把类型信息填入符号表中，说明右子树结点上的标识符类型为 real。

翻译模式（translation scheme）是适合语法制导翻译的另一种描述形式，其给出了使用语义规则进行计算的次序，可把某些实现细节表示出来。

定义 4.5（翻译模式） 将属性与文法符号相关联，并将语义规则（也称语义动作）用花括号"{}"括起

表 4-2　描述说明语句中各种变量的类型信息的语法制导定义

产生式	语义规则
D → TL	L.in := T.type
T → int	T.type := integer
T → real	T.type := real
L → L$_1$, id	L$_1$.in :=L.in
	addtype(id.entry, L.in)
L → id	addtype(id.entry, L.in)

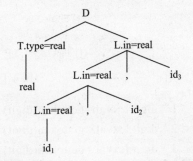

图 4-2　语句 real id$_1$, id$_2$, id$_3$ 带注释的语法分析树

来，插入产生式右部的合适位置上来描述语言结构的翻译方案称为翻译模式。

这是一种语法分析和语义动作交错的表示法，它表达在按深度优先遍历分析树的过程中何时执行语义动作，也即，语义动作在处于相同位置上的符号被展开（匹配成功）时执行。

例 4.3　下面为将含有 "+" 和 "−" 的中缀表达式翻译成后缀表达式的翻译模式：

$$E \to TR$$
$$R \to addop\ T\ \{print(addop.lexeme)\}R_1\ |\ \varepsilon$$
$$T \to num\{print(num.val)\}$$

如果把语义动作看成终结符号，表示在什么时候应该执行什么动作，则输入 3+4−5 的带语义动作的分析树如图 4-3 所示，图中用实际的数和运算符 "+" 或 "−" 代替了符号 num 和 addop。当按深度优先对该树进行遍历，并执行遍历中访问的语义动作时，将输出 "3 4 + 5 −"，它是输入表达式 3+4−5 的后缀式。

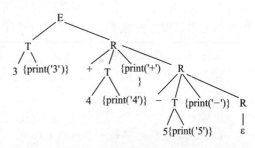

图 4-3　表达式 3+4−5 带语义动作的分析树

翻译模式是语法制导定义的一种便于实现的书写形式。因此，要实现语法制导定义所描述的翻译方案，就需要先将语法制导定义转换成合适的翻译模式。设计翻译模式时，必须保证当某个动作引用一个属性时它是有定义的。L- 属性文法本身就能确保每个动作不会引用尚未计算出来的属性。

对于 S- 属性文法，因为只含有综合属性，所以设计相应的翻译模式非常简单，只需要为每一个语义规则建立一个包含赋值的动作，并把这个动作放在相应的产生式右边的末尾。例如，假设由下面的产生式和语义规则

产生式　　　　　　　　语义规则

$T \to T_1*F$　　　　　$T.val:=T_1.val \times F.val$

转换成翻译模式后的产生式和语义动作如下：

$T \to T_1*F$　　　$\{T.val:=T_1.val \times F.val\}$

如果一个语法制导定义中既有综合属性又有继承属性，在建立翻译模式时就必须保证：

1）产生式右边的符号的继承属性必须在这个符号以前的动作中计算出来，即计算该继承属性的动作必须出现在相应文法符号之前。

2）一个动作不能引用这个动作右边的符号的综合属性。

3）产生式左边非终结符的综合属性只有在它所引用的所有属性都计算出来以后才能计算。计算这种属性的动作通常放在产生式右端的末尾。

例 4.4　为表 4-2 中的语法制导定义按照上述三条原则设计翻译模式，可得到该语法制导定义的翻译模式如下：

$$D \to T\{L.in := T.type\}\ L$$
$$T \to int\{T.type := integer\}$$
$$T \to real\{T.type := real\}$$
$$L \to \{L_1.in := L.in\ \}L_1,\ id\ \{addtype(id.type,\ L.in)\}$$
$$L \to id\{addtype(id.type,\ L.in)\}$$

通用的语法制导翻译过程为：首先根据基础文法对单词符号串进行语法分析，构造语法分析树，然后根据需要遍历语法分析树，在语法树的各结点处按语义规则进行计算。但是，一

个具体的实现并不一定非要按上述步骤进行，某些语法制导定义可以在单遍扫描过程中完成翻译，即在对输入符号串进行语法分析的同时完成语义规则的计算，而不产生明显的分析树。

1. 基于依赖图的属性计算

语义规则定义了属性之间的依赖关系，这种依赖关系将影响属性的计算顺序，为了确定分析树中各个属性的计算顺序，我们可以用图来表示属性之间的依赖关系，并将其称为依赖图。依赖图中为每个属性设置一个结点，如果属性 b 依赖于 c，那么就有一条从属性 c 的结点连到属性 b 的结点的有向边。为此，为每一个包含过程调用的语义规则引入一个虚拟综合属性 b，这样把每一个语义规则都写成 $b:=f(c_1, c_2, \cdots, c_k)$ 的形式。如果依赖图中没有回路，则利用它可以很方便地求出属性的计算顺序。下面是为一个语法分析树构造依赖图的算法。

算法 4.1   构造依赖图

输入： 一棵分析树

输出： 一张依赖图

步骤：

1.　for（分析树中每一个结点 n）
2.　　for（结点 n 处的文法符号的每一个属性 a）
3.　　　为 a 在依赖图中建立一个结点；
4.　for（分析树中每一个结点 n）
5.　　for（结点 n 处所用产生式对应的每一个语义规则 $b:=f(c_1, c_2, \cdots, c_k)$）
6.　　　for（i:=1 to k）
7.　　　　从 c_i 结点到 b 结点构造一条有向边；

例 4.5　图 4-4 为句子 real id_1，id_2，id_3 带注释的语法树所构造的依赖图。该依赖图的构造过程如下（其中图中虚线部分表示分析树）：首先，为分析树中的每一个结点的每个属性建立一个结点，并由数字来标识，此处的结点 6、8、10 是为语义规则 addtype(id.entry，L.in) 产生的虚属性而构造的。然后，由根结点 D 的产生式 D→TL 所对应的语义规则为 L.in:=T. type 可知 L.in 依赖于 T.type，所以从代表 T.type 的结点 4 有一条有向边连到代表 L.in 的结点 5。根据产生式 L → L_1，id 的语义规则 L_1.in:=L.in 可知 L_1.in 依赖于 L.in，所以分别有从结点 5 到结点 7 和结点 7 到结点 9 的有向边。根据语义规则 addtype(id. entry，L.in) 构造两条分别从结点 5 和结点 3 指向结点 6 的有向边，类似地，可以构造其他属性结点之间的有向边，从而得到依赖图。

一个有向非循环图的拓扑排序是图中结点的任何顺序 m_1，m_2，$\cdots$，m_k，使得边必须是从序列中前面的结点指向后面的结点，也就是说，如果 $m_i \rightarrow m_j$ 是 m_i 到

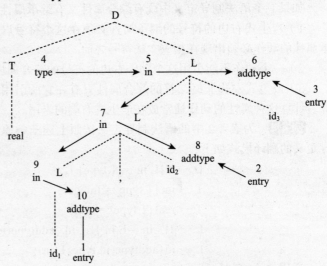

图 4-4　句子 real id_1，id_2，id_3 的带注释的语法树的依赖图

m_j 的一条边，在序列中 m_i 必须出现在 m_j 的前面。如果依赖图中存在一条从结点 M 到结点 N 的边，则属性 M 必须在属性 N 之前计算出来。若依赖图中无回路，则其至少存在一个拓扑排序，而任何拓扑排序给出了分析树中结点的语义规则计算的有效顺序，在拓扑排序中，一个结点上语义规则 b:=f(c_1，c_2，$\cdots$，c_k) 中的属性 c_1，c_2，$\cdots$，c_k 在计算 b 时都是可用的。如果依赖图中存在回路，则该图中将不存在拓扑排序，表明依赖图中属性的计算存在循环依赖关系，所以无法在该分析树上对语法制导定义所描述的属性进行计算。

下面为语法制导定义所描述的翻译方案的实现步骤：

1）首先，基于基础文法建立输入符号串的分析树。

2）然后，按照算法 4.1 为分析树构造依赖图。

3）其次，寻找依赖图的一个拓扑排序，从这个序列得到语义规则的计算顺序。

4）最后，按照得到的计算顺序进行求值，得到对输入符号串的翻译。

例 4.6　图 4-4 所示的依赖图中不存在回路，每一条边都是从序号较低的结点指向序号较高的结点。将这些结点按编号大小从低序号到高序号顺序写出，便可得到依赖图的一个拓扑排序。从这个拓扑排序中可以得到下列程序（用 a_n 代表依赖图中与序号 n 的结点有关的属性）：

$$a_4:=real;$$
$$a_5:=a_4$$
$$addtype\ (id_3.entry,\ a_5);$$
$$a_7:=a_5;$$
$$addtype\ (id_2.entry,\ a_7);$$
$$a_9:=a_7$$
$$addtype\ (id_1.entry,\ a_9);$$

通过这些语义规则的计算，可以把类型信息 real 存放到符号表中每个标识符对应的表项中。

2. 基于树遍历的属性计算

通过树遍历的方法也可以对属性值进行计算。这种方法假设语法树已经建立起来了，并且树中已带有开始符号的继承属性和终结符的综合属性。然后，以某种次序遍历语法树，直至计算出所有属性。最常用的遍历方法是深度优先、从左到右的遍历，如果需要的话可以使用多次遍历（或称为遍）。下面算法通过树的遍历可对任何无循环的语法制导定义进行计算。

算法 4.2　基于树遍历进行属性值的计算

输入：语法分析树

输出：各属性的属性值

步骤：

1.　while 还有未被计算的属性
2.　　VisitNode(S)　/*S 是开始符号 */
3.　procedure VisitNode (N:Node)；
4.　{ if N 是一个非终结符 then /* 假设 N 的产生式为 N → $X_1 \cdots X_m$*/
5.　　for i :=1 to m
6.　　　if not $X_i \in V_T$ then　/* 即 X_i 是非终结符 */
7.　　　{计算 X_i 的所有能够计算的继承属性；
8.　　　　VisitNode (X_i)；}

9.　计算 N 的所有能够计算的综合属性
}

例 4.7　考虑表 4-3 所给的属性文法 G，其中，S 有继承属性 a、综合属性 b，U 有继承属性 c、综合属性 d，V 有继承属性 e、综合属性 f，W 有继承属性 h、综合属性 g。

假设 S.a 的初值为 0，则输入串 uvw 的语法分析树如图 4-5a 所示。第一次遍历的执行过程如下：

```
VisitNode(S)
    U.c 不能计算
    VisitNode(U)
        U.d 不能计算
    V.e 不能计算
    VisitNode(V)
        V.f 不能计算
    W.h=0
    VisitNode(W)
        W.g=2
    S.b 不能计算
```

第一遍遍历以后，树的状态如图 4-5b 所示。第二次调用 VisitNode(S) 导致 U.c、U.d 和 S.b 依次被计算，树的状态如图 4-5c 所示。最后第三遍扫描算出 V 的两个属性，树的最终状态如图 4-5d 所示。

3. 基于一遍扫描的属性计算

与通过树的遍历计算属性的方法不同，一遍扫描的处理方法是在语法分析的同时计算属性值，而不是语法分析构造语法树之后进行属性的计算，而且无须构造实际的语法树。由于一遍扫描的处理方法与语法分析器相互作用，它与下面两个因素密切相关：

1）所采用的语法分析方法。

2）属性的计算次序。

L- 属性文法可用于一遍扫描的自上而下分析，而 S- 属性文法适合于一遍扫描的自下而上分析。

表 4-3　语义规则中有较复杂依赖关系的属性文法

产生式	语义规则
S → UVW	W.h := S.a
	U.c := W.g
	S.b := U.d −2
	V.e := S.b
U → u	U.d := 2*U.c
V → v	V.f := 2*V.e
W → w	W.g := W.h+2

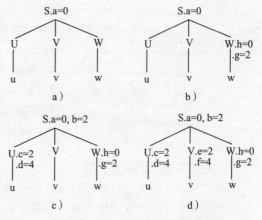

图 4-5　对例 4.7 中属性文法 G 的计算步骤

例 4.8　在语法树中去掉那些对翻译不必要的信息，从而获得更有效的源程序中间表示，这种经变换后的语法树称为抽象语法树（Abstract Syntax Tree）。表 4-4 为只包含运算符号 "+" 和 "−" 的表达式构造抽象语法树的属性文法，因为该属性文法只使用了综合属性，所以其为 S- 属性文法。其中，mknode (op，left，right) 是一个函数，其功能是建立一个运算符号结点，标号是 op，两个域 left 和 right 分别指向左子树和右子树，并返回一个指向新建立结点的指针。mkleaf (id，entry) 也是一个函数，其功能是建立一个标识符结点，标号为 id，一个域 entry 指向标识符在符号表中的入口，并返回一个指向新建立结点的指针。mkleaf (num，val) 建立一个数结点，标号为 num，一个域 val 用于存放数的值，并返回一个指向新建立结点的指针。非终结符 E 和 T 都只有一个综合属性 nptr，其值为函数调用返回的指针。属性 id.entry 和 num.val 是由词法分析器提供的词法值。

图 4-6 所示是一棵带注释的分析树，描述了表达式 a − b + 2 的抽象语法树的构造。图的下半部分由记录组成的树是构成输出的一个"真正的"抽象语法树，而上面虚线表示的树只是象征性地存在的语法分析树，图中分析树是用虚线表示的。在自下而上进行语法分析树构造的同时进行语义的计算，也即进行抽象语法树的构造。具体步骤如下：

表 4-4　为表达式构建抽象语法树的 S- 属性文法

产生式	语义规则
(1) $E \rightarrow E_1+T$	E.nptr := mknode(' + ', E_1.nptr, T.nptr)
(2) $E \rightarrow E_1-T$	E.nptr := mknode(' − ', E_1.nptr, T.nptr)
(3) $E \rightarrow T$	E.nptr := T.nptr
(4) $T \rightarrow (E)$	T.nptr := E.nptr
(5) $T \rightarrow id$	T.nptr := mkleaf(id, id.entry)
(6) $T \rightarrow num$	T.nptr := mkleaf(num, num.val)

1）利用表 4-4 中产生式（5）将 a 归约为 T，与此同时，执行与产生式 T → id 相对应的语义规则，调用函数 makeleaf(id，entrya) 建立了代表 a 的叶结点，其中，entrya 是符号表中指向标识符 a 的指针。假设指向这个叶结点的指针存放在 p_1 中，把指针 p_1 赋给图中最左边 T 结点的属性 T.nptr。

2）利用产生式（3）将 T 归约为 E，并执行相应语义规则使得图中最左边 E 结点的属性 E.nptr 得到 T.nptr 的值，也即 E.nptr=p_1。

3）利用产生式（5）将 b 归约为 T，与此同时，执行与产生式 T → id 相对应的语义规则，调用函数 makeleaf (id，entryb) 建立代表 b 的叶结点，其中，entryb 是符号表中指向标识符 b 的指针。假设指向叶结点的指针存放在 p_2 中，把指针 p_2 赋给图中最左边的第二个 T 结点的属性 T.nptr。

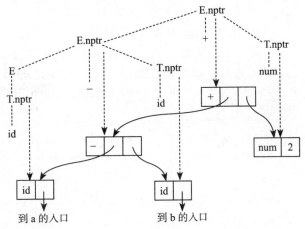

图 4-6　利用属性文法构造 a − b + 2 的抽象语法树

4）利用产生式（2）将 E_1−T 归约为 E，调用函数 makenode (' − ', E_1.nptr, T.nptr)，也即 makenode (' − ', p_1, p_2)，建立一个内部结点，它以叶结点 P_1 和 P_2 为子结点。假设指向这个结点的指针存放在 p_3 中，把指针 p_3 赋给最左边的第二个 E 结点的属性 E.nptr。

5）利用产生式（6）将 num 归约为 T，与此同时，执行与产生式 T → num 相对应的语义规则，调用函数 makeleaf(num，2) 建立代表 2 的叶结点。假设指向这个结点的指针存放在 p_4 中，把指针 p_4 赋给最右边 T 结点的属性 T.nptr。

6）利用产生式（1）将 E_1+T 归约为 E，调用函数 mknode (' + ', E_1.nptr, T.nptr)，也即 mknode (' + ', p_3, p_4)，建立了根结点，它以叶结点 p_3 和 p_4 为子结点。假设指向这个结点的指针存放在 p_5 中，把指针 p_5 赋给根结点 E 的属性 E.nptr。

对于 L- 属性文法，同样可以通过一遍扫描的方法进行属性值的计算，不过这次是在自上而下建立语法分析树的同时进行语义的计算，为了便于说明动作的顺序和属性计算的顺序，用翻译模式进行描述。下面通过一个例子来表明这种一遍扫描的翻译过程。

例 4.9　为了进行自上而下的语法分析，需要消除左递归。表 4-5 为对表 4-4 中的属性文法消除左递归后所建立的翻译模式。该翻译模式与例 4.8 中的属性文法具有相同的功能，文法符号 E、T、id 和 num 的属性设置前面已经讨论过了。非终结符 R 具有继承属性 R.i 和综合属性 R.s，R.i 保存指向在 R 之前建立的子树的根结点的指针，R.s 保存指向 R 完全展开之后建立的子树的根结点的指针。

图 4-7 说明了如何利用表 4-5 中的翻译模式构造表达式 a − b + 2 的抽象语法树，图中代表文法符号的结点的左边是继承属性，右边是综合属性。具体步骤如下：

表 4-5　为表达式构建抽象语法树的翻译模式

$E \to T$ {R.i:=T.nptr}
R {E.nptr:=R.s}
$R \to +$ {R_1.i:=mknode('+', R.i, T.nptr)}
R_1 {$R.s:=R_1.s$}
$R \to -T$ {R_1.i:=mknode('−', R.i, T.nptr)}
R_1{$R.s:=R_1.s$}
$R \to \varepsilon$ {R.s:=R.i}
$T \to (E)$ {T.nptr:=E.nptr}
$T \to id$ {T.nptr:=mkleaf(id, id.entry)}
$T \to num$ {T.nptr:=mkleaf(num, num.val)}

1）首先，从文法的开始符号 E 进行推导。然后，利用 T → id 进行推导，并执行其对应的语义动作建立叶结点 a，此时，图中最左边 T 结点的属性 T.nptr 指向叶结点 a。

2）执行语义动作 R.i: = T.nptr，将 T.nptr 的值赋给位于产生式 E → TR 中右边 R 的继承属性 R.i。

3）在根的右子结点 R 处利用产生式 R → −TR$_1$ 进行推导，然后，利用 T → id 进行推导，并执行其对应的语义动作建立叶结点 b，此时，图中最左边的第二个 T 结点的属性 T.nptr 指向叶结点 b。执行语义动作 R_1.i:=mknode('−', R.i, T.nptr) 来构造与 a−b 相对应的结点，这里的 R.i 指向结点 a，T.nptr 指向结点 b。

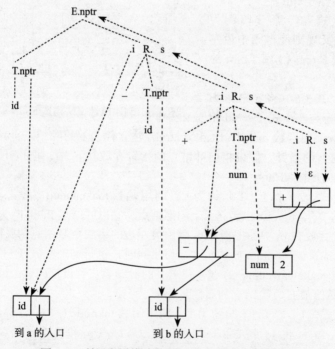

图 4-7　利用翻译模式构造 a − b +2 的抽象语法树

4）在图中最左边的第二个 R 处利用产生式 R → +TR$_1$ 进行推导。然后，利用 T → num 进行推导，并执行其对应的语义动作建立叶结点 2，此时，最右边 T 结点的属性 T.nptr 指向叶结点 2。执行语义动作 R_1.i := mknode（'+', R.i, T.nptr) 来构造与 a−b+2 相应的结点，这里的 R.i 指向结点 a−b，T.nptr 指向结点 2。

5）应用产生式 R → ε 进行推导，执行语义动作 R.s: = R.i，将 R.i 的值赋给 R.s。接下来，执行语义动作 R.s:=R_1.s，将 R_1.s 的值赋给位于产生式 R → +TR$_1$ 中左边 R 的综合属性 R.s。再执行语义动作 R.s:=R_1.s，将 R_1.s 的值赋给位于产生式 R → −TR$_1$ 中左边 R 的综合属性 R.s。最后，执行语义动作 E.nptr:=R.s，把 R.s 的值赋给产生式 E → TR 中 E 的综合属性 E.nptr。

4. L- 属性文法的自下而上的翻译

接下来，介绍一种在自下而上的分析中实现 L- 属性文法的方法。

自下而上的翻译要求把所有的语义动作都放在产生式的右端末尾，但是计算继承属性的语义动作可以插入产生式右部任何合适的地方。为了能够自下而上地处理继承属性，这里介绍一种等价变换的方法，它可以使所有嵌入产生式中的动作都出现在产生式的右端末尾。

这种变换的基本思想是在基础文法中引入形如 M → ε 的新的产生式，其中 M 是一个新引入的标记非终结符，然后，把嵌入产生式中的每个语义动作用不同的标记非终结符 M 来代替，并把被 M 替代的动作放在产生式 M → ε 的末尾。

例 4.10 对下面的翻译模式

$$E \rightarrow TR$$
$$R \rightarrow + T \ \{print \ (\ '+\ ') \ \} \ R_1$$
$$R \rightarrow - T \ \{print \ (\ '-\ ') \ \} \ R_1$$
$$R \rightarrow \varepsilon$$
$$T \rightarrow num \ \{print \ (num.val) \ \}$$

引入标记非终结符 M 和 N，及产生式 M → ε 和 N → ε，用 M 和 N 替换出现在 R 产生式中的动作，得到新的翻译模式如下：

$$E \rightarrow TR$$
$$R \rightarrow +T \ M \ R_1$$
$$R \rightarrow -T \ N \ R_1$$
$$R \rightarrow \varepsilon$$
$$T \rightarrow num \ \{print \ (num.val) \ \}$$
$$M \rightarrow \varepsilon \ \{print \ (\ '+\ ') \ \}$$
$$N \rightarrow \varepsilon \ \{print \ (\ '-\ ') \ \}$$

不难看出，这两个翻译模式中的文法接受相同的语言。通过画出带有表示动作的结点的分析树，可以看到动作的执行顺序是一样的。等价变换后的翻译模式中，所有动作都出现在产生式的右端末尾，因此，它们可以在自下向上地对输入符号串进行语法分析的过程中刚好在产生式右部被归约时执行相应的语义动作。

4.2　中间语言

在编译器的模型中"中间代码生成"程序的任务是把经过语法分析和类型检查而获得的源程序的中间表示翻译成中间代码表示。编译程序所使用的中间代码表示有多种形式，本节介绍几种常见的表示形式：后缀式、图表示（包括抽象语法树和 DAG）、三地址代码（包括四元式、三元式、间接三元式）。

1. 后缀式

后缀式表示法是由波兰逻辑学家 Lukasiewicz 发明的一种表达式的表示方法，又称逆波兰表示法，这种方法将运算符放在其运算对象之后，其优点在于表达式的运算顺序就是运算符出现的顺序，它不需要使用括号来指示运算顺序。根据运算量和算符出现的先后位置，以及每个算符的数目，就完全决定一个表达式的分解。例如，ab+cd+* 所代表的表达式为 (a+b)*(c+d)。

一个表达式 E 的后缀形式可以如下定义：

1）如果 E 是一个变量或常量，则 E 的后缀式是 E 自身。

2）如果 E 是 E_1 op E_2 形式的表达式，其中 op 是任何二元操作符，则 E 的后缀式为 E_1' E_2' op，其中 E_1' 和 E_2' 分别为 E_1 和 E_2 的后缀式。

3）如果 E 是 (E_1) 形式的表达式，则 E_1 的后缀式就是 E 的后缀式。

后缀表示中值的计算用栈实现非常容易。一般的计算过程是自左至右扫描后缀表达式，每碰到运算量就把它压进栈，每碰到 K 目运算符就把它作用于栈顶的 K 个运算量，并用运算的结果（即一个运算量）来取代栈顶的 K 个运算量。

表 4-6 给出了将表达式翻译成后缀式的属性文法，其中 E.code 表示 E 的后缀形式，op 表示任意二元操作符，"||"表示后缀形式的连接。

后缀表示形式可以从表达式推广到其他语言成分。

表 4-6 表达式翻译成后缀式的属性文法

产生式	语义规则
E → E_1op E_2	E.code:= E_1.code || E_2.code ||op
E → (E_1)	E.code:= E_1.code
E → id	E.code:=id

2. 图表示

图的表示法包括抽象语法树和 DAG（有向非循环图）。抽象语法树前面已经介绍过了，下面介绍 DAG。与抽象语法树一样，DAG 中每一个结点对应表达式中的一个子表达式，一个内部结点代表一个操作符，它的孩子代表操作数，叶结点对应着常量或者变量。两者不同的是，在一个 DAG 中代表公共子表达式的结点具有多个父结点，而在一棵抽象语法树中公共子表达式被表示为重复的子树，所以它们只有一个父结点。

例 4.11　a:=b*(-c+d)+b*(-c+d) 的抽象语法树和 DAG 表示如图 4-8 所示。

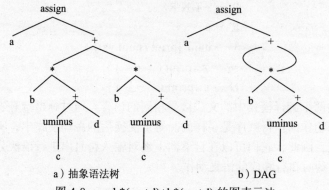

a）抽象语法树　　　　　　b）DAG

图 4-8　a:=b*(-c+d)+b*(-c+d) 的图表示法

3. 三地址代码

三地址代码是由三地址语句组成的序列。三地址语句的一般形式为

$$x=y \text{ op } z$$

其中，x、y 和 z 为名字、常量或编译时产生的临时变量；op 为运算符，如定点运算符、浮点运算符和逻辑运算符等。之所以称为三地址代码，是因为代码中的每条语句通常包含三个地址，两个用来存放运算对象，一个用来存放运算结果。在实际实现中，用户定义的名字将由指向符号表中该名字项的指针所取代。由于三地址语句只含有一个运算符，因此多个运算符组成的表达式必须用三地址语句序列来表示，如表达式 x+y*z 的三地址代码为：

$$t_1=y*z$$

$$t_2= x+t_1$$

其中，t_1 和 t_2 是编译时产生的临时变量。

作为中间语言的三地址语句类似于汇编代码，它可以有符号标号和各种控制流语句。常用的三地址语句有以下几种：

1）赋值语句。赋值语句有下面三种形式：

① x:=y op z，其中 op 为二目算术运算符或逻辑运算符。

② x:=op y，其中 op 为一目运算符，如一目减 uminus、逻辑否定 not、移位运算符以及类型转换符等。

③ x:=y，将 y 的值赋给 x。

2）转移语句。转移语句有如下两种形式：

① 无条件转移语句：goto L。

其表示下一个将被执行的语句是标号为 L 的语句。

② 条件转移语句：if x rop y goto L 或者 if a goto L。

第一种形式中的 rop 为关系运算符，如 <、<=、==、!=、>、>= 等。若 x 和 y 满足关系 rop 就转去执行标号为 L 的语句，否则继续按顺序执行本语句的下一条语句。在第二种形式的语句中，a 为布尔变量或者常量，如果 a 为真，则执行带标号 L 的语句，否则执行后一条语句。

3）过程调用语句。过程调用语句的形式为"par x"和"call P，n"，其中 x 表示实参，P 为过程名，n 是参数的个数。源程序中的过程调用语句 $P(x_1, x_2, \cdots, x_n)$ 可用下列三地址代码表示：

$$par\ x_1$$
$$par\ x_2$$
$$\cdots$$
$$par\ x_n$$
$$call\ P,\ n$$

如果过程有返回值 y，则返回语句为：return y。

4）含有数组元素的赋值语句。这种类型的赋值语句有两种：x:=y[i] 和 x[i]:=y，其中 x、y、i 均代表数据对象，前者表示把从地址 y 开始的第 i 个地址单元中的值赋给 x，后者表示把 y 的值赋给从地址 x 开始的第 i 个地址单元。

5）含有地址和指针的赋值语句。这类赋值语句有如下三种形式：

① x=&y 表示将 y 的地址赋给 x，y 可以是一个名字或一个临时变量，该临时变量代表一个具有左值的表达式，例如 A[i, j]。x 是一个指针名字或临时变量，即 x 的右值是对象 y 的左值。

② x=*y 表示将 y 所指示的地址单元中的内容（值）赋给 x，y 是一个指针或临时变量。

③ *x=y 表示将 x 所指对象的值置为 y 的值。

在编译程序中，三地址代码语言的具体实现通常有三种表示方法：四元式、三元式和间接三元式。

（1）四元式

四元式是具有四个域的记录结构，其一般形式为：

$$(op,\ arg_1,\ arg_2,\ result)$$

其中，op 域含有算符的内部编码，arg_1、arg_2 和 result 域的内容通常是指向相应名字在符号表中表项的指针，这时临时变量名也必须存入符号表中。

常用的三地址语句与相应的四元式对应如下：

x=y op z　　　　　　对应 (op，y，z，x)

x=−y　　　　　　　　对应 (uminus，y，＿，x)

x=y　　　　　　　　　对应 (=，y，＿，x)

par x$_1$　　　　　　　 对应 (par，x$_1$，＿，＿)

call P　　　　　　　　对应 (call，＿，＿，P)

goto L　　　　　　　　对应 (j，＿，＿，L)

if x rop y goto L　　　对应 (jrop，x，y，L)

例 4.12　赋值语句 a:=b*(−c+d)+b*(−c+d) 的四元式表示如表 4-7 所示。

（2）三元式

为了避免把临时变量名也存入符号表，可以不引入临时变量，而把由一个语句计算出来的中间结果直接提供给引用它的语句，用计算中间结果的语句的指针代替存放中间结果的临时变量，这样，表示三地址语句的记录只需要三个域 op、arg$_1$ 和 arg$_2$，其中 op 域含有算符的内部编码，arg$_1$ 和 arg$_2$ 既可以是指向有关名字在符号表中入口的指针，也可以是指向三元式表中的某一个三元式。这种中间代码的形式叫做三元式，其一般形式为：

(op，arg$_1$，arg$_2$)

例 4.13　赋值语句 a:=b*(−c+d)+b*(−c+d) 的三元式表示如表 4-8 所示。

在表 4-8 中三元式（0）的计算结果为 −c；（1）表示三元式（0）的结果与 d 相加，即得到 −c+d；三元式（2）表示 b 与三元式（1）的结果相乘，也即得到 b*（−c+d）；三元式（3）、（4）和（5）的计算结果分别与三元式（0）、（1）和（2）的计算结果相同；三元式（6）表示三元式（2）的结果与三元式（5）的结果相加；最后三元式（7）表示将三元式（6）的结果赋给 a。

在三元式结构中，关于数组元素的赋值语句要用两步操作表示。例如，语句 x[i]:=y 和 x:=y[i] 所对应的三元式序列分别如表 4-9 和表 4-10 所示，其中"=[ ]"表示确定数组元素的左值，"[ ]="表示确定数组元素的右值，arg$_1$ 表示数组名，arg$_2$ 表示数组下标。

（3）间接三元式

为了便于代码的优化处理，有时不直接使用上述三元式来表示中间代码，而是在三元式表的基础上另设一张称为间接码表的表，该表按运算的次序列出相应三元式在三元式表中的位置。三元式表只记录不同的三元式语句，而间接码表则表示由这些语句组成的运算次序。这种用一张间接码表和三元式表一起来表示中间代码的方法，称为间接三元式。

表 4-7　三地址语句的四元式表示

	op	arg$_1$	arg$_2$	result
(0)	uminus	c		T$_1$
(1)	+	T$_1$	d	T$_2$
(2)	*	b	T$_2$	T$_3$
(3)	uminus	c		T$_4$
(4)	+	T$_4$	d	T$_5$
(5)	*	b	T$_5$	T$_6$
(6)	+	T$_3$	T$_6$	T$_7$
(7)	:=	T$_7$		a

表 4-8　三地址语句的三元式表示

	op	arg$_1$	arg$_2$
(0)	uminus	c	
(1)	+	(0)	d
(2)	*	b	(1)
(3)	uminus	c	
(4)	+	(3)	d
(5)	*	b	(4)
(6)	+	(2)	(5)
(7)	:=	a	(6)

表 4-9　三地址语句 x[i]:=y 的三元式表示

	op	arg$_1$	arg$_2$
(0)	[ ]=	x	i
(1)	assign	(0)	y

表 4-10　三地址语句 x:=y[i] 的三元式表示

	op	arg$_1$	arg$_2$
(0)	=[ ]	y	i
(1)	assign	x	(0)

例 4.14 赋值语句 a:=b*(-c+d)+ b*(-c+d) 对应的三元式表与间接码表如表 4-11 所示。

在三元式表示中，每个语句的位置同时有两个作用：一是可作为该三元式的结果被其他三元式引用；二是三元式位置顺序即为运算顺序。在代码优化阶段，需要调整三元式的运算顺序时会遇到困难，这是因为三元式中的 arg_1、arg_2 也可以是指向某些三元式位置的指针，当这些三元式的位置顺序发生变化时，含有指向这些三元式位置指针的相关三元式也需随之改变指针值。因此，变动一张三元式表是很困难的。对四元式来说，引用另一语句的结果可以通过引用该语句的 result（通常是一个临时变量）来实现，而间接三元式则通过间接码表来描述语句的运算次序。这两种方法都不存在语句位置同时具有两种功能的现象，代码调整时要做的改动只是局部的，因此，当需要对中间代码表进行优化处理时，四元式与间接三元式都比三元式方便得多。

表 4-11 三地址语句的间接三元式

	三元式表		
	op	arg_1	arg_2
(0)	uminus	c	
(1)	+	(0)	d
(2)	*	b	(1)
(3)	+	(2)	(2)
(4)	:=	a	(3)
间接码表	(0) (1) (2) (0) (1) (2) (3) (4)		

4.3 语句的翻译

从本节开始，我们将讨论各种常见语句的翻译，包括说明语句的翻译、赋值语句的翻译、控制语句的翻译和过程调用语句的翻译。

4.3.1 说明语句的翻译

处理说明语句时，编译器的任务是分离出每一个被说明的实体，并将它的名字填入符号表中，与此同时，尽可能多地将要保留在符号表中的有关该实体的信息填入符号表，如类型、目标地址等，并为名字分配存储空间。

1. 过程中的说明语句

首先考虑最内层过程中的说明语句，也即，说明语句不涉及过程和函数的说明，并且暂时不考虑记录结构的说明。像 C、Pascal、Fortran 等语言，允许把一个过程中的所有说明语句集中在一起处理。在这种情况下，需要用一个全程变量（如 offset ）来跟踪下一个可用的相对地址。表 4-12 是关于过程中说明语句的翻译模式。

在表 4-12 所给的翻译模式中，非终结符 P 产生一系列形如 "id: T" 的说明语句。第一条产生式表明，在处理第一条说明语句之前先设置全程变量 offset 为 0。第三条产生式的语义动作意思是说，以后每次遇到一个新的名字，便将该名字及其类型填入符号表中，并把相对地址设为当前 offset 的值，然后使 offset 加上该名字所表示的数据对象的域宽（即占用的存储单元的数目）。其中过程 enter (name, type,

表 4-12 关于过程中说明语句的翻译模式

(1) P →	{offset := 0} D
(2) D → D; D	
(3) D → id : T	{enter (id.name, T.type, offset);
	offset := offset + T.width }
(4) T → integer	{T.type := integer; T.width := 4 }
(5) T → real	{T.type := real; T.width := 8 }
(6) T → array [num] of T_1	{T.type := array (num.val, T_1.type);
	T.width := num.val × T_1.width}
(7) T → ↑ T_1	{T.type := pointer (T_1.type);
	T.width := 4 }

offset) 的功能是为名字 name 建立符号表表项，并在其中填入其类型 type 和在数据区中的相对地址 offset。非终结符 T 有两个综合属性：T.type 和 T.width。属性 T.type 表示名字的类型，其值是一个类型表达式，它可以是诸如 integer、real 的基本类型，也可以是带有类型构造器像 array 或 pointer 的构造类型；属性 T.width 表示名字的域宽，即该类型名字所占用的存储单元的个数，在表 4-12 中，假定整型数的域宽为 4，实型数的域宽为 8，指针类型的域宽为 4，数组的域宽由数组元素的域宽乘以数组元素的个数得到。

在表 4-12 所给出的翻译模式中，由于对 offset 的初始化动作嵌在产生式中间，不便于自下而上进行翻译，因此，可引入非终结符 M，改写产生式为如下形式：

$$P \rightarrow MD$$
$$M \rightarrow \varepsilon \ \{ \ offset:=0 \ \}$$

这样就使所有的语义动作都出现在产生式的末尾，可以在自下而上进行语法分析的同时完成说明语句的翻译。

2. 过程的说明

在像 Pascal 这样的允许过程嵌套的语言里，对于每一个过程，其所说明的局部名字的相对地址可以用表 4-12 中翻译模式所给出的方法计算。当遇到一个嵌入的过程定义时，则应当暂停包围此过程定义的外围过程中说明语句的处理，转而进入对过程定义的处理。为此，需要对以下式（4.1）中的产生式设计语义动作。

$$P \rightarrow D ; S$$
$$D \rightarrow D_1 ; D_2 | \ id : T \ | \ proc \ id ; D_1 ; S \qquad\qquad (4.1)$$

因为这里讨论的重点是说明语句的翻译，因此产生语句的非终极符 S 的产生式和产生类型的非终结符 T 的产生式没有给出。为简化起见，假定式（4.1）所描述的语言中，每个过程都有一张独立的符号表，也即，每当遇到一个过程定义" $D \rightarrow proc \ id ; D_1 ; S$ "时，便创建一张新的符号表，并把在 D_1 中说明的各名字填入该符号表中，与此同时，在新的符号表中设置一个指针域，指向包围该嵌入过程的直接外围过程的符号表，而新说明的过程名 id 则作为该外围过程里的一个局部名字。

例 4.15   图 4-9 中为一个实现快速排序的程序，在分析过程中建立了如图 4-10 所示的符号表。在主程序 sort 中定义了 readarray、exchange 和 quicksort 三个过程，所以在 sort 的符号表中包含这三个过程的名字，并且每个过程名字都有一个与之对应的指针，该指针指向相应过程的符号表。而在过程 readarray、exchange 和 quicksort 的符号表中均有指针指向它们的直接外围过程 sort 的符号表。过程 partition 是在过程 quicksort 中定义的，所以名字 partition 出现在 quicksort 的符号表中，并且相应的指针指向 partition 的符号表，而在 partition 的符号表中有指针指向其直接外围过程 quicksort 的符号表。

```
(1)     program sort (intput, output)
(2)     var a: array[0..10] of integer ;
(3)      x: integer ;
(4)     proc readarray;
(5)       i: integer ;
(6)       begin  …a …end {readarray};
(7)     proc exchange(i, j: integer);
(8)       begin x:=a[i]; a[i]:=a[j]; a[j]:=x end ;
(9)     proc quicksort(m, n: integer);
(10)      k: integer ;
(11)      v: integer  ;
```

图 4-9 嵌套过程程序示例

```
(12)      proc partition(y, z: integer): integer;
(13)       i: integer ;
(14)       j: integer ;
(15)       begin …a…
(16)          …v…
(17)        …exchange …
(18)      end{partition}  ;
(19)    begin … end(quicksort)
(20)begin…end{sort}
```

图 4-9 （续）

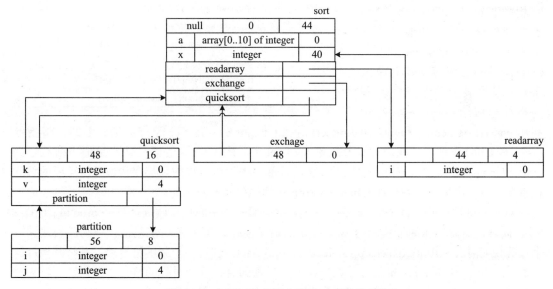

图 4-10　与图 4-9 中嵌套程序对应的符号表

为了建立处理嵌套过程说明语句的翻译模式，我们首先定义如下操作：

1）mktable(previous，base)：创建一张新的符号表，填入基址，把参数指针 previous 放在该表的表头，表示指向先前创建的（直接外围过程的）符号表；返回指向这张新表的指针。符号表的信息还可以包含局部变量所需要的存储单元个数等。

2）enter (table，name，type，offset)：在参数 table 所指向的符号表中为名字 name 建立新的表项，并把该名字的类型 type 和相对地址 offset 填入该表项相应的域中。

3）addwidth (table，width)：把参数 table 所指向的符号表中的所有项累计占用数据区的总宽度 width 记入该符号表的表头中。

4）enterproc(table，name，newtable)：在参数 table 指向的符号表中为名字为 name 的过程建立一个新的表项，此表项中存放过程名字 name 和指向其符号表的指针 newtable。

表 4-13 给出了处理嵌套过程说明语句的翻译模式，该翻译模式分别使用了一个指针栈 tableptr 和一个偏移栈 offset，其中，指针栈 tableptr 用来存放指向各外层过程符号表的指针，偏移栈 offset 用来存放各嵌套过程的当前相对地址。指针栈 tableptr 的栈顶 top(tableptr) 总是指向当前层的符号表；偏移栈 offset 的栈顶保存了当前层已经处理过的说明的偏移之和，也即，offset 的栈顶元素为当前层的下一个局部名字的相对地址。

对于产生式 P → D；S，首先要建立一张空的符号表，并且要在 D；S 之前建成。为了使整个语义动作都在文法产生式的末尾，引入一个非终结符 M 和 ε- 产生式，来消除嵌入在产生式中的语义动作。在用形如 A → BC{actionA} 产生式进行归约时，所有关于非终结符 B 和 C 的语义动作均已先于 actionA 完成，其中，actionA 表示 A 的语义动作，因此在表 4-13 所示的翻译模式中，将先做与非终结符 M 相联系的语义动作。M 的语义动作包括两个功能，一个是调用函数 mktable(null, 0) 创建最外层过程（即主程序）的符号表，并把符号表的指针返回给 t ；另一个是

表 4-13　处理嵌套过程说明语句的翻译模式

P → MD; S	{addwidth (top (tableptr)，top (offset)); pop(tableptr); pop (offset) }
M → ε	{t := mktable (null，0); push(t, tblprt); push (0，offset) }
D → D₁; D₂	
D → proc id; N D₁; S	{t := top(tableptr); addwidth(t，top(offset)); pop(tableptr); pop(offset); enterproc(top(tableptr)，id.name, t) }
D → id: T	{ enter(top(tableptr)，id.name, T.type, top(offset)); top(offset) := top(offset) + T.width }
N → ε	{t := mktable(top(tableptr)，top(offset)); push(t，tableptr); push(0，offset) }

利用 push(t, tableptr) 和 push(0，offset) 对栈 tableptr 和 offset 进行初始化，也即，将指针 t 压入栈 tableptr 中，把相对地址 0 压入栈 offset 中。P → MDS 的语义动作是把当前符号表 top(tableptr) 所对应的 top(offset) 记入该表的首部，表示该过程的局部变量说明所需要的总的存储单元数；之后，将两个栈 tableptr 和 offset 的栈顶元素弹出。

对嵌入过程说明 "D → proc id；D；S" 做类似的语法处理，改成 "D → proc id；N D₁；S"。同理，需要先做与非终结符 N 相联系的语义动作，其语义动作包括：一则，当遇到一个过程说明时，利用 mktable(top (tableptr)，top(offset)) 创建一个新的符号表，并将其指针返回给 t，其中，参数 top(tableptr) 是指向该嵌入过程的直接外围过程的符号表的指针，将它放在新建符号表表头，使新建符号表指向其直接外围过程的符号表，参数 top(offset) 为该嵌入过程的直接外围过程局部变量说明所占的存储单元总数，将它同样放在新建符号表表头，作为该嵌入过程的基址；再则，利用 push(t，tableptr) 把指针 t 压入栈 tableptr，通过 push(0，offset) 初始化这个新过程的偏移为 0。然后，执行 D → proc id；N D₁；S 右部的语义动作。首先，由过程 addwidth 把 D₁ 产生的所有局部说明的宽度（也即 offset 的栈顶值）存入它的符号表的表头中；将指针栈 tableptr 和偏移栈 offset 的栈顶元素从栈里面弹出来表示结束嵌入过程的处理，此时，直接外围过程的符号表指针和相对地址出现在栈顶，这样就返回到上一层过程中的说明语句的处理；最后，把本过程的名字 id.name、符号表指针 t 插入直接外围过程的符号表 top(tableptr) 中。

每当遇到一个变量说明 "id: T" 时，就把 id 插入当前符号表 top(tableptr) 中，这时，栈 tableptr 保持不变，而栈 offset 的栈顶元素的值增加 T.width。

例 4.16　按照表 4-12 和表 4-13 中的翻译模式对图 4-9 中的具有嵌套过程程序示例进行翻译的过程如下。假设栈 tableptr 和栈 offset 向下增长。每个符号表的首部包含三个子域：左域是指向直接外围过程符号表的指针，因为主程序 sort 没有直接外围过程，所以其该域为空（null）；中域记录保存该表的基址；右域保存该过程局部说明所占存储单元的总数。符号表中其余每一项分别记录变量名、变量类型及其在过程中的相对地址。

当开始扫描主程序 sort 时，首先，调用函数 mktable(null, 0) 为其建立一张空表，该表的表头三个域中依次填入 null、0 和 0 ；并将新建空表返回的指针和 0 分别压入栈 tableptr 和

offset 中，如图 4-11a。接下来，依次扫描 sort 的局部说明，并将局部变量的相应信息插入符号表，变量 a 所对应的表项中分别填入 a、变量类型 array[0..10] of integer 以及 a 在 sort 中的相对地址 0；变量 x 所对应的表项中分别填入 x、变量类型 integer 以及 x 在 sort 中的相对地址，此时 x 的相对地址是在分配完 10 个整型数（4 字节）之后的地址，即 10×4=40。扫描完 sort 的局部说明后，栈 tableptr 只存有过程 sort 的符号表的指针，栈 offset 只存有一个值 44，该值为 sort 说明的局部变量所占存储单元的总数，如图 4-11b 所示。

接下来开始扫描过程 readarray，同理，首先调用函数 mktable(top(tableptr), top(offset)) 为其建立一张新表，该表的表头三个域中依次填入指向 sort 的符号表的指针、44 和 0；并将新建表返回的指针和 0 分别压入栈 tableptr 和 offset 中。接下来，依次扫描 readarray 的局部说明，执行 "D→id:T" 对应的动作，为变量 i 在该表中建立一个表项，此表项中分别填入 i、变量类型 integer 以及 i 在 readarray 中的相对地址 0，同时得到 readarray 符号表的局部说明的所占存储单元的总数为 4，如图 4-11c 所示。扫描完 readarray 过程后，用 addwidth 把对应 readarray 的 offset 值 4 存入该过程符号表的首部的第三个域中，分别从指针栈 tableptr 和偏移栈 offset 中将指向 readarray 的符号表的指针及其偏移量之和弹出。最后，在 sort 的符号表中添加过程 readarray 的表项，并填入一个指向 readarray 的符号表的指针，如图 4-11d 所示。

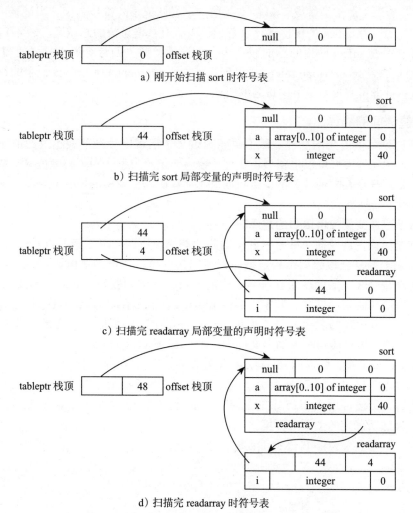

a) 刚开始扫描 sort 时符号表

b) 扫描完 sort 局部变量的声明时符号表

c) 扫描完 readarray 局部变量的声明时符号表

d) 扫描完 readarray 时符号表

图 4-11　与图 4-9 中嵌套程序对应的符号表构造过程

针对为过程 exchange、quicksort 和 partition 建立符号表的过程同上面类似，不再一一赘述。最终为整个程序所建立的符号表如图 4-10 所示。

3. 记录的说明

如果语言中支持记录类型，则可在表 4-12 的翻译模式中加入产生式 T → record D end，这样，非终结符 T 不但可以产生基本类型、指针和数组，还可以产生记录类型。由于在表 4-13 中的过程定义不影响域宽的计算，因此，可以允许过程定义出现在记录中，此时，上面产生式的 D 就与表 4-13 中与 D 表示完全一样。对记录说明的处理与对过程说明的处理类似，为每个记录建立一张符号表，保存每个域的名字及其类型等信息。表 4-14 中的翻译模式给出了为记录中的域名建立符号表的方法。

对于表 4-14 中的翻译模式，每当遇到保留字 record 时，其便执行与非终结符 L 相对应的语义动作，为记录中的各域名创建一张新的符号表，并把指向该表的指针压入栈 tableptr 中，把相对地址 0 压入栈 offset 中。由表 4-13 的翻译方案可知，产生式

表 4-14   为记录中的域名建立符号表的翻译模式

T → record LD end	{ T.type : = record(top(tableptr)); T.width: = top(offset); pop(tableptr); pop(offset) }
L → ε	{ t : = mktable (null, 0); push(t, tableptr); push(0, offset) }

"D → id:T"的语义动作是将域名 id 的有关信息填入此记录的符号表中，当记录中的所有域名都被处理之后，在 offset 的栈顶将存放着记录内所有数据对象的总域宽。表 4-14 中 end 之后的语义动作是把 offset 栈顶的总的域宽度存入记录类型 T 的综合属性 width，T 的类型属性 type 值则是通过 record(top(tableptr)) 得到，其中 top(tableptr) 是指向该记录的符号表的指针。利用该指针即可实现对记录中域名的引用。

4.3.2　赋值语句的翻译

本小节讨论赋值语句的翻译。赋值语句的语义是把赋值号右部表达式的值赋给左部变量，其中，表达式的类型可以是整型、实型、数组或记录类型。为了将赋值语句翻译为三地址代码，需要在符号表中查找名字、访问数组元素和访问记录中的域，此外，在赋值过程中还可能进行类型转换。

1. 仅涉及简单变量赋值语句的翻译

我们首先讨论仅涉及简单变量的赋值语句的翻译。所谓简单变量是指普通变量和常数，但不含数组元素等复合型数据结构。编译程序把含有简单变量的赋值语句翻译成三地址代码时，需要查符号表，借助变量在符号表中的入口指针访问变量。表 4-15 给出了仅涉及简单变量的赋值语句的翻译模式，其中，属性 E.place 表示 E 在符号表中的入口指针；属性 id.name 给出了 id 所代表的名字本身；函数 newtemp 用于产生新的临时变量；过程 emit 的功能是将所生成的三地址语句写入输出文件中；函数 lookup(id.name) 用来检查 id.name 是否出现在符号表中，如果是，则返回 id.name 在符号表的入口指针，否则返回 null。

通过修改表 4-15 中的 lookup 操作，可以使得即使像 Pascal 那样采用最近嵌套原则查找局部名的语言，仍然可用表 4-15 中的翻译模式进行翻译。具体而言，假设赋值语句出现在由式（4.2）文法所确定的上下文环境。

$$P \to M D; S$$
$$M \to \varepsilon$$
$$D \to D_1; D_2 \mid id: T \mid proc\ id; N D_1; S$$
$$N \to \varepsilon$$

（4.2）

把式（4.2）文法中的产生式加入表 4-15 中，并将非终结符 P 作为新的开始符号。对于式（4.2）文法所产生的每个过程，表 4-13 中所给出的翻译模式都将为它们建立独立的符号表，并且每个符号表的表头都包含一个指向其直接外围过程的指针。当处理形成过程体的语句时，栈 tableptr 的顶部会出现一个指向此过程体的指针，它是由产生式"D → proc id；N D_1；S"右边的非终结符 N 的语义动作压入栈中。

令非终结符 S 的产生式如表 4-15 中所示，由 S 所产生的赋值语句中的名字必须或者是在 S 所在的那个过程中已经被说明过，或者是在某个外围过程中被说明过。当应用到 name 时，新的 lookup 首先通过指针 top(tableptr) 在本过程的符号表中查找名字为 name 的表项，若没有找

表 4-15　产生赋值语句三地址代码的翻译模式

(1) S → id:=E	{ p:=lookup(id.name);
	if p ≠ nil then
	emit(p ':=' E.place)
	else error }
(2) E → E_1+E_2	{ E.place:=newtemp;
	emit(E.place ':=' E_1.place '+' E_2.place)}
(3) E → E_1*E_2	{ E.place:=newtemp;
	emit(E.place ':=' E_1.place '*' E_2.place)}
(4) E → -E_1	{ E.place:=newtemp;
	emit(E.place':=' 'uminus'E_1.place)}
(5) E → (E_1)	{ E.place:=E_1.place}
(6) E → id	{ p:=lookup(id.name);
	if p ≠ nil then
	E.place:=p
	else error }

到，则通过当前符号表表头的指针在外围过程符号表，继续查找，若在某符号表中找到，则表示查找成功，返回名字 id.name 在表中的入口指针 p，若直到最外层的主程序的符号表也没有找到，则查找失败，返回 null。

例 4.17　对于图 4-10 中的符号表，假定过程 partition 中的一条赋值语句正在被处理，函数 lookup(i) 会在 partition 的符号表中找到 i 的表项。因为 v 不在这个符号表中，操作 lookup(v) 便利用其表头指向它的直接外围过程符号表的指针，在过程 quicksort 的符号表中查找。

例 4.18　用表 4-15 中的翻译模式可将赋值语 X=-B*(C+D) 翻译成如下三地址代码序列：

$$t_1 := minus\ B$$
$$t_2 := C+D$$
$$t_3 := t_1*t_2$$
$$x := t_3$$

2. 涉及数组元素的赋值语句的翻译

接下来讨论含有数组元素的赋值语句的翻译。数组通常放在一个连续的存储空间里，不过要想访问某个具体的数组元素，还需要计算出该元素的地址，这就是数组元素的寻址。

对于一维数组 A 而言，假如 A 的下标下界是 low，分配给 A 的存储空间的首地址是 base，即 A[low] 的起始地址，每个元素的宽度是 w，那么 A 的第 i 个元素 A[i] 的起始地址是

$$base+(i-low)\times w$$

把它整理成

$$i\times w+(base-low\times w)$$

在编译过程中，表达式 C=low×w 值可以在翻译数组 A 的声明时计算出来，并把 C 的值存放在符号表中数组 A 的表项里，这样 A[i] 的相对地址就可由 i×w+base-C 计算出来。

对于二维数组也必须转化为一维方式存储，通常有两种存储形式，一种是按行存放，即同一行中的元素依次排列在相邻的位置，前一行的最后一个元素后面紧跟后一行的第一个元素；一种是按列存放，同一列中的元素依次排列在相邻的位置，前一列的最后一个元素后面紧跟后一列的第一个元素。若二维数组按行存储，则 $A[i_1, i_2]$ 的地址可以用下列公式计算：

$$base + ((i_1 - low_1) \times n_2 + (i_2 - low_2)) \times w$$

其中，low_1 和 low_2 分别是这两维的下界，n_2 是第 2 维的大小。假定 i_1 和 i_2 的值在编译时不知道，而其他值可以知道，那么，上式可变换成

$$(i_1 \times n_2 + i_2) \times w + (base - (low_1 \times n_2) + low_2) \times w)$$

其中，后一项中子表达式 $C=(low_1 \times n_2) + low_2) \times w$ 值在编译时能计算出来，可以将其保存于符号表中 A 的表项里，来减少运行时的地址计算。

推广到 k 维数组，可以得到 $A[i_1, i_2, \cdots, i_k]$ 按行存储的相对地址计算公式如下：

$$((\cdots((i_1 \times n_2 + i_2) \times n_3 + i_3) \cdots) \times n_k + i_k) \times w +$$
$$base - ((\cdots((low_1 \times n_2 + low_2) \times n_3 + low_3) \cdots) \times n_k + low_k) \times w \qquad (4.3)$$

假定对所有的 j，n_j 是固定的，那么，在编译时可以求出多维数组地址中的不变部分

$$C = ((\cdots((low_1 \times n_2 + low_2) \times n_3 + low_3) \cdots) \times n_k + low_k) \times w$$

并把 C 存放在数组 A 的表项里。

有些语言允许动态地确定数组的大小，即在程序运行的情况下，当过程调用时，通过参数的值确定数组的大小，这样，编译时不能确定其上下界。对这样的数组，计算其数组元素地址的公式与固定长度数组情况下是一样的，只是上下界在编译时是未知的。

对于一个给定的数组而言，公式（4.3）中第二项（也即公式第二行）是一个常数，在编译时刻或在过程调用点，一旦数组的大小确定了，就可计算出常数 C 的值，并存储以备后用。公式中第一项（也即公式第一行）的子表达式可以用下列递推公式

$$e_1 = i_1$$
$$e_2 = e_1 \times n_2 + i_2$$
$$\cdots$$
$$e_m = e_{m-1} \times n_m + i_m \qquad (4.4)$$

进行计算，直到 m=k 为止。然后将 e_k 乘以数组元素的宽度 w，再加上公式（4.3）的第二项就可以得到数组元素的地址。

在对涉及数组元素的赋值语句进行翻译时，关键问题就是如何把递归式（4.4）中的计算与文法产生式联系起来。文法不同，所设计的翻译模式也不同。

涉及数组元素的赋值语句可以用表 4-16 所示的文法来描述。从式（4.4）的递推计算中可以看出，除了第一个下标 i_1 以外，其他每个 e_m 的计算都要访问数组的符号表项，以便得到各维的大小。虽然表 4-16 所示的文法允许在赋值语句翻译中出现数组元素，但是在应用产生式（6）～（8）将各表达式 E 组合成数组下标表达式 Elist 时，无法直接得到数组各维的界，因此，在为该文法设计翻译模式时，需要利用继承属性将数组 id 在符号表中的入口指针传递给它的下标表达式。

具体而言，在设计翻译模式时，需要为非终结符 Elist 设计以下属性及函数：继承属性 Elist.array 用来记录指向符号表中相应数组名表项的指针；综合属性 Elist.ndim 记录目前已经识别出的下标表达式的个数；综合属性 Elist.place 用来临时存放已形成的 Elist 中下标表达式计算出来的值，也

表 4-16　描述涉及数组元素的赋值语句的文法

(1) S → L:=E	(5) L → id
(2) E → E₁+E₂	(6) L → id[Elist]
(3) E → (E₁)	(7) Elist → E
(4) E → L	(8) Elist → Elist₁, E

即递推公式中 e_m 值；函数 limit(array，j) 返回 array 所指示的数组第 j 维的长度 n_j。

为非终结符 L 设计两个综合属性 L.offset 和 L.place。如果 L 是一个简单变量，则 L.place 为指向该名字在符号表中入口的指针；此时，L.offset 为 null，表示该左值是一个简单变量而不是数值元素引用。如果 L 是数组元素引用，则 L.place 是临时变量，用来保存计算公式（4.3）中的第二项，即 base−C；L.offset 也是临时变量，用来保存计算公式（4.3）中的第一项，即 $e_k×w$。

为非终结符 E 设计综合属性 E.place，其含义同表 4-15 翻译模式中 E.place 相同，用来保存 E 在符号表中的入口指针。

可以得到如表 4-17 所示的涉及数组元素的赋值语句的翻译模式，这是一个 L- 属性定义的翻译模式，利用该翻译模式可以在对赋值语句进行自上而下语法分析的同时，进行语义的计算，并产生相应的三地址代码。

表 4-17　含有继承属性的涉及数组元素的赋值语句的翻译模式

(1) S → L:=E	{ if L.offset=null then　/*L 是简单变量 */ 　　　emit(L.place ':=' E.place) 　else emit(L.place '[' L.offset ']' ':=' E.place)}
(2) E → E₁ +E₂	{ E.place:=newtemp； 　emit(E.place ':=' E₁.place '+' E₂.place)}
(3) E → (E₁)	{ E.place:=E₁.place}
(4) E → L	{ if L.offset=null then 　　E.place:=L.place 　else {E.place:=newtemp； 　　　emit(E.place ':=' L.place '[' L.offset ']')；} }
(5) L → id	{ L.place:=id.place；L.offset:=null }
(6) L → id[　　Elist]	{ Elist.array=id.place }　/* Elist.array 继承属性 */ { L.place:=newtemp； emit(L.place ':=' Elist.array '-' C)； L.offset:=newtemp； emit(L.offset ':=' w '*' Elist.place) }
(7) Elist → E	{ Elist.place:=E.place； Elist.ndim:=1； }
(8) Elist → 　　Elist₁, E	{ Elist₁.array:= Elist.array； }　/* Elist.array 继承属性 */ { t:=newtemp； m:=Elist₁.ndim+1； emit(t ':=' Elist₁.place '*' limit(Elist₁.array，m))； emit(t ':=' t '+' E.place)； Elist.place:=t； Elist.ndim:=m； }

在表 4-17 的翻译模式中，产生式（1）的语义动作是为了实现：若 L 是一个简单变量，则产生一般的赋值语句；否则，若 L 是数组元素，则产生对 L 所确定的数值元素的赋值语句。

产生式（2）和（3）的语义动作与表 4-15 翻译模式中相应产生式的语义动作一样。

在产生式（4）中，当一个简单变量 L 归约到 E 时，此时的语义动作与表 4-15 翻译模式中相应产生式的语义动作相同；当一个数组元素 L 归约到 E 时，需要 L 的右值，因此可以用索引得到存储单元地址 L.place[L.offset] 的内容。

在产生式（5）中，把 offset 置为空值 null，表示 L 是一个简单变量名。

对于产生式（6），用继承属性 Elist.array 保存数组名 id 在符号表中的入口指针，用一个新的临时变量 L.offset 存放 w*Elist.place，也即计算公式（4.3）中的第一项，用另一个新的临时变量 L.place 存放计算公式（4.3）中的第二项。

对于产生式（7），Elist.ndim=1 表明到目前为止已经识别出来第一维的下标表达式，其值存在 Elist.place 中。

对于产生式（8），继承属性 Elist.array 继续向下传递；每当扫描到一个下标表达式时，就运用递推公式（4.4），其中 Elist.place 和 $Elist_1$.place 分别对应公式（4.3）中的 e_m 和 e_{m-1}。若 $Elist_1$ 有 m-1 个元素，则 Elist 有 m 个元素。

【例 4.19】 利用表 4-17 中的翻译模式将赋值语句 x:=A[y，z] 翻译为三地址代码。设 A 为一个 10×20 的数组，即 n_1=10，n_2=20；并设域宽 w=4；数组的第一个元素为 A[1，1]，也即 low_1=1，low_2=1。所以，C=$(low_1 \times n_2+low_2) \times w$ = $(1 \times 20+1) \times 4$ = 84。关于赋值语句 x:=A[y，z] 的带注释的语法分析树如图 4-12 所示，该图中每个变量用它的名字来代替 id.place。根据表 4-17 中的翻译模式，自上而下对赋值语句进行分析的过程中，产生如下三地址语句：

$$t_1:=y*20$$
$$t_1:=t_1+z$$
$$t_2:=A-84$$
$$t_3:=4*t_1$$
$$t_4:=t_2[t_3]$$
$$x:=t_4$$

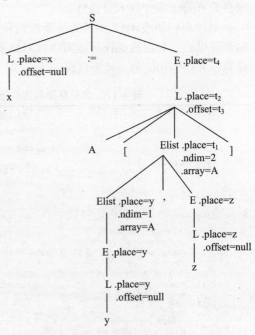

图 4-12　例 4.19 中关于 x:=A[y，z] 的带注释的语法分析树

表 4-17 中的翻译模式用到了继承属性，如果只用综合属性来设计赋值语句的翻译模式，在处理"Elist → Elist，E"和"Elist → E"的时候就访问不到数组 L 的有关信息，因为这是与数组名 id 关联的信息。因此需要对表 4-16 中文法进行修改，得到如表 4-18 所示的文法。该文法中数组名与最左下标表达式连在一起，这样在翻译 Elist 的过程中都能知道符号表中相应于数组名 id 的全部信息。

表 4-18　描述涉及数组元素的赋值语句的另一种文法

(1) S → L:=E	(5) L → id
(2) E → E_1+E_2	(6) L → Elist]
(3) E → (E_1)	(7) Elist → id[E
(4) E → L	(8) Elist → $Elist_1$，E

表 4-19　只含有综合属性的涉及数组元素的赋值语句的翻译模式

(1) S → L:=E	{ if L.offset=null then　/*L 是简单变量 */ 　　　emit(L.place ':=' E.place) 　　else emit(L.place '[' L.offset ']' ':=' E.place)}
(2) E → E_1 +E_2	{ E.place:=newtemp; 　　emit(E.place ':=' E_1.place '+' E_2.place)}
(3) E → (E_1)	{ E.place:=E_1.place}

（续）

(4) E → L	{ if L.offset=null then E.place:=L.place else { E.place:=newtemp; emit(E.place ':=' L.place '[' L.offset ']'); } }
(5) L → id	{ L.place:=id.place; L.offset:=null }
(6) L → Elist]	{ L.place:=newtemp; emit(L.place ':=' Elist.array '-' C); L.offset:=newtemp; emit(L.offset ':=' w '*' Elist.place) }
(7) Elist → id[E	{ Elist.place:=E.place; Elist.ndim:=1; Elist.array:=id.place; }

(8) Elist → Elist$_1$, E	{ t:=newtemp;
	 m:=Elist$_1$.ndim+1;
	 emit(t ':=' Elist$_1$.place '*' limit(Elist$_1$.array，m));
	 emit(t ':=' t '+' E.place);
	 Elist.array:= Elist$_1$.array;
	 Elist.place:=t;
	 Elist.ndim:=m; }

表 4-19 给出了只含有综合属性的涉及数组元素的赋值语句的翻译模式，这是一个 S- 属性定义的翻译模式，所用到的属性和函数与表 4-17 中的翻译模式一样，只不过此时的 Elist.array 不再是继承属性而是综合属性。

对于表 4-19 翻译模式中产生式（1）～（5）及其语义动作与表 4-17 翻译模式中产生式（1）～（5）及其语义动作相同。

产生式（6）中的语义动作是用于计算" L → Elist"中 L 的属性值，用一个新的临时变量 L.offset 存放 w*Elist.place，也即计算公式（4.3）中的第一项，用另一个新的临时变量 L.place 存放计算公式（4.3）中的第二项。

对于产生式（7），E.place 同时表示 E 的值和 m=1 时 e_m 的值。

对于产生式（8），其语义动作就是利用递推公式（4.4）计算数组元素的地址。

例 4.20　利用表 4-19 中的翻译模式将例 4.19 中的赋值语句 x:=A[y，z] 翻译为三地址代码。

解：图 4-13 给出了赋值语句" x:=A[y，z]"的带注释的语法分析树，图中每个变量同样用它的名字来代替 id.place。下面给出三地址代码产生的主要步骤。

当扫描到" A[y"的时候（对应产生式 Elist → id[E），开始分析数组，得 Elist.place := y、Elist.ndim := 1 和 Elist.array := A，此时还没有产生三地址代码。

当扫描到 y、z 时（对应产生式 Elist → Elist$_1$，E），开始产生代码：t$_1$:= y*20 和 t$_1$:= t$_1$+z。

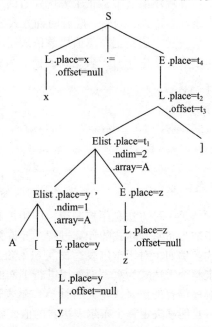

图 4-13　例 4.19 中关于 x:=A[y，z] 的带注释的语法分析树

当扫描到"z]"时（对应产生式 L → Elist]），产生下列代码：$t_2 :=$A-84 和 $t_3 := 4*t_1$。

当扫描完 A[y，z] 而归约到表达式 E 时（对应产生式 E → L），产生一条代码：

$$t_4 := t_2[t_3]$$

当扫描完而归约到句子 S 时（对应产生式 S → L:= E），产生一条代码：x:= t_4。

最后所得到的三地址代码序列如下：

$$t_1:=y*20$$
$$t_1:=t_1+z$$
$$t_2:=A-84$$
$$t_3:=4*t_1$$
$$t_4:=t_2[t_3]$$
$$x:=t_4$$

4.3.3　控制语句的翻译

结构化理论证明，任何程序都可以只用顺序结构（如复合语句）、分支结构（如 if 条件语句和 case 语句等）和循环结构（如 while 循环语句等）三种基本的控制结构来实现。一般的程序设计语言都提供了这三种结构的不同实现，为了简化编程，还提供了 goto 等转向语句。本节主要讨论与布尔表达式的计算密切关联的基本控制结构的翻译。

1. 布尔表达式的翻译

像 if 语句或者 while 语句这样的控制语句的翻译与布尔表达式的翻译有关，所以在这里我们先介绍布尔表达式的翻译。本章用到的布尔表达式的文法如下：

E → E or E | E and E | not E | (E) | id relop id | id | true | false

其中 E 是算术表达式，relop 是关系运算符（如<，=，≠，≤，≥和>），为简单起见，它的运算数都是布尔变量。按照惯例，我们假定 or 和 and 都是左结合，而且 or 的优先级最低，其次是 and，最后是 not。

在程序语言中，布尔表达式有两个基本作用：一是计算逻辑值，二是在控制流语句中当作条件表达式。因此一般有两种方式表示布尔表达式的值。

一种方法是把布尔值用数值表示。对于这种表示方法，如同计算算术表达式一样，求出布尔表达式中所有子表达式的值。习惯上用 1 代表真，0 代表假。例如，一个布尔式的计算过程为：

1 or (not 0 and 1) and not 1

= 1 or (1 and 1) and not 1

= 1 or 1 and not 1

= 1 or 1 and 0

= 1 or 0

= 1

另一种方法是用控制流，即用控制到达程序的位置来代表布尔表达式的值。这种方式便于减少布尔表达式的计算过程，允许采取某种优化，而且特别适于控制流语句中的布尔表达式。例如，对于布尔表达式 A or (not B and C) and not D，如果知道 A 的值为真，就可以确定整个表达式为真，而不用进行下面的计算了。这种计算方式因而称为"短路"方法。每个程序语言的语义决定是否计算布尔表达式的每个部分。例如，C 和 C++ 采用短路计算方法，一旦能够决定整个布尔表达式的值，就不再计算后面的部分了；而 Pascal 和 Ada 则是无论如何都要求出布尔表达式的所有部分的值。

下面分别讨论如何利用这两种表示方法将布尔表达式翻译成三地址代码。

（1）布尔表达式的数值翻译方法

考虑用 1 表示逻辑真、用 0 表示逻辑假来实现布尔表达式的翻译。用这种方法只须从左至右按类似算术表达式的求值方法计算布尔表达式的值。

例 4.21 布尔表达式 a or b and not c 将翻译成

$$T_1 := not\ c$$
$$T_2 := b\ and\ T_1$$
$$T_3 := a\ or\ T_1$$

例 4.22 形如 a < b 的关系表达式可等价地写成条件语句：

$$if\ a < b\ then\ 1\ else\ 0$$

并可以翻译成如下三地址代码（由于涉及转移指令，所以需要给语句编号，假定的开始语句 100 是随意的）：

```
100: if a<b goto 103
101: T:=0
102: goto 104
103: T:=1
104:
```

表 4-20 给出了布尔表达式的数值表示法的翻译模式。其中，属性 E.place 为存放布尔表达式 E 的值的临时变量；函数 emit 的功能是将三地址代码送到输出文件中；nextstat 给出输出序列中下一条三地址语句的地址索引，每产生一条三地址语句后，过程 emit 便把 nextstat 加 1。

表 4-20　关于布尔表达式的数值表示法的翻译模式

(1) E → E₁ or E₂	{ E.place:=newtemp; emit(E.place ':=' E₁.place 'or' E₂.place)}
(2) E → E₁ and E₂	{ E.place:=newtemp; emit(E.place ':=' E₁.place 'and' E₂.place)}
(3) E → not E₁	{ E.place:=newtemp; emit(E.place ':=' 'not' E₁.place)}
(4) E → (E₁)	{ E.place:=E₁.place}

(5) E → id₁ relop id₂	{ E.place:=newtemp;
	emit('if' id₁.place relop. op id₂.place 'goto' nextstat+3);
	emit(E.place ':=' '0');
	emit('goto' nextstat+2);
	emit(E.place':=' '1') }

(6) E → id	{ E.place:=id.place }

例 4.23 按照表 4-20 所示的翻译模式，关于布尔表达式 a < b or c < d and e < f 的翻译结果如下：

```
100: if a<b goto 103        107: T₂:=1
101: T₁:=0                  108: if e<f goto 111
102: goto 104               109: T₃:=0
103: T₁:=1                  110: goto 112
104: if c<d goto 107        111: T₃:=1
105: T₂:=0                  112: T₄:=T₂ and T₃
106: goto 108               113: T₅:=T₁ or T₄
```

（2）作为条件控制的布尔表达式翻译

出现在控制语句中布尔表达式 E 的作用仅仅在于控制到达的位置。只要能完成这个任务，E 的值就无须保留在任何一个临时单元内。因此，可以为作为转移条件的布尔表达式 E 设置两个继承属性 true 和 false，分别表示条件为真时的控制流转向的标号和条件为假时控制流转向的标号。控制流翻译方法将布尔表达式翻译为一系列条件转移和无条件转移三地址语句，这些语句转移到的位置为 E.true 或 E.false，其基本思想是：

1）假设 E 是形如 a<b 的表达式，则生成如下形式的三地址代码：

$$\text{if } a<b \text{ goto } E.true$$
$$\text{goto } E.false$$

2）假如 E 是 E_1 or E_2 形式的逻辑表达式，那么，E_1 为真时就无须再计算 E_2 的值，因为无论 E_2 得出什么值，E_1 or E_2 都是为真，于是 E_1.true 与 E.true 相同；否则，如果 E_1 为假，就必须计算 E_2 的值，它就代表了 E_1 or E_2 的值，因此设置 E_1.false 来标识 E_2 的第一条三地址语句，而 E_2 的真假出口分别与 E 的真假出口相同。同样可以考虑 E 是形如 E_1 and E_2 的翻译。对于形式为 not E_1 的布尔表达式就无须代码，只要交换 E 的 true 和 false 就得到 E_1 的 true 和 false。

表 4-21 给出了按照上述思想设计的将布尔表达式翻译成三地址代码的语法制导定义，其中，每次调用函数 newlable 后都返回一个新的符号标号，E.code 为计算 E 值生成的三地址代码。

表 4-21　为布尔表达式生成三地址代码的语法制导定义

(1) $E \rightarrow E_1$ or E_2	E_1.true:=E.true; E_1.false:=newlable; E_2.true:=E.true; E_2.false:=E.false; E.code:=E_1.code || gen(E_1.false':') || E_2.code
(2) $E \rightarrow E_1$ and E_2	E_1.true:=newlable; E_1.false:=E.false; E_2.true:=E.true; E_2.false:=E.false; E.code:=E_1.code || gen(E_1.true':') || E_2.code
(3) $E \rightarrow$ not E_1	E_1.true:=E.false;　E_1.false:=E.true　E.code:=E_1.code
(4) $E \rightarrow id_1$ relop id_2	E.code:=gen('if' id_1.place relop.op id_2.place 'goto' E.true) 　　　　|| gen('goto' E.false)
(5) $E \rightarrow (E_1)$	E_1.true:=E.true; E_1.false:=E.false; E.code:=E_1.code
(6) $E \rightarrow$ true	E.code:=gen('goto' E.true)
(7) $E \rightarrow$ false	E.code:=gen('goto' E.false)

例 4.24　再次考虑表达式：

$$a<b \text{ or } c<d \text{ and } e<f$$

假定整个表达式的真假出口已分别置为 Ltrue 和 Lfalse，则按照表 4-21 所示的语法制导定义可得到该表达式带注释的语法分析树如图 4-14 所示，并生成如下代码：

```
        if  a<b  goto  Ltrue
        goto  L₁
L₁:  if  c<d  goto  L₂
```

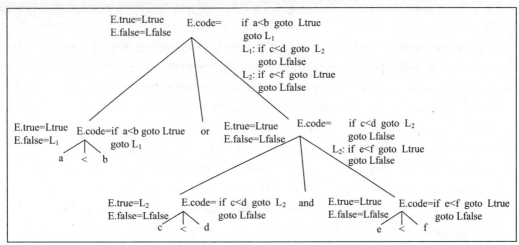

图 4-14　例 4.24 中表达式 a < b or c < d and e < f 的带注释的语法分析树

（3）利用回填技术翻译布尔表达式

实现表 4-21 中语法制导定义最容易的方法是经过两遍扫描：首先，为给定的输入串生成语法分析树；然后对语法树进行深度优先遍历，并在遍历的过程中执行相应的语义动作。两遍扫描需要显式地建立语法分析树，所以效率比较低。然而通过一遍扫描产生布尔表达式的代码也存在一些问题，主要是当生成某转移语句时我们可能还不知道该语句将要转移到的标号具体是什么。例如，在例 4.24 的代码中，在 L_1 语句中还不能确定标号 L_2 的值是什么，只能在构造出后续的语句之后才知道它的具体值。为了解决这一问题，可以在生成分支的跳转指令时暂时不确定跳转目标，而是建立一个链表，把转向这个目标的跳转指令的标号存入这个链表。一旦目标确定之后再把它填入有关的跳转指令中。这就是所谓的回填技术。

按照这种思想，为非终结符 E 建立两个综合属性 E.truelist 和 E.falselist，分别记录布尔表达式 E 对应的三地址语句中需要回填"真"、"假"出口的三地址语句的标号所构成的链表指针。

例 4.25　假定四元式中需要回填 E 的"真"出口的有 p、q、r 三个四元式，它们可以连接成一条链，E.truelist 为链首 r，如图 4-15 所示。

为明确起见，生成的中间代码用四元式表示，四元式存放在数组中，用数组下标表示三地址语句的标号。并且我们约定，在下面的讨论中：

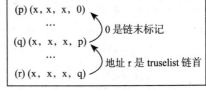

图 4-15　回填链表示意图

四元式 （jnz, a, -, p）　表示　if a goto p

四元式 （jrop, x, y, p）　表示　if x rop y goto p

四元式 （j, -, -, p）　表示　goto p

为了处理 E.truelist 和 E.falselist，引入下列语义变量和过程：

1）变量 nextquad，它指向下一条将要产生但尚未形成的四元式的地址（标号）。nextquad 的初值为 1，每当执行一次 emit 之后，nextquad 将自动增 1。

2）函数 makelist(i)，它将创建一个仅含 i 的新链表，其中 i 是四元式数组的一个下标（标号）；函数返回指向这个链的指针。

3）函数 merge(p_1，p_2），把以 p_1 和 p_2 为链首的两条链合并为一，返回合并后的链首作为函数值。

4）过程 backpatch(p，t)，其功能是完成"回填"，把 p 所链接的每个四元式的第四区段都填为 t。

接下来我们来构造一个翻译模式，使之能在进行自下而上的语法分析的过程中进行布尔表达式的翻译。使用消除文法中嵌入动作的方法：在文法中插入了标记非终结符 M 及其 ε-产生式，并为之设置一个综合属性 M.quad，以便在适当的时候执行一个语义动作，记住下一个将要产生的四元式标号。使用的布尔表达式文法如下：

$$（1）E \rightarrow E_1 \text{ or } M\ E_2$$
$$（2）\quad |\ E_1 \text{ and } M\ E_2$$
$$（3）\quad |\ \text{not } E_1$$
$$（4）\quad |\ (E_1)$$
$$（5）\quad |\ id_1 \text{ relop } id_2$$
$$（6）\quad |\ id$$
$$（7）M \rightarrow \varepsilon$$

按照上述思想构造的布尔表达式的翻译模式如表 4-22 所示。

表 4-22　一遍扫描翻译布尔表达式的翻译模式

(1) $E \rightarrow E_1$ or M E_2	{ backpatch(E_1.falselist，M.quad)； E.truelist:=merge(E_1.truelist，E_2.truelist)； E.falselist:=E_2.falselist }
(2) $E \rightarrow E_1$ and M E_2	{ backpatch(E_1.truelist，M.quad)； E.truelist:=E_2.truelist； E.falselist:=merge(E_1.falselist，E_2.falselist) }
(3) $E \rightarrow$ not E_1	{ E.truelist:=E_1.falselist； E.falselist:=E_1.truelist}
(4) $E \rightarrow (E_1)$	{ E.truelist:=E_1.truelist； E.falselist:=E_1. falselist}
(5) $E \rightarrow id_1$ relop id_2	{ E.truelist:=makelist(nextquad)； E.falselist:=makelist(nextquad+1)； emit('j' relop.op '，' id_1.place '，' id_2.place'，"0')； emit('j，−，−，0') }
(6) $E \rightarrow id$	{ E.truelist:=makelist(nextquad)； E.falselist:=makelist(nextquad+1)； emit('jnz'，' id .place '，''−''，"0')； emit('j，−，−，0') }
(7) $M \rightarrow \varepsilon$	{ M.quad:=nextquad }

对产生式（1），如果 E_1 的值为真则 E 的值也为真，如果 E_1 的值为假则需要进一步检测 E_2 的值，此时，E 的值就和 E_2 的值一致。因此，E.falselist 就等于 E_2.falselist，E.truelist 就是 E_1.truelist 和 E_2.truelist 的合并，并且 E_1.falselist 所指向的链表中记录的那些转移语句的目标标号应为 E_2 的第一条语句的标号，这个目标标号是利用标记非终结符 M 得到的，属性 M.quad 记录着 E_2 的代码的第一条语句的标号。

产生式 $M \rightarrow \varepsilon$ 有语义动作 {M.quad: = nextquad}，变量 nextquad 保存着下一条将产生的四元式的标号。在分析完产生式 $E \rightarrow E_1$ or M E_2 以后，用 M .quad 的值回填 E_1.falselist 所指

向的链表中的相应语句。

产生式（2）的语义动作与产生式（1）的类似。

产生式（5）的语义动作产生两条语句，一条是根据条件运算结果的条件转移语句，另一条是无条件转移语句，它们转移目标的地址都不知道，这两条语句分别存放在 E.truelist 和 E.falselist 中，等待回填。

其他产生式的语义动作含义明显，在此不再一一列举。

例 4.26　利用表 4-22 中的翻译模式重新考虑翻译布尔表达式

$$a<b \text{ or } c<d \text{ and } e<f$$

解：图 4-16 是利用表 4-22 中的翻译模式得到的 a<b or c<d and e<f 带注释的语法分析树，其中，E.t 和 E.f 分别为 E.turelist 和 E.falselist 的缩写，M.q 为 M.quad 的缩写。

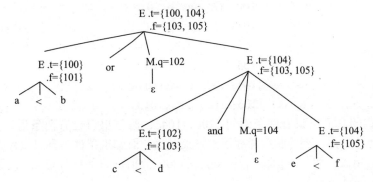

图 4-16　例 4.25 中表达式 a < b or c < d and e < f 的带注释的分析树

因为所有的语义动作均出现在产生式右端的尾部，所以可以在自下而上的语法分析中随着对产生式的归约来完成它们。

1）首先，在利用产生式 (5) 将 a < b 归约成 E 的时候，产生如下四元式（假定语句开始标号是 100）：

$$100: (j<, a, b, 0)$$
$$101: (j, -, -, 0)$$

与此同时，为标号 100 构造第 1 个链表，链首存入 E.truelist；为标号 101 构造第 2 个链表，链首存入 E.falselist。用标号表示四元式，上面的链表分别是 {100} 和 {101}。

2）扫描完 " or " 之后，用产生式 M → ε 进行归约，执行语义动作 {M.quad:= nextquad}，在 M.quad 中记录下一条四元式的地址 nextquad，此时是 M.quad=102。

3）再用产生式 (5) 将 c < d 归约成 E 的时候，产生如下四元式：

$$102: (j<, c, d, 0)$$
$$103: (j, -, -, 0)$$

相应地，E.truelist={102}，E.falselist={103}。

4）扫描到 " and " 之后，在 M.quad 中记录下一条四元式的地址 nextquad，此时是 M.quad=104。

5）再用产生式 (5) 将 e < f 归约成 E 的时候，产生如下代码：

$$104: (j<, e, f, 0)$$
$$105: (j, -, -, 0)$$

相应地，E.truelist={104}，E.falselist={105}。

6）现在利用产生式 E → E_1 and M E_2 进行归约，开始执行 E_1 and M E_2 后面的语义动作。

首先是回填 backpatch({102}, 104)，其中，链表 {102} 是 E_1 的真值链表。回填后得到

$$102: (j<, \ c, \ d, \ 104)$$

然后再执行链表合并 merge({103}, {105}) = {103, 105}，即为 E_1 or M E_2 中 E_2 的 falselist，同时得 E_1 or M E_2 中 E_2 的 truelist 是 {104}。

7）最后，执行 E_1 or M E_2 后面的语义动作。首先是回填 backpatch({101}, 102)，其中链表 {101} 是 E_1 的假值链表。回填后得到

$$101: (j, \ -, \ -, \ 102)$$

然后再执行链表合并 merge({100}, {104}) = {100, 104}，即为整个布尔表达式的真值出口链，同时得到整个布尔表达式的假值出口链 falselist{103, 105}。

到此，翻译布尔表达式 a<b or c<d and e<f 得到下列三地址代码：

$$100: (j<, \ a, \ b, \ 0)$$
$$101: (j, \ -, \ -, \ 102)$$
$$102: (j<, \ c, \ d, \ 104)$$
$$103: (j, \ -, \ -, \ 0)$$
$$104: (j<, \ e, \ f, \ 0)$$
$$105: (j, \ -, \ -, \ 0)$$

整个表达式的真值出口有两条语句 {100, 104}，假值出口也有两条语句 {103, 105}。这四条语句的转移目标需要等到编译程序翻译控制语句时知道条件为真时做什么、条件为假时做什么，才能填入。假如真值出口的标号是 300，假值出口的标号是 400，那么回填之后的代码就是：

$$100: (j<, \ a, \ b, \ 300)$$
$$101: (j, \ -, \ -, \ 102)$$
$$102: (j<, \ c, \ d, \ 104)$$
$$103: (j, \ -, \ -, \ 400)$$
$$104: (j<, \ e, \ f, \ 300)$$
$$105: (j, \ -, \ -, \ 400)$$

2. 控制流语句的翻译

接下来考虑控制语句的翻译，本节中所涉及的控制语句由下列产生式所定义：

$$S \rightarrow \text{if E then } S_1$$
$$| \ \text{if E then } S_1 \text{ else } S_2$$
$$| \ \text{while E do } S_1$$

其中 E 为布尔表达式。与布尔表达式的翻译方式类似，对控制结构也有两种翻译方式，即多趟扫描的翻译方式和一遍扫描的翻译方式。假定在翻译过程中可以用符号标号来标识一条三地址语句，并且每调用函数 newlable 后都返回一个新的符号标号。

首先考虑需要多趟扫描的翻译方式。图 4-17 给出了这些控制语句的三地址代码结构。表 4-23 给出了翻译控制流语句的语法制导定义，该语法制导定义为布尔表达式 E 设计了两个继承属性 E.true 和 E.false，它们分别表示 E 值为真时应执行的第一条语句的标号和 E 值为假时应执行的第一条语句的标号；还为 E 设计了一个综合属性 E.code，其表示计算 E 值的三地址代码。为非终结符 S 分别设计了一个综合属性 S.code 表示语句 S 的三地址代码；一个综合属性 S.begin 表示语句 S 的第一条三地址语句的标号。因为翻译控制流语句 S 的语义规则允许控制从 S 的代码 S.code 之内转移到紧跟 S.code 之后的那一条三地址语句，但是有时紧跟 S.code 之后的指令是一条转移到标号为 L 的语句的无条件转移语句，通过为非终结符 S 设计一个继

承属性 S.next 可以避免这种连续转移的情况发生，而从 S.code 之内直接转移到标号为 L 的语句。S.next 值是一个语句标号，它指出 S 的代码执行之后将被执行的第一条三地址语句。

在翻译语句 S → if E then S_1 时，通过建立一个新的标号 E.true，用来标识 S_1 的代码的第一条语句，如图 4-17a 所示。表 4-23 给出的语法制导定义中，若 E 的值为真则转移到 E.true，若 E 的值为假则转移到 S.next，因此，设置 E.false 为 S.next。

类似地，在翻译语句 S → if E then S_1 else S_2 时，若 E 的值为真则转移到 S_1 的代码的第一条语句，若 E 的值为假则转移到 S_2 的代码的第一条语句，如图 4-17b 所示。与 if-then 语句一样，继承属性 S.next 给出了执行 S 的代码之后将被执行的三地址语句的标号。在 S_1 的代码之后，有一条明显的转移语句：goto S.next，但 S_2 后面没有。还要考虑从 S_1.code 和 S_2.code 转移出来的出口，故设置 S_1.next 和 S_2.next 分别为 S.next。

在图 4-17c 的语句 S → while E do S_1 的代码结构中，由于要反复执行条件 E，就需要为整个语句设置一个开始标号 S.begin，它表示 E 的代码中第一条语句的标号。另一个标号 E.true 用来标识 S_1 的代码的第一条语句。在 E 的代码中有两条转移指令：当 E 为真时转移到 E.true，开始执行循环体内的语句；当 E 为假时转移到整个语句之后的语句 S.next，因此设置 E.false 等于 S.next。在 S_1 的代码之后，放上语句 goto S.begin，用来使控制转移到此布尔表达式的代码的开始位置。设置 S_1.next 为标号 S.begin，表明控制不能从循环体内跳转出来，而只能出现在条件表达式处。

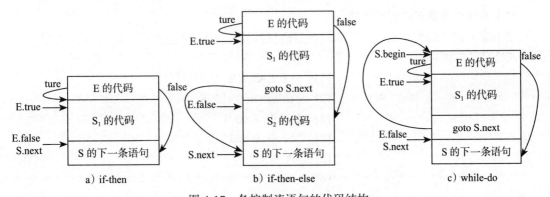

图 4-17　各控制流语句的代码结构

表 4-23　控制流语句的语法制导定义

(1) S → if E then S_1	E.true:=newlable;
	E.false:=S.next;
	S_1.next:=S.next;
	S.code:=E.code || gen(E.true':') || S_1.code
(2) S → if E then S_1 else S_2	E.true:=newlable;
	E.flase:=newlable;
	S_1.next:=S.next;
	S_2.next:=S.next;
	S.code:=E.code || gen(E.true':') || S_1.code|| gen('goto' S.next)
	|| gen(E.false':') || S_2.code
(3) S → while E do S_1	S.begin:=newlable;
	S_1.next:=S.begin;
	E.true:=newlable;
	E.false:=S.next;
	S.code:=gen(S.begin':') || E.code || gen(E.true':') || S_1.code
	|| gen('goto' S.begin)

例 4.27　考虑下面的代码：

```
while a<b do
  if c<d then x:=y+z
    else x:=y−z
```

设整个语句的出口标号是 Lnext，按照表 4-23 所示的语法制导定义和赋值语句的翻译模式可将它们翻译成如下的三地址代码：

$$
\begin{aligned}
&L_1: \text{if a<b goto } L_2 \\
&\quad \text{goto Lnext} \\
&L_2: \text{if c<d goto } L_3 \\
&\quad \text{goto } L_4 \\
&L_3: t_1:=y+z \\
&\quad x:=t_1 \\
&\quad \text{goto } L_1 \\
&L_4: t_2:=y-z \\
&\quad x:=t_2 \\
&\quad \text{goto } L_1 \\
&\text{Lnext:}
\end{aligned}
$$

利用回填技术翻译控制流语句

接下来，讨论如何使用回填技术，在一遍扫描的过程中实现控制语句的翻译。考虑下列产生式所定义的语句：

(1)S → if E then S

(2) 　| if E then S else S

(3) 　| while E do S

(4) 　| begin L end

(5) 　| A

(6)L → L;S

(7) 　| S

其中，S 表示一个语句，L 表示语句序列，A 为赋值语句，E 为一个布尔表达式。这里给出的文法只是为了说明控制语句的翻译技术，前面讨论过的赋值语句和布尔表达式没有列出来。

为了能够在一遍扫描的过程中进行翻译，需要对上面的文法做些变换，以便消除嵌入在文法中的语义动作，得到如下文法：

(1)S → if E then M S_1

(2)S → if E then M_1 S_1 N else M_2 S_2

(3)S → while M_1 E do M_2 S_1

(4)S → begin L end

(5)S → A

(6)L → L_1; M S

(7)L → S

(8)M → ε

(9)N → ε

　　该文法中引入 M 的目的是为了记录下一条即将产生的四元式的标号；引入 N 的目的是为了产生一条无条件转移语句，以跳过 else 分支代码。

　　为表示语句的 S 和表示语句序列的 L 分别设计综合属性 nextlist，S.nextlist 指向的链表中记录着所有将控制流转移到紧跟语句 S 之后要执行的语句的转移语句的标号。L.nextlist 的含义与此类似。其余属性以及变量 nextquad 和函数 bachpatch、merge、makelist、emit 含义均与表 4-22 中的翻译模式相同。表 4-24 给出了如何利用回填技术在一遍扫描过程中实现控制流语句翻译的翻译模式。

表 4-24　一遍扫描翻译控制流语句翻译模式

(1) $S \rightarrow$ if E then M S_1	{ backpatch(E.truelist，M.quad)；
(2) $S \rightarrow$ if E then M_1 S_1 N else M_2 S_2	S.nextlist:=merge(E.falselist，S_1.nextlist) }
	{ backpatch(E.truelist，M_1.quad)；
	backpatch(E.falselist，M_2.quad)；
	S.nextlist:=merge(S_1.nextlist，N.nextlist，S_2.nextlist) }
(3) $S \rightarrow$ while M_1 E do M_2 S_1	{ backpatch(S_1.nextlist，M_1.quad)；
	backpatch(E.truelist，M_2.quad)；
	S.nextlist:=E.falselist
	emit('j，$-$，$-$，' M_1.quad) }
(4) $S \rightarrow$ begin L end	{ S.nextlist:=L.nextlist }
(5) $S \rightarrow$ A	{ S.nextlist:=makelist( ) }
(6) $L \rightarrow L_1$；M S	{ backpatch(L_1.nextlist，M.quad)；
	L.nextlist:=S.nextlist }
(7) $L \rightarrow$ S	{ L.nextlist:=S.nextlist }
(8) $M \rightarrow \varepsilon$	{ M.quad:=nextquad }
(9) $N \rightarrow \varepsilon$	{ N.nextlist:=makelist(nextquad)；
	emit('j，$-$，$-$，$-$') }

　　考虑产生式（1），由图 4-17a 中 if-then 的代码结构可知，如果布尔表达式 E 的值为真，则要跳到 S_1 的开始位置，M 所对应的产生式（8）的语义动作就是为了记录该位置，以便在利用产生式（1）进行归约时进行回填。而链表 E.truelist 中所有转移语句需要回填的目标标号为 M.quad，即 S_1 的代码的开始位置。

　　考虑产生式（2），由图 4-17b 中 if-then-else 的代码结构可知，当执行完 S_1 的代码之后须增加一条无条件转移语句以跳过 S_2 的代码。采用非终结符 N 的目的即为生成这条转移语句，见产生式（9），N 具有属性 N.nextlist，其值为一个链表，该链表中含有一个由 N 的语义动作产生的转移语句的标号。继续考虑产生式（2）的语义动作，像 if-then 结构一样，需要记住 S_1 的代码和 S_2 的代码的开始位置，以便进行回填，这些位置同样由 M 所对应的产生式（8）的语义动作来获得。链表 E.truelist 中所有转移语句需要回填的目标标号为 M_1.quad，即 S_1 的代码的起始地址；链表 E.falselist 中所有转移语句需要回填的目标标号为 M_2.quad，即 S_2 的代码的起始地址。链表 S.nextlist 中记录的转移语句包括跳出 S_1、S_2 的转移语句和由 N 的语义动作生成的转移语句。

　　考虑产生式（3）及相应的语义动作。由图 4-17c 中 while-do 的代码结构可知，若 E 为真，则执行循环体语句 S_1 的代码，当 S_1 的代码执行完之后，控制流转向 E 的代码的开始位置，重新测试循环条件，因此，需要记住 E 的代码的开始位置和 S_1 的代码的开始位置，以便进行回填，这些位置同样是由 M 所对应的产生式（8）的语义动作得到。当把 while

M_1 E do M_2 S_1 归约为 S 时，除了须用目标标号 M_1.quad（也即 E 的代码的开始位置）回填 S_1.nextlist 中所有的转移语句，用目标标号为 M_2.quad（也即 S_1 的代码的开始位置）回填表 E.truelist 中所有转移语句，还需要在 S_1 的代码之后增加一条无条件转移语句，以便转移到 E 的代码的开始位置。

考虑产生式（6）的语义动作，按执行顺序，在 L_1 之后的语句应是 S 的开始处，于是应用标号 M.quad（即 S 的代码的开始位置）回填表 L_1.nextlist 中记录的转移语句。

需要注意的是，在上述翻译模式中除了 while 语句和符号 N 产生式的语义动作产生新代码以外，均未生成新的四元式，所有其他代码将由与赋值语句和表达式相关的语义动作产生。

例 4.28　根据表 4-24 所示的翻译模式重新把下面的语句翻译为三地址代码

while a<b do
if c<d then x:=y+z
else x:=y-z

解：图 4-18 是利用表 4-24 中的翻译模式和赋值语句的翻译模式得到的上述代码的带注释的语法分析树，其中，E.t、E.f、S.n 和 N.n 分别为 E.turelist、E.falselist、S.nextlist 和 N.nextlist 的缩写，M.q 为 M.quad 的缩写，E.p 为 E.place 的缩写。

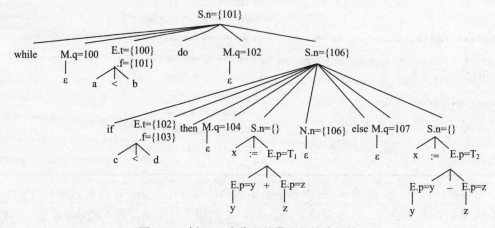

图 4-18　例 4.28 中代码的带注释的分析树

因为所有的语义动作均出现在产生式右端的尾部，所以可以在自下而上进行语法分析的同时进行语义的计算。设整个 while 语句的开始标号是 100。下面详细地说明代码产生的过程。

1）当分析到 a<b 的时候，产生了两条代码：

100：(j<, a, b, 0)
101：(j, −, −, 0)

此时的代码标号 nextquad 为 102，即为 S → while M_1 E do M_2 S_1 中 M_2.quad 的值。

2）分析 if-then-else 语句中的条件 c<d 产生了两条语句：

102：(j<, c, d, 0)
103：(j, −, −, 0)

此时的代码标号 nextquad 为 104，即为 S → if E then M_1 S_1 N else M_2 S_2 中 M_1.quad 的值。

3）然后，分析 then 部分的语句序列。对于其中的赋值语句 x:=y+z 产生了两条代码：

104：(+, y, z, t_1)

$$105: (:=, t_1, -, x)$$

接下来将赋值语句归约为 S，并执行语义动作 { S.nextlist:=makelist( ) }，生成一个空的回填链。

4）下面开始分析 else 部分，之前构造一个包含当前标号 nextquad（为 106）的链表，表头存入为 N.nextlist，并且产生一条无条件转移代码：

$$106: (j, -, -, 0)$$

将 nextquad 加 1，就是 $S \rightarrow$ if E then M_1 S_1 N else M_2 S_2 中 M_2.quad 的值。在分析 else 部分的时候产生代码：

$$107: (-, y, z, t_2)$$
$$108: (:=, t_2, -, x)$$

然后将赋值语句归约为 S，并执行语义动作 { S.nextlist:=makelist( ) }，得到 S.nextlist={}。

5）接下来开始回填 $S \rightarrow$ if E then M_1 S_1 N else M_2 S_2 中 E 的真值和假值链表得到：

$$102: (j<, c, d, 104)$$
$$103: (j, -, -, 107)$$

接着合并 S_1.nextlist、N.nextlist 以及 S_2.nextlist 链表，得到 {106}，并存入 S.nextlist 中。

6）执行 while 语句对应的动作，把标号 100 填入标号为 106 的四元式，得到

$$106: (j, -, -, 100)$$

把标号 102 填入标号为 100 的四元式，得到

$$100: (j<, a, b, 102)$$

与此同时，再产生一个转移指令

$$109: (j, -, -, 100)$$

在将来某个时候需要回填的四元式的链表的表头存在 S.nextlist 中，只有一个四元式 101。

到此，翻译该代码得到下列三地址代码：

$$100: (j<, a, b, 102)$$
$$101: (j, -, -, 0)$$
$$102: (j<, c, d, 104)$$
$$103: (j, -, -, 107)$$
$$104: (+, y, z, t_1)$$
$$105: (:=, t_1, -, x)$$
$$106: (j, -, -, 100)$$
$$107: (-, y, z, t_2)$$
$$108: (:=, t_2, -, x)$$
$$109: (j, -, -, 100)$$
$$110$$

3. goto 语句的翻译

尽管 goto 语句的使用受到了很多计算机语言学家的反对，但是，由于借助于它便于实现对程序的灵活性控制，很多程序设计语言中都保留了 goto 语句和语句标号。goto 语句的形式是 goto L，带标号语句的形式是 "L: S"，其中 L 是语句标号。

编译程序在识别出转移语句 goto L 时，在符号表中对 L 进行查找：

1）若没有找到，则表明 goto L 是一个向前转移的语句，此时，goto L 中的 L 是首次出现，将 L 插入符号表中，标志为"未定义标号"，为 goto 语句生成无目标地址的四元式（j，-，-，-），并将该四元式的地址记入符号表中 L 的地址域中，以待 L 定值后回填。

2）若找到 L 的表项，但 L 标志为"未定义标号"，则说明前面已出现过 goto L 这样的语句，此时，为该转移语句生成无目标地址的四元式（j，-，-，-），并将这些四元式插入以标号 L 为目标的待回填语句链表中，该链表的头指针记录在符号表中 L 表项的地址域中，待 L 定值后再进行回填，如图 4-19 所示。

3）若找到 L 的表项，并且 L 是"已定义的标号"，表明 goto L 是一个向后转移的语句，为 goto 语句生成以 L 标识的四元式的地址 p 作为目标地址的四元式（j，-，-，p）。

当编译程序识别出源语句 L: S 中的标号 L 时，根据 L 查找符号表：

1）若没找到，则表明为首次出现，将 L 插入符号表中，并标志为"已定义标号"，将 S 的第一条三地址语句的地址 p 记入 L 的地址域中，如图 4-20 所示。

2）若找到 L 的表项，但 L 标志为"未定义标号"，则改为"已定义标号"，并用 S 的第一条三地址语句的地址回填 L 的地址域中记录的待回填语句链表中的所有四元式。

3）若找到 L 的表项，但 L 标志为"已定义标号"，则表示 L 出现了重复定义的错误。

名字	类型	定义标志	地址
L	标号	未定义	p

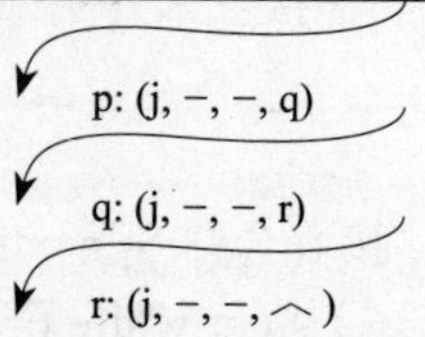

p: (j, -, -, q)

q: (j, -, -, r)

r: (j, -, -, ⌒)

图 4-19 未定义标号的引用链

名字	类型	定义标志	地址
L	标号	已定义	p

图 4-20 语句标号符号表的示意图

4. 开关语句的翻译

多数程序设计语言都有开关语句或者分支语句，只是不同的语言其具体形式可能有所不同，假定所讨论的开关语句具有如下形式：

```
switch  E
begin
    case  C₁:  S₁
    case  C₂:  S₂
    …
    case  Cₙ₋₁:  Sₙ₋₁
    default:  Sₙ
end
```

其中表达式 E 称为选择表达式，通常为整型表达式或者字符型变量；每个 C_i 的值为常量，它们是表达式 E 可能取的值，此外还可以包含一个缺省值 default，即如果前面没有值与表达式匹配，则该缺省值总能匹配；S_i 为语句。该开关语句的语义为：

1）对选择表达式 E 求值。

2）在 C_1，…，C_{n-1} 中找出与 E 值匹配的值 C_i，若找不到，则让缺省值 default 与之匹配。

3）执行与找到的 C_i 或者 default 相联系的语句 S_i。

开关语句有种种不同的实现方式。如果分支数目不是很多，比如小于 10 个，那么可以将开关语句直接翻译成一连串的条件转移语句，代码结构如下：

```
        t := E.code
L₁: if t ≠ C₁ goto L₂
```

S_1.code

　　goto next

L_2: if t $\neq$ C_2 goto L_3

　　S_2.code

　　goto next

　　...

L_{n-1}: if t $\neq$ C_{n-1} goto L_n

　　S_{n-1}.code

　　goto next

L_n: S_n.code;

next:

这种方法的缺点是，由于分支测试的代码分散在各处，因此很难对它们进行优化处理。为便于代码生成器识别这种多路分支的结构，可以把条件测试语句集中在执行语句的后面，这样就得到如下中间代码结构，这种结构便于语法制导实现，也便于产生高质量的代码。

　　t := E.code

　　goto test

L_1: S_1.code

　　goto next

L_2: S_2.code

　　goto next

　　...

L_{n-1}: S_{n-1}.code

　　 goto next

L_n: S_n.code

　　goto next

test: if t = C_1 goto L_1

　　if t = C_2 goto L_2

　　...

　　if t = C_{n-1} goto L_{n-1}

　　goto L_n

next:

产生上述中间代码的过程如下：

1）当识别到关键字 switch 时，生成两个标号 test 和 next，并建立一个临时变量 t。

2）当识别到表达式 E 时，生成对 E 求值的代码，并把计算结果存入临时变量 t 中。

3）处理完 E 之后，产生无条件转移语句：goto test。

4）设置一个空队列 queue。

5）每当分析到 C_i 时，产生一个新的标号 L_i，并把它与下一条将要产生的三地址语句的标号 nextquad 存入符号表，然后，把（C_i，P_i）排在 queue 的末端，其中，P_i 是 L_i 在符号表中的位置（注意，这个 queue 属于现行开关语句，对于具有嵌套结构的开关语句，不同层次的开关语句要建立不同的 queue）。

6）每当分析到语句 S_i 时，生成语句 S_i 的代码，并以新建的标号 L_i 标识它的第一条三地址语句，之后，产生一条无条件转移语句：goto next。

7）重复上述过程 5 ～ 6，直到遇到关键字 default 或 end，如果遇到 default 转移到步骤 8，否则，转移到步骤 9。

8）当识别出关键字 default 后，产生一个新的标号 L_n，并将它连同 nextquad 存入符号表，然后将（t，P_n）排在 queue 的末端，其中，P_n 是 L_n 在符号表中的位置。

9）当分析到关键字 end 时，以标号"test"标识第一条测试语句，从 queue 中逐项读出 $(C_i，P_i)$ 并生成语句：if t = C_i goto L_i，如果读出的是（t，P_n），则产生一条无条件转移语句：goto L_n。

4.3.4 过程调用语句的翻译

过程是程序语言中常用的结构，本小节将讨论如何生成过程调用和返回的中间代码。这里把函数看作具有返回值的过程。下面是所讨论的产生过程调用的文法：

$$S \rightarrow call\ id(Elist)$$
$$Elist \rightarrow Elist，E$$
$$Elist \rightarrow E$$

过程调用的实质是把程序控制转移到被调用的过程。过程调用的实现包括存储空间的组织、参数的传递、过程调用序列和返回序列等。过程调用的翻译与这些具体的实现密切关联，比如说，不同的参数传递机制就要求翻译的代码有不同的寻找实参的方式。为了简单起见，只讨论最简单、最常用的参数传递机制：传地址。若实参是一个变量或数组，就把地址直接传递给被调用的过程。若参数是其他表达式或常量，如 i*b 和 5，则首先需要计算表达式，把值存入某个临时变量单元 t，然后再传递 t 的地址。所有实参的地址都放在被调用过程可以访问的地方，当通过转子指令进入过程后，调用序列把这些地址存入被调用过程的活动记录中相应的形式单元内。这样，过程中任何对形参的引用都是对形式单元的间接访问。

传递实际参数地址的一个简单办法是把实参的地址逐一放在转子指令的前面。

例 4.29 过程调用 call Q(A+B，Z) 将被翻译成：

计算 A+B 置于 T 中的代码　/* 即生成四元式：(+，A，B，T)*/

       par T　　　　　　　/* 第一个实参地址 */

       par Z　　　　　　　/* 第二个实参地址 */

       call Q　　　　　　　/* 转子指令 */

这样，在目标代码执行过程中，当通过执行转子指令 call Q 而进入过程 Q 之后，Q 就可根据返回地址（假定为 K，它是 call Q 后面的那条指令地址）寻找到存放实际参数地址的单元（在此分别为 K-3 对应着 T 和 K-2 对应着 Z）。

为了在处理实参的过程中记住每个实参的地址，以便把它们放在转子指令之前，为 Elist 设置一个数据结构为队列的属性 queue，存放每个实参的地址。产生式 S → call id(Elist) 的语义动作是：对队列 queue 中的每一项生成一条 param 语句，并让这些语句紧跟在对参数表达式求值的那些语句之后。而对参数表达式求值的语句已经在它们归约为 E 时产生。

上述思想可用表 4-25 所示的翻译模式来描述。依据表 4-25 所示的翻译模式，最终所生成的 S 的代码中包括：首先对各实参求值的代码，其次是顺序为每一个参数生成一条 param 语句，最后是一条 call 语句，即对过程调用 id(E_1，E_2，…，E_m) 翻译后所得到的三地址代码结构如下：

$$E_1.place := E_1.code$$
$$E_2.place := E_2.code$$
$$...$$
$$E_m.place := E_m.code$$

$$param\ E_1.place$$
$$param\ E_2.place$$
$$...$$
$$param\ E_m.place$$
$$call\ id.place$$

表 4-25　过程调用语言的翻译模式

(1) S → call id(Elist)	{ for (Elist.queue 中的每一项 p)
	emit ('param', p);
	emit ('call', id.place，m); }
(2) Elist → Elist₁，E	{ 把 E.place 加在 Elist₁.queue 末尾;
	Elist.queue := Elist₁.queue }
(3) Elist → E	{ 建立一个只包含 E.place 的队列 Elist.queue }

4.4 本章小结

语义分析与中间代码生成阶段的任务是将经过语法分析和类型检查而获得的源程序的中间表示翻译成中间代码表示。

本章首先介绍了两种常见的程序语言语义描述工具，即语法制导定义和语法制导翻译模式，讨论了如何借助这两种工具采用语法制导翻译方法对语法成分进行翻译，着重介绍了常用的属性计算方法，包括基于依赖图的属性计算方法、基于树遍历的属性计算方法、基于一遍扫描的属性计算方法。

接下来，介绍了编译程序所使用中间代码的几种常见的表示形式：逆波兰式、图表示（包括抽象语法树和DAG）、三地址代码（包括四元式、三元式、间接三元式）。

最后，重点讨论了各种常见语句的翻译，包括说明语句的翻译、赋值语句的翻译、控制语句的翻译和过程调用语句的翻译。说明语句的翻译工作是将名字的类型、相对地址等相关信息填写到符号表中，本章相继讨论了过程中的说明语句、过程的说明和记录的说明的翻译。赋值语句的翻译工作是将赋值号右部表达式的值赋给左部变量，本章分别介绍了仅涉及简单变量赋值语句的翻译和涉及数组元素的赋值语句的翻译，而对于后者的翻译又分别给出了含有继承属性的涉及数组元素的赋值语句的翻译模式和只含有综合属性的涉及数组元素的赋值语句的翻译模式。至于控制语句的翻译，主要讨论了与布尔表达式的计算密切关联的基本控制结构的翻译。首先依据布尔表达式的两种表示方法分别介绍其数值翻译方法和作为控制条件的翻译方法，在后者的介绍当中又讨论了如何利用回填技术基于一遍扫描来实现布尔表达式的翻译。对于控制结构也分别介绍了两种翻译方式，即多趟扫描的翻译方式和一遍扫描的翻译方式。此外，还介绍了过程调用语句的翻译。

习题

1. 按照表 4-1 所示的语法制导定义，构造表达式 (2*3+1)*4 的带注释的语法分析树。

2. 已知有生成变量的类型说明的文法 G(D)：

$$D → id\ L$$
$$L →，id\ L\ |\ :T$$
$$T → integer\ |\ real$$

试构造一个仅使用综合属性的翻译模式，其把每个标识符的类型存入符号表（对所用到的过程仅说明功能即可，不必具体写出），参考例 4.2。

3. 已知有产生二进制数的文法 G(S)：

$$S \rightarrow L.L \mid L$$
$$L \rightarrow LB \mid B$$
$$B \rightarrow 0 \mid 1$$

令综合属性 val 表示二进制数的十进制值，试设计求 S.val 的属性文法，其中，已知 B 的综合属性 c 给出 B 的二进制位。例如，输入 101.101 时，S.val=5.625，其中第一个二进制位的值是 4，第三个二进制位的值是 1，第四个二进制位的值是 0.5，最后一个二进制位的值是 0.125。

4. 已知有如下文法 G(E)：

$$E \rightarrow E+T \mid T$$
$$T \rightarrow num.num \mid num$$

该文法对整型常数和实型常数进行加法运算，当两个整型数相加时，结果仍为整型数，否则，结果为实型数。

（1）试给出确定每个子表达式结果类型的语法制导定义。

（2）扩充上面的语法制导定义，使之把表达式翻译成后缀形式，同时也能确定结果的类型。应该注意使用一元运算符 inttoreal 把整型数转换成实型数，以便使后缀形如加法运算符的两个操作数具有相同的类型。

5. 对于表达式 c−(2+b)：

（1）按照表 4-4 中的 S− 属性文法建立抽象语法树。

（2）按照表 4-5 中的翻译模式建立抽象语法树。

6. 考虑表 4-26 中所定义的语法制导定义：

（1）画出字符串 abc 的语法分析树，并给出其相应的依赖图。

（2）根据上面所求的依赖图，写出一个有效的语义规则计算顺序。

（3）假设分析 abc 之前 S.u 的初值为 5，则翻译完成时 S.v 的值是多少？

（4）将表 4-26 中所示的语法制导定义修改为表 4-27 中所示的语法制导定义。若分析开始时，S.u 的初值仍为 5，则翻译完成时 S.v 的值是多少？

表 4-26 语法制导定义

产生式	语义规则
S → ABC	B.u: = S.u
	A .u: = B.v + C.v
	S.v: = A .v
A → a	A.v: = 3 * A.u
B → b	B.v: = B.u
C → c	C.v: = 2

表 4-27 语法制导定义

产生式	语义规则
S → ABC	B.u: = S.u
	C.u: = A.v
	A .u: = B.v + C.v
	S.v: = A .v
A → a	A.v: = 3 * A.u
B → b	B.v: = B.u
C → c	C.v: = C.u − 2

7. 给出下面表达式的逆波兰表示（后缀式）。

a*(−b+c)

a+b*(c+d/e)

−a+b*(−c+d)

A (C or not D)

(A and B) or (not C or D)

(A or B) and (C or not D and E)

if (x+y)*z =0 then (a+b) ↑ c else a ↑ b ↑ c

8. 请将表达式 –(a+b)*(c+d)–(a+b+c) 分别表示成三元式、间接三元式和四元式序列。

9. 利用表 4-15 所示的翻译模式将下面的赋值语句翻译成四元式序列，并给出语法制导的翻译过程。

$$X:=A*(B+C)+D$$

10. 分别利用表 4-17 和表 4-19 中所示的翻译模式把下面的赋值语句翻译成三地址代码，并给出语法制导的翻译过程。

$$A[i, j]:=B[i, j] + C[A[k, l]] + d[i+j]$$

11. 分别利用表 4-21 所示的语法制导定义和表 4-22 所示的翻译模式将下面的布尔表达式翻译成四元式序列，并给出语法制导的翻译过程。

$$A \text{ and } (B \text{ or } (C \text{ or } D \text{ and } F))$$

12. 利用 4.3 节中所给出的翻译模式将下面的语句翻译成四元式序列，并给出语法制导的翻译过程。

$$\text{while } (A < C \wedge B > 0) \text{ do}$$
$$\text{if } A = 1 \text{ then } C := C + 1$$
$$\text{else while } A <= D \text{ do } A := A + 2$$

13. 给定如下的文法及相应的翻译模式：

$$S \to bTc \quad \{\text{print}(\text{"0"})\}$$
$$S \to a \quad \{\text{print}(\text{"1"})\}$$
$$T \to R \quad \{\text{print}(\text{"2"})\}$$
$$R \to R/S \quad \{\text{print}(\text{"3"})\}$$
$$R \to S \quad \{\text{print}(\text{"4"})\}$$

　　试求输入 bR/bTc/bSc/a 经该翻译模式翻译后，打印出的字符串是什么？

14. 已知计算向量点积的源程序序如下：

```
prod:=0;
    i:=1;
    while (i<=20)
{
    prod:=prod+a[i]*b[i];
    i:=i+1
}
```

　　　　试按语法制导翻译法将上述源程序翻译成四元式序列（设 a 是数组 a 的起始地址，b 是数组 b 的起始地址；机器按字节编址，每个数组元素占 4 字节）。

15. C 语言中 for 语句的一般形式为

```
for (E₁; E₂; E₃) S
```

其意义如下：

```
E₁;
while(E₂) do
begin
    S;
    E₃;
end
```

　　试分别构造一个语法制导定义和翻译模式，将 C 语言的 for 语句翻译成三地址代码。

Chapter

第5章 符号表

在编译的各个阶段，编译器需要不断收集、记录和查阅出现在源程序中的各种名字的类型和特征等相关信息。为方便起见，编译器通常建立一系列的表格来保存这些信息，如常数表、变量名表、数组内情向量表、过程或子程序名表以及标号表等，这些表格统称为符号表或名字表。本章主要介绍符号表的作用、内容、组织和实现等。

5.1 符号表的作用

在编译器中符号表用来存放源程序中出现的标识符及其相关信息，符号表中所登记的内容在编译的各个阶段都要用到。其功能归纳起来主要有以下几个方面：

1. 登记标识符的属性信息

编译器在工作过程中的适当时候将在符号表中填入各种信息。对于在词法分析阶段就建立符号表的编译程序，当词法分析器识别出一个单词符号（名字）时，就以此名字为关键字查找符号表；若表中无此名的入口，就将其填入符号表中；至于与该名字相关的其他信息，将分别在编译的其他阶段相继填入。比如，在分析源程序中的声明语句时，编译程序根据标识符的声明信息收集其相关的属性值，并将这些值存放于符合表中与该标识符所对应的项。每种语言规则定义了不同的符号属性，即使是同一个语言，不同的编译程序也可能会定义和收集不同属性的信息。现代编程语言中一般包括常数声明、变量声明、类型声明和过程/函数声明四类声明。对于每类声明，编译程序要收集、存储和应用的属性完全不同。

例 5.1 下面是关于 C 语言的变量声明：

```
short int a;
float B[5];
```

上述的声明语句将标识符 a 声明为短整数型，将标识符 B 声明为具有 5 个浮点类型元素的一维数组。编译程序对每个变量要记录它的类型，以便执行类型检查和分配存储空间，同时还要记录其在存储器中的位置（相对位移或绝对地址），以便目标程序运行时访问。

例 5.2　下面是计算阶乘 n! 的 C 语言的函数声明：

```
int factory ( int n)
{
    int t;
    if (n = = 0 | | n = = 1) t = 1;
    else t = n * factory (n - 1);
    return t;
}
```

对于函数 factory 要记录的属性包括：函数的名称，各种变量如参数、返回值、局部变量及其类型，同时还要记录函数的调用信息，以便在函数体执行完毕以后返回到调用点，特别是对这种允许递归调用的函数，要为每次调用保留上面提到的所有信息。

2. 查找符号的属性，检查符号上下文语义的合法性

符号表存放了源程序中标识符的各种类型的信息，比如种属、类型、存储地址等，在进行语法分析和语义分析等过程中会不断地查询这些信息。

例 5.3　对于例 5.1 中所声明的变量，如果源程序有赋值语句 a = a + B[1]，C 语言的编译器就需要查找该表达式中 a 和 B[1] 的类型和值，以便计算出表达式。

又如，如果源程序中出现了函数调用 factory(5)，则编译器就需要查找 factory 的声明，将实参 5 传递给形参 n，执行其函数体，并返回运算结果，等等。

同一个标识符可能在程序的不同地方出现，而有关该标识符的属性是在不同情况下收集的，因此，对于标识符的每一次出现都需要检查其属性信息在上下文中的一致性和合法性。通过查找符号表中记录的属性信息可以对上述情形进行检验。

例 5.4　在一个 C 语言程序中出现如下声明语句：

```
...
int a[5];
...
float a[4];
```

编译器在分析第一个定义说明 int a[5] 时，首先在符号表中为标识符 a 建立一个表项，其中记录 a 的属性是由 5 个整型元素组成的一维数组；而后在分析第二定义说明 float a[4] 时，编译器通过查找符号表，会发现 a 的二次定义冲突错误。

3. 作为目标代码生成阶段地址分配的依据

除了语言的关键字等外，每个标识符在目标代码生成时都需要确定其在存储器中的位置（主要是相对位置），该位置通常由源程序中标识符被声明的存储类型和对标识符进行声明的语句在程序中的位置来确定。

首先是要确定变量存储的区域。例如，在 C 语言中首先要确定变量是分配在公共区（extern）、文件静态区（extern static）、函数静态区（函数中 static），还是函数运行时的动态区（auto）等。其次，要根据标识符出现的顺序，决定标识符在某个存储区域中的具体位置，而有关区域的标志及其相对位置都是作为该标识符的语义信息存放在其符号表中的。

5.2　符号表的内容

由于不同符号所表达的含义不同，所以不同符号在符号表中需要存放的属性也就不同，例如，数组名字需要存放的属性信息应该包括数组的维数、各维的维长等，而函数（或过程）名应该存放其参数个数、各参数的类型、返回值的类型等。不同的程序设计语言所定义的符号属性不尽相同，但下列几种通常都是需要的。

1. 符号名

语言中的符号名通常用标识符来表示，而每个标识符是由若干个（非空）的字符组成的字符串。符号名既可以作为变量的名字、函数的名字，也可以作为类型的名字等。通常每个标识符是一个变量、函数或对象等的唯一标识，因此在符号表中符号名作为表项之间的唯一区别一般不允许重名。在这样的前提下，符号名就与其在符号表中的位置建立起了一一对应关系，从而可以用一个符号名在表中的位置来代替其本身。通常把一个标识符在符号表中的位置值称为该标识符的内部代码。在经过分析处理的源程序中，标识符不再是一个字符串而是一个表示内部码的整数值，这不但便于识别，而且也可以压缩存储和表达的长度。

2. 符号种属

符号的种属通常可划分为简单变量、数组、记录、过程等。可以依据符号种属的类别来组织符号表，一种方式是为属于同一个种属的标识符建立一张表，由于这些标识符具有相同的属性，因此可以对符号表安排类似的组织结构，进行同样的操作；另外一种方式是将所有种属的标识符统一安排在一张表中，然后根据符号的种属进行条件判断，对不同种属的特殊属性执行不同处理。

3. 符号类型

符号的类型又称为符号的数据类型，它是变量标识符的重要属性。符号的类型属性是从源程序中关于该符号的声明中得到。一个变量符号的数据类型不但决定了该变量的数据在存储器中的存储格式，还决定了可以对该变量所能进行的操作。符号类型可以划分为基本类型和复合类型。基本类型通常包括整型、实型、字符型、布尔型、逻辑型等；而复合类型是在基本类型的基础上定义得到，如数组、集合和记录。许多语言还允许程序员自己定义数据类型，这些类型的基本元素可以是基本类型，也可以是复合类型。

4. 存储类别

符号的存储类别决定了符号变量的作用域、生命周期等性质，它是编译过程中语义分析和存储分配的重要依据。大多数程序语言对变量的存储类别采用两种方式来定义。一种方式是用关键字指定，如 C 和 C++ 语言规定用 static 所定义的变量属于文件的静态存储变量或属于函数内部的静态存储变量，编译器在编译的时候会为这些变量分配存储空间，如果这些变量在定义时没有初始化，编译器还将为它们赋初值为 0。

另一种方式是根据对变量进行定义的声明语句在程序中的位置来决定。例如，C++ 规定在一个文件内定义的变量默认为程序的公共存储变量；而在函数体内默认存储类别关键字所定义的变量是内部变量，其是属于该函数体所独有的私有存储变量，通常是动态地为其分配存储空间。

5. 存储分配信息

编译程序根据符号的存储类别定义以及它们在程序中出现的位置和顺序来确定每一个符号应该分配的存储区域及其具体位置。通常情况下，编译程序为每个符号分配一个相对于某个基址的相对位移。有关源程序的存储组织和分配的问题将在后面章节中详细讨论。

6. 作用域

一个标识符作用域是指在程序中该标识符起作用的范围。一般来说，一个标识符声明的位置及存储类型的关键字就决定了该符号的作用域。比如，C 语言中外部变量的作用域是整个程序，因此一个外部变量符号的定义在整个程序中只能出现一次。5.5 节将对如何在符号表中记录标识符的作用域并实施各种操作进行更深入的讨论。

7. 其他属性

符号表中还可以记录下面重要信息。

（1）数组内情向量表

数组内情向量表是用来保存描述数组的诸如数组类型、维数、每个维的上下界、数组元素的首地址等信息，以便确定数组在存储器内占用的空间、访问数组元素、完成数组的翻译等。

（2）记录结构型的成员信息

一个记录结构型的变量包含若干成员，每个成员的数据类型可以彼此不同，因此，一个记录结构型变量在存储分配时所占空间的大小由其成员来确定，而且，对每个成员的访问还需要它所属成员排列次序的属性信息。

（3）函数或过程的形参

函数或过程的形参作为其局部变量，同时又是对外部调用的接口。每个函数或过程形参的个数、类型、排列顺序都体现了调用函数或过程时的属性，它们都应该反映在符号表中，以便在过程调用的时候进行参数传递，并且执行语义检查（如处理函数名的重载）。

5.3 符号表的组织

一张符号表由若干表项（或称入口）组成，每个表项包含两大栏（或称为区段、子域）：名字栏和信息栏，如图 5-1 所示。名字栏也称为主栏，用来存放名字（标识符），其内容又称为关键字。信息栏包含许多子栏和标志位，用来记录相应名字的各种属性，包括名字的种属（常数、变量、数组、标号等）、名字的类型（整型、实型、逻辑型、字符型等）、为此名字分配的存储单元地址及与此名字语义有关的其他信息等。

名字栏	信息栏（Information）			
（Name）	属性值 1	属性值 2	…	属性值 m
符号表表项（入口）1 …	…	…	…	…
符号表表项（入口）2 …	…	…	…	…
⋮	…	…	…	…
符号表表项（入口）n …	…	…	…	…

图 5-1 符号表的一般形式

符号表最简单的组织方式是让各项和各栏的长度都固定。对于通过这种方式得到的表格，源程序中定义的标识符及相关信息可直接填入其中。例如，标准 Fortran 语言规定每一标识符不得超过 6 个字符，因此我们就用 6 个字符的空间作为名字栏的长度，每个名字直接填写在名字栏中，如图 5-2 所示。针对名字栏而言，这种组织方式适合于对标识符的长度有限制，且长度变化范围不大的语言，每一项名字栏的大小可按标识符的最大允许长度来确定。但是对于那些标识符长度变化范围较大的语言（如 PL/1 语言中的标识符长度最大可为 31 个字符），这样的设定会导致存储空间的巨大浪费，而且标识符的最大允许长度越大，存储空间的浪费也就越大。再者，并不是所有高级语言都规定标识符的长度，如 Pascal 和 C 语言等。对于标识符长度变化范围较大的语言，按照上述方式组织符号表的结构是不合适的；对于标识符长度不加限制语言，

Name	Information
letter	…
digit	…
…	…
…	…

图 5-2 直接组织方式的符号表

上述方式也是不可行的，而名字长度可变的符号表又会使其上的操作复杂而低效。为了解决上述问题，可以采用间接方式来组织符号表。引入一个单独的字符串数组，将符号表中的全部标识符存放其中，而在符号表的名字栏中只需存放相应标识符的首字符在字符串数组中的位置即可，标识符的长度既可以放在符号表的名字项中（如图 5-3 所示），也可以放在字符串数组中（如图 5-4 所示），还可以通过字符串结束标志（如"\0"）来标记一个标识符的结束（如图 5-5 所示），这三者没有本质上的区别。

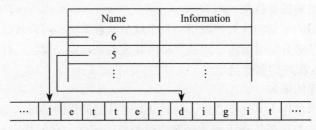

图 5-3   标识符长度放在符号表中

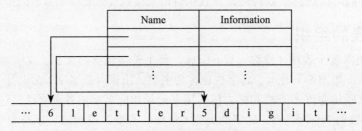

图 5-4   标识符长度放在字符串中

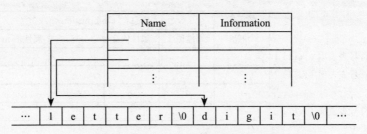

图 5-5   用"\0"表示标识符的结束

上述用间接方式安排名字栏的方法可以推广到属性域不相等的情形。我们可以把一些共同属性直接记录在符号表的信息栏，把某些特殊的属性记录在其他地方，并在符号表的信息栏中增设一个指针，指向这个存放特殊属性值的位置。例如，对于数组标识符，需要存储数组的维数、每维的上下界等信息，如果把这些信息同其他名字的全部信息存放在一张符号表中，由于每个数组的维数可能不同，所需的属性栏目数也会不同，这样对符号表的管理和操作就很不方便。为了处理方便起见，通常为每一个数组专门开辟一个称之为内情向量表的信息表区，用来存储数组的相关信息，同时在符号表的地址栏中存入指向数组向量表的指针。这样可以通过符号表访问数组的内情向量表来填写或查询其相关信息。对于可变记录、过程名以及其他一些含有较多信息的名字，都可类似地开辟专用信息表，用来存放那些不宜全部存放在符号表中的信息，而在符号表中保留与这些信息表相关联的地址信息。

例 5.5   图 5-6 示意了通过符号表访问内情向量表的组织结构，符号表有两个数组 array1 和 array2，它们分别有 n 维和 1 维。

最后需要说明的是，如果能合理组织符号表信息栏中各个子栏所存信息的内容，那么，在编译程序中只为各类名字设置一张共用的表格也是可行的。但是，在源程序中由于不同种属的名字起着不同的作用，因而其相应的所需记录的信息也往往差异较大。因此，通常根据名字的不同种属，在编译程序中分门别类地建立多种表格，如常数表、变量名表、数组名表、过程名表、标号表等，这样在表格的处理上就方便很多。

例 5.6　下面的函数：

```
int f(int a, int b)
{
int c;
if(a>b) c=1;
else c=0;
return c;
}
```

经编译前期处理后产生的主要表格有符号名表、常数表、函数入口名表等（如图 5-7 所示）。

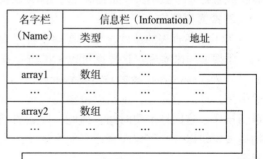

图 5-6　通过符号表访问数组的内情向量表

5.4　符号表的实现

对于编译程序所用的符号表来说，它所涉及的基本操作大致可以归纳为五类：

1）对于给定符号，查询此名字是否在符号表中。

2）对于给定符号，访问它在表中的有关信息。

3）对于给定符号，在符号表中更新它的某些信息。

4）在符号表中插入一个新的符号及其相关信息。

5）删除一个或一组无用的表项。

在源程序的整个编译过程中，符号表被

Name	Information
a	整型，变量，形参
b	整型，变量，形参
c	整型，变量

Value
1
0

a) 符号名表　　　　　b) 常数表

Name	Information
f	二目子程序，入口地址

c) 函数入口名表

图 5-7　按照标识符种属组织的各种符号表

频繁地操作和管理，其耗费的时间在整个编译过程中占有很大的比例。因此，合理地组织符号表并相应选择好的查表、填表方法是提高编译程序工作效率的有效办法。

对于不同的符号表，实现上述操作的效率完全不同，编译中的符号表的典型实现包括线性表、搜索树（二叉搜索树、B 树）以及散列表等。

1. 线性表结构

线性表是按照名字出现的先后顺序填写各个表项，可以用一个多维数组或多个一维数组来存放名字及其相关信息。线性表通常需要两个指针来方便管理和操作：一个指针指向该符号表的开始位置，另一个指针 Available 指向符号表的下一个可用位置。线性表很容易实现上述查填操作。当扫描到一个新名字时就按顺序将它填入表中，若需要查找某个名字的有关信息，则从表的第一项开始顺序查找，若一直查到 Available 还未找到这个名字，则说明该名字不在表中。对于有 N 个表项的符号表，查填操作的平均时间都是 N/2 左右（算法时间复杂性为 $\Theta(N)$）。由于线性表无须附加空间，比较节省存储。如果编译器对处理时间要求不高，或者符号个数不大（如关键字），符号表就可以采用线性表结构。

2. 搜索树结构

为了提高查表的速度，可以在构造符号表的同时，按照符号名的字典顺序把表项整理排列，用搜索树来实现。这样就可以采用折半查找的方式，加快搜索的速度。对于有 N 个表项的符号表，每次查找最多只需要做 logN 次比较。但是，由于符号表在编译过程中是边填写边引用，动态地建立、更新以及删除表项，这样每增加和删除一个表项都需要对符号表进行重新排序，这同样浪费时间。因此，搜索树结构不适用于构造符号表，除了需要额外的空间构造搜索树以外，整体而言，它们实现这三类操作效率不是最优，而且删除操作的实现过于复杂。

3. 散列方法

符号表处理的关键问题是如何保证查询与插入表项这两个基本操作都能高效地完成。线性表结构填表快，查询慢；搜索树结构查询快，填表慢。散列组织统一了查询与插入操作技术，相对来说具有较高的时空效率，为上述两种操作提供的时间基本上是常数。特别是散列表结构符合编译过程边填写边引用符号表的特性，是实现符号表的最佳数据结构，在实践中使用得最多。

在介绍散列方法之前，先引入几个相关的概念。

名字空间（也称标识符空间或关键字空间）K，是由程序中允许出现的所有变量名组成的集合。例如，在 Fortran 语言中名字空间是由所有长度不超过 6 的标识符组成的集合，而每一个标识符是由以字母开头由字母或数字组成的字符串。由于在编译器的具体实现中必须限定标识符的最大长度，故名字空间 K 总是有限的。

地址空间（也称表空间）A，是散列结构（散列表，或称哈希表、杂凑表）中记录的存储单元组成的集合 {1, 2, …, m}，空间利用率的重要衡量标准是负载因子，它被定义为表中记录数与记录的存储单元的个数之比。

散列方法是在名字空间和地址空间之间建立一个散列函数 hash（又称之为哈希函数或者杂凑函数），使每个关键码与散列结构中的唯一的存储位置相对应。在查找时，首先对表项的关键码用散列函数计算出对应的表项的存储位置，在散列表中按此位置取出表项进行比较，若关键码相等，则搜索成功。在填入表项时，依据同样函数计算存储位置，并按此位置存放表项。由于使用这种方法进行查找时不必多次比较关键码，因此查找速度比较快，可以到达逼近具有此关键码的表项的实际存放地址。

使用散列技术的关键问题是设计一个散列函数。假定编译程序为符号表提供了 N 个表项的存储空间，对散列函数的基本要求是：

1）计算简单、高效。

2）函数值能均匀地分布在 1 和 N 之间。

3）对不同的关键码都返回一个代表存储位置的不同值。

构造散列函数的算法有许多，为了进行散列变换，首先需要将标识符中的每个字符转换成 ASCII 或 EBCDIX 码，以便于运算。常用的几种散列变换方法如下：

1）除法：除法是最常用的散列函数。取 N 为素数，就可以定义除法散列函数为 H(symbol) = (symbol mod N) + 1，其中 symbol 是某个符号的代码。这样可使标识符尽可能均匀地分散在表中。

2）中平方散列法：先将关键字进行平方运算，然后将结果的首尾几个值或数字去掉，直到剩下的位数或数字等于所期望的地址，该方法要求必须对所有标识符的平方值进行同样的处理。例如，考虑一个六位的关键字 113456，其平方值为 12872263936，如果需要一个 4 位数地址，则可选出第 5 位到第 8 位 2263 作为地址。

3）折叠法：标识符被分成若干段，可能除最后一段外，每一段与所需地址具有同样长度，然后各段加起来，忽略最后的进位，以构成一个地址。

4）长度相关法：变量名的长度和名字的某个部分一起用来直接产生一个表地址，或更普遍的方法是产生一个有用的中间字，然后用除法产生一个最终的表地址。

但是，程序设计语言的标识符是随机的，而且总的标识符的个数也是无限的（虽然在一个源程序中所有标识符的全体是有限的），不同的标识符经过散列函数映射后，有可能得到相同的散列值，这种现象称为散列冲突。解决散列冲突是使用散列方法不可避免的问题。一种常用的方法是链地址法。将有 N 个地址的散列表改为 N 个桶，桶号与散列地址一一对应，第 i（$1 \leqslant i \leqslant N$）个桶号即为第 i 个散列地址，每个桶则是一个线性链表（称为同义词表），链表中的表项具有相同的散列函数值。若出现了冲突，即一个表项的散列值所对应的地址已经被占据，则须把这个表项放到该桶的链尾或链首。这种方法的关键问题是，设计的散列函数使得每个同义词表的长度尽可能地均匀，避免某一个同义词表过长。

例 5.7 假设已经在散列表中插入 5 个单词符号 student、name、birthday、code 和 sex，其中 name 和 code 具有相同的散列值。解决散列冲突的方法是为具有相同散列值的单词符号建立一个同义词表，总是把一个新的符号插入同义词表的起始位置，如图 5-8 所示。

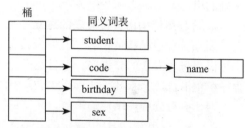

桶
同义词表
student
code
name
birthday
sex
图 5-8 用链地址法解决冲突的散列表结构

下面介绍如何在符号表中使用散列技术，参考图 5-9。对每个符号表除了包含通常的栏外，增加一个地址链栏（初始化为 null），该栏把所有具有相同散列值的符号名连接成一条链。建立一个散列表（桶），它是一个含 n 个符号表入口地址的一维数组，它的每个元素的初值同样全部为 null，表示散列函数值所对应的符号表的表项没有占用。对符号表的操作实际上就是通过散列函数间接地操作符号表。

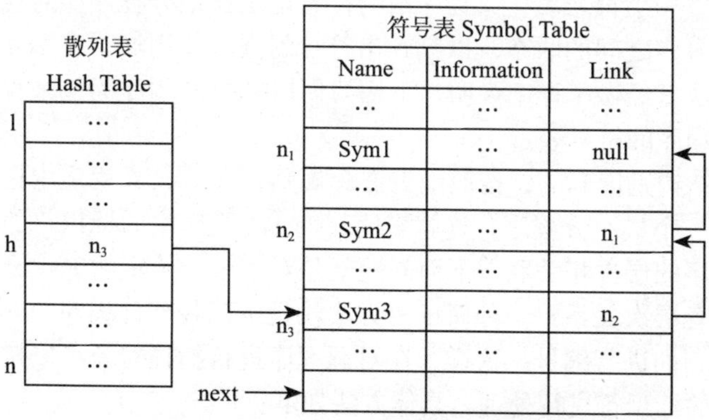

散列表
Hash Table
1
h
n
n3
符号表 Symbol Table
Name
Information
Link
n1
n2
n3
Sym1
Sym2
Sym3
null
n1
n2
next
图 5-9 通过散列表对符号表的操作

符号表中填入一个新的 sym 符号的过程如下：

1）首先，用散列函数 hash 计算出 hash(sym) 的值 h，在散列表 HashTable 中查找出 sym 在符号表 SymbolTable 中的位置，令指针 ptr: = HashTable[h]（若未曾有散列值为 h 的项名填入，则 ptr: = null）。

2）如果 ptr 为 null，则置 HashTable[h] 为下一个新的可用表项，并把 sym 的信息填在这个新的可用表项中；如果 ptr 不是 null，则表示出现了冲突：首先在符号表中得到下一个新的可用表项（假设地址用 next 表示），置 HashTable[h] 为 next，即在散列表中把同义词表的表头改为 next，然后填写这个新得到符号表的表项内容：把链表指针由 null 改成 SymbolTable[ptr] 的链表指针，填写 sym 的其他属性值。

符号表中查找 sym 符号的过程如下：

1）首先，计算 hash(sym) = h。

2）然后，在 HashTable[h] 所指的链表中逐一按序查找（线性查找）。

5.5 名字的作用域

在许多程序语言中，名字往往有一个确定的作用域范围，在一个程序中，同名的变量在不同的地方可能被声明为不同的对象，这也就意味着，同一标识符具有不同的性质，要求分配不同的存储空间。本节将讨论如何组织符号表，使得同一标识符在不同的作用域中能得到正确的引用。

1. 分程序结构语言符号表的建立

所谓分程序结构的语言（也称为具有分程序结构的语言）是指用这种语言编写的分程序中可以再包含嵌套的分程序，并且每个分程序可以定义属于自身的一组局部变量。典型的分程序结构语言是 Pascal，而 Pascal 语言中的每个过程便是一个分程序。

对于具有分程序结构的语言，名字的作用域服从最近嵌套规则：

1）一个在分程序 B_1 中说明的名字 X 只在 B_1 中有效（局部于 B_1）。

2）如果 B_2 是 B_1 的一个内层分程序且 B_2 中对标识符 X 没有新的说明，则原来的名字 X 在 B_2 中仍然有效。如果 B_2 对 X 重新进行说明，那么，B_2 对 X 的任何引用都是指重新说明过的这个 X。

分程序的嵌套导致名字作用域的嵌套，对于嵌套的作用域，同名的变量在不同层次出现可能有不同的类型。为了使编译程序在语义及其他有关处理上不致于发生混乱，一种方法是为每个分程序建立一个符号表，分程序内的符号记录在该分程序所对应的符号表中，并通过指针建立这些符号表之间的联系，以刻画出符号的嵌套作用域。在第 4 章声明语句的翻译中，我们对这种方法已经做了详细说明。下面我们以 Pascal 程序为例来说明如何采用分层方式来建立和处理分程序的符号表。

Pascal 过程的结构是嵌套的，按照最近嵌套规则，在 Pascal 程序中标识符的作用域是包含说明该标识符的一个最小分程序，这就表明，Pascal 程序中的标识符的作用域总是与说明这些标识符的分程序的层次相关联。下面问题就是对于一个给定的 Pascal 程序，如何表明其中各个分程序的嵌套层次关系？一种简单的方法就是按照各个分程序的开头符号在源程序中出现的先后顺序对它们进行编号。这样，在对源程序进行扫描时就可以按照这种分层，对出现在各个分程序中的标识符进行处理，具体方法如下：

1）每当进入一层过程时，为在该过程中新说明的标识符在符号表内建立一张子符号表，并在退出此过程时，删除（释放）为之建立的子符号表，使现行符号表与进入此过程之前的内容保持一致。当一个标识符定义性出现时，就查找为本层过程所建立的符号表中是否存在该标识符，如果存在，则表明此标识符被重复说明（定义），按语法错误进行处理；否则，应在符号表中为其新登记一项，并将此标识符及有关信息（比如种属、类型、所分配的内存单元地址等）填入。

2）当一个标识符使用性出现时，首先在为本层过程所建立的符号表中查找此标识符；若查不到，则继续在其外层过程的符号表中查找。如此下去，一旦在某一外层过程的符号表中找到此标识符，则从表中取出相关信息并进行相应的处理；如果查遍所有外层过程的符号表都无法找到此标识符，则表明程序中使用了一个未经说明的标识符，此时可按语法错误予以处理。

为了实现上述查、填表功能，可以按如下方式组织符号表：

1）将符号表设计为栈符号表，当新的名字出现时，总是从栈顶填入。查找操作从符号表的栈顶往底部查（保证先查最近出现的名字）。

2）引入一个显示（DISPLAY）层次关系表，称为过程的嵌套层次表。其作用是为了描述过程的嵌套层次，指出当前正在活动的各嵌套的过程（或函数）相应的子符号表在栈符号表的起始位置（相对地址）。DISPLAY 表也是一个栈，栈顶指针为 level。当进入一个新过程时，level 增加 1；每当退出一个过程时，level 减 1。DISPLAY(level) 总是指向当前正在处理的最内层的过程的子符号表在栈符号表的起始位置。

3）在符号表的信息栏中引入一个指针域（Previous），用以链接它在同一过程内的前一域名字在表中的下标（相对位置）。每一层的最后一个域名字，其 Previous 值为 0。这样每当需要查找一个新名字时，就能通过 DISPLAY 找出当前正在处理的最内层的过程及所有外层的子符号表在栈符号表中的位置。然后通过 Previous 可以找到同一过程内的所有被说明的名字。

例 5.8　对第 4 章图 4-9 给出的具有嵌套过程的 Pascal 源程序，下面以该程序为例来说明在编译期间其栈符号表的变化情况。

当即将开始扫描语句（5）时，即开始编译过程 readarray 的说明之前，此时，符号表栈及 DISPLAY 表如图 5-10 所示。其中，top 指向符号栈栈顶第一个可用单元，DISPLAY 表栈顶值为 1，表明 sort 的局部量在符号栈中的首地址。

当即将开始编译过程 readarray 的过程体时，此时，符号表栈及 DISPLAY 表如图 5-11 所示，其中，DISPLAY 表栈顶值为 4，表明 readarray 的局部量在符号栈中的首地址。当扫描完过程 readarray 时，其子符号表退栈，符号表栈及 DISPLAY 表恢复到如图 5-10 所示。

当即将开始扫描语句（10）时，即开始编译过程 quicksort 的说明之前，此时，符号表栈及 DISPLAY 表如图 5-12 所示。

继续往下扫描，在完成过程 partition 的编译之前，符号表栈及 DISPLAY 表如图 5-13 所示。在 partition 过程中遇到

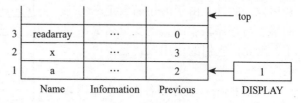

图 5-10　开始编译过程 readarray 的说明之前的栈符号表和 DISPLAY 表

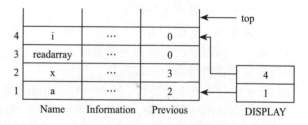

图 5-11　开始编译过程 readarray 的过程体之前的栈符号表和 DISPLAY 表

变量 v 时, 其查找过程为: 根据 DISPLAY 栈顶值 9, 查找符号表中的第 9 项为 i, 不是 v; 根据 i 的 Previous 指针(10)查第 10 项为 j, 也不是 v, 而 j 的 Previous 指针为 0, 说明当前过程子表已查找完毕; 从 DISPLAY 表中找到下一项值是 6, 查找第 6 项开始的子表, 第 6 项为 k, 根据 k 的 Previous 指针(7)查第 7 项为 v, 查找结束。

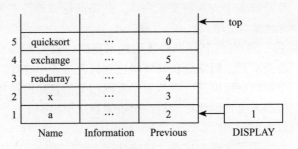

图 5-12　开始编译过程 quicksort 的说明之前的栈符号表和 DISPLAY 表

当扫描完过程 partition 时, 其子符号表退栈, 符号表栈及 DISPLAY 表恢复到如图 5-14 所示。

2. 非分程序结构语言的符号表建立

下面将以典型的非分程序结构语言 Fortran 为代表, 讨论这类语言符号表的构建问题。

一个 Fortran 程序由一个或若干个相对独立的程序段(过程段或者函数段)组成, 其中有且仅有一个主程序段, 其余的则是子程序段。程序段之间主要是通过过程调用时的参数传递, 或访问公共区中的元素来进行数据的传送。对于一个 Fortran 程序来说, 除了程序段名和公共区名的作用域是整个程序之外, 其余的变量名、数组名、语句函数名以及标号等的作用域范围就是定义它们的那个程序段。此外, 由于语句函数定义句中的形参与程序段中的其他变量名毫不相干, 因此, 它们的作用域就是该语句函数定义句本身。

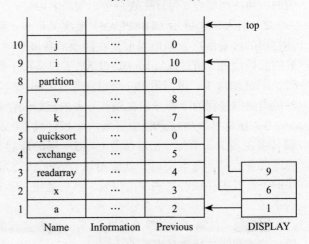

图 5-13　完成过程 partition 的编译之前的栈符号表和 DISPLAY 表

根据 Fortran 程序中各类名字作用域的特点, 原则上可把程序中每一程序段均视为一个可独立进行编译的程序单元, 即对各程序段分别进行编译并产生相应的目标代码, 然后再连接装配成一个完整的目标程序。这样, 当一个程序段编译完成后, 该程序段的全部局部名均无须继续保存在符号表中, 可以将它们从

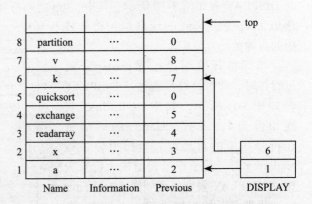

图 5-14　完成过程 partition 的编译时的栈符号表和 DISPLAY 表

符号表中删除。至于全局名, 因为它们还可能为其他程序段所引用, 故需继续保留。因此, 对于 Fortran 编译程序而言, 可分别建立一张全局符号表和一张局部符号表, 前者供编译各程序使用, 后者则只用来登记当前正编译的程序段中的局部符号名。一旦将该程序段编译完成, 就可将局部符号表空白区首地址指针再调回到开始位置, 以便腾出空间供下一个要编译

的程序段建立局部符号表使用。一种更为灵活的方式是从符号表区上下两端开始，分别建立局部符号表和全局符号表，如图 5-15 所示。其中，指示器 AVAIL1 及 AVAIL2 分别指向当前程序段局部名字表空白区和全局名字表空白区的首址。局部符号表区域是可重复使用的区域，当一个程序段处理完之后，新的程序段又可在同一位置建立新的局部符号表。因此，在将每一程序段编译完毕之后，应使指示器 AVAIL1 再次指向局部表区第一项的位置。每当编译程序碰到一个新的名字时就按其语义将它登记到符号表的一段中。然而需要指出的是，每当向表区的某一端新登入一项时，均应检查当前空白区是否已填满，也即检查 AVAIL1 和 AVAIL2 的值是否相等。若是，编译程序就应给出相应的信息，报告表区当前已被填满。

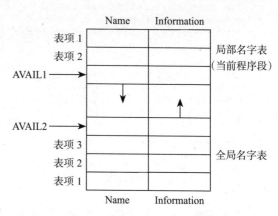

图 5-15　Fortran 局部符号表和全局符号表对开式示意结构图

　　在考虑全局优化的多遍扫描编译系统中，一般并不是在编译当前程序段时就产生其目标代码，而是先生成各程序段的相应中间代码，待进行优化处理之后再产生目标代码。因此，当一个程序段被处理完之后，不能立即将相应的局部名字表撤销，而应将它们保存起来备用（可分别写入外存）。这样，局部名字区就可以在处理下一个程序段时使用。

5.6　本章小结

　　符号表用来存放编译过程中各阶段收集的出现在源程序中的各种名字的类型和特征等相关信息，并供编译器用于语法分析、语义分析、生成中间代码及生成目标代码等。本章主要介绍了符号表的作用、内容、组织和实现等。其中符号表的作用主要包括登记标识符的属性信息，查找符号的属性，检查符号上下文语义的合法性，作为目标代码生成阶段地址分配的依据等。符号表的内容通常涉及符号名、符号种属、符号类型、存储类别、存储分配信息、作用域以及其他信息。关于符号表的组织方式，介绍了让各项和各栏的长度都是固定的直接组织方式和引入一个单独的用来存放全部标识符字符串数组的间接组织方式，并讨论如何将间接方式安排名字栏的方法推广到属性域不相等的情形。此外，还讨论了如何设置一张共用的表格用来存放各类名字。

　　接下来，介绍了编译中符号表的典型实现，包括线性表、搜索树以及散列表等。

　　最后，讨论了如何组织分程序结构语言和非分程序结构语言的符号表，使得同一标识符在不同的作用域中能得到正确的引用。

习题

1. 在编译过程中为什么要建立符号表？
2. 什么是符号表？符号表有哪些重要作用？
3. 符号表的组织方式有哪些？它的组织取决于哪些因素？
4. 对下列程序，当编译程序编译到箭头所指位置时，画出其层次（分程序索引表）和符号表。

```
(1)    program stack( output ) ;
(2)    varm, n : integer ;
```

```
(3)   r : real;
(4)   procedure setup( ns: integer , check: real) ;
(5)   vark , l: integer ;
(6)   function total( varat : integer , nt : integer ) : integer ;
(7)   vari , sum: integer ;
(8)   begin
(9)       for i: = 1 to nt do sum: = sum + at [ i] ;
(10)      total: = sum;
(11) end;
(12) begin
(13)    l: = 27 + total ( a , ns ) ; ←
(14) end;
(15) begin
(16)    n: = 4;
(17)    setup( n , 5.75)
(18) end.
```

5. 设散列函数定义为 hash(key) = key mod 13，用链地址法解决冲突并对下列关键码12、23、45、57、20、3、31、15、56、78造表。

第6章 运行时存储组织

可执行文件在运行时必须加载到内存，并且按一定的形式进行组织。编译器在代码生成前，必须为程序中的代码和数据合理地分配空间。通常，代码空间的大小与位置是固定的。而数据空间包含了固定和可变的部分。固定的数据空间包括预定义的常量、全局变量、组织输入和输出的缓冲区，可变的数据空间包括作为保留中间结果和传递参数的临时工作单元、调用过程时所需的连接单元。可变的数据单元只能在程序运行时确定，编译阶段无法获得其大小，因此是可变的。

按照传统编译理论的划分，将程序运行时的存储区划分为：代码区、静态数据区、栈区和堆区。代码区存放着编译完成后产生的目标处理器指令，大小是固定的。静态数据区（static data）用以存放编译时能确定所占用空间的数据；堆栈区（stack and heap）用于可变数据以及管理过程活动的控制信息。如图6-1所示。

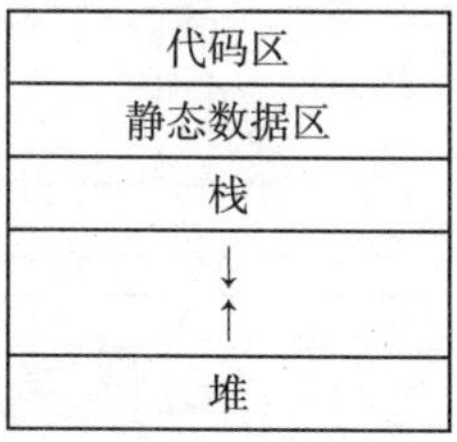

代码区
静态数据区
栈
↓
↑
堆

图6-1　目标程序运行时存储区的典型划分

编译器的一项重要工作是为源程序中的数据分配对应的内存空间，也就是将程序中的名字对应到相应的内存空间。依据程序设计时对存储空间使用以及管理的规定，对程序中的名字进行空间分配。名字对应的存储空间不是唯一的，可以是一对多的关系，存储空间存储单个值。

编译程序在分配目标程序运行的数据空间时，主要的依据是程序设计语言对存储空间使用以及管理的规定。程序语言本身决定了存储组织与管理的复杂程度，比如以下的一些元素：

- 数据类型的多少。数据类型多了必然带来更多的存储类型处理。
- 数据是否被允许动态确定。在管理方面，动态确定的数据要比静态确定的复杂得多。
- 过程定义是否允许嵌套。嵌套的过程需要分配更多的空间，对管理提出了更高的要求。

本章将介绍存储空间的使用管理方法，重点针对栈式动态存储分配的实现进行讨论。

6.1 静态存储分配

静态存储分配非常简单，在编译过程中就可以确定目标程序运行时所需要的存储空间的大小，事先为每个数据对象安排好存储位置，因此是静态分配的。

像 Fortran 这样的语言，其程序是段结构的，即由主程序段和若干子程序段组成。各程序段中定义的名字一般是彼此独立的（除公共块和等价语句说明的名字以外），也即各段的数据对象名的作用域在各段中，同一个名字在不同的程序段表示不同的存储单元，不会在不同段间互相引用、赋值。另外它的每个数据名所需的存储空间大小都是常量（即不允许含可变体积的数据，如可变数组），且所有数据名的性质是完全确定的。这样，整个程序所需数据空间的总量在编译时完全确定，从而每个数据名的地址就可静态进行分配。换句话说，一旦存储空间的某个位置分配给了某个数据名（关联起来）之后，在目标程序的整个运行过程中，此位置（地址）就属于该数据名了。

图 6-2 给出一个 Fortran 77 的程序例子。在图 6-3 中描述了该程序中局部变量的静态存储位置。

```
(1)    PROGRAM CNSUME
(2)    CHARACTER * 50 BUF    // 静态变量 BUF, 50 个字符
(3)    INTEGER NEXT          // 静态变量 NEXT, 整型
(4)    CHARACTER C, PRDUCE   // 静态变量 C, 单个字符
(5)    DATA NEXT /1/, BUF / ' ' /
(6)  6   C=PRDUCE()
(7)      BUF(NEXT:NEXT)=C
(8)      NEXT=NEXT+1
(9)      IF(C .EN. ' ')GOTO 6
(10)     WRITE ( * , '(A)' )BUF
(11)   END
(12)   CHARACTER FUNCTION PRDUCE()
(13)   CHARACTER * 80 BUFFER
(14)   INTEGER NEXT
(15)   SAVE BUFFER, NEXT
           //PRDUCE 函数体所拥有的静态量 BUFFER, NEXT
(16)   DATA NEXT /81/
(17)   IF (NEXT .GT.80)THEN
(18)     READ ( * , '(A)' )BUFFER
(19)     NEXT=1
(20)     END IF
(21)   PRDUCE=BUFFER(NEXT:NEXT)
(22)   NEXT=NEXT+1
(23)   END
```

图 6-2   一个 Fortran 77 的例子

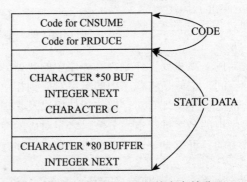

图 6-3   Fortran 77 的静态存储分配

6.2 动态存储分配

高级程序设计语言中往往存在递归过程、可变数组等，并允许用户自由申请和释放空间，这就需要采用动态存储管理技术。这样编译器不知道这类程序在运行时需要多大的存储空间，所需要的数据空间的大小在程序动态运行时才能确定。

一个最直观的例子是数组，当数组声明时指定了大小，就称为确定数组，否则就需要在动态时确定大小并申请空间，称为可变数组。

例 6.1

```
procedure A(m, n:integer);
```

```
begin
    array B[m:n];
    begin
    ...
    end;
end;
```

B[m:n] 为可变数组，B 的上下界是过程 A 的实参，只有当 A 被调用时才能确定。

动态存储管理技术通常采用两种方式：栈式（stack）和堆式（heap）。下面对这两种方式先做简要介绍。

栈式分配策略是将程序的数据空间存放在一个栈式的存储空间中。在程序运行时，每当调用一个过程，它所需的数据空间就分配在栈顶，调用的过程结束后就释放这部分空间。过程所需的数据空间包括两部分：一部分是本过程包含的数据对象，如局部变量、参数单元、临时变量等；另一部分是管理过程活动的记录信息。即当一次过程调用出现时，调用者过程的活动被中断，当前机器的状态信息，诸如程序计数器（作为被调用过程的返回地址）、寄存器的值等，也都必须保留在栈中。当控制从调用返回时，便根据栈中记录的信息恢复机器状态，使该过程的活动继续进行。至于在这种分配策略下，如何实现动态地分配和释放一个过程的数据空间，如何实现对非局部变量的引用、参数传递以及对可变数据结构（如可变数组）的空间分配办法等，将在 6.3 节给予详细讨论。

栈式动态存储分配策略适用于 Pascal、C、Algol 之类具有递归调用结构的语言的实现。

如果一个程序语言提供用户自由地申请数据空间和退还数据空间的机制（如 C++ 中的 new、delete，Pascal 的 new 等机制），而空间的使用未必服从"先申请后释放，后申请先释放"的原则，那么栈式的动态分配方案就不适用了。通常使用一种称为堆式的动态存储分配方案。

Pascal 语言中，标准过程 new 能够动态建立一个新记录，它实际上是从未使用的自由区（空闲空间）中寻找一个大小合适的存储空间并相应地置上指针。标准过程 dispose 释放记录，new 与 dispose 不断改变着堆存储器的使用情况。

这种分配方式的存储管理技术甚为复杂，下面列举这种分配方法必须考虑的几个问题。

首先，当运行程序要求一块体积为 N 的空间时，应该分配哪一块给它呢？理论上说，应从比 N 稍大一点的一个空闲块中取出 N 个单元，以便使大的空闲块有更大的用场。但这种做法较麻烦。因此，常常仍采用"先碰上哪块比 N 大就从其中分出 N 个单元"的原则。但不论采用什么原则，整个大存储区在一定时间之后必然会变得零碎不堪。总有一个时候会出现这样的情形：运行程序要求一块体积为 N 的空间，但发现没有比 N 大的空闲块了，然而所有空闲块的总和却要比 N 大得多。出现这种情形时怎么办呢？这是一个较前面的问题难得多的问题。解决办法似乎很简单，即把所有空闲块连接在一起，形成一片可分配的连续空间。这里的主要问题是，必须调整运行程序对各占用块的全部引用点。

还有，如果运行程序要求一块体积为 N 的空间，但所有空闲块的总和也未达到 N，那又应该怎么办呢？有的管理系统采用一种称为废品回收的办法来对付这种局面。即寻找运行程序已无用但尚未释放的占用块，或者运行程序目前很少使用的占用块，把这些占用块收回来，重新分配。但是，如何知道哪些块运行时在使用或者目前很少使用呢？即便知道了，一经收回后运行程序在某个时候又要使用它时又应该怎么办呢？要使用废品回收技术，除了在语言上要有明确的具体限制外，还需要有特别的硬件措施，否则回收几乎不能实现。堆式动态存储分配的实现方法将在 6.4 节详细讨论。

6.3 栈式动态存储分配

前面提到，使用栈式存储分配策略意味着，运行时每当进入一个过程，就在栈顶为该过程的临时工作单元、局部变量、机器状态及返回地址等信息分配所需的数据空间，当一个过程工作完毕返回时，它在栈顶的数据空间也即刻释放。

为讨论方便，首先引入一个术语——过程的活动记录（Activation Record，AR）。过程的活动记录是一段连续的存储区，用以存放过程的一次执行所需要的动态信息。按照是否允许过程嵌套定义的情况，将过程的活动记录视图分为两种。

1）不允许嵌套的过程定义，但允许过程递归调用的情况，活动记录如图 6-4 所示。

这些信息描述如下：

① 临时工作单元：比如计算表达式过程中需存放中间结果用的临时值单元。

② 局部数组的内情向量：指过程中包含的数组。

③ 局部简单变量：一个过程的局部变量。

④ 形式单元：由调用过程向该被调过程提供实参的值（或地址）。当然在实际编译程序中，也常常使用机器寄存器传递实参。

⑤ 形参个数：形式单元参数的个数。

⑥ 返回地址：保存该被调过程返回后的地址。

⑦ 控制链（老 SP）：存放调用过程的 SP 指针。常常使用两个指针指示栈最顶端的数据区，一个称为 SP，一个称为 TOP。SP 总是指向现行过程活动记录的起点，TOP 则始终指向已占用的栈顶单元。

2）允许过程嵌套定义的情况下，过程活动记录中的信息可以如图 6-5 所示。

与图 6-4 相比，主要增加了存取链的信息，存取链用以访问非局部变量，这些变量存放于其他过程的活动记录中。

无论哪种情况，活动记录中包含域的大小在编译时是已知的，如果局部变量中包含有可变数组，那么则采用内情向量，将内情向量置于过程活动记录中。另外，有些语言的编译程序还将参数个数存放于活动记录中，以便进行参数个数的检查。

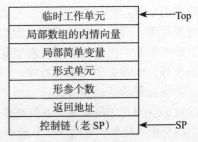

图 6-4　无嵌套定义的过程活动记录内容

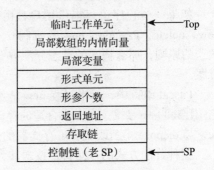

图 6-5　允许过程嵌套定义过程的活动记录

6.3.1　简单的栈式存储分配的实现

首先从最简单的程序设计语言结构开始：不允许嵌套的过程定义，但允许过程递归调用。比如 C 语言，其程序结构如图 6-6 所示。

```
program main;        // 主程序头
  全局变量或数组的说明;
  proc R;            // 过程 R 的头
  …                  // 过程 R 的体
  end (R);           // 过程 R 的尾
  proc Q;            // 过程 Q 的头
  …                  // 过程 Q 的体
  end (Q);           // 过程 Q 的尾
  主程序执行语句       // 主程序体
  end.(main)         // 主程序尾
```

图 6-6　不允许过程定义嵌套的程序结构

在这种情况下采用栈式动态分配策略，即在运行时，每当进入一个过程，则为该过程分配一段存储区，当一个过程运行结束返回时，它所占用的存储区可释放。程序运行时的存储空间（栈）中在某一时刻可能会包含某个过程的几个活动记录（某个过程递归调用的情况）；另外，同样的一个存储位置，在不同运行时刻可能分配给不同的数据对象。例如图 6-6 的程序结构中，若主程序调用了过程 Q，Q 又调用了 R，在 R 进入运行后的存储结构如图 6-7a 所示。若主程序调用了过程 Q，Q 递归调用自己，在 Q 过程第二次进入运行后的存储结构如图 6-7b 所示。若主程序先调用过程 Q，然后在 Q 结束后主程序接着调用 R，且 Q 过程不调用 Q 和 R，这时 Q 和 R 进入运行后的存储结构，先后分别如图 6-7c 和图 6-7d 所示。

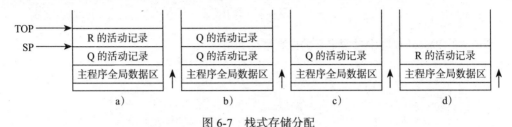

图 6-7　栈式存储分配

假定图 6-4 所示为图 6-7a 中现行过程 R 的活动记录，SP 为此过程活动记录的起点，TOP 指向为此过程创设的活动记录的顶端，并假定 R 含有可变数组，则在分配了数组区之后 TOP 就指向数组区（整个运行栈）的顶端。图 6-8 表明分配数组区之后的运行栈情况，可以与图 6-7a 对照。

在过程段中对任何局部变量 x 的引用可表示为变址访问 x[SP]，此处 x 代表变量 x 的相对数，也就是相对于活动记录起点的地址。这个相对数在编译时可完全确定下来。过程的局部数组的内情向量的相对地址在编译时也同样可确定下来。数组空间分配之后，对数组元素的引用也就容易用变址访问的方式来实现。

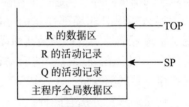

图 6-8　分配了数组区之后的运行栈

6.3.2　嵌套过程语言的栈式实现

允许过程嵌套定义的典型高级程序语言如我们所熟悉的 Pascal 语言。这种程序结构的特点是，一个过程可以引用包围它的任一外层过程所定义的标识符（如变量、数组或过程等）。如图 6-9 所示。若不考虑它的"文件"和"指针"类型，它的存储分配也是采用栈式动态分配策略，只是它的过程活动记录中应增设一些内容（即存取链），用以解决对非局部变量的引用问题。

```
(1)  program sort(input, output); //sort 的过程头
(2)      var a: array [0..10] of integer;
(3)      x: integer;
(4)      procedure readarray; //sort 内嵌套定义的 readarray 的过程头
(5)        var i: integer;
(6)        begin…a…end{readarray}; //readarray 的过程体
(7)      procedure exchange(i, j: integer);
                  //sort 内嵌套定义的 exchange 的过程头
(8)        begin
(9)      x：=a[i]; a[i]：=a[j]; a[j]：=x; //exchange 的过程体
(10)       end{exchange};
(11)     procedure quicksort(m, n: integer);
                  //sort 内嵌套定义的 quicksort 的过程头
(12)       var k, v: integer;
(13)       function partition(y, z:integer):integer;
                  //quicksort 内嵌套定义的 partition 的函数头
(14)         var i.j:integer;
(15)         begin …a… //partition 的函数体
```

图 6-9　具有嵌套过程的 Pascal 程序

```
(16)          …v…
(17)          …exchange(i, j);…
(18)          end{partition};
(19)      begin…end{quicksort}; //quicksort 的过程体
(20) begin…end{sort}. //sort 的例程体
```

图 6-9　（续）

图 6-9 的 Pascal 程序中过程定义的嵌套情况如下：

```
sort
    readarray
    exchange
    quicksort
        partition
```

这里不妨将整个程序 sort 看成最外层的过程。过程 readarray、exchange 和 partition 中引用的 a 是过程 sort 的局部变量，而不是它们自己的局部变量。假如过程 sort 调用了过程 quicksort，这时存储栈中的情形示意如图 6-10 所示，其中在 quicksort 过程活动记录中有一些存储单元，用以记录过程 quicksort 可以引用 sort 中定义的变量 a 和 x。也就是说，为了解决对非局部量的存取问题，必须设法跟踪每个外层过程的最新活动记录的位置。

那么实现对非局部变量的存取的方法就是跟踪每个外层过程的最新活动记录 AR 的位置，然后在外层过程的活动记录中访问到相应的局部变量。

图 6-10　存储栈布局

通用的跟踪办法有两种：

1）用静态链。

2）用 DISPLAY 表。

第一种是在过程活动记录中增设存取链，指向包含该过程的直接外层过程的最新活动记录的起始位置。过程活动记录的内容如图 6-11a 所示。图 6-10 所提到的情况可用图 6-11b 说明。

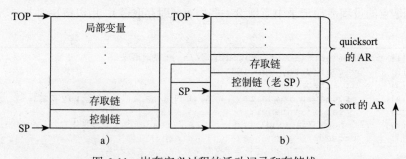

图 6-11　嵌套定义过程的活动记录和存储栈

以 PL/0 编译程序为例，它的存储分配策略便是栈式动态分配的，因为 PL/0 是 Pascal 的一个子集，它的过程允许嵌套定义，它的过程活动记录中便有存取链，在 PL/0 编译程序中称为静态链。因为 PL/0 的过程是无参过程，PL/0 也无动态数组，所以它的过程活动记录的内容如图 6-12 所示。

再回到图 6-9 的例子。如果该程序的某次执行顺序为：

sort → quicksort → quicksort → partition → exchange

即从主程序 sort 开始执行，进入过程 quicksort，然后又一次进入过程 quicksort，接着进入过程 partition，最后进入过程 exchange。

图 6-13 给出了进入过程 exchange 之后运行栈的示意，我们仅把存取链和控制链的值标明。

图 6-12　PL/0 编译程序的过程活动记录

可以看出，过程 exchange 由过程 partition 调用，但 exchange 的直接外层过程是 sort，所以过程 exchange 的活动记录的存取链指向 sort 的活动记录的起始地址。

另外，过程 partition 中引用了主程序 sort 中声明的变量 a，而 partition 的直接外层是 quicksort，quicksort 的直接外层过程是 sort，partition 对非局部变量 a 的引用通过两次链接实现。

第二种存取非局部变量的办法也是常用的有效办法。即每进入一个过程后，在建立它的活动记录的同时建立一张嵌套层次显示表 DISPLAY。

这里所提到的"嵌套层次"是指过程定义时的嵌套层数，始终假定主程序的层数为 0，因此主程序称为 0 层过程。如某过程 p 是在层次为 i 的过程 q 内定义的，并且 q 是包围 p 的直接外层，那么 p 的过程层数为 i+1。一般编译程序处理过程声明时，将把过程层数作为重要的属性登记在符号表中。计数过程的层数很容易实现，用一个计数器 Level，初值为 0，每当遇到过程声明则增 1，过程声明结束则减 1，PL/0 编译程序就是这样处理的。

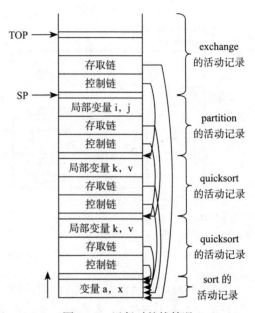

图 6-13　运行时的栈情况

DISPLAY 表是一个指针数组 d，也可看作一个栈结构，自顶向下每个单元依次存放着现行层、直接外层……直至最外层（0 层，即主程序层）等每一层过程的最新活动记录的地址。即嵌套层次为 i 的过程的局部变量 a 是在由 DISPLAY 元素 d[i] 所指的那个活动记录中存放的。也就是说，嵌套层次为 i+1 过程中的非局部变量可能在 i、i−1、…、0 层，对它的存取是通过 DISPLAY 表元素 d[i]、d[i−]、…、d[0] 而获得的。

假定现在进入的过程的层数为 i，则它的 DISPLAY 表含有 i+1 个元素，依次指向现行层、直接外层……直至最外层（0 层）等每一层过程的最新活动记录的地址。例如图 6-9 的程序，假定有如下四种调用情况：

(a) sort → quicksort；

(b) sort → quicksort → quicksort；

(c) sort → quicksort → quicksort → partition；

(d) sort → quicksort → quicksort → partition → exchange。

则图 6-14a ～ d 分别说明了上述四种情形的运行栈 DISPLAY 表。可以看出，DISPLAY 表显示了存取链的信息。

DISPLAY 表本身的体积在编译时可确定。至于 DISPLAY 表本身作为单独的表分配存储，还是作为活动记录的一部分，比如置于实参（形式单元）的上端（如图 6-15 所示），则取决于编译程序的设计者。

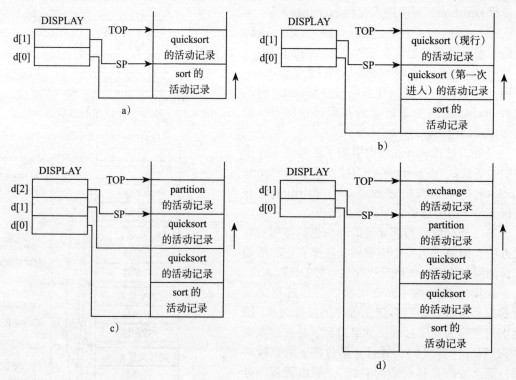

图 6-14   DISPLAY 表

假定将 DISPLAY 表作为活动记录的一部分，由于每个过程的形式单元数目在编译时是知道的，那么 DISPLAY 表的相对地址 d（相对于活动记录起点）在编译时也是完全确定的。因此，若现行过程中引用了某一外层过程的变量，则很容易生成相应的存取指令。

现在需要分析，当过程 P1 调用过程 P2 而进入 P2 后，P2 应如何建立起自己的 DISPLAY 表，如在图 6-14 中为不同情况建立的 DISPLAY 表是不同的。为了建立自己的 DISPLAY 表，P2 必须知道它的直接外层过程（记为 P0）的 DISPLAY 表。这意味着，当 P1 调用 P2 时必须把 P0 的 DISPLAY 表地址作为连接数据之一传给 P2。

在图 6-16a 和 b 两种情形中，发生 P1 调用 P2 时，P0 或者就是 P1 自身或者是 P1 和 P2 的直接外层。不论哪一种情形，只要在进入 P2 后能够知道 P1 的 DISPLAY 表就能知道 P0 的 DISPLAY 表，从而根据 P1 构造出 P2 的 DISPLAY 表。

事实上，只需从 P1 的 DISPLAY 表中自底而上地取过 l 个单元(l 为 P2 的层数)再添加进入 P2 后新建立的 SP 值就构成了 P2 的 DISPLAY 表。也就是说，在这种情况下，我们只需把 P1 的 DISPLAY 表地址作为连接数据之一传送给 P2 就

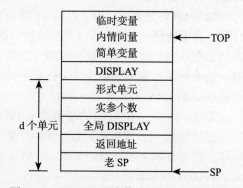

图 6-15   DISPLAY 表作为活动记录的一部分

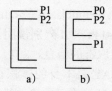

图 6-16   P1 调用 P2 的两种不同嵌套

能够建立 P2 的 DISPLAY 表。

如果 P2 是形式参数，那么，调用 P2 意味着调用 P2 当前相应的实际过程。此时的 P0 应是这个实际过程的直接外层过程。我们假定 P0 的 DISPLAY 表地址可从形式单元 P2 所指示的地方获得。

为了能在 P2 中获得 P0 的 DISPLAY 表地址，必须在 P1 调用 P2 时设法把 P1 的 DISPLAY 表地址作为连接数据之一（称为"全局 DISPLAY 表地址"）传送给 P2。于是连接数据变为三项：

1）老 SP 值。

2）返回地址。

3）全局 DISPLAY 表地址。

这样，整个活动记录的组织就如图 6-15 所示。

注意，0 层过程（主程序）的 DISPLAY 表只含一项，这一项就是主程序开始工作时所建立的第一个 SP 值。

6.4 堆式动态存储分配

对于允许程序在运行时为变量动态申请和释放存储空间的语言，采用堆式分配是最有效的解决方案。堆式分配的基本思想是，为正在运行的程序划出适当大的存储空间（称为堆 Heap），每当程序申请存储空间时，就从堆的空闲区中找出一块适当大小的存储空间分配给程序，每当释放时则回收之。采用堆式分配方法，须解决空闲区碎片的合并问题。

堆式动态存储分配的实现通常有如下两种途径：

1. 定长块管理

堆式动态存储分配最简单的实现是按定长块进行。初始化时，将堆存储空间分成长度相等的若干块，每块中指定一个链域，按照邻块的顺序把所有块连成一个链表，用指针 available 指向链表中的第一块。

分配时每次都分配指针 available 所指的块，然后 available 指向相邻的下一块。归还时，把所归还的块插入链表。考虑插入方便，可以把所归还的块插在 available 所指的块之前，然后 available 指向新归还的块。

2. 变长块管理

除了按定长块进行分配之外，还可以根据需要分配长度不同的存储块，可以随要求而变。按这种方法，初始化时存储空间是一个整块。按照用户的需要，分配时先是从一个整块里分割出满足需要的一小块，归还时，如果新归还的块能与现有的空间合并，则合并成一块；如果不能与任何空闲块合并，则可以把空闲块连成一个链表。再进行分配时，从空闲块链表中找出满足需要的一块，或者整块分配出去，或者从该块上分割一小块分配出去。若空闲块表中有若干个满足需要的空闲块时，该分配哪一块呢？通常有三种不同的分配策略：

- 首次满足法：只要在空闲块链表中找到满足需要的一块，就进行分配。如果该块很大，则按申请的大小进行分割，剩余的块仍留在空闲块链表中；如果该块不是很大，比如说，比申请的块大不了几字节，则整块分配出去，以免使空闲链表中留下许多无用的小碎块。
- 最优满足法：将空闲块链表中一个不小于申请块且最接近于申请块的空闲块分配给用户，则系统在分配前首先要对空闲块链表从头至尾扫描一遍，然后从中找出一块不小于申请块且最接近于申请块的空闲块分配，在用最优满足法进行分配时，为避免每次分配都要扫描整个链表，通常将链表空间的空闲块按照从小到大排序。这样，只要找到第一块大于申请块的空闲块即可进行分配。当然，在回收时则须将释放的空闲块插入链表的适当位置。

- 最差满足法：将空闲块链表中不小于申请块且是最大空闲块的一部分分配给用户。此时的空闲块链表按空闲块的大小从大到小排序。这样每次分配无须查找，只需从链表中删除第一个结点，并将其中一部分分配给用户，而其他部分作为一个新的结点插入空闲块链表的适当位置。

上述三种分配策略各有所长。一般来说，最优满足法适用于请求分配的内存大小范围较广的系统。因为按最优满足法分配时，总是找大小最接近于请求的空闲块，系统中可能产生一些存储量很小而无法利用的小片内存，同时也保留那些很大的内存块以备响应后面可能发生的内存量较大的请求。反之，由于最差满足法每次都是从内存最大的结点开始分配，从而使链表中的结点趋于均匀。因此，它适用于请求分配的内存大小范围较窄的系统，而首次满足法的分配是随机的，因此它介于两者之间，通常适用于系统事先不掌握运行期间可能出现的请求分配和释放信息的情况。从时间上来比较，首次满足法在分配时须查询空闲块链表，而回收时仅须插入表头即可，最差满足法恰好相反，分配时无须查表，回收时则为了将新的空闲块插入表中适当的位置须先进行查找，最优满足法则无论分配与回收，均须查找链表，因此最费时间。

不同的情况应采用不同的方法。通常在选择时须考虑下列因素：用户的要求，请求分配量的大小分布，分配和释放的频率及效率对系统的重要性等。

6.5 存储分配与安全性

存储分配严重影响到程序乃至操作系统的安全性。典型的安全问题是分配时检查不严格导致的缓冲区溢出问题。

6.5.1 缓冲区溢出原理

缓冲区溢出是指当使用了字符串或者内存操作函数（strcpy、memcpy 等）而没有对缓冲区的越界加以监视和限制，往缓冲区中填充的数据超过了缓冲区本身大小，当一个超长的数据进入缓冲区时，超出的部分就会被写入其他缓冲区，覆盖或者破坏其他数据，造成程序崩溃或使程序转而执行其他指令，出现不可预期的行为，以达到攻击的目的。造成缓冲区溢出的原因是程序中没有仔细检查用户输入的参数。

图 6-17 展示了缓冲区溢出的基本原理。程序的缓冲区就像一块内存区域，内存中可以存放数据，也可以存放指令。当程序需要接收用户数据，程序预先为之分配了 4 字节。按照程序设计，就是要求用户输入的数据不超过 4 字节。而用户在输入数据时，假设输入了 12 字节数据，而且程序也没有对用户输入数据的多少进行检查，就往预先分配的格子中存放，这样不仅分配的 4 字节被使用了，其后相邻的 8 字节中的内容都被新数据覆盖了。这时就出现了缓冲区溢出。

在上面示例的基础上来看一个代码实例，程序如下：

```
#include <stdio.h>
void hello() {
printf("hello world\n");
_exit(0);
}
int main()
```

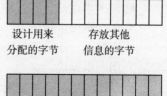

设计用来　　　　存放其他
分配的字节　　信息的字节

实际的分配情况

图 6-17　缓存区溢出原理

```
{
int buf[1];
buf[7]=(int)hello;
return 0;
}
```

在 32 位 x86 处理器以 GCC 4.3.2 编译器编译该程序并执行，结果是：

```
hello world
```

主程序 main 中并没有调用 hello 子程序，然而却在执行的时候调用了它。唯一的解释是 buf[7]=(int)hello 导致了程序执行流的变化。具体原理可参见图 6-18。

main 程序会调用 hello 子程序的原因在于溢出区中的数据修改了 main 活动记录中的返回地址，导致 main 执行结束后跳转到 hello 中运行。

除了上述方式，还可以用 strcpy()、strcat()、sprintf()、vsprintf()、gets()、scanf() 等函数实现相似的功能。

图 6-18　缓存区溢出修改返回地址

当然，随便往缓冲区中填东西造成它溢出一般只会出现"段错误"（Segmentation fault），而不能达到攻击的目的。最常见的手段是通过制造缓冲区溢出使程序运行一个用户 shell，再通过 shell 执行其他命令。如果该程序有 root 或者 suid 执行权限的话，攻击者就获得了一个有 root 权限的 shell，可以对系统进行任意操作了。

缓冲区溢出攻击之所以成为一种常见安全攻击手段其原因在于缓冲区溢出漏洞太普遍了，并且易于实现。而且，缓冲区溢出成为远程攻击的主要手段其原因在于缓冲区溢出漏洞给予了攻击者他所想要的一切：植入并且执行攻击代码。被植入的攻击代码以一定的权限运行有缓冲区溢出漏洞的程序，从而得到被攻击主机的控制权。

在 1998 年 Lincoln 实验室用来评估入侵检测的 5 种远程攻击中，有两种是缓冲区溢出。而在 1998 年 CERT 的 13 份建议中，有 9 份是与缓冲区溢出有关的，在 1999 年，至少有半数的建议是与缓冲区溢出有关的。在 Bugtraq 的调查中，有 2/3 的被调查者认为缓冲区溢出漏洞是一个很严重的安全问题。

6.5.2　缓冲区溢出的防范

缓冲区溢出攻击占了远程网络攻击的绝大多数，这种攻击可以使得一个匿名的 Internet 用户有机会获得一台主机的部分或全部的控制权。如果能有效地消除缓冲区溢出漏洞，则很大一部分的安全威胁可以得到缓解。

目前有两种基本的方法保护缓冲区免受缓冲区溢出的攻击和影响。

1. 保护

这个方法使得缓冲区溢出不可能出现，从而完全消除了缓冲区溢出的威胁，但是相对而言代价比较大。

（1）完整性检查

在程序指针失效前进行完整性检查。虽然这种方法不能使得所有的缓冲区溢出失效，但它能阻止绝大多数的缓冲区溢出攻击。

（2）非执行的缓冲区

通过使被攻击程序的数据段地址空间不可执行，从而使得攻击者不可能执行被植入被攻击程序输入缓冲区的代码，这种技术被称为非执行的缓冲区技术。在早期的 UNIX 系统设计中，只允许程序代码在代码段中执行。但是 UNIX 和 MS Windows 系统由于要实现更好的性能和功能，往往在数据段中动态地放入可执行的代码，这也是缓冲区溢出的根源。为了保持程序的兼容性，不可能使得所有程序的数据段不可执行。

但是可以设定堆栈数据段不可执行，这样就可以保证程序的兼容性。Linux 和 Solaris 都发布了这方面的相关内核补丁。由于除了 Linux 中的两个特例，几乎没有任何合法的程序会在堆栈中存放代码，这种做法几乎不产生任何兼容性问题，这时可执行的代码必须被放入堆栈中：

① 信号传递。Linux 通过向进程堆栈释放代码然后引发中断来执行在堆栈中的代码来实现向进程发送 UNIX 信号。非执行缓冲区的补丁在发送信号的时候是允许缓冲区可执行的。

② GCC 的在线重用。研究发现 GCC 在堆栈区里放置了可执行的代码作为在线重用之用。然而，关闭这个功能并不产生任何问题，只有部分功能似乎不能使用。

非执行堆栈的保护可以有效地对付把代码植入自动变量的缓冲区溢出攻击，而对于其他形式的攻击则没有效果。通过引用一个驻留的程序的指针，就可以跳过这种保护措施。其他攻击可以采用把代码植入堆或者静态数据段中来跳过保护。

2. 编写安全的代码

编写正确的代码是一件非常有意义的工作，特别像编写 C 语言那种风格自由而容易出错的程序，这种风格是由于追求性能而忽视正确性的传统引起的。尽管花了很长的时间使得人们知道了如何编写安全的程序，具有安全漏洞的程序依旧出现。因此人们开发了一些工具和技术来帮助经验不足的程序员编写安全正确的程序。

最简单的方法就是用 grep 来搜索源代码中容易产生漏洞的库的调用，比如对 strcpy 和 sprintf 的调用，这两个函数都没有检查输入参数的长度。事实上，各个版本 C 的标准库均有这样的问题存在。

此外，人们还开发了一些高级的查错工具，如 fault injection 等。这些工具的目的在于通过人为随机地产生一些缓冲区溢出以寻找代码的安全漏洞。还有一些静态分析工具用于侦测缓冲区溢出的存在。

虽然这些工具帮助程序员开发更安全的程序，但是由于 C 语言的特点，这些工具不可能找出所有的缓冲区溢出漏洞。所以，侦错技术只能用来减少缓冲区溢出的可能，并不能完全地消除它的存在。

6.6   本章小结

编译器必须为程序合理地分配代码和数据的存储空间，才能使其正常运行。本章首先介绍了可执行程序运行时存储区的典型划分，存储分配方法分静态存储分配和动态存储分配两种。然后在动态存储分配方案中，针对栈式动态存储分配着重介绍了简单的栈式存储分配的实现和嵌套过程语言的栈式实现，并介绍了堆式动态存储分配中定长块管理和变长块管理的方法。最后论述了存储分配存在的安全性问题，并给出了相关的防范方法。

习题

1. 有哪些存储分配策略，各有什么特点？
2. 下面是一个 Pascal 程序：

```
program PP(input, output)
    VAR k: interger;
    FUNCION F(n: interger): interger
    begin
        if n<=0 then F:= 1
        else F: = n*F(n-1)
    end;
begin
    K:=F(10);
    ...
end.
```

当第二次（递归地）进入 F 后，DISPLAY 的内容是什么？整个运行栈的内容是什么？

3. 采用显式释放存储空间时，为确定何时释放存储，需要如何管理？

第7章 优化

本章主要讨论如何对程序进行各种等价变换，使得从变换后的程序出发，能生成更有效的目标代码。所谓的等价，是指不改变程序的运行结果。所谓的有效，是指目标程序的运行速度较快，占用的空间较少。这种等价变换通常称为优化。代码优化工作可在两个不同的阶段进行：一是在生成目标代码之前，对中间代码进行的优化，这种优化实际上是与目标机器无关的：二是在生成目标代码之后，在目标代码上进行的、与目标机器有关的优化。本章主要介绍前一种优化。

7.1 优化技术简介

优化的目的是为了产生更高效的代码。由优化编译程序提供的对代码的各种变换必须遵循一定的原则：

1）等价原则：经过优化后的代码应该保持程序的输入输出，不应改变程序运行的结果。

2）有效原则：优化后的代码应该在占用空间、运行速度这两个方面，或者其中的一个方面得到改善。

3）经济原则：代码优化需要占用计算机和编译程序的资源，代码优化取得的效果应该超出优化工作所付出的代价。否则，代码优化就失去了意义。

根据所涉及的程序范围，在中间代码上进行的优化可以分为局部优化、循环优化和全局优化三个不同级别。

（1）局部优化

所谓的局部优化是指在基本块内进行的优化，因此又称为基本块优化。这种优化在顺序执行的语句序列上进行，不涉及转入、转出、分支汇合等问题，所以处理起来比较简单。常用的局部优化技术有：删除公共子表达式、复写传播、删除无用代码、合并已知量、常数传播等。

（2）循环优化

所谓的循环优化是指在循环语句所生成的中间代码序列上进行的优化。因为循环中的代码可以反复执行，所以进行优化时应着重考虑循环优化，这有效地提高了目标代码的执行效率。常见的循环优化技术主要有：循环展开、代码外提、强度削弱和删除归纳变量等。

（3）全局优化

全局优化是在整个程序范围内进行的优化，要完成全局优化则必须考察基本块之间的相互联系与作用，由于程序是非线性的，因此需要对程序进行数据流分析。数据流分析主要用来收集变量的定值和引用情况等，通常包含到达－定值数据流分析、活跃变量数据流分析、定值－引用数据流分析和可用表达式的数据流分析等。

7.2　局部优化

本节讨论基本块内部的优化。所谓的基本块是指程序中顺序执行的语句序列，其只有一个入口和一个出口，入口就是其中的第一条语句，出口就是其中的最后一条语句，执行时只能从入口语句进入，从出口语句退出。例如下面的三地址语句序列就形成了一个基本块：

$$T_1: = a*b$$
$$T_2: = b*c$$
$$T_3: = 2*T_2$$
$$T_4: = T_1+T_2$$
$$T_5: = b*d$$
$$T_6: = T_4+T_5$$

对于一个给定的程序，可以将它划分为一系列的基本块，算法 7.1 给出的就是将三地址语句序列划分为基本块的算法。

算法 7.1　将三地址语句序列划分为基本块

输入： 三地址语句序列

输出： 基本块的集合，其中每个三地址语句仅在一个基本块中

步骤：

1. 采用下述规则求出三地址程序中各个基本块的入口语句：

① 程序的第一条语句

② 能由条件转移语句或无条件转移语句转移到的语句

③ 紧跟在条件转移语句后面的语句

2. 对以上求出的每条入口语句，确定其所属的基本块。它是由该入口语句到下一入口语句（不包括该入口语句）、一转移语句（包括该转移语句），或一停语句（包括该停语句）之间的语句序列组成的。

3. 凡未被纳入某一基本块中的语句，可以从程序中删除。

例 7.1　下面是一个用 C 语言编写的快速排序子程序：

```
void quicksort (m, n);
int m, n;
  {
      int i, j;
      int v, x;
      if (n<=m) return;
      /* fragment begins here*/
      i=m-1; j=n; v=a [n];
      while (1) {
          do  i=i+1;  while (a [i]<v);
```

```
        do  j=j-1;   while (a [j]>v);
        if (i>=j) break;
        x=a [i]; a[i]=a [j]; a[j]=x;
    }
    x=a[i]; a[i]=a [n]; a [n]=x;
    /*fragment ends here*/
    quicksort (m, j); quicksort (i+1, n);
}
```

假设每个整数占 4 字节，图 7-1 给出了该程序中两个注释行之间的语句所翻译成的中间代码序列。由算法 7.1 的步骤 1 的第一点可知，语句（1）是入口语句；语句（5）、（9）和（23）是条件转移语句或无条件转移语句的目标语句，由算法 7.1 的步骤 1 的第二点可知，它们也是入口语句；由算法 7.1 的步骤 1 的第三点可知，跟随条件转移语句（8）、（12）和（13）之后的语句（9）、（13）和（14）也是入口语句。然后，由算法 7.1 的步骤 2 可构造出 6 个基本块如下：

B_1 = {(1), (2), (3), (4)}
B_2 = {(5), (6), (7), (8)}
B_3 = {(9), (10), (11), (12)}
B_4 = {(13) }
B_5 = {(14), (15), (16), (17), (18), (19), (20), (21), (22)}
B_6 = {(23), (24), (25), (26), (27), (28), (29), (30) }

```
(1)   i := m -1              (16)  t₇ := 4 * i
(2)   j := n                 (17)  t₈ := 4 * j
(3)   t₁ := 4 * n            (18)  t₉ := a[t₈]
(4)   v := a[t₁]             (19)  a[t₇] := t₉
(5)   i := i + 1             (20)  t₁₀ := 4 * j
(6)   t₂ := 4 * i            (21)  a[t₁₀] := x
(7)   t₃ := a[t₂]            (22)  goto (5)
(8)   if t₃ < v goto (5)     (23)  t₁₁ := 4 * i
(9)   j := j -1              (24)  x := a[t₁₁]
(10)  t₄ := 4 * j            (25)  t₁₂ := 4 * i
(11)  t₅ := a[t₄]            (26)  t₁₃ := 4 * n
(12)  if t₅ > v goto (9)     (27)  t₁₄ := a[t₁₃]
(13)  if i >= j goto (23)    (28)  a[t₁₂] := t₁₄
(14)  t₆ := 4 * i            (29)  t₁₅ := 4 * n
(15)  x := a[t₆]             (30)  a[t₁₅] := x
```

图 7-1   与快速排序子程序片段所对应的三地址程序

通过把控制流信息加到基本块集合中可以构造程序的有向图，该图称为控制流图（简称流图），每个流图以基本块为结点。入口语句是程序的第一条语句的基本块称为流图的首结点。如果在某个执行顺序中，基本块 B_2 紧接在基本块 B_1 之后执行，则从 B_1 到 B_2 有一条有向边。也就是说，如果：

1）有一个条件或无条件转移语句从 B_1 的最后一条语句转移到 B_2 的第一条语句；

2）或者在程序的序列中，B_2 紧接在 B_1 的后面，并且 B_1 的最后一条语句不是一个无条件转移语句。

此时，称 B_1 是 B_2 的前驱，B_2 是 B_1 的后继。这样我们，可以把控制流图表示成一个三元组 G=（N，E，no），其中，N 代表图中所有结点集，E 代表图中所有有向边集，no 代表首结点。

例 7.2   对例 7.1 中划分得到的基本块加入控制流信息可以得到如图 7-2 所示的控制流

图。为了避免在代码优化时所导致的诸如三地址语句删除或者位置的改变等所带来的麻烦，在程序流图中将原来转移到某一基本块入口语句的转移语句替换成一个等价的转移到相应基本块的转移语句。如将图7-1中的语句

```
if t₃ < v goto (5)
```

替换为图7-2中相应的语句

```
if t₃ < v goto B₂
```

接下来介绍能够对基本块进行优化的方法，这些方法主要有删除公共子表达式、复写传播、删除无用代码、合并已知量及常数传播、临时变量改名、交换语句次序和代数变换等。

1. 删除公共子表达式

如果表达式 E 在之前已经计算过，并且在这之后 E 中变量的值没有改变，则称 E 的这次再出现为公共子表达式。如果先前的计算结果可以继续使用，那么，就可以用先前的计算结果来代替本次出现的公共子表达式，从而避免表达式的重复计算，这种优化称为删除公共子表达式。

例 7.3　在图7-2的 B_5 中，首先将 $4*i$ 和 $4*j$ 分别赋给了 t_6 和 t_8，之后，在 i 和 j 都没有改变的情况下，重复计算 $4*i$ 和 $4*j$。又分别把它们的值赋给 t_7 和 t_{10}，此时，可以删除这些重复计算的公共子表达式，将 t_6 赋给 t_7，将 t_8 赋给 t_{10}，这样就将 B_5 变换为如图7-3所示的代码。

例7.3中公共子表达式位于同一个基本块内，此时的表达式称为局部公共子表达式。如果同一个表达式出现在不同的基本块中，并且其中引用的变量都没有改变，这样的表达式称为全局公共子表达式。对于这类表达式同样可以用其第一次出现时的结果值代替重复计算的结果，然而，全局公共子表达式的判定和删除不像局部公共子表达式的判定和删除这么简单，需要用到可用表达式数据流方程的求解结果，我们会在后面的全局优化中做详细介绍，这里先用一个例子来说明全局公共子表达式的删除。

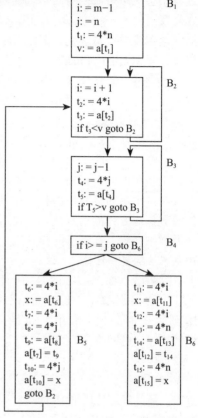

图 7-2　与图7-1相对应的程序流图

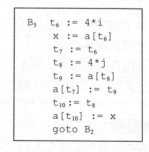

图 7-3　对图7-2的 B_5 删除局部公共子表达式后

例 7.4　考虑图7-3中的 B_5，B_5 仍然需要计算 $4*i$ 和 $4*j$。若从整个程序的控制流图7-2来看，它们依然是公共子表达式，$4*i$ 在 B_2 中计算并且赋给了 t_2，$4*j$ 在 B_3 中计算并且赋给了 t_4，并且当控制从 B_2 到达 B_5、从 B_3 到达 B_5 时，i 和 j 的值都没有发生变化，因此可以继续删除这些公共子表达式，从而在 B_5 中可以将

$$t_6 := 4*i \text{ 替换为 } t_6 := t_2$$

$$t_8 := 4*j \text{ 替换为 } t_8 := t_4$$

对于 B_6 也可以做同样的处理。删除公共子表达式后的 B_5 和 B_6 如图7-4所示。

2. 复写传播

形如 f := g 的赋值语句称为复写语句，优化过程中会大量引入复写语句。复写传播的思想是在复写语句 f := g 之后尽可能用 g 代替 f。复写传播变换本身并不是优化，但它可给其他优化带来机会，比如无用代码的删除。

例 7.5　观察图 7-4 中 B_5 的语句"$t_6 := t_2$"和"$x := a[t_6]$"，t_6 在赋值完成之后就被引用，并且其中没有改变 t_6 的值。因此，可以将"$x := a[t_6]$"变换为"$x := a[t_2]$"。用这样的复写传播，可以将图 7-4 中的 B_5 和 B_6 转化为如图 7-5 所示。

上例中的复写传播是在基本块内进行，如果涉及跨基本块的复写传播就要用到一些诸如复写传播数据流方程的求解结果，在后面的全局优化会做详细介绍，在这里同样只用一个例子先说明跨基本块的复写传播。

例 7.6　在图 7-2 的 B_2 中计算了"$t_3 := a[t_2]$"，B_3 中计算了"$t_5 := a[t_4]$"，并且当控制从 B_2 到达 B_5 时，$a[t_2]$ 和 $a[t_4]$ 都没有改变，因此可以删除公共子表达式，用 t_3 代替 $a[t_2]$，用 t_5 代替 $a[t_4]$，也即将

$$x := a[t_2] \text{ 替换为 } x := t_3$$
$$t_9 := a[t_4] \text{ 替换为 } t_9 := t_5$$

进而，通过复写传播把 B_5 中

$$a[t_4] := x \text{ 替换为 } a[t_4] := t_3$$
$$a[t_2] := t_9 \text{ 替换为 } a[t_2] := t_5$$

对于 B_6 也可以做同样的处理。这样，图 7-5 中的 B_5 和 B_6 就变为如图 7-6 所示。

3. 删除无用代码

无用代码是指计算结果以后不被引用的语句。一些优化变换，比如复写传播，可能会引入无用代码。对于这些代码可以删除而不会影响程序的运行结果，这种优化方法称为删除无用代码。

例 7.7　对于图 7-6 中 B_5 的变量 x、t_7、t_8、t_9、t_{10} 的值在整个程序中都不再使用，因此，关于这些变量的赋值为无用代码，从而可以将它们删除。删除无用赋值语句之后的 B_5 变为：

```
a[t₂] := t₅
a[t₄] := t₃
goto B₂
```

对 B_6 可以进行同样的处理，删除无用赋值语句之后的 B_6 变为：

```
a[t₂] := v
a[t₁] := t₃
```

对图 7-2 中的代码经过上述一系列的优化后所得的结果如图 7-7 所示。

B_5		B_6	
	$t_6 := t_2$		$t_{11} := t_2$
	$x := a[t_6]$		$x := a[t_{11}]$
	$t_7 := t_6$		$t_{12} := t_{11}$
	$t_8 := t_4$		$t_{13} := t_1$
	$t_9 := a[t_8]$		$t_{14} := a[t_{12}]$
	$a[t_7] := t_9$		$a[t_{12}] := t_{14}$
	$t_{10} := t_8$		$t_{15} := t_1$
	$a[t_{10}] := x$		$a[t_{15}] := x$
	goto B_2		

图 7-4　对图 7-2 的 B_5 和 B_6 删除公共子表达式后

B_5		B_6	
	$t_6 := t_2$		$t_{11} := t_2$
	$x := a[t_2]$		$x := a[t_2]$
	$t_7 := t_2$		$t_{12} := t_2$
	$t_8 := t_4$		$t_{13} := t_1$
	$t_9 := a[t_4]$		$t_{14} := a[t_1]$
	$a[t_2] := t_9$		$a[t_2] := t_{14}$
	$t_{10} := t_4$		$t_{15} := t_1$
	$a[t_4] := x$		$a[t_1] := x$
	goto B_2		

图 7-5　对图 7-4 中 B_5 和 B_6 复写传播后

B_5		B_6	
	$t_6 := t_2$		$t_{11} := t_2$
	$x := t_3$		$x := t_3$
	$t_7 := t_2$		$t_{12} := t_2$
	$t_8 := t_4$		$t_{13} := t_1$
	$t_9 := t_5$		$t_{14} := v$
	$a[t_2] := t_5$		$a[t_2] := v$
	$t_{10} := t_4$		$t_{15} := t_1$
	$a[t_4] := t_3$		$a[t_1] := T_3$
	goto B_2		

图 7-6　对图 7-5 中 B_5 和 B_6 复写传播后

4. 合并已知量和常数传播

所谓合并已知量是指将能在编译时计算出值的表达式用其相应的值来替代。常数传播是一种简单的合并，即利用在编译时已知的变量值代替程序中对这些变量的引用，直到该变量被重新定义为止。

例 7.8 如假设在一个基本块内有两条语句：

$t_1 := 2$
...
$t_2 := 3*t_1$

如果对 t_1 的赋值在到达" $t_2 := 3*t_1$ "时其值没有改变过，那么，在赋值语句" $t_2 := 3*t_1$ "中 t_1 就可以用 2 来代替从而得到" $t_2 := 3*2$ "，这就是常数传播。此时，" $t_2 := 3*2$ "右边的两个运算数在编译时刻都是已知量，在编译时就可以计算出它们的运算结果，而不必等到程序运行时再计算。即可以把这条语句改为" $t_2 := 6$ "。

5. 临时变量换名

假定在一个基本块中有语句" $t := b + c$ "，其中 t 是一个临时变量名。如果把这个语句改成" $u := b + c$ "，这里 u 是一个新的临时变量名，并且将基本块中出现的所有 t 都改成 u，则不改变基本块的值。这就是所谓的临时变量换名。事实上，总可以通过临时变量换名把一个基本块变换成为另一个等价的基本块。临时变量换名的应用将在后面基于基本块的 DAG 的局部优化中体现。

6. 交换语句的次序

假定一个基本块内的两条邻近的语句：

$u := a+b$
$z := x+y$

如果这两个语句是互不依赖的，即 x 和 y 都不是 u，并且 a 和 b 都不是 z 时，可以交换这两个语句的位置而不影响基本块的值。有时通过交换语句次序可以得到更高效的代码。同样交换语句次序的应用也将在后面基于基本块的 DAG 的局部优化中看到。

7. 代数变换

许多代数变换可以简化表达式的运算或加快计算速度，同时保持表达式的值不变。

例 7.9 $x := x + 0$、$x := x-0$ 或 $x := x*1$ 执行的运算都没有改变 x 的值，没有任何意义，可以从基本块中删除。

例 7.10 " $x := y**2$ "的指数运算通常要调用一个函数来实现。可以使用等价的代数变换，用简单的乘法运算" $x := y*y$ "代替幂运算。

例 7.11 假设有源程序

```
a := b +c
e := c + d + b
```

其可以被翻译成如下三地址代码：

```
a := b + c
t := c + d
```

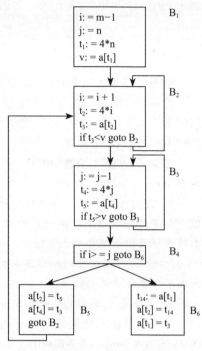

图 7-7 对图 7-2 删除子公共表达式、
复写传播和删除无用赋值后

```
e := t + b
```

如果 t 的值在语句 "e := t + b" 之后不再用到，则可以利用加法的交换律和结合律，产生更简洁的代码：

```
a := b +c
e := a +d
```

8. 基于基本块的 DAG 的局部优化

许多重要的局部优化技术可以通过构造基本块的 DAG 让计算机自动实现，下面就介绍如何基于基本块的 DAG 来实现优化。前面已经提到过 DAG 是不带环路的有向图，下面给出基本块的 DAG 的定义。

定义 7.1（基本块的 DAG） 所谓基本块的 DAG 是在结点上带有如下标记或者附加信息的 DAG：

1）图的叶结点以一标识符（变量名）或常数作为标记，表示该结点代表该变量或常数的值。如果叶结点用来表示一变量 A 的地址，则用 addr(A) 作为该结点的标记。通常把叶结点上作为标记的标识符加上下标 0，以表示它是该变量的初值。

2）图的内部结点以一运算符作为标记，表示该结点应用该运算符对其直接后继结点所代表的值进行运算的结果。

3）图中各个结点上可能附加一个或多个标识符，表示这些变量具有该结点所代表的值。

基本块是由三地址语句构成的序列，而对于每一个三地址语句都可以为之构造相应的 DAG 的结点形式。图 7-8 给出了不同的三地址语句所对应的 DAG 的结点形式，其中 n_i 是结点的编号，结点下面的符号（运算符、标识符或常数）是结点的标记，结点右边的标识符是结点的附加标识符。图 7-8 中三地址语句依据其对应结点的后继结点数目可以分为四类：

1）0 型三地址语句：没有后继结点，如图 7-8 中 (1)、(7) 所示。

2）1 型三地址语句：有一个后继结点，如图 7-8 中 (2) 所示。

3）2 型三地址语句：有两个后继结点，如图 7-8 中 (3)、(4)、(5) 所示。

4）3 型三地址语句：有三个后继结点，如图 7-8 中 (6) 所示。

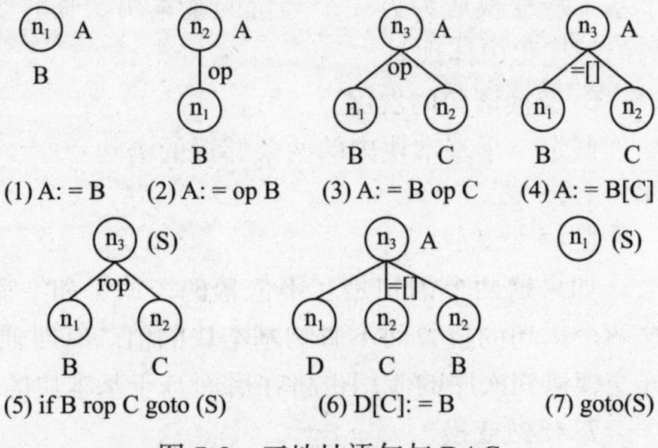

下面介绍基本块的 DAG 的构造算法，用大写字母（如 A、B 等）表示三地

(1) A: = B (2) A: = op B (3) A: = B op C (4) A: = B[C]

(5) if B rop C goto (S) (6) D[C]: = B (7) goto(S)

图 7-8　三地址语句与 DAG

址语句中的变量名（或常数）。用函数 node(A) 表示最新建立的与 A 相对应的结点，其值可为 n 或者无定义，如果其值为 n，则表示 DAG 中存在一个结点 n，A 是其上的标记或者附加标识符。对于每个基本块仅含 0、1、2 型三地址语句的 DAG 构造算法见算法 7.2。算法流程图如图 7-9 所示。

算法 7.2　构造一个基本块的 DAG

输入： 一个基本块

输出： 该基本块的 DAG

步骤： 对基本块中的每一个三地址语句依次执行下列步骤：

1. 如果 node(B) 无定义，则构造一标记为 B 的叶结点，并定义 node(B) 为这个结点，然后根据下列情况做不同处理：

① 如果当前三地址语句是 0 型，则记 node(B) 的值为 n，转步骤 4。

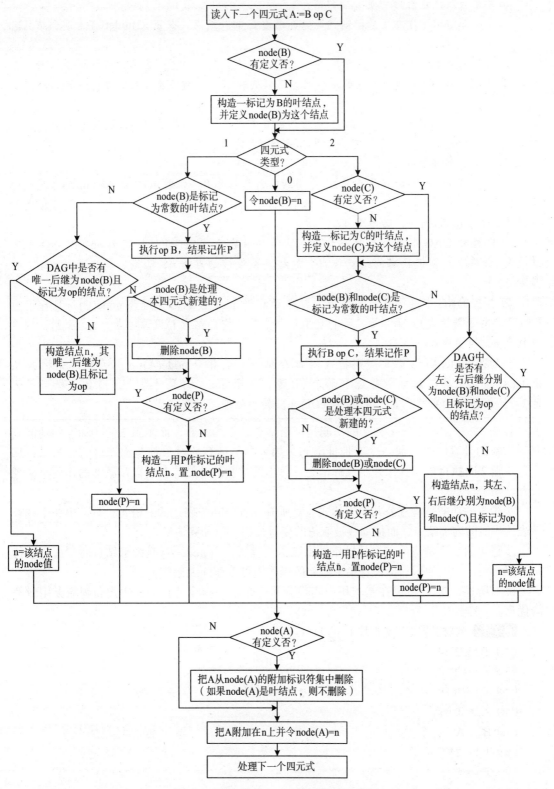

图 7-9　基本块的 DAG 构造算法流程图

② 如果当前三地址语句是 1 型，则转步骤 2 的①。

③ 如果当前三地址语句是 2 型，则：

　　i. 如果 node(C) 无定义，则构造一标记为 C 的叶结点，并定义 node(C) 为这个结点。

　　ii. 转步骤 2 的②。

2.① 如果 node(B) 是标记为常数的叶结点，则转步骤 2 的③；否则，转步骤 3 的①。

② 如果 node(B) 和 node(C) 都是标记为常数的叶结点，则转步骤 2 的④；否则，转步骤 3 的②。

③ 执行 op B（即合并已知量）。令得到的新常数为 P。如果 node(B) 是处理当前四元式时新构造出来的结点，则删除它。如果 node(P) 无定义，则构造一用 P 作标记的叶结点 n。置 node(P)=n，转步骤 4。

④ 执行 B op C（即合并已知量）。令得到的新常数为 P。如果 node(B) 或 node(C) 是处理当前四元式时新构造出来的结点，则删除它。如果 node(P) 无定义，则构造一用 P 作标记的叶结点 n。置 node(P)=n，转步骤 4。

3.① 检查 DAG 中是否已有一结点，其唯一后继为 node(B) 且标记为 op（即公共子表达式）。如果有，则把已有的结点作为它的结点并设该结点为 n，否则，构造该结点 n。转步骤 4。

② 检查 DAG 中是否已有一结点，其左后继为 node(B)，右后继为 node(C)，且标记为 op（即公共子表达式）。如果有，则把已有的结点作为它的结点并设该结点为 n，否则，构造该结点 n。转步骤 4。

4. 如果 node(A) 无定义，则把 A 附加在结点 n 上并令 node(A)=n；否则，先把 A 从 node(A) 结点上的附加标识符集中删除（注意，如果 node(A) 是叶结点，则其 A 标记不删除）。把 A 附加到新结点 n 上并置 node(A)=n。转去处理下一个四元式。

算法 7.2 中步骤 2 的①和②的功能是判断结点是否为常数，而步骤 2 的③和④的功能则是对常数的处理。对任何一个三地址语句，如果参与运算的对象都是编译时的已知量，那么，步骤 2 则执行该运算，并生成标记为计算出的常数的叶结点。所以步骤 2 的作用是实现合并已知量。

步骤 3 的功能是检查公共子表达式。对所有具有公共子表达式的语句，只产生一个计算该表达式值的内部结点，而把那些被赋值的变量标识符附加到该结点上。

步骤 4 的功能是将前三步的操作结果赋给变量 A。当 node(A) 是内部结点时，通过执行把 A 从 node(A) 上的附加标识符集中删除的操作则可以删除无用赋值。

综上所述，DAG 可以在基本块内实现合并已知量、删除公共子表达式和删除无用赋值的优化。

例 7.12 试构造以下基本块 G 的 DAG。

（1）$T_0 := 3.14$

（2）$T_1 := 2*T_0$

（3）$T_2 := R+r$

（4）$A := T_1*T_2$

（5）$B := A$

（6）$T_3 := 2*T_0$

（7）$T_4 := R+r$

（8）$T_5 := T_3*T_4$

（9）T_6: = R−r

（10）B: = T_5*T_6

应用算法 7.2，依次处理基本块中的每条三地址语句，构造过程如下：

1）处理第一条语句"T_0: = 3.14"，根据算法步骤 1，因为 node(3.14) 无定义，构造一个标记为 3.14 的结点 n_1，因为该语句为 0 型，所以利用算法步骤 1 中的①，记 node(3.14) = n_1，转到步骤 4，因为 node(T_0) 无定义，所以将 T_0 附加到结点 n_1 上，并令 node(T_0)=n_1。建立的 DAG 如图 7-10 中（1）所示。

2）对于第二条语句"T_1: = 2*T_0"，执行算法中的步骤 1，因 node(2) 无定义，所以构造一个标记为 2 的结点 n_2；当前四元式是 2 型，利用算法步骤 1 中的③，因为 node(T_0)=n_1，转算法步骤 2 中的②；因为 n_1 和 n_2 都是标记为常数的叶结点，所以转到步骤 2 的④，则执行 2*3.14 得到新结点为 P(=6.28)，因为 n_2 是新建结点，删除 n_2；由于 node(6.28) 无定义，故构造标记为 6.28 的新结点 n_2，并记 node(6.28)= n_2；接下来执行算法步骤 4，因 node(T_1) 无定义，将 T_1 附加在结点 n_2 上，并令 node(T_1)= n_2。构成的 DAG 如图 7-10 中（2）所示。

3）对于"T_2: = R + r"，利用算法中的步骤 1，因 node(R) 无定义，构造一个标记为 R 的结点 n_3；当前四元式是 2 型，执行算法步骤 1 中的③，因为 node(r) 无定义，构造标记为 r 的结点 n_4，转算法步骤 2 中的②；因为结点 n_3 和 n_4 都不是常数叶结点，所以转到步骤 3 中的②；DAG 中没有标记为"+"且左右后继分别标记为 R 和 r 的结点，所以，构造标记为"+"且左右后继结点分别为 n_3 和 n_4 的新结点 n_5，转到步骤 4；因为 node(T_2) 无定义，将 T_2 附加在结点 n_5 上，并令 node(T_2)= n_5。构成的 DAG 如图 7-10 中（3）所示。

4）对于"A: = T_1*T_2"，利用算法中的步骤 1，因 node(T_1)=n_2，当前四元式是 2 型，利用算法步骤 1 中的③，因为 node(T_2)= n_5，转算法步骤 2 中的②；因为结点 n_2 和 n_5 都不是常数叶结点，所以转到步骤 3 中的②；DAG 中没有标记为"*"且左右后继分别标记为 T_1 和 T_2 的结点，所以，构造标记为"*"且左右后继结点分别为 n_2 和 n_5 的新结点 n_6，转到步骤 4；因为 node(A) 无定义，将 A 附加在结点 n_6 上，并令 node(A)= n_6。构成的 DAG 如图 7-10 中（4）所示。

5）对于"B: = A"，根据算法中的步骤 1，node(A)= n_6，当前四元式是 0 型，转到步骤 4；因为 node(B) 无定义，将 B 附加在结点 n_6 上，并令 node(B)= n_6。构成的 DAG 如图 7-10 中（5）所示。

6）对于"T_3: = 2*T_0"的处理过程与"T_1: = 2*T_0"类似，但在生成 P 时因其已在 DAG 中（即 node(6.28)），故不生成新结点而直接将 T_3 附加在结点 6.28 上。构成的 DAG 如图 7-10 中（6）所示。

7）对于"T_4: = R + r"，利用算法中的步骤 1，因为 DAG 中已有标记为 R 和 r 的叶结点，转算法步骤 2 中的②；因为结点 node(R) 和 node(r) 都不是常数叶结点，所以转到步骤 3 中的②；因为存在标记为"+"且左右后继分别标记为 R 和 r 的结点 n_5，所以令 n= n_5，转到第 4 步；因为 node(T_4) 无定义，将 T_4 附加在结点 n_5 上，并令 node(T_4)= n_5。构成的 DAG 如图 7-10 中（7）所示。

8）对于"T_5: = T_3*T_4"，利用算法中的步骤 1，因为 DAG 中已有标记为 T_3 和 T_4 的叶结点，转算法步骤 2 中的②；因为结点 node(T_3) 和 node(T_4) 都不是常数叶结点，所以转到步骤 3 中的②；因为存在标记为"*"且左右后继分别标记为 T_3 和 T_4 的结点 n_6，所以令 n=n_6，转到第 4 步；因为 node(T_5) 无定义，将 T_5 附加在结点 n_6 上，并令 node(T_5)= n_6。构成的 DAG 如图 7-10 中（8）所示。

9）对于"$T_6 := R-r$"，因为 DAG 中已存在分别标记为 R 和 r 的结点，执行"$-$"操作后，产生的新结点无定义，故仅生成一个新结点 n_7 并将 T_6 标记于其上。构成的 DAG 如图 7-10 中（9）所示。

10）对于"$B = T_5*T_6$"，DAG 中已存在分别标记为 T_5 和 T_6 的结点；执行算法步骤 4 时因结点 B 已有定义且不是叶结点，故先将原 B 从结点 n_6 的附加标识符中去掉，然后生成一个新结点 n_8，将 B 附加其上并令 node(B)=n_8。构成的 DAG 如图 7-10 中（10）所示。

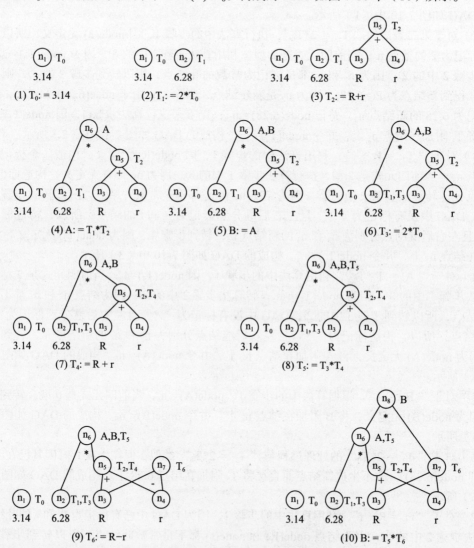

图 7-10　例 7.12 中基本块的 DAG 图

利用 DAG 进行基本块优化处理的基本思想是：按照 DAG 结点的构造顺序，对每一个结点写出其相应的四元式表示。

例 7.13　根据例 7.12 中 DAG 结点的构造顺序，可写出三地址语句序列 G' 如下：

（1）$T_0 = 3.14$

（2）$T_1 = 6.28$

（3）$T_3 = 6.28$

（4）$T_2 = R + r$

（5）$T_4 = T_2$

（6）$A = 6.28*T_2$

（7）$T_5 = A$

（8）$T_6 = R-r$

（9）$B = A*T_6$

将 G' 和原基本块 G 相比，我们看到：

1）G 中三地址语句（2）和（6）都是已知量和已知量的运算，G' 已合并。

2）G 中三地址语句（5）是一种无用赋值，G' 已将它删除。

3）G 中三地址语句（3）和（7）的 $R + r$ 是公共子表达式，G' 只对它们计算了一次，即删除了多余的 $R+r$ 运算。

因此，G' 是对 G 实现上述三种优化的结果。

例 7.14　假设例 7.12 中 T_0、T_1、T_2、T_3、T_4、T_5 和 T_6 在基本块后都不会被引用，则图 7-10 中的 DAG 就可重写为如下三地址语句序列：

（1）$S_1=R+r$　　　　　　　　　　/*S_1、S_2 为存放中间结果的临时变量 */

（2）$A=6.28*S_1$

（3）$S_2=R-r$

（4）$B=A*S_2$

以上把 DAG 重写成三地址语句序列时，是按照原来构造 DAG 结点的顺序（即 n_5、n_6、n_7、n_8）依次进行的。实际上，我们还可以采用其他顺序（如自下而上）重写，只要其中的任何一个内部结点是在其后继结点之后被重写并且转移语句（如果有的话）仍然是基本块的最后一个语句即可。可按照 n_7、n_5、n_6 和 n_8 的顺序把 DAG 重写为：

（1）$S_1=R-r$

（2）$S_2=R+r$

（3）$A=6.28*S_2$

（4）$B=A*S_1$

与例 7.14 中的三地址代码相比，上面的代码只是交换了语句的次序，但是上面的中间代码所生成的目标代码要比例 7.14 中的中间代码所生成的目标代码要好。

7.3　循环优化

循环是程序中不可缺少的控制结构，因为其中的代码可以重复执行，所以程序在运行时相当大的一部分时间常常花费在循环的执行上，因此，循环的优化对提高程序运行效率有很大的作用。为了进行循环优化，必须先找出程序中的循环。为了找出程序中的循环，就需要对程序的控制流进行分析。接下来介绍如何利用程序的控制流程图来定义和查找循环。

定义 7.2（循环）　在程序流图中，称具有下列性质的结点序列为一个循环：

1）它们是强连通的，即该序列中的任意两个结点之间存在通路，并且通路只包含该结点序列中的结点；如果序列只包含一个结点，则该结点必有一条有向环从该结点指向其自身。

2）它们中间有且只有一个是入口结点。所谓入口结点，要么是程序流图的首结点，要么是存在有向边从序列外某结点指向它的结点。

例 7.15　图 7-11 为图 7-2 中所示的程序流图的一个简化版，该图只包含了图 7-2 中各基本块的名称，而未包含相应的中间代码。基于图 7-11 所示的程序流图，对于结点序列

$\{B_2\}$ 而言，其只有一个结点且有一有向环从 B_2 指向自身，并且只有唯一的入口结点 B_2，故 $\{B_2\}$ 是循环；同理 $\{B_3\}$ 也是循环。对于结点序列 $\{B_2，B_3，B_4，B_5\}$ 而言，其中的任意两个结点之间都存在通路，且有唯一的入口结点 B_2，故也是循环。除此之外不存在其他满足循环定义的结点序列。

1. 循环的查找

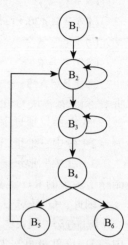

图 7-11　程序流图

在例 7.15 中只是依据循环的定义找出了图 7-11 中所包含的循环，为了给出查找程序流图中循环的算法，就需要分析流图中结点的控制关系，为此引入必经结点和必经结点集的定义。

定义 7.3（必经结点和必经结点集）　在程序流图中，对任意两个结点 m 和 n，如果从流图的首结点出发，到达 n 的任一通路都要经过 m，则称 m 是 n 的必经结点，记为 mDOM n；流图中结点 n 的所有必经结点组成的集合称为结点 n 的必经结点集，记为 D(n)。

显然，循环的入口结点是循环中所有结点的必经结点，并且对任何结点 n 而言都有 n DOM n。如果把 DOM 看作流图结点集上定义的一个关系，则由定义易得该关系为偏序，即它具有下述性质：

1）自反性：对流图中任意结点 a，都有 a DOM a。

2）传递性：对流图中任意结点 a、b、c，若存在 a DOM b 和 b DOM c，则必有 a DOM c。

3）反对称性：若存在 a DOM b 和 b DOM a，则必有 a = b。

由必经结点的定义可知，要计算结点 n 的必经结点集，就需要从 n 向流图的首结点进行逆向搜索，并在搜索的过程中判断途经结点是否为 n 的必经结点。计算必经结点算法的基本思想是：假设 n_1，n_2，…，n_k 是结点 n 的所有前驱结点，则对于某个结点 d（$\neq$ n）而言，d DOM n 当且仅当对所有的 $1 \leqslant i \leqslant k$ 有 d DOM n_i。算法 7.3 为求流图 G = (N，E，n_0) 的任意结点 n 的必经结点集 D(n) 的算法；其中，P(n) 代表结点 n 的前驱结点集，它可以从边集 E 中直接求出。

算法 7.3　计算必经结点集

输入：流图 G = (N，E，n_0)

输出：所有结点 n 的必经结点集 D(n)

步骤：

```
1.   D(n₀)={n₀};
2.   for (n∈N-{n₀}) D(n)=N;           /* 置初值 */
3.   change=true;
4.   while (change)
     {
5.       change=false;
6.       for (n∈N-{n₀})
         {
7.           newD={n} ∪ ∩ D(p)
                       p∈p(n)
8.           if (newD≠D(n))
9.           { change=true;
10.              D(n)=newD; }
         }
     }
```

显然 D(n_0) = $\{n_0\}$，算法 7.3 的步骤 2 是对除首结点外的结点进行初始化，因为算法中是通过对某结点的所有前驱的必经结点集进行交运算来获得该结点的必经结点集，因此迭代初

值必须取最大值，即全集 N。然后开始步骤 4～10 的迭代。对于每一个非首结点 n，依次执行步骤 7～10 来修改 D(n)。newD 代表每次修改后的 D(n)。如果在某次迭代过程中，每一个非首结点 n 都有 newD= D(n)，则迭代结束，否则进入下一轮迭代。

在算法 7.3 的步骤 6 中，选取的结点的迭代次序不同会影响迭代的次数。

对于给定的流图，按深度优先搜索中所经过结点序列的顺序依次给各结点排一个次序，称该次序为深度为主次序。比如，对于图 7-11 中的流图而言，B_1、B_2、B_3、B_4、B_5、B_6 就是一个各结点深度为主的次序。在算法 7.3 中采用深度为主次序选取结点，在每次迭代的过程中，前一步计算出的结果立即可用于下一步的计算，这样可以减少迭代所需的次数，加快计算速度。

例 7.16　应用算法 7.3 求图 7-11 中所有结点的必经结点集。

解：应用算法 7.3 求解过程如下。

首先置初值：
$$D(B_1) = \{B_1\}$$
$$D(B_2) = D(B_3) = D(B_4) = D(B_5) = D(B_6) = \{B_1, B_2, B_3, B_4, B_5, B_6\}$$

接下来执行 while 循环，首先令 change = false，然后，从结点 2 到结点 7 依次执行第二个 for 循环。

对于结点 2 而言，
$$newD = \{B_2\} \cup (D(B_1) \cap D(B_2) \cap D(B_5)) = \{B_2\}\cup\{B_1\} = \{B_1, B_2\}$$
因迭代前 $D(B_2)= \{B_1, B_2, B_3, B_4, B_5, B_6\}$，故 D(2) ≠ newD，因此置 change=true，并令 $D(B_2) =\{B_1, B_2\}$。

对于结点 3 而言，
$$newD = \{B_3\} \cup (D(B_2) \cap D(B_3)) = \{B_3\} \cup \{B_1, B_2\} = \{B_1, B_2, B_3\}$$
因迭代前 $D(B_3) = \{B_1, B_2, B_3, B_4, B_5, B_6\}$，故 D(3) ≠ newD，因此置 change = true，并令 $D(B_3) = \{B_1, B_2, B_3\}$。

对于结点 4 而言，
$$newD = \{B_4\}\cup D(B_3) = \{B_1, B_2, B_3, B_4\}$$
因迭代前 $D(B_4) = \{B_1, B_2, B_3, B_4, B_5, B_6\}$，故 D(4) ≠ newD，因此置 change = true，并令 $D(B_4) = \{B_1, B_2, B_3, B_4\}$。

同理，其余各结点按照上述步骤可求出：
$$D(B_5) = \{B_1, B_2, B_3, B_4, B_5\}$$
$$D(B_6) = \{B_1, B_2, B_3, B_4, B_6\}$$

至此，while 循环的第一次迭代完毕，因 change 为 true，故还要进行 while 下一次迭代。先令 change 为 false，然后，继续从结点 2 到结点 7 依次执行第二个 for 循环。

对于结点 2 而言，
$$newD = \{B_2\}\cup(D(B_1) \cap D(B_2) \cap D(B_5)) = \{B_2\}\cup\{B_1\} = \{B_1, B_2\}$$
因迭代前 $D(B_2)= \{B_1, B_2\}$，所以 D(B_2)=newD，故 $D(B_2)$ 不变。

对于结点 3 而言，
$$newD = \{B_3\}\cup(D(B_2) \cap D(B_3)) = \{B_3\}\cup\{B_1, B_2\} = \{B_1, B_2, B_3\}$$
因迭代前 $D(B_3) = \{B_1, B_2, B_3\}$，所以 D(B_3) = newD，故 $D(B_3)$ 不变。

同理对其余结点 n(n = 4～6) 求出的 newD 均有 $D(B_n)$ = newD，所以 while 第二次迭代后 change 为 false，迭代结束，第一次迭代求出的各个 $D(B_n)$ 就是最后的结果，也即

$$D(B_1) = \{B_1\}$$
$$D(B_2) = \{B_1,\ B_2\}$$
$$D(B_3) = \{B_1,\ B_2,\ B_3\}$$
$$D(B_4) = \{B_1,\ B_2,\ B_3,\ B_4\}$$
$$D(B_5) = \{B_1,\ B_2,\ B_3,\ B_4,\ B_5\}$$
$$D(B_6) = \{B_1,\ B_2,\ B_3,\ B_4,\ B_6\}$$

查找循环的方法是：首先应用必经结点集来求出流图中的回边，然后利用回边找出流图中的循环。下面是回边的定义。

定义 7.4（回边）　对于一个给定的流图 $G = (N, E, n_0)$，假设 $n \to d$ 是流图中一条有向边，如果 $d\ DOM\ n$，则称 $n \to d$ 是流图中的一条回边。

例 7.17　求出图 7-11 中流图的所有回边。

解：1）已知 $D(B_2) = \{B_1,\ B_2\}$，因存在 $B_2 \to B_2$ 且 $B_2\ DOM\ B_2$，故 $B_2 \to B_2$ 是回边。

2）已知 $D(B_3) = \{B_1,\ B_2,\ B_3\}$，因存在 $B_3 \to B_3$ 且 $B_3\ DOM\ B_3$，故 $B_3 \to B_3$ 是回边。

3）已知 $D(B_5) = \{B_1,\ B_2,\ B_3,\ B_4,\ B_5\}$，因存在 $B_5 \to B_2$ 且 $B_2\ DOM\ B_5$，故 $B_5 \to B_2$ 是回边。

容易看出，其他有向边都不是回边。

如果已知有向边 $n \to d$ 是一条回边，那么就可以求出由它组成的循环。该循环就是由结点 n、结点 d 以及所有不经过 d 能够到达 n 的结点组成，并且 d 是该循环的唯一入口结点。这是因为：

1）令上述结点集为 L，则 L 必定是强连通的。

证明：令 $M = L - \{d,\ n\}$，m 为 M 中的任一结点。

因为 $d\ DOM\ n$，所以必有 $d\ DOM\ m$。否则存在从首结点出发不经过 d 到达 m 的通路。又由 L 的组成成分可知，存在从 m 出发不经过 d 到 n 的通路，从而存在从首结点出发不经过 d 到达 n 的通路，这样 $d\ DOM\ n$ 矛盾。

因为 $d\ DOM\ m$，所以 d 必有通路到达 M 中的任一结点 m，而 m 又可以通过 n 到达 d，从而 M 中任意两个结点之间必有通路。所以 L 中任意两个结点之间亦必有一通路。

此外，由 M 中结点性质可知，d 到 M 中任一结点 m 的通路上所有结点都应属于 M，m 到 n 的通路上所有结点也都属于 M，所以 L 中任意两结点间通路上所有结点都属于 L，也即，L 是强连通的。

2）d 必为 L 的一个入口结点，同时也是 L 的唯一入口结点。

证明：因为对所有的 $m \in L$，都有 $d\ DOM\ m$，所以 d 为 L 的一个入口结点。

假设存在另一入口结点 $d_1 \in L$，$d_1 \neq d$。

首先 d_1 不可能是首结点，否则，$d\ DOM\ n$ 不成立。

现设 d_1 不是首结点，且设 d_1 在 L 外的前驱是 d_2，那么，d_2 和 n 之间必有一条通路 $d_2 \to d_1 \to \cdots \to n$，且该通路不经过 d，从而 d_2 应属于 M，这与 d_2 不属于 L 矛盾。所以不存在上述结点 d_1，也即 d 是 L 的唯一入口结点。

因此 L 是包含回边 $n \to d$ 的循环，并且 d 是该循环的唯一入口结点。

例 7.18　图 7-11 中回边 $B_2 \to B_2$ 组成的循环就是 $\{B_2\}$。

回边 $B_3 \to B_3$ 组成的循环就是 $\{B_3\}$。

考察回边 $B_5 \to B_2$，不经过 B_2 到达 B_5 只有结点 B_3、B_4，所以由回边 $B_5 \to B_2$ 组成的循环就是 $\{B_2,\ B_3,\ B_4,\ B_5\}$。

算法 7.4 是用来求由回边 $n \to d$ 组成的循环。此算法的基本思想是：由于循环以 d 为其唯一入口，以 n 作为它的一个出口，只要 n 不同时是循环入口 d，那么 n 的所有前驱就应属于循环。在求出 n 的所有前驱之后，只要它们不是循环入口 d，就应再继续求出它们的前驱，而这些新求出的所有前驱也应属于循环。然后再对新求出的所有前驱重复上述过程，直到所求出的前驱都是 d 为止。因为 d 的所有前驱（除 n 外）都不属于循环，所以算法结束。

算法 7.4　构造由回边组成的循环

输入：流图 G 和回边 $n \rightarrow d$

输出：由 $n \rightarrow d$ 组成的循环中所有结点构成的集合 loop

步骤：

```
1.   procedure insert(m);
     {
2.       if m 不在 loop 中 then
3.       { loop := loop ∪ {m};
4.         将 m 压入栈 stack; }
     }
     /* 下面是主程序 */
5.   stack := 空;
6.   loop := {d};
7.   insert(n);
8.   while stack 非空
     {
9.       从 stack 弹出第一个元素 m;
10.      for m 的每个前驱 p
11.          insert(p);
     }
```

例 7.19　对图 7-11 的流图，求由回边 $B_5 \rightarrow B_2$ 组成的循环。

解：开始，置 loop=$\{B_2\}$，stack 为空。由 insert 把结点 B_5 放入栈中，此时 loop=$\{B_2, B_5\}$。

然后 B_5 弹出栈，B_5 的前驱结点集 $P(B_5)=\{B_4\}$，把 B_4 先后放入 loop 和 stack 中，此时 loop=$\{B_2, B_5, B_4\}$，栈里面只有 B_4。

然后 B_4 弹出栈，B_4 的前驱结点集 $P(B_4)=\{B_3\}$，把 B_3 先后放入 loop 和 stack 中，loop=$\{B_2, B_5, B_4, B_3\}$，栈里面只有 B_3。

然后 B_3 弹出栈，B_3 的前驱结点集 $P(B_3)=\{B_2, B_3\}$，因为 $P(B_3)=\{B_2, B_3\}$ 已包含于 loop 中，因此 B_3 仅被弹出栈。此时栈为空，算法结束。loop=$\{B_2, B_5, B_4, B_3\}$ 为最终所求结果。

算法 7.4 给出了一种循环查找的方法，那么是否程序中任何可能反复执行的代码都会被该算法纳入到某个循环中呢？如果程序流图是可归约的，则该问题的回答是肯定的。

定义 7.5（可归约流图）　一个流图被称为可归约的，当且仅当流图中除去回边之外，其余的边构成一个无环路流图。

例 7.20　由例 7.17 可知图 7-11 中回边包括 $B_2 \rightarrow B_2$、$B_3 \rightarrow B_3$ 和 $B_5 \rightarrow B_2$，除去这三条边后，其余的边构成一个无环路流图，故图 7-11 是一个可归约流图。

接下来看图 7-12 中的流图，其中结点 1 为首结点。该图中虽然有 $2 \rightarrow 3$，但没有 3 DOM 2，即 $2 \rightarrow 3$ 不是一个回边。同理对 $3 \rightarrow 2$ 也不是回边。又因为 $2 \rightarrow 3$ 和 $3 \rightarrow 2$ 构成一个环路，所以图 7-12 中的流图不是一个可归约流图。

可归约流图是一类非常重要的流图，从代码优化的角度来说，它具有下述重要的性质：

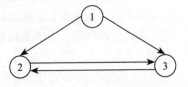

图 7-12　不可归约流图

1）图中任何直观意义下的环路都属于我们所定义的循环。

2）只要找出图中的所有回边，对回边应用查找循环的方法，就可以找出流图中的所有循环。

3）图中任意两个循环要么嵌套，要么不相交（除了可能有公共的入口结点），对这类流图进行循环优化较为容易。

对于应用结构程序设计原则写出的程序，其流图总是可归约的；而对于应用高级语言写出的程序，其流图往往也是可归约的。

2. 循环优化

找出了程序中的循环之后，下面就是对循环的优化，在这里介绍四种循环优化的重要技术：循环展开、代码外提、强度削弱和删除归纳变量。

（1）循环展开

如果循环的次数在编译时可以确定，那么就可以用循环展开将构成循环体的某些代码重复产生多次，而不只是一次，这样可以免去因修改循环控制变量的值和判定循环控制条件所花费的开销。循环展开本身是一种以空间换时间的优化过程。要进行循环展开，首先必须能够识别出循环结构，并且在编译时能够确定循环的初值、终值以及步长的值。然后，还要权衡用空间换时间是否划算，如果可以接受空间和时间的权衡，则重复产生循环体直到所需要的次数。注意，在重复产生代码时，必须确保每次重复产生时，都对循环变量进行了正确的合并；否则，则将此循环作为一个循环结构继续编译。

例 7.21　考虑下面用 C 语言编写的循环语句：

```
for ( i: = 0; i < 10; i + + ) x[i] : = 1;
```

假定 x 为整型数组，且数组空间的基址用 x 表示。

首先，编译时可以确定其为一循环结构，并且可以知道，循环控制变量 i 的初值为 0，终值为 9，步长为 1，共循环 10 次。

其次，对空间和时间进行权衡，因为循环体只包含一条赋值语句，如果展开的话，则可以得到如下由 10 条赋值语句组成的中间代码：

```
x[0] : = 1
x[4] : = 1
...
x[36] : = 1
```

如不展开，则生成的中间代码的程序流图如图 7-13 所示。完成这个循环需要执行 52 条语句。显然，在这种情况下进行循环展开比较划算。

（2）代码外提

循环中的代码随着循环重复执行，但其中的某些运算结果只要控制不离开循环其值就不会发生改变。对于这种不随循环变化的计算，称为循环不变运算，可以将它们提到循环外面以减少其计算频度。此时，程序的运行结果不会发生改变，但运行效率却提高了。该优化方法称为代码外提。为了实现循环不变运算的外提，需要解决下面三个问题：

1）如何查找循环中的循环不变运算？

2）找到的循环不变运算是否可以外提？

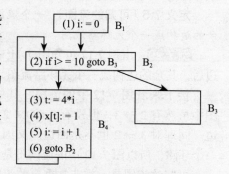

图 7-13　为 for 语句生成的中间代码

3）如果循环不变运算可以外提，那么需要提到循环外什么地方？

在未回答上述问题之前，我们先介绍一些相关概念。

定义 7.6（变量的定值和变量的定值点） 变量 A 的定值是一条赋值或可能赋值给 A 的语句，最普通的定值是对 A 的赋值或读值到 A 的语句，该语句的位置称作 A 的定值点。

定义 7.7（变量的引用点） 变量 A 的引用点是指引用该变量的语句的位置。

定义 7.8（到达 – 定值） 所谓变量 A 的定值点 d 到达某点 p，是指程序流图中存在从 d 到 p 的通路，并且该通路上没有 A 的其他定值。

定义 7.9（活跃变量） 对程序中的某变量 A 和某点 p 而言，如果存在一条从 p 开始的通路，其中引用了 A 在点 p 的值，则称 A 在点 p 是活跃的。否则称 A 在点 p 是死亡的。

有了上述概念，下面给出查找循环不变运算的算法。

算法 7.5 循环不变运算查找算法

输入： 由基本块构成的循环 L

输出： 循环 L 的所有循环不变运算

步骤： 下面是该算法的非形式化描述。

1. 依次查看 L 中各基本块的每个四元式，如果它的每个运算对象为常数或者定值点在 L 外，则将此四元式标记为"不变运算"。

2. 依次查看尚未被标记为"不变运算"的四元式，如果它的每个运算对象为常数或定值点在 L 外，或只有一个到达 – 定值点且该点上的四元式已标记为"不变运算"，则把被查看的四元式标记为"不变运算"。

3. 重复第 2 步直至没有新的四元式被标记为"不变运算"为止。

例 7.22 假设循环中的一条语句 X = 4 已标记为"不变运算"，则对循环中 X = 4 定值点可唯一到达的 Y = X + 2 也标记为"不变运算"。

经过上述的算法后，L 中被标记为不变运算的所有四元式即为所有的不变运算。在未回答前面提到的第 2 个问题之前，下面先来讨论第 3 个问题。

实行代码外提时，在循环入口结点前面建立一个新结点（基本块），称为循环的前置结点。循环前置结点以循环入口结点为其唯一后继，原来流图中从循环外连接到循环入口结点的有向边改成连接到循环的前置结点，如图 7-14 所示。因为在我们所定义的循环结构中，其入口结点是唯一的，所以前置结点也是唯一的。循环中外提的代码将统统放在前置结点中。

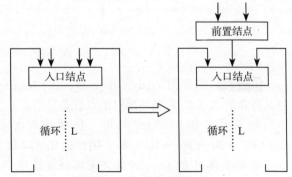

图 7-14 代码外提的程序流图

但是，循环中的不变运算并不是在任何情况下都可以外提的，考察下面几个例子。

例 7.23 根据算法 7.4 所给出的循环查找方法，易得图 7-15a 中 {B₂，B₃，B₄} 构成一个循环，B₂ 是循环入口结点，B₄ 是循环出口结点。所谓的循环出口结点是指循环中存在有向边连接到循环外面的结点。

B₃ 中的 I: = 2 是循环不变运算，将其外提到循环前置结点 B₂' 中，如图 7-15b 所示。

在图 7-15a 的流图中，变量 J 的值与 X 和 Y 的取值相关。如果按图 7-15a 的流图，当取 X = 30、Y=25 时，则 B_3 是不会执行的，从而，当执行到 B_5 时，I 的值是 1，J 的值也是 1。在图 7-15b 的流图中，变量 J 的值与 X 和 Y 的取值无关，如果按图 7-15b 执行，无论 X 和 Y 取何值，则执行到 B_5 时，I 的值总是 2，从而 J 的值也是 2。所以图 7-15b 改变了原来程序运行的结果。

出现上述问题的原因是因为 B_3 不是循环出口结点 B_4 的必经结点，由此可知，当把循环中的不变运算外提时，要求该不变运算所在的结点是循环所有出口结点的必经结点。另外，如果循环中变量 I 的所有引用点只有 B_3 中 I 的定值点能到达，I 在循环中不再有其他定值点，并且出循环后变量 I 不再活跃，此时，即便 B_3 不是 B_4 的必经结点，还是可以把 B_3 中的 "I:=2" 外提到 B_2' 中，因为这并不会改变原来程序的运行结果。

当不变运算所在的结点是循环所有出口结点的必经结点时，该不变运算是否一定可以外提呢？答案仍是否定的。

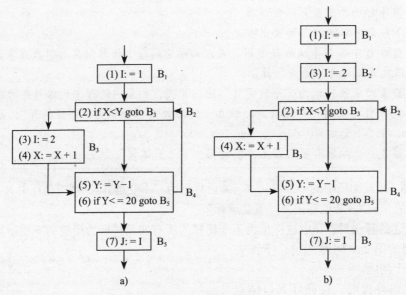

图 7-15　程序流图

例 7.24　考察图 7-16a，{B_2，B_3，B_4} 构成一个循环，此时，I = 3 是循环不变运算，并且其所在的结点 B_2 是循环出口结点的必经结点。

如果不将 B_2 中的 I=3 外提，且循环前 X = 21 和 Y = 22，程序此时执行的顺序是 $B_2 \rightarrow B_3 \rightarrow B_4 \rightarrow B_2 \rightarrow B_4 \rightarrow B_5$，则到达 B_5 时 I 值为 3，从而 J 的值也是 3。

如果将 B_2 中的 I = 3 外提到循环前置结点中，见图 7-16b，且循环前值仍为 X = 21 和 Y = 22，程序经过与上面相同的执行顺序到达 B_5，此时 I 值为 2，从而 J 的值也是 2。

出现上述问题的原因是因为图 7-16a 循环中除 B_2 对 I 定值外，B_3 也对 I 进行了定值。由此可知，当把循环中的不变运算 A = B op C 外提时，要求循环中其他地方不再有 A 的定值点。

当不变运算 A = B op C 所在的结点是循环所有出口结点的必经结点，并且循环中其他地方不再有 A 的定值点，那是否可以将其提到循环的外面？答案也是否定的。

例 7.25　考察图 7-17a，{B_2，B_3，B_4} 构成一个循环，不变运算 I = 2 所在结点 B_4 是该

循环的唯一出口结点，同时循环中除 B_4 外其他地方没有 I 的定值点。

如果不将 B_4 中的 I = 2 外提，并且循环前 X = 0 和 Y = 2，此时循环的执行顺序为 $B_2 \rightarrow B_3 \rightarrow B_4 \rightarrow B_2 \rightarrow B_4 \rightarrow B_5$，当到达 B_5 时 A 值为 2，从而 J 的值也是 2。

如果将 B_4 中的 I=2 外提到循环前置结点中，见图 7-17b，且循环前值仍为 X = 0 和 Y = 2，程序经过与上面相同的执行顺序到达 B_5，此时 A 值为 3，从而 J 的值也是 3。

出现上述问题的原因在于图 7-17a 循环中 B_3 中 I 的引用点，不仅 B_4 中 I 的定值能够到达，而且 B_1 中 I 的定值也能到达。因此当把循环不变运算 A = B op C 外提时，要求循环中 A 的所有引用点都是只有该定值可以到达。

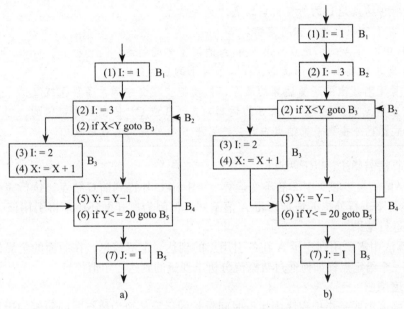

图 7-16　程序流图

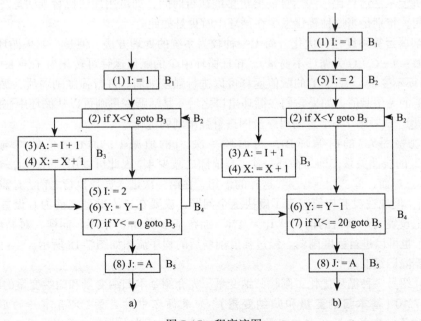

图 7-17　程序流图

综上所述，代码外提算法见算法 7.6。

算法 7.6　代码外提

输入：由基本块构成的循环 L

输出：经过代码外提优化之后的循环

步骤：

1. 求出循环 L 的所有不变运算。

2. 对步骤 1 所求得的每一不变运算 S：A=B op C 或 A= op B 或 A=B，检查它是否满足以下条件：

　①i. S 所在结点是 L 的所有出口结点的必经结点。

　　ii. A 在 L 中其他地方未再定值。

　　iii. L 中所有 A 的引用点只有 S 中 A 的定值才能到达。

　②A 在离开 L 后不再是活跃的，并且条件①的后两条成立。

3. 按步骤 1 所找出的不变运算的顺序，依次把步骤 2 中满足条件①或②的不变运算 S 外提到 L 的前置结点中。但是，如果 S 的运算对象（B 或 C）是在 L 中定值的，那么只有当这些定值四元式都已外提到前置结点中时，才可把 S 也外提到前置结点中。

对于该算法需要注意以下两点：

1）如果把满足步骤 2 中②的不变运算 A:=B op C 外提到前置结点，执行完循环后得到的 A 值可能与不进行外提的情形所得 A 值不同。但因为离开循环后不再引用该 A 值，所以不影响程序运行结果。

2）该算法中需要用到变量 A 在各引用点的到达 – 定值信息，在后面的全局优化中会详细介绍对于一个给定点，如何通过数据流分析求变量的到达 – 定值信息。

（3）强度削弱

所谓的强度削弱是指把程序中执行时间较长的运算替换为执行时间较短的运算。比如大多数计算机上乘法运算比加法运算需要更多的执行时间，如可用加法代替乘法运算，则可节省许多时间，特别是当这种替代发生在循环中时更是如此。

对于削弱运算强度这种优化，尚无一种较为系统的处理方法。但是，如果循环中有 I 的递归赋值 I: = I ± C（C 为循环不变量），并且循环中 T 的赋值运算可转化为 T: = K*I ± C_1（K 和 C_1 为循环不变量），那么 T 的赋值运算可以进行强度削弱。进行强度削弱后，循环中可能出现一些新的无用赋值，如果它们在循环出口之后不是活跃变量则可以从循环中删除。

例 7.26　试对图 7-7 给定的程序流图进行强度削弱优化。

解：观察图 7-7 的内循环 B_3，每循环一次，j 的值减 1；而 t_4 的值始终与 j 保持着" t_4: = 4*j"的线性关系，即每循环一次，t_4 值随之减少 4。因此可以用" t_4: = t_4-4"来代替" t_4: = 4*j"。然而，像" t_4: = t_4-4"这样的语句，在第一次进入循环执行之前，t_4 需要确定的初值为 4*j，但现在没有初值，为了解决这个问题，就要在进入循环之前为 t_4 设置初值。所以，可以把设置 t_4 的初值的语句" t_4: = 4*j"加在基本块 B_1 的末尾。同样，对循环 B_2 中的" t_2: = 4*i"也可以进行强度削弱。经过强度削弱后的程序流图如图 7-18 所示。

（4）删除归纳变量

下面介绍另一种循环优化：删除归纳变量。先介绍基本归纳变量和归纳变量的概念。

定义 7.10（基本归纳变量和归纳变量）　如果循环中对变量 I 只有唯一的形如" I: = I ± C"的赋值，其中 C 为循环不变量，则称 I 为循环中的基本归纳变量。如果 I 是循环中一基本归纳变量，而变量"J: = C_1*I ± C_2"，其中 C_1 和 C_2 都是循环不变量，则称 J 是归纳变量，并称它与 I 同族。

显然，一个基本归纳变量也是一归纳变量。

例 7.27　考察图 7-18 中循环 {B_2，B_3，B_4，B_5}，其中 i 和 j 是基本归纳变量，由于 t_2 和 i 之间具有线性函数关系 t_2 = 4*i，所以 t_2 和 i 是同族归纳变量；同理，由于 t_4 和 j 之间具有线性函数 t_4 = 4*j，所以 t_4 和 j 也是同族归纳变量。

一个基本归纳变量除用于其自身的递归定值外，往往只在循环中用来计算其他归纳变量以及控制循环的进行。此时，可以用同族的某一归纳变量来替换循环控制条件中的这个基本归纳变量，从而达到将这个基本归纳变量从流图中删除的目的。这种优化称为删除归纳变量或变换循环控制条件。

因为删除归纳变量是在强度削弱以后进行的，所以可以构建强度削弱和删除归纳变量的统一算法（见算法 7.7）。

算法 7.7　强度削弱和删除归纳变量的统一算法

输入： 由基本块构成的循环 L

输出： 经过强度削弱和删除归纳变量优化后的循环

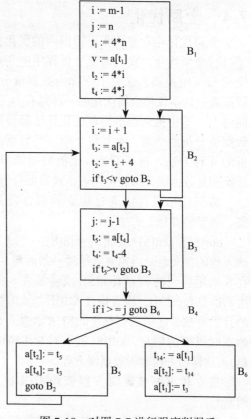

图 7-18　对图 7-7 进行强度削弱后

步骤：

1. 利用循环不变运算信息，找出循环中所有基本归纳变量。

2. 找出所有其他归纳变量 A，并找出 A 与已知基本归纳变量 X 的同族线性函数关系 $F_A(X)$。

3. 对步骤 2 中找出的每一归纳变量 A，进行强度削弱。

4. 删除对归纳变量的无用赋值。

5. 删除基本归纳变量。如果基本归纳变量 B 在循环出口之后不是活跃的，并且在循环中，除在其自身的递归赋值中被引用外，只在形如

$$\text{if B rop Y goto L}$$

中被引用，则可选取一与 B 同族的归纳变量 M 来替换 B 进行条件控制。最后删除循环中对 B 的递归赋值的代码。

例 7.28　对图 7-18 中的流图进行删除归纳变量优化。

解： 在例 7.27 中已经提到 i 和 j 是基本归纳变量，t_2 和 i 是同族归纳变量，t_4 和 j 也是同族归纳变量。由图 7-18 可知，在对 t_2 = 4*i 和 t_4 = 4*j 进行了强度削弱后，i 和 j 除了用于自身定值之外，仅出现在条件语句"if i ≥ j goto B_6"中，其余地方不再被引用。因此，通过变换归纳变量把此条件语句变换为：if t_2 ≥ t_4 goto B_6。经过这种变换，可以将无用赋值

i=i+1 和 j=j−1 删除。删除归纳变量后的程序流图如图 7-19 所示。

7.4 全局优化

全局优化是在整个程序范围内的优化，为了进行全局优化，我们需要分析程序中变量的定值和引用关系，这一工作称为数据流分析。数据流分析不仅是全局优化的一种强有力工具，同时上一节中提到很多循环优化算法都要用到数据流分析的结果。本节将介绍进行数据流分析的几种方法，包括到达 – 定值数据流分析、活跃变量数据流分析和可用表达式数据分析等。

数据流信息可以通过建立和解方程来收集，典型的方程形式如下：

$$out[S] = gen[S] \cup (in[S] - kill[S]) \qquad (7.1)$$

该方程的含义是，当控制流通过一条语句 S 时，在 S 末尾得到的信息 (out[S]) 或者是在 S 中产生的信息 (gen[S])，或者是进入 S 开始点时携带的且没有被 S 注销的信息（in[S] 表示进入 S 开始点时携带的信息，kill[S] 表示被 S 注销的信息）。这样的方程称为数据流方程。

建立和求解数据流方程依赖于以下 3 个因素。

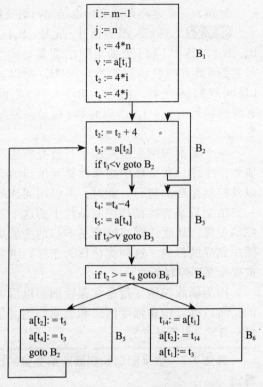

图 7-19 对图 7-18 进行删除归纳变量后

1）产生和注销的概念依赖于数据流方程所要解决的问题。对于某些问题，其信息是沿着控制流前向传播，即由 in[S] 来定义 out[S]；而对于另外一些问题，其信息是沿着控制流反向传播，即由 out[S] 来定义 in[S]。此时的方程形式为：

$$in[S] = (out[S] - kill[S]) \cup gen[S] \qquad (7.2)$$

2）因为数据沿控制路径流动，所以数据流分析受程序控制结构影响。事实上，当写 out[S] 时，隐含地认为控制流从语句的唯一出口点离开语句。一般而言，数据流方程是在基本块级而不是在语句级建立，这是因为基本块有唯一的出口点。

3）在过程调用、通过指针赋值以及对数组变量的赋值语句中，常常会伴随一些问题，对于这些问题需进行相应的处理。

一般的数据流分析问题都可以列出式（7.1）或式（7.2）的形式，但是不同的问题，所对应的方程的意义可能有所不同，主要由以下两点来区别：

1）信息流向问题。根据信息流向可以将数据流分析问题分为正向和反向两类，正向的含义是根据 in 集合来计算 out 集合，反向则是从 out 集合来计算 in 集合。

2）聚合操作问题。所谓聚合操作，是指当有多条边进入某一基本块 B 时，由 B 的前驱结点的 out 集计算 in[B] 时采用的集合操作（并或交）。有的方程如到达 – 定值方程采用并操作，而有的方程如全局可用表达式方程则采用的是交操作。

下面将讨论几种常用的基本块级的数据流方程。

7.4.1　到达 – 定值数据流分析

首先介绍一个重要概念引用 – 定值链（ud 链）。

定义 7.11（引用 – 定值链）　假设在程序中某点 u 引用了变量 A 的值，则将能到达 u 的 A 的所有定值点的全体，称为 A 在引用点 u 的引用 – 定值链，简称为 ud 链。

为了求出到达 p 的各个变量的所有定值点，先对程序中所有基本块 B 定义如下集合：

1）UD_in[B]：到达基本块 B 入口之前的各个变量的所有定值点集。

2）UD_out[B]：到达基本块 B 的出口之后 (紧接着 B 出口之后的位置) 的各个变量的所有定值点。

3）UD_gen[B]：基本块 B 中定值并到达 B 出口之后的所有定值点集。

4）UD_kill[B]：基本块 B 外满足下述条件的定值点集，即这些定值点所定值的变量在 B 中已被重新定值。

UD_gen[B] 是 B 所 "生成" 的定值点集，UD_kill[B] 是 B 所 "注销" 的定值点集，它们均可直接从给定的流图求出。

一旦求出所有基本块 B 的 UD_in[B]，就可以按照下述规则求出到达 B 中某点 p 的任意变量 A 的所有定值点：

1）如果 B 中 p 的前面有 A 的定值，则到达 p 的 A 的定值点是唯一的，它就是与 p 最靠近的那个 A 的定值点。

2）如果 B 中 p 的前面没有 A 的定值，则到达 p 的 A 的所有定值点就是 UD_in[B] 中 A 的那些定值点。

为了求出所有基本块的 UD_in[B]，还需要求出所有基本块的 UD_out[B]。下面就是如何求 UD_in[B] 和 UD_out[B]。

对于 UD_in[B]，容易看出，某定值点 d 到达 B 的入口之前当且仅当它到达 B 的某一前驱基本块的出口之后。

对于 UD_out[B]，容易看出：

1）如果定值点 d 在 UD_gen[B] 中，那么，它一定也在 UD_out[B] 中。

2）如果某定值点 d 在 UD_in[B] 中，而且被 d 定值的变量在 B 中没有被重新定值，那么 d 也在 UD_out[B] 中。

3）除此之外，没有其他的 d 在 UD_out[B] 中。

综上所述，可以列出所有基本块 B 的 UD_in[B] 和 UD_out[B] 的计算公式：

$$UD\_out[B]=(UD\_in[B]\text{-}UD\_kill[B])\bigcup UD\_gen[B]$$

$$UD\_in[B]=\bigcup_{p\in p[B]} UD\_out[p]$$

其中，P[B] 为 B 的所有前驱基本块。上述方程称为到达 – 定值数据流方程。对于该方程可以采用下面的迭代方法求解。为了便于处理，假设后面的所有数据流方程求解过程中所涉及的流图均包含 n 个基本块。

算法 7.8　到达 – 定值数据流方程的求解

输入：已经计算出每个基本块 B 的 UD_kill[B] 和 UD_gen[B] 的流图

输出：每个基本块 B 的 UD_in[B] 和 UD_out[B]

步骤：使用迭代方法，对所有的基本块 B 从 UD_in[B]= Ø 开始，逐步收敛到 UD_in 和 UD_out 的期望值。因为必须最终迭代到 UD_in 收敛（由到达 – 定值数据流方程可知此时

UD_out 也收敛），所以需要设置一个布尔变量 change 来记录每遍扫描中 UD_in 是否发生了变化。算法框架如下：

```
1.  for i:= 1 to n
2.    { UD_in[Bᵢ] := ∅;
3.      UD_out[Bᵢ] := UD_gen[Bᵢ]; } /* 置初值 */
4.  change = true; /* 使得 while 循环继续 */
5.  while(change)
6.    { change = false;
7.      for i:= 1 to n do
8.      { newin := ∪ UD_out[p]
                 p∈P[B]
9.        if newin ≠ UD_in[Bᵢ] then
10.       { change := true;
11.         UD_in[Bᵢ] := newin;
12.         UD_out [Bᵢ] : = (UD_in[Bᵢ]
            -UD_kill [Bᵢ]) ∪ UD_gen[Bᵢ] }
        }
    }
```

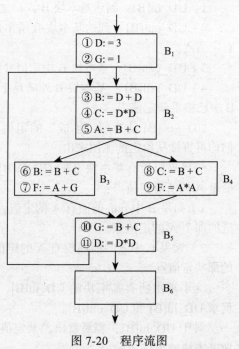

图 7-20　程序流图

上述算法中可按照程序流图中各结点的深度为主次序依次计算各基本块的 UD_in 和 UD_out。

例 7.29　考察图 7-20 所示流图，利用算法 7.8 求其到达 – 定值数据流方程的解。

解：先求出所有基本块 B 的 UD_gen[B] 和 UD_kill[B]。UD_gen[B] 和 UD_kill[B] 用位向量来表示，程序流图中每一点在向量中占一位；如果一个点属于某个集，则该向量的相应位为 1，否则为 0。由定义直接计算出 UD_gen[B] 和 UD_kill[B] 的值见表 7-1。

表 7-1　图 7-20 中程序流图的 UD_gen 和 UD_kill

基本块 B	UD_gen[B]	位向量	UD_kill[B]	位向量
B_1	{①, ②}	11000000000	{⑩, ⑪}	00000000011
B_2	{③, ④, ⑤}	00111000000	{⑥, ⑧}	00000101000
B_3	{⑥, ⑦}	00000110000	{③, ⑨}	00100000100
B_4	{⑧, ⑨}	00000001100	{④, ⑦}	00010010000
B_5	{⑩, ⑪}	00000000011	{①, ②}	11000000000
B_6	∅	00000000000	∅	00000000000

根据算法 7.8 求解步骤如下：

开始，置迭代初值：

UD_in[B_1] = UD_in[B_2] = UD_in[B_3] = UD_in[B_4] = UD_in[B_5] = 00000000000

UD_out[B_1] = UD_gen[B_1] = 11000000000

UD_out[B_2] = UD_gen[B_2] = 00111000000

UD_out[B_3] = UD_gen[B_3] = 00000110000

UD_out[B_4] = UD_gen[B_4] = 00000001100

UD_out[B_5] = UD_gen[B_5] = 00000000011

执行算法第 4 行，置 change 为 true。

接下来，进行第一次迭代，具体如下：首先置 change 为 false；然后，在算法第 7 行按深度为主次序依次对 B_1、B_2、B_3、B_4、B_5、B_6 执行算法第 8 ~ 12 行。

对于 B_1：

因为 B_1 无前驱，所以

$$UD\_in[B_1] = 00000000000$$
$$UD\_out[B_1] = 11000000000$$

对于 B_2：

$$newin = UD\_out[B_1] \cup UD\_out[B_5]$$
$$= 11000000000 \cup 00000000011 = 11000000011 \neq UD\_in[B_2]$$

所以，change = true。

$$UD\_in[B_2] = 11000000011$$
$$UD\_out[B_2] = (UD\_in[B_2] - UD\_kill[B_2]) \cup UD\_gen[B_2]$$
$$= (11000000011 - 00000101000) \cup 00111000000 = 11111000011$$

对于 B_3：

$$UD\_in[B_3] = UD\_out[B_2] = 11111000011$$
$$UD\_out[B_3] = (UD\_in[B_3] - UD\_kill[B_3]) \cup UD\_gen[B_3]$$
$$= (11111000011 - 00100000100) \cup 00000110000 = 11011110011$$

对于 B_4：

$$UD\_in[B_4] = UD\_out[B_2] = 11111000011$$
$$UD\_out[B_4] = (UD\_in[B_4] - UD\_kill[B_4]) \cup UD\_gen[B_4]$$
$$= (11111000011 - 00010010000) \cup 00000001100 = 11101001111$$

对于 B_5：

$$UD\_in[B_5] = UD\_out[B_3] \cup UD\_out[B_4]$$
$$= 11011110011 \cup 11101001111 = 11111111111$$
$$UD\_out[B_5] = (UD\_in[B_5] - UD\_kill[B_5] \cup UD\_gen[B_5]$$
$$= (11111111111 - 11000000000) \cup 00000000011 = 00111111111$$

对于 B6：

$$UD\_in[B_6] = UD\_out[B_5] = 00111111111$$
$$UD\_out[B_6] = (UD\_in[B_6] - UD\_kill[B_6] \cup UD\_gen[B_6]$$
$$= (00111111111 - 00000000000) \cup 00000000000 = 00111111111$$

进入下一次迭代，各次迭代结果见表 7-2。因第三次迭代计算出的结果与第二次迭代结果相同，故第三次迭代计算出的结果就是最后所求的结果。

表 7-2　图 7-20 中程序流图的 UD_ in 和 UD_out

基本块	第一次		第二次		第三次	
	UD_in[B]	UD_out[B]	UD_in[B]	UD_out[B]	UD_in[B]	UD_out[B]
B_1	00000000000	11000000000	00000000000	11000000000	00000000000	11000000000
B_2	11000000011	11111000011	11111111111	11111010111	11111111111	11111010111
B_3	11111000011	11011110011	11111010111	11011110011	11111010111	11011110011
B_4	11111000011	11101001111	11111010111	11101001111	11111010111	11101001111
B_5	11111111111	00111111111	11111111111	00111111111	11111111111	00111111111
B_6	00111111111	00111111111	00111111111	00111111111	00111111111	00111111111

上面介绍了通过求解数据流方程得到到达－定值信息的方法，有了到达－定值信息接下

来就可以计算各个变量在任何引用点的 ud 链，其规则如下：

1）如果在基本块 B 中，变量 A 的引用点 u 之前有 A 的定值点 d，并且 A 在点 d 的定值到达 u，那么 A 在点 u 的 ud 链就是 {d}。

2）如果在基本块 B 中，变量 A 的引用点 u 之前没有 A 的定值点，那么，UD_in[B] 中 A 的所有定值点均到达 u，它们就是 A 在点 u 的 ud 链。

例 7.30 采用上述规则，求解图 7-20 中各基本块中变量的 ud 链。

解：B_1 中没有变量引用点，所以所有变量的 ud = ∅。

B_2 中 D 的引用点有③和④，在这两个引用点之前 B_2 中没有变量 D 的定值点，所以其在这两个引用点的 ud 链都是 UD_in[B_2] 中 D 的所有定值点组成的集合，也即 {①，⑪}。B_2 中 B 的引用点是⑤，B_2 中在⑤之前有 B 的定值点③，并且该定值点到达⑤，所以 B 在引用点⑤的 ud 链是 {③}。B_2 中 C 的引用点是⑤，B_2 中在⑤之前有 C 的定值点④，并且该定值点到达⑤，所以 C 在引用点⑤的 ud 链是 {④}。

对于其余的几个基本块，同理可以得到如下结果。

B_3：B 在引用点⑥的 ud 链是 {③}
  C 在引用点⑥的 ud 链是 {④}
  A 在引用点⑦的 ud 链是 {⑤}
  G 在引用点⑦的 ud 链是 {②，⑩}

B_4：B 在引用点⑧的 ud 链是 {③}
  C 在引用点⑧的 ud 链是 {④}
  A 在引用点⑨的 ud 链是 {⑤}

B_5：B 在引用点⑩的 ud 链是 {③，⑥}
  C 在引用点⑩的 ud 链是 {④，⑧}
  D 在引用点 ⑪ 的 ud 链是 {①，⑪}

B_6：没有变量引用点，所以 ud = ∅。

有了 ud 链信息，就可进行各种优化，上一节中介绍的诸如代码外提、强度削弱等一系列循环优化算法都要用到相关变量的 ud 链信息。除此之外，还可利用 ud 链信息在整个程序范围内进行常数传播和合并已知量。算法 7.9 就是全局范围内常数传播和合并已知量的方法。

算法 7.9 常数传播和合并已知量的算法

输入：带有 ud 链信息的流图

输出：经过常数传播和合并已知量后的流图

步骤：

```
1.  change : = true;
2.  while (change)
      {
3.    change : = false;
4.    for 程序中每个语句 s
        {
5.      for s 中每个运算量 E
6.        if E 在引用点 s 的 ud 链仅含一个 d 且语句 d 为 E : = c，c 为常数 then
7.          { 把 s 中所有对 E 的引用替换为 c;
8.            change : = true; }
9.        if s 右端含有运算符而且每个运算量都为常数 then
```

```
10.          { 计算 s 的右部表达式，令所得常数结果为 c；
11.            把语句 s 替换为 A : = c，其中 A 为原来 s 的左部量；
12.            change : = true; }
          }
      }
```

例 **7.31**　考察图 7-21 所示的程序流图，假设只考虑变量 i 和 j，利用算法 7.9 对其进行常数传播和合并已知量优化。

解：只考虑变量 i 和 j，依据算法 7.8 对图 7-21 中的程序流图求解其到达 – 定值数据流方程。同样用位向量来表示 UD_in[B] 和 UD_out[B]。各次迭代结果见表 7-3。因第四次迭代计算出的结果与第三次迭代结果相同，故它就是最后所求的结果。

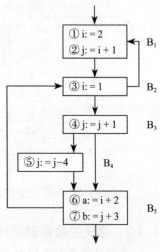

图 7-21　程序流图

利用表 7-3 可求出图 7-21 中变量 i 和 j 在各引用点的 ud 链如下：

i 在引用点②的 ud 链为 { ① }

i 在引用点⑥的 ud 链为 { ③ }

j 在引用点④的 ud 链为 { ②，④，⑤ }

j 在引用点⑤的 ud 链为 { ④ }

j 在引用点⑦的 ud 链为 { ④，⑤ }

表 7-3　图 7-21 中程序流图的 UD_in 和 UD_out

基本块	第一次		第二次	
	UD_in[B]	UD_out[B]	UD_in[B]	UD_out[B]
B_1	0010000	1100000	0110000	1100000
B_2	1100000	0110000	1111100	0111100
B_3	0110000	0011000	0111100	0011000
B_4	0011000	0010100	0011000	0010100
B_5	0011100	0011100	0011100	0011100

基本块	第三次		第四次	
	UD_in[B]	UD_out[B]	UD_in[B]	UD_out[B]
B_1	0111100	1100000	0111100	1100000
B_2	1111100	0111100	1111100	0111100
B_3	0111100	0011000	0111100	0011000
B_4	0011000	0010100	0011000	0010100
B_5	0011100	0011100	0011100	0011100

考虑图 7-21 中 B_1 的 i 的引用点②，由 ud 链可知，到达②的 i 定值点只能是①，而①把 i 定值为常数 2，所以②引用 i 的值必为 2。因此可将②中的 i 用 2 来代替。

考虑图 7-21 中 B_5 的 i 的引用点⑥。由 ud 链可知，到达⑥的 i 定值点只能是③，而③把 i 定值为常数 1，所以⑥引用 i 的值必为 1。因此可将⑥中的 i 用 1 来代替。

图 7-21 经过常数传播以后的程序流图如图 7-22 所示。

接下来可以对图 7-22 中的语句②进行合并已知变量，用 " j: = 3" 对其进行替换。同理可以用语句⑥中 " a: = 3" 替换图 7-22 中的语句⑥。对图 7-22 进行合并已知量以后所得的程序流图如图 7-23 所示。

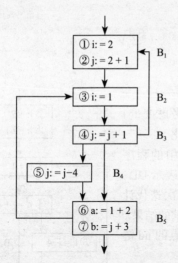

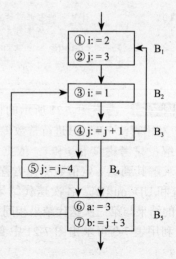

图 7-22　对图 7-21 经过常数传播后　　　　　图 7-23　对图 7-22 经过合并已知量后

7.4.2　活跃变量数据流分析和定值－引用数据流分析

为了计算各基本块 B 出口之后的活跃变量集，先定义如下集合：

1）L_in[B]：基本块 B 入口之前的活跃变量集合。

2）L_out[B]：B 出口之后的活跃变量集合。

3）L_def[B]：B 中定值的且定值前未曾在 B 中引用过的变量集。

4）L_use[B]：B 中引用的且引用前未曾在 B 中定值过的变量集。

仿照到达－定值数据流分析中的讨论，可找出上述四个集合之间的关系。前面在求出能到达基本块 B 的各变量定值点的 UD_in[B] 集时，是通过对 B 的各直接前驱基本块的 UD_out 集求并得到的，这是一个由前往后的计算过程。现在要求出一个基本块 B 的 L_out [B]，根据定义，这应该是一个由后往前的计算过程，即从 B 的所有后继基本块的 L_in 求其 L_out。基于该思路，可以得到如下方程：

$$L\_in[B] = (L\_out[B] - L\_def[B]) \bigcup L\_use[B]$$

$$L\_out[B] = \bigcup_{s \in S[B]} L\_in[s]$$

其中，S[B] 代表基本块 B 的所有后继基本块组成的集合，该方程称为活跃变量的数据流方程。上面的第一个方程指出，如果变量在基本块 B 出口之后活跃并且在 B 中未对其定值，或者在基本块 B 中定值前有引用，那么它在该块入口之前活跃。第二个方程指出，变量在出口之后活跃，当且仅当它在某个后继块入口之前活跃。

给定一个基本块 B，其 L_def[B] 和 L_use[B] 可以从程序流图中直接求出，然后通过迭代就可以求出 L_in[B] 和 L_out[B]。具体见算法 7.10。

算法 7.10　活跃变量数据流方程求解

输入： 已经计算了每个基本块的 L_def 和 L_use 的流图

输出： 每个基本块的 L_in 和 L_out

步骤：

```
1.  for i :=1 to n do
2.     { L_in [Bᵢ]:= Ø; }   /*对所有基本块的 L_in 进行初始化 */
3.  change :=true;
4.  while (change)
```

```
     {
5.    change :=false;
6.    for i:=n downto 1
        {
7.        L_out[B]:= ∪ L_in[s];
                  s∈S[B]
8.        newin:=(L_out[Bᵢ]-L_def[Bᵢ])∪L_use[Bᵢ];
9.        if L_in [Bᵢ] ≠ newin then
10.        { change := true;
11.          L_in[Bᵢ]:=newin; }
        }
     }
```

上述算法中可按照程序流图中各结点的深度为主次序的逆序依次计算各基本块的 L_in 和 L_out。

例 7.32　考察图 7-20 所示的程序流图，利用算法 7.10 求其活跃变量的数据流方程。

解：先从图 7-20 中直接求出各基本块的 L_def 和 L_use 集合，如表 7-4 所示。根据算法 7.10 求解步骤如下：

置初值：$L\_in[B_1] = L\_in[B_2] = L\_in[B_3] = L\_in[B_4] = L\_in[B_5] = L\_in[B_6] = \varnothing$。

执行算法第 3 行，置 change 为 true。

接下来进行第一次迭代，具体如下：

表 7-4　图 7-20 中程序流图的 L_def 和 L_use

基本块	L_def[B]	L_use[B]	基本块	L_def[B]	L_use[B]
B_1	{D, G}	$\varnothing$	B_4	{F}	{B，C，A}
B_2	{B, C, A}	{D}	B_5	{G}	{B，C，D}
B_3	{F}	{B，C，A，G}	B_6	$\varnothing$	$\varnothing$

首先置 change 为 false，然后，在算法第 6 行按深度为主次序的逆序，即 B_6、B_5、B_4、B_3、B_2、B_1 执行算法第 7 ～ 11 行。

对于 B_6：

$$L\_out[B_6] = \varnothing$$
$$newin = (L\_out[B_6] - L\_def[B_6]) \cup L\_use[B_6] = (\varnothing - \varnothing) \cup \varnothing = \varnothing$$

因为 $L\_in[B_6] = \varnothing$，所以 $newin = L\_in[B_6]$。从而 $L\_in[B_6]$ 没有发生变化，仍为 $\varnothing$。

对于 B_5：

$$L\_out[B_5] = L\_in[B_2] \cup L\_in[B_6] = \varnothing$$
$$newin = (L\_out[B_5] - L\_def[B_5]) \cup L\_use[B_5] = (\varnothing - \{G\}) \cup \{B,C,D\} = \{B,C,D\}$$

因为 $L\_in[B_5] = \varnothing$，所以 $newin \neq L\_in[B_5]$。

置 change 为 true，$L\_in[B_5] = \{B, C, D\}$。

对于 B_4：

$$L\_out[B_4] = L\_in[B_5] = \{B, C, D\}$$
$$newin = (L\_out[B_4] - L\_def[B_4]) \cup L\_use[B_4]$$
$$= (\{B, C, D\} - \{F\}) \cup \{B, C, A\} = \{A, B, C, D\}$$

因为 $newin \neq L\_in[B_4]$，置 change 为 true，$L\_in[B_4] = \{A, B, C, D\}$。

对于 B_3：

$$L\_out[B_3] = L\_in[B_5] = \{B, C, D\},$$
$$newin = (L\_out[B_3] - L\_def[B_3]) \cup L\_use[B_3]$$

$$= (\{B, C, D\}-\{F\}) \cup \{B, C, A, G\} = \{A, B, C, D, G\}。$$

因为 newin ≠ L_in[B3]，置 change 为 true，L_in[B_3] = {A, B, C, D, G}。

对于 B_2：

$$L\_out[B_2] = L\_in[B_3] \cup L\_in[B_4]$$
$$= \{A, B, C, D, G\} \cup \{A, B, C, D\} = \{A, B, C, D, G\}$$
$$newin = (L\_out[B_2]-L\_def[B_2]) \cup L\_use[B_2]$$
$$= (\{A, B, C, D, G\}-\{B, C, A\}) \cup \{D\} = \{D, G\}$$

因为 newin ≠ L_in[B2]，置 change 为 true，L_in[B_2] = {D, G}。

对于 B_1：

$$L\_out[B_1] = L\_in[B_2] = \{D, G\}$$
$$newin = (L\_out[B_1]-L\_def[B_1]) \cup L\_use[B_1] = (\{D, G\}-\{D, G\}) \cup \emptyset = \emptyset$$

因为 newin = L_in[B_1]，所以 L_in[B_1] 没有发生变化，仍为 ∅。

进入下一次迭代。各次迭代结果见表 7-5，由于第三次和第二次迭代结果相同，所以它即为所求的解。

表 7-5　图 7-20 中程序流图的 L_out 和 L_in

基本块	第一次		第二次		第三次	
	L_out[B]	L_in[B]	L_out [B]	L_in [B]	L_out [B]	L_in [B]
B_6	∅	∅	∅	∅	∅	∅
B_5	∅	{B, C, D}	{D, G}	{B, C, D}	{D, G}	{B, C, D}
B_4	{B, C, D}	{A, B, C, D}	{B, C, D}	{A, B, C, D}	{B, C, D}	{A, B, C, D}
B_3	{B, C, D}	{A, B, C, D, G}	{B, C, D}	{A, B, C, D, G}	{B, C, D}	{A, B, C, D, G}
B_2	{A, B, C, D, G}	{D, G}	{A, B, C, D, G}	{D, G}	{A, B, C, D, G}	{D, G}
B_1	{D, G}	∅	{D, G}	∅	{D, G}	∅

前面介绍了如何计算一个变量 A 在其引用点的 ud 链，下面介绍该问题的逆问题，也即，如何求变量 A 在其定值点的 du 链的问题。其中 du 链的定义如下。

定义 7.12（定值–引用链）　对一个变量 A 在某点 d 的定值，该定值能到达的关于 A 的所有引用点的集合称为该定值点的定值–引用链，简称 du 链。

活跃变量的数据流方程的解 L_out[B] 给出的信息是，离开基本块 B 时哪些变量的值在 B 的后继中还会被引用。如果 L_out[B] 不仅给出上述信息，而且还同时给出它们在后继中哪些点会被引用，那么就可直接利用这种信息来计算 B 中任一变量 A 在定值点 d 的 du 链。这时，只有对 B 中 d 后面部分进行扫描：

1）如果 B 中 d 后面没有 A 的其他定值点，则 B 中 d 后面 A 的所有引用点加上 L_out[B] 中 A 的所有引用点，就是 A 在定值点 d 的 du 链。

2）如果 B 中 d 后面有 A 的其他定值点，则从 d 到与 d 距离最近的那个 A 的定值点之间的 A 的所有引用点，就是 A 在定值点 d 的 du 链。

可见，为了求得任一变量 A 在基本块 B 中某一定值点 d 的 du 链，其关键是对 L_out[B] 中的 A，求出 A 在 B 的各后继基本块中的全部引用点。

为此需要将活跃变量数据流方程中的 L_use、L_def、L_in 和 L_out 代表的信息进行如下扩充：

1）DU_use[B] 代表所有 (s, A) 的集，其中 s 是 B 中的点，s 引用变量 A 的值，且 B 中在 s 前面没有 A 的定值点。

2）DU_def[B] 代表所有 (s，A) 的集，其中 s 是不属于 B 的某点，s 引用变量 A 的值，但 A 在 B 中被重新定值。

3）DU_in[B] 代表所有 (s，A) 的集，其中 A 是基本块 B 入口之前的活跃变量，s 是 B 和 B 的后继中该变量 A 的引用点。

4）DU_out[B] 代表所有 (s，A) 的集，其中 A 是基本块 B 出口之后的活跃变量集合，s 是 B 的后继中该变量 A 的引用点。

从而可以得到 du 链数据流方程

$$DU\_in[B]=(DU\_out[B]-DU\_def[B])\bigcup DU\_use[B]$$

$$DU\_out[B]=\bigcup_{s\in S[B]} DU\_in[s]$$

其中 S[B] 仍代表 B 的所有后继基本块组成的集合。该数据流方程的求解算法类似于活跃变量数据流方程的求解算法，只需要将算法 7.10 中的 L_use、L_def、L_in 和 L_out 分别用 DU_use、DU_def、DU_in 和 DU_out 代替即可。最后，从所得到的各个集合 DU_out[B] 中，便能求得在 B 的出口之后活跃的每一变量 A 其定值点所能到达的全体引用点。

例 7.33 再考虑图 7-21 中所示流图，为了简单起见，假定只考虑变量 j，对其求解 du 链数据流方程，并求出基本块 B_3 中 j 在定值点④，以及基本块 B_4 中 j 在定值点⑤的 du 链。

解：首先，从流图中直接求出每个基本块的 DU_def 和 DU_use，见表 7-6。

表 7-6 图 7-21 中程序流图的 DU_def 和 DU_use

基本块	DU_def[B]	DU_use[B]	基本块	DU_def[B]	DU_use[B]
B_1	{(④，j)，(⑤，j)，(⑦，j)}	∅	B_4	{(④，j)，(⑦，j)}	{(⑤，j)}
B_2	∅	∅	B_5	∅	{(⑦，j)}
B_3	{(⑤，j)，(⑦，j)}	{(④，j)}			

置初值：$DU\_in[B_1] = DU\_in[B_2] = DU\_in[B_3] = DU\_in[B_4] = DU\_in[B_5] = ∅$

第一次迭代：按照 B_5、B_4、B_3、B_2、B_1 的顺序对各基本块的 $DU\_out[B_i]$ 和 $DU\_in[B_i]$ 进行计算。

对于 B_5：

$$DU\_out[B_5] = DU\_in[B_2] = ∅$$
$$DU\_in[B_5] = (DU\_out[B_5]-DU\_def[B_5]) \cup DU\_use[B_5]$$
$$= (∅-∅) \cup \{(⑦，j)\} = \{(⑦，j)\}$$

对于 B_4：

$$DU\_out[B_4] = DU\_in[B_5] = \{(⑦，j)\}$$
$$DU\_in[B_4] = (DU\_out[B_4]-DU\_def[B_4]) \cup DU\_use[B_4]$$
$$= (\{(⑦，j)\}-\{(④，j)，(⑦，j)\}) \cup \{(⑤，j)\} = \{(⑤，j)\}$$

对于 B_3：

$$DU\_out[B_3] = DU\_in[B_4] \cup DU\_in[B_5]= \{(⑤，j)\} \cup \{(⑦，j)\} = \{(⑤，j)，(⑦，j)\}$$
$$DU\_in[B_3] = (DU\_out[B_3]-DU\_def[B_3]) \cup DU\_use[B_3]$$
$$= (\{(⑤，j)，(⑦，j)\}-\{(⑤，j)，(⑦，j)\}) \cup \{(④，j)\} = \{(④，j)\}$$

对于 B_2：

$$DU\_out[B_2] = DU\_in[B_1] \cup DU\_in[B_3] = ∅ \cup \{(④，j)\} = \{(④，j)\}$$
$$DU\_in[B_2] = (DU\_out[B_2]-DU\_def[B_2]) \cup DU\_use[B_2]$$
$$= (\{(④，j)\}- ∅) \cup ∅ = \{(④，j)\}$$

对于 B_1:

$$DU\_out[B_1] = DU\_in[B_2] = \{(④, j)\}$$

$$DU\_in[B_1] = (DU\_out[B_1] - DU\_def[B_1]) \cup DU\_use[B_1]$$

$$= (\{(④, j)\} - \{(④, j), (⑤, j), (⑦, j)\}) \cup \varnothing = \varnothing$$

进入下一次迭代。各次迭代结果见表 7-7，由于第三次和第二次迭代结果相同，所以第三次迭代结果即为所求的解。

表 7-7　图 7-21 中程序流图的 DU_out 和 DU_in

基本块	第一次		第二次		第三次	
	DU_out[B]	DU_in[B]	DU_out[B]	DU_in[B]	DU_out[B]	DU_in[B]
B_5	$\varnothing$	$\{(⑦, j)\}$	$\{(④, j)\}$	$\{(④, j), (⑦, j)\}$	$\{(④, j)\}$	$\{(④, j), (⑦, j)\}$
B_4	$\{(⑦, j)\}$	$\{(⑤, j)\}$	$\{(④, j), (⑦, j)\}$	$\{(⑤, j)\}$	$\{(④, j), (⑦, j)\}$	$\{(⑤, j)\}$
B_3	$\{(⑤, j), (⑦, j)\}$	$\{(④, j)\}$	$\{(④, j), (⑤, j), (⑦, j)\}$	$\{(④, j)\}$	$\{(④, j), (⑤, j), (⑦, j)\}$	$\{(④, j)\}$
B_2	$\{(④, j)\}$	$\{(④, j)\}$	$\{(④, j)\}$	$\{(④, j)\}$	$\{(④, j)\}$	$\{(④, j)\}$
B_1	$\{(④, j)\}$	$\varnothing$	$\{(④, j)\}$	$\varnothing$	$\{(④, j)\}$	$\varnothing$

最后，分别求出变量 j 在基本块 B_3 中定值点④以及在基本块 B_4 中定值点⑤的 du 链。

在 B_3 中，由于 DU_out[B_3] = $\{(④, j), (⑤, j), (⑦, j)\}$，并且 B_3 中④的后面无 j 的定值点，故 j 在定值点④的 du 链为 $\{④, ⑤, ⑦\}$。

在 B_4 中，由于 DU_out[B_4] = $\{(④, j), (⑦, j)\}$，并且 B_4 中⑤的后面无 j 的定值点，故 j 在定值点⑤的 du 链为 $\{④, ⑦\}$。

活跃变量和 du 链信息在代码优化中有很多应用，除了在删除无用赋值或进行代码外提需要用到活跃变量信息外，在目标代码生成过程中寄存器的分配都要用到活跃变量和 du 链信息。在这里不再详细举例说明。

7.4.3　可用表达式数据流分析

在基本块优化中，我们讨论了在一个基本块内如何删除多余的公共子表达式，接下来要讨论如何在整个程序中删除多余的公共子表达式。为此引入如下概念。

定义 7.13（可用表达式） 如果从程序流图的首结点到 p 的每个路径上面都有对 x op y 的计算，并且在最后一个这样的计算到点 p 之间没有对 x、y 进行定值，那么表达式 x op y 在点 p 是可用的。

表达式可用的直观意义是指在点 p 上，x op y 已经在之前被计算过，不需要重新计算。

定义 7.14（基本块注销表达式） 对于可用表达式 x op y，如果基本块 B 中含有对 x 或 y 的赋值（或可能赋值），并且后来没有重新计算 x op y，则称 B 注销了表达式 x op y。

定义 7.15（基本块产生表达式） 对于可用表达式 x op y，如果基本块 B 计算了 x op y，并且后来没有重新定义 x 或 y，则称 B 产生了表达式 x op y。

可用表达式信息的主要用途是检测公共子表达式。用类似于计算到达 – 定值数据流的方程方法可得到可用表达式的数据流方程如下：

$$E\_out[B] = (E\_in[B] - E\_kill[B]) \cup E\_gen[B]$$

$$E\_in[B] = \bigcap_{p \in P[B]} E\_out[p] \qquad (B \text{ 不是首结点})$$

$$E\_in[B_1] = \varnothing \qquad\qquad (B_1 \text{ 是首结点})$$

其中：

1）E_out[B]：在基本块 B 出口处的可用表达式集合。

2）E_in[B]：在基本块 B 入口处的可用表达式集合。

3）E_gen[B]：基本块 B 所产生的可用表达式的集合。

4）E_kill[B]：基本块 B 所注销掉的 μ 中的可用表达式的集合，其中 μ 是程序中出现在各四元式右部的所有表达式集合。

5）P[B]：基本块 B 所有前驱基本块组成的集合。

可用表达式的数据流方程和到达 – 定值数据流方程类似，但两者还是有一些区别。

第一个区别是在可用表达式的数据流方程中，首结点 B_1 的 E_in[B_1] 为空。这是基于程序从首结点开始执行，而在程序开始执行前，没有任何东西可用；若不置 E_in[B_1] 为空，可能会错误地推断出某些表达式在程序启动前可用。

第二个也是更重要的区别是聚合运算是交而不是并。因为一个表达式在某个基本块的入口处可用，必须要求它在该基本块的所有前驱基本块的出口处可用。与此相反，一个定值到达某个基本块入口之前，只要它能到达该基本块的某个前驱基本块的出口之后即可。

E_gen[B] 和 E_kill[B] 的值可以直接从流图计算出来。对于一个基本块 B，E_gen[B] 的计算过程如下：

1）初始设置：E_gen[B] = Ø。

2）顺序扫描基本块的每一条语句：

① 对于语句 x : = y op z，把 y op z 加入 E_gen[B]。

② 从 E_gen[B] 中删除与 x 相关的表达式。

3）扫描完所有的句子之后，E_gen[B] 即为所求。

对于一个基本块 B，E_kill[B] 的计算过程如下：

1）初始设置：E_kill[B] = Ø。

2）顺序扫描基本块的每一条语句：

① 对于语句 x : = y op z，把 y op z 从 E_kill[B] 中消除。

② 把 μ 中所有与 x 相关的四元式加入 E_kill[B] 中。

3）扫描完所有的句子之后，E_kill[B] 即为所求。

例 7.34　下面是由四个语句组成的一个基本块 B，求该基本块的 E_gen[B] 和 E_kill[B]。

1）a: = b + c

2）b: = a−d

3）c: = b + c

4）d: = a−d

解：首先置 E_gen[B] = Ø，然后顺序扫描基本块的每一条语句。

第一个语句后，b+c 为可用表达式，所以此时 E_gen[B] = { b+c }。

第二个语句后，a−d 为可用表达式；因为第二条语句对 b 进行了新的赋值，所以 b+c 不再是可用表达式，故此时 E_gen[B] = { a−d}。

第三个语句后，只有 a−d 为可用表达式；因为第三条语句是对 c 进来了赋值，所以不能使 b+c 再次成为可用，故此时 E_gen[B] = { a−d}。

第四条语句后，a−d 也不再可用，因为 d 已改变，这样没有可用表达式生成，从而最后得到 E_gen[B] = Ø。

E_kill[B] 由所有包含 a、b、c 或 d 的表达式组成。

算法 7.11 为可用表达式数据流方程的求解算法，算法的前提是每个基本块的 E_gen 和 E_kill 集都已经计算，假设首结点所对应的基本块为 B_1。

算法 7.11 可用表达式数据流方程的求解

输入：已经计算出每个基本块 B 的 E_gen[B] 和 E_kill[B] 的流图，首结点为 B_1

输出：每个基本块 B 的 E_in[B] 和 E_out[B]

步骤：

```
1.  E_in[B₁] := ∅;
2.  E_out[B₁] :=E_ gen[B₁];   /* 对首结点 B₁ 的 E_in 和 E_out 进行初始化 */
3.  for i:=2 to n
4.   { E_in[ Bᵢ] := μ;
5.     E_out[Bᵢ] := μ-E_ kill[Bᵢ]; }  /* 对非首结点 Bᵢ 的 E_in 和 E_out 置初值 */
6.  change = true;   /* 使得 while 循环继续 */
7.  while(change)
     {
8.    change = false;
9.    for i:= 2 to n do
       {
10.        newin := ∩ E_out[p]
                   p∈P[Bᵢ]
11.        if newin ≠ E_in[Bᵢ] then
12.        { change := true;
13.          E_in[Bᵢ] := newin;
14.          E_out [Bᵢ] : = (E_in[Bᵢ] -E_kill [Bᵢ]) ∪ E_gen[Bᵢ] }
       }
     }
```

例 7.35 考察图 7-20 所示的程序流图，利用算法 7.11 求解其可用表达式数据流方程。

解：首先从图 7-20 直接计算出每个基本块的 E_gen 和 E_kill，如表 7-8 所示。根据算法 7.11 求解步骤如下。

表 7-8 图 7-20 中程序流图的 E_gen 和 E_kill

基本块	E_gen[B]	E_kill[B]
B_1	{3, 1}	{D+D, D*D, A+G}
B_2	{D+D, D*D, B+C}	{A*A, A+G}
B_3	{A+G}	{B+C}
B_4	{A*A}	{B+C}
B_5	{B+C}	{D+D, D*D, A+G}
B_6	∅	∅

首先，置初值：

$$E\_in[B_1] = ∅;$$

$$E\_out[B_1] = E\_gen[B_1] = \{3, 1\};$$

$$E\_in[B_2] = E\_in[B_3] = E\_in[B_4] = E\_in[B_5] = E\_in[B_6] = μ$$
$$= \{3, 1, D+D, D*D, B+C, A+G, A*A\}$$

$$E\_out[B_2] = μ-E\_kill[B_2] = \{3, 1, D+D, D*D, B+C\}$$

$$E\_out[B_3] = μ-E\_kill[B_3] = \{3, 1, D+D, D*D, A+G, A*A\}$$

$$E\_out[B_4] = μ-E\_kill[B_4] = \{3, 1, D+D, D*D, A+G, A*A\}$$

$$E\_out[B_5] = μ-E\_kill[B_5] = \{3, 1, B+C, A*A\}$$

$$E\_out[B_6] = μ-E\_kill[B_6] = \{3, 1, D+D, D*D, B+C, A+G, A*A\}$$

执行算法第 6 行，置 change 为 true。

第一次迭代如下：在算法 7.11 第 9 行按深度为主次序依次对 B_2、B_3、B_4、B_5、B_6 执行算法第 10 ～ 14 行。

对于 B_2：

$$E\_in[B_2] = E\_out[B_1] ∩ E\_out[B_5] = \{3, 1\}$$

$$E\_out [B_2] = (E\_in[B_2]–E\_kill [B_2]) ∪ E\_gen[B_2]$$

$$= (\{3,\ 1\} - \{A*A,\ A + G\}) \cup \{D + D,\ D*D,\ B + C\}$$
$$= \{3,\ 1,\ D + D,\ D*D,\ B + C\}$$

对于 B_3：

$$E\_in[B_3] = E\_out[B_2] = \{3,\ 1,\ D + D,\ D*D,\ B + C\}$$
$$E\_out[B_3] = (E\_in[B_3] - E\_kill[B_3]) \cup E\_gen[B_3]$$
$$= (\{3,\ 1,\ D + D,\ D*D,\ B + C\} - \{B + C\}) \cup \{A + G\}$$
$$= \{3,\ 1,\ D + D,\ D*D,\ A + G\}$$

对于 B_4：

$$E\_in[B_4] = E\_out[B_2] = \{3,\ 1,\ D + D,\ D*D,\ B + C\}$$
$$E\_out[B_4] = (E\_in[B_4] - E\_kill[B_4]) \cup E\_gen[B_4]$$
$$= (\{3,\ 1,\ D + D,\ D*D,\ B + C\} - \{B + C\}) \cup \{A*A\}$$
$$= \{3,\ 1,\ D + D,\ D*D,\ A*A\}$$

对于 B_5：

$$E\_in[B_5] = E\_out[B_3] \cap E\_out[B_4]$$
$$= \{3,\ 1,\ D + D,\ D*D,\ A + G\} \cap \{3,\ 1,\ D + D,\ D*D,\ \{A*A\}\}$$
$$= \{3,\ 1,\ D + D,\ D*D\}$$
$$E\_out[B_5] = (E\_in[B_5] - E\_kill[B_5]) \cup E\_gen[B_5]$$
$$= (\{3,\ 1,\ D + D,\ D*D\} - \{D + D,\ D*D,\ A + G\}) \cup \{B + C\} = \{3,\ 1,\ B + C\}$$

对于 B_6：

$$E\_in[B_6] = E\_out[B_5] = \{3,\ 1,\ B + C\}$$
$$E\_out[B_6] = (E\_in[B_6] - E\_kill[B_6]) \cup E\_gen[B_6] = \{3,\ 1,\ B + C\}$$

　　进入下一次迭代，各次迭代的结果见表 7-9。由于第二次迭代和第一次迭代的结果相同，所以第二次迭代的结果即为可用表达式数据流方程的解。

表 7-9　图 7-20 中程序流图的 E_in 和 E_out

基本块	第一次		第二次	
	E_in[B]	E_out[B]	E_in[B]	E_out[B]
B_1	Ø	{3, 1}	Ø	{3, 1}
B_2	{3, 1}	{3, 1, D + D, D*D, B + C}	{3, 1}	{3, 1, D + D, D*D, B + C}
B_3	{3, 1, D + D, D*D, B + C}	{3, 1, D + D, D*D, A + G}	{3, 1, D + D, D*D, B + C}	{3, 1, D + D, D*D, A + G}
B_4	{3, 1, D + D, D*D, B + C}	{3, 1, D + D, D*D, A*A}	{3, 1, D + D, D*D, B + C}	{3, 1, D + D, D*D, A*A}
B_5	{3, 1, D + D, D*D}	{3, 1, B + C}	{3, 1, D + D, D*D}	{3, 1, B + C}
B_6	{3, 1, B + C}	{3, 1, B + C}	{3, 1, B + C}	{3, 1, B + C}

　　前面已经说过，可用表达式数据流方程的求解结果主要应用于删除全局公共子表达式。算法 7.12 即为利用求解结果删除全局公共子表达式的算法。

算法 7.12　全局公共子表达式删除。

输入：带有可用表达式信息的流图

输出：删除全局公共子表达式后的流图

步骤：对基本块 B 中每个四元式 s：A：= D op C，其中 D op C 在 B 入口之前是可用的，并且 B 中 s 之前未对 D 或 C 重新定值，依次执行以下步骤。

1. 在到达 B 的每条通路上．求出与 s 有相同右部并与 B 最接近的 s_k：E: = D op C。
2. 产生一个新的临时变量名 T。
3. 将步骤 1 中找出的每个 s_k：E: = D op C 变换成 T: = D op C 和 E: = T。
4. 用 A : = T 来代替 s。

注意，上述算法并不能代替基本块内公共子表达式的删除。此外，它也不能删除隐含的公共子表达式，比如，图 7-24 中的 X*C 和 T*C，它们可能成为全局公共子表达式，但算法 7.12 无法对它们进行删除。

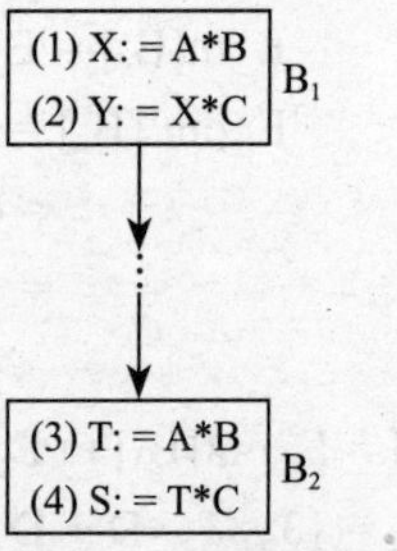

例 7.36 考察图 7-20 所示的程序流图，利用算法 7.12 删除其中的全局公共子表达式。

解：由例 7.35 中的计算结果可知，对于基本块 B_2，其中各语句所涉及的表达式在入口前均不是可用表达式。因此接着处理 B_3。

对于基本块 B_3，其只有语句⑥中的 B + C 在入口之前是可用的，并且 B_3 中⑥之前未对 B 或 C 重新定值，在到达 B_3 的每条通路上与语句⑥有相同右部并与 B_3 最接近的为 B_2 中的语句⑤。产生一个新的临时变量名 T_1。将 B_2 中的语句⑤变换成⑤ 'T_1: = B + C 和⑤ A:=T_1。用 B : = T_1 来代替 B_3 中的语句⑥。

对于基本块 B_4，其只有语句⑧中的 B + C 在入口之前是可用的，并且 B_4 中⑧之前未对 B 或 C 重新定值，在到达 B_4 的每条通路上与语句⑧有相同右部并与 B_4 最接近的为 B_2 中已经经过变化的语句⑤ 'T_1: = B + C，因此，可直接用 C: = T_1 来代替 B_4 中的语句⑧。

对于基本块 B_5，其只有语句⑪中的 D*D 在入口之前是可用的，并且 B_5 中⑪之前未对 D 重新定值，在到达 B_5 的每条通路上与语句⑪有相同右部并与 B_5 最接近的为 B_2 中的语句④。产生一个新的临时变量名 T_2。将 B_2 中的语句④变换成④ 'T_2: = D*D 和④ C: = T_2。用 D : = T_2 来代替 B_5 中的语句⑪。

最后经过删除全局公共子表达式的流图如图 7-25 所示。

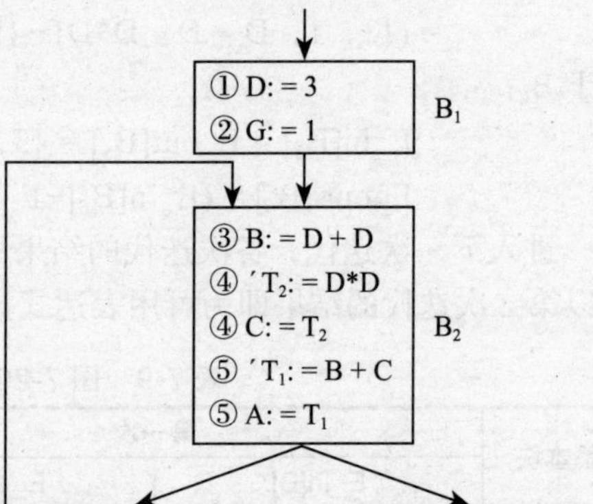

图 7-24 程序流图

图 7-25 对图 7-20 删除全局公共子表达式后

7.4.4 复写传播数据流分析

前面介绍的删除全局公共子表达式的算法以及强度削弱算法都会引入复写，此外，复写也可直接出现在经过语义分析后所产生的中间代码中。此前，在介绍基于 DAG 的局部优化时，曾经提到过，如果 A 未在该基本块的后继中被引用，那么可以删除 A: = D。然而，如果 A 在基本块的后继中需要被引用时，是否也可以把它删除？下面将要讨论这个问题。

对于一个给定的复写语句 s：x: = y，如果对程序中所有引用该 x 值的语句 u，均满足如下条件：

1）语句 s 是到达 u 的唯一 x 定值点，也即，x 在引用点 u 的 ud 链只包含 s。

2）从 s 到 u 的每条路径，包括穿过 u 若干次的路径（但没有多次穿过 s）上，没有对 y 的重新定值。

那么就可以把语句 u 中的 x 替换为 y，同时删除 s: x:=y。

条件 1 可以利用 ud 链信息检查，对于条件 2，需要建立新的数据流分析问题。为此我们定义：

1）C_in[B]。满足下述条件的所有复写语句 s: x: = y 的集：从首结点到基本块 B 入口之前的每一通路上都包含有复写语句 s: x: = y，并且在每一通路上最后出现的那个复写 s: x: = y 到 B 入口之前未曾对 x 或 y 重新定值。

2）C_out[B]。满足下述条件的所有复写语句 s: x: = y 的集：从首结点到基本块 B 出口之后的每一通路上都包含有复写语句 s: x: = y，并且在每一通路上最后出现的那个复写语句 s: x: = y 到 B 出口之前未曾对 x 或 y 重新定值。

3）C_gen[B]。基本块 B 中满足下述条件的所有复写语句 s: x: = y 的集：在 B 中 s 的后面未曾对 x 或 y 重新定值。

4）C_kill[B]。程序中满足下述条件所有复写语句 s: x: = y 的集：s 在基本块 B 外，但 x 或 y 在 B 中被重新定值。

C_gen[B] 和 C_kill[B] 均可从给定的流图中直接求出，为了求出 C_in[B] 和 C_out[B]，列出如下复写传播数据流方程：

$$C\_out[B]=(C\_in[B]-C\_kill[B])\cup C\_gen[B]$$

$$C\_in[B] \bigcap_{p\in P[B]} C\_out[p] \qquad (B \text{ 不是首结点})$$

$$C\_in[B_1]=\varnothing \qquad (B_1 \text{ 是首结点})$$

其中 P[B] 同样表示基本块 B 所有前驱基本块组成的集合。该方程与可用表达式的数据流方程相似，因此可用类似于算法 7.12 的方法来求解上述方程。只是对于算法 7.12 中的 μ 要理解为程序中所有复写语句 x: = y 组成的集合。具体见算法 7.13。

算法 7.13　复写传播数据流方程的求解

输入：已经计算出每个基本块 B 的 C_gen[B] 和 C_kill[B] 的流图，首结点为 B_1

输出：每个基本块 B 的 C_in[B] 和 C_out[B]

步骤：

```
1.   C_in[ B₁] := ∅;
2.   C_out[B₁] :=C_ gen[B₁];   /* 对首结点 B₁ 的 C_in 和 C_out 进行初始化 */
3.   for i:=2 to n
4.      { C_in[ Bᵢ] :=ζ;   /*ζ是所有复写语句 x:=y 组成的集合 */
5.        C_out[Bᵢ] :=ζ-C_ kill[Bᵢ]; }   /* 对非首结点 Bᵢ 的 C_in 和 C_out 置初值 */
6.   change = true;   /* 使得 while 循环继续 */
7.   while(change)
     {
8.     change = false;
9.     for i:= 2 to n do
         {
10.        newin :=  ∩  C_out[P]
                   p∈P[Bᵢ]
11.        if newin ≠ C_in[Bᵢ] then
12.          { change := ture;
13.            C_in[Bᵢ] := newin;
```

```
14.              C_out [Bᵢ] : = (C_in[Bᵢ] -C_kill [Bᵢ]) ∪ C_gen[Bᵢ] }
              }
          }
```

例 7.37 考察如图 7-25 所示的程序流图，利用算法 7.13 求解其复写传播的数据流方程。

解： 首先从图 7-25 直接计算出每个基本块的 C_gen 和 C_kill，如表 7-10 所示。

根据算法 7.13 求解步骤如下：

置初值：

表 7-10　图 7-25 中程序流图的 C_gen 和 C_kill

基本块	C_gen[B]	C_kill[B]
B_1	{D:=3，G:=1}	{ D:=T_2}
B_2	{C:=T_2，A:=T_1}	{ B:=T_1，C:=T_1，D:=T_2 }
B_3	{ B:=T_1}	Ø
B_4	{C:=T_1}	{ C:=T_2 }
B_5	{ D:=T_2}	{ D:=3，G:=1 }
B_6	Ø	Ø

$C\_in[B_1] = \emptyset$；

$C\_out[B_1] = C\_gen[B_1] = \{D:=3，G:=1\}$；

$C\_in[B_2] = C\_in[B_3] = C\_in[B_4] = C\_in[B_5] = C\_in[B_6] = \zeta$
$= \{ D:=3，G:=1，C:=T_2，A:=T_1，B:=T_1，C:=T_1，D:=T_2\}$

$C\_out[B_2] = \zeta - C\_kill[B_2] = \{ D:=3，G:=1，C:=T_2，A:=T_1 \}$

$C\_out[B_3] = \zeta - C\_kill[B_3] = \{ D:=3，G:=1，C:=T_2，A:=T_1，B:=T_1，C:=T_1，D:=T_2\}$

$C\_out[B_4] = \zeta - C\_kill[B_4] = \{ D:=3，G:=1，A:=T_1，B:=T_1，C:=T_1，D:=T_2\}$

$C\_out[B_5] = \zeta - C\_kill[B_5] = \{C:=T_2，A:=T_1，B:=T_1，C:=T_1，D:=T_2\}$

$C\_out[B_6] = \zeta - C\_kill[B_6] = \{ D:=3，G:=1，C:=T_2，A:=T_1，B:=T_1，C:=T_1，D:=T_2\}$

执行算法第 6 行，置 change 为 true。

第一次迭代如下：在算法 7.13 第 9 行按深度为主次序依次对 B_2、B_3、B_4、B_5、B_6 执行算法第 10 ～ 14 行。

对于 B_2：

$C\_in[B_2] = C\_out[B_1] \cap C\_out[B_5]$
$= \{D:=3，G:=1\} \cap \{C:=T_2，A:=T_1，B:=T_1，C:=T_1，D:=T_2\} = \emptyset$

$C\_out [B_2] = (C\_in[B_2] - C\_kill [B_2]) \cup C\_gen[B_2]$
$= (\emptyset - \{ B:=T_1，C:=T_1，D:=T_2 \}) \cup \{C:=T_2，A:=T_1\} = \{C:=T_2，A:=T_1\}$

对于 B_3：

$C\_in[B_3] = C\_out[B_2] = \{C:=T_2，A:=T_1\}$

$C\_out [B_3] = (C\_in[B_3] - C\_kill [B_3]) \cup C\_gen[B_3]$
$= (\{C:=T_2，A:=T_1\} - \emptyset) \cup \{ B:=T_1\} = \{C:=T_2，A:=T_1，B:=T_1\}$

对于 B_4：

$C\_in[B_4] = C\_out[B_2] = \{C:=T_2，A:=T_1\}$

$C\_out [B_4] = (C\_in[B_4] - C\_kill [B_4]) \cup C\_gen[B_4]$
$= (\{C:=T_2，A:=T_1\} - \{ C:=T_2 \}) \cup \{C:=T_1\} = \{ C:=T_1，A:=T_1\}$

对于 B_5：

$C\_in[B_5] = C\_out[B_3] \cap C\_out[B_4]$
$= \{ C:=T_2，A:=T_1，B:=T_1\} \cap \{ C:=T_1，A:=T_1\} = \{A:=T_1\}$

$C\_out [B_5] = (C\_in[B_5] - C\_kill [B_5]) \cup C\_gen[B_5]$
$= (\{ A:=T_1\} - \{ C:=T_2，C:=T_1，D:=3 \}) \cup \{ D:=T_2\} = \{A:=T_1，D:=T_2\}$

对于 B_6：

$C\_in[B_6] = C\_out[B_5] = \{ A:=T_1，D:=T_2\}$

$$C\_out\ [B_6] = (C\_in[B_6]-C\_kill\ [B_6]) \cup C\_gen[B_6] = \{A: = T_1,\ D: = T_2\}$$

进入下一次迭代,各次迭代的结果见表 7-11。由于第二次迭代和第一次迭代的结果相同,所以第二次迭代的结果即为复写传播数据流方程的解。

只要有从上述数据流方程中求出的各基本块中的 C_in[B],就可以进行复写传播,算法 7.14 即为复写传播算法。

算法 7.14 复写传播

输入: 带有各基本块 C_in 信息的程序流图 G 以及各定值点的 du 链

输出: 经过复写传播优化后的流图

步骤:

1. 应用 du 链信息求出复写语句 s: x: = y 中 x 定值所能到达的 x 的所有引用点。

2. 对步骤 1 中求出的 x 的各个引用点,假设其所属基本块分别为 B_1、B_2、$\cdots$、B_r。如果对所有满足 $1 \leqslant i \leqslant r$ 的 i,都有 $s \in C\_in[B_i]$,并且上述 B_i 中各个 x 的引用点之前都未曾对 x 或 y 重新定值,则转步骤 3,否则转步骤 1 考虑下一复写语句。

3. 删除 s,并把步骤 1 中求出的那些引用 x 的地方改为引用 y。

表 7-11 图 7-25 中程序流图的 C_in 和 C_out

基本块	第一次		第二次	
	C_in[B]	C_out[B]	C_in[B]	C_out[B]
B_1	Ø	{D:=3, G:=1}	Ø	{D:=3, G:=1}
B_2	Ø	{ C:=T_2, A:=T_1}	Ø	{ C:=T_2, A:=T_1}
B_3	{ C:=T_2, A:=T_1}	{ C:=T_2, A:=T_1, B:=T_1}	{ C:=T_2, A:=T_1}	{ C:=T_2, A:=T_1, B:=T_1}
B_4	{ C:=T_2, A:=T_1}	{C:=T_1, A:=T_1}	{ C:=T_2, A:=T_1}	{C:=T_1, A:=T_1}
B_5	{ A:=T_1}	{ A:=T_1, D:=T_2}	{ A:=T_1}	{ A:=T_1, D:=T_2}
B_6	{A:=T_1, D:=T_2}	{A:=T_1, D:=T_2}	{A:=T_1, D:=T_2}	{A:=T_1, D:=T_2}

例 7.38 对图 7-25 中所示的程序流图进行复写传播优化。

解:首先,从图 7-25 中直接求出每个基本块的 DU_def 和 DU_use 集合,如表 7-12 所示。

表 7-12 图 7-25 中程序流图的 DU_def 和 DU_use

基本块	DU_def[B]	DU_use[B]
B_1	{(③, D), (④′, D), (⑦, G) }	Ø
B_2	{(⑩, B), (⑪, T_2), (⑩, C), (⑥, T_1), (⑧, T_1), (⑦, A), (⑨, A)}	{(③, D), (④′, D)}
B_3	{ (⑤′, B), (⑩, B)}	{(⑥, T_1), (⑦, A), (⑦, G)}
B_4	{(⑤′, C), (⑩, C)}	{(⑧, T_1), (⑨, A)}
B_5	{(⑤′, C), (③, D), (④′, D)}	{ (⑩, B), (⑩, C), (⑪, T_2)}
B_6	Ø	Ø

置初值:

$$DU\_in[B_1]= DU\_in[B_2] = DU\_in[B_3] = DU\_in[B_4]= DU\_in[B_5]= DU\_in[B_6]= Ø$$

第一次迭代:

按照 B_6、B_5、B_4、B_3、B_2、B_1 的顺序对各基本块的 $DU\_out[B_i]$ 和 $DU\_in[B_i]$ 进行计算。

对于 B_6:

$$DU\_out[B_6] = DU\_in[B_6] = Ø$$

对于 B_5:

$$DU\_out[B_5] = DU\_in[B_2] \cup DU\_in[B_6]= Ø$$

$$DU\_in[B_5] = (DU\_out[B_5]-DU\_def[B_5]) \cup DU\_use[B_5]$$
$$= (\varnothing - \{(⑤', C), (③, D), (④', D)\}) \cup \{(⑩, B), (⑩, C), (⑪, T_2)\}$$
$$= \{(⑩, B), (⑩, C), (⑪, T_2)\}$$

对于 B_4：

$$DU\_out[B_4] = DU\_in[B_5] = \{(⑩, B), (⑩, C), (⑪, T_2)\}$$
$$DU\_in[B_4] = (DU\_out[B_4]-DU\_def[B_4]) \cup DU\_use[B_4]$$
$$= (\{(⑩, B), (⑩, C), (⑪, T_2)\} - \{(⑤', C), (⑩, C)\}) \cup \{(⑧, T_1), (⑨, A)\}$$
$$= \{(⑧, T_1), (⑨, A), (⑩, B), (⑪, T_2)\}$$

对于 B_3：

$$DU\_out[B_3] = DU\_in[B_5] = \{(⑩, B), (⑩, C), (⑪, T_2)\}$$
$$DU\_in[B_3] = (DU\_out[B_3]-DU\_def[B_3]) \cup DU\_use[B_3]$$
$$= (\{(⑩, B), (⑩, C), (⑪, T_2)\} - \{(⑤', B), (⑩, B)\})$$
$$\cup \{(⑥, T_1), (⑦, A), (⑦, G)\}$$
$$= \{(⑥, T_1), (⑦, A), (⑦, G), (⑩, C), (⑪, T_2)\}$$

对于 B_2：

$$DU\_out[B_2] = DU\_in[B_3] \cup DU\_in[B_4]$$
$$= \{(⑥, T_1), (⑦, A), (⑦, G), (⑩, C), (⑪, T_2)\}$$
$$\cup \{(⑧, T_1), (⑨, A), (⑩, B), (⑪, T_2)\}$$
$$= \{(⑥, T_1), (⑦, A), (⑦, G), (⑧, T_1), (⑨, A), (⑩, B), (⑩, C), (⑪, T_2)\}$$

$$DU\_in[B2] = (DU\_out[B_2]-DU\_def[B_2]) \cup DU\_use[B_2]$$
$$= (\{(⑥, T_1), (⑦, A), (⑦, G), (⑧, T_1), (⑨, A), (⑩, B), (⑩, C), (⑪, T_2)\} - \{(⑩, B), (⑪, T_2), (⑩, C), (⑥, T_1), (⑧, T_1), (⑦, A), (⑨, A)\})$$
$$\cup \{(③, D), (④', D)\}$$
$$= \{(③, D), (④', D), (⑦, G)\}$$

对于 B_1：

$$DU\_out[B_1] = DU\_in[B_2] = \{(③, D), (④', D), (⑦, G)\}$$
$$DU\_in[B_1] = (DU\_out[B_1]-DU\_def[B_1]) \cup DU\_use[B_1]$$
$$= (\{(③, D), (④', D), (⑦, G)\} - \{(③, D), (④', D), (⑦, G)\}) \cup \varnothing = \varnothing$$

进入下一次迭代。各次迭代结果见表 7-13，由于第三次和第二次迭代结果相同，所以它即为所求的解。

考虑基本块 B_1 中复写语句① D: = 3，B_1 中语句①后面没有对变量 D 重新定值，并且没有对 D 进行引用，所以变量 D 在基本块 B_1 中定值点①的 du 链为 $DU\_out(B_1)$ 中的 $\{(③,D), (④', D)\}$。此时，针对变量 D 的所有引用点均在基本块 B_2 中，因 $C\_in[B_2] = \varnothing$，所以语句 ① $\notin C\_in[B_2]$，故不能进行复写传播。

考虑基本块 B_1 中复写语句② G: = 1，B_1 中语句②后面没有对变量 G 重新定值，并且没有对 G 进行引用，所以变量 G 在基本块 B_1 中定值点①的 du 链为 $DU\_out(B_1)$ 中的 $\{(⑦, G)\}$。此时，针对变量 G 的所有引用点均在基本块 B_3 中，因 $C\_in[B_3] = \{C:=T_2, A:=T_1\}$，所以语句② $\notin C\_in[B_3]$，故不能进行复写传播。

考虑基本块 B_2 中复写语句④ C: = T_2，B_2 中变量 C 在定值点④的 du 链为 $\{(⑤', C), (⑩, C)\}$，语句⑤' $\in B_2$，语句⑩ $\in B_5$，因 $C\_in[B_2] = \varnothing$，$C\_in[B_5] = \{A:=T_1\}$，所以语句④ $\notin C\_in[B_2]$，并且语句④ $\notin C\_in[B_5]$，故不能进行复写传播。

考虑基本块 B_2 中复写语句⑤ A:=T_1，B_2 中变量 A 在定值点⑤的 du 链为 {(⑦，A)，(⑨，A)}，语句⑦∈B_3，语句⑨∈B_4,，因 C_in[B_3]= C_in[B_4]={C:=T_2，A:=T_1}，所以语句⑤∈C_in[B_3]，并且语句⑤∈C_in[B_4]，故可将语句⑦中的 A 改为 T_1，可将语句⑨中的 A 改为 T_1，并删除语句⑤ A:=T_1。

表 7-13　图 7-25 中程序流图的 DU_ out 和 DU_in

基本块	第一次		第二次		第三次	
	DU_out[B]	DU_in[B]	DU_out [B]	DU_in [B]	DU_out B]	DU_in [B]
B_6	∅	∅	∅	∅	∅	∅
B_5	∅	{(⑩，B)，(⑩，C)，(⑪，T_2)}	{(③，D)，(④′，D)，(⑦，G)}	{(⑦，G)，(⑩，B)，(⑩，C)，(⑪，T_2)}	{(③，D)，(④′，D)，(⑦，G)}	{(⑦，G)，(⑩，B)，(⑩，C)，(⑪，T_2)}
B_4	{(⑩，B)，(⑩，C)，(⑪，T_2)}	{(⑧，T_1)，(⑨，A)，(⑩，B)，(⑪，T_2)}	{(⑦，G)，(⑩，B)，(⑩，C)，(⑪，T_2)}	{(⑦，G)，(⑧，T_1)，(⑨，A)，(⑩，B)，(⑪，T_2)}	{(⑦，G)，(⑩，B)，(⑩，C)，(⑪，T_2)}	{(⑦，G)，(⑧，T_1)，(⑨，A)，(⑩，B)，(⑪，T_2)}
B_3	{(⑩，B)，(⑩，C)，(⑪，T_2)}	{(⑥，T_1)，(⑦，A)，(⑦，G)，(⑩，C)，(⑪，T_2)}	{(⑦，G)，(⑩，B)，(⑩，C)，(⑪，T_2)}	{(⑥，T_1)，(⑦，A)，(⑦，G)，(⑩，C)，(⑪，T_2)}	{(⑦，G)，(⑩，B)，(⑩，C)，(⑪，T_2)}	{(⑥，T_1)，(⑦，A)，(⑦，G)，(⑩，C)，(⑪，T_2)}
B_2	{(⑥，T_1)，(⑦，A)，(⑦，G)，(⑧，T_1)，(⑨，A)，(⑩，B)，(⑩，C)，(⑪，T_2)}	{(③，D)，(④′，D)，(⑦，G)}	{(⑥，T_1)，(⑦，A)，(⑦，G)，(⑧，T_1)，(⑨，A)，(⑩，B)，(⑩，C)，(⑪，T_2)}	{(③，D)，(④′，D)，(⑦，G)}	{(⑥，T_1)，(⑦，A)，(⑦，G)，(⑧，T_1)，(⑨，A)，(⑩，B)，(⑩，C)，(⑪，T_2)}	{(③，D)，(④′，D)，(⑦，G)}
B_1	{(③，D)，(④′，D)，(⑦，G)}	∅	{(③，D)，(④′，D)，(⑦，G)}	∅	{(③，D)，(④′，D)，(⑦，G)}	∅

考虑基本块 B_3 中复写语句⑥ B: = T_1，B_3 中变量 B 在定值点⑥的 du 链为 {(⑩，B)}，语句⑩∈B_5，因 C_in[B_5] = {A: = T_1}，所以语句⑩∉C_in[B_5]，所以不能进行复写传播。

考虑基本块 B_4 中复写语句⑧ C: = T_1，B_4 中变量 C 在定值点⑧的 du 链为 {(⑩，C)}，语句⑩∈B_5，因 C_in[B_5] = {A:=T_1}，所以语句⑩∉C_in[B_5]，所以不能进行复写传播。

考虑基本块 B_5 中复写语句 ⑪ D: = T_2，B_6 中语句⑪后面没有对变量 D 的重新定值，并且没有对 D 进行引用，所以变量 D 在基本块 B_6 中定值点⑪的 du 链为 DU_out(B_1) 中的 {(③，D)，(④′，D)}。此时，针对变量 D 的所有引用点均在基本块 B_2 中，因 C_in[B_2] = ∅，所以语句⑪∉C_in[B_2]，也不能进行复写传播。

经过复写传播以后的程序流图如图 7-26 所示。

又由表 7-13 易知基本块 B_3 中关于变量 F 在语句⑦的定值和基本块 B_4 中关于变量 F 在语句⑨的定值都没有引用点，所以属于无用赋值，可以删除。经过删除无用赋值语句以后的程序流图如图 7-27 所示。对图 7-27 中的程序流图进一步求各变量在其定值点的 du 链会发现，基本块 B_1 中关于变量 G 在语句②的定值和基本块 B_5 中关于变量 G 在语句⑩的定值都

没有引用点，所以属于无用赋值，可以删除。此时，图 7-27 经过删除无用赋值以后的程序
流图如图 7-28 所示。

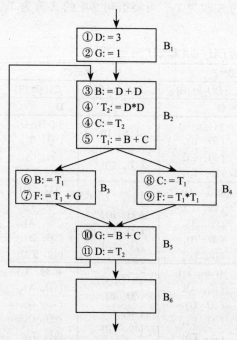

图 7-26　对图 7-25 经过复写传播后

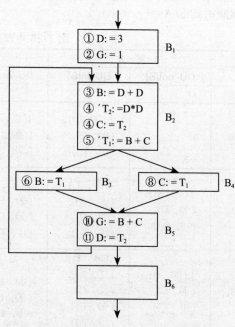

图 7-27　对图 7-26 经过删除无用赋值后

7.5　本章小结

代码优化是对程序的等价变换，目的是生成更
有效的目标代码。本章主要介绍了中间代码的局部
优化、循环优化和全局优化。

首先，介绍了将三地址语句序列划分为基本块
的算法和以基本块为结点的控制流图的构造方法，
并介绍了常用的局部优化技术，包括删除公共子表
达式、复写传播、删除无用代码、合并已知量、常
数传播等，重点讨论了基于基本块的 DAG 的局部
优化。

接下来，介绍了如何利用程序的控制流程图来
定义和查找循环，与此同时，讨论了四种重要的循
环优化技术：循环展开、代码外提、强度削弱和删
除归纳变量。

最后讨论了全局优化。为了进行全局优化，需
要进行数据流分析。本章介绍了进行数据流分析的
几种常用方法，包括到达－定值数据流分析、活跃
变量数据流分析和可用表达式数据分析等，并讨论
了如何利用上述数据流分析结果进行全局范围内常数传播、合并已知量、删除公共子表达式
和复写传播。

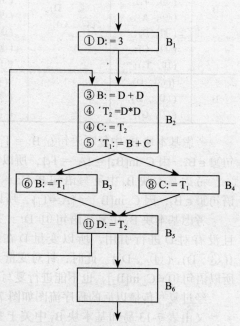

图 7-28　对图 7-27 经过删除无用赋值后

习题

1. 将下面程序划分为基本块并画出其程序流图。

```
        read A，B
        F:=1
        C:=A*A
        D:=B*B
        if C<D goto L₁
        E:=A*A
        F:=F+1
        E:=E+F
        write E
        halt
    L₁: E:=B*B
        F:=F+2
        E:=E+F
        write E
        if E >100 goto L₂
        halt
    L₂: F:=F-1
        goto L₁
```

2. 对于下面的基本块：

1）$t_1 := 4*i$

2）$t_2 := a-4$

3）$t_3 := t_2[t_1]$

4）$t_4 := 4*i$

5）$t_5 := b-4$

6）$t_6 := t_5[t_4]$

7）$t_7 := t_3*t_6$

8）$t_8 := prod + t_7$

9）$prod := t_8$

10）$t_9 := i + 1$

11）$i := t_9$

12）if $i <= 20$ goto (1)

画出其所对应的 DAG 图，并应用 DAG 对该基本块进行优化。

3. 已知如下基本块：

1）$A := 2$

2）$B := 3/A$

3）$D := T-C$

4）$E := T + C$

5）$R := A/E$

6）$H := R$

7）F: = 3/B

8）G: = T + C

9）S: = F/G

10）H: = S*D

（1）画出该基本块所对应的 DAG 图。

（2）应用 DAG 图对该基本块进行优化。

（3）假定只有 R、H 在基本块出口是活跃的，试写出优化后的四元式序列。

4. 已知有如下中间代码序列：

```
        j:=0
   L₁:  i:=0
        if i< 8 goto L₃
   L₂:  A:=B+C
        B:=D*C
   L₃:  if B =0 goto L₄
        write B
        goto L₅
   L₄:  i:=i+1
        if i<8 goto L₂
   L₅:  j:=j+1
        if j<=3 goto L₁
        halt
```

（1）试画出上述代码的程序流图。

（2）求所画出的程序流图中各结点的必经结点集。

（3）求所画出的程序流图中的回边与循环。

5. 对下面的四元式代码序列：

```
        A:=0
        i:=1
   L₁:  B:=j+1
        C:=B+i
        A:=C+A
        if i=100 goto
        L₂
        i:=i+1
        goto L₁
   L₂:  write A
        halt
```

（1）画出其控制流程图。

（2）求出其循环并对循环进行优化。

6. 已知有如下计算两矩阵乘积的程序：

```
for i:= 1 to n do
    for j: = 1 to n do
        C[i, j]:= 0;
for i:= 1 to n do
    for j: = 1 to n do
```

```
        for k:= 1 to n do
            C[i, j]:=C[i, j] + A[i, k] * B[k, j ]
```

（1）假定数组 A、B 和 C 均按静态分配其存储单元，对上述程序写出三地址代码序列。

（2）求出其中循环，并对循环进行优化。

7. 已知如下利用筛法求从 2 到给定整数 n 间的素数个数的程序片段：

```
begin
read n;      / * 读入整数 n*/
for i:=2 to n do
    a[i]:= true ; / * 初始化 */
count:= 0;
for i:=2 to n**0.5 do    / * 运算符 ** 代表乘方 */
    if a[i] then  / * i 是质数 */
        begin
            count:= count+1;
            for j:=2*i to n by i do      / * 步长为 i*/
                a[j]:= false    / *j 能被 i 整除 */
        end;
        print count   / * 输出 count 的值，即 2 到 n 中质数的个数 */
end
```

（1）将上述程序翻译为四元式序列（假定数组 a 按静态分配其存储空间）。

（2）画出得到的四元式序列所对应的程序流程图。

（3）对前面所得到的程序流程图中的每一结点 n，求出其必经结点集；并找出流图中的回边及循环。

（4）对前面所得到的循环进行优化。

8. 已知如图 7-29 所示的程序流图。

（1）求出该图中流图的到达－定值数据流方程的解。

（2）计算该图中各基本块中变量引用点的 ud 链。

（3）求出该图中流图的活跃变量数据流方程的解。

（4）计算该图中各基本块中变量定值点的 du 链。

（5）求出该图中流图的可用表达式数据流方程的解。

（6）对该图中程序进行合并已知量优化。

（7）对上题中的结果考虑进行删除公共子表达式优化。

（8）对上题中的结果考虑进行复写传播优化。

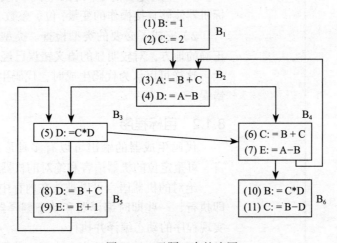

图 7-29　习题 8 中的流图

第8章 目标代码生成

目标代码生成是编译器后端的最后一项任务，将中间表示转换为某种具体平台的指令。实际上编译器通常不直接生成可执行指令，而是生成汇编代码，然后借助汇编器、链接器、装载器进行进一步处理。本章只关注于汇编代码的生成，不再分析汇编代码到可执行代码的进一步处理。我们希望编译器尽可能地生成高效、简洁的代码，从而使编译出的程序运行速度最快。实现这一目标并不简单，通常要考虑多方面的问题。理论上已经证明，产生最优代码是不可判定的问题，在实际的编译器设计中，往往采用启发式的方法来兼顾代码的生成质量和生成速度。

本章主要讨论代码生成器的相关问题。

8.1 代码生成器设计中的问题

8.1.1 代码生成器的输入

代码生成器的输入包括表示源程序的中间表示和符号表信息，符号表信息决定中间表示中名字所代表的数据对象的运行时地址。在之前的章节中，已经介绍了中间代码，比如三地址码。在目标代码生成之前需要完成的工作有：

1）生成完备的中间表示。中间表示需要表示出目标机器能够直接操作的变量：位、整数、实数、指针等。

2）完成了必要的类型检查。类型转换符已放置在正确的地方，对较明显的语义错误已经检查出来。

这样可以认为代码生成时，代码生成器的输入没有错误。

8.1.2 目标程序

代码生成器的输出可以有多种形式，包括汇编语言、可重定位的机器语言和绝对的机器语言。

绝对的机器语言可以被放在内存中的固定位置并立即执行，一些即时编译器和动态翻译器采用这种输出，实现程序的动态编译并执行。

可重定位的机器语言允许用户分别编译子程序，然后使用链接器将不同的子程序的输出链接到一起。这种方法虽然有一定的开销，但是非常灵活，现在的很多编译器都采用这种方式，包括 GCC 等，前提是目标机器平台能够处理代码的重定位，否则，编译器必须提供显式的重定位信息。

生成汇编语言的输出相对简单，但需要借助汇编器进行进一步汇编。为了方便阅读，本章采用汇编语言的输出。

8.1.3　指令选择

在将中间表示转换为等价的机器指令时，涉及机器指令的选择问题。

复杂程度不同的机器指令集可以提供的指令选择不同。通常，复杂指令集体系结构可以提供更多的寻址方式和更多的指令选择。

另外，指令速度和机器的特点也是指令选择时考虑的重要因素。考虑下面的例子：

对于三地址语句 a:=a+1 实现的加法，如果使用下面的语句序列：

```
MOV a, R0
MOV #1, R1
ADD R0, R1, R0
```

则执行效率远没有 INC a 这样的自增指令高效。另外，当出现多次相加操作的时候，一些冗余的数据传送操作指令不可避免地出现，因此，需要有一个好的指令选择算法。

8.1.4　变量存储空间分配

变量存储空间分配是指将中间表示中的变量赋予寄存器或内存等存储位置。通常在变量分配时面临以下两个问题：

1）在同一时刻可以使用的寄存器数量比程序中活跃的变量数量少，因此，变量不得不分配到内存里。

2）变量存放到内存中导致存取速度比用寄存器要慢。

所以，在变量存储空间分配时追求的目标是让所有的变量尽可能地分配到寄存器中，从而使程序执行速度最快。

前人的研究已经证明，寄存器分配问题是一个 NP 完全问题，即便在一些限制条件下，也很难得到最优化的解。实际使用的编译器多采用贪婪式的寄存器分配方法，能够在短时间内形成较好的分配结果。下一节将具体地分析寄存器分配问题。

8.2　寄存器分配

在高级程序设计语言中，程序员可以声明无限多个变量，并为这些变量赋值，对这些变量做运算。每个变量都有自己的作用域，比如在 C 语言中，在函数内部声明的变量，只在这个函数内部从声明点到函数返回的范围内访问、操作；全局声明的变量在整个程序中都有效，程序中的任何一条语句都能访问、操作。

但实际的物理 CPU，一般只提供有限多个寄存器用来保存变量。从指令的角度看，计算机程序中的数据都保存在内存中。除了 x86 结构外，ARM 和 MIPS 基本都采用 RISC 结构，都需要先将内存中的数据通过访存指令加载到寄存器中，再直接在寄存器中做运算。除了个别体系结构的浮点寄存器 (x86 有 80 位宽度的浮点寄存器) 和向量寄存器 (x86 的 AVX2 扩展中寄存器宽度是 256 位，ARM 的 NEON 中寄存器宽度是 128 位) 外，X86、ARM、MIPS 的整点寄存器都是 64 位宽。

在编译器看来，对于内建的数据类型，如 int、char、指针等类型，因为都是整数，且宽度不大于 64 位，因此都能将数据直接保存在寄存器中做运算。对于结构体、字符串等数据大小不确定的，编译器一般都采用基地址（数据结构中第一个域的位置，字符串中第一个元素的位置）加上偏移量的方式，将数据先从内存加载到寄存器中操作，再对它们做运算。编译器就需要结合整个程序代码，针对代码中的每个语句，确定哪些数据现在应该放到寄存器中，哪些数据需要从内存加载到寄存器，或从寄存器保存到内存中，哪些仍需要保持在内存里。

因为寄存器分配算法将会影响到程序中的每一条语句，因此它的好坏对编译生成的二进制文件的性能非常重要。如果算法设计得不好，将会有更多的访存操作，且访存操作成对出现。对于这类访存操作，一般的硬件预测策略很难捕捉，基本都是 Cache 命中丢失的，且都需要写回到内存中。因此需要长时间占用 CPU 中的访存功能部件。虽然 x86、MIPS 和 ARM 现在都有了精心设计的流水线、乱序发射，但这种访存带来的访存队列阻塞问题还是会非常严重，对性能影响很大。

综上所述，寄存器分配是编译器后端代码生成中最关键的一项工作。代码生成重点关注两方面的问题：一是如何生成最为精简的目标代码；二是如何充分利用物理寄存器，尽量减少访问存储单元的次数。两方面的考虑构成了衡量寄存器分配的代码生成质量的主要指标。同时，寄存器分配还需要考虑分配的时间，这影响到编译器的整体编译速度。

因此，生成代码质量和分配速度成为衡量寄存器分配阶段性能的两个关键因素，如何在尽可能短的时间内编译出高质量的代码是现代即时编译器的主要任务。传统的寄存器分配方法主要有线性扫描算法和基于图着色的算法，下面将依次对这两种主要的寄存器分配方法进行介绍。

8.2.1　寄存器分配描述

定义 8.1　指令序号 x 指程序中的每条指令的编号（ $1 \leqslant x \leqslant N$，$N$ 表示程序最后的指令编号）。

理论上，单个基本块内的指令顺序是相对固定的，但基本块之间的排序则可以变动，从而导致了指令在整个程序中的序号不确定。根据相关研究，通常基于深度优先遍历形成的控制流图给基本块排序，从而确定每条指令的序号。

定义 8.2　变量 v 的生命域间隔是一个指令序号间隔 $[i, j]$（ $1 \leqslant i \leqslant j \leqslant N$，$1 \sim N$ 表示整个程序指令的序号）。

在活跃范围间隔内，必须为变量 v 分配寄存器或内存中的存储位置。

如在图 8-1 中的基本块中，若变量 g、h 在基本块之后仍活跃，那么变量 a、e、f、g、h 的生命域间隔分别为 [1，5]、[2，4]、[3，4]、[4，-]、[5，-]。

后文中，生命域间隔简称为生命域。设变量生命域集为 $L = \{l_1, l_2, \cdots, l_n\}$，$l_i$ 表示变量 v_i 的生命域间隔。

定义 8.3　生命域干涉指在程序的某个点 P（即程序运行的某个时刻），同时被两个变量 a 和 b 的生命域覆盖，那么就称变量 a 和 b 在程序运行点 P 互相干涉。

定义 8.4　寄存器重用指在变量生命域结束以后，回收为它所分配的资源（寄存器、内存空间），并重新分配给其他变量使用的过程。

如图 8-2 中，在第一个图中，若 A 和 E 在第 2 条和第 3 条指令后不再活跃，则 R1 寄存器可先分配给 A，再分配给 E，然

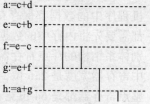

图 8-1　变量的活跃范围

后分配给 F。E 和 F 重用了寄存器 R1。而在第二个图中，变量 A 和 E 在第 3 条指令均活跃，因此不能重用一个寄存器，而分别使用 R1 和 R2，F 可以重用 A 的寄存器 R1。

定义 8.5　寄存器压力过大指在程序中的某一时刻，可能会出现需要保存在寄存器中的变量过多，而寄存器不够用的情况。

定义 8.6　寄存器溢出指当需要映射的逻辑寄存器过多，而物理寄存器较少时，就需要将某些暂时不用的数据挪到内存中，再在需要的时候将其重新搬到寄存器中，这一过程称为寄存器溢出（Register Spilling）。寄存器溢出会导致变量的活跃范围分裂成多个片段。同时，溢出的代码通常较高，因为涉及对内存的存取操作。

如图 8-3 中，使用 store a 指令把变量 a 溢出到内存，而将分配给 a 的寄存器给其他变量使用，随后在引用 a 时，使用 load a 指令把变量的值从内存重新加载到寄存器。

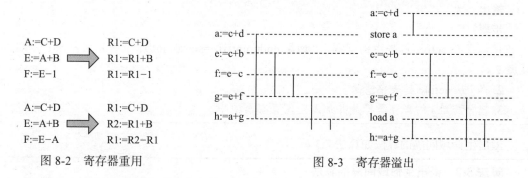

图 8-2　寄存器重用　　　　　　　　　　　　图 8-3　寄存器溢出

定义 8.7　变量 v 的溢出代价 c_v 是对将变量溢出到内存中所引起的性能损失的抽象表示。

溢出代价 c_v 有多种表征方式，v 所在指令的执行次数是最通常使用的一种，指令执行次数越多，访问内存次数相应增多，性能损失越厉害，即表示溢出代价也就越大。

设处理器平台可供使用的物理寄存器集合为 $R=\{r_1,r_2,\cdots r_m\}$，m 表示可用物理寄存器的数量，r_i 表示第 i 个物理寄存器。

寄存器分配问题可以描述成这样一个过程：将变量生命域集 L 中的生命域分配给物理寄存器集 R 中的物理寄存器，在程序的每一条指令位置 x，若同时活跃的生命域间隔数量大于物理寄存器数量 m，则选择多出的生命域溢出到内存。最优化的寄存器分配指整个寄存器分配过程中所有变量的溢出代价之和最小。图着色算法和线性扫描算法是传统的两种寄存器分配方法。

8.2.2　线性扫描的寄存器分配

线性扫描（linear scan）算法最早由 Poletto 和 Sarkar 提出，具有很大的影响力，在 GCC、LLVM 和 Java HotSpot 编译器中得到了实现。

线性扫描法实施过程简单，通过逐条遍历程序的所有指令来给生命域分配物理寄存器，分配时间是线性的，但这种方法产生的代码质量一般不高，因为生命域划分的精确程度、生命域的分裂位置、启发式溢出方法的选择和指令排列的顺序等因素对其产生重要的影响。线性扫描寄存器分配算法见算法 8.1。

算法 8.1　线性扫描寄存器分配算法

输入：待分配寄存器的生命域间隔 i

输出：无

步骤：

1. 将 active 链表置为空。

2. 对每个待分配寄存器的生命域间隔 i，首先更新 active 链表。

3. 如果 active 链表包含的生命域间隔数量等于物理寄存器的数量 R，则选择一个间隔溢出，否则，从空闲寄存器池中选一个寄存器分配给当前的生命域间隔 i。

4. 把 i 加入 active 链表，以结束位置升序排列。

更新 active 链表的算法如算法 8.2 所示。

算法 8.2   active 链表更新算法

输入： 待分配寄存器的生命域间隔 i

输出： 无

步骤：

1. 对每个 active 链表中的间隔 j，如果 endpoint[j]>=startpoint[i]，则算法结束，否则转步骤 2。

2. 将 j 从 active 链表中清除。

3. 把分配给 j 的寄存器释放并加入空闲寄存器池中。

溢出生命域间隔的算法如算法 8.3 所示。

算法 8.3   溢出生命域间隔的算法

输入： 待分配寄存器的生命域间隔 i

输出： 无

步骤：

1. 将 spill 置为 active 链表中最后一个间隔。

2. 如果 endpoint[spill]> endpoint[i]，则将 spill 溢出到内存，并从 active 链表中清除 spill，把 i 加入 active 链表，以结束位置升序排列。否则，转步骤 3。

3. 将 i 溢出，active 链表不变。

算法需要维护 active 链表，保存覆盖当前点并且已经置于寄存器中的生命域间隔，并以结束位置升序排列。startpoint 表示生命域间隔的开始位置，endpoint 表示生命域间隔的结束位置。对于每个新的间隔，算法扫描 active 链表，清除过期的间隔，这些间隔不再与新的间隔干涉，因为它们的结束位置在新间隔的开始位置之前。从而可以释放占用的寄存器。

active 链表的长度最长为 R。最坏情况是在面临一个新间隔时，active 链表的长度是 R 并且没有可以被清除的间隔。这时一个当前的生命域间隔必须被溢出。有多种启发式的方法来选择溢出的生命域间隔。本算法中采用了基于生命域间隔长度的算法。溢出结束位置距离当前点最远的生命域间隔，因为 active 链表中生命域按结束位置升序排列，所以溢出的间隔或是 active 链表里最后一个间隔，或是面临的新间隔。在线性代码里，如果每

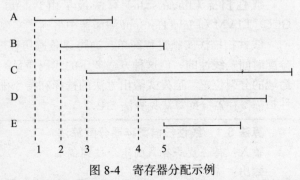

图 8-4   寄存器分配示例

个生命域间隔包含一个定值以及其后的一个引用，这种溢出算法会获得最好的寄存器分配效果。

考虑以下的例子，当物理寄存器数量为 2 时，算法要进行 5 次生命域间隔的分配。在第 2 次分配完成后，active=<A, B>，A、B 同时要放在寄存器中。在第 3 次分配时，A、B、C 三个生命域间隔重叠，因此一个生命域必须被溢出。算法溢出了生命域 C，即结束位置距离当前位置最远的那个。active 链表不变。在第 4 次分配时，A 已经从 active 链表中清除，一个寄存器可以被释放，然后分配给 D。在第 5 次分配时，B 从 active 链表中清除从而释放出另一个寄存器给 E。因此，到最后 C 是唯一一个没有分配给寄存器的变量。

复杂度分析

用 V 表示用来等待分配寄存器的生命域间隔的数量，R 是物理寄存器的数量，从算法得知，active 链表的长度为 R，因此算法将要进行 O(V) 次。

由于 active 链表以生命域结束位置升序排列，最糟糕的执行情况是插入一个新的生命域间隔到 active 链表里，如果用一个平衡二叉树来搜索插入点，那么插入要消耗 O(logR) 的时间，整个算法的最坏时间复杂度 O(V × logR)。

8.2.3　图着色的寄存器分配

图着色的寄存器分配算法将寄存器分配转化为图染色的模型，编译器首先构造一个干涉图 G。G 中的结点代表生命域，边代表生命域干涉关系。这样，在图 G 中结点 i 与结点 j 有一条边相连当且仅当生命域 l_i 与生命域 l_j 干涉，即它们在某一点同时是活跃的。与一个生命域 l_i 干涉的那些生命域被称为 l_i 的邻居。在图中邻居的数目就是 l_i 的度数，记做 $l_i o$。

为了找到图 G 的一种寄存器分配，编译器首先寻找图 G 的一种 k 染色方案。如果机器寄存器的数目是 k，我们就找到一种切实可行的寄存器分配方案。因为为任意一个图找到 k 染色方案是一个 NP 问题，只能采用启发式算法来寻找染色方案，这就不能保证为每个可以 k-染色的图找到 k-染色方案。

Chaitin 和他的同事在 IBM 的 Yorktown Heights 研究中心为 PL8 编译器实现的分配器，是基于图染色法的全局的寄存器分配器的第一个实现。图 8-5 显示了 Yorktown 分配器的流程。

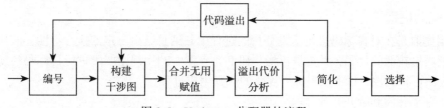

图 8-5　Yorktown 分配器的流程

1）编号：这个阶段找到函数中的所有生命域，并给它们以唯一的编号。

2）构建干涉图：这一步要建立干涉图 G。为了保证效率，G 同时有两种表示形式，即一个三角矩阵和一个相邻向量表。

3）合并无用赋值：在这个阶段分配器删除不要的复制赋值，从代码中去掉对应的复制语句，合并源生命域和目标生命域。删除一个复制的前提是源和目标互相不干涉。把结点 l_i 和 l_j 的合并记为 l_{ij}。

删去复制指令必然会改变干涉图，因此要重复构建干涉图和合并无用赋值直到再没有复制赋值。

4）溢出代价分析：在染色之前，对每个生命域 1 都要计算它的溢出开销。1 的溢出开销是对溢出 1 后插入的 load 和 store 指令造成的开销的评估。每条指令的开销用 10 d 加权，而 d 是这条指令的循环嵌套深度。

5）简化。简化阶段和选择阶段一起对干涉图染色。简化阶段中反复地检查 G 中的结点，删除所有度数小于 k 的结点。当一个结点被删除时，与它关联的边也被删除，然后这个点被压入栈 s。

如果遇到 G 中剩下的每个结点的度数都大于 k，就要选择其中一个溢出。但不会立刻把结点对应的生命域溢出（也就是立刻更新代码和干涉图），只是把那个结点从 G 中删除，并标记为 spilling。

最后 G 会成为空图。如果有些结点被标记为 spilling，它们在代码溢出阶段会被溢出，整个分配过程要重新进行。否则，栈 s 被传递到选择阶段。

6）选择。按照在简化阶段确定的顺序，把颜色分配给每一个结点。按顺序，每个结点从栈 s 中弹出来，重新插入 G 中，并分配一个与它的邻居不同的颜色。

7）代码溢出。在每个被溢出的生命域的引用前面插入一条 load 指令，在每个被溢出的生命域的赋值后面插入一条 store 指令。

图着色问题是 NP 完全问题，即便在 SSA（Static Single Assign）形式下，干涉图得到了很大的简化，成为弦图，但问题仍需要多项式时间的解，这带来了很大的时间压力。并且在生命域分配过程中需要创建复杂的生命域结构，这也带来了很大的空间消耗。

8.3　窥孔优化

窥孔优化是编译器中的一项重要的优化技术，它优化的对象是一小段目标指令，比如一个基本块中的目标码，将这些目标指令按照一定的原则替换成一段更短和更快的指令，以此来提高这段目标码的质量。窥孔优化一般包括冗余存取的删除、不可达代码的删除、控制流优化、强度削弱等。

算法根据一定的规则对目标码进行窥孔优化，主要包括三个步骤：规则提取、扫描匹配、等价语义转换。

8.3.1　规则提取

规则提取是在对目标码进行语义分析的过程中归纳总结出一定的执行特性，该执行特性用于识别质量较低的代码，并提取出操作码和寄存器。利用规则匹配进行目标码的窥孔优化具有一定的可扩充性，以下是目标码优化的规则生成过程：

（1）存取化简和合并冗余存取

冗余存取分两种情况，第一种是向用内存模拟的寄存器中存取多字节数据时，目标码是按字节进行多次存取实现，这严重增加了代码的膨胀率，对这部分的优化应该用一条对多字节数据的存取指令代替，这种情况总结出化简存和取的规则为 R1 和 R2。第二种是寄存器之间的数据传递通过向 sp 指向的内存的 STORE 和 LOAD 操作实现，对这部分的优化应该直接替换为寄存器之间的数据拷贝，这种情况总结出合并冗余存取的规则 R3，用于识别 STORE-LOAD 类型的冗余存取。

下面 3 条规则中，ldbu、ldw 表示从内存中取一个字节或一个字。stb、stw 表示向内存中存一个字节或一个字。sll、srl 表示逻辑左移或右移。

　　R1 规则表示从内存基地址 r15+ △ 开始依次自低地址向高地址取出 4 字节，高地址的值左移后与低地址相"或"，这样的操作相当于字节从内存中取一个字。同理，R2 和 R3 表示向内存中写一个字以及先写后读一定数量的字节。

　　R1：$\{ldw[r15] <= (ldbu[r15+ △ +i])^4 - (sll\text{-}or)^4 | i=(1、2、3、4)\}$

　　R2：$\{stw[r15] <= (stb[r15+ △ +i]\text{-}sll\text{-}srl)^4 | i=(1、2、3、4)\}$

　　R3：$\{mov[r_i, r_j]^* <= stw[r_i, r15]\text{-}ldw[r_j, r15]^* | 0 < i, j < 30\}$

　　（2）合并中间变量

　　目标码中不必要的中间变量的存在形式有两种：一是当前指令的两个源寄存器为其前两条 mov 指令的目的寄存器。二是当前指令的源寄存器是前一条 mov 指令的目的寄存器。此处创建的规则分别为 R4 和 R5，分别删除这两种情况的中间寄存器的使用。

　　R4：$\{op[r_a, r_b] <= mov[r_a, r_i]\text{-}mov[r_b, r_j]\text{-}op[r_i, r_j] | 0 < i, j, a, b < 30\}$

　　R5：$\{op[r_a] <= mov[r_a, r_i]\text{-}op[r_i] | 0 < i, a < 30\}$

　　（3）识别不必要的保存堆栈指针

　　编译器在编译每条中间表示时都会在中间表示对应的目标码起始位置保存堆栈指针，用于存储执行过程中所需要用到的中间数据，在中间表示结束的位置恢复堆栈指针。然而很多中间表示不产生中间数据，因此，这些不必要的保存堆栈指令在目标码优化的时候应该删除，规则 R6 用来识别不必要的保存堆栈指针指令。

　　R6：$\{nop <= ldi(r30- △)\text{-}ldi(r30+ △)\}$

8.3.2　扫描匹配和等价语义转换

　　扫描匹配和等价语义转换是从线程对热路径以基本块为单位进行多次扫描优化，将目标码中与以上六条规则匹配成功的代码语义等价转换成更优质的代码。目标码优化采用三次扫描，下面为这三次扫描和等价语义转换的详细过程：

　　1）基本块第一次扫描（见算法 8.4）：自上而下地扫描，存取化简和合并冗余存取的优化。

算法 8.4

　　输入：指向当前指令的变量 instr；分别用来保存存取化简和合并冗余存取指令信息的三元组表，即 table1<id, op, disp> 和 table2<id, op, disp>，id 为该指令的唯一标识符，op 为该指令的操作码，disp 为该指令中的寄存器地址偏移；规则包括 R1、R2、R3

　　输出：经过存取化简和合并冗余存取后的基本块

　　步骤：

```
1. while(instr!=ret)// 以基本块为单位
   {
2.     if(match(instr, R1) || match(instr, R2))// 分别与 R1 和 R2 进行规则匹配
3.     update(table1, addr(insttr), op, disp); // 在 table1 中记录匹配成功的指令
4.     else if(table!=NULL)
5.     if(table1 中内容与 R1 或 R2 完全吻合)//table1 与 R1 或 R2 完全匹配成功
6.     replace(table1, R1 or R2); // 将 table1 所记录指令进行语义等价转换并清空 table1,
       更新 instr
7.     else
8.     {
9.         if(match(instr, R3.stw))// 当前指令为向 sp 所偏移的地址存
10.        update(table2, addr(instr), op, disp); // 先清空 table2，然后记录当前指令
11.        else if(match(table2, R3.ldw))// 当前指令为向 sp 所偏移的地址取
12.        relpace(table2, R3); // 按规则 R3 进行等价语义转换，更新 instr
```

```
13.        else break;
       }
    }
```

2）基本块第二次扫描（见算法 8.5）：自上而下地扫描，合并中间变量。

算法 8.5

输入：指向当前指令的变量 instr；规则为 R4、R5

输出：经过合并中间变量和删除无用传参后的基本块

步骤：

```
1. while(instr!=ret)// 以基本块为单位
   {
2.     if(match(instr, R4) || match(instr, R5))// 存在不必要的中间变量的使用
3.     replace(instr, R4 or R5)；将 instr 指令开始的代码合并中间变量，更新 instr
4.     else break;
   }
```

3）基本块第三次扫描（见算法 8.6）：自下而上地扫描，删除不必要的保存堆栈指针指令和 nop。

算法 8.6

输入：指向当前指令的变量 instr；用来保存地址的 addr1、addr2、addr3；nop 计数器（nop_num）；r30 使用标志（sp_use1、sp_use2）；规则为 R6

输出：经过删除不必要的保存堆栈指针指令和 nop 后的基本块

步骤：

```
1. while(instr!=ret)// 以基本块为单位
   {
2.        while(instr==nop)
3.        nop_num++; // 获取连续 nop 指令的数目
4.        if(nop_num>0)
5.        relocate(addr(instr), nop_num, addr1)；// 将 从 addr(instr)+4*(nop_num+1)
          开始到基本块结束地址 addr1 之间的指令序列拷贝到 addr(instr)+4 开始处，并更新 addr1
          和 instr
6.        if(match(instr, R6.ldi-))// 匹配恢复堆栈指针指令成功
          {
7.            addr2=addr(instr); // 将当前地址保存
8.            while(!match(instr, R6.ldi+))// 查找对应的保存堆栈指针指令
              {
9.                if(match(instr, R6.ldi-))    addr3=addr(instr); // 堆栈指针存取可能
                  存在嵌套
10.               while(!match(instr, R6.ldi+))//MDT 中对堆栈的存取最多只嵌套了两层
11.                   if(reg(instr)==r30)
12.                   sp_use2=1; // 保存和恢复堆栈指针之间使用了 sp 寄存器
13.               if(sp_use2==0)    delete(instr, addr3); // 将 instr 和 addr3 的指令
                  替换成 nop
14.               else sp_use2=0; // 将 sp_use2 重新置 0
15.               if(reg(instr)==r30)    sp_use1=1; // 标志堆栈指针存和取之间使用了 sp
                  寄存器
              }
16.           if(sp_use1==0)    delete(instr, addr2); // 将 instr 和 addr2 的指令替换
              成 nop
17.           else sp_use1=0;
18.           instr=addr2; // 从 addr2 处重新扫描删除 nop
          }
   }
```

8.3.3　举例说明

例 8.1　现在对常用的两条中间表示 op_andl_T0_T1 和 op_movl_eip_im 举例说明以上算法所能达到的效果。

原始中间表示	第一次扫描	第二次扫描	第三次扫描
op_andl_T0_T1:	op_andl_T0_T1:	op_andl_T0_T1:	op_andl_T0_T1:
ldih　gp,27(t12)	ldih　gp,27(t12)	nop	and　s0,s1,s0
ldi　gp,24480(gp)	ldi　gp,24480(gp)	nop	
ldi　sp,−16(sp)	ldi　sp,−16(sp)	ldi　sp,−16(sp)	
and　s0,s1,s0	and　s0,s1,s0	and　s0,s1,s0	
	ldi　sp,16(sp)	ldi　sp,16(sp)	

图 8-6　op_andl_T0_T1 的优化过程

原始中间表示	第一次扫描	第二次扫描	第三次扫描
op_movl_eip_im:	op_movl_eip_im:	op_movl_eip_im:	op_movl_eip_im:
ldih　gp,27(t12)	ldih　gp,27(t12)	ldih　gp,27(t12)	ldih　gp,27(t12)
ldi　gp,19920(gp)	ldi　gp,19920(gp)	ldi　gp,19920(gp)	ldi
ldi　sp,−32(sp)	ldi　sp,−32(sp)	ldi　sp,−32(sp)	gp,19920(gp)
ldl　t0,0(gp)	ldl　t0,0(gp)	ldl　t0,0(gp)	
stw　t0,16(sp)	nop	nop	ldl　t0,0(gp)
ldw　v0,16(sp)	mov　t0,v0	nop	stw　t0,32(fp)
stb　v0,32(fp)	stw　v0,32(fp)	stw　t0,32(fp)	
sll　v0,0x20,v0	nop	nop	
srl　v0,0x28,v0	nop	nop	
stb　v0,33(fp)	nop	nop	
sll　v0,0x20,v0	nop	nop	
srl　v0,0x28,v0	nop	nop	
stb　v0,34(fp)	nop	nop	
sll　v0,0x20,v0	nop	nop	
srl　v0,0x28,v0	nop	nop	
stb　v0,35(fp)	nop	nop	
ldi　sp,32(sp)	ldi　sp,32(sp)	ldi　sp,32(sp)	
ldi　sp,16(sp)	ldi　sp,16(sp)	ldi　sp,16(sp)	

图 8-7　op_movl_eip_im 的优化过程

中间表示 movl_eip_im 的指令条数由 17 条减少至 4 条，andl_T0_T1 的指令条数由 5 条减少至 1 条，说明目标码优化非常好地减小了代码膨胀率。

8.4　一个代码生成器实例

本节分析一个简单的代码生成器。代码生成器的输入是中间代码，输出是特定处理器的目标代码。为方便讨论，限定代码生成的范围在单个基本块内，而且输出目标代码的形式是汇编代码。

在详细分析代码生成算法之前，先看一个简单的例子。不考虑代码的执行效率，目标代码生成是不难的，例如一个计算并赋值的句子：

$$A:=(B+C)*D+E$$

翻译为四元式：

$$T1:=B+C$$
$$T2:=T1*D$$
$$T3:=T2+E$$
$$A:=T3$$

假设只有一个寄存器可供使用时，生成的目标代码可以是：

```
LD      R0, B
ADD     R0 , C
ST      R0 , T1
LD      R0 , T1
MUL     R0, D
ST      R0 , T2
LD      R0 , T2
ADD     R0 , E
ST      R0 , T3
LD      R0, T3
ST      R0 , A
```

假设 T1、T2、T3 在基本块之后不再引用时，多余的成对 ST 和 LD 指令可以清除，目标代码可以优化为：

```
LD      R0, B
ADD     R0, C
MUL     R0, D
ADD     R0, E
ST      R0, A
```

进行代码优化时，需要知道变量当前存放在内存中还是寄存器里，同时还需要知道变量将来的引用情况。因此，引入待用信息、寄存器描述数组和变量地址数组来记录代码生成时须收集的信息。

8.4.1　待用信息和活跃信息

如果在一个基本块内，四元式 i 对 A 定值，四元式 j 要引用 A 值，而从 i 到 j 之间没有 A 的其他定值，那么，我们称 j 是四元式 i 的变量 A 的待用信息（即下一个引用点）。如下面代码中的情况。

```
i:  A:=B op C
...
j:  D:=A op E
```

对于在一个基本块中的一个名字，所谓在程序中的某个给定点是活跃的，是指如果在程序中（包括在本基本块或在其他基本块中）它的值在该点以后被引用。假设在变量的符号表登记项中含有记录待用信息和活跃信息的栏。

如果没有进行数据流分析并且临时变量不允许跨基本块引用，则把基本块中的临时变量均看作基本块出口之后的非活跃变量，而把所有的非临时变量均看作基本块出口之后的活跃变量。如果某些临时变量能够跨基本块使用，则把这些临时变量也看成基本块出口之后的活跃变量。

计算待用信息和活跃信息的算法步骤见算法 8.7。

算法 8.7

输入：存放变量信息的符号表；四元式

输出：更新后的符号表

步骤：

1. 开始时，把基本块中各变量的符号表登记项中的待用信息栏填为"非待用"，并根据该变量在基本块出口之后是不是活跃的，把其中的活跃信息栏填为"活跃"或"非活跃"。

2. 从基本块出口到基本块入口由后向前依次处理各个四元式。对每一个四元式 i: A:=B op C，依次执行下面的步骤：

① 把符号表中变量 A 的待用信息和活跃信息附加到四元式 i 上。

② 把符号表中 A 的待用信息和活跃信息分别置为"非待用"和"非活跃"。

③ 把符号表中变量 B 和 C 的待用信息和活跃信息附加到四元式 i 上。

④ 把符号表中 B 和 C 的待用信息均置为 i，活跃信息均置为"活跃"。

待用信息和活跃信息的表示：

1）（x，x）表示变量的待用信息和活跃信息。其中 i 表示待用信息，y 表示活跃，^ 表示非待用和非活跃。

2）在符号表中，(x，x)→(x，x) 表示后面的符号对代替前面的符号对。

例 8.2 已知如下所述基本块：

1）T:=A−B

2）U:=A−C

3）V:=T+U

4）W:=V+U

设 W 是基本块出口之后的活跃变量，建立待用信息链表与活跃变量信息链表如表 8-1 和表 8-2 所示。

表 8-1 附加在四元式上的信息

序号	四元式	左值	左操作数	右操作数
（4）	W:=V+U	(^, y)	(^, ^)	(^, ^)
（3）	V:=T+U	(4, y)	(^, ^)	(4, y)
（2）	U:=A−C	(3, y)	(^, ^)	(^, ^)
（1）	T:=A−B	(3, y)	(2, y)	(^, ^)

待用信息和活跃信息在四元式上的标记如下：

1）T(3)Y=A(2)Y − B^^

2）U(3)Y=A^^ − C^^

3）V(4)Y=T^^+U(4)Y

4）W^Y=V^^+U^^

表 8-2 符号表中的信息

变量名	（待用/活跃信息栏）
T	(^, ^)→(3, y)→(^, ^)
A	(^, ^)→(2, y)→(1, y)
B	(^, ^)→(1, y)
C	(^, ^)→(2, y)
U	(^, ^)→(4, y)→(3, y)→(^, ^)
V	(^, ^)→(4, y)→(^, ^)
W	(^, y)→(^, ^)

8.4.2 寄存器描述和地址描述

为了在代码生成中进行寄存器分配，需要随时掌握各寄存器的使用情况，即它是处于空闲状态还是已分配给某个变量，或已分配给某几个变量（若程序中含有复写，就会出现最后一种情况）。因此，引入寄存器描述数组 RVALUE 和变量地址描述数组 AVALUE。

寄存器描述数组 RVALUE 动态记录各寄存器的使用信息（空闲或已使用），如 RVALUE[R]={A，B} 表示寄存器 R 被 A、B 使用。

变量地址描述数组 AVALUE 动态记录各变量现行值的存放位置（是在某个寄存器中还是在某个主存单元中，或者既在某个寄存器中又在某个主存单元中）。如 AVALUE[A]={R1，R2，A} 表示变量 A 存放在 R1、R2 和内存中。

需要注意：

1）因为寄存器的分配是局限于基本块范围之内的，一旦处理完基本块中所有四元式，对现行值在寄存器中的每个变量，如果它在基本块之后是活跃的，则要将它存在寄存器中的值存放到它的主存单元中。

2）要特别强调的是，对形如 A:=B 的四元式，如果 B 的现行值在某寄存器 Ri 中，则无须生成目标代码，只须在 RVALUE(Ri) 中增加一个 A，（即把 Ri 同时分配给 B 和 A），并把 AVALUE(A) 改为 Ri。

8.4.3　代码生成算法

本小节具体分析代码生成的内容，为了简单起见，假设基本块中每个四元式的形式都是 A=B op C，则对每个四元式 i: A:=B op C，依次执行下面的代码生成算法，即算法 8.8。

算法 8.8　代码生成算法

输入：四元式；寄存器描述数组 RVALUE；变量地址描述数组 AVALUE

输出：生成的目标代码

步骤：

1. 以四元式 i: A:=B op C 为参数，调用函数过程 GETREG(i: A:=B op C)，返回一个寄存器 R，用作存放 A 的寄存器。

2. 利用 AVALUE[B] 和 AVALUE[C]，确定 B 和 C 现行值的存放位置 B' 和 C'。如果其现行值在寄存器中，则把寄存器取作 B' 和 C'。

3. 如果 B' ≠ R，则生成目标代码：

```
LD   R, B'
op   R, C'
```

否则生成目标代码：

```
op R, C'
```

如果 B' 或 C' 为 R，则删除 AVALUE[B] 或 AVALUE[C] 中的 R。

4. 令 AVALUE[A]={R}，RVALUE[R]={A}，表示变量 A 的现行值只在 R 中且 R 中的值只代表 A 的现行值。

5. 若 B 或 C 的现行值在基本块中不再被引用，也不是基本块出口之后的活跃变量，且其现行值在某寄存器 Rk 中，则删除 RVALUE[Rk] 中的 B 或 C，以及 AVALUE[B] 或 AVALUE[C] 中的 Rk，使得该寄存器不再为 B 或 C 占用。

寄存器分配函数 GETREG(i: A:=B op C) 用来返回一个存放 A 的值的寄存器，算法步骤见算法 8.9。

算法 8.9　寄存器分配函数 GETREG（i: A:=B op C）

输入：四元式；寄存器描述数组 RVALUE；变量地址描述数组 AVALUE

输出：分配的寄存器 R

步骤：

1. 如果 B 的现行值在某个寄存器 Ri 中，RVALUE[Ri] 中只包含 B，此外，或者 B 与 A

是同一个标识符，或者 B 的现行值在执行四元式 A:=B op C 之后不会再引用，则选取 Ri 为所需要的寄存器 R，并转至步骤 4，即语句 i 的附加信息中 B 的待用信息为非待用，活跃信息为非活跃。

2. 如果有尚未分配的寄存器，则从中选取一个 Ri 为所需要的寄存器 R，并转至步骤 4。

3. 从已分配的寄存器中选取一个 Ri 为所需要的寄存器 R。最好使得 Ri 满足以下条件：占用 Ri 的变量的值也同时存放在该变量的存储单元中，或者在基本块中要在最远的将来才会引用到或不会引用到。

对 RVALUE[Ri] 中每一变量 M，如果 M 不是 A 且 AVALUE[M] 不包含 M，则需要完成如下处理：

① 生成目标代码"ST Ri，M"；即将不是 A 的变量值由 Ri 送入内存中。

② 如果 M 是 B，则令 AVALUE[M]={M，Ri}，否则令 AVALUE[M]={M}。

③ 删除 RVALUE[Ri] 中的 M。

4. 给出 R，返回。

例 8.3 已知如下基本块：

（1）T:=A−B

（2）U:=A−C

（3）V:=T+U

（4）W:=V+U

设 W 是基本块出口之后的活跃变量，只有 R0 和 R1 是可用寄存器，生成的目标代码和相应的 RVALUE 和 AVALUE 信息如表 8-3 所示。

表 8-3　RVALUE 和 AVALUE 信息

中间代码	目标代码	RVALUE	AVALUE
T:=A−B	LD R_0, A SUB R_0, B	R_0 含有 T	T 在 R_0 中
U:=A−C	LD R_1, A SUB R_1, C	R_0 含有 T R_1 含有 U	T 在 R_0 中 U 在 R_1 中
V:=T+U	ADD R_0, R_1	R_0 含有 V R_1 含有 U	V 在 R_0 中 U 在 R_1 中
W:=V+U	ADD R_0, R_1 ST R_0, W	R_0 含有 W	W 在 R_0 中

8.5　本章小结

编译器为了尽可能地生成高效、简洁的目标代码，在代码生成阶段必须要综合考虑代码生成器的输入、目标程序、指令选择和变量存储空间分配等问题，本章介绍了线性扫描和图着色两种寄存器分配方法，并着重分析了线性扫描的寄存器分配方法的思想及算法。接着论述了目标代码上进行的窥孔优化的三种典型方法，最后通过一个简单的代码生成器的实例展示了具体的代码生成过程。

习题

1. 目标代码的三种形式及其各自特点是什么？

2. 两种基本的寄存器分配方法各有什么特点？

3. 常用的代码优化手段有哪些？

第9章 多样化编译

目前保障软件安全的方法在很大程度上是比较被动的:当漏洞被发现后,开发者才修复这个错误。对于攻击者而言,这是非常有利的,因为仅需要找到一个漏洞,他们就可以充分利用所有漏洞系统,而防护者则不得不阻止所有漏洞的利用。编译技术被认为是解决这个问题的核心技术之一:当编译器将高级源代码转换到低级的机器代码的时候,它能自动地多样化机器代码,生成同一程序的多个功能等价的不同变体。采用多变体执行方式,一个监控器同时执行多个变体,同时检查它们行为的差异来预示可能的攻击,并进一步纠正错误;使用海量软件多样性,每个用户得到自己的变体,攻击者只知道他剖析过的样本的内部结构,并不知道这个变体的内部结构,从而不易实施有效攻击。这两种技术使得攻击者进行一次成功的攻击更加困难。本章讨论多样化编译器的多样化方法和技术。

9.1 软件多样化需求

软件漏洞,如操作系统、共享库设备、驱动程序和应用程序中的缺陷或错误,是导致大部分攻击的根源。攻击者利用这些缺陷或错误在有漏洞的计算机上执行非法操作,实施攻击。现代软件的复杂性导致其不可能完全消除引发安全漏洞的所有错误。错误出现的概率往往与其代码长度成正比,随着时间的推移,错误被逐渐消除。当出现大量计算机被同一个漏洞影响时,该漏洞就成为一个重要的威胁。目前我们所处的环境是一个软件"一元化"的环境,换句话说,对于一些常用的软件,其相同的二进制代码运行在成千上万台计算机上。针对特定漏洞的攻击可能对其他大量目标也是有效的,这就使得漏洞利用变得非常容易,也令攻击者欣喜若狂。自动生成程序的不同变体来阻止攻击的想法是由Forrest等人提出的,许多后续的工作则主要关注以各种方式在程序执行时自动生成有用的多样化变体。编译器是软件开发过程中的重要工具,用于将程序员编写的高级语言源代码转换为具体机器上的可执行代码。通常,编译器的设计规则是确定的：相同的源代码总是被转换成相同的可执行文件。但是，目前在编译过程中，编译器基于启发式算法或根据编译器开发者的假设，采用了很多优化策略，这主要体现在为用户提供的多种优化选项上。不难看出，编译器是用于生成软件多样性最理想的工具，它可以很容易地针对输入的程序产生大量功能相同但内部各异的变体。这些变体具有相同的需求规范中指出的功能和行为，但也可以具有不同的需求规范之外的功能和行为。当攻击者试图利用规范之外的功能和行为（通常被称为"漏洞"）时，变体将会有不同的表现。前面指出的当前"一元化"环境存在的安全问题，可通过软件多样化加以解决。

本章主要探讨如何利用编译器来生成多样化的软件，达到保护系统安全的目的。可以采用两种方法来对所有用户提供支持。普通的家庭用户使用独立的计算机或终端，可以通过从应用程序商店下载软件，比如苹果的 App Store 或 Android 市场下载软件。该应用程序商店使用多样化引擎，能为每次下载自动生成一个唯一的但是功能相同的应用软件变体。此外，对于有更高安全性要求的用户，可以通过一个多变体的执行环境来提供更好的安全保证。在这个环境上同步运行多个变体，并对输入输出进行验证，因此适合于面向网络的应用程序。但是，对于相同应用程序的所有变体，从最终用户的角度看其行为是相同的，其差异体现在内部实现时的细微变化。因此，任何特定的攻击只会影响其中小部分的变体，而不会对大量变体有效，从而达到一定的安全性。

将不同的变体方式进行组合，可以创建许多不同的变种。当变体的数目足够大时，针对目标的攻击将花费很大的代价，因为攻击者需要针对所有使用的变体，开发大量的攻击手段来完成漏洞利用。可是，攻击者无法知道某个具体的攻击会在哪个特定的目标上成功，因此只能依靠猜测，这就增加了攻击者的成本以及被查杀的几率。多样化的程序发布也使得攻击者不能简单地仅仅通过对自己拿到的软件变体进行分析，从而生成利用程序。因此，只要攻击者没有办法确定在一个特定目标上使用的程序变体，就难以发动针对特定目标上的某个变体的直接攻击，从而降低其有效性。

这种方法还使得攻击者难以通过逆向补丁的方式形成攻击方法。攻击者需要两条信息来提取相关软件漏洞的重要信息：即漏洞软件的特定版本和修复漏洞的补丁程序。在一个多样化的软件环境中，攻击者难以获得相匹配的漏洞软件及其相应的补丁，从而增加了软件脆弱性识别的难度。

综上所述，通过用一个更复杂的"多元化"环境取代一个"一元化"环境，使得计算机对所有用户来说更为安全。本章介绍两种实现方法：一种是多种变体同时运行，从而使其难以被已知的漏洞所利用。另一种是为所有的用户发布不同的变体，从而使漏洞难以被重用到多个目标。当然，也可以将这两种方法组合起来使用，以进一步提高安全的级别。此外，本章还提出了多种多样化编译技术，这些技术可以应用在上述两种方法上，从而得到更高的安全性。

9.2　多变体执行及其环境

多变体执行是一种在运行时检测和防止恶意代码执行的技术。通过执行同一程序的多个语义等价的变体，并在同步点比较它们的行为，当检测到不同的行为时，就通知用户和系统管理员采取相应的措施，防止造成损失。

在一个多变体执行环境（Multi-Variant Execution Environment，MVEE）中，当变体提供保护来防御特定漏洞时，会复制一个未修改程序的适当行为。这个特性使得监视系统能够在运行时抢在攻击者有机会破坏系统之前检测到漏洞利用。在一个 MVEE 中，系统的输入同时送到所有的变体，这种设计使得攻击者不可能发送不同的恶意输入到不同的变体。通过选择恰当的变体，使得针对某个变体的恶意输入将导致至少一个其他变体受到间接损害，这称为产生一个分歧。监视代理就是用来检测这种分歧的。

多变体执行增加了一定的额外开销，因为至少需要同时执行两个变体来体现上述思想。尽管性能一直是一个重要因素，但总有一些私人和政府机构需要为敏感应用提供更高级别的安全保障，从而甘愿为额外的安全性牺牲性能。本章提出的这种方法主要针对这些类型的应用程序，然而，多核处理器的出现使该技术具有更广泛的应用范围，同时减少了开销。

多变体执行对二进制文件进行高度局部修改并因此获益，这使得所有的变体能够单独进行兼容性测试，并且，管理员也更容易识别多变体执行环境的警报来源。

9.3　海量软件多样性

当某一产品的所有用户都使用同一个软件包的相同副本时，攻击者可以在他们的本地副本上做初步"实践"。一旦攻击者完成创建一个漏洞利用，攻击者可以立即实施，成功率一般很高。这也是导致互联网上的多个蠕虫爆发的原因。

创建一个不同的软件生态系统——"多元化"环境，将使得攻击者难以针对同一个软件包制定攻击策略。当用户运行同一个包中的两个变体时，攻击者要么必须为每个变体制定一个攻击方法，要么创建一个足够复杂的可以同时在这两种变体中都能成功的攻击方法。因此，攻击者必须花费更多的时间和精力。海量软件多样性（Massive-Scale Software Diversity, MSSD）的目的是为开发人员提供工具来简化创建一个多样化软件系统的过程，同时也提供了足够的变体使漏洞利用毫无价值。

通过创建同一应用程序的多个变体，得到了一种应用的群体免疫。群体免疫的概念来自于免疫学，如果某处的人口数量足够可观，可以实行对一个特定的病原体免疫，尽管感染的个别病例仍时有发生，但是不会爆发大规模的疾病。海量软件多样性的目标是创建一个类似的计算机系统。

当前，软件包大多由用户从开发商处下载。基于下载的发布模型无须实物包装，可以为每个用户提供一个功能相同的不同变体。

多变体执行和海量软件多样性之间的主要区别是，后者是一个静态方法，它无法通过运行时检查和入侵检测来实时监测程序是否受攻击，除非多样化软件由于攻击产生异常行为。因此，多样化软件所能提供的安全保证低于多变体执行。

同样，也存在多样化软件的支持和故障排除问题。开发人员需要重现发生在一个变体上的 bug。因为一些多样化的技术带了参数，比如最大的容量，这些参数需要被记录。因为一个软件包的每个副本是不同的，就需要能够识别出互联网上的每个实体，对于用户来说这就涉及隐私问题。

因为软件的每个副本是不同的，就带来了软件验证问题。不同于密码散列和校验和，用户需要使用新的方法来验证程序是否正版。对于获得源代码并进行编译的用户，由于多样化软件的源代码是相同的（实施了源代码级等价变换的源代码除外），可以用现有的方法来验证一个源代码包。

多样化软件的主要优势在于，它有助于形成一种群体免疫态势。当今的蠕虫和僵尸网络依赖于代码相同这样一个事实，而利用海量软件多样性，大部分蠕虫就不太可能像过去那样猖獗，被蠕虫感染的主机也会变得很分散。系统和网络管理员也可以有更多的时间来识别和隔离受感染的主机，从而达到更高的安全性。

9.4 多样化编译技术

本节主要对一些用来修改程序的变形方式进行阐述。如上所述，所有的变体可以在编译时生成，其中一些（如系统调用随机化或寄存器随机化）可以通过对代码的修改来实现。此外，有一些易于理解的变形技术在单独使用时效果不明显，但是在多变体执行环境中却能发挥显著的作用。本节只介绍那些不改变程序规格说明中内在行为的方法，这些方法让运行时对变体的比较难以实现。

1）源代码级干扰码插入技术。把经过精心挑选的能影响控制流 / 数据流的源代码级别的干扰代码插入待编译程序中的适当位置，从而干扰逆向分析，提高代码的安全性。这些干扰代码需要精心设计，首先须不影响程序的正常功能，同时还要防止在编译优化时被优化掉，或者被逆向分析时发现是干扰代码而被去掉。

2）反向堆栈技术。大部分处理器架构将栈增长的方向设计成单方向的。例如，在 Intel x86 指令集中，所有预定义的堆栈操作如 push 和 pop 仅适用于向下生长的堆栈。通过对栈指针的加减法增加栈的操作指令，可以产生一个向上生长堆栈的变体。因为栈的布局，包括在栈中分配缓冲区和变量，与之前的方法完全不一样，因此，可以防护臭名昭著的缓冲区溢出和经典的依赖于向下增长栈的栈溢出攻击。换句话说，通过改变栈增长方向，缓冲区溢出覆盖受影响的栈区域包含完全不同的数据和控制值，从而摆脱缓冲区溢出攻击。

3）指令集随机化技术。机器指令的一般形式通常是固定的操作码，操作码后跟零个或多个参数。随机化操作码的编码将生成一个完全新的指令集。用这种方式修改后的程序在一个普通的 CPU 上表现出不同运行状态。事实上，一种简单的随机化技术是在指令流中应用一个随机密钥的 XOR 函数。CPU 执行之前，操作码必须使用随机密钥进行解码。这既可以通过软件做到，也可以在硬件上扩展 CPU 来减少开销。如果攻击者注入的代码不是适当编码过的代码，虽然在执行之前仍然可以通过解码处理，但这会导致代码非法，很可能在几条指令之后引发 CPU 异常，或者至少达不到预期目的。但研究表明这种技术并不能抵御只修改栈或堆变量和改变程序的控制流的攻击。相关研究还表明，在特定情况下攻击者可以查看到受攻击的程序，并可通过猜测随机密钥来抵御指令集随机化，但这些都是需要时间和多次尝试才能突破的，由于密钥变化的随机性，这种突破的难度是很大的。

4）堆布局随机化技术。可以通过堆布局随机化使堆溢出攻击失效。由于在堆上动态分配的内存是随机放置的，因此，很难预测下次分配的内存块的位置。DieHard 等工具能显示如何用堆布局随机化防止堆溢出，为采用该技术抵御堆溢出攻击提供了帮助。

5）栈基址随机化技术。作为一种保护机制，栈基址随机化技术已被多个操作系统在其新版本中使用。在每次启动应用程序时，栈开始于一个不同的基地址。由于栈的基地址不固定，攻击者攻击一个系统的难度将大大增加。事实上，Linux 内核的 PAX 补丁已经应用了这种技术。

6）Canaries 技术。一种栈溢出的保护机制是在一个缓冲区和一个活动记录（返回地址和帧指针）之间插入一个 canary 值。若活动记录被缓冲区溢出利用修改，则 canary 值也将被覆盖。在函数返回之前，对 canary 值进行检查，如果 canary 值改变了，就中止程序的执行。这种技术可以防止标准的堆栈溢出攻击，但不能防止堆和函数指针覆盖的缓冲区溢出。除此之外，也存在一些特殊情况，攻击者可以在不修改 canary 的情况下覆盖活动记录，使得原有检测方法失效。

7）变量重排序技术。该技术增强了前面提出的 canary 值保护的有效性。即使有 canary

值，攻击者可以覆盖被放置在栈上的缓冲区和 canary 值之间的局部变量，来达到其目的。为了防止这种情况发生，缓冲区被立即置于 canary 变量后，其他变量和函数参数的副本放在所有缓冲区之后。这种技术与 Canaries 技术组合对在检查 canary 值之前接管程序的攻击更有效。

8）系统调用号随机化技术。这种技术与指令集随机化有关。使用直接硬编码系统调用的所有攻击需要先知道正确的系统调用号。通过改变系统调用号，注入的代码执行一个随机的系统调用，导致一个完全不同的行为，甚至错误。但是，因为数量有限，暴力攻击可以获得新的系统调用号。该技术还有一个缺点是，内核必须了解新的系统调用号，或者有一个重写工具在执行前恢复系统调用号。这种方法最早被用来保护 Linux 和 Windows 系统。

9）寄存器随机化技术。寄存器随机化技术就是交换两个寄存器的含义。例如，Intel x86 架构的堆栈指针寄存器 esp，可以随机地用其他寄存器（如 eax）来交换。大多数攻击依赖于在寄存器中的具体内容。例如，存放系统调用号到 eax 的攻击，执行该系统调用的攻击可能失败，因为系统将系统调用值存到 esp 中了。因为没有硬件架构支持随机化后的寄存器，因此需要在执行隐式依赖 esp 和 eax 的指令（如栈操作和系统调用指令）时交换寄存器的值。扩展现有的架构，或所有寄存器完全可交换的指令集，将大幅度简化这一变体技术。一种更便于移植和轻量级的做法是只交换分配给临时变量的寄存器。例如，" add l%eax,%ebx"指令可以很容易地与 "add l%esi,%ecx" 替换。

10）库入口点随机化技术。获得对系统控制的另一种方法是直接调用库函数，而不是使用硬编码的系统调用。对于这种方法，攻击者必须事先知道库函数的确切地址。实际上，猜测库函数的地址是相当容易的，因为相同的操作系统往往会将共享库映射到同一个虚拟地址。随机化库的入口点是防止这种攻击的有效方法，可以在程序中重写函数名或者在加载时完成。重写的优点是只用进行一次。该技术并不能防止传统的缓冲区溢出，但是可以使注入的代码无效以保护系统。Linux 补丁 PAX 通过改变加载动态库的 mmap 函数的基地址来实现库入口点的随机化，从而达到保护系统安全的目的。

11）代码序列随机化技术。该技术使用指令调度、调用内联、代码吊装（code hoisting）、循环分布、部分冗余消除，以及许多其他编译转换来改变生成的机器代码。这些转换可以进一步改变以创建随机化的输出。多样化的应用不再易受面向返回的编程攻击和依赖于一条确定指令出现在一个确定位置的类似攻击，从而提高了安全性。

12）栈帧填充技术。扩展栈帧的长度是一种用来防止基于栈的缓冲区溢出的方法。通过扩展栈帧，基于栈的缓冲区溢出无法成功地实施，因为有效载荷没有大到足以覆盖栈帧中的返回地址。添加虚设的堆栈对象，即填充值，是实现这种随机化的一个直接方法。这可以通过两种方式来实施：大的空间放置到栈帧的顶部，或空闲空间放置在两个栈对象之间。尽管目前在栈帧之间填充区域的大小没有理论上的限制，但在递归程序中不可能使用大的填充空间。

13）NOP 插入技术。还有一种类似于栈帧填充和栈布局随机化的方法，它使得攻击者利用已有的对二进制目标码布局方面的知识来实施攻击变得更加困难，该方法在防止面向返回的编程（return oriented programming）方面非常有用。有些序列是短的代码序列，并且执行后没有实际影响。这些序列能够在代码中作为填充，使后面的代码向后推移几字节。通过这些无实际功能的指令（或称为 NOP 指令）来增加地址的偏移量，累加代码的长度，可以移动后续的代码序列。这可以防止那些对处于固定位置的某些已知字节识别后而进行的攻击。例如下面三条指令都属于无实际操作功能的指令（即 NOPs 指令）："xchgl %esi,%esi"、"leal

(%edi),%edi"和"movl %eax,%eax"。在 PittSFIeld 中软件故障隔离系统采用 NOP 插入技术确保跳转目标的对齐，所以攻击者根本无法利用现有的跳转指令跳转到一个正确指令的中部。

14）等效指令替换技术。许多指令集体系结构提供了不同的指令或指令序列，但它们在某些特定的情况下具有相同的效果，因此可以相互替换。可以在没有性能损失的情况下用等价的指令替换原有指令，从而改变二进制序列，抵抗相应的恶意行为攻击。

例如，指令（以字节编码）：

```
movl    %edx, %eax          89 D0
xchgl   %edx, %eax          92
```

可以被替换为：

```
leal     (%edx),   %eax      8D 02
xchgl    %eax,     %edx      87 D0
```

不难看出，尽管替换的指令序列与之前的指令序列功能等价，但是它们的二进制代码是不同的。

不同形式但功能等价的指令替换一般不会对性能有影响，但却以不同的方式改变了静态的属性和内容。类似的变化也可用于算术指令，如改变 mul 为 shl 或反之，但这种变化已经由编译器的优化技术完成，对性能可能有显著影响。一个众所周知的优化是由程序员手动或由编译器自动完成的乘法指令优化，可以将 2 的幂变成移位。乘法比移位慢很多，然而这些变换却可以提高应用程序的安全性，因此，从安全性而言是划算的。

15）程序基址随机化技术。地址空间布局随机化（ASLR）技术作为一种安全技术目前已经应用到大多数主要的操作系统中，它依靠运行时随机化来提高安全性，已被证明是一种防止攻击的有效方法。然而，由于当前的二进制格式的设计早于这项技术，因此许多现有的程序是根据在固定内存地址中加载的假设来生成的。对于这些程序，ASLR 只能用于程序使用的动态库，而不是程序本身。然而，一种模拟这种随机化的方法是在链接时随机化程序的加载地址，使每个程序处在攻击者无法预测的不同地址。例如，Linux 操作系统上的程序有一个默认的基地址 0x08048000，包含 128MB 的地址空间。该地址之前的空间从未被程序使用过，这是一种浪费。可以通过缩小或扩大该间隙随意调整程序在内存中的布局来达到随机化的目的，当然，这样做有时会牺牲一些程序的可用内存。图 9-1 是该技术的示例。一种基地址随机化的实现是使用重写技术对编译之后的程序代码进行变形从而实现多样化。

16）程序段和函数重排序技术。大型程序往往包括很多模块，每个模块通常对应一个独立的源文件。每个模块被分为不同类型的段，如数据段和代码段等。模块通常包含一些互相调用的函数。有些攻击依赖于特定的全局函数的特定位置，因此，一种使程序更安全的方法就是在模块一级重新排序函数，在链接的时候重新排序代码段。另一种方法是链接时优化，在全局层面上对程序中的函数进行简单的重新排序。该技术可以被应用到数据段和变量，即之前提出的堆布局随机化；也可应用到二进制中的其他任何段，因此是一项简单有效的安全防护技术。

17）中间代码级等价替换技术。前面提到的等效指令替换技术进行的是汇编指令（或机器指令）级的等效替换，中间代码级等价替换技术主要针对中间代码，实施中间代码级别的等效代码序列替换，从而进一步增强代码的多样性，产生更多的不易被逆向分析和攻击的变体，该技术依赖对中间代码的深刻把握，且应该能确保等价变换的结果不会被后端优化破坏。

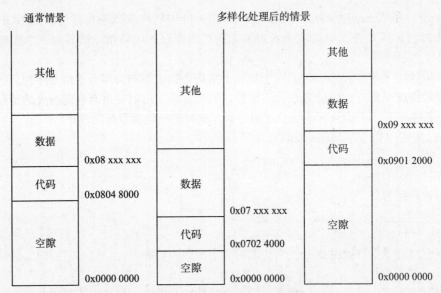

图 9-1   程序基址随机化实例

9.5   多样化编译的应用

多样化编译技术目前主要在提高安全性方面得到了应用，本章前几节中介绍的方法和技术的适用性和适应性是不同的，表 9-1 列举了在一个多变体执行环境和海量软件多样性方面所采用的多样化技术及其适用性和适应性。该表可以为那些希望利用多样化技术来实现更高安全性的程序员提供指导。

表 9-1   多样化编译对多变体执行环境（MVEE）和海量软件多样性（MSSD）提供的方法

适用性	目标	技术	实现
MVEE 和 MSSD 均适用	代码	源代码级干扰码插入	把经过精心挑选的能影响控制流 / 数据流的源代码级别的干扰代码插入待编译程序中的适当位置，提高代码的安全性
		寄存器随机化	寄存器的含义被交换，作用被改变
		库入口点随机化	库的加载地址被随机化
		NOP 插入	无实际操作功能的指令（亦称为 NOP 类指令）被插到指令流中
	数据	堆布局随机化	动态分配的内存被随机放置在堆中
		栈帧填充	在局部变量和返回地址之间添加随机填充
		变量重排序	非缓冲局部变量被放置在缓冲区局部变量之前
仅 MVEE 适用	代码	指令集随机化	指令流被一个随机选择的密钥随机化（如通过 XOR 函数实施随机化等）
		系统调用号随机化	分配给系统调用的号是随机改变的
	数据	反向堆栈	栈与原生架构生长方向相反
		Canaries	一个随机值（称为 canary）放在栈上，位于函数帧的返回地址之前，并在结尾阶段进行检查
仅 MSSD 适用	代码	代码序列随机化	编译转换有选择地使用随机化的指令流
		等效指令替换	指令被功能相当的等价指令替换

（续）

适用性	目标	技术	实现
仅 MSSD 适用	代码 / 数据	中间代码级等价替换	实施中间代码级别的等效代码段替换，从而增强代码的多样性，产生更多的不易被逆向分析和攻击的变体
		程序基址随机化	该程序的加载地址是随机改变的
		程序段和函数重排序	功能和区段被放置在地址空间的任意位置
	数据	栈基址随机化	栈被随机放置在地址空间的一个位置

9.6　本章小结

使用多样化编译技术生成的多样化软件，将会对软件的发布产生重大影响，并很可能会改变对众多已有软件威胁的假设和模型。就目前的情况而言，一个单一的攻击不可能同时影响大量的多样化软件目标。因此，病毒和蠕虫的影响将大大降低。攻击者无法简单地通过分析软件的一个副本来找到可广泛利用的漏洞，因为找到的任何漏洞将无法应用到软件的其他变体实例上。由于攻击者无法确定目标上的程序变体类型和数量，因此针对运行某软件的某变体的特定目标的攻击将变得更加困难。因此，这种多样化编译器生成多样化软件的新模式和新技术将改变很多现有的软件安全方法和手段，提高数字信息领域的安全性，是一个值得深入研究的方向。

习题

1. 软件多样化有什么意义？
2. 多变体执行环境的工作原理是什么？
3. 多样化编译技术主要指哪些技术？
4. 简述多样化编译技术的适用性和适应性。

第10章 反编译及其关键要素

从本章开始讨论反向编译的一些内容。顾名思义，反编译可以认为是编译的逆过程，这一点从编译和反编译（Compile and De-compile，英文中也用 De-compilation 来表示反编译）的中英文描述都可看出。但这看似只有一字之差的名称，在实际应用中并不是简单的"逆流而上"。因为在多数时候"创造"远比"恢复"来得简单，就好像不小心打碎了家里的花瓶，想要通过修复和粘贴把碎片恢复成原样，几乎是不可能办到的。即便能够基本复原，但粘贴的花瓶与它原来的样子也不会完全一样。与碎片到花瓶的变化类似，反编译过程远比编译过程复杂和繁琐，而且反编译的结果也远远不如原来编写的代码那么"美妙"。但是反向编译却能在程序功能分析、恶意代码发现、二进制翻译等特殊工作中发挥重要作用，这也是笔者仍然致力于研究这一并不十分完善的技术的重要原因。

通过本章的阅读，读者能够对反编译有一个整体的认识，初步了解反编译包括的基本阶段，以及与其相关的一些基本技术等关键要素。

10.1 什么是反编译

在本节将对反编译做出一个基本的说明，给出反编译的概念，使读者们可以对反编译有一个初步的理解。我们给出的概念不是学术研究中严谨的定义，只是笔者基于相关文献和多年来的研究心得所给出的一段说明。此外，我们还会揭示一个事实，尽管编译与反编译看起来是正反两项技术，但有趣的是：反编译器的编写方法却恰恰依赖于编译器的编写技术。

10.1.1 反编译概念

反编译技术是通过对低级语言代码（二进制代码或者汇编代码等）进行分析转化，得到等价的高级语言（不限制语言类型，本书的描述主要以 C 语言为例）代码的过程。它涉及指令系统、可执行文件格式、反汇编技术、数据类型分析技术、控制流分析技术和高级代码生成技术等。

10.1.2 编译与反编译

反编译的本质是编译的逆过程。从 20 世纪 50 年代第一个编译器出现开始，将机器码转换成为高级语言的期望就引发了人们广泛的兴趣。图 10-1 揭示了编译器同反编译器之间的关系。

可以看到编译器同反编译器都将程序从一种形式转换到另外一种形式，而且在转换的步骤中，都使用了类似的中间表示。差别只是在于编译器的总体方向是从源程序到机器码，而反编译器的总体方向则是从机器码到源程序。尽管在整体方向上两者是相反的，但编译器和反编译器往往在分析阶段使用类似的技术，如数据流分析。

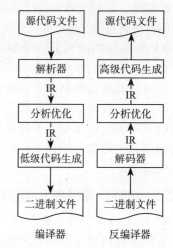

图 10-1　编译器同反编译器在结构上的对应性

编译器通过对源代码进行解析得到中间表示（Intermediate Representation，IR），反编译器通过对指令进行解码得到中间表示。类似的，编译器的低级代码生成同反编译器的高级代码生成恰好对应。

编译的过程为源程序打上了机器属性，比如 CPU 及寄存器的使用、机器指令的使用，以及内存地址的分配等；而反编译过程则需要剥离与机器相关的细节，尽可能地区分指令和数据，通过逆向分析，重建高级数据结构和程序结构。

10.1.3 反编译器

反编译器是利用反编译技术实现的具体软件系统。它读入一个机器语言的程序（被编译器编译生成的二进制编码，即源语言），并把它翻译为一个等价的高级语言程序（即目标语言），简要过程如图 10-2 所示。反编译器或反向编译器尝试逆向编

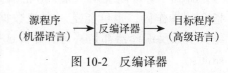

图 10-2　反编译器

译过程，把一个二进制程序或可执行程序翻译成一个高级语言程序。它应用基本的反编译器技术，把多种多样的机器语言二进制程序反编译成某种高级语言。反编译器的结构基于编译器的结构，而且应用类似的原理和技术进行程序分析。10.3 节将详细描述反编译的历史。

10.2　反编译的基本过程

本节将按照三种不同的分类，从多个角度阐述反编译的基本过程。

1）如果按照反编译技术实施的顺序划分，则可以分为 7 个阶段，它们是：句法分析、语义分析、中间代码生成、控制流图生成、数据流分析、控制流分析、代码生成。如图 10-3 所示。

2）如果按照实践中的具体操作划分，一般也可以分为 7 个不同的步骤，分别是：文件装载、指令解码、语义映射、相关图构造、过程分析、类型分析和结果输出等。如图 10-4 所示。

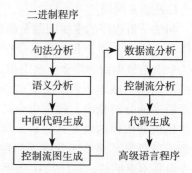

图 10-3　按照反编译技术实施的顺序划分

以逆向分析为目的的反编译，其各个阶段并不是一个严格的一遍顺序，而是存在着一些并行的模块，并且也需要通过循环执行分析过程来针对某些特殊问题（例如非 N 分支代码产生的间接跳转指令）进行分析和恢复。

3）如果按功能区分，反编译的处理过程可以分为：前端、中端和后端三个部分，如图 10-5 所示。其实这种划分方式是将上述两种过程的阶段进行合并，也就是将几个反编译器阶段组合在一起。这样划分的好处是通过设计不同的前端、中端和后端以实现针对多种源和目标的反编译器。

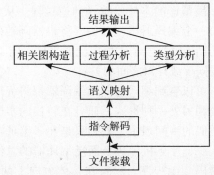

图 10-4　反编译过程按照实践中的具体操作
划分

10.2.1　按照反编译技术实施的顺序划分

看了图 10-3 中所示的反编译技术实施顺序，有的读者可能会有这样的疑问：为什么没有词法分析阶段呢？针对这个问题，请大家特别注意一点，即在反编译器中是不包括词汇的扫描阶段和分析阶段的！因为反编译的对象（或者说是输入）是由最简单的 0、1 代码构成的机器语言。在这一层面不包含任何语言符号，从连续的 0、1 流中任意给出一个字节不能确定该字节是否为一个"新符号"。例如，字节"50（110010）"有可能表示一条 x86 汇编语句 push 指令的操作码，也可能是一个纯数据。因此，绝大多数反编译器都是从句法分析这一阶段开始的。

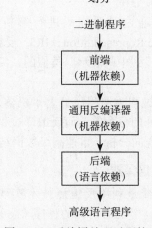

图 10-5　反编译处理过程按功能区分

1. 句法分析

句法分析阶段将可执行程序的 0、1 代码按字节组织成原机器语言的语法短语（或者称为语句），也就是读者都相对熟悉的反汇编过程。这些语句都可以用一种称作"语法分析树"的表示方法所表示。如图 10-6 所示。

例如，表达式"add ax+10"在语义上等价于"ax := ax+10"。这个表达式有两个短语："ax+10"和"ax:=<exp>"。这些短语形成一个层次结构，但是由于机器语言的单纯天性，因此总是最多两层。

句法分析程序的主要问题是确定哪些是数据和哪些是指令。例如，由于冯·诺依曼机器的体系结构允许指令和数据混合存储，如一个 case 表可以放在代码段，而反编译器并不知道这个表是数据而非指令。而类似这样的情况，我们不能想当然地认为下一字节总是一条指令从而循序地分析指令。确定指令的正确顺序需要使用机器依赖的启发式分析。尽管一代代的科研人员提出了众多区分指令和数据的巧妙方法，但是不幸的是，从任意 0、1 代码中百分之百正确地区分出数据和指令仍然是一个十分困

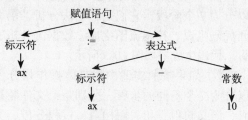

图 10-6　用语法分析树表示一条语句

难的问题。句法分析的具体实现不属于本节讨论的范围，将在后续章节中阐述。

2. 语义分析

语义分析就是从多条汇编语句中分析是否有隐藏含义，或者固定的组合模式。因为单条汇编语句的含义十分清晰，由体系架构所确定。但是有没有几条语句组合起来表示一种固定含义（通常称为"成语"），这就跟生成可执行程序所使用的编译器有关了。直白地讲，不同类型甚至不同版本的编译器都有可能生成自己特殊的"成语"。因此在编制反编译器时，也必须考虑到上述所讲到的情况。

因此在语义分析阶段，一般就是要分析源程序中一组指令的语义含义，同时收集变量数据类型的信息，必要时在整个子程序范围内进行类型传递。当然语义分析所针对的目标一般应该是由高级语言经编译器编译生成的程序，而不是由纯汇编写成并生成的可执行程序。对于任何一个编译器生成的二进制程序，只要程序能够运行，其机器语言语义一定是正确的。一般来说，编译器不会生成错误的代码导致二进制程序不能运行。因此，在源程序中通常不会有语义错误，除非句法分析程序对某一条指令做了不正确的分析或者把指令当作数据分析。

针对语义分析，我们列举两个例子。第一个例子说明成语的发现和变量数据类型的传播；第二个例子说明语义分析可以发现句法分析阶段生成的某些错误的汇编语句。

例 10.1　有如下两条相邻的汇编语句，这两条语句是字长为 2 字节的机器中普遍存在的：add ax，[bp-4] 和 adc dx，[bp-2]（相当于 add dx:ax，[bp-2]:[bp-4]），这两条语句是为了实现两个 4 字节的 long 类型变量加法。但是由于机器字节的限制，只能将高二字节和低二字节分别相加。这就是一种典型的成语，在这个特定的例子中，[bp-2]:[bp-4] 表示一个 long 变量，而 dx:ax 在这个子程序中临时保存一个 long 变量，而这个 long 变量在某一个子程序中有效。通过短语表达式新发现的类型被类型传播。传播后，则在该子程序中两个栈存储单元被作为一个 long 变量使用。因此，无论这两个单元在哪里被独立地使用或定义都必须在后续生成反编译高级代码的时候，被转换成一个 long 变量的使用或定义。当然 dx:ax 这两个寄存器不必在整个程序中都被当作一个 long 变量使用，只有在需要的时候才这样，这要通过其所在函数和语境综合考虑。

例 10.2　通过语义分析可以发现句法的隐含错误。这里列举一个在两款稍显古老的处理器之间可能存在的隐含错误。Intel 主导的 80286 和 80386 是向下兼容的一组体系架构，二者虽然有部分指令不同，但是其二进制程序存储方式是相同的。一脉相承的体系架构之间通常扩展寄存器的数量，以及一些需要被增加的指令。在这个前提下，假设某一个在 80286 架构下编译生成的可执行程序在反汇编阶段，解析出一条语句"add ebx，20"。虽然从 80386 的汇编指令集中看，这条语句没有任何问题，但是由于 80286 根本没有 ebx 这种 32 位的寄存器则可以得到以下结论，即：尽管该指令在语法上是正确的，但是对于我们正在反编译的机器语言而言它在语义上是错误的。可见，语义分析阶段可以兼具查找语义错误的功能。

3. 生成中间代码

我们从一个例子开始：如果用"句法分析"中的表示方法来表达下列这条普通的 x86 汇编语句"sub cx，36"，则很容易模仿并写出它的表达"cx := cx-36"。可见，这种方式既简单又利于理解：它是一种三地址代码表示法，可以表达出一条 x86 普通指令（最多包含 3 个操作元）的全部操作元。这些操作元必须都能由机器语言的标识符所表达，同时又必须能够较为容易的展开成表达式以表现高级语言表达式。因此就有这样的结论，即如果使用上述例子中的三地址的表示法来表示汇编指令，则一条指令最多包含三个表达式。这个"三地址法"就是反编译中的重要一环——中间表示，也称为中间代码。

反编译器分析程序需要一个中间表示法来明确地表示其中间环节。它必须容易从二进制代码中生成，而且还必须适用于表示高级语言。中间表示是对机器指令行为的抽象描述，确定中间表示语言的结构是指令语义抽象技术的关键问题。中间表示的特点是每一条语句只能表示一个功能，如一个赋值指令的中间表示将右部的值赋给左部。中间表示通常又分为高级中间表示和低级中间表示，复杂的机器指令需要两条或更多的低级中间表示。

4. 构建控制流图

反编译过程也要用到在编译理论中反复提及的控制流图（Control Flow Graph，CFG）的概念，即源程序中每个子程序（或者函数和过程，甚至整个程序）的控制流图也是反编译器分析程序所必需的。一般来讲控制流图是用在编译器中的一个抽象控制结构，它是一个过程或程序的抽象表现，由编译器内部维护。

控制流图的主要作用如下：

1）在恢复高级控制结构的时候，首先要确定一段程序的控制流图。

构造控制流图的过程由控制语句在中间代码中的组织特点所决定。

- 控制语句模式可确定性：在目标代码中，与一条高级语句对应的是若干条机器指令，如果编译是不优化的，则这些机器指令的类型序列是确定的。因此，按机器指令的类型（功能）码来划分，就可确定控制语句在目标代码中的构成模式。
- 反编译控制语句可确定归约性：即便是不优化的编译器，也会存在不同高级语句对应相同的低级代码结构的情况，如在 C 语言中的 for 和 while 可能会具有完全相同的目标结构，从而对应相同的目标模式。但是，因为反编译的目标是生成与原可执行程序功能等价的高级代码，所以在反编译过程中，只要限制将所有满足循环模式的低级代码块都归约成 while 循环即可解决这个问题，达到确定性归约。

由于部分编译器是不开源的，即便开源也会存在版本之间的差异。因此完全了解反编译器工作机制，在反编译时直接由编译器对控制语句的处理方式来逆推，从而确定反编译控制流的归约方法几乎是不可能的。因此，只能在实践基础上，通过分析大量的目标代码来获得控制语句在中间代码中的构成模式。

2）因为机器语言的条件跳转有"最大偏移"的限制，所以如果跳转目标的位置大于"最大偏移"，就必须将跳转分成几步（即每步跳转一个较短的距离，经过几次"中间跳转"而到达最终目标地址）。由于上述事实的存在，会导致编译器在编译过程中产生中间跳转现象。那么在反编译过程中则需要通过控制流图，逆向恢复到原始的跳转状态。

例 10.3　在下面的代码中：

```
        …;        /* 其他代码 */
        jne x ;  /*x 小于等于 jne 允许的最大偏移 */
        …;        /* 其他代码 */
  x : jmp y ;    /* 中间跳转 */
        …;        /* 其他代码 */
  y : …;          /* 最终的跳转地址 */
```

标签 x 是条件跳转 jne x 的目标地址。这条指令受到该机器体系结构最大允许偏移量的限制，因此有时不能够只用一条指令执行到 y 的一个条件跳转；只得使用一条中间跳转指令。在控制流图中，到 x 的条件跳转直接使用到 y 的最后目标跳转替换。

5. 数据流分析

数据流分析阶段试图改善中间代码，以便能够得到高级语言表达式。在这个分析期间，临时寄存器的使用和条件标志被清除，因为在高级语言里面没有这些概念。

数据流分析阶段需要的转换类型包括无用指令的清除、条件码的清除、寄存器参数和函数返回寄存器（组）的确定、通过再生表达式来清除寄存器和中间指令、实际参数的确定，以及在跨子程序调用之间传播的数据类型。这些转换大多数是为了改善低级中间代码的质量所需要的，也是为了重建一些在编译过程中丢失的信息所需要的。对于优化的编译器，当有的机器指令一次执行多于一个功能的时候，无用指令的清除这一步骤就变得非常重要且必须。

传统的数据流分析是这样一个过程，它收集关于变量在程序中被如何使用的信息，并且以集合的形式做出统计。这个信息被反编译器用于转换和改善中间代码的质量。要求为了改善代码所做的转换具备如下两个条件：

1）转换必须无损程序的含义。

2）转换必须是值得做的。

本节通过一个例子对数据流分析做出简单的说明。如下为一系列中间语言指令（M[] 表示内存值，这里代表栈空间里的数据）：

```
ax:=M[bp-0Eh]
bx:=M[bp-0Ch]
bx:=bx * 2
ax:=ax + bx
M[bp-0Eh] :=ax
```

通过对这段代码的简化，可转换成一个相对高级的表达式形式，即：

$$M[bp-0Eh] :=M[bp-0Eh] + M[bp-0Ch] * 2$$

对这组代码进行数据流分析之后，最后使用栈变量标识符来描述指令将得到两个栈变量 [bp-0Eh] 和 [bp-0Ch]，以及一个 3 层的表达式树 [bp-0Eh] := [bp-0Eh] + [bp-0Ch] * 2。从转化结果可以看出，低级的机器语言用来参与这个高级表达式计算的临时寄存器 ax 和 bx，连同对这些寄存器的赋值和引用动作都已经被彻底清除和替换了。

6. 控制流分析

控制流的恢复是从中间代码结构中提取和识别高级语言控制结构的过程。控制流的恢复在反编译过程中起着承前启后的作用，是联系库函数识别和数据流恢复的纽带。控制流分析的结果压缩了后续分析阶段所需的空间，提高了程序的抽象级，减小了后续分析过程的难度，其输出结果更有利于人的理解。

控制流分析阶段试图将程序中每个子程序的控制流图结构化成一个常规的高级语言构造集合。这个常规的结构集必须包含大多数语言适用的控制指令，如控制的循环和条件转移，不允许使用语言特定的构造。图 10-7 展示了控制流图样基本样例，如顺序执行、几种条件结构、几种循环结构，涵盖了 if…else 以及 while() 等语句的基本形式。

总地来说，高级控制流代码恢复是一项艰巨的工作，我们需要考虑流图的各种复杂情况，进而设计出相应的算法。如果一个控制流图完全由高级语言控制结构所表示的子图构成，就称它是结构化的，代码提升模块生成的目标程序（中间代码）是非结构化的，不存在与高级语言相同的结构语句，只有简单的跳转语句是控制语句。因此，要在反编译过程中恢复控制流，首先必须掌握高级语言结构控制语句在中间代码中的存储特点和构成模式，然后才能依照模式对控制结构进行分析和归约。

7. 代码生成

反编译的最后阶段是在每个子程序的中间代码和控制流图的基础上生成目标高级语言代

码。为所有的局部栈、参数和寄存器变量标识符选择变量名称，也为在程序中出现的各个例程指定各自的子程序名称。控制结构和中间指令被翻译成高级语言语句。

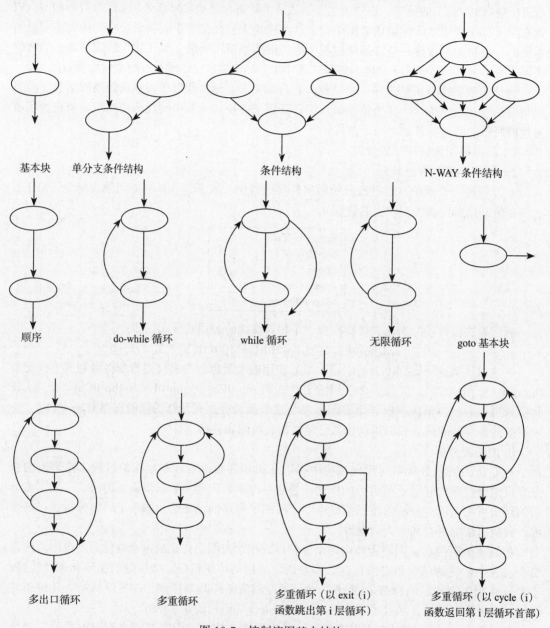

图 10-7　控制流图基本结构

　　还是来看一个例子，并以此简要地说明高级代码生成所做的典型工作：

　　以数据流分析中的例子来说，局部栈标识符 [bp-0Eh] 和 [bp-0Ch] 分别被赋予任意的名称 temp2 和 temp1，如果目标语言是 C 语言的话，那么由一组指令抽象成的表达式 [bp-0Eh] := [bp-0Eh] + [bp-0Ch] * 2 就被转化成 C 语言的编码 temp2 = temp2 + (temp1 * 2)。

10.2.2　按照反编译实践中的具体操作划分

　　反编译是软件逆向分析的一种重要实现手段，而严格地来讲，软件逆向分析的历史应当与计算机程序的历史相当，早期的计算机程序是使用二进制指令直接编写的，一旦存在读取二进制指令、理解目标程序的实现概念的过程，便可以称之为软件逆向分析过程。随着第一个 Fortran 语言编译器的实现，程序员可以摆脱直接动手操作二进制指令或与之等价的汇编指令了，程序的开发转向以高级语言为主的开发过程。与此同时，人们对于低级代码的阅读和理解能力也在不断下降。但是这种下降却存在着一些隐患。例如，对于没有源代码的程序分析变得异常困难，对于编译器的安全性和正确性要求非常之高。因此，在第一个编译器出现之后不久，便出现了以恢复程序高级源代码为目的的反编译器。

本节从逆向分析的角度，对反编译实践过程的阶段做简要的描述。常见软件逆向分析的各个阶段包括文件装载、指令解码、语义映射、构造相关图、过程分析、类型分析、最终结果输出七个阶段。

1. 文件装载

文件装载阶段主要完成读入二进制文件，并进行与二进制文件相关的一些初步分析，包括文件格式解析、文件信息收集、文件性质判定等。几乎所有的操作系统都定义了其使用的可执行文件格式，常见格式有 PE 格式和 ELF 格式等。PE（Portable Executable）可执行文件格式主要应用在 Windows 系列的操作系统之上，由 Microsoft 公司定义。而 ELF（Executable and Linkable Format）格式则是 Linux 操作系统上的主流可执行文件格式。

不同可执行文件的格式定义各不相同，但从主要结构上来分析，几乎所有的二进制可执行文件都具有相似度极高的组成结构：文件的头信息、文件的重定位信息、文件的符号表、文件的调试信息，以及文件的代码信息和执行所需的数据信息。本章及后续章节在进行示例分析和具体技术描述时，均默认以 ELF 可执行文件作为反编译的输入。

本章反编译示例的主要应用对象为 ELF 类型的可执行文件，其格式最初是由 USL（UNIX System Laboratory）为 UNIX 系统下 ABI 的开发而发布的可执行链接格式。ELF 文件既要参与文件链接，又要参与程序执行，于是 ELF 文件提供了两种平行视图，它们分别反映了文件链接角度的需求和程序执行角度的需求。两个视角对文件的 ELF header 和 Program header 定义一致，但是对 text、data、rodata、bss 等组成部分的称谓不同。编译器和链接器把它们看成是 Section 的集合，而装载器则把它们看成是 Segment 的组合，如图 10-8 所示。

处于 ELF 文件最开始的部分称作 ELF header，这部分对整个文件组织统一描述，记录了程序的路线图（road map）。此外，ELF 文件还包含了两个比较重要的可选部分，分别是程序头表（Program header table）或段头表（Section header table），二者在 ELF 文件扮演不同功能时作用不一样。一般来说，用于链接的文件必须包含段头表，可执行文件必须包含程序头表，而如果 ELF 文件作为共享目标文件则两个表都必须保留。程序头表告知操作系统如何创建进程映像，段头表包含描述文件 Section 的信息，如 Section 的入口、名字、大小等。Section 一般称为"节区"，目标文件的一些重要信息，如指令、数据、符号表、重定位信息等就记录在 Section 中。

通过文件装载阶段的操作，可以分析出文件执行的入口地址，初步分析文

图 10-8 ELF 文件格式

件的数据段和代码段信息，以及文件运行所依赖的其他文件信息等。当然，由于这些信息中存在部分内容与目标文件的运行没有直接关系，因而并不存在于目标文件中，或者即便存在也是不可信的（如恶意程序）。在反编译的实践中，文件装载成为分析和反编译可执行程序无可争议的第一步工作。

2. 指令解码

指令解码阶段类似于通常意义下所说的反汇编阶段。在这一阶段的主要工作是根据目标体系结构的指令编码规则，对二进制文件中使用的指令进行解释、识别和翻译的过程。可以将指令解码阶段的工作看作一个反汇编器，但又不是与常见的反汇编器完全等价。根据逆向分析的目的和手段，可以将二进制机器指令映射为汇编指令，也可以映射为某种中间表示形式。如果是使用反编译作为逆向分析的主要手段，那么通常将机器指令映射为某种设计好的中间表示形式。

在本书的后续章节中将讨论如何将二进制机器指令映射为中间表示的方法，这样做有两个好处：一是使用中间表示形式表示的程序更加易读，而且易于编程进行分析，即其所表达的信息高于汇编语言所表现的形式；二是在编译理论中积累的许多优秀的算法可以直接应用在以中间表示形式表示的程序分析过程中，使得后续反编译的过程可以基于中间表示所附加的额外信息。

3. 语义映射

所谓的语义映射就是将二进制指令的执行效果，通过语义描述的方法表示出来，并加以记录。描述指令的语义通常有两种方法：直接代码实现和使用语义描述语言进行描述。直接代码实现的方法是指由程序员通过编码的方式，在目标软件中借助编程语言完成对目标指令语义的模拟。这种方法能够充分利用目标语言的表达能力，提高目标可执行程序的运行效率。但是，当反编译的目标体系结构发生改变的时候，或者体系结构增加了新的指令时，则需要重新构建和编译原有的软件系统。而使用语义描述语言描述指令语义则需要借助一种专门用于描述指令语义的手段，然后在运行过程中动态加载所需体系结构的描述驱动文件，构成指令与语义描述之间的映射关系，从而在反编译过程中将二进制指令序列映射为中间表示语句的序列。这种方法无须重新构建软件系统，只须根据需要增加对应的指令语义描述代码即可。

在本书的后续章节中，我们也是按照这样的原则生成中间表示，这一部分的工作与前面所述的生成中间代码基本重合。

4. 相关图的构造

在反编译的过程中，会借助于正向编译理论中的许多知识来具体实施。其中就包括了图论在反编译过程中的应用。常见的图包括控制流图（Control Flow Graph，CFG）、调用图（Call Graph，CG）、依赖图（Dependence Graph，DG）等。在此基础之上便可以完成诸如控制流分析、数据流分析、依赖分析等操作，从而进一步对程序进行后续的反编译操作。

5. 过程（函数）分析

经过编译器翻译后的程序大多是面向过程式的，即使对于面向对象语言生成的可执行程序来说，编译器依然通过相关技术将其翻译为过程式代码。过程分析阶段的主要目标就是恢复目标文件中的过程信息，包括过程边界分析、过程名（可能并不存在）、参数列表和返回值信息。过程边界信息可以通过相关过程调用指令和返回指令的信息得到，有时也需要借助一些特殊的系统库函数调用（例如 exit 函数）。对于某些经过优化的程序，可能会将调用或返回指令直接编译为跳转指令。这也是反编译实践中需要解决的难点之一。对于过程名来说，由于大多数过程名与程序运行无关，因此经过优化的程序可能会删除目标文件中与过程名相关的信息。参数和返回值分析则依赖于程序变量的定值－引用信息完成，具体内容将在后续章节中进行阐述。

6. 类型分析

类型分析阶段的目标在于正确反映源程序中各个存储单元（包括寄存器和内存）所携带的类型信息。该分析主要有两种方式：基于指令语义的方式和基于过程式分析的方式。基于指令语义的方式根据具体指令的执行方式完成类型定义及转换操作，这种方式实现起来比较简单，但无法反映程序指令上下文之间的联系。基于过程式分析的方式则基于格论，将所有的数据类型进行概括和归纳，并且制定相应的类型推导规则。因此在对程序进行分析的过程中，便可以充分利用程序上下文的信息，对目标存储单元的类型进行推导。

7. 结果输出

结果输出是反编译的最终阶段，该阶段决定了如何将生成的高级代码有效地呈现在分析人员面前。本书将针对生成高级语言代码的方式进行讨论。这种方式的最终结果表现为以某种高级语言为载体的程序代码，这种方式存在以下优点：容易被人理解、可以通过简单的修改便应用在其他软件系统之中。当然，输出的方式可以是多种多样的，究竟选择哪种方式完成依赖于具体分析的需求。

10.2.3　按照反编译器的功能块划分

反编译器的实际实现通常是将 10.2.1 节列出的几个反编译器阶段组合在一起。正如图 10-5 所示，分成三个不同的功能块：前端、中端（或者通用处理模块）和后端，这样的称谓与正向编译的功能划分也基本一致。

在编译理论中，阶段的组合是编译器作者为不同机器、不同语言建造编译器的机制。如果为不同的机器重新编写一个编译器后端，那么该机器的新编译器可以使用原来的前端。类似地，可以为别的高级语言定义编写一个新前端，然后跟原来的后端一起使用。实际上这个方法的实现会由于它选择的中间代码表示法而受到一定限制。

理论上，反编译器的阶段组合使得为不同的机器和语言编写反编译器变得容易：为不同机器编写不同的前端，为不同的目标语言编写不同的后端。在实际应用中，其成果总是受制于它所采用的中间语言的普遍适用程度。当然，我们也可以通过设计一种普适性较好的中间语言来实现一个较为通用的中端处理程序。

1. 前端

（1）技术实施阶段的组合

从反编译技术实施的顺序角度来看，前端由那些机器依赖的和机器语言依赖的阶段组成。这些阶段包括词汇、句法和语义的分析，以及中间代码生成和控制流图生成。总而言之，这些阶段产生一个中间的、与机器无关的程序表示法。

（2）实践操作阶段的组合

从反编译实践总的具体操作角度来看，前端包含文件装载、指令解码、语义映射等操作步骤。也就是说通过前端的处理，机器语言被处理成中间表示形式。如果这个中间表示形式设计得好，在这一部分就可以屏蔽所有源机器的特征信息，甚至可以将多种不同的源机器语言映射为统一的中间表示语言，加强反编译器的通用性。

2. 中端

中端是一个完全独立于机器和语言的中间部分，而且它是进行反编译分析的核心。这个功能区主要包括两个模块：数据流分析模块和控制流分析模块。

3. 后端

后端由那些高级语言依赖的或目标语言依赖的阶段组成。这个模块是代码生成器。在后端由于要生成某种特定的高级语言，所以函数和过程分析、变量类型分析都在这部分进行处理，最后通过高级代码生成处理模块实现高级语言的输出。

4. 通过前中后端的组合对反编译器分类

如果把前、中、后端有机组合，就有了另外一种对反编译器的分类方法。我们用3个大写英文字母的形态来形象地描述每种分类的特征。

（1）X型反编译器

字母"X"看起来是一个多前端、单一中端、多后端的形态，也就是我们期待的最理想的"通用反编译器"，笔者称它为"来者不拒，无所不能，多对多的反编译器"。设计这种通用反编译器是早期软件开发人员的目标。要达到该目标，需要枚举所有可能的源代码，是不可判定的。但是如果仅仅限定某些前端和某些后端，那么还是可以开发出相对实用的反编译器的。

（2）Y型反编译器

字母"Y"看起来是一个多前端、单一中端、单一后端的形态，也就是我们所说的"标准反编译器"，笔者称它为"一招鲜，吃遍天，多对一的反编译器"。很长一段时间里，反编译的研究主要集中在构造Y型反编译器上，通过使用一种中间语言来构造多个源—目标对之间的反编译器。

（3）I型反编译器

字母"I"看起来是单一前端、单一中端、单一后端的形态，也就是最常用的"专用反编译器"，笔者称它为"老实干活，踏实做事，一对一的反编译器"。各高级语言的规格描述不同，Y型反编译器的输出中存在着一些错误。为了提高反编译的正确率，可以将研究目标限制到构造I型反编译器，即反编译器只以某种机器语言程序作为输入，将其转换为特定的高级语言程序。

10.3 反编译的前世今生

本节将尽可能地搜罗反编译发展过程中重要的事件和成果，带大家一同重温和了解反编译这门技术的产生、发展和现实。

10.3.1 建立——20世纪60年代

随着第一台计算机的诞生，硬件与软件就成为构建计算机系统的两个重要组成部分，它们相伴而生、相互促进，它们分工迥异、各司其职。为了使用和驱动不断演化的硬件系统，通过计算机语言来编写系统和应用程序的方式逐渐确立了主流的地位。伴随着高级编程语言的出现，第一代编译器也在20世纪50年代产生了，它实现了高级语言到机器代码的等价转换，完成了人类认知到机器"认知"的转换。而几乎与此同时，将机器码还原成为高级语言的逆向思考也引发了研究人员的求知欲望。

在第一代编译器出现十年之后的20世纪60年代，以小规模集成电路为特征的第三代计算机开始出现。由于其与第二代晶体管计算机的差异较大，使得运行在第二代计算机上的软件几乎面临着即将被全部淘汰的危险。然而基于当时的软件开发技术和开发成本，淘汰软件意味着巨大的损失。为了挽救这些价值不菲的软件，同时也为了加速开发第三代机器的软件，与软件移植技术相关的研究逐渐兴起，如程序转换器、交叉汇编器、翻译器、反编译器等。其中反编译器成为最初的研究热点。

1. D-Neliac——反编译器的开山祖师

一些美国公司和研究机构开始着手进行软件移植工具的研究，并且由美国海军电子实验室的 J.K.Donally 和 H.Englander 在 1960 年实现了第一代反编译器 D-Neliac decompiler。由此我们的反编译器鼻祖正式"粉墨登场"了，比它的兄弟"编译器"整整小了 10 岁。Donnelly-Neliac（D-Neliac）可以将机器代码反编译成 Neliac（类似于 Algol 58 的一种编程语言）程序代码。

2. Sassaman 的 Fortran 反编译器——不是一个人的江湖

无独有偶，1966 年 Sassaman 在 TRW 公司开发了一个反编译器，该反编译器以 IBM 7000 序列的符号化汇编程序作为输入并产生 Fortran 程序。它是有据可查的第二个正式的反编译器，但是由于它以包含大量有用信息的符号化汇编程序作为输入，而省略了反汇编的过程，也因此降低了反编译的难度。这是第一个使用汇编程序而非纯二进制代码作为输入的反编译器。汇编程序包含名字、宏、数据和指令形式的有用信息，在二进制程序或者可运行程序中是没有这些信息的，因此避免了在反编译器的语法分析阶段区分数据和指令的问题。

又因为该反编译器的输出是 20 世纪 60 年代的标准编程语言 Fortran 程序（第二代、第三代计算机上都在使用 Fortran），所以使得它看起来更具有实用意义。该反编译器面向的是涉及代数运算的工程应用程序，使用者需要掌握一定的相关知识，并能够为子程序的识别自定义规则。在熟练的程序员干预下，该反编译器的正确率可以达到 90%，因此它是属于少数人的"阳春白雪"。

3. Lockheed Neliac——开山祖师的传人

1967 年，洛克希德导弹与空间公司在海军电子实验室开发的 Neliac 编译器上做了一些增强，我们称它为 Lockheed Neliac。

反编译器 Lockheed Neliac 与 D-Neliac 类似，它们都可将机器代码程序转换成 Neliac 程序代码，特别是它们可以将非 Neliac 语言生成的机器代码转换为 Neliac 程序代码。这一时期的反编译器采用模式匹配的方法进行反编译，将许多复杂的问题留给程序员手工解决。

4. 小结——De-compiler 的拓荒者们

整个 20 世纪 60 年代，反编译方面的研究主要集中在研制专门用途的反编译器上，并希望其可以作为软件移植的工具来使用。但是受限于当时计算机发展水平，以及体系结构的影响，这一时期的反编译器主要采用模式匹配的方法进行反编译，需要较多的人工干预；并且反编译的结果通常不经过优化处理，所以输出的结果代码效率较低、可读性较差。

从前面的叙述中可以看出，尽管从编译器被发明以来，人们就对编译的逆过程倍感兴趣，但真正迈出这关键的一步却是由于进行"软件移植"的诉求。那个年代的计算机程序停留在大型商业公司和高等院校的实验室里，只有很少的人能接触和掌握高级语言的编程，程序的复杂程度也较为有限，也没有大量出现病毒，因此利用反编译进行程序分析并没有那么重要。

10.3.2　发展——20 世纪 70 年代

反编译技术建立初期，并没有很快成为通用的商业软件流行起来，大学校园的理论研究成为推动这项技术发展的主要动力。下面我们按照时间的脉络，走进历史进程中的"象牙塔"，回顾一下反编译技术的发展过程。反编译理论方面的研究成为这个时期的热门，随着美国多位博士以反编译作为博士研究课题，一些对逆向编译和程序移植有一定影响的理论和技术被相继提出。在这个研究领域，豁然呈现出百花齐放的景象。

1. 花开一朵——博士们的研究

1973 年，Hollander 博士首次针对反编译方式生成的代码，使用控制流与数据流分析相结合的技术手段来进行优化。此外，他还基于元语言描述定义了一个反编译过程的五级模型，并且实现了从 IBM System360 汇编子集到类 Algol 语言的反编译。该反编译器虽然引入了一些新的技术，即综合利用数据流和控制流分析技术来改善反编译器的输出代码，并使用形式化方法来分析代码，但其核心依然是构筑在模式匹配技术基础之上。

几乎在同时，Housel 的博士论文对反编译进行了较系统的论述，文中描述了一种可行的反编译方法，并通过实验验证了部分理论。Housel 的反编译方法借用编译器、图和优化理论的概念，并据此设计了一种包括部分汇编、分析器、代码生成三个主要步骤的反编译器。然而受限于当时实验平台和目标程序，Housel 仅仅测试了 6 个程序。实验中，有 88% 的指令可以通过反编译器自动生成，剩余的指令则需要程序员进行手工干预。这个反编译器证明，通过使用已知的编译器和图的方法，可以实现生成良好高级代码的反编译器。中间表示法的使用使得分析完全不依赖机器。这个方法学的主要缺陷在于源语言的选择——MIX 汇编语言，在这些程序中不仅带有大量可用信息，而且它是一个简单化的、非现实的汇编语言。

1974 年，Friedman 在他的博士论文中描述了一个反编译器，用于在相同体系结构等级内的小型计算机操作系统的迁移。该编译器包含四个主要部分：前期处理器、反编译器、代码生成器和编译器，它是 Housel 反编译器的一个改写版。Friedman 在反编译操作系统代码的方向上迈出了第一步，而且他例证了在反编译机器依赖的代码时反编译器面对的困难。不足的是，该迁移系统对输入程序有所要求，即需要对输入程序做大量格式化工作；同时，该系统最后产生的程序代码具有较大的空间膨胀率，而代码膨胀率高又带来了执行时间和效率的低下。

1978 年，Hopwood 博士所做的工作实现了从汇编语言程序到 MOL620 语言程序的翻译功能。他引入了控制流图的概念，即指定一条指令作为控制流图的一个结点。与现在广为采用的以基本块为结点的方式相比，Hopwood 的方案对内存的要求会更高一些。Hopwood 的博士论文描述了有关其设计的一个包含 7 个步骤的反编译器的内容，他的研究的主要缺点是控制流向图的粒度和在最后的目标程序中寄存器的使用。其中控制流向图的粒度的使用导致该反编译器处理大规模程序的时候开销太大；而在其所生成的目标高级语言代码中使用了寄存器，导致反编译结果并非纯正的高级代码。

2. 花开二朵——反编译技术在工程上的应用

20 世纪 70 年代的十年是反编译技术发展的一个黄金时期，当时的反编译器并未局限在对高级编程语言的恢复上，而是引入了"翻译"的特征。在这个时期，除了一些以理论研究为主的反编译器模型被提出以外，还有一些具有代表性的实用系统被开发出来。

1974 年，由 Barbe 开发的 Piler 系统是第一个实现的 X 型通用反编译器架构，它的设计目标是实现从多种机器级代码到与其各自对应的高级语言程序的反编译。但是这种多源到多目标的反编译实现起来具有极高的难度，直接导致 Piler 系统最终实现时，仅能支持从通用公司的 Honeywell 600 机器代码到 Fortran 和 COBOL 两种高级语言程序的反编译。可见，当时的反编译器如果能够实现对"翻译"输出的高级语言再次编译，并且编译后程序的运行结果与反编译前一致的话，就几乎相当于一个二进制翻译器了。

3. 花开三朵——反编译技术在军事上的应用

反编译技术同样被军方慧眼识珠，在 20 世纪 70 年代多项军事应用中可以看到它的身影。

1974 年，Ultra systems 公司的一个反编译工程中也用到了反编译器。这个反编译器作为三叉戟 (Trident) 潜艇射击控制软件系统的一个文档编写工具。它以 Trident 汇编程序作为输入，产生这个公司开发的 Trident 高级语言程序。该编译器分成四个主要阶段：规格化、分析、表达式凝聚和代码生成。该系统的输入为经过"规格化预处理"的汇编程序，其目的是为了解决部分指令和数据的区分问题；与此同时，预处理过程还会生成一种中间表示，并对数据进行分析；然后，在表达式凝聚的过程期间，算术表达式和逻辑表达式将被还原并建立；最后，再通过与 THLL（Ultra systems 公司的名为 Trident 的高级语言）匹配控制结构，而生成输出的高级语言程序。

1978 年，D.A.Workman 主导了一项有军方背景的反编译应用研究，目的是为美国军方实时训练装置系统设计适用的高级语言。该应用在 F4 型教练机的相关设计中发挥了作用。F4 教练机的操作系统是用汇编语言编写的，因此这个反编译器的输入语言是汇编语言。由于这项应用的目标是用于设计，因此没有确定输出语言，没有实现代码生成，仅仅实现了反编译器的两个阶段：阶段一，把汇编程序映射为一个中间语言并收集关于源程序的统计信息；阶段二，产生基本块的控制流向图，依据它们的可能类型来划分指令，并且分析控制流以确定高级控制结构。这项成果的贡献在于提出了一种在当时看起来十分独特的反编译技术应用，即这个反编译器并未以输出高级语言代码为最终目的，而是通过把指令分类来进行数据分析。从这一案例可以看出，反编译技术的先进性在当时得到了美国军方的认可，并且在实际应用中催生出了代码分析的功能，值得后续研究的借鉴。

4. 小结

有了 20 世纪 60 年代的技术积累，反编译技术在高等院校得到了理论和实践的双重推进。在理论研究的支撑下，越来越多的实用系统中都使用了反编译技术。美国军方也将反编译技术投入到军事训练和实战中。因此，在 20 世纪 70 年代反编译技术拥有自己完美的发展期，并获得了长足的进步。

10.3.3　瓶颈期——20 世纪 80 年代

之所以将 20 世纪 80 年代称为反编译发展的瓶颈期，主要是这项技术所能实现的功能的合法性问题。毕竟随着计算机的普及和发展，软件知识产权逐步被人们所重视。反编译技术可以逆向获得程序源代码的特性，与软件知识产权的保护存在着一定的矛盾。如何界定科学研究和非法获利，一时没有定论，但是这个十年中相关研究也没有完全停滞，仍然有一些具有代表性的工作。

1. Zebra

1981 年，美国军方的另一个反编译实例：美国海军水下系统中心开发的 Zebra 样机试图实现汇编程序的可移植性。Zebra 的主要功能是把 ULTRA/32 汇编语言的一个名叫 AN/UYK-7 的子集作为输入语言，进而产生 PDP-11/70 的汇编程序输出。尽管 Zebra 并不是传统意义的反编译器，更像是单纯的程序移植和变换，但是该系统的实现方式与反编译并没有什么不同，即 Zebra 的实现主要由三大步骤构成。第一阶段即词汇和流分析：对源程序进行解析，并在基本块内进行控制流分析；第二阶段即程序被翻译为中间形式；第三阶段即进行中间表示的化简。

Zebra 利用已知的技术开发一个汇编程序的反编译器，整个研发过程并没有引入新的概念。但是 Zebra 提出一个观点值得我们回味，也就是说：从 Zebra 的研发过程中看出，反编译应该作为一个工具帮助解决某个问题，而不是完全解决该问题的工具。这个结论源于科研人员对反编译的了解而提出的假设，即假如反编译器不可能达到 100% 正确。虽然这是 20 世纪 80 年代初就提出的论断，但我们仍然可以从中一窥反编译发展至今的主要作用——程序分析（相关内容我们放到相应的章节具体讨论）。

2. Forth Decompiler

1982 ～ 1984 年，Forth Decompiler 系统具有一定的代表性。它是一种可以通过递归扫描 Forth 语言编译字典条目，而把单词反编译成原语和地址的一个工具。但是 Forth Decompiler 并不是一个纯正的反编译器，它更像是一个逆语法分析工具，该工具递归地扫描一个字典表并且返回与给定单词有关的原语或地址。

3. STS

1985 年，C. W. Yoo 介绍了软件传输系统（Software Transport System，STS），实现汇编代码从一台机器到另一台机器的自动转换。STS 的转换思路是：将机器 m1 的汇编代码反编译成高级语言程序，然后将获得的程序在机器 m2 上编译成新的汇编代码。一个实验型的 STS 是针对 Z-80 处理器而研发的 C 语言交叉编译器，但是由于 STS 缺少数据类型信息导致此项目搁浅。

4. Decomp

1988 年，Reuter 编写了一套反编译器，并命名为 Decomp，它是一种专用于 Vax BSD 4.2 机器的反编译器。Decomp 需要带有符号信息的目标文件作为反编译的输入，而通过反编译生成类 C 源码程序，部分输出的 C 源码经过手工编辑后可以被再次编译。Decomp 做了一件今天看起来十分有趣的事情，也就是它为了一款游戏而生，它在没有可用源代码的情况下把"帝国"（Empire）游戏移植到 VMS 环境。这件事情与笔者目前从事的二进制翻译相关研究非常类似，即实现了应用程序级别的移植，并以游戏这种生动的形式加以展示。

在当时的条件下，Decomp 反编译器花费了大概 5 人月的工作量，并且可以从因特网上免费获取。昆士兰大学的 Cristina Cifuentes 在她的博士论文中成功地重现了 Decomp 的反编译过程。从实验中可以看出，Decomp 反编译生成的程序有正确的控制结构、变量数据类型、库例程和子过程的名字，甚至用户程序入口点也得到了还原。当然上述功能的取得都需要满足一定的先决条件，但仅从功能上来看，Decomp 是一个有实用价值的反编译器。

5. 小结

经过 20 年的技术积累，20 世纪 80 年代本来应该成为反编译技术的爆发期，但是由于它天生的逆向属性，导致其与软件知识产权的保护产生了矛盾。并没有产生一些让我们记忆犹新的优秀系统和应用。整个 80 年代的研究延续了不愠不火的态势，但是对反编译完备性的讨论和实用化的驱使，仍然使得这个方向的研究延续下来。这个 10 年的研究比 70 年代更注重实用性，并从专用这个角度加以体现。

10.3.4　反编译的春天来了——20 世纪 90 年代

20 世纪 90 年代，反编译技术作为一个主体终于有了可以依据的法律——许多国家针对软件逆向工程进行立法，以规范该领域的研究工作。从一篇美国研究者 Pamela Samuelson 的文章 "Reverse-engineering Someone Else's Software: Is It Legal？" 中，可以重现当时美国对"反编译"这一类技术的法律定义：根据美国联邦法律，对拥有版权的软件进行逆向工程操作，如反汇编、反编译，若其目的不是通过剖析原软件来研制新产品与之竞争，所进行的逆向操作是合法的。仔细品味这句话可知，只要是非营利性的软件分析和源代码获取是被允许的。在上述背景下，反编译技术迎来了发展的春天，一批国家层面的综合性研究项目代表了反编译在当时的地位，比如：由 11 个欧洲工业和学术组织合作研究的 REDO 计划，主要是以调查研究软件的维护、有效性和软件系统文档化为目标。他们在软件逆向工程研究主题下对反编译进行了大量研究，从逻辑语义上给出反编译的一些实现方法和本质描述，并将其结果应用于英国核工业部。既然"春天"来了，除了上述枝叶返青的参天大树，哪能没有百花齐放呢？我们再把 20 世纪 90 年代的反编译发展脉络梳理一下。

此外，在这个十年中，反编译这项技术与另外一项称作"二进制翻译"的技术结合得越来越紧密。反编译技术作为二进制翻译的一种重要实现方式，我们将在后文详细介绍二者的联系和区别，同时也会花一定篇幅着重揭开能够体现反编译技术实用性的"二进制翻译"的神秘面纱。

1. Exe2c

1990 年，由 Austin Code Works 公司推出的实验项目 Exe2c 可以将 Intel 80286/DOS 可执行程序反汇编，并转换为内部格式代码，最终转换成 C 程序。从 Exe2c 的输出代码看，它并没有实现数据流分析，而仅仅实现了部分控制流分析。C 语言使用的一些控制结构被恢复，如 if-then 和循环。它生成的 C 语言程序的大小是汇编程序的 3 倍。这个反编译器的积极意义在于，它是在过去的若干年中第一个尝试反编译可运行文件的反编译器。其成果表明，为了产生更好的 C 代码需要引入一个较为完善的数据流分析和启发式功能。而且，建立一个忽略所有由编译器引进的外来代码和发现库子程序的机制会很有帮助。这一点可以大大降低反编译的工作量，同时提升反编译输出的可用性。

2. PLM-80 Decompiler

1991 年研发的 PLM-80Decompiler 反编译器也是一款具有国家支持和军事应用背景的软件，它是澳大利亚国防部的信息技术司研究的一个反编译的国防应用，也是在"反编译的春天"里值得一提的一项研究。PLM-80 Decompiler 研发的主要目的是针对废弃代码的维护、具有科技情报产品的分析，以及针对信息系统的安全和保密风险的评估，其中除了第一点以外，其他的目的都与反编译在当今时代的需求所契合，可见该项目在当时是具有前瞻意义的一项研究。

虽然研发目标具有重要意义，但最终由于技术实现的难度，PLM-80 Decompiler 只实现了一个样机。该样机是用 Prolog 语言编写的，针对特定机器 PLM-80 编译器编译的 Intel 8085 汇编程序，可以产生一种称作"Small-C 语言"的目标程序（Small-C 代表所生成的代码是标准 C 语言的子集）。从公开可以查阅的文献中，可以了解到 PLM-80 Decompiler 可以从输入的汇编程序中识别出部分 if-then 和 while() 等简单结构，可以还原一些 int 和 char 等简单的数据类型，以及一些全局和局部变量。除此之外，PLM-80 Decompiler 还设计了一个图形化用户界面用于显示汇编程序和伪 C 程序，并且用户还可以通过图形界面编辑变量的名字、增加注解，以及支持手工确定主程序的入口点等功能。

总地来说，PLM-80 Decompiler 所做的分析局限于控制结构和简单数据类型的识别，并没有引入针对寄存器使用的分析。同时，该反编译器也不支持分析编译器生成的优化代码。但值得称道的是，PLM-80 Decompiler 对图形界面的引入是对用户体验的一次提升，也是对反编译这种需要人工反馈参与工作的一种新的支持手段。

3. 8086 C Decompiling System

1991 年推出的 8086 C Decompiling System 是一个将 Intel 8086/DOS 可执行程序翻译成

C 程序的反编译器。它实现了库函数的识别以减少生成代码的量，同时它基于规则识别出了数组和结构体的指针等数据类型。这个反编译器同样对输入文件有特殊的要求——输入文件必须是由 Microsoft C V5.0 版本小存储器模型编译所生成的。这一点再一次印证了：一个反编译器的可用性受限于它对源编译器的依赖。多数反编译器只能针对特定的编译器类型（或者编译器版本）完成正确的反编译动作。

8086 C Decompiling System 描述了五个阶段：库函数的识别、符号执行、数据类型识别、程序转换和 C 语言代码生成。

该系统在库函数识别阶段所做的工作具有一定代表性，很多反编译器和后来的二进制翻译器都采用类似的方法。有必要单独说明一下：8086 C Decompiling System 主要实现了对 Microsoft C 库函数的识别，用来区分哪些是系统调用的库函数，哪些是用户自己编写的函数。这么做的目的是为了在反编译时只处理用户函数，生成相应的 C 代码，而所有库函数则不必被反编译。识别库函数是通过模板匹配的形式完成，即预先构造一个所有 C 语言的库函数表，包含一些特殊信息，这部分工作是反编译器作者手工实施的。

除了库函数识别阶段以外，该反编译器其余阶段的实施中规中矩。它的符号执行是将机器指令完全用特有符号来表示，形成一套中间指令；而对数据类型的识别则是通过两套规则配合实现的，即首先通过一组规则对于不同数据类型进行信息收集，然后再根据所收集的信息和另外一组分析规则共同确定数据类型；程序转换则把存储计算转变成各种地址表达式，如数组寻址；最后，C 语言代码生成器通过识别控制结构，继而转换成相应的程序结构，并且生成 C 语言代码。

8086 C Decompiling System 是由我国合肥工业大学微机所科研人员开发的一套较早的反编译系统，代表了当时我国的反编译研究的方向和水平。

4. Alpha AXP Migration Tools

数字装备公司 (Digital Equipment Corporation) 在设计 Alpha AXP 体系结构的时候，需要能够在"新"的 Alpha AXP 计算机上运行"现有"的 VAX 和 MIPS 代码。正是由于这个动议，使得 Alpha AXP Migration Tools 作为一套可以完成上述功能的二进制翻译工具被开发出来。Alpha AXP Migration Tools 可以实现旧体系结构的指令序列转换成新体系结构的指令序列，即实现不同体系结构间二进制级代码的无缝移植。这个移植过程被开发者定义成两个部分，分别是：二进制翻译过程和运行时环境。为了保证二进制翻译过程的全自动执行，同时能够实现执行期间创建或修改代码的功能，该移植工具在二进制翻译部分使用了反编译技术。

Alpha AXP Migration Tools 中反编译技术的应用主要体现在机器指令的潜在含义理解和分析上。例如，原体系结构上的条件码分析，以便后续翻译过程中可以转化为 Alpha 体系结构上的相应操作；通过代码分析，确定函数的返回值或者发现代码中的错误；MIPS 中标准库例程的发现和定位，以减少代码翻译的工作量，因为库例程绝大多数情况下是可以在新体系架构中找到类似库函数实现其功能的；发现代码中的"成语"（可以理解为在特定体系结构上，完成特定功能的一组指令序列），并使用目标体系结构中功能等价的指令组合来实现该"成语"的功能。通过上述一系列的分析工作，以及其他翻译工作，最终以 AXP 操作码的形式组成翻译后的二进制编码，并由运行时环境执行翻译的代码。

这个工程举例说明在一个现代翻译系统中反编译技术的使用。证明对于众多类别的二进制程序来说它是成功的。一些无法翻译的程序是在技术上不可翻译的程序，比如使用特权操作码的程序或者以超级用户特权运行的程序。

5. 其他反编译器产品和研究

在这一阶段还有众多公司纷纷推出自己的反编译器产品，具体情况如表 10-1 所示。

表 10-1　20 世纪 90 年代部分反编译器产品

产品名称	年份	用途	厂商
Valkyrie	1993	用于 Clipper Summer '87 的可视化反编译器	CodeWorks
OutFox	1993	用于加密的 FoxBASE+ 程序的反编译器	不详
ReFox	1993	用于反编译加密的 FoxPro 文件	Xitech
DOC	1993	用于 AS/400 和 System/38 的 COBOL 反编译器	Harman Resources
Uniclip	1993	用于 Clipper Summer '87 EXE 文件的反编译器	Stro Ware
Clipback	1993	用于 Summer '87 可执行文件的反编译器	Intelligent Information Systems
Brillig	1993	用于 Clipper 5.X .exe 文件和 .obj 文件的反编译器	APTware

同时也有一批大学的实验室发表自己的试验系统，其中在这一领域 Cifuentes 博士的研究成果成为以后反编译研究的主要参考方向。Cifuentes 在自己的博士论文中指出，可以通过数据流分析识别参数和返回值，通过控制流分析将代码恢复成具有结构的 C 程序。研究型反编译器 dcc 展现了以上工作，但它只能处理很小的 Intel 80286/DOS 可执行程序。

在 dcc 的基础上，反编译器 REC（Reverse Engineering Compiler）基于 Cifuentes 的工作在几个方面进行了扩展，但是它生成的类 C 程序比较难读，因为包含了寄存器符号。它可以处理多个处理器（如 Intel 386、Motorola 68K）上运行的多种格式的可执行文件（如 ELF 和 Windows PE 等）。像数组等复杂的数据类型保留为访问内存的表达式。

10.3.5　持续的研究——进入 21 世纪

时间荏苒，当历史的脚步进入新世纪，反编译的相关研究也随之更进一步，本节我们将用简单的笔触介绍 2000 年后的相关研究和商用产品。

2001 年，Guilfanov 介绍了 IDA Pro 反汇编器使用的类型传播系统，并着重讲解了库函数的识别工作。IDA Pro 利用库函数的签名信息来恢复库函数调用语句使用的参数的数据类型，然后使用类型传播技术处理赋值语句来进行数据类型恢复。上述事实说明，没有一种数据类型恢复不是根据库函数类型信息进行的。

2002 年，Morisada 发布了处理 32 位 Windows 可执行程序的反编译器 Anatomizer。对某些 Windows 可执行程序它表现得很出色，可以恢复参数和返回值，条件语句和 switch 语句也得到了很好的处理。当使用 Anatomizer 处理 Cygwin 程序时，库函数 printf 无法被恢复。另外，Anatomizer 无法处理浮点指令和间接调用，数组仍然被保留为访问内存的表达式。当寄存器在某些过程体中未被定值而先使用时，它无法将其识别成参数。反编译器 Anatomizer 经常会异常终止。

2002 年，Tröger 和 Cifuentes 给出一个分析间接调用指令的方法。如果由虚函数产生的间接调用被成功识别，那么关于此间接调用的诸多信息都会获得。然而，此方法受限于一个基本块的范围，导致无法处理所有的情况。

2004 年，Raimar Falke 基于 Mycroft 的理论并进行扩展开发了反编译器 Yadec，用于恢复数组数据类型。但需要一个相当于用户抉择的文件来处理冲突。

2004 年，由 Andrey Shulga 编写的反编译器 Andromeda 一直没有公开发行，但从网站可以获得一个 GUI 程序对应反编译生成程序。生成程序给人的印象非常深刻，但不能仅凭一个反编译生成程序来断定反编译器的优劣，可能它恢复出的数据类型是经过手工编辑的。

2007 年，Ilfak Guilfanov 发布一个集成反汇编器 IDA Pro 的反编译器 Hex-Rays，用来处理 32 位 Windows 可执行程序。反编译器 Hex-Rays 可以在窗口中展示反编译生成的类 C 代码，通过单击函数名跳到函数体视窗。所有函数的参数和返回值都得到了恢复，但作者声明反编译生成的程序仅用于阅读，不能对其进行编译。

遗憾的是，2008 年后国外与反编译紧密相关的重要研究很难再被检索到。笔者分析，其主要原因是反编译本身的复杂性、不完备性，以及在逆向分析实践中不如反汇编实用的现实所造成的。此外，虚拟化技术的日渐成熟也分化了相当一部分使用反编译形式进行二进制翻译的研究资源。

10.3.6　身边的反编译——我国对反编译的研究

国内从事反编译方面研究的团队较少，能够在公开报道中查证的如下：

从 1984 年开始，合肥工业大学微机所开展了一系列与反编译相关的研究工作：在国家自然科学基金的资助下，以 Dual-68000 为硬件平台，研制 T 68000 C 反编译系统；用手工的方法反编译了 UNIX 操作系统部分组件；他们还进行了 8086 C 语言反编译系统的研究；随后，他们还发布了商业化的反编译系统 DECLER V1.0 和 V1.1。1991 年发表的文献中提及，武汉大学从 1986 年起就开始研制 VAX 机上的 C 语言反编译系统。同年发表的另外一篇文献中提及，北京控制工程研究所在 PC 上开发 TC 语言反编译系统。1992 年，上海交通大学的科研人员也发表了关于 VAX 机器上 C 语言反编译系统研究与实现的论文。1994 年哈尔滨工业大学的研发团队开发了一款基于 Turbo C 的小模式反编译系统。2001 年，解放军信息大学开始研发 ITA 二进制翻译系统（历时五年），该系统可以实现将 IA64/Linux 架构下由 C 语言编制的可执行程序反编译到 SW/Linux 下执行。2006 年，北京大学计算机科学研究所研发了汇编级别的分析工具 BESTAR。该工具实现了 Linux 平台上的轻量级汇编代码结构化表示功能，它能够实现利用控制流和数据流分析技术识别通用控制结构。该工具还可以分析程序执行流，重构表达式和函数，发现数据依赖关系，将汇编代码转换成一个结构化、易理解的中间语言程序。

当然前文还提到了 8086 C Decompiling System 也是国内非常重要的研究和工作，尤其 8086 C Decompiling System 还在 Cifuentes 的论文中被提及。

10.4　反编译的局限、先决条件和评价指标

反编译技术具有一些先天的局限，各类反编译工具或者系统都面临着一些共同的困难，多数困难是由于需要恢复一些输入的二进制文件中并非显式提供的信息，毕竟编程语言在设计时考虑的不是逆向工程，而是正向编译。

10.4.1　反编译技术面临的宏观问题

1. 问题

同一机器上、同一语言的不同编译版本存在目标代码结构上的差异，即多编译版本问题；同一机器上、不同语言编译存在目标代码结构上的差异，即多语言问题；不同机器上、同一语言编译存在目标代码上的差异，即多机种 (CPU，也就是多体系结构) 问题。

2. 相应的解决方案

上述这些问题都影响到以程序分析为目的反编译系统的实用性和通用性。对于这些问题，某些可能的解决途径是：

1）最笨但一定可行的方法：针对每一种情况，分别开发各自的反编译系统，这种穷举

方法势必使反编译投资庞大，且研制的反编译器时效性差，显然不适合实际需要。

2）基于同一机型，设计良好的中间语言（针对于特定的体系结构，比如 x86 固定寄存器表示等，与机器相关），开发标准的反编译系统，对各编译版本的影响或者不同语言的差别（目标代码结构上）采用预处理方法分别转换为标准的中间语言形式，这种思路可行，从中间语言转换到高级语言的技术是成熟的，但要覆盖各种情况，因而开发量也很大。

3）对于不同的机型和同一种语言，可以设计抽象的中间代码，也就是与体系结构不相关的，寄存器数量不限，采用目标代码预处理方法分别转换到抽象的中间代码，接下来根据不同的后端进行中间代码的提升，这种方法效果类似第 2 个解决方案中所述（是目前常用的方法！）。

10.4.2　反编译技术面临的技术性问题

反向编译需要解决如下一些传统的难点问题，在此我们仅仅列出了最难解决的若干问题，而在一款反编译器开发的过程中，开发者往往会遇到更多具体而又琐碎的问题。

1. 区分代码和数据

受冯·诺依曼结构的制约，绝大多数计算机使用的数据和代码是存储在同一段内存空间中的，因此，区分数据和代码的一般解决办法已经被证明等价于停机问题。虽然多种格式的可执行文件都定义了代码段 .text 和数据段 .data，但这样并不能阻止编译器或程序员把常量数据（如字符串、switch 跳转表）放入代码段中，也无法阻止将可执行代码放入数据段中。因此，代码和数据的区分仍然是一个亟待解决的重要问题。

针对代码和数据的区分问题，对静态反编译而言效果最好的一个方法是数据流制导的递归遍历。此技术根据机器代码从程序的入口点搜索所有可能的程序路径，它依赖于程序的所有路径都是有效的，且入口点是可发现的。最终，它同样依赖于分析间接转移指令以获得其目标地址的能力，间接转移指令包括间接跳转和间接调用指令。

2. 处理间接跳转和间接调用指令

对于指令中的每个立即数操作数，都需要选择将这个数值作为常量的值来表示还是作为指向内存中地址的指针来表示。对间接跳转和间接调用的分析面临着一个共同的问题——目标地址的确定。程序切片、表达式复制传播和值域分析等是最有希望解决这一问题的技术，但是这些技术严重依赖于数据流分析，而数据流分析又依赖于完整的控制流图。间接跳转和间接调用问题未得到解决之前，是不可能拥有一个完整的控制流图的。因此，初看起来它就如"鸡跟蛋"问题一样是无法解决的。

当反汇编器或者反编译器面对一个指针尺寸（如 8 字节）的立即数时，它们需要判断此立即数到底是常数（属于整型、字符型或者其他数据类型）还是指向某类型数据的指针。

3. 自修改代码

自修改代码指的是指令或者预先设定的数据在程序的执行中被修改。用于存储指令的内存空间可能会在程序执行过程中被修改成为另外的指令或者数据。在 20 世纪六七十年代，计算机的内存空间很小，难以运行大的程序。计算机的最大内存为 32Kb 或 64Kb，由于空间的制约，必须以最好的方式对空间进行利用，其中一种方法就是在可执行程序中节省字节，同一内存单元在程序执行中能保存指令，也能在另一时刻保存数据或其他指令。

自修改代码是程序运行时改变自身执行指令的程序代码。自修改代码的编写是非常困难的，因为它要考虑可能对指令缓存造成的不良影响，它的主要用途是：反静态分析、反盗版、病毒利用此方法逃避杀毒软件的查杀等。

4. 编译器和链接器包含的子过程

二进制翻译的另外一个问题就是，编译器引入的大量子过程以及链接器链接进来的很多过程造成翻译难度和工作量大的问题。编译器总是需要通过 start-up 子过程来设置环境，而且在需要的时候引入一些运行时的支持过程，这些过程通常是用汇编语言编写的，无法翻译到高级表示。同时，由于多数操作系统不提供共享库机制，因此二进制程序是自包含的，库函数绑定到二进制映像中，而且很多库函数是用汇编语言编写的。这就意味着二进制程序包含的不仅仅是程序员编写的过程，而且还有很多是链接器链接进来的其他过程。二进制翻译本身只对用户编写的过程感兴趣，因此需要能够区分用户自定义过程和库函数。

5. 对难点问题的总结

传统的反编译若要具备一定的实用性，下列问题是不能够回避的：

1）如何区分代码和数据？

2）如何处理间接跳转和间接调用指令，以获得间接转移指令的目标地址而完成对代码的完整挖掘？

3）如何处理自修改代码？

4）如何进行数据类型恢复？如果可以完全恢复源程序的数据和数据类型，那么反编译生成程序就可像源程序一样运行于不同体系结构的机器，从而反向编译更加通用。

10.4.3　反编译的先决条件

反编译的难度要远远大于编译，因为编译后得到的机器代码已将源程序中所有显式的高级语言信息完全丢失了。针对某种语言进行反编译，不但需要较深的关于编译和操作系统以及硬件等方面理论知识的支持，还需要通过大量的实践和摸索获得源—目标之间的某些对应模式，在此基础上进行研究和实践。

反编译的实践，要以如下的背景知识作为先决条件：

1）反编译所要达到的高级语言的语法描述：反编译过程是由它所翻译到的目标高级语言的语法来制导的。

2）反编译源文件所包含的目标代码集，即编译所对应的机器指令集：只有掌握作为反编译器的输入的机器指令集的规格说明，才能有效地恢复低级代码程序的控制结构和数据流。

3）编译所得到的可执行代码的内存映像：有效地区分数据区和代码区，能减小反编译的工作量。

10.4.4　反编译器的评价指标

反编译器的性能评价方面并没有确定的标准，通常人们采用如下几点作为评价依据：

1）反编译自动化程度：反编译器运行过程中人工干预的次数是评定反编译自动化程度的量度。

2）反编译时间：即针对某个应用，反编译器获得结果所需要的运行时间。

3）反编译器开发效率：重新编制程序和通过研制反编译目标程序得到高级语言程序所需工作量的比值。

4）反编译压缩比：反编译生成的高级语言程序与输入的低级语言程序的长度比，比值越小，则压缩比越大，反编译器越优秀。

10.5　反编译的应用领域和研究重点

10.5.1　应用领域

　　尽管研制反编译器的最初目的只是用于软件移植,但发展至今,其应用领域却远非仅限于此。从纯技术角度来看,反编译技术可以实现对无源遗产软件的良好维护,也可以将已有的优秀无源软件资源移植到新体系架构平台,充分发挥新平台的先进特性。除此以外,反编译还可以在未知源代码的前提下在翻译过程中对二进制程序进行再次优化,进一步提高程序的执行效率。从信息安全角度来看,二进制翻译技术又是一种特殊的反向编译技术。通过它可以发现软件设计中存在的先天漏洞,暴露其可能存在的安全缺陷,有利于保障软件使用安全,发现恶意软件的攻击行为和情报窃取行为,在国防安全信息领域也具有重要意义。

　　反编译的应用领域主要表现在以下几个方面:

　　1. 软件移植

　　对于在体系结构 A 上运行效果良好的软件,欲将其移植到体系结构 B 上,可以先将可执行代码反编译,然后再将所获得的高级语言程序用体系结构 B 上的编译器编译、链接、运行。

　　2. 软件维护

　　对可执行代码的反编译能够提高代码的抽象级。可以针对反编译结果运用高级语言程序理解工具,获得原始设计方案等文档,以利于日后的软件维护。

　　3. 程序验证

　　对于某些安全性第一的软件,通过比较反编译的结果和源程序代码是否完全等价进行程序验证,同样也可发现程序中嵌入的病毒。

　　4. 了解编译优化的情况

　　对于含有优化技术的编译器,通过比较源程序和其目标程序的反编译结果,获得有关编译优化的信息。

10.5.2　研究重点

　　从实用化和程序设计语言的流行趋势等方面考虑,采用基于图的函数式程序设计模型构造反编译器是比较实际的。目前针对该模型的研究热点主要集中在库函数识别、控制流恢复、数据流恢复三方面,另外还有为自动生成反编译器,缩短其开发周期而进行的反编译器生成器的研究。

　　下面简要介绍这四个方面。

　　1. 库函数识别

　　库函数识别实际上是链接的逆过程,主要是寻求最佳的算法在降低时空复杂度的前提下提高识别效率(速度快,正确率高)。这是一个比较枯燥繁琐的部分。

　　2. 控制流恢复

　　控制流恢复可采用模式匹配、归约控制流图和区间划分等方法来实现,它们在本质上与采用文法进行程序归约是一致的。可以采用语法制导的方法进行分析和恢复。但是寻找高级语言结构和目标代码之间的对应关系,重构编译器的语义分析过程是一个比较复杂且不确定的过程。

　　3. 数据流恢复

　　数据流恢复是反编译过程中最难实现的一部分,因为编译之后符号表被丢弃,源文件中包含的关于变量说明的显式信息完全消失。目前对于数据流的恢复主要是通过对变量的定值引用信息进行收集和综合来实现，因此大多数反编译器只能对简单数据类型进行识别，而对复合型数据类型如数组、结构、联合等难以识别恢复。数据流恢复是目前反编译技术中解决得最不好，也是最有待突破的部分。

4. 反编译器的生成器

反编译器的生成器的研究较之编译器的生成器要复杂，因为作为其输入的目标代码规格说明的标准形式难以确定，而且输入和输出之间的转换关系也更难寻觅。但毋庸置疑的是它必将成为反编译器市场化、成熟化和开发规范化的有效途径，因此也成为反编译研究的重点之一。

10.6　本章小结

反编译技术发展至今，大家基本上都是从具体实现的角度入手，而且所采用的实现方法在本质上大同小异，基本都未摆脱 Piler 系统的框架。在理论方面除了英国牛津大学从逻辑程序设计的角度进行了较多探讨之外，很少见到关于反编译数学本质等方面的理论性论述，而且至今鲜见反编译方面的专著。这种现状与编译的理论成熟、专著迭出的局面形成了鲜明的对比，在该领域中仍有许多尚待研究和探索的课题。

习题

1. 请简述反编译的概念。
2. 编译与反编译之间主要的联系和区别是什么？
3. 如果将反编译过程按照技术实施的顺序划分，请列举出其主要阶段的名称。
4. 请画出汇编语句"sub bx，10"的语法分析树。
5. 常用的控制流图基本结构有哪些？请列举。
6. X、Y、I 型反编译器各有什么特点？
7. 反编译技术面临的宏观问题有哪些？
8. 反编译技术面临的技术性问题有哪些？
9. 反编译实施有哪些常见的先决条件？
10. 请列举反编译技术的几项重点研究方向。

第
11
章
反
编
译
器
的
整
体
框
架

相比如何使用一款反编译工具，本书更关心如何设计和实现一款实用的反编译器以及需要用到哪些技术。在本章，我们还是站在较为宏观的角度列举和认识一下几种常见的反编译器框架。在讨论框架的同时，分析它们各自的优点，进行必要的对比。从整体上学习传统反编译器是如何设计的？能够解决实际问题的新型反编译又是如何设计的？以反编译为核心技术实现的具有二进制翻译功能，同时又具备反编译能力的"翻译器"是怎样设计的？

通过本章的阅读，读者能够从整体上了解实现不同用途的反编译器的整体设计思路，以及一些具备现代反编译特征的（即多源反编译、多源二进制翻译）新型反编译器的框架设计理念。

本章首先介绍一款对现代反编译工作影响较大的dcc反编译器实验原型，揭示经典的反编译器的基本组成和上下文环境，以及在此基础上推广的具备二进制翻译能力的反编译器的整体框架设计。当然，两款比较实用的具备反编译能力的商用逆向分析工具也作为对比加以介绍。接下来还将利用较大篇幅介绍两款由我国科研工作者研发的具备二进制翻译能力的反编译器，既能使读者对反编译器的开发框架有更为深入的理解，又能接触部分与反编译技术相关的、更为实用的外延技术。

11.1 "I型"反编译器的框架

在实际使用中，反编译器需要一些辅助程序来配合其创建目标高级语言的工作。无论这个反编译器多么简单，至少要包括能够实现文件装载和可以处理有关库函数的处理程序。接下来将介绍经典反编译器在囊括必要辅助程序以后的程序框架和基本功能组成。

11.1.1 上下文环境的衔接

本小节的内容我们在前面有所提及，当时是从反编译实践中按具体操作分类这一角度介绍的，而在这里我们从经典"I型"反编译器的框架设计角度来进行说明。

一般来说，源二进制程序都有一个重定位的地址表，当程序被装入内存的时候，将在某些地址上进行重定位，通常反编译器会通过装载程序实现这个操作。接着，已经被重定位的（或绝对的）机器码就会被反编译器中的反汇编引擎进行机器码到汇编码的转换，产生该程序的汇编表示。

反汇编引擎在工作中并非将可执行程序中所有 0、1 代码翻译成汇编代码，而是需要借助上文提到的"辅助程序"——即借助"编译器签名"和"库签名"两类辅助程序去掉编译器在编译时加入的启动代码 (start-up code) 和库例程代码，然后再对剩余的由用户编写的代码进行反汇编。

接着，汇编语言程序作为反编译器的输入，输出并产生一个高级语言的目标程序。该目标程序并不是最终反编译的结果，还需要进行进一步的处理，如对 while() 循环做转换以便进行后期处理等。

当然，"辅助程序"等自动工具不能保证在任何情况下都能进行正确的处理，反编译过程有时需要人为的干预，即使用者也可能作为一个信息提供者，尤其是在确定库例程以及区分数据和指令的时候。经验丰富的反编译程序员比使用自动工具更可靠。

11.1.2 dcc 反编译器的框架

dcc 是用 C 语言编写的一个适用于 DOS 操作系统的原型反编译器（昆士兰大学 Cristina Cifuentes 在博士生学习期间进行的反编译研究成果）。dcc 最初在一台运行 Ultrix 的 DecStation 3000 上开发，后来被移植到运行 DOS 的 PC 体系结构上。dcc 把 Intel i80286 体系结构的 .exe 文件和 .com 文件作为输入，产生目标 C 语言和汇编语言程序。这个反编译器严格按照前面介绍的反编译上下文环境设计实现，它的框架由图 11-1 所示的几个部分组成。

1. 装载器

装载器是一段程序，它负责将待反编译的目标程序载入内存，并完成目标程序机器码的重定位（如果是可重定位的）。程序装载是反编译准备阶段的第一步。

2. 签名生成器

签名生成器是编译器的重要"辅助程序"，它存在的目的是简化反编译的目标程序，简化方法就是确定待反编译程序所使用的编译器版本以及库函数版本（dcc 的编制者称其为编译器和库的签名，可以理解为编译器和库的特征信息）。签名生成器可以自动且唯一地标识每个编译器和库子程序的二进制标本。这些签名的使用试图反向进行链接器的工作——链接器把库和编译器启动代码链接到程序。通过上述处理，被分析的程序就剥离掉非用户程序部分的所有编码，只包含用户当初用高级语言编写的那部分程序。

我们列举一个简单的例子，使用 C 语言编写显示"hello world"的程序，这个程序的源码在编译以后，所生成的二进制程序中有 26 个不同子程序，其中 16 个子程序是被编译器增加来设置它的环境，9 个例程是被链接器加入来实现 printf()，1 个子程序来自最初的 C 程序。签名生成器的使用不仅减少了需要分析的子程序个数，也由于使

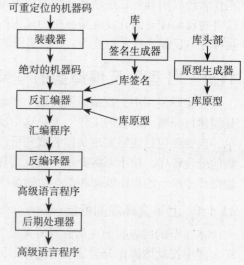

图 11-1 dcc 反编译器的框架

用库函数名称代替任意的子程序名称从而增加了目标程序的可读性。

3. 原型生成器

原型生成器是一个自动确定库子程序参数类型以及函数返回值类型的程序。这些原型来自于函数库的头文件，被反编译器用来确定库子程序的参数以及参数个数。原型生成器所做的工作是所有反编译器必须着重处理的重要目标之一：函数恢复，包括库函数的名称、参数个数、参数类型、返回值类型等。

4. 反汇编器

反汇编器是一个把机器语言转换成汇编语言的程序。有些反编译器把汇编语言程序转换成一个更高级的表示法（例如，一种适用于多源目标反编译的高级中间表示）。

5. 库绑定

这一步是用来处理源可执行程序的编制语言与反编译输出的高级语言不一致的问题，如用 Pascal 编写的程序所生成的可执行代码被反编译成 C 程序。假如产生的目标代码中使用库函数名称（也就是说能够检测到库签名），由于两种语言使用不同的库例程，所以即使这个程序是正确的也不能再用目标语言编译它了，需要将原来用到的库函数替换成反编译目标语言的库函数。dcc 解决这个问题的办法是使用库绑定——在两种语言的库例程之间建立关联。

当然这种类似的方法在反编译或者二进制翻译中被普遍的使用，如二进制翻译会涉及跨操作系统使用库函数，这样即便是同一种高级语言也可能因为版本不同而存在库函数的差异，因此这种"库绑定"的处理方式适用面很广。

6. 后期处理器

dcc 后期处理器也是一个程序，它把一个高级语言程序转换成同种语言的一个语义等价的高级程序，如在前面提到的 while 循环转换成 for 循环，此处假设目标语言是 C 语言，以下是 while 循环的代码：

```
a = 1;
while (a < 50)
{
 /* 其他 C 代码 */
 a =a + 1;
}
```

可能被后期处理器转换成等价的 for 循环代码：

```
for (a = 1; a < 50; a++) { /*其他 C 代码 */}
```

这是一个语义等价的程序，我们知道 C 语言中使用 for 作为循环结构具有更好的性能，因此此处后期处理器处理的结果是更适合于 C 语言的 for 循环，而不是反编译器直接生成的反编译结果的一般化结构 while 循环。

11.2 经典多源反编译框架简介

目前支持多源的反编译框架主要有三种，分别是：基于语义描述和过程抽象描述的可变源、可变目标框架；以商用反汇编软件 IDA Pro 为前端的、支持可扩展的反编译框架；以及基于第三方代码转换库的多源反编译框架。下面分别以这三种框架的典型系统为例，简单介绍和分析一下各种框架的特点。

11.2.1 UQBT

在实验型反编译器 dcc 的研发基础上，Cristina Cifuentes 和 Mike van Emmerik 等人毕业后于 1997 年提出了 UQBT 可重定向的二进制翻译系统，该二进制翻译系统是以反编译为主要技术手段实现的。2001 年研发者又对其后端进行扩展，在 1999 年版本的基础上增加了对 JVML 的支持等功能。

1. 框架结构

UQBT 的 1999 年版框架如图 11-2 所示。

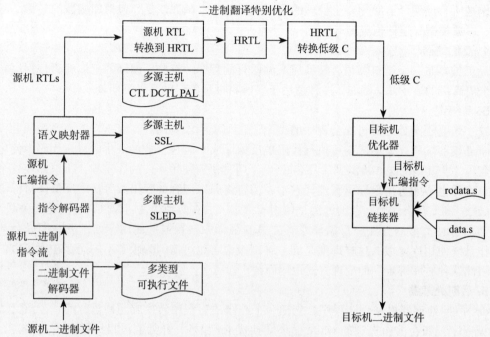

图 11-2　UQBT 的原始框架

2001 年扩展后的框架结构如图 11-3 所示。

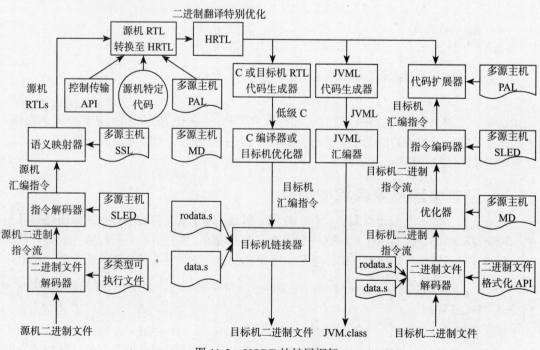

图 11-3　UQBT 的扩展框架

UQBT 框架可以大致被分为三部分：前端、分析和翻译部分、后端。Ms 表示给定的源机器，Md 表示目标机器，前端负责对源机器 Ms 上的二进制文件解码，并将其转换为与机器无关的中间语言形式，即 RTLs 的形式；分析部分负责将源机器上的地址映射为目标机上的地址并完成相关的优化；后端负责将优化过的中间语言形式转换为对应目标机上的可执行文件。由此可见 UQBT 框架中的前端和分析部分相当于反编译的部分，后端则是代码生成部分，即将反编译后的代码再编译或转换为目标机上的可执行代码。

UQBT 是可变源、可变目标的，对于反编译来说只是为了实现从低级代码到高级代码的转换，不需要再转变为目标机器上的可执行代码，因此可以不考虑多目标的问题。UQBT 的可变源和目标的特性通过描述语言、API 和可插入模块支持。其中几个形式化的描述语言成为 UQBT 的亮点和精髓，分别是：编解码描述语言 SLED、语义描述语言 SSL、过程描述语言 PAL 等。

（1）SLED 语言

SLED 语言是专门用来描述汇编指令与二进制编码之间映射关系的语言，支持 RISC 和 CISC 指令架构，已实现对 MIPS、SPARC 和 Pentium 的编解码描述。基于 SLED 描述的指令解析，由 NJMC(New Jersey Machine Code) 工具集通过匹配语句来驱动，但对于一个特定的 SLED 描述文件，要为其生成专门的匹配语句，而这个过程要实现自动化非常困难。

（2）SSL 语言

SSL 语言包括两类语义的描述，一类是描述每条汇编指令的语义，另一类则是描述硬件体系架构相关的特征。通过定义 constants、registers、flag_fnc、operands、tables、instr 等关键词来进行描述。其中 constants 用来描述常量、registers 用来描述寄存器、flag_fnc 用来描述标志副作用、operands 用来描述复杂操作数、tables 用来描述一组指令名称、instr 则用来描述一条 SSL 语句。而一条 SSL 语句由左部 LHS 和右部 RHS 两部分组成，左部对应的是汇编指令的名称或一组汇编指令对应的表的名称，右部则是表示寄存器转换的语句序列。对 SSL 语言的解析由语义描述解码器 SRD 来完成。由于 SSL 语言的语法比较复杂，要实现对各种 SSL 描述的正确解析也是很困难的。

（3）PAL 语言

PAL 语言分别利用 FRAME ABSTRACTION、LOCALS、PARAMETERS、RETURNS 四种关键字对内存栈的抽象、本地变量的抽象、参数的抽象、返回值的抽象进行描述。其中内存栈的抽象主要描述用于存放内存栈指针的寄存器名称；本地变量的抽象主要描述栈帧分配的大小；参数的抽象主要从调用者和被调用者两个角度描述实参和形参所在的可能位置；返回值的抽象则主要描述返回值与存放返回值的寄存器或内存单元之间的对应关系。

UQBT 提供了两种应用程序接口（API），分别为二进制文件格式和控制转移 API。常用的 ELF 和 PE 格式的二进制文件可使用二进制文件格式 API 来提取可执行程序中的代码和数据信息。

对于控制转移 API，需要开发者从无条件跳转中识别条件转移，也就是调用和返回。因为这些指令看起来都类似于跳转，但是在语义上具有很小的差别。

2. 中间表示

UQBT 应用两种中间表示，低级 RTL（Register Transfer List）直接与机器指令映射，高级 HRTL（High Level Register Transfer List）形式与编译器中间代码类似，它应用了控制流的高一级抽象。

RTL 是一种基于寄存器的中间语言，它针对机器的汇编指令进行描述，代表了指令间的信息传递。该语言提供了无限个寄存器和内存单元，不会受限于某种特殊的机器结构。近年来，RTL 已经被广泛地应用到各种系统中作为中间表示，如 GNU 编译器、编译连接优化器 OM、编辑库 EEL 等。由于其操作简单并且具有良好的平台无关性，因此我们选用 RTL 作为 IA64 到 Alpha 二进制翻译器的中间表示语言。

在 UQBT 中，源机器体系结构的每一条指令对应一个寄存器传送列表或 RTL 语句。这种语言能够通过对某一位置的一系列执行效果来捕获机器指令的语义信息。

HRTL 是从过程调用、过程内控制流等与机器特性相关的细节中抽象出来的一种高级中间表示语言，由指令和操作符组成。它提供了所有基本控制流指令，如无条件跳转（JUMP）和条件跳转（JCOND）、应用 CALL 和 RETURN 指令的过程调用、N-way 分支指令等，为了给内存单元赋值，HRTL 定义了 ASGN 指令。

所有的内存单元和值都由语义串描述，分支指令将它们的跳转目标作为语义串参数。复杂的语义串应用算术、逻辑或字节运算函数递归定义。在 ITA 翻译器的实现过程中，我们应用该语言表示 IA-64 指令语义时，需要对它的函数进行扩展，目前 HRTL 定义了一百多个不同的操作符和函数。

3. 前端模块

前端模块的工作由一系列阶段完成，每一个阶段将源输入文本流变换成高一级的表示形式。

1）二进制文件的解码器：将源二进制文件解码到一种中间表示，该中间表示支持二进制文件格式 API。所有的文本段和代码段被拷贝，并将得到的二进制文件信息存放在中间表示中。

2）指令的解码：将文件解码器得到的指令流进行反汇编。在 UQBT 中主要应用 NJMCT 提供的匹配文件，结合指令的 SLED 描述文件完成指令的解码。

3）语义映射模块：将汇编指令映射成与源机器文件代码段相对应的 RTL 表示，RTL 由机器的 SSL 描述语言提供。这一步在汇编指令匹配之后执行，指令被转换成寄存器传送列表。

4）源机器 RTL 到 HRTL 翻译器：这是二进制翻译中的一个关键阶段，它以机器无关性来表示程序代码。该模块将 RTL 指令转换成 HRTL 指令，处理控制转移指令，基于 PAL 描述分析过程信息，添加额外的代码处理源机器指令集的特性，其中机器特定的分析用于将机器相关性进行消除。在 UQBT 中这部分工作包括 SPARC 中控制的延迟转移消除，Pentium 中将基于栈的浮点代码变换成基于寄存器的代码；在 ITA 翻译器中这部分工作主要是 IA-64 体系结构的谓词执行和投机机制等特性优化代码的处理。

4. 后端模块

UQBT 框架应用多种后端产生代码，其中比较成功的方法是依赖 C 编译器作为目标机的优化器和代码产生器。在这种方法中，HRTL 代码被翻译到低级 C，应用 C 编译器作为宏汇编器。后来的 UQBT 版本应用公共域或特性优化器后端，并集成在 RTL 级。

5. 开发耗时——一个有趣的事实

我们讨论一个有趣的事实，但却能够充分说明进行一款实用的反编译器开发需要庞大的工作量，以及使用描述语言对开发效率的提升。在表 11-1 中我们列出了基于 UQBT 翻译框架开发其他的二进制翻译器所用的时间和人力，可以看出描述语言的应用使得在 UQBT 框架上容易实现其他机器的二进制翻译器。与写和机器相关的部分源代码相比，写描述文件无论在时间还是代码数量上都少了很多，而且开发者还可以重用本系统提供的机器无关的分析。

开发人员需要完成源机器指令的 SLED 和 SSL 描述文件，以及应用 PAL 语言对源操作系统环境进行描述，再针对源机器的机器特性进行处理，结合目标机的特性完成相应的后端，这样就可以有效地缩短二进制翻译系统的开发周期。

表 11-1　UQBT 开发时间和人力情况

里程碑	人力耗费	人力耗费细节
(SPARC，Solaris) 和 (x86，Solaris) 前端；C 后端	5.7（人 / 年）	18（研究员 / 月），24（工程师 / 月） 3.6（研究员 / 月），4.8（学生 / 月） 6（学生 / 月），12（学生 / 月）
(68328，PalmOs) 前端	6（人 / 月）	3（工程师 / 月），3（工程师 / 月）
JVML 后端 (C ver.)	3（人 / 月）	3（学生 / 月）
JVML 后端 (Java ver.)	5（人 / 月）	3（学生 / 月），2（工程师 / 月）
目标代码后端	3（人 / 月）	3（学生 / 月）
RTL 后端	7（人 / 月）	3（研究员 / 月）(SPARC) 4（工程师 / 月）(ARM)
(PA-RISC，HP-UX) 前端	10（人 / 月）	6（学生 / 月），3（工程师 / 月） 1（研究员 / 月）

尽管 UQBT 提供的框架和二次开发方法大大提高了反编译器的编写效率，缩短了开发周期和时间，但是以笔者常年参与以反编译为基础的逆向分析方法的研究经历和研发经验来看——一款可用的反编译器开发仍然会耗费一个 10 人团队数年的开发时间。

11.2.2　Hex-Rays

Hex-Rays 是一款商用反编译工具，前端是 IDA Pro。Hex-Rays 实际上是 IDA Pro 中的反编译插件，因为 IDA Pro 支持扩展，且已经支持对大量不同指令集架构下可执行程序的反汇编，因此，Hex-Rays 理论上可以实现对所有 IDA Pro 支持的指令集架构下的所有可执行程序进行反编译，但目前为止，Hex-Rays 仅实现了对 x86 和 ARM 平台下可执行程序的反编译，扩展缓慢。

与同类工具相比，Hex-Rays 能很好地识别复合条件表达式及循环结构，对库函数名及参数的识别率较高。另外 Hex-Rays 提供有 Decompiler SDK，允许开发者以 IDA Pro 为前端，实现自己的分析方法。目前很多逆向分析人员都是利用 IDA 提供的接口来编写插件，从而完成漏洞挖掘、软件确认、覆盖分析等。

11.2.3　BAP

BAP 是由 David Brumley 在 BitBlaze 静态分析组建 Vine 的基础上改进得到的，与 BitBlaze 相比，BAP 对中间语言做了一些扩展，清除了 Vine 中存在的几个漏洞。其框架如图 11-4 所示。

由图 11-4 中可以看到，BAP 分为前端、中间语言、后端三部分。其中前端主要完成二进制文件格式的解析及语义的提升，后端主要完成相关的优化、程序验证、其他的程序分析工作、生成相关的图、代码生成等工作，中间语言代码则是基于 libVEX 第三方库生成的 VEX IR 中间语言代码转换得到的。BAP 基于第三方的工具集，主要包括：反汇编器、代码转换库、GNU 中的二进制文件解析工具 libbfd、判定过程等。其中反汇编器 BAP 主要支持 IDA Pro 和 GNU objdump，代码转换库是 libVEX。值得一提的是，BAP 支持动态分析，TEMU 就是基于 QEMU 专门针对 x86 平台的动态分析引擎，TEMU 为用户提供了各种语义提取接口以及动态污点分析接口，为用户进行动静态结合的漏洞挖掘及恶意代码分析等工作提供了很好的平台。

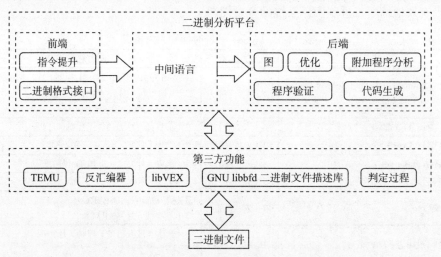

图 11-4   BAP 框架

由于 BAP 前端主要依赖于第三方库，只要第三方库支持的平台，BAP 就会支持，第三方库不支持的平台 BAP 也无法进行分析，要实现对新平台的支持只能依赖第三方库的扩展，因此存在被动扩展的问题。

11.3   具备静态反编译能力的二进制翻译器 ITA

本节介绍的 ITA（IA-64 To Alpha）二进制翻译系统是一个包含了文件解码、指令解码、语义和过程抽象、机器相关性消除，以及后端优化的静态翻译器，它可以将 IA-64 机器的二进制代码静态翻译到低级 C 语言，然后利用目标编译器作为后端优化器，可以生成目标机器代码，从而实现了从 IA-64 机器到 Alpha 机器的静态翻译，实际上这也是一个多目标的二进制翻译系统，其核心功能是一个实用的反编译系统。

11.3.1   ITA 总体框架

ITA 翻译器是一个纯静态的二进制翻译器，其设计目标是将 IA-64/Linux 下的 ELF64 格式的可执行文件翻译到低级 C 程序，然后用 GCC 做后端翻译到目标机上的可执行文件。这个过程可以表示为从 (IA-64，Linux，ELF) 到 (Alpha，Linux，ELF) 的转换。

ITA 接受的源二进制文件是从 C 语言通过编译生成的 ELF64 文件。ITA 系统设计时，借鉴了 UQBT 可变源、目标机静态翻译器的设计思路，利用 NJMC 工具和编解码描述语言 SLED，在尽量多的阶段做到与机器无关。

图 11-5 给出了 ITA 翻译器的设计框架，其中二进制文件解码器接收 IA-64/Linux 下 gcc/icc 编译的 ELF 可执行文件，根据 ELF 可执行文件格式，区分代码段、初始化数据段、未初始化数据段、只读数据段，找出每个用

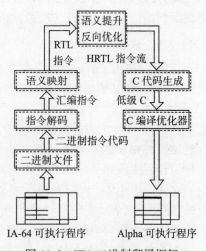

图 11-5   ITA 二进制翻译框架

户函数名及其对应入口地址。同时生成二进制指令流供 IA-64 指令解码器处理，经解码器解码和语义映射后生成 IA-64 汇编指令流的第一级中间表示 RTL，再经过语义提升及反向优化生成第二级中间表示 HRTL，语义提升及反向优化模块的核心技术是过程恢复和 IA-64 优化代码消除，主要功能是通过对过程的抽象以及数据流分析和控制流分析，对控制流图以及与过程相关的内容进行恢复，同时消除 IA-64 的谓词和投机特性代码，恢复优化前的程序逻辑结构，生成与机器无关的高级中间表示 HRTL。其中优化代码消除模块在我们的系统中是可选的，通过选项开关控制，实践证明这一模块在很大程度上提高了翻译后产生的代码质量。最后 HRTL 通过 C 代码生成器生成低级 C，之后借助 GCC 编译优化，生成 Alpha 二进制可执行文件。其中 C 代码生成器和 C 编译优化器都可以被新的二进制翻译器重用，解码器和语义映射器可以通过修改指令描述文件进行重用。

从框架中可以看出，这款翻译器的主要工作量集中在二进制翻译器的前端和中端，下面详细介绍该框架的重要功能及实现。

11.3.2 二进制文件解码

文件解码器可以根据每个不同文件格式进行手写，也可以开发一个文件解码器的自动生成器，接收不同的文件格式描述，自动生成相应文件格式的文件解码器。对于每一个可执行文件，文件头描述了程序的所有信息，当程序装入内存时，二进制文件解码器接收源二进制文件，根据输入的二进制文件格式，获得二进制文件的信息并存放在内部表示结构中，同时经过分析处理，找出相应的代码段，并将其以二进制指令流的形式输出。

文件解码器从程序链接的角度分解 ELF64 文件，由 ELF64 程序头找到段头表，再从段头表中找出只读数据段、初始化数据段、未初始化数据段的起始虚地址和大小，翻译器应用内部的数据结构存放每一个段的信息，图 11-6 描述了在 ITA 翻译器中应用的 SectionInfo 数据结构。另外还要找到符号表，其包含了程序中用到的系统函数、用户函数、全局变量等符号信息。

在该翻译器中，文件解码器功能是通过装入 API——二进制文件 API 实现的，它是一个抽象类，主要完成以下工作：

```
typedef struct
{
    char * pSectionName           /* 段名 */
    ADDRESS64 uNativeAddr;        /* 逻辑或本地装入地址 */
    ADDRESS64 uHostAddr;          /* 主机或实际数据地址 */
    ADDRESS64 uSectionSize;       /* 段的大小 */
    ADDRESS64 uSectionEntrySize;  /* 段中表项的大小 */
    unsigned uType;               /* 段的类型 */
    unsigned uCode:1;             /* 如果段包含指令则设置 */
    unsigned bData:1;             /* 如果段包含指令则设置 */
    unsigned bBss:1;              /* 如果段是 BSS 段，则设置 */
    unsigned bReadOnly:1;         /* 判断该段是否为只读段 */
}SectionInfo;
```

图 11-6 SectionInfo 数据结构

- 装入二进制文件。
- 提取段信息。
- 提取符号表信息。
- 提取重定位信息。
- 显示二进制文件所有段头的内容。
- 获得初始程序的状态信息，如入口点，并能够确定给定的地址是否为动态链接地址 。

1. 解码 IA-64 指令

在将二进制文件分解后，下一步工作是根据获得的程序信息，将二进制指令流解码到第一级中间表示 RTL。指令解码器的基本思想是接收源机器的指令流，经过机器指令模式匹配对每条指令进行解码，得到机器的汇编指令，并以合适的方式输出汇编指令。指令解码器获得如下信息：

1）指令宽度。

2）指令中所包含操作。

3）操作对控制流的影响：是否为正常操作，跳转、调用或返回。

4）得到所有具备"最后一条指令为分支指令的目标地址"特性的指令序列。

5）跳转目标，调用目标。

6）隐含调用目标，如 C 中对 atexit 例程的调用。

由于 IA-64 的指令以指令束为单位，每条指令为 41 位，并且指令的识别还要考虑指令模板的信息，所以翻译器要根据 IA-64 指令的特性进行相应的处理。

2. 基本块的划分及控制流图的构建

基本块是一个连续的语句序列，程序的控制流从它的开始进入，并从它的末尾离开，不可能有中断或分支（末尾除外）。基本块中的语句都是以指令束的形式组织存放的，且 IA-64 体系结构每次取指令均得到一个包含三条指令的指令束。可见大多数情况下，IA-64 基本块的控制流入口都在指令束的开始位置。但是在少数情况下，IA-64 体系结构的基本块并不是从指令束的第一条指令开始。当完成对当前过程的基本块划分之后，需要根据程序控制流构建控制流图。

3. 指令束特性的消除

对于 IA-64 指令解码，需要解决如何计算出下一条指令地址和按地址取出指令束中的每一条指令的问题，这是下面要重点讨论的内容。

IA-64 每条指令的宽度是 41 位，它不是字节的整数倍。如果按照单条指令的地址进行提取，每次最少得先预取 48 位。消除指令束特性的主要目的就是设法取出指令束中的每条指令。

因为每条指令的提取都要依赖指令束模板和指令槽的值，所以我们采用了按指令束的地址进行解码。也就是说一个指令束中的三条指令共用同一个地址，定义一个全局变量 slotnumber，当从队列中取出地址后，令 slotnumber 值为零，解码一条后自动加 1，用 slotnumber%3 来辨别应该取指令束中的第几条指令。

IA-64 的可执行程序中转移指令的目标地址只可能是指令束的首地址，所以在算法实现的初期我们不考虑指令束中每一条指令的地址，但是在测试中发现这种不区分指令束内指令地址的解码方法存在考虑不足的地方。

当指令束中包含三条转移指令，即模板为 UTP-MBC 类型，这样在构造基本块时，UTP-MBC 类型指令束的三条指令应属于三个不同的基本块，但是如果不区分指令束中每一条指令的地址，则必然造成后两个基本块对应同一条地址。根据解码算法，无法创建第三个基本块，进而构建控制流图也受到影响，最终导致对一部分指令无法解码。

解决这个问题的基本思路是使每个指令束内的三条指令都带上唯一的虚拟指令，取下一条指令地址时按此地址来进行。以 10c0 指令束为例，第一条指令地址为 10c0、第二条是 10c1、第三条是 10c2。经过这样的处理后，每条指令都有自己的唯一地址，基本块的划分也是正确的。针对出错的测试用例进行测试发现应用修改后的解码算法，全部通过了测试。

对指令解码器的正确性验证可以通过将解码结果以汇编形式输出，然后与现有反汇编器执行的结果进行比对。在系统中，设计了 disassembler 程序来实现测试功能。

间接转移指令的目标地址保存在转移指令指示的目标寄存器中，由于寄存器的值是在运行时产生的，因此传统静态提升方法很难通过分析目标程序得到实际的转移目标地址。

11.3.3　语义映射

ITA 系统语义映射的实现是应用 SSL 描述语言对 IA-64 指令的语义进行描述，通过对 SSL 描述进行分析，可以将 IA-64 处理器指令与 RTL 语义描述序列对应起来，生成可供翻译器查找的语义词典。翻译器在执行过程中依照指令名字符串在生成的词典中进行查找，将找到的 RTL 序列加入生成的 RTL 语句流末尾。

但是由于 SSL 语言自身的缺点，如操作符和操作数没有明显的类型、不支持循环结构、不支持效能序列的条件执行描述，带谓词的 ISA 复杂描述文件对产生的翻译器的性能有不好的影响，另外，SSL 语言不支持指令中含有的硬件信息。这样，应用 SSL 语言对 IA-64 复杂指令进行描述非常困难。因此，ITA 系统使用了以下两种解决方法：

1. 对 SSL 语言进行扩展

目前对 SSL 语言的扩展工作集中在对浮点指令的处理，在 SSL 语法中增加新的浮点描述函数，然后在后端文件中实现该函数的功能，用高级语言对指令的语义进行描述，也就是用高级语言模拟机器指令的底层操作。从而使得前端语义描述的工作转移到后端进行处理，解决了一些难以描述的 IA-64 浮点指令。

2. 增加类型分析模块

SSL 语言以三元组的形式（类型，大小，符号）隐式地描述每条指令的类型信息，这样应用 SSL 语言描述 IA-64 指令带来的问题是指令的类型信息不准确，在进一步的代码提升中，主要是参数分析和返回值分析时容易导致错误。另外经过代码转换后，在后端产生的大量强制类型转换操作影响生成的目标代码的质量。我们嵌入了类型分析模块，显式地描述寄存器的类型，并对寄存器的类型进行跟踪和分析。

11.3.4　过程抽象分析

过程恢复是静态二进制翻译和反编译中的一项关键技术，主要用于从二进制代码中恢复出过程调用的高级结构。正是由于过程恢复技术的存在，二进制翻译才不是简单的实现源机器与目标机器上指令间的模拟，因而增加了生成代码的可读性，也给实现目标代码更好的优化提供了可能。

具体而言，过程恢复主要完成以下三方面的工作：

1）恢复函数的声明和定义，如 int add(int a，int b)。

2）恢复函数的引用，如 i = add(j，9)。

3）通过分析得到函数的参数和返回值。

在翻译器中，对过程抽象分析主要通过 PAL 描述语言来确定过程间参数的传递。PAL 描述语言描述了操作系统 ABI（Application Binary Interface）中关于建立调用栈帧结构、参数传递的约定。过程间参数的分析主要是对调用点和被调用点有效的参数地址进行活跃度分析。在翻译器中，采用了抽象的帧指针能够避免模拟目标机上栈指针的变化情况，提高了效率。

IA-64 与传统结构的过程调用有较大的差别，传统过程（x86 架构的调用过程）的调用栈在每次调用和返回时需要有寄存器保存和恢复操作；而 IA-64 过程调用通用寄存器栈，通过寄存器进行参数传递，为正在执行的程序动态分配本地寄存器。

关于过程恢复的内容，我们将在后续章节给出进一步的介绍。

11.3.5　优化代码消除

翻译器将中间表示从 RTL 变换到 HRTL，实现机器无关性，还包含特殊的分析来处理机器的特性。对 IA-64 体系结构来说，需要针对代码中含有的谓词执行、投机执行这些特性进行额外的分析和处理，消除机器特性。

为了高效地利用 IA-64 所对应的 EPIC（Explicitly Parallel Instruction Computing，显式并行指令集运算）体系结构特点，编译器采取了一些底层优化技术，特别是三种优化可以明显地提高程序的性能：指令调度、谓词执行和投机。指令调度通过改变指令的序列，尽可能地提高指令级并行；谓词执行选择性地减少条件分支指令，从而减少指令流水中的气泡；投机是指将内存操作提前执行来隐藏它们的延迟。虽然这些优化能很好地挖掘底层处理器的先进特征，但是需要对程序的低级代码进行深度重构，对静态分析和翻译可执行代码来说很难从优化后的代码中恢复源程序的逻辑，使反编译工作变得异常复杂。所以需要对这些优化后的代码进行分析，消除代码中优化特性，尽可能地恢复优化前的程序逻辑结构。

11.3.6　C 代码产生器

通过前端的解码及语义描述，可将 IA-64 二进制文件翻译为与机器相关的中间代码表示 RTL，在语义分析阶段通过提取底层机器的信息将 RTL 提升到高一级的中间表示 HRTL，一旦产生了 HRTL 代码，下一步就是应用代码生成技术产生目标机代码。

C 代码产生器的设计思路是使用 C 后端来完成中间表示到目标代码的转换。ITA 应用低级 C 语言作为接口语言，这种方式使得应用不同的优化器，然后再编译生成目标机的可执行文件成为可能。后端 C 代码生成中主要包括基本语句的转换、类型恢复技术、IA-64 浮点指令的后端处理以及数据段映射等。

基本语句的转换是将中间表示的每条语句逐个转换成相对应的 C 语言。通过对中间表示的结构分析以及单个指令的翻译，实现两种不同表示形式的等价变换。转换后的代码初步具备 C 语言的形式和功能。

类型恢复是在生成的目标 C 代码中恢复出数据单元的正确类型。在中间表示转换到高级语言的过程中，基本语句的转换只是对两种语言形式做一个等价变换，并不分析程序的数据信息，由于同一个寄存器可能在不同的语句中出现，因此，当转换成 C 代码后，变量的类型经常会发生改变。为了在高级语言中恢复出正确的类型，需要建立一种完整的机制来进行类型的跟踪分析。

IA-64 浮点指令的后端处理是针对难以应用 SSL 语言进行语义描述的 IA-64 浮点指令，将它们的描述工作移到后端处理。ITA 在后端用高级语言编写的函数来模拟这些浮点指令的底层操作。

数据段映射技术是为了解决目标代码访问源程序数据信息而设计的。ITA 系统反编译后生成的目标 C 代码不含有源可执行程序的只读数据信息，所有的只读数据都需要借助对源数据段的寻址得到。ITA 应用连接脚本实现源可执行程序的数据段到目标机的映射。

11.3.7　从 ITA 看静态反编译存在的普遍问题

ITA 是一套利用静态反编译方式实现二进制翻译功能的典型系统。从公开的文献中可知，其在控制转移指令的处理中解决了在测试实例中出现的部分间接跳转、间接调用等较为复杂的问题，但仍然不能突破静态反编译的先天不足——由于间接转移指令的目标地址依赖于程序运行时的寄存器的值，使用数据流分析、切片分析和复写传播技术只能静态获得部分间接转移指令的目标地址，因此使用上述方法并不能保证找到所有的代码。这也就意味着某些特殊程序无法被完全反编译，而给出完整正确的数据结果。

在 ITA 系统的测试数据中，由于间接转移和间接调用问题的存在，使得 Fortran78 Test

Suite 测试集、SPEC 2006 测试集和 IEEE 浮点测试软件中的部分测试用例没有得到可被重新编译且运行结果正确的反编译结果。

当然，上述事实仅仅是借助 ITA 系统的例子反映出静态反编译技术存在的难以解决的普遍问题。除此之外，纯静态的二进制翻译系统 ITA 也仍然无法解决自修改代码等问题。正是基于上述分析，科研工作者们在 ITA 的反编译框架之上，做出了一些成功的探索，并给出了对该框架的一种扩展，可以在一定程度上解决本小节提到的部分问题，在改善静态反编译器的完备性方面做出了大胆的尝试。

11.3.8　对 ITA 静态反编译框架的扩展 ITA-E

在本小节的阅读中，读者会看到针对 ITA 反编译框架的扩展，其目的是为展现一个重用性好、代码膨胀率低、生成程序运行时间短且运行正确的二进制翻译系统。一个改善的、具备更好完备性的被称为"亚纯静态"的反编译框架如图 11-7 所示。

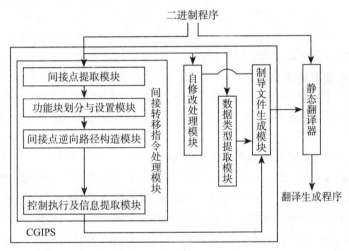

图 11-7　ITA-E 反编译扩展框架

从图 11-7 中可见，右侧的静态翻译器是原来的 ITA 部分的增强，而左侧的框架 CGIPS 则为其扩展部分。ITA-E 的实现原理是：为翻译器提供待翻译二进制程序的同时，还为其提供此待翻译二进制程序的信息支持文件——制导文件，即二进制翻译器的输入由原来的一维变成了二维输入"<待翻译二进制程序，制导文件>"。翻译时根据制导文件提供的信息有效解决间接跳转、间接调用和自修改代码等制约静态二进制翻译完备性的问题。

应用上述框架解决静态二进制翻译完备性问题的基本思想是使用帮助信息指导翻译工作。帮助信息的获取途径有多种，可以使用集成到翻译器中的解释器通过多遍翻译和多次解释执行逐步获得帮助信息，也可以通过模拟器模拟执行待翻译程序获得需要的信息，还可以利用调试器调试执行待翻译程序以获得需要的帮助信息。

由于现在计算机更新换代快，以致众多体系结构计算机同时共存，在此情况下二进制翻译主要应用于共存两种体系结构计算机间的程序移植。基于时间消耗方面的考虑，ITA 的改进框架采用第三种方法，在源体系结构计算机上运行经过扩展的调试器——制导信息提取系统（Control and Guide Information Picking System，CGIPS）来执行待翻译程序以一次性自动获得其制导文件，翻译时将对应的制导文件和待翻译程序绑定在一起提交给翻译器。

研发 CGIPS 支持的亚纯静态二进制翻译系统是可能也是可行的。因为，任何一个规范二进制可执行程序（排除不可终止程序）都等价于一个确定图灵机，由输入输出集合、状态集合和状态转移函数组成，图灵机的状态和状态转移函数自其确定后就固定不变（含有自修改代码的程序除外），即图灵机的状态改变完全取决于输入数据，更形式化地讲，从状态 S(t) 到其后继状态 S(t+1) 的状态转移仅仅依赖于 t 时刻 S(t) 状态处接收的数据值，当给出的数据为 a 时其后继状态为 S1(t+1)，当改变数据为 b 时其后继状态可能就变为 S2(t+1)。对二进制可执行程序而言：状态转移函数及其状态隐含于程序代码之中，从程序整体看其输入数据是显式给出的，然而如从程序的内部观察，则可发现其实程序需要的输入数据已完全隐含于程序之中。据此，在适当的程序点动态地调整某些值即可实现输入数据的等价穷举，从而完成程序的全路径遍历，在遍历的过程中提取我们需要的正确信息。CGIPS 制导信息提取系统正是基于上述思想而研发的。

至此，解决静态二进制翻译完备性的问题转换为制导文件的信息获取问题。提取制导文件信息需要研究的内容如下：

1. 功能块

计算机上运行的程序，无论大（整个程序或者程序模块）或者小（函数）必包含三个部分：输入数据、执行代码和输出数据，如无明显的输入输出数据，代码执行前后的内存状态依然可认为是其输入数据和输出数据。即功能块是由三部分组成一个功能明确的程序片段。

2. 间接转移点提取技术

该技术完成的工作为：扫描实际执行代码所处的二进制代码片段，而非扫描整个代码段，以剔除没有意义的间接跳转、间接调用点，将提取获得的间接转移点的地址及指令信息存储备用。

3. 间接转移点对应执行路径的逆向构造技术

具有一定规模的程序所含有的间接跳转和间接调用数相对于总的分支路径数是微乎其微的，采用全路径遍历法可以获得间接跳转、间接调用指令的目标地址信息，但时空消耗巨大。针对某一间接转移指令采用执行路径逆向构造技术获得一条从程序入口点到此间接转移指令的执行路径，然后按此路径执行程序获得间接转移指令的目标地址，从而有效解决空间和时间消耗问题。

4. 控制执行及信息提取技术

按照选取的执行路径控制程序执行，需要设置一系列的断点并适当修改控制变量的值，当程序执行到间接转移指令时提取需要的地址信息，并根据具体需要调整控制以继续执行。

5. 自修改代码的处理

自修改代码即程序运行时程序代码自身修改自己的代码，由于自修改代码流行于 20 世纪中叶，现在程序的编写已很少使用这一技术。动态翻译处理的策略是碰到此种情况就标志相应代码片段的老代码无效，用新生成的代码替换之，由于动态翻译对代码的覆盖是不完备的，可能导致存在的自修改代码经多次翻译都无法被处理。在制导文件生成阶段采用全路径遍历法可以识别并处理自修改代码。

6. 数据类型恢复技术

二进制程序中的立即数显而易见，除立即数外的其他数据都存储在数据段中，因此这些数据是不可见的。为了避免使用数据段映射方法完成对程序的移植，我们需要研究数据的提取和数据类型的恢复技术，以增强二进制翻译生成程序针对多目标平台的通用性。

11.4　具备动静结合反编译能力的二进制翻译器 UTP-MBC

本节介绍的二进制翻译器 UTP-MBC（Unified Translation Platform for Multi-Source Binary

Code）是一款具备多源到单目标属性的翻译器，该翻译器由静态翻译、动态翻译和动静态交互三部分组成。其中静态翻译部分是一款符合"Y 型"特征的静态反编译器，同时该翻译器又能够通过动态翻译对静态翻译的不完备性加以弥补和补充。通过了解 UTP-MBC 二进制翻译器的架构设计思路，读者可以对多源对单目标的反编译模式加深理解，同时也能从其使用的"静态为主、动态辅助"的反编译完备性的解决方案中获得一定的启发。

结合本书第 10 章中讨论的反编译和二进制翻译技术的发展沿革，从整个发展趋势来看，二进制翻译技术以静态方式、固定源和固定目标为开端，逐渐走向动态或动静结合方式、可变源和目标的技术发展路线。本节首先对实现多源一体化翻译要解决的问题进行深入分析，并对翻译架构中所采取的翻译方式作出针对性分析，然后给出 UTP-MBC 多源一体化翻译系统架构设计思路，并简述该架构中实现多源一体化解决方案的多源文件统一加载和多源平台语义融合等两项关键技术的解决方案。

本节在讨论多源一体化的反编译框架构建的同时，将引入部分与二进制翻译相关的技术内容。读者可以选择性地阅读，并建议参考部分相关文献。由于二进制翻译是一个与反编译技术有交叉且具有实际价值的技术方向，因此读者在本节的学习中可以进一步了解二者的异同。

11.4.1　UTP-MBC 架构设计需要解决的主要问题

设计一个可行的、高效的、实用的多源一体化二进制翻译系统需要统筹考虑如下关键问题：

问题 1：如何选择合适的翻译模式构建多源对单目标的二进制翻译平台？

现有常用的二进制翻译方式主要包括三种：静态翻译、动态翻译和动静结合方式，各自的优劣及对比分析如下。

静态翻译时，源代码本身并不运行，如果不进行特殊处理，间接跳转和间接调用的目标地址不能从指令中直接得到，进而导致代码翻译并不完全。除此之外，纯静态翻译方式对自修改代码和精确中断等问题也基本上不能很好地处理。由于静态翻译存在上述缺陷，翻译生成的代码运行时往往需要一个包含解释器的运行时环境来支持。静态翻译的优势是翻译代码可重用，运行效率高，对大部分普通程序可以较好地翻译。但是如果采用静态翻译配合解释执行的方式搭建二进制翻译系统，往往削弱了静态翻译高效的特性。

动态翻译系统不存在静态翻译的"不完备"缺陷，但是因为是边翻译边执行，涉及上下文切换，以及不能进行深度优化，所以动态翻译效率相对较差。动态翻译的中间结果不能被重用，不管被翻译的程序有多大，下次执行时还要重新进行动态翻译，在实际使用中，纯动态翻译系统不会随着程序执行遍数的增加而提速。当然随着硬件平台性能的高速发展，在某些情况下，动态翻译的运行效率已经比以前大大提升，可用性越来越强。

动态、静态配合实现的二进制翻译系统可以发挥动静两种方式的长处，得到较高效率的同时兼顾翻译的完备性，所以一直是二进制翻译研究的一个热点。当然动静结合的翻译模式也存在需要用户干预、实现十分复杂、开发难度更大等缺点。

上述三种翻译方式中，静态方式的执行效率最高，但是由于程序内可能存在间接转移指令问题，会导致解码不完全，翻译不完备；动态方式完备性最好、适用范围广，是未来发展方向，但目前其翻译执行的效率仍然不高；动静结合方式如果能够完美融合前两种翻译的优势，那么必然会得到最好的翻译效果。但是目前的动静结合方式还存在优化调度难、切换开销大的问题。因此目前可以采用的最佳解决方案是：可以根据待翻译程序的种类和翻译生成程序的应用场合来选择在动静结合实现中，是追求翻译后程序更高的执行效率，还是追求更为完备程序移植。

综上所述，翻译器 UTP-MBC 结合二进制翻译的实际情况采用了一种设计思路：构建一个"动静结合"的翻译架构，保证该架构下静态翻译方式和动态翻译方式都可以独立工作，即以动态翻译保证兼容性和覆盖率，以静态翻译保证效率和执行速度。针对由于间接转移的存在而导致静态翻译不能完全翻译，但又需要多次使用、对移植后程序执行效率要求较高的情况，UTP-MBC 使用了一种以静态为主、动态为辅的动静结合翻译方式。

问题 2：如何实现多源一体化翻译？

传统翻译器一般是"I 型"翻译器（此处"I 型"、"Y 型"和"X 型"的定义与第 10 章中反编译的定义一致），即单源对单目标平台。与之相比，多源对单目标的"Y 型"二进制翻译器为达到"多源"的目的，需要设计特殊的语义描述语言，以规范指令语义的描述；并在此基础上形成中间表示以代表指令语义，实现多源二进制文件在翻译过程的中间表示生成阶段的统一描述。此外，还要在后续代码翻译过程中利用相关技术，解决多源平台带来的 ABI 规范差异问题。

由此可见，解决多源平台统一处理，首先要解决不同源平台的统一解码处理问题；其次，在指令完成解码之后，解决如何用统一的中间表示形式描述多源平台的汇编表示问题；最后，在目标代码生成阶段，必须处理多源语义的针对性翻译问题。

问题 3：如何处理多源平台二进制程序的数据恢复问题？

解决该问题，需要在二进制翻译过程中分别处理与用户过程和库函数密切相关的数据跨平台移植和恢复问题。为此，需要针对多源平台存在的差异，研究尽可能统一、通用的数据恢复技术。

问题 4：如何降低翻译生成代码的膨胀率？

考虑多源代码的统一描述问题，在设计语义描述语言时，为兼顾通用性而使得一条源汇编指令需要用多条中间表示形式来描述，这就必然造成翻译生成代码具有较高的膨胀率，翻译生成程序的体积增加较大。因此，研究代码的优化翻译技术就成为解决这一问题的重要手段。

11.4.2　UTP-MBC 翻译器的相关研究

1. 可变源的二进制翻译

二进制翻译技术初期，开发的各种商业和实验系统都是固定源和目标。主要原因是它们都是由硬件厂商为了商业利益设计实现的，开发目标十分明确。但是这种类型的二进制翻译系统由于与机器特性高度相关，难以重利用。随着二进制翻译技术的发展和推广，更多的人开始采用诸如 SLED 等描述性语言来自动生成编、解码器，剥离机器相关性生成中间表示，得到多源到多目标平台的翻译系统，以提高代码的重用性。信息工程大学的二进制翻译研发团队利用相关技术，在 2003 ～ 2008 年开发过从 IA-64 到某国产自主平台的具备反编译能力的二进制翻译器。可变源和目标的二进制翻译系统逐渐成为当今二进制翻译器的主流形式，是二进制翻译研究的重点和热点。

2. 二进制翻译方式选择

一段时间以来，有关二进制翻译方式的研究不再是热点，取而代之的相关科研人员把主要精力集中在动态二进制翻译和优化，以及计算机虚拟化等方面。但是静态二进制翻译在生成程序运行效率方面具有绝对的优势，在需要二进制翻译的科学计算领域，效率还是第一考虑因素。因此基于实际应用而研究二进制翻译系统的框架，选择合适的翻译方式，解决不同翻译方式之间的切换和调度，兼顾效率和实用性，仍然具有挑战性。

目前，在实际应用中更多地采用动态翻译，其原因：一是由于动态翻译的相对完备性，以及其效率的不断提高；二是由于静态二进制翻译面临着一些尚未完全解决的问题。如果在翻译框架中选择保留静态二进制翻译功能，除了采用动态翻译方式对间接转移和自修改代码加以弥补以外，还需要使静态翻译器尽可能地采用静态手段解决代码和数据区分、间接转移消除等问题。目前，国内有信息工程大学的科研团队和台湾国立交通大学的研究团队仍然致力于静态二进制翻译的相关研究，其中有些研究针对静态二进制翻译的完备性问题做出了积极的尝试。

在二进制翻译框架中解决静态翻译完备性问题的基本思路是：使用"附加信息"制导并介入静态翻译过程。附加信息的获取技术手段有多种，可以使用集成到翻译器中的解释器通过多遍翻译和多次解释执行逐步获得帮助信息；可以通过模拟器模拟执行待翻译程序获得需要的信息；可以利用调试器调试执行待翻译程序以获得需要的帮助信息。

针对以动态翻译方式为主的翻译框架的研究，以中科院的 Digital Bridge 系统最具代表性。该系统在二进制翻译时以动态总控框架为主体进行翻译和执行的调控，而且在执行过程中利用部分静态翻译的信息，支持翻译系统和待翻译软件的上下文切换。

最近几年跨平台模拟器 QEMU 是研究的热点，它开放源码的特点使得基于 QEMU 可以进行大量的二次开发，基于 QEMU 的动静结合的研究也十分普遍。

11.4.3　一体化翻译架构设计

1. 整体架构设计

UTP-MBC 反编译器的多源一体化二进制翻译系统的整体架构如图 11-8 所示。

该架构包括多源统一解码、静态翻译子系统、动态翻译子系统、动静结合翻译实现等几个模块，该架构具有翻译方式切换灵活，支持多种源体系架构，以及支持一体化集成解码和统一语义映射等特点。其中几个关键模块的设计如下：

1）对于通用处理器平台的程序翻译，首先将不同平台下的二进制文件进行装载、指令解码，解码后不同平台的二进制文件都形成了统一的中间表示。架构中包括了静态、动态和动静结合三种翻译支撑手段。其中静、动态两种方式均可单独运行并完成翻译任务，也可以相互配合、交互完成以静为主、动态辅助的翻译方式。

2）通过静态方式进行翻译时，静态翻译子系统对翻译后的中间表示通过语义映射、代码优化等处理后，生成目标代码，然后提交到申威处理器平台编译、执行。

3）通过动态方式进行翻译时，动态翻译子系统利用微操作映射，实现多种源平台指令到申威平台指令的自动翻译，在申威平台上模拟源平台的执行环境并执行翻译后指令，同时由子系统的翻译控制器进行存储及执行控制。

4）动静结合翻译方式是在静态翻译基础上，如果遇到间接转移等静态翻译无法完全处理的情况，则先启动静态翻译，并结合动态翻译器提供的轻量级动态支撑模块共同完成翻译任务。利用动态支撑模块，针对翻译过程中不能完全解码的情况，要完成补全解码处理，同时记录相应的 profile 文件；针对目标可执行程序在目标机器上执行遇到没有解决的间接转移指令等情况，也调用动态支持模块动态执行，记录相应的 profile 文件，并通过"增量反馈、多轮维护"的方式逐渐去除翻译生成本地文件的间接转移代码，趋近或完全解决单个程序的间接转移问题。

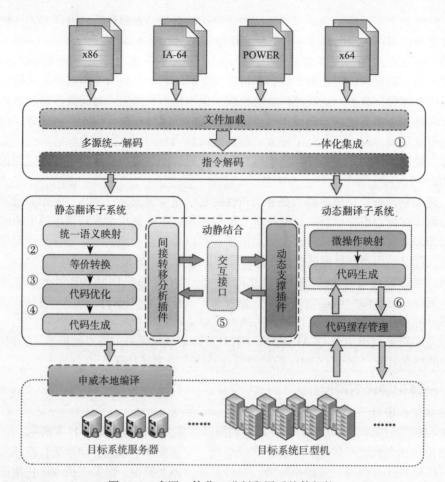

图 11-8　多源一体化二进制翻译系统体架构

在该架构中，多源文件统一加载、多源平台语义融合是实现多源一体化翻译的重要组成，以下给出了这两部分的具体设计思路。

2. 多源文件统一加载

多源文件统一加载需要解决二进制翻译中各源平台异构 ISA 带来的差异化处理问题。在多源一体化翻译系统架构中实现多源文件统一加载功能，可以为后续多源平台的指令语义向 SW 平台统一的转换过程奠定处理基础。

主流操作系统一般都会拥有各自的二进制可执行文件格式，比如 Windows 系统的可执行文件是 PE（Portable Excutable，PE）格式的，而 UNIX 系统和 Linux 系统则支持 ELF（Executable and Linking Format）格式二进制文件。不同可执行文件的格式定义各不相同，但从主要结构上来分析，几乎所有的二进制可执行文件都具有相似度极高的组成结构：文件的头信息、文件的重定位信息、文件的符号表、文件的调试信息，以及文件的代码信息和执行所需的数据信息。

（1）ELF 文件格式

ELF 文件格式在第 10 章已描述，其文件格式如图 10-8 所示。

（2）文件装载和分析

为实现翻译系统对多源二进制文件的统一加载和分析，可根据各种可执行文件的基本结构，抽取它们的共性，定义一个二进制文件的统一解析框架。该框架具备如下功能：能够实现对二进制可执行文件的加载和卸载；可以从文件的不同 Section 中提取所需信息；如果目标二进制文件有符号表（或重定位表），则支持从符号表（或重定位表）中提取后续解码所需的数据；能够获取多种格式可执行文件的头部信息；支持获取程序的入口点等初始状态信息，如果存在动态链接需求，则可以解析出程序所需的动态链接地址。

翻译系统执行静态翻译功能时，首先识别待加载文件是哪种 ISA 下的哪种可执行文件；然后根据识别结果对文件进行共性和个性剖析，共性部分按解析框架统一处理，个性部分再加载不同类型文件的支撑模板单独抽取所需信息；最后把所有获得信息集中提交给多源 ISA 指令解码器处理。该部分的具体实现框架如图 11-9 所示。

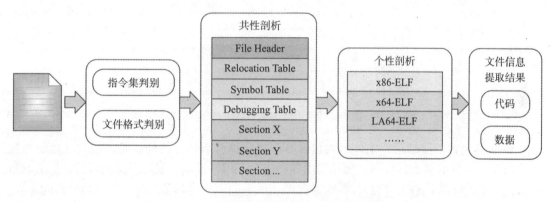

图 11-9　二进制文件装载和分析实现框架

3. 多源平台语义融合

多源平台语义融合要实现的功能是消除不同源平台汇编代码的差异，并完成向统一的中间表示形式的映射和转化。完成这一功能需要设计一种可以融合多平台汇编差异的描述语言，使得异构机器指令的分析和多源指令向统一中间表示的语义镜像转换可以自动透明地进行。

为此，UTP-MBC 使用了一种"统一最小语义"描述语言——UMSDL，用这种描述语言可以生成针对不同源平台的语义描述文件（Semantic Description File，SDF）。SDF 采用模板的形式构造出指令到语义描述的映射结果，即根据多源 ISA 的特性，使用语义描述语言 UMSDL 对每条指令的功能进行全态描述，期间要确保源平台的指令语义功能不被丢失和曲解。由于采用了统一的语义描述语言，故在生成 SDF 的时候就完成了融合各源平台差异的工作。

在实际进行二进制翻译时，只需要根据实时的指令解码结果，遵循 SDF 的描述转换为统一中间表示形式即可。整个流程如图 11-10 所示。

4. 基于增量反馈和多轮维护的翻译框架设计

如图 11-8 所示的 UTP-MBC 框架图中⑤为动静交互模块，也是 UTP-MBC 反编译器不同于其他静态反编译器的地方。UTP-MBC 反编译器称这种通过动态翻译辅助静态反编译的方法为基于增量反馈和多轮维护的动静交互方式。

以下对多源一体化二进制翻译系统架构中提到的动

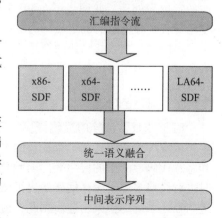

图 11-10　多源平台语义融合流程

静结合翻译部分进行设计，给出了一种以静态为主、以动态为辅的二进制翻译框架，该框架设计如图 11-11 所示。

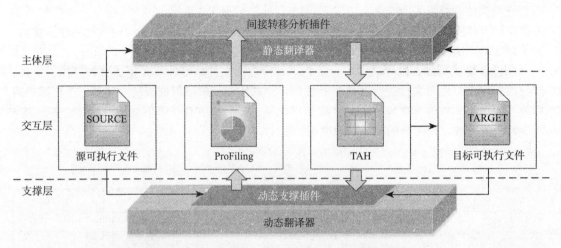

图 11-11　以静态为主、以动态为辅的二进制翻译框架

该框架包含三层结构：主体层为包含有间接转移分析插件的静态翻译器，支撑层为包含动态支撑插件的动态翻译器，交互层由静动态交互构件组成。通过多次执行翻译生成的目标可执行程序（结合动态执行），形成多次增量反馈的方式来构造轮廓文件（ProFiling File，PF）。静态翻译器则在该文件制导下执行多次翻译，并多轮维护翻译的生成文件，进而达到解决程序中由静态分析不能解决的间接转移问题。需要说明的是动态支撑返回到静态执行状态是根据已翻译地址散列表（Translated_Addr_Hash，TAH）制导的。

为兼顾执行效率，该框架采用以静态翻译生成程序为主的执行方式，即首先通过静态翻译形成可在目标平台编译的源码程序，翻译过程中充分优化，并首先通过静态方式尽可能恢复间接转移的目标地址。但静态翻译特性决定了其生成程序可能并不完备，该程序在目标平台上执行时可能会遇到间接调用和间接转移问题，此时通过在静态程序中预留的动态介入接口启动动态支撑功能，动态执行并获取未知地址，同时记录 PF 文件。静态翻译根据轮廓文件的制导信息，在再次翻译时完善生成代码。

被翻译程序经过若干次执行、反馈、再执行的过程，其包含的间接转移类指令被分批逐次的定位和处理，并同步更新 PF 文件的记录。经过一定的增量反馈积累，静态翻译器通过多轮带有制导信息的确定目标的翻译，维护翻译生成的 C 语言描述的源码程序，使得可执行文件中的动态介入接口函数调用递减，逐渐形成较为完备的目标平台可执行程序。此时目标平台可执行程序可以独立运行，不再需要动态支撑插件的介入，并达到较高的执行效率。

11.5　本章小结

时至今日，纯粹的反编译应用已经不能满足现实需求，更多的是结合其他技术并在衍生领域发挥着作用，如本章提及的二进制翻译，以及后续章节将要介绍的反编译在程序分析和恶意代码检测中的应用等。因此，本章除了讲解经典的、纯粹的反编译器的框架设计，同时也对经典多源反编译框架给出了叙述。在此基础上，又介绍了两款以反编译器为核心的二进制翻译系统的框架构造。据此，梳理了从单一功能的反编译器，到支持多源平台的反编译器，乃至利用反编译技术实现的静态二进制翻译器的设计思路、基本技术、软件系统的构造和主要功能。希望读者通过本章的学习，能够较为完整地了解反编译技术在较为实用的反编译器软件中发挥的具体作用。

习题

1. I 型反编译器中"签名生成器"的主要作用是什么？

2. I 型反编译器中"原型生成器"用来解决什么问题？

3. 反编译器输出的高级代码为什么还需要进行后期处理？

4. UQBT 反编译模型中 SLED 语言是用来做什么的？

5. 请简述 UQBT 反编译模型中 SSL 语言的主要作用。

6. 静态反编译器存在哪些普遍技术难题？

7. 具备反编译能力的静态二进制翻译器与纯反编译器有哪些主要区别？

8. 反编译器为什么需要中间表示的转换？

9. ITA 在 IA-64 指令束特性消除中做了怎样的工作？

10. 针对 ITA 的扩展框架 CGIPS 是为了解决什么问题？

第12章 反编译中的指令解码和语义描述与映射

通过本章的阅读，读者能够对反编译过程中的指令描述和语义描述两部分内容有一个整体的认识，初步了解指令解码的基本知识，掌握从可读性差的 0/1 编码向汇编级别编码转换的技术基础，同时了解基于语义的指令描述和映射技术，掌握从汇编级编码向中间表示编码转换的基本原理。在本章讲解中，技术理论将通过在 ITA 和 UTP-MBC 系统中的具体应用给出实际验证，帮助读者深入地学习反编译中的编码转换技术。

12.1 指令描述和指令解码

一个二进制程序的功能主要体现在可执行代码段，通常以二进制指令流的形式存在于可执行文件中。从二进制流中识别出汇编指令或指令的某种中间表示形式的过程叫做指令解码。指令解码是反编译系统的重要组成部分之一，指令解码的正确与否和效率的高低直接影响着系统的整体功能和性能。而指令描述又是指令解码的前提，因此本节着重介绍基于一种实用且较为完善的编解码语言的二进制指令描述方法，并通过一个示例，简要讲解在指令描述之后如何进行指令解码。

12.1.1 相关研究

工具 Decgen 可以根据指令规范格式自动生成指令集的解码器，Decgen 使用的描述语言语法简单直观、便于使用，但是其在描述语法格式复杂多样且包含变长（或可选）域的 ISA 时表现不理想。

模拟器 UPFAST 在生成时使用了一种 ADL（Architecture Description Language）类的描述语言，该语言具备较强的描述能力：在指令层面支持语法和语义的描述；同时也支持对体系结构语义的描述。通过该模拟器可以实现汇编器、反汇编器和模拟器的自动生成，但是在描述可变长度、可选域等特殊指令时与 Decgen 一样存在不足。

nML 机器描述语言属于高层的机器描述语言，它将不同机器的指令集用属性文法的方式加以描述。该语言可用于构建代码自动生成工具，如根据 nML 描述可以自动生成模拟器，并使之具有指令解码和代码生成的功能。nML 中使用的一系列做法和技术值得借鉴。例如，引入"与规则"和"或规则"来描述基本语法；在表述寄存器间数据传递的语义和汇编语言语法时使用了合成属性的方式，且属性是支持用户自定义的。

其他与指令集描述有一定关联，并且可以自动产生解码器的研究还包括 Rosetta 工具集和 NJMCT（New Jersey Machine Code Toolkit）工具集中所采用的方法。Rosetta 工具集设计中引入了有穷自动机（Finite Automata，FA）的概念和树形结构以生成解码器，并可以对解码器进行基于树和确定有穷自动机的相关优化。

编解码描述语言 SLED（Specification Language for Encoding and Decoding）是在 NJMCT 中使用的描述语言，它作为一种处理汇编和机器代码的说明性机器描述语言，最早由 Zephyr 编译器项目组开发。使用者可以通过使用 SLED 描述机器的指令集来编写处理机器二进制码的程序。与 nML 所使用的二进制字符串属性的描述方式相比，SLED 采用的方式更加简洁，而且出错率低。SLED 提供了 RISC 和 CISC 机器的规格说明，通过 SLED 进行机器描述具有简洁的特点，为 MIPS、SPARC 和 Pentium 机器进行描述的 SLED 说明文件的规模分别为 127 行、193 行和 460 行。

NJMCT 已经完成对 MIPS R3000、SPARC、Alpha 和 Intel Pentium 指令集的描述。NJMCT 分为 Icon 版本和 ML 版本，ML 版本可用来自动生成解码器，同时比 Icon 版本提供更多的优化，该版本称为 MLTK。

正是出于以上原因，本书选择了 SLED 语言作为多源平台统一解码的指令描述语言来加以介绍，并给出示例帮助读者加深理解。

12.1.2　编解码描述语言 SLED

SLED 引入以下概念来描述二进制机器指令。

1）tokens 代表一个比特序列的名称，通常用于表示一个机器指令或立即操作数的比特序列。它被赋以大小，表示 tokens 中的比特数目。

2）fields 通过名称和位域来描述一个 tokens 中的一部分。只有在 fields 声明中命名的域才能从它所属的一个 tokens 中进行提取。fields 声明将域名同位的范围进行了绑定，同时指定了该类 token 中的位数。域值总是无符号数，存储有符号数时需要使用显式符号扩展操作符。

3）patterns 限定在 tokens 中的 fields 的可能的值，并对它们进行命名。

4）constructors 通过操作数列表同 pattern 之间的关联，描述了从二进制到类汇编符号表示之间的映射。

5）equations 描述了简单的数学等式，这些等式对 constructors 中使用的 fields 的值进行了约束。

6）relocatables 描述了 constructors 中表示重定位地址的操作数。

1. tokens 和 fields

机器的指令并不总是占据一个机器字，一条指令通常由不同类型的一个或多个 token 组成。如图 12-1 所示，一条 Pentium 指令可能包括几个 8 位的前缀、一个 8 位的操作码、8 位 ModR/M（寻址模式字节）、8 位的 SIB 字节、不多于 4 字节的偏移量和立即操作数。通常，前缀和操作码应属于同一类型的 token，寻址模式字节和操作数的类型却不同。

每一个 token 划分为多个 field，每个 field 是 token 内部一块连续的位域。field 通常包含了操作码、操作数、寻址模式和其他的一些信息。一个 token 可能有多种划分为 field 的方法。我们可以用关键字"fields"声明 field 的名称和其绑定的位域，并且指明它所在 token 的位数。下面是 Pentium 指令的 token 和 field 描述。

指令前缀	操作码	ModR/M	SIB	地址偏移	立即数
可选	1、2或3字节	1字节（如果需要）	1字节（如果需要）	1、2字节或者4字节	1、2字节或者4字节，或者没有立即数

图 12-1　Pentium 指令结构

上列描述声明了一个名称为"opcodet"的 8 位 token，这个 token 被划分为多个 field，其中"row"、"col"、"page"表示该指令操作码在 Pentium 指令手册 opcode 表中的位置；"r32"、"sr16"、"r16"、"r8"等 field 表示指令操作码字节中蕴含的寄存器寻址信息。

另外还声明了名称为"modrm"、"sib"、"I8"、"I16"和"I32"的其他几类 token，分别表示 Pentium 指令中的其他组成元素。

```
fields of opcodet (8) row 4:7 col 0:2 page 3:3 r32 0:2 sr16 0:2 r16 0:2 r8 0:2
fields of modrm (8) mod 6:7 reg_opcode 3:5 r_m 0:2
fields of sib (8) ss 6:7 index 3:5 base 0:2
fields of I8 (8) i8 0:7
fields of I16 (16) i16 0:15
fields of I32 (32) i32 0:31
```

图 12-2　Pentium 指令结构成分描述

2. patterns

patterns 描述了指令、一组指令或指令组成的一部分的二进制表示，它起着约束 field 的值的作用，一条 pattern 描述可能只约束一个单独 token 中的 field，也可能同时约束多个 token。patterns 通常使用的约束形式有两种：取值范围约束和域值绑定。patterns 由"与"(&)、"连接"(；) 和"或"(|) 组合而成。一个简单的 patterns 能够用来描述操作码，而较复杂的 patterns 能够用来描述寻址模式或者一组三操作数算术指令。下列 patterns 描述了单个 MOV 指令、一组算术运算指令操作码和指令操作码中的寻址模式域的二进制表示：

```
patterns
MOVib is row = 11 & page = 0
arith is any of [ ADD OR
                  ADC SBB
                  AND SUB
XOR CMP ], which is row = {0 to 3} & page = [0 1]
[ Eb.Gb Ev.Gv Gb.Eb Gv.Ev AL.Ib rAX.Iv ] is col = {0 to 5}
```

3. constructors

constructors 将指令的抽象表示、二进制码和汇编语言连接在一起。在抽象层，指令是应用到一组操作数上的一个功能函数（constructor）。使用 constructor 能产生一个给出指令二进制表示的形式，这个形式是一个典型的 token 序列。每一个 constructor 又与一个能产生指令的汇编语言表示的函数关联起来，在编写描述文件时能够使用 constructor 定义与汇编语言对应的抽象表示。应用程序编写者通过在匹配语句中使用 constructor 匹配指令和提取指令的操作数来解码指令。SLED 在设计时为二进制表示增加了类型信息，正如每一种 token 都有自己的类型一样，也需要为每一个 constructor 定义其类型，SLED 为 constructor 提供了一个预定义的匿名类型来产生整个指令。我们也可以引进更多的 constructor 类型来表示有效地址和结构化的操作数，这样 constructor 的类型就与操作数的分类相对应，并且类型的每一个 constructor 对应一种访问模式。

Pentium 的有效地址通常以一个单字节的类型为 ModR/M 的 token 开头，ModR/M 中包含了一个寻址模式域和一个寄存器域。在变址模式下，ModR/M 字节后通常紧接着一个单字节的类型为 SIB 的 token，SIB 包含了变址、基址寄存器和一个索引因子"ss"。有效地址中用到的 token 和 field 在图 12-2 中已经预先定义。Pentium 的大部分指令对所有的寻址模式都支持，但某些指令只能访问操作数在内存中的有效地址，而不支持寄存器立即寻址。所以，我们在定义有效地址的 constructor 时引入类型 Mem 与操作数在内存中的寻址相对应，而引入类型 Eaddr 包含所有的寻址类型。这种区别就需要我们定义一个 constructor E 将 Mem 类型的有效地址映射到 Eaddr 类型。如图 12-3 所示。

上述 constructor 中冒号的左边表示的是寻址模式的名称和有效地址的各组成部分，描述中用到的方括号和星号是汇编语言语法中建议使用的符号；冒号右边紧接着的"Eaddr"和"Mem"是我们为每个寻址模式定义的类型信息；大括号里的内容是对某些 field 的取值范围的限定；"is"后面的描述是该 constructor 对应的 pattern。

下面给出了一些指令的 constructor：

```
constructors
    MOVib  r8, i8!                  is  MOVib & r8; i8
    MOV^"mrb"  Eaddr, reg  is  MOV & Eb.Gb; Eaddr & reg_opcode = reg ...
    arith^"iAL"  i8!                is  arith & AL.Ib ; i8
```

上述第一个 constructor "MOVib" 表示的指令是将立即数的值"i8"传送到寄存器"r8"中；"MOVmrb"表示的指令是将 ModR/M 字节的 reg_opcode 域表示的 8 位寄存器里的值传送到 Eaddr 所表示的 8 位寄存器或内存中；第三个 constructor 表示了一组算术指令，这些算术指令的操作数是"AL"和"i8"。

使用以上阐述的 SLED 的几个元素对机器指令进行完整的描述后就形成一个后缀名为 .spec 的文件，用于后期自动生成解码器的输入。

4. 匹配语句

NJMCT 提供的解码程序通常使用 C 和 Modula-3 语言编写并嵌入匹配语句，使用匹配语句来驱动二进制指令流解码，一个匹配语句类似于 C 语言中的 case 语句，但是它的分支却用一个模式（pattern）标记，而不是 case 语句中的值。哪个分支标记的 pattern 第一个被匹配成功，哪个分支就会被执行。匹配语句使用关键字"match"来标识，每一个匹配分支用符号"|"来标识，并且分支中用于匹配的 pattern 和执行代码通过符号"=>"分隔开。

下面我们通过某些指令的匹配语句举例说明。

图 12-4 描述了部分指令和寻址模式的匹配语句。假如我们当前要解码的指令是"MOV m8，r8"，那么 decodeInstruction() 函数中含有"MOVmrb（Eaddr，reg）"匹配模式的分支将会被执行，在执行分支中调用 print_Eaddr() 函数提取操作数的有效地址，在 print_Eaddr()函数中又根据寻址模式的匹配语句找到含有标识"E

```
constructors
Indir       [reg] : Mem { reg != 4, reg != 5 } is mod = 0 & r_m = reg
Disp8 i8![reg] : Mem { reg != 4 }                is mod = 1 & r_m = reg; i8
Disp32 d[reg] : Mem { reg != 4 }                is mod = 2 & r_m = reg; i32 = d
Abs32 [a] : Mem            is mod = 0 & r_m = 5; i32 = a
Reg reg : Eaddr            is mod = 3 & r_m = reg
Index [base][index * ss] : Mem { index != 4, base != 5 } is
                mod = 0 & r_m = 4; index & base & ss
Base [base] : Mem { base != 5 } is
                mod = 0 & r_m = 4; index = 4 & base
Index8 i8![base][index * ss]: Mem { index != 4 } is
                mod = 1 & r_m = 4; index & base & ss; i8
Base8 d![base] : Mem is
                mod = 1 & r_m = 4; index = 4 & base; i8 = d
Index32 d[base][index * ss] : Mem { index != 4 } is
                mod = 2 & r_m = 4; index & base & ss; i32 = d
Base32 d[base] : Mem is
                mod = 2 & r_m = 4; index = 4 & base; i32 = d
ShortIndex d[index * ss] : Mem { index != 4 } is
                mod = 0 & r_m = 4; index & base = 5 & ss; i32 = d
IndirMem [d] : Mem is
                mod = 0 & r_m = 4; index = 4 & base = 5; i32 = d
E Mem : Eaddr is Mem
```

图 12-3　Pentium 寻址模式的 constructor 描述

(mem)"的分支,进入 print_Mem() 函数中进行真正的寻址模式分析。其中 print_Abs32()、print_Disp32()、print_Index() 和 dis_reg() 均为相应的处理函数。

```
print_Eaddr (unsigned pc)
{
    match pc to
        | Reg (reg) =>
            printf("%s", dis_reg(reg));
        | E (mem) =>
            print_Mem (mem);
    endmatch
}
print_Mem (unsigned pc)
{
    match pc to
        | Abs32 (a) =>           /* [a] */
            print_Abs32(a);
        | Disp32 (d, base) => /* m[ r[ base] + d] */
            print_Disp32(d,base);
        |Index (base, index, ss) => /* m[ r[base] + r[index] * ss] */
            print_Index(base, index, ss);
        ...
    endmatch
}
decodeInstruction(unsigned pc, unsigned uNativeAddr)
{ Unsigned nextPC;            /* the address of next instruction*/
    match [nextPC] pc to
        | MOVib (r8, i8) =>
            printf("%s,%s,%d", "MOVib" , dis_reg(r8), i8);
        | MOVmrb (Eaddr, reg) =>
            printf("%s", "MOVmrb");
            print_Eaddr(Eaddr);
            printf("%s", dis_reg(reg));
        | ADDiAL (i8) =>
            printf("%s ,%d", "ADDiAL" , i8);
        ...
    endmatch
    return nextPC;
}
```

图 12-4   Pentium 指令和寻址模式匹配语句

为每一条指令设计匹配语句后,形成匹配文件 decoder.m。MLTK 的 translator 模块能够通过输入机器的 SLED 描述文件 *.spec 和匹配文件 decoder.m 自动地将 decoder.m 中的 match 语句转换成相应的 C 或 Modula-3 语句,生成能从二进制指令流中某个地址识别出单个二进制指令的指令识别函数。用户可以设计自己的解码算法,驱动指令识别函数不断地识别二进制指令,完成指令解码工作。

12.1.3   基于 SLED 的 x64 指令描述和解码

Intel 公司和 AMD 公司是众所周知的通用桌面芯片制造商,它们在 64 位 x86 架构上(简称 x64 架构)使用 64 位 x86 的指令。x64 芯片已经成为消费市场上的绝对主流 CPU,本小节就以 x64 指令为例,讲解如何用 SLED 描述 64 位 x86 的指令。

1. x64 指令的结构

与 x86 相比,x64 将软件的线性地址空间扩展到 64 位,并且引入了一种新的操作模式即 IA-32e 模式。

　　IA-32e 模式由两个子模式组成：① 兼容模式，使得 64 位的操作系统能够不用修改地运行传统 32 位的软件。② 64 位模式，支持 64 位虚拟寻址的全地址空间和扩展寄存器的访问。

　　与传统的模式相比，64 位模式拥有更多新的特性：

　　1）64 位线性地址空间。

　　2）8 个新增的通用寄存器（GPR）。

　　3）扩展 GPR 和指令指针的位数到 64 位。

　　4）8 个新增的 SIMD 扩展寄存器。

　　5）统一的字节寄存器寻址方式。

　　6）快速中断优先机制。

　　7）新的 RIP 相对数据寻址模式。

　　64 位模式的默认地址长度是 64 位，默认的操作数是 32 位，引入了一种新的操作码前缀（REX）来访问扩展的寄存器和指定 64 位的操作数。64 位模式扩展的指令格式如图 12-5 所示。

传统前缀	REX 前缀	操作码	ModR/M	SIB	地址偏移	立即数
Grp1, Grp2, Grp3, Grp4 (可选)	（可选）	1、2 或 3 字节	1 字节（如果需要）	1 字节（如果需要）	1、2 或 4 字节	0、1、2 或 4 字节

图 12-5　x64 指令格式

　　下面详细介绍 x64 和 x86 在指令构成和寻址模式上的主要区别。

　　（1）REX 前缀

　　表 12-1 简要给出了 REX 前缀的格式。从中我们可以看出 REX 前缀的某些组合是无效的，将会被处理器忽略。下面给出了 REX 前缀中各位更详细的使用方法：

　　REX.W 位决定了操作数的长度，但不是决定操作数长度的唯一因素，同 66H 前缀一样，64 位操作数大小的重载不会对字节操作产生影响。

　　对于非字节操作，如果 66H 前缀和 REX 前缀同时使用（REX.W = 1），66H 将会被忽略。

　　若 66H 前缀与 REX 同时使用，并且 REX.W = 0，操作数长度将是 16 位。

　　当一个 GPR、SSE、控制或调试寄存器使用 ModR/M 字节的 reg 域编码时，REX.R 用于扩展该域。而当 ModR/M 指定其他寄存器或用来定义扩展操作码时，REX.R 将会被忽略。

　　REX.X 用来扩展 SIB 字节的 index 域。

　　REX.B 用于扩展 ModR/M 字节中的 r/m 域或者 SIB 字节的 base 域；或者扩展 opcode 字节的 reg 域来访问 GPRs。

　　（2）64 位立即操作数

　　在 64 位模式下，立即操作数的一般长度仍然是 32 位，当指令的操作大小为 64 位时，处理器在使用之前对其进行 64 位符号扩展。

表 12-1　REX 前缀格式

x64 通过扩展现有的 MOV 指令（MOV reg, imm16/32）支持 64 位立即操作数。这些指令通常将 16 位或者 32 位的立即数传送到 GPR，而当使用 REX 前缀将指令的操作数修改为 64 位时，可以实现传送一个 64 位的立即操作数到 GPR 中。例如：

```
48 B8 8877665544332211
MOV RAX, 1122334455667788H
```

域名	位的位置	定义
—	7:4	0100
W	3	0 = 由 CS.D 来决定操作数位数
		1 = 64 位操作数
R	2	扩展的 ModR/M 寄存器
X	1	扩展的 SIB 索引域
B	0	扩展的 ModR/M r/m 域，SIB 基址域，或者操作码寄存器域

其中，首字节 "48" 代表一个 REX 前缀，并且 REX.W = 1，第二个字节 "B8" 表明该指令是一个将立即数存入 GPR 的 MOV 指令，后面的连续 8 字节则是一个 64 位的立即操作数。

（3）RIP 相对寻址

RIP 相对寻址是 x64 在 64 位模式时实现的一种新的寻址方式。在含有 RIP 寻址的指令中，操作数的有效地址由指令中给出的偏移量加上下一条指令的 64 位 RIP 得到。

在 IA-32 体系结构和兼容模式下，相对指令指针寻址仅在控制转移指令中是可用的。在 64 位模式下，使用 ModR/M 寻址的指令都可能使用 RIP 相对寻址。如果没有使用 RIP 相对寻址，那么所有 ModR/M 指令模式的寻址都是相对地址为 0 的寻址。RIP 相对寻址通过指定 ModR/M 模式使用一个相对 64 位 RIP 的有符号 32 位偏移的方式来实现。表 12-2 显示了使用相对 RIP 寻址时 ModR/M 和 SIB 字节的编码。

如表 12-2 所示，在 64 位模式下 ModR/M Disp32 的编码不再仅是一个偏移量，而是被重新定义为 RIP+Disp32。

RIP 相对寻址在 64 位模式下使用，而不是指在 64 位地址大小时使用。使用地址大小前缀并不能禁止 RIP 相对寻址的使用，地址大小前缀仅起着将计算出的有效地址截断或扩展到 32 位的作用。

2. x64 指令 SLED 描述的构建

针对前面描述的 x64 指令集的新特性，必须在描述时对 SLED 进行本地化改造，具体的解决方法和实现将在 12.1.4 节加以介绍。

表 12-2　RIP 相对寻址

ModR/M 和 SIB 中各域的编码		兼容模式操作	64 位模式操作
ModR/M Byte	mod ==0	Disp32	RIP+Disp32
	r/m ==101		
SIB Byte	base ==101	if mod = 0, Disp32	与传统模式相同
	index ==100		
	scall = 0，1，2，4		

3. 指令解码器的实现

通过前面的描述，NJMCT 只能为 x64 生成一个从某二进制指令流中识别出一条汇编指令的指令识别函数 decodeInstruction()。仍需要设计一个指令解码算法来驱动该函数从一个二进制文件的程序入口点开始解码，并不断获取下一条要解码的指令地址，直至整个二进制文件的可执行代码全部被解码。

所涉及的解码程序基于改进的递归遍历算法，具体的 x64 指令解码算法见算法 12.1，所对应的算法流程图如图 12-6 所示。

算法 12.1　x64 指令解码算法

输入： 一个二进制文件

输出： 被解码的二进制文件的可执行代码

步骤：

1. 对程序（Prog）进行预处理，创建一个过程 Proc 队列，该队列初始情况下只含有一个以程序的入口点为首地址的 proc。

2. 判断 Proc 队列是否为空，若为空则转入步骤 6，若不为空则从 Proc 队列中取出队首 proc，并对该 proc 进行相应的预处理，如建立一个空的控制流图 CFG，创建一个初始情况下只包含一个地址的待解码目标地址队列 targetQueue。

3. 判断 targetQueue 队列是否为空，若为空则该 proc 已解码完毕，返回步骤 2 寻找下一个待解码的 proc；若不为空则取出队首地址从该地址进行解码。

4. 调用指令识别函数，从给出的地址识别出指令，并映射到中间表示 RTL。

5. 判断识别出的指令类型，并进入相应的分支处理：

①如果是普通指令，则直接计算下一条指令地址，转入步骤 4；

②如果是转移指令，则生成新的基本块，更新 proc 的 CFG，然后根据转移指令类别区别处理：

i. 如果是条件跳转指令，则判断跳转目标地址是否已解码，若未解码，需要将目标地址加入 targetQueue 队列，若已解码则直接计算下一条指令地址，转入步骤 4；

ii. 如果是过程调用指令，则分析目标 proc 是否已经解码，若未解码则须将目标 proc 加入 Proc 队列，若已解码，则直接计算下一条指令地址，转入步骤 4；

iii. 如果是无条件跳转指令和间接跳转指令，则判断目标地址是否已解码，如果未解码则需要把目标地址加入 targetQueue 队列，然后转入步骤 3；

iv. 如果是过程返回指令，则进行单个 proc 解码结束的相关处理。然后转入步骤 2。

6. 程序解码结束。

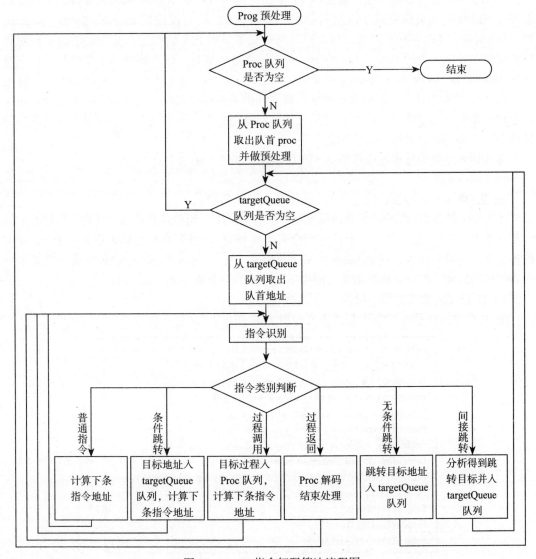

图 12-6　x64 指令解码算法流程图

12.1.4　SLED 在多源一体解码体系中的应用

SLED 作为一种高效的编、解码描述语言，可以对众多体系架构的机器语言的二进制码和汇编语言之间的对应关系进行规范描述。虽然不同源平台的 CPU 架构、ISA 均各不相同，但只要利用 SLED 分别对每种 ISA 做出规范化的描述，并生成相应的 .m 和 .spec 文件，就可以自动生成与各 ISA 相对应的指令解码部分的代码。

本小节以 UTP-MBC 系统为例，讲解基于 SLED 构建多源一体化反编译器（或者二进制翻译系统）前端的解码体系，即完成异构多源 0/1 编码向各自对应的符号化汇编语言的转化，需要解决以下问题：

1）多源异构平台 ISA 的 SLED 本地化描述。

2）指令解码过程设计。

3）不同架构中解码时关键技术的解决。

1. SLED 语言本地化

本书示例是基于 SLED 实现对 IA-64、x86、x64 和 POWER 四种架构的支持。通过对现有基于 SLED 的相关研究或系统进行分析，发现 SLED 语言仅使用 tokens、fields、patterns 和 constructors 这四种基本元素，就可以实现对众多异构 ISA 的描述。又考虑多源平台解码时需要统一处理规范的原因，本节介绍一种三层递进的策略。该策略的基本思想是：首先对指令的描述过程用 fields 和 tokens 定义位；然后用 patterns 描述指令的二进制表示；最后用 constructors 将指令符号、汇编表示和操作数之间的关系加以关联。采用该策略的好处是在解码处理过程中，可以针对不同 ISA 差异在每一层分别处理、逐渐融合，可以有效地解决多源异构 ISA 在解码阶段的统一处理问题。

基于四元组合的三层递进策略的 SLED 本地化实现方法如下：

（1）第一层定义

在 SLED 本地化的第一层完成对 fields 和 tokens 的定义。

由 token 和 fields 两种元素共同描述指令二进制流中一组位序列中各位（或者位组合）的含义。其中，token 被用来对一个位序列命名，而 fields 通过名称和位域来描述一个 token 中的各个部分。换句话说，就是 fields 定义了比特位，一个 token 由若干 fields 构成，定义了一个若干位的组合，而一条机器指令可能由不同类型的一个或多个 token 组成。

1）32 位 x86 指令的第一层定义。

对 32 位的 x86 指令的第一层次定义如图 12-7 所示。

```
fields of opcodet (8) row 4:7 col 0:2 page 3:3 r32 0:2 sr16 0:2 r16 0:2 r8 0:2
fieldinfo r32 is [names [ eax ecx edx ebx esp ebp esi edi ]]
fieldinfo sr16 is [sparse [ cs=1, ss=2, ds=3, es=4, fs=5, gs=6 ] ]
fieldinfo r16 is [names [ ax cx dx bx sp bp si di ]]
fieldinfo r8 is [names [ al cl dl bl ah ch dh bh ]]
fields of modrm (8) mod 6:7 reg_opcode 3:5 r_m 0:2
fieldinfo reg_opcode is [names [ eax ecx edx ebx esp ebp esi edi ]]
fields of sib (8) ss 6:7 index 3:5 base 0:2
fieldinfo [ base index ] is [ names [ eax ecx edx ebx esp ebp esi edi ] ]
fieldinfo ss is [ sparse [ "1" = 0, "2" = 1, "4" = 2, "8" = 3 ] ]
fields of I8 (8) i8 0:7
fields of I16 (16) i16 0:15
fields of I32 (32) i32 0:31
```

图 12-7　x86 指令结构成分描述

从图 12-7 中可以看出，为了描述 32 位 x86 的指令，一共定义了 6 个 token，分别命名为 "opocodet"、"modrm"、"sib"、"I8"、"I16" 和 "I32"，token 名字后紧跟的括号中的数字，如 "(8/16/32)"，表示这个 token 所占的位数。而通过 "fieldinfo" 域的说明，则可以得到如 "r32" 为表示指令操作码的 token——"opcodet" 中的一个 fields，它的取值可以是 eax、ecx 等 32 位寄存器中的一个。

2）POWER 指令的第一层定义。

对 POWER 指令中关于整数和浮点寄存器的定义如图 12-8 所示。

图 12-8 中描述了 32 位 POWER 指令中寄存器在位中的定义和约定，可以看出所有 32 位指令中都遵循这样的约定，比如：整数寄存器 C 和浮点寄存器 fC，使用指令中的 6-10 位来表示。

```
fields of instruction (32)
S    21:25 D  21:25 A  16:20 B    11:15 C    6:10
fS   21:25 fD 21:25 fA 16:20 fB         11:15 fC 6:10
fieldinfo [ S D A B C ] is
[ guaranteed
 names [ r0 r1 r2 r3 r4 r5 r6 r7 r8 r9 r10 r11 r12 r13 r14 r15
        r16 r17 r18 r19 r20 r21 r22 r23 r24 r25 r26 r27 r28 r29 r30 r31 ] ]
fieldinfo [ fS fD fA fB fC ] is
[ guaranteed
 names [ fr0 fr1 fr2 fr3 fr4 fr5 fr6 fr7 fr8 fr9 fr10 fr11 fr12 fr13 fr14 fr15
        fr16 fr17 fr18 fr19 fr20 fr21 fr22 fr23 fr24 fr25 fr26 fr27 fr28 fr29 fr30 fr31
] ]
```

图 12-8　POWER 指令中有关寄存器的成分描述

3）IA-64 指令的第一层定义。

IA-64 指令的第一层定义常规用法与其他体系架构的第一层定义类似，此处不再赘述。但 IA-64 指令有一个较为特别的地方，即 IA-64 的机器字长是 64 位的，但其指令宽度是 41 位。为了提高 IA-64 指令的并行处理能力，Intel 将每 3 条 IA-64 指令组成一个 128 位的指令束（instruction bundle）的形式，如图 12-9 所示。在这 128 位中 5 ～ 127 位均分成 3 个指令槽 (instruction slot)，分别容纳 3 条指令，而 0 ～ 4 位则用来实现指令模板的描述功能。

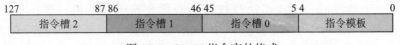

127	87 86	46 45	5 4	0
指令槽 2	指令槽 1	指令槽 0	指令模板

图 12-9　IA-64 指令束的格式

IA-64 架构本身提供了对指令束内各指令的区分识别的方法。但是在二进制翻译的解码过程中，仅仅根据指令槽内 41 位信息是无法唯一确定一条指令的，必须在指令描述时增加额外的识别信息。因此需要在 IA-64 解码的第一层次定义时进行特殊处理，即在定义 IA-64 的 tokens 时，在指令原有的 41 位基础上增加三位表示名为 "ty" 的 fields，据此确定指令的执行单元的扩展类型，相关定义如图 12-10 所示。此处增加名为 "ty" 的 fields 定义，可以在后续指令解码时加速指令分类速度，提高解

```
fields of instruction (64)
ty 41:43 op 37:40 s 36:36 x2a 34:35 ve 33:33 x4 29:32
x2b 27:28 r3 20:26 r2 13:19 r1 6:12 qp 0:5
```

图 12-10　IA-64 指令中各比特位示例描述

码效率。

（2）第二层定义

在第一层定义的基础上，实现对第二层 patterns 的定义。patterns 是用来对上一层中所定义的 fields 域的取值做出限定，同时对 fields 域进行相应的命名，还可对具体指令做更进一步的描述。一条 pattern 可能只对一个单独 token 中的 fields 做限定，也可能同时对多个tokens 做限定，其形式一般分为取值范围约束和域值绑定。patterns 既可以描述简单的操作码，也可以用来描述复杂的寻址模式，甚至可以描述一组拥有三个操作数的算术指令。图12-11 给出了 patterns 在处理不同源 ISA 时对指令操作码和其中的寻址模式域的二进制取值的精准描述。

```
/*x86 中条件跳转指令操作码描述 */
patterns
Jb is row = 7
cond is any of [ .O .NO .B .NB .Z .NZ .BE .NBE .S .NS .P .NP .L .NL .LE .NLE ],
    which is page = [0 1] & col = {0 to 7}
/*POWER 中对主要指令操作码取值限定 */
patterns
[ _ _ tdi twi _ _ _ mulli subfic _ Cmpli Cmpi addic
addicq addi addis bc Sc b cr_dx rlwimi rlwinm _ rlwnm ori oris
xori xoris andiq andisq rl_64 ab_dx lwz lwzu lbz lbzu stw stwu
stb stbu lhz lhzu lha lhau sth sthu lmw stmw lfs lfsu lfd
lfdu stfs stfsu stfd stfdu _ _ ld_dx s_dx _ _ std_dx d_dx ]
is OPCD = { 0 to 63 }
```

图 12-11   patterns 使用示例

（3）第三层定义

通过指令的 constructors 定义，建立了指令操作数列表同该指令对应的 patterns 之间的关联。通过该关联可以实现指令二进制形式到汇编符号表示形式之间的映射，是比特数据到符号化汇编转换的纽带。每一个 constructor 又与一个在解码时能产生汇编指令的函数关联起来。这些函数的主体通常是由多条匹配语句（match statement）的组合构成的，具体的用法较为繁杂，不是本节讨论的内容。在此仅给出一个源平台架构下 constructors 的编写示例，从中可以看出如何使用 constructors 描述单条指令，如图 12-12 所示。

图 12-12 所示的 constructors 用法仅仅是其众多表现形式中的一类，从中可以看出，constructors 通过映射一系列操作数到一个 pattern，描述了一条 alloc 指令的符号表示与二进制表示的对应关系。在完成 constructors 这一层次的描述后，通过工具集 NJMCT 中generator 为每个 constructor 创建一段解码程序，这段程序就构成了上文提到的可以产生汇编指令的那些特殊函数。

2. 解码过程中使用的主要方法

（1）基于指令的树形划分提高解码匹配速度

为了提高解码效率，引入指令集划分树的概念，在指令匹配过程中进行树形归类，加速匹配过程。在 IA-64、x86、x64、POWER 这四种体系架构中，IA-64 的指令二进制表示中自带用来表示指令分类的位。因此，在 IA-64 的指令解码过程中，可以构建如

```
/*IA-64 中对指令 alloc 的 patterns 描述 */
patterns
alloc is ty = 2 & op = 1 & x3 = 6 & qp = 0
/*IA-64 中对指令 alloc 的 constructors 映射 */
constructors
alloc r1 , sor , sol , sof
```

图 12-12   constructor 使用示例

图 12-13 所示的指令集划分树。这样处理后，指令匹配过程中的指令分类动作就相当于从树根到树叶所走的一条路径。在此过程中指令被细化分类，然后再根据细类选择合适的解码匹配函数。相比指令全集的顺序匹配，基于指令集划分树分类后再匹配的方法的效率更高一些。

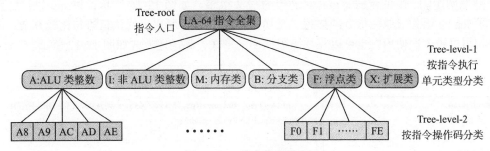

图 12-13　指令集划分树

指令分类树的实现也可以通过 patterns 来描述，并集成到自动解码器的语句实现中，图 12-14 给出了 IA-64 解码树中 level-1 和 level-2 的定义。从中可以看出，图 12-13 所示的指令集划分树的第一层有 6 个孩子结点，对应图 12-14 中第一个 patterns 的定义，即描述了 IA-64 体系架构中六种不同的运算部件及其分别对应的指令类别；而图 12-14 中的第二和第三个 patterns 则分别描述了 ALU 算术类指令和浮点类指令各自对应的操作码分类。

对于除了 IA-64 之外的其余三种体系架构，虽然本身指令的二进制位表示形式中不含用于分类的位，但是在实际操作时仍然可以参考 IA-64 对指令集划分的处理方法，即可以预先对指令集按种类划分，如 x86 指令可以分为算术操作、数据传送操作、位操作等类别。然后按照分类构建各体系架构各自的指令集划分树，也采用与 IA-64 类似的处理方案。在技术实现过程中，指令的划分可以采用两级散列的形式完成分类操作。

（2）通过 match 完成指令筛选匹配解码

在解码过程中，指令在首先通过指令集划分树分类之后，就进入具体的指令解码阶段。在这一阶段，最常用的方法就是进行位组合的模式匹配。本节在具体实现中结合了指令的三层描述和指令集划分树的思想，采用基于"match"语句驱动的方式来实现多源一体化解码中二进制比特流到类汇编语句的翻译。

所谓"match"语句驱动，是指对二进制流进行筛选的指令解码方式，即一组二进制比特流数据通过多重"match"的筛选，最终被某一个确定的分支截留，筛选匹配结束。"match"的语句模式与 C 语言中的多路分支语句"switch+case"的组合类似。每一组匹配都由 match 关键字引导，通过"|"字符来标识匹配分支，每一个匹配分支使用一个模式 pattern 标记。如果分支匹配成功，即执行字符"=>"引导的语句，完成解码输出。图 12-15 为 match 匹配的 EBNF（Extended Backs Naur Form）表示，范式中的 pc 为当前

```
/*IA-64 中对 level-1 层的 patterns 描述 */
patterns
[ Table_A Table_I Table_M Table_F Table_B Table_X __ ]
is ty = {0 to 7}
 /*IA-64 中对 level-2 层的部分元素的 patterns 描述 */
patterns # ALU 类整数操作
[ OP_A8 OP_A9 ] is op = {8 to 9 }
[ OP_AC OP_AD OP_AE ] is Table_A & op = { 12 to 14 }
 patterns # 浮点类操作
[ OP_F0 OP_F1 __ OP_F4 OP_F5 __ OP_F8 OP_F9
  OP_FA OP_FB    OP_FC OP_FD    OP_FE ]
is Table_F & op = {0 to 14}
```

图 12-14　指令集划分树的 patterns 描述示例

```
match pc to
{|pattern[{equations}]][[name]]=>code}
[else code]
endmatch
```

图 12-15　match 语句的 EBNF 表示

正在解码的指令地址，code 是在分支匹配成功后执行的代码。关键词 equation 代表一个与特定 pattern 关联起来才有效的 SLED 数学等式，关键词 name 用来为匹配的 pattern 返回其基本 pattern 名。

遵照图 12-15 中的范式，match 语句的写法很多。如图 12-16 所示，以 mov 指令为例，给出了 match 语句对单一指令的描述。又如，若"code"所代表的执行语句比较复杂，或者该语句可以被多次使用，也可以写成函数调用的形式，其描述方式如图 12-17 所示。

```
match pc to
|mov.m(x,y)=>
 printf("mov.m ar%d=r%d\n",x,y);}
endmatch
```

图 12-16　单条 mov 语句 match 写法

```
match pc to
| MOVZX.Gv.Ew(r32, Eaddr) =>
     stmts = Print_statement(pc, "MOVZX.Gv.Ew", DIS_R32, DIS_EADDR16);
| MOVZX.Gv.Ebod(r32, Eaddr) =>
     stmts = Print_statement(pc,"MOVZX.Gv.Ebod", DIS_R32, DIS_EADDR8);
endmatch
```

图 12-17　code 用函数调用实现

3. 不同架构中的关键问题处理

多源一体的指令解码十分繁杂，针对不同源体系架构需要完成大量的具体工作，特别是 64 位架构的 CPU，其对应的 ISA 非常复杂。此处给出 IA-64 和 x64 的多源一体解码中部分具有代表性的关键问题及其处理方法。

（1）IA-64 的关键问题处理

1）指令束拆分。

针对 IA-64 指令的特殊构造，即其三条指令和外加 5 位的模板组成一个指令束。

在解码过程中，必须针对指令束进行特殊处理。也就是说要从整个指令束中拆分出 3 条独立的指令，采用的主要方法如下：首先定位指令束的第 0、32 和 64 位，即确定 3 条指令的起始读比特位。每次从起始读指令位整体读取连续 64 位数据，然后再分别移位 5、14 和 23 位，进而提取出真正的指令。在此基础上，再继续调用指令识别程序实现对指令的解码。

2）特有 L+X 类型的指令处理。

IA-64 架构下的 L+X 指令与普通标准指令不同，该类指令是标准指令长度的两倍，需要用指令束里的指令槽 1 和指令槽 2 拼接完成，也就是说一条指令是 82 位。解码时此类指令需要特殊区分，即解码时一旦进入指令分类树的 L+X 分支，则立即将指令槽 1 中数据识别为该条指令的立即数，并拼接指令槽 2 中的其他域值构成 L+X 指令。

（2）x64 的关键问题处理

x64 架构中 64 位模式的默认地址长度是 64 位，默认操作数是 32 位的，指令格式中有三处比较特殊：为了访问扩展的寄存器和指定 64 位字长的操作数而使用"REX"域作为操作码前缀；增加了 64 位特有的"RIP"相对寻址模式；存在长度为 64 位的立即操作数。这三种情况需要在 SLED 设计时进行专门的扩展和描述。

1）REX 前缀的处理。

在 x64 指令中占据 8 位的 REX 前缀，取值范围是 40H 到 4FH，这些值与 x86 中的一些 INC 和 DEC 等指令操作码相同，解码时为了加以区别，需要特殊的描述，如图 12-18 所示。

从图 12-18 中可见，在 fields 定义中将"Rex.B"、"Rex.X"、"Rex.R"、"Rex.W"分别与 Rex 前缀的前 4 位绑定。另外，在 x64 架构下通常 Rex 前缀中的某些位域会同其他位结合，共同构成指令操作数，如使用 Rex.R 域与 ModR/M 字节的 reg 域组合实现访问扩展寄存器。但是 NJMCT 并不直接支持操作数的不连续分布，也就是说如果操作数是跨位组合的，那么就需要将 Rex 域作为一个 constructor 追加的操作数，以参数的形式传递给 match 中相应的匹配分支。最后，还要在匹配分支的执行语句中判断参数 Rex 的值，并以此修正寄存器 reg 的值，构造出正确的指令操作数。

2）RIP 相对寻址特殊处理。

首先简单解释一下 RIP 相对寻址，该寻址方式是 x64 架构在 64 位模式时支持的一种寻址方式，其指令操作数的实际有效地址由该条指令包含的偏移量与紧邻的下一条指令的 64 位 RIP 值相加得到。针对这样的寻址方式，使得在处理当前指令时必须对下一条指令进行预取，并根据等式 Next_i_virtualAd=（Next_i_PCAd –Curr_i_PCAd）+Curr_i_virtualAd 计算出下一条指令对应的虚拟地址。计算结果 Next_i_virtualAd 被作为参数传递给"内存寻址匹配"函数 Match_Men()，在处理函数中 RIP 寻址方式将与 Abs32 分支匹配，进而实现 Next_i_virtualAd 与原有偏移 Old_offset 相加并得到的操作数真实地址。函数 Match_Men() 实现的部分代码如图 12-19 所示。

3）解决 64 位立即数问题。

NJMCT 设计时并未提供对 64 位 ISA 的全部支持，这就决定了它所能表示的立即数最长为 32 位，也就是说 fields 不能直接描述 64 位的立即操作数。因此为了支持 64 位模式中普遍存在的 64 位立即数，需要定义一类专门的 tokens，通过拼接高 32 位和低 32 位来实现一个 64 位的立即数。相应的 fields 定义，以及对应的 constructors 举例实现如图 12-20 所示。当然，图中所示的 ih32 和 il32 将在特定的 match 语句中完成拼接。

```
/*x64 中 REX 前缀描述 */
patterns
REXPrefix is row = 4
/*REX 的取值限定 */
fields of opcodet (8) row 4:7 col 0:2 page 3:3
r64 0:2 r32 0:2 sr16 0:2 r16 0:2 r8 0:2
Rex 0:3 Rex.B 0:0 Rex.X 1:1 Rex.R 2:2 Rex.W 3:3
/*x64 中带有 REX 前缀的指令 constructors 示例 */
constructors
MOV^"Rex"^"mrb" Rex, Eaddr, reg is RexPrefix&Rex;
MOV & Eb.Gb; Eaddr & reg_opcode = reg ;
/* 上例 constructor 对应的 match 语句 */
match pc to
|MOVRexmrb(Rex, Eaddr, reg) =>
if(Rex&0x0004) reg = reg + 8;
printf（"%s", "MOVmrb");
print_Eaddr(Eaddr, Rex);
printf("%s", dis_reg(reg));
endmatch
```

图 12-18　REX 前缀的解决方案示例

```
Match_Men (unsigned pc, unsigned Next_i_virtualAd)
{
match pc to
| Abs32 (Old_offset) =>
print_Abs32(Old_offset+ nextNativePC);
……
endmatch
}
```

图 12-19　RIP 相对寻址的解码处理

```
/*64 位立即数的定义 */
fields of Imm_H32 (32) ih32 0:31
fields of Imm_L32 (32) il32 0:31
/* 传送 64 位立即数的 mov 指令的 constructors 示例 */
constructors
MOVRexiqid Rex, r64, il32, ih32 is RexPrefix&Rex&Rex.W = 1;
MOViv & r64; il32; ih32 ;
```

图 12-20　64 位立即数的拆分描述

12.2　指令的语义映射

语义映射首先需要根据文件装载模块提供的信息，或者由交互的方式读取相应的指令原子语义描述文件，利用 LEX 和 YACC 对其词法和语法进行解析，以模板的形式构造出指令到语义描述的映射结果。然后依据指令解码的结果将相应的语义描述转换为对应的中间表示形式存入内存。语义映射的基础是首先要对指令的语义用规范的方法加以描述，才能够通过程序自动地进行汇编级代码向中间表示的转换。这部分工作是反编译过程中十分重要的一环。

本节第一部分首先介绍一种应用较多的语义描述语言 SSL，并且给出该语言文法的设计及扩展。接下来介绍两种中间表示形式：低级中间表示形式 RTL 和高级中间表示形式 HRTL。

本节第二部分通过一个示例来说明：在借鉴 SSL、RTL 和 HRTL 的基础上设计一种原子语义描述语言 ASDL（Atomic Semantic Description Language）以规范指令语义的描述，并基于 ASDL 深入介绍 x86 指令在反编译过程中向中间表示进行指令语义等价转换的思路和过程，即针对指令的语义映射全过程给出讲解。

12.2.1   相关研究

除了关注指令的描述以外，还有一类侧重于应用声明和操作语义描述的语言。这类描述语言更适合描述不同机器的执行行为，擅长抽象底层的处理器的实现细节，能够描述机器的操作语义，也就是描述机器所处的状态，以及指令对状态改变的影响。

程序实现的功能，微观上讲是一些指令组合的操作语义的体现。指令的操作语义其实描述的是一种状态的变化，包括数据在寄存器之间的传输和"有效改变"，而这种变换的"状态"实际上描述的是寄存器和内存的一些特性，以及缓存或者指令流水的特性。指令的操作语义由指令"有效改变"的能效，以及状态集上的操作来综合定义，每一次"有效改变"描述了机器状态的最小改变。

现有的一些描述语言是可以描述指令的操作语义的，比如上文提及的语义描述语言 SSL 和体系描述语言 ADL，以及引入了 λ 演算的 λ-RTL。然而，上述与操作语义描述相关的语言并没有任何一种是针对多源目标二进制翻译而专门设计的，它们适用的情况均有众多限制。这一点可以从异构 CPU 各不相同的体系结构描述中很容易给出判断。主流 CPU 都拥有特有的计算机体系结构手册，手册中对机器指令集进行了相关描述，包括指令格式、数据类型、数据操作，以及汇编指令的语法等内容都进行了规范定义。

12.2.2   语义描述语言 SSL

语义描述语言 SSL 是 UQBT 中设计的用于描述机器指令语义的语言。驱动设计 SSL 的主要需求是产生一种简单紧凑的符号记法来描述机器指令的语义，因此，该语言避免使用函数和递归表达式，只允许简单的结构，通过寄存器和存储器地址单元模拟基本的信息传递。SSL 根据 RTL 来描述机器指令的语义，指定汇编指令和等价的 RTL 之间的映射，将每条指令映射到一个 RTL。

描述机器指令的语义目标是产生合适的中间表示代码，以在分析阶段使用。SSL 已被用于模拟 CISC（Intel 80x86）和 RISC（SPARC）机器的指令语义。SSL 的语法由 EBNF（Extended-Backus-Naur-Form）范式来定义，语义由自然语言结合 SPARC 和 80x86 处理器的体系结构来描述。该语言允许通过语句或寄存器传递来描述指令序列的语义，以赋值语句为主，也支持条件 (=>) 语句和标志位语句。一组指令的寄存器传递可以归结为一个表。单独的赋值寄存器传递允许多种表达式形式（算术、位、逻辑和三元的）。一个表达式的基本成分是数值，一条指令的基本成分是变量。

1. SSL 文法的设计

UQBT 开发了 SSL 语言用于描述机器指令的语义。SSL 是由 Shane Sendall 为 SPARC 和 80286 体系结构所写的 Object-Z 规范语言提炼而成的。SSL 需要达到以下几个设计要求：提供一种简单紧凑的符号；分别模拟每条机器指令的语义或者按组模拟一组指令的语义；通过寄存器和存储器地址单元模拟基本的信息传递；能够模拟复杂及简单的指令的语义但又避免使用递归表达式或函数调用，严格地模拟操作数、寄存器和存储器访问的大小；使用命名的寄存器来提供对标志位及它们之间相互作用的通用模拟；模拟广泛的运行结构和语义以运用于多个体系结构及其特性。

SSL 的语法由 EBNF 范式来定义，语义由自然语言结合 SPARC 和 80286 处理器的体系结构来描述。在语言的实现上借助于词法、语法分析器的自动生成工具 Flex 与 Bison 来自动生成词法、语法分析器。以下将划分 10 个部分描述 SSL 的语法和语义。

（1）常量

常量即不变化的数值的名字，通常用于描述机器中的一个固定值。

例如：MAX8BITS:= 0xFF。

常量的 EBNF 范式为：constants:　NAME ":=" NUM

（2）变量和值

变量可以是寄存器、内存或指令操作数的参数。值是变量的内容（由前缀符"'"标识）或一个数字常量（整型或浮点）。一个值可以使用"!"符号表示被符号扩展。例如 r[5] 表示指寄存器 5，"'m[10000]!"指内存位置 10000 的值被符号扩展之后的值。下面给出变量和值对应的 EBNF 范式：

```
var_op:    REG_ID
|    REG_MEM_IDX_ID exp ']'
|    PARM
value_op:  '\" var_op
|    '\" '(' var_op oper value_op ')'
|    NAME
|    FLOAT
|    NUM
|    PARM
REG_ID: "%"[A-Za-z][A-Za-z0-9]*
REG_MEM_IDX_ID: "r["
|          "m["
ADDR:    "a["
PARM:    [a-z][a-z0-9_]*
NAME:    [A-Z][A-Z0-9_]*[A-Z0-9]
FLOAT:   (-)[0-9]+.[0-9]+
NUM:       (-)[0-9]+
|    Ox[A-F0-9]+
|    (-)"2**"[0-9]+
```

（3）操作数

操作数用来描述比较复杂的变量操作数。操作数的 EBNF 范式为：

```
operands:    'OPERANDS'   operand   { ',' operand }
operand:      param ':=' '{' list_parameter '}'
|    param list_parameter ASSIGNSIZE exp
|    param list_parameter '[' list_parameter ']' ASSIGNSIZE exp
list_parameter: [ param { ',' param } ]
```

（4）函数

SSL 提供了一些函数用于描述一些复杂指令的语义，主要为转换函数和数学函数。转换函数用于浮点数的精度转换及整型和浮点之间的转换。

（5）寄存器

一个寄存器是一个命名的存储空间，该空间有一定的大小并且被映射到一个特定的存储单元或一组存储单元。一些寄存器与其他寄存器相重叠，如在 Intel 80x86 处理器中，16 位的 ax 寄存器与 32 位 eax 寄存器的低端部分相重叠。反过来，某些寄存器也会覆盖多个寄存器，例如 SPARC 的 64 位浮点寄存器覆盖两个 32 位寄存器。因此，SSL 引入共享和覆盖的概念来指定这两类寄存器。

寄存器由预先定义的关键字 @REGISTERS 来定义。每个寄存器的形式为 name[number]，其中，name 表示寄存器的名字，number 指定寄存器包含的位数。另外，寄存器也需要映射到一个寄存器地址空间的位置上。寄存器地址空间将所有的寄存器进行编址，每个地址表示的位置对应一个独立的寄存器。寄存器表示方法主要有以下四种：

1）数字索引：给出在寄存器空间中的数字索引。例如 %r14[64]->24 表示寄存器 %r14 对应位置 24，且该寄存器是 64 位大小的。

2）覆盖索引：给出寄存器在寄存器地址空间的数字索引，并说明被定义的寄存器所覆盖的第一个到最后一个寄存器的索引，这些寄存器必须是连续的。比如 " %f0to1[64]->64 COVERS %f0..%f1" 指出寄存器 " %f0to1" 的索引位置为 "64"，并说明该寄存器覆盖寄存器 %f0 和 %f1 的地址空间。

3）共享索引：给出寄存器在寄存器地址空间的数字索引，并说明被定义的寄存器所共享的寄存器名和占用的位范围。例如 " %ax[16]->0 SHARES %eax[0..15]" 给出寄存器 %ax 的索引值 0，并说明 %ax 是一个由寄存器 %eax 的 0 ~ 15 位组成的 16 位寄存器。

4）-1 索引：给出特殊寄存器如 PC 的索引，这类寄存器不对应寄存器编址空间的具体位置。

寄存器的 EBNF 范式为：

```
registers: numberRegister
|   coversRegister
|   sharesRegister
|   minusOneRegister
```

（6）表达式

SSL 支持三种表达式：一元表达式、二元表达式和三元表达式，每种都可以将一个表达式作为成员。表达式被组织为树的形式，树的叶子结点为表达式的值，中间结点为表达式的操作符。

一元表达式包括表达式取反（NOT）及表达式符号扩展（！）。二元表达式包括整数算术、浮点算术、位和逻辑表达式以及按位取表达式（@）。前三种表达式在多数语言中都很常见。最后一种按位取表达式需要抽取一定区域的位，因此要指定开始和结束的位，例如 " 'r[5] @ [0:19]" 表示取寄存器 5 的 0 ~ 19 位。三元表达式 " ? ：" 由一个逻辑表达式、一个真分支表达式和一个假分支表达式组成。语义与 C 语言相同：如果逻辑表达式为真，则取真分支表达式为结果，否则取假分支表达式。例如 " 'r[1] = 0 ? 0 : 1." 以下是表达式的 EBNF 范式：

```
exp:  exp ARITH_OP exp                              // 算术运算
|   exp FARITH_OP exp                               // 浮点算术运算
|   exp BIT_OP exp                                  // 位运算
|   exp COND_OP exp                                 // 逻辑运算
|   NOT exp                                         // 否定运算
|   exp S_E                                         // 符号扩展
|   ternary                                         // 三元运算
|   value_op                                        // 数值
|   value_op AT '[' NUM COLON NUM ']'               // 位扩展
|   '(' exp ')'                                     // 括号
ternary:  '[' exp COND_OP exp '?' exp ':' exp ']'
```

（7）语句

语句用于描述向寄存器传递信息以及从寄存器取信息进行传递。多数寄存器传递为赋值语句，也需要条件语句（if-then）并支持条件码。条件码为命名的 1 位寄存器，可以在体系结构环境中规范，只能被赋值为 0 或 1。IA-64 使用 1 位的谓词寄存器作为条件码。

一个赋值语句由以下几部分组成：赋值的位数大小，赋值的目标变量，以及一个用于描述赋值的表达式。例如：*32* r[rd] := imm22 << 10，该语句将参数 imm22 左移 10 位后的 32 位立即数赋给目标寄存器 rd，" *32*" 记法指出每个指令中赋值的位数，imm22 << 10 为赋值表达式。

条件语句由逻辑表达式后面跟随语句列表构成。如果逻辑表达式的值为真，则语句列表有效。空语句由 "_" 表示，该语句可以用来描述 NOP 指令的语义。

以下为语句的 EBNF 范式：

```
stmt:         assign_stmt
|             if_then
|             no_statement
assign_stmt:  ASSIGNSIZE var_op ASSIGN exp
if_then:          '(' IDX MEM_OF '{' list_for_if '}' ')' THEN '(' ifstmt_list ')'
list_for_if:      list_for_if ',' range
|             range
range:        NUM TO NUM
|             NUM
ifstmt_list:  ifstmt_list stmt
|             stmt
no_statement:       '_'
```

（8）指令

SSL 指令用来描述一条特定的机器 / 汇编指令的语义。一条 SSL 指令以汇编指令名或表名作为左部 (Left-Hand-Side，LHS)，以表示指令语义的语句序列作为右部 (Right-Hand-Side，RHS)。例如，对于 IA-64 加法指令 ADD 可以表示如下：

```
ADD  rd, rs1, rs2        r[rd] := r[rs1] + r[rs2];
```

指令的 EBNF 范式如下：

```
instr:        lhs_def stmt_list
lhs_def:        INSTR_NAME list_parm        // 单指令左部
|   NAME '[' IDX ']' list_parm              // 表指令左部
|    NAME '[' IDX ']' DECOR list_parm       // 带前缀的表指令左部
|     INSTR_NAME DECOR list_parm            // 带前缀的单指令左部
list_parm:  list_parm ',' PARM
|     PARM
```

（9）表

在 SSL 中使用表来描述一组动作相似的指令，可以有效地缩短 SSL 描述文件的代码量。例如，对于算术运算指令，可以将几条运算指令用表归纳为一条描述：

```
[ARITH, OP3] := { (ADD, "+"), (SUB, "-"), (ADDC, "+"), (SUBC, "-") }
```

结合上述对指令的描述，加法指令 ADD 可以作为该表的一部分，因此，ADD 指令也可以表示如下：

```
ARITH  rd, rs1, rs2     r[rd] := r[rs1] OP3 r[rs2];
```

（10）描述

一个完整的 SSL 描述最多由以下五部分构成：常量定义、寄存器定义、操作数定义、表定义和 SSL 指令列表。一个 SSL 描述的 EBNF 范式如下：

```
specification:    specification parts
|         parts
parts:    constants
|         registers
|         operands
|         tables
|         instr
```

2. SSL 文法的扩展

UQBT 曾经指出，SSL 在定义运行结构方面的能力是有限的，因此，有些特性（比如 SPARC 的寄存器窗口等）无法被很好地模拟。在使用 SSL 对 IA-64 指令集进行语义描述的过程中也发现，由于 SSL 文法的限制及 IA-64 体系结构的新特性，SSL 无法胜任对 IA-64 大量指令进行语义描述。因此，需要对 SSL 进行扩展并结合高级语言程序来模拟这些指令的语义。

对 SSL 的文法进行扩展，主要是针对原有 SSL 不能描述的指令的需要，在 SSL 的词法规则中增加新的字符串作为指令语义描述时需要的关键字，并在语法规则中扩展 EBNF 范式以处理这些字符串；在语言的实现方面，借助于 UNIX 系统中经典的词法、语法分析器的自动生成工具 Flex 与 Bison 来自动生成词法、语法分析器；在指令的语义描述文件中，不使用 SSL 具体描述该条指令的语义，而是以一条包含关键字的 SSL 描述为接口继续向高级提升，最终在生成的目标 C 代码中通过接口调用模拟指令具体语义的 C 函数。

下面先给出对词法规则和语法规则的准确定义。任何语言程序都可看成一定字符集上的一字符串（有限序列）。一个语言的语法是指可以形成和产生一个合式的程序的一组规则。这些规则的一部分称为词法规则，另一部分称为语法规则。语言的单词符号是由词法规则确定的。词法规则规定了字母表中何种字符串是一个单词符号。词法规则是指单词符号的形成规则。单词符号一般包括：各类型的常数、标志符、基本字、算符和界符等。正则表达式和有限自动机理论是描述词法结构和进行词法分析的有效工具。语言的语法规则规定了如何从单词符号形成更大的结构（即语法单位），换言之，语法规则是语法单位的形成规则。一般程序语言的语法单位有：表达式、语句、分程序、函数、过程和程序等。上下文无关文法是描述语法规则的有效工具。语言的词法规则和语法规则定义了程序的形式结构，是判断输入字符串是否构成一个形式上正确（即合式）程序的依据。

SSL 的词法规则由 LEX 语言描述，采用 Flex(快速词法分析产生器，Fast Lexical Analyzer Generator) 工具自动产生 SSL 的词法分析器。Flex 工具由 BSD 和 GNU 工程组发布，它纠正了 LEX 工具的部分不足。一般来说，开发一种新语言时，由于它的单词符号在不停地修改，采用 LEX、Flex 等工具生成的词法分析程序比较易于修改和维护。SSL 描述的输入字符流由词法分析器来识别和产生记号 (token) 序列。SSL 词法分析器的产生及其作用如图 12-21 所示。一个 LEX 源程序主要由两部分组成：一部分是正规定义式，另一部分是识别规则。本节对词法规则的扩展主要在识别规则部分，加入了代表新模式的记号和该模式相应的动作。

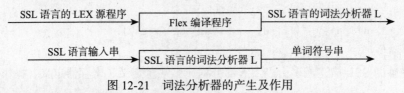

图 12-21   词法分析器的产生及作用

SSL 的语法规则由 YACC 规格说明来描述，可以借助词法分析器的自动生成工具 Bison
自动产生 SSL 的语法分析器。Bison 由自由软件基金会的 GNU 工程组发布，是 YACC 的替
代品。经过词法分析器识别出 SSL 的记号序列作为语法分析器的输入，由 SSL 的语法分析
器进行分析后产生语法树。语法分析程序的产生及作用如图 12-22 所示。YACC 规格说明由
说明部分、翻译规则和辅助过程三部分组成。

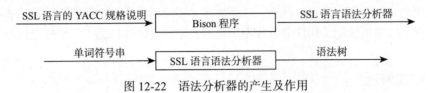

图 12-22　语法分析器的产生及作用

本节对语法规则的扩展包括在说明部分声明记号和操作符的优先级等，以及在翻译部分
为记号设计相应的动作代码。

下面以一条指令为例，说明如何扩展 SSL 的词法规则和语法规则。设指令名为 NAME，
指令有两个源操作数 rs1 和 rs2，一个目的操作数 rd，指令的格式为：

```
NAME  rd, rs1, rs2。
```

在语义描述文件 IA-64.ssl 中对指令的语义描述为：

```
*n*  rd := functionNAME(rs1, rs2);
```

在指令的语义描述文件中使用一条描述语句作为标识，该语句有唯一的函数名
functionNAME，并以两个源操作数 rs1 和 rs2 作为函数的参数，函数的返回值传递给目的操
作数 rd，"*n*" 为 rd 的位数大小。指令语义的具体描述由函数 functionNAME( ) 在 C 代码
生成器中实现。functionNAME 为原有 SSL 语言中不支持的一个新函数，因此，需要对 SSL
的词法规则和语法规则进行扩展，识别出新函数的名字及参数。

第一步，在词法规则文件 sslscanner.l 中添加如下规则来识别记号 functionNAME：

```
"functionNAME(" {
yylval.str = strdup(yytext);
yylval.str[strlen(yylval.str)-1] = '\0';
return SSLParser::FUNCNAME;
}
```

然后，使用以下命令产生新的词法分析器，即生成新的 sslscanner.cc 和 sslscanner.h 文件：

```
flex++ -o rtl/sslscanner.cc -h include/sslscanner.h rtl/sslscanner.l
```

第二步，在语法规则文件 sslparser.y 添加如下动作代码来识别函数名和参数：

```
functions:
    FUNCNAME NUM ',' exp ',' exp ')' {
    ostrstream o;
    SSListElem* s = new SSListElem();
    s->app($2);
    s->app($4);
    s->app($6);
    if ($1 == string("functionNAME ")) s->prep(idfunctionNAME);
    else {
    o << "Unknown FUNCNAME" << $1;
    yyerror(str(o));
    }
    $$ = s;
}
```

使用以下命令生成新的语法分析器，即 sslparser.cc 和 sslparser.h 文件：

```
Bison++ -d -v -o rtl/sslparser.cc -h include/sslparser.h rtl/sslparser.y
```

当一起使用词法分析程序和语法分析程序时，语法分析程序 SSLParser 是较高级别的例程。当它需要来自输入的标记时，就调用词法分析程序。然后，词法分析程序从头到尾扫描输入识别标记，一旦找到对语法分析程序有意义的标记就返回到语法分析程序。不是所有的标记都对语法分析程序有意义。例如，在多数程序设计语言中，语法分析程序不能接收注释和空白。对于忽略的标记，词法分析程序不返回，以便它继续扫描下一个标记而不打扰语法分析程序。

12.2.3　中间表示

中间表示是对机器指令行为的抽象描述，确定中间表示语言的结构是指令语义抽象技术的关键问题。中间表示的特点是每一条语句只能执行一个功能，如一个赋值指令的中间表示将右部的值赋给左部，复杂的机器指令需要两条或更多的低级中间表示。

1. 低级中间表示 RTL

RTL 是一种表示基于寄存器的机器指令作用的中间表示形式。由于 RTL 采用无限数目的寄存器和无限的存储空间，因此，不被限制为某一特定机器的表示。近年来它已经被用作不同系统工具的中间表示，例如连接优化器 OM、GNU 编译器和编辑库 EEL 等。在这些工具中，RTL 都代表寄存器传递语言，但是具体的表示形式相差甚远。由于 RTL 是一种适合于保存指令语义的中间表示，并且具有良好的平台无关性，因此，可选用 RTL 这种中间表示语言作为 IA-64 反编译器的接口。RTL 执行由 SSL 描述所表达的语义信息。

RTL 是由机器的存储单元或寄存器以及描述中使用的操作符一起定义的。RTL 是指令作用的顺序组合，它通过每个存储单元或寄存器上的一系列指令作用捕获机器指令的语义信息。RTL 是简单的、对机器指令作用的低级的寄存器传递描述。一条指令对应一个 RTL，一个 RTL 由多条 RT（Register Transfer，寄存器传递）组合而成，每一条 RT 将一个表达式赋值给一个寄存器或存储单元。通过这种形式可以显式地表示状态的变换，从而获得机器指令的精确信息。例如，IA-64 的加法指令"add rd=rs1，rs2"由以下 RTL 表示：

```
r[rd] := r[rs1] + r[rs2];
```

表示将两个源操作数相加并将结果放在目标寄存器。

可见 RTL 主要描述以下三个部分：数据单元（例如 r[rd]、r[rs1] 和 r[rs2]）、表达式（例如 r[rs1] + r[rs2]）和赋值语句（例如 r[rd] := r[rs1] + r[rs2]）。

在工程实现中，RTL 指令流为具有上述 RTL 语言特征的对象的列表。RTL 对象不仅需要维护描述当前指令的 RTL 赋值语句，还需要维护当前指令的类型、指令所在的指令束地址以及指令在指令束中的指令槽位置。

在机器中，RT 是用语义串（Semantic String）来表示的。语义串其实是一个整数序列，这些整数通过语义表进行索引。语义表的各个入口代表着诸如操作数、特殊寄存器、参数等不同的含义。如"+"运算符在语义表中的索引为 0，寄存器关键字"r["在语义表中的索引为 34，整型常量关键字"IntConst"在语义表中的索引为 75（实际的整数值在整型常量关键字的后面）等。如果把 RT 的各个组成单元（如常量、寄存器、存储单元和各种表达式）看成一个树形结构的话，那么语义串就是这个树的线性前缀。若 RT 是一个赋值语句，那么此 RT 可以分成两部分，一部分是赋值语句的右部，代表一个可以表述指令语义操作的表达式；一部分是赋值语句的左部，代表该语句执行操作最终结果存放的位置。这两部分均用相应的语义串来表示。例如赋值语句：

$$r[12] := (r[15] + 30) * m[500] + r[16]$$

左部可以用语义串"34 75 12"来表示，读作"r[int 12"，整数 34 代表一个寄存器（idRegOf），75 表示寄存器内为一个整数，12 表示其本身的数值；右部的表达式比较复杂，可以用一个树形结构来表示，如图 12-23 所示。对图 12-23 中的树进行先序遍历，可得到如下元素：

+ × + r[int 15 int 30 m[int 500 r[int 16

通过查语义表，可以获得上述各元素的索引号，从而得到语义串如下：

0 2 0 34 75 15 75 30 38 75 500 34 75 16

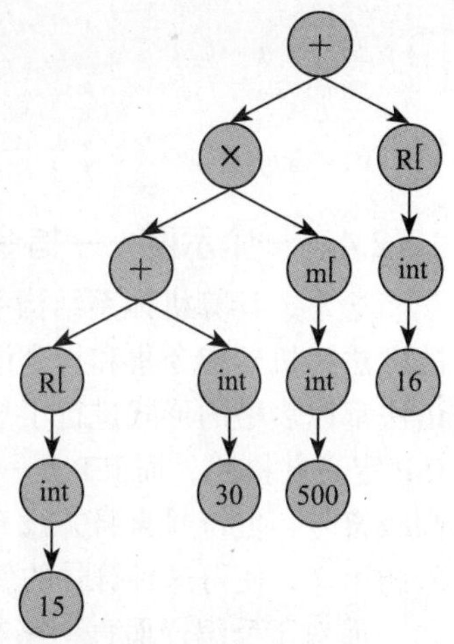

2. 高级中间表示 HRTL

High Level Register Transfer Lists(HRTL) 是从过程调用、过程内控制流等与机器特性相关的细节中抽象出来的一种高级

图 12-23　表达式树形结构

中间表示语言，由指令和操作符组成。采用 HRTL 作为中间表示的主要原因是能够以机器无关的方式来表达代码的语义。所以，从 RTL 到 HRTL 的转换需要对机器指令集的特性进行分析抽象。

HRTL 可以为以下两种形式的任意一种：

- 高级寄存器转换列表：它代表源程序中关于控制转换指令或相关表达的信息。
- 低级寄存器转换列表：它是对源程序中没有控制转换的指令进行解码的结果。

可以看出，HRTL 语言不仅包含 RTL 语言，还包括从控制转移指令（如条件代码、延迟分支）、调用约定、局部变量访问、相关表达式等与机器相关的细节中抽象出来的高级寄存器转换列表。HRTL 来源于对源程序的机器相关 RTL 的分析。

除了对表示效果和表达式的 RTL 赋值语句和表达式的支持，HRTL 还支持以下几类高级 RTL：无条件跳转，其位置可以被确定或计算；条件跳转；多路跳转，计算出可能的 N 个分支目标中的一个；对过程的调用，有选择地传递参数和返回值；由过程返回，带有可选的结果表达式；给一个地址赋值为一个条件代码表达式等。

HRTL 包含以下地址：无限数目的寄存器 r[x]，无限数目的变量 vx 以及内存 m[x]。HRTL 有效地址表示不仅包含 RTL 使用的无限个寄存器和内存单元，还包含无限个变量。该存储单元可以存放过程调用的实参和形参，并且寄存器地址和变量都包含类型的信息。

以下是描述 HRTL 的 EBNF 范式：

```
Exp := Exp BinOP Exp (BinOP: arith, farith, bitwise, logical)
    | UnaryOP Exp (UnaryOP: not, conversion)
    | Exp UnaryOP' (UnaryOP': sign-extension)
    | ADDR Exp (ADDR is the address-of operator; a[] at present)
    | FFunction (float function that returns a float, eg sin())
    | IFunction (float function that returns an int, eg ftoi())
    | Exp BinOP Exp ? Exp : Exp
    | V
    | V @ [i:j] (bitslice)
    | (Exp) {i} (cast to size i bits)
V   :=L
    | FloatNum
    | Num
L   := r[i]
```

```
    | m[i]
Call L
Jcond L
Jump L
Ret
Flags()
```

12.2.4 一个示例——指令原子语义描述语言 ASDL

通常，计算机体系结构手册基于自然语言与 ISP（Instruction Set Processor）描述相结合的方法对机器指令集和指令语义进行描述，其中对于汇编指令及其相关的二进制机器代码的语法都以表格的形式进行了规范定义，但对语义的定义与描述却缺乏统一标准。指令语义由 ISP 定义并描述，而 ISP 是一种能够支持条件分支和循环结构以用于构成结构化编程语言的高级符号，但符号自身并没有标准语言，因此不同的手册会定义不同的伪代码来表示这些符号的语义，使得这种符号的使用有些混乱。

而对于反编译而言，它本身就是要实现指令集向高级语言序列的等价变换，指令语义解析是反编译后续工作的基础。混乱的符号表示不仅使指令解析过程的自动化难以实现，而且让解析结果的正确性难以保证。为此，需要设计一种规范语言，使得指令语义描述工作能按统一的标准进行，也使后续工作处理方式能够统一。

研究发现，虽然不同指令集的指令格式各异，但大多数的机器执行相似的操作，如存取和分支等，只是在不同的指令中有轻微的差别，此类指令的语义就可以进行规范定义。另外，绝大多数的复杂指令可以通过嵌套调用其他简单指令得以实现。

本节采取类似"精简指令集"的思路，介绍指令原子语义描述语言 ASDL。一般情况下，通过确定指令的操作、数据单元和寻址方式就可以确定一条指令。因此，找出构成指令操作的基本元素，确定最小操作集，构成概念上的"原子操作"；找出构成各种寻址方式的基本元素，确定最基本的寻址方式，构成概念上的"原子寻址方式"，并采用统一的方式描述基本数据单元。通过对这些组成指令的基本元素进行规范定义，可完成指令语义的规范定义。

1. 指令的基本组成元素

通常，一条指令需要从三个方面进行描述：指令操作、数据单元和寻址方式。下面分别提取了这三方面的基本元素，用以完成所有指令的描述。

（1）基本指令操作

尽管不同结构处理器的指令集千差万别，但位于底层的基本操作为大多数处理器所通用，且大多数指令都可通过调用这些基本操作来完成。

● 传输类操作

传输指令用于不同数据单元间内容的传递，是指令集的基本指令。通常会因为传输对象的不同而采用不同的指令，如在 PPC 中同是数据传输，从存储器到寄存器用 load 指令，反之则用 store 指令。在 ASDL 中，将其统一成传送操作（opAssign）。

● 运算类操作

通常，运算类指令是各指令集的主要组成部分。运算类操作包括算术运算和逻辑运算，通常算术运算还可以再分为无符号数运算、有符号数运算、浮点运算或整型运算等。

正是由于运算类操作在指令集中的重要地位，在设计语义描述语言时，运算类操作的选择至关重要。显然，操作种类首先应足以实现指令集中的操作；另外，操作种类不宜过多，因为一个小型的操作集合更易于在目标机器上实现；当然，操作种类也不易过少，因为过于精简的操作集合会使得生成的中间表示过于复杂，导致翻译过程效率降低。

因此，在确定运算类操作时，遵循两个原则：一是最基本的运算操作，如加减运算等；二是使用频率高且目标指令集可直接支持的操作。如大于等于可以由大于和等于组合表示，但由于其被频繁使用且目标指令中有对应指令，也被归入基本操作集。

- 控制类操作

控制类操作是通过修改程序计数器内容来控制程序执行流程的操作。通常包括跳转（条件跳转和无条件跳转）、函数调用和返回。其他控制类指令也可以包括到其中。

此外，为了使描述不会过于复杂，还定义了四个辅助类操作，包括取址操作、符号标识、位提取和条件选择操作。

表 12-3 给出了指令操作的原子分类。值得一提的是，若存在基本操作表示形式繁琐或无法表示的情况，可以通过调用外部 C 语言函数的形式进行描述。调用操作的设计为复杂指令的描述提供了接口，使 ASDL 近乎无限的表述能力得以保障。

表 12-3　指令操作的原子分类

分类	含义	组成及符号
运算类	算术操作（opArith）	加（+）、减（−）、乘（*）、除（/）、取模 (%)、浮点加（+f）、浮点减（−f）、浮点乘（*f）、浮点除（/f）
	逻辑操作（opLogic）	与 (&)、或 (|)、非 (~)、异或 (^)、左移 (<<)、右移 (>>)、循环左移 (r<<)、循环右移 (r>>)
	比较操作（opCmp）	等于 (=)、小于 (<)、不等 (~=)、大于 (>)、大于等于 (>=)、小于等于 (<=)
传输类	传送操作（opAssign）	赋值 (:=)
控制类	跳转（opJmp）	条件 / 无条件跳转（→）
	调用（opCall）	过程调用（←）
	返回（opRet）	过程返回（↑）
辅助类	取址（opAddr）	取址 (a[ ])
	符号标识（opSign）	有符号数操作（！）
	位提取（opBAxtract）	位提取 (@<, >)
	条件选择（opIf）	条件选择 (?:)

（2）基本数据单元

构成操作数的基本数据单元通常可分为三类：

1）数字常量。可以以十进制数、十六进制数或二进制数形式进行描述的常量，理论上可以达到正负无限大。符号化表示为 i[n] 或简记为 n。

2）存储器的数字化。以字节为单位给整个存储器空间进行编号，将这个编号作为该字节的索引地址，可以通过给定的地址获取内容。符号化表示为 m[n]，n 为存储单元所在地址。

3）寄存器的数字化。与内存空间不同的是，在大多数情况下，寄存器访问采用基于命名的表示方式，为了能够兼容更多体系结构，需要将基于命名的寄存器表示方式映射为基于索引编号的寄存器索引方式。

- 通用寄存器：将所有寄存器进行统一编址，每个地址表示的位置对应一个独立的寄存器，利用数字编号表示相应的寄存器。符号化表示为 r[n]，n 为寄存器编号，理论可以表示无穷多个寄存器，但在针对实际的平台时，n 应大于 0、小于等于该平台通用寄存器个数。
- 共享寄存器：即多个寄存器共同占据某个寄存器的不同位（如 x86 中 AL、AH 与 EAX），或某个寄存器的不同位具有各自独立的含义（如标志寄存器）。

对此类寄存器只将多个寄存器（或位）所占位置的并集进行编号，利用位提取操作表示涉及的各寄存器（位）。如 x86 中 AL、AH 与 EAX，可将 EAX 编号为 24，表

示为 R[24]，AL 表示为 R[24]@[0，7]，AL 表示为 R[24]@[8，15]。标志寄存器各标
志位的表示也是如此。

- 特殊寄存器：具有特殊功能的寄存器（如 PC），这类寄存器一般对于用户不可见，不
对应寄存器编址空间的具体位置。符号化表示为 r[-1]。当在指令中出现时，用"%+
寄存器名"的形式表示。

在对数据单元进行描述时，除了对数据种类进行定义外，还应以位为单位对数据大小进
行描述，借以表示该指令对何种长度的操作数进行操作。符号化表示为 {n}，其中 n 可以为
1（一位）、4（半字节）、8（单字节）、16（双字节）、32（单字）和 64（双字）等。由于大多
数指令操作数大小并不影响后续转换结果，所以无须对操作数一一定义，只在操作数大小对
后续操作有影响时才进行显式定义。

（3）基本寻址方式

通过研究发现，最基本的寻址方式包括如下三种：

1）存储器寻址：该寻址方式旨在获取给定位置中所存储的数据以进行操作。符号化表
现形式为 M[xx]，xx 可以为任意数据单元。

表 12-4　常见寻址方式的一体化表示

2）寄存器寻址：即将寄存器中内容取
出进行操作的寻址方式。符号化表现形式为
R[xx]，xx 可以为任意寄存器。

3）立即寻址：将存储器中常量数据直
接以操作数的形式表现在指令中。符号化表
现形式为 I[xx]，xx 为数字常量。通常情况
下，立即寻址不必显式标出。

通过对寻址方式与各种运算类操作的组
合可以实现无限复杂的寻址方式，表 12-4
为常见寻址方式的一体化表示举例。

操作数是寻址方式和数值单元的组合，

寻址方式	一体化形式
立即寻址	I[n]
直接寻址	M[m[n]]
寄存器寻址	R[r[n]]
位寻址	M[m[n]]/R[r[n]]@[I[nl]，I[nh]]
存储器间接寻址	M[M[m[n]]]
寄存器间接寻址	M[R[r[n]]]
基址加变址寻址	M[R[r[nb]]+R[r[ni]]]
比例变址寻址	M[R[r[nb]]+R[r[ni]]* I[ns]]
寄存器相对寻址	M[R[r[nb]]+ I[ni]]
相对基址加变址寻址	M[R[r[nb]]+R[r[ni]]+ I[ni]]

而所有的常见寻址方式均可以由基本寻址方式与某些指令操作相结合加以表示，因此通过对
基本寻址方式和基本数据单元的组合即可实现操作数的规范化描述。

为了便于描述，把原子操作、寻址方式和数据单元的组合称为表达式。简单的表达式是
一个常量或变量，也可以使用寻址方式和原子操作将简单表达式连接起来组成更为复杂的表
达式结构。根据最终构成表达式所使用的原子操作的类型，复杂表达式包含一元表达式、二
元表达式和三元表达式。

可以构成表达式的操作及类型如表 12-5 所示。

表 12-5　构成表达式的操作及类型

类型	组成
一元操作（opUnary）	非 (~)、有符号数操作（！）、取址 (a[ ])、存储器寻址（M[]）、寄存器寻址（R[]）
二元操作（opBin）	或 (|)、与 (&)、异或 (^)、左移 (<<)、右移 (>>)、循环左移 (r<<)、循环右移 (r>>)、等于 (=)、小于 (<)、不等 (~=)、大于 (>)、大于等于 (>=)、小于等于 (<=)、加 (+)、减 (−)、乘 (*)、除 (/)、取模 (%)、浮点加 (+f)、浮点减 (−f)、浮点乘 (*f)、浮点除 (/f)
三元操作（opTern）	位提取 (@<, >)、条件选择 (?:)

2. 指令语义的描述

简单来讲，所谓指令语义即指令的行为或执行的操作。如果将整个计算机系统看作一个

状态转换系统，那么每条机器指令的语义可以通过该指令在执行过程中对于机器状态的更新情况来描述。按习惯来说，人们在理解程序行为时会虚拟地构建一个直观的模型，该模型以"存储单元的内容决定机器状态"为主要思想，结构化操作语义学经典著作中对程序行为的形式化描述也体现了这一思想。为此，可以通过描述指令在执行过程中存储单元内容改变情况来描述指令的运行效果。

由于一条指令执行可能涉及多个存储单元，借助有效动作的概念，每一个存储单元的内容改变由一次有效动作来描述。实质上，相当于将整条指令的执行动作分解成一组单步动作，每一步的执行效果由一次有效动作加以描述。

为了便于理解，在描述有效动作之前，有必要对原子操作的分类进行介绍。根据对数据存储单元内容的传递与否可以将原子操作分为传递操作和非传递操作。

定义 12.1（传递操作（Transfer Operation，TO））　直接完成数据存储单元间内容传递的操作，包含 opAssign、opJmp、opCall 和 opRet。

指令原子操作的语义通常包含字面语义和引申语义两部分：字面语义指通过操作本身可以直接获得的信息，如对于 opAssign 来说，其字面语义可以表述为将一个存放于某存储空间的值复制到另一个存储空间，目标存储空间的内容因此改变，故 opAssign 属于 TO；引申语义指除字面语义之外的其他含义，如改变控制流的操作如 opJmp，默认会修改 PC（程序计数器），将跳转目标地址传递到 PC 中，因此同样属于 TO。

定义 12.2（非传递操作（Non-Transfer Operation，NTO））　对数据存储单元内容的传递没有直接影响的操作，即包含 TO 型操作外的所有操作，如 opPlus、opMinus 等，此类操作必须借助 TO 才能将运算结果传递到其他存储单元，否则无法直接导致数据单元内容的改变。

由于 ASDL 语言是根据计算机存储单元状态的改变来描述指令语义，故只关心能够对状态改变有影响的语句，即有效动作。

定义 12.3（有效动作（Valid Action，VA））　存在且仅存在一次对数据存储单元内容进行传递的动作，叫做一次有效动作 VA。

那么，一条指令就由一组有效动作来描述，隶属于同一条指令的有效动作要么全部不发生，要么全部发生，而且发生的先后顺序不可随意改变。

另外，为了描述条件语句，使用了"=>"符号用于表示"if-then"的含义。

指令原子语义描述语言的语法以 EBNF 表示如图 12-24 所示。

3. 基于 ASDL 的中间表示

利用 ASDL 对指令进行语义描述之后，仅仅是文本形式，还不

```
instr ::= VA*                        E ::= E opBin E
                                       | opUnary E
VA ::= C '=>' VA                      | C '?' E ':' E
    | E opAssign E                    | 'M[' E ']'
    | opJmp E                         | 'R[' E ']'
    | opCall E                        | 'A[' E ']'
    | opRet                           | O
                                       | O '@< i[' N '], i[' N '] >'
O ::= 'm [' N ']'
    | 'r [' N ']'                    C ::= E opCmp E
    | 'i[' N ']'
    | 'i [' F ']'                    F ::= (-)[D]+.[D]+

N ::= (-)[DezD]+                     D ::= '0' |Dez
    | ' 0x '[DhD]+
    | (-)'2**' [D]+                  Dez ::= '1' | '2' | '3' | '4' | '5' | '6' | '7' | '8' | '9'

                                     Dh ::= ' A '|' B '|' C '|' D '|' E '|' F '

注：
Instr: 指令（instruction）；       E: 表达式（Expression）；
VA: 有效动作（valid action）；     N: 常量整型数字（Number）；
O: 基本数据单元（Operand）；       F: 常量浮点数字（Float）；
C: 比较条件（Compare）
```

图 12-24　指令原子语义描述语言的 EBNF 表示

便于实现进一步分析和翻译的自动化，需要将其以某种数据结构的形式读入内存。语义映射模块所要完成的主要工作正是要完成指令的语义描述到中间表示的转换。由于后续的工作都是在中间表示上完成，在此对基于 ASDL 设计的中间表示做简单介绍以便于理解。

由于表达式分为简单表达式和复杂表达式两种，而复杂表达式又包括一元、二元和三元表达式，一般情况下表达式的各子表达式之间的顺序又不可改变，因此定义了基于三叉树的数据结构来存储表达式，称其为表达式树（Expression Tree）。为了便于描述，将表达式树的根结点称为操作符（Oper），三棵子树分别称为子表达式 1（SubE1）、子表达式 2（SubE2）和子表达式 3（SubE3）。简单表达式的三棵子树均为空（即：此时根结点为常量或变量），一元表达式的子树 2 和子树 3 为空，依此类推。

为了表示有效动作的概念，设计了语义树来存储有效动作的相关信息，语义树以 TO 类操作为根结点，以表达式树为子树（如果存在的话），结构与表达式树基本相同，只是存储的信息不同。因此从某种意义上讲，语义树也是一种特殊的表达式树。由于其是基于 ASDL 生成的，且每个结点均以构成指令语义的元素作为索引，因此将其称为语义树。

之所以选择树形结构作为中间表示，原因在于它能够更加自然地表现指令的层次结构，在下文中对翻译及间接跳转处理过程的阐述中可以看出，这种层次结构使得相关处理简明易懂、接口明确、思路清晰。

图 12-25 给出了语义树的四种形式。习惯上，我们将语义树的根结点称为 root，将赋值操作的三条子树从左至右分别称为条件子树（iTree）、左子树（lTree）、右子树（rTree），而将控制类操作的子树分别称为条件子树（iTree）、目标子树（dTree）。

其中条件子树 iTree 是为条件执行指令设计的，当有效动作中没有特定执行条件时，iTree 为空。

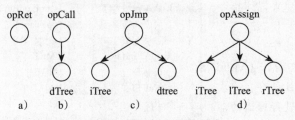

图 12-25　语义树的四种形式

为指令所设计的数据结构 instr 则相对简单，主要用于标记指令地址及所在基本块等基本信息，并负责将本指令中所包含的语义树链接在一起。在大多数情况下，后续操作都基于语义树进行，指令的概念反而显得不太重要。

12.3　本章小结

本章首先介绍了有关二进制 0/1 代码向汇编码转换过程中的主要知识：指令描述和解码；然后又介绍了汇编级代码向中间表示转换过程中的基本知识：基于语义的指令映射。通过这两部分的介绍，已经基本了解反编译过程中两种编码转换常识，并通过一定的示例能够更为深入地理解这一部分的知识。

习题

1. SLED 通过哪几个概念来实现指令的描述？

2. SLED 中的 tokens 有什么作用？

3. 请简述 SLED 中的 patterns 主要作用。

4. x64 指令与 x86 相比有哪些新特性？

5. x64 和 x86 在指令构成和寻址模式上的主要区别有哪些？

6. 语义描述语言 SSL 的主要作用是什么？

7. 请写出 SSL 的语法中常量的 EBNF 范式？

8. SSL 的语法中针对寄存器描述预先定义的关键字是什么？

9. 在 ADSL 语言中是怎样描述常见寻址方式的？

10. 在 ADSL 语言中直接完成数据存储单元间内容传递的操作包含哪四种？

第13章 反编译中的恢复技术

反编译是编译的逆向过程，其所做的工作可以看作从无到有，按图索骥，恢复还原。本章重点讲解反编译过程中的数据流（或数据）恢复、高级控制流恢复，以及过程（或者叫函数）恢复三种主要的恢复技术。

13.1 数据流和数据恢复

在反编译过程中，对数据流和数据的分析是必不可少的步骤。其中有关数据流的分析有较为完整的理论加以支撑，也有大量文献可供查阅（多为国内外学者的硕博士论文和各种期刊会议论文），而有关具体的数据恢复却因为与编译器和可执行程序的宿主机体系架构联系紧密而缺乏通用方法和理论。基于这种现状，本节只是简要介绍数据流分析的一些基本理论和定义供读者参考，需要进一步了解的读者可以查阅相关专业文献。而本节将把重点讲解放在各种数据恢复技术上，此类技术针对性和实用性较强，更具备操作性。

13.1.1 数据流分析

为了在中间代码上进行改善代码的转换，反编译器需要在整个程序中收集关于寄存器和条件码的信息，并且跨不同的基本块传播该信息。该信息的收集是通过一个数据流分析过程（即求解方程式系统——与该程序不同点上的信息相关联的方程式）来实现的。本小节将给出与数据流问题相关的一些定义和公式，内容参考于Cristina Cifuentes 的研究成果，其他学者也给出了自己的定义和数据流公式，但基本原理相似。

1. 数据流分析定义

定义 13.1 "定义"（Define，此处为一个专有名词）一个寄存器就是修改该寄存器的内容（即赋予它一个新的数值）。类似地，定义一个标志就是用一条指令修改这个标志。

定义 13.2 "使用"（Use，也为专有名词）一个寄存器就是引用一个寄存器（即该寄存器的值被使用）。类似地，使用一个标志就是用一条指令引用这个标志。

定义 13.3　在基本块 B_i 中"局部可用的定义 d"就是在 B_i 中的上一个 d 的定义。

定义 13.4　在基本块 B_i 中"局部向后影响的使用 u"是一个之前没有在 B_i 中定义过的使用。

定义 13.5　在基本块 B_i 中一个定义 d 延伸到基本块 B_j，只要满足以下三个条件：

- "d"是来自 B_i 的一个局部可用的定义。
- $\exists B_i \to B_j$。
- $\exists B_i \to B_j \cdot \forall B_k \in (B_i \to B_j)$，$k \neq i \land k \neq j$，$B_k$ 不重新定义"d"。

（注：本节使用的符号"→"表示一个程序控制流上的一条路径。）

定义 13.6　在基本块 B_i 中一个寄存器 / 标志的任何定义被认为终止所有延伸到 B_i 的该寄存器 / 标志的定义。

定义 13.7　如果"d"没有在基本块 B_i 中被重新定义，那么"d"的定义在 B_i 中被保留。

定义 13.8　在基本块 B_i 的出口上可用的定义是以下二者之一：

- 寄存器 / 标志的局部可用定义。
- 延伸到 B_i 的寄存器 / 标志定义。

定义 13.9　寄存器 / 标志的一个使用"u"在基本块 B_i 中是向后影响的，只要满足以下二者之一：

- u 是从 B_i 局部地向后影响的。
- $\exists B_i \to B_k \cdot u$ 是从 B_k 局部地向后影响的，而且不存在包含一个"u"定义的 B_j（$i \leqslant j < k$）。

定义 13.10　定义"d"在基本块 B_i 中是"**活跃**"（live）的或"**活动**"（active）的，只要：

- "d"延伸到 B_i。
- 在 B_i 中"d"有一个向后影响的使用。

定义 13.11　如果在沿着从 B_i 出发的所有路径上，"d"在被重新定义之前被使用了，那么在基本块 B_i 中的定义"d"是"**繁忙**"（busy）的。

定义 13.12　如果在沿着从 B_i 出发的所有路径上，"d"在被重新定义之前没有被使用，那么在基本块 B_i 中的定义"d"是"**死的**"（dead），或者称作"无用的"，也就是说 d 不是忙的，或者不是活跃的。

定义 13.13　对于在指令"i"上的一个定义"d"，其"**定义 – 使用链**"（du-chain）是指令集合"j"（即能够被"d"影响的那些指令），在其中"d"可能在被重新定义之前被使用。

定义 13.14　对于在指令"j"上的一个使用"u"，其"**使用 – 定义链**"（ud-chain）是指令集合"i"（即能够影响"u"的那些声明），在其中"u"被定义了。

定义 13.15　如果沿着某一个路径没有"d"的定义，那么这个路径是"d-clear"的。

2. 数据流问题的分类

数据流问题就是一系列的方程式求解，使用在每个基本块中收集到的信息，并向整个完整的控制流向图传播它。在一个子过程的流向图里面传播的信息叫做子过程内（intraprocedural）的数据流分析，而跨子过程调用传播的信息叫做子过程间（interprocedural）的数据流分析。

从基本块中以集合的形式（如 gen() 和 kill()）收集关于被定义的或被终止的寄存器信息，然后在基本块入口和出口以集合的形式（如 in() 和 out() 集合）做统计。对于基本块 B_i，一个典型的数据流方程式有以下形式：

$$out(B_i) = gen(B_i) \cup (in(B_i) - kill(B_i))$$

它表示"在基本块 B_i 出口的信息或者是在 B_i 上生成的信息，或者是进入该基本块而且没有在该基本块内被终止的信息"。统计信息 in() 是从该图的前导结点收集，其方程式形式如下：

$$in(B_i) = \bigcup_{p \in Pred(B_i)} out(p)$$

它收集在任何前导结点的出口可用的信息。因为从前导结点收集的信息是来自任何一个路径（亦即，并非所有的路径需要有相同的信息），所以这个数据流问题被归类为一个任何路径（any-path）问题。任何路径问题是前导结点与后续结点联合表现的方程式，具体取决于问题本身。

类似地，所有路径（all-path）问题是用一个方程式给予说明的数据流问题，这个方程式在所有的路径中——从当前基本块到后继结点或前导结点——收集可用的信息，具体取决于问题的类型。

定义 13.16 一个数据流问题认为是向前流，只要：
- out() 集合是根据在相同基本块里的 in() 集合计算的。
- in() 集合是从前导基本块的 out() 集合计算的。

定义 13.17 一个数据流问题认为是向后流，只要：
- in() 集合根据在相同基本块里的 out() 集合计算的。
- out() 集合是从后继基本块的 in() 集合计算的。

数据流问题的分类由表 13-1 所示的分类法导出。对于每个向前流和向后流问题，所有路径方程式和任何路径方程式的定义根据后继结点和前导结点。

表 13-1　数据流分析方程

	向前流	向后流
任何路径	$Out(B_i) = Gen(B_i) \cup (In(B_i) - Kill(B_i))$ $In(B_i) = \bigcup_{p \in Pred(B_i)} Out(p)$	$In(B_i) = Gen(B_i) \cup (Out(B_i) - Kill(B_i))$ $Out(B_i) = \bigcup_{s \in Succ(B_i)} In(s)$
所有路径	$Out(B_i) = Gen(B_i) \cup (In(B_i) - Kill(B_i))$ $In(B_i) = \bigcap_{p \in Pred(B_i)} Out(p)$	$In(B_i) = Gen(B_i) \cup (Out(B_i) - Kill(B_i))$ $Out(B_i) = \bigcap_{s \in Succ(B_i)} In(s)$

一般来说，数据流方程式没有唯一解；但是在数据流问题中，我们关心的解是满足方程式的最小或最大的固定点解。对于向前流问题，找到这个解是通过把入口基本块的 in(B) 集合的初始值设定为一个边界条件，而对于向后流问题，找到这个解是通过把出口基本块的 out(B) 集合的值设定为一个边界条件。根据该问题的说明，这些边界条件集合被初始化为空集或全集（即所有可能的值）。

子过程内的数据流问题只求解与一个子程序有关的方程式，而不考虑被其他子程序使用或定义的值。由于这些问题是流向不敏感的（flow insensitive），因此为所有最初结点（对于向前流问题）或所有出口结点（对于向后流问题）设定边界条件。子过程间的数据流问题则求解与一个程序的子程序有关的方程式，它考虑到由被调用子程序使用或定义的值。信息在调用图的子程序之间流动。这些流向敏感的（flow sensitive）问题只为程序调用图的 main 子程序设定边界条件，而所有其他子程序都是通过调用图中所有的前导结点（对于向前流问题）或所有的后继结点（对于向后流问题）统计信息。下面讲述延伸寄存器、活寄存器、可用寄存器和忙寄存器的数据流方程式求解。

1）延伸寄存器定义分析确定哪些寄存器沿着一些路径延伸到某个特定基本块，因此在下面，向前流 – 任何路径方程式被使用。

定义 13.18 令

- B_i 是一个基本块。
- $ReachIn(B_i)$ 是延伸到 B_i 入口的寄存器的集合。
- $ReachOut(B_i)$ 是延伸到 B_i 出口的寄存器的集合。
- $Kill(B_i)$ 是在 B_i 中被终止的寄存器的集合。
- $Def(B_i)$ 是在 B_i 中被定义的寄存器的集合。

则有（如果 B_i 不是头结点的话）：

$$ReachIn(B_i) = \cup_{p \in Pred(B_i)} ReachOut(p)$$

否则，其为空集。

$$ReachOut(B_i) = Def(B_i) \cup (ReachIn(B_i) - Kill(B_i))$$

2）活寄存器分析确定一个寄存器是否在沿着一些路径上被使用，因此在下面，向后流 – 任何路径方程式被使用。

定义 13.19 令

- B_i 是一个基本块。
- $LiveIn(B_i)$ 是在 B_i 入口上活的寄存器的集合
- $LiveOut(B_i)$ 是在 B_i 出口上活的寄存器的集合。
- $Use(B_i)$ 是在 B_i 中被使用的寄存器的集合。
- $Def(B_i)$ 是在 B_i 中被定义的寄存器的集合。

则有（如果 B_i 不是一个返回结点的话）：

$$LiveOut(B_i) = \cup_{s \in Succ(B_i)} LiveIn(s)$$

否则，其为空集。

$$LiveIn(B_i) = Use(B_i) \cup (LiveOut(B_i) - Def(B_i))$$

3）可用寄存器分析确定哪些寄存器在沿着图的所有路径上是可用的，因此在下面，向前流 – 所有路径方程式被使用。

定义 13.20 令

- B_i 是一个基本块。
- $AvailIn(B_i)$ 是在 B_i 入口上可用的寄存器的集合。
- $AvailOut(B_i)$ 是在 B_i 出口上可用的寄存器的集合。
- $Compute(B_i)$ 在 B_i 中被计算而且没有被终止的寄存器的集合。
- $Kill(B_i)$ 是在 B_i 中因一个赋值指令而被终止的寄存器的集合。

则有（如果 B_i 不是头结点的话）：

$$AvailIn(B_i) = \cap_{p \in Pred(B_i)} AvailOut(p)$$

否则，其为空集。

$$AvailOut(B_i) = Compute(B_i) \cup (AvailIn(B_i) - Kill(B_i))$$

4）忙寄存器分析确定哪些寄存器在沿着图的所有路径上是忙的，因此在下面，向后流 – 所有路径方程式被使用。

定义 13.21 令

- B_i 是一个基本块。
- $BusyIn(B_i)$ 是在 B_i 入口上忙的寄存器的集合。
- $BusyOut(B_i)$ 是在 B_i 出口上忙的寄存器的集合。
- $Use(B_i)$ 是在 B_i 中被终止之前被使用的寄存器的集合。

- Kill(B_i) 是在 B_i 中被使用之前被终止的寄存器的集合。

则有（如果 Bi 不是一个返回结点的话）：

$$BusyOut(B_i) = \cap_{s \in Succ(B_i)} BusyIn(s)$$

否则，其为空集。

$$BusyIn(B_i) = Use(B_i) \cup (BusyOut(B_i) - Kill(B_i))$$

寻找一个寄存器定义的使用的问题，也就是一个 du-chain 问题，是求解一个向后流 – 任何路径问题。类似地，寻找一个寄存器的一个使用的所有定义的问题，也就是一个 ud-chain 问题，是求解一个向前流—任何路径问题。前面的数据流问题概括为表 13-2。

表 13-2　数据流问题——概述

	向前流	向后流
任何路径	Reach ud-chains	Live du-chains
所有路径	Available Copy propagation	Busy Dead

精确的子过程间活跃变量的方程式在链接时系统 (link-time system) 上作为代码最优化的一部分被提出，即使用两个步骤方式去掉在无关子程序（调用相同的其他子程序）上的信息传播。在调用图中每个调用结点有两个结点：call 结点——有一个去往被调用者子程序头结点的出边，和 ret_call 结点——有一个来自被调用者子程序返回结点的入边。

在第一个步骤内，信息流动只经过普通结点和调用边；从调用图中把返回边去掉了。在第二个步骤内，信息流动只经过普通结点和返回边；从调用图中把调用边去掉了。这个步骤使用在第一个步骤中计算的统计信息。因为该信息从调用者流向被调用者或者反过来，所以这个方法提供的信息比较精确。

定义 13.22 提出用于精确的子过程间寄存器分析的方程式。第一个步骤中求解活寄存器方程式和死寄存器方程式，并且对调用图中每个子程序做统计放在 PUse() 和 PDef() 集合中。因为第二个步骤中也求解活寄存器方程式，所以这些方程式用步骤编号加以区别（例如，LiveIn1() 是第一个步骤的，而 LiveIn2() 是第二个步骤的）。call 基本块和 ret_call 基本块有各自单独的方程式。对于活的方程式和死的方程式，初始边界条件是空集。

定义 13.22 令

- B_i 是一个非 call 和 ret_call 类型的基本块。
- LiveIn1(B_j) 是步骤 1 期间在 B_j 的入口上活的寄存器的集合。
- LiveOut1(B_j) 是在步骤 1 期间在 B_j 的出口上活的寄存器的集合。
- DeadIn(B_j) 是在 B_j 的入口上已经被终止的寄存器的集合。
- DeadOut(B_j) 是在 B_j 的出口上已经被终止的寄存器的集合。
- Use(B_j) 是在 B_j 中被使用的寄存器的集合。
- Def(B_j) 是在 B_j 中被定义的寄存器的集合。
- LiveIn2(B_j) 是步骤 2 期间在 B_j 的入口上活的寄存器的集合。
- LiveOut2(B_j) 是步骤 2 期间在 B_j 的出口上活的寄存器的集合。

那么，精确的子过程间的活寄存器分析被计算如下：

步骤 1：

- LiveOut1(B_i) $= \cup_{s \in Succ(B_i)} LiveIn1(s)$;

上式说明：如果 B_i 为非返回结点，正常计算；否则其为空集。

- LiveIn1(B_i) $= Use(B_i) \cup (LiveOut1(B_i) - Def(B_i))$
- DeadOut(B_i) $= \cap_{s \in Succ(B_i)} DeadIn(s)$

上式说明：如果 B_i 为非返回结点，正常计算；否则其为空集。

- DeadIn(B$_i$) = Def(B$_i$)∪(DeadOut(B$_i$) − Use(Bi))
- LiveOut1(ret_call) =∪$_{s∈Succ(ret\_call)}$LiveIn1(s)
- LiveIn1(ret_call) = LiveOut1(ret_call)
- LiveOut1(call) = LiveIn1(entry)∪(LiveOut1(ret_call) − DeadIn(entry))
- LiveIn1(call) = LiveOut1(call)
- DeadOut(ret_call) = ∩$_{s∈Succ(ret\_call)}$DeadIn(s)
- DeadIn(ret_call) = DeadOut(ret_call)
- DeadOut(call) = DeadIn(entry) ∪ (DeadOut(ret_call) − LiveIn1(entry))
- DeadIn(call) = DeadOut(call)

"子过程"统计：取任意子程序"p"，则有

- PUse(p) = LiveIn1(entry)
- PDef(p) = DeadIn1(entry)

步骤 2：

如果 B$_i$ 不是 main 的返回结点：

- LiveOut2(B$_i$)= ∪$_{s∈Succ(B_i)}$LiveIn2(s)

否则，其为空集。

- LiveIn2(B$_i$)= Use(B$_i$)∪(LiveOut2(B$_i$) − Def(B$_i$))
- LiveOut2(ret_call)=∪$_{s∈Succ(ret\_call)}$LiveIn2(s)
- LiveIn2(ret_call)= LiveOut2(ret_call)
- LiveOut2(call)= PUse(p)∪(LiveOut2(ret_call) - PDef(p))
- LiveIn2(call)= LiveOut2(call)

例 13.1　如图 13-1 所示的调用图。这个程序有一个 main 子过程和两个子程序。子过程间的活寄存器分析，我们使用定义 13.22 所述约定，通过"步骤 1"的运算，得到表 13-3 的结果。针对该结果进行统计，得到表 13-4 的结果。然后再通过"步骤 2"的运算，得到表 13-5 的结果。以下是关于各结点的统计信息。

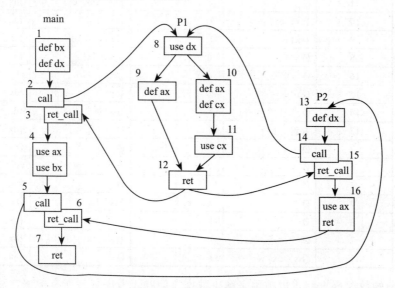

图 13-1　活跃寄存器示例

表 13-3　对图 13-1 示例实施步骤 1 的运算

子程序	结点	定义 (Def)	使用 (Use)	LiveIn1	LiveOut1	DeadIn	DeadOut
P1	12	Ø	Ø	Ø	Ø	Ø	Ø
	11	Ø	{cx}	{cx}	Ø	Ø	Ø
	10	{ax, cx}	Ø	Ø	{cx}	{ax, cx}	Ø
	9	{ax}	Ø	Ø	Ø	{ax}	Ø
	8	Ø	{dx}	{dx}	Ø	{ax}	{ax}
P2	16	Ø	{ax}	{ax}	Ø	Ø	Ø
	15	Ø	Ø	{ax}	{ax}	Ø	Ø
	14	Ø	Ø	{dx}	{dx}	{ax}	{ax}
	13	{dx}	Ø	Ø	{dx}	{ax, dx}	{ax}
main	7	Ø	Ø	Ø	Ø	Ø	Ø
	6	Ø	Ø	Ø	Ø	Ø	Ø
	5	Ø	Ø	Ø	Ø	{ax, dx}	{ax, dx}
	4	Ø	{ax, bx}	{ax, bx}	Ø	{dx}	{ax, dx}
	3	Ø	Ø	{ax, bx}	{ax, bx}	{dx}	{dx}
	2	Ø	Ø	{bx, dx}	{bx, dx}	{ax}	{ax}
	1	{bx, dx}	Ø	Ø	{bx, dx}	{ax, bx, dx}	{ax}

表 13-4　对示例的子程序进行统计

子程序	使用 (PUse)	定义 (PDef)
P1	{dx}	{ax}
P2	Ø	{ax, dx}
main	Ø	{ax, bx, dx}

表 13-5　对示例实施步骤 1

子程序	结点	定义 (Def)	使用 (Use)	LiveIn2	LiveOut2
P1	12	Ø	Ø	{ax, bx}	{ax, bx}
	11	Ø	{cx}	{ax, bx, cx}	{ax, bx}
	10	{ax, cx}	Ø	{bx}	{ax, bx, cx}
	9	{ax}	Ø	{bx}	{ax, bx}
	8	Ø	{dx}	{bx, dx}	{bx}
P2	16	Ø	{ax}	{ax}	Ø
	15	Ø	Ø	{ax}	{ax}
	14	Ø	Ø	{dx}	{dx}
	13	{dx}	Ø	Ø	{dx}
main	7	Ø	Ø	Ø	Ø
	6	Ø	Ø	Ø	Ø
	5	Ø	Ø	Ø	Ø
	4	Ø	{ax, bx}	{ax, bx}	Ø
	3	Ø	Ø	{ax, bx}	{ax, bx}
	2	Ø	Ø	{bx, dx}	{bx, dx}
	1	{bx, dx}	Ø	Ø	{bx, dx}

其他类型的数据流方程式也被用来解决数据流问题。考虑寻找所有根据定义 13.22 延伸到某个基本块 B_i 的寄存器定义的问题。在这个定义中,延伸问题根据可用问题来定义;如果

一个寄存器在沿着从一个前导结点到当前结点的某路径上是可用的，那么该寄存器延伸到与当前结点相应的基本块。这个问题等价于寻找 ReachIn() 集合。使用定义 13.23 的方程式来解这个问题。

定义 13.23 令

- B_i 是一个基本块。
- $Reach(B_i)$ 是延伸到 B_i 的寄存器的集合。
- $Avail(B_i)$ 是来自 B_i 的可用寄存器的集合。

则有

$$Reach(B_i) = \bigcup_{p \in Pred(B_i)} Avail(p)$$

从一个基本块里面寻找可用寄存器的问题是根据局部可用的和延伸的定义 (见定义 13.8) 来定义的。这个问题等价于寻找 AvailOut() 集合。使用定义 13.24 的方程式来解这个问题 .

定义 13.24 令

- B_i 是一个基本块。
- $Avail(B_i)$ 是来自 B_i 的可用寄存器的集合。
- $Reach(B_i)$ 是延伸到 B_i 的寄存器的集合。
- $Propagate(B_i)$ 是在整个 B_i 中被传播的寄存器的集合。
- $Def(B_i)$ 是在 B_i 中局部可用的定义的集合。

则有

$$Avail(B_i) = Def(B_i) \cup (Reach(B_i) \cap Propagate(B_i))$$

最后，根据延伸定义和向后影响使用，定义 13.10 定义了活寄存器问题。而这个问题又等价于求解 LiveIn() 集合的方程式。基于这种设定，则下面的方程式被使用：

定义 13.25 令

- B_i 是一个基本块
- $Live(B_i)$ 是在 B_i 的入口上活的寄存器的集合。
- $Reach(B_i)$ 是延伸到 B_i 的寄存器的集合。
- $UpwardExp(B_i)$ 是在 B_i 中向后影响的寄存器的集合。

则有

$$Live(B_i) = Reach(B_i) \cap UpwardExp(B_i)$$

3. 数据流方程式求解

给定一个子程序的控制流向图，数据流方程式可以使用两个方法求解：

1）**迭代方法**：用一个解反复计算直至遇到一个固定点。

2）**区间方法**：为某一个区间建立一个解，然后向那个区间里的所有结点传播这个解。

这些方程式没有唯一解，但是我们把最小的解作为答案。迭代方法和区间方法的具体细节，读者可以查阅相关文献。

13.1.2　数据恢复方法——以 IA-64 架构上的反编译为例

反编译需要完成的恢复工作大致可分为四类：一般执行语句的恢复、用户函数的恢复、库函数的恢复和数据的恢复。其中，对间接跳转目标地址的确定属于对一般执行语句的恢复范畴，对间接调用目标地址的确定属于函数恢复的范畴，然而，两者各属于一般执行语句和函数恢复的一部分。在间接转移指令目标地址确定问题得以解决的前提下，相比较而言，对数据的恢复要难于其他三类恢复工作，数据恢复的关键是对数据类型的恢复，如果程序使用的数据相同，而使用的数据类型不同，则程序的运行结果很可能不同。如果可以完全恢复源程序的数据和数据类型，那么反编译生成程序就可像源程序一样运行于不同体系结构的机器上。

程序的执行不可避免要使用数据，因此必然会涉及数据的类型。机器语言程序虽是 0 和 1 的二进制码串，但执行时要在内存和寄存器中存取，由于进行存取的内存空间或者寄存器的大小不同，导致取出的数据的类型也不同，如字节型、字型和双字型等；另外，由于程序的指令和数据都存储在内存中，因此，数据又分为数值数据和地址数据。针对汇编语言程序既可以根据存取指令和赋值指令初步判断数据的类型，也容易区分数值数据和地址数据。高级语言程序则给出了所使用数据的具体类型，如 C 语言使用的数据类型：char、short、int、long、float、double 和 struct 等。

计算机编程语言的发展是人们不断追求更高层次的模块化、抽象化和封装的过程，其目的是方便程序的编写、维护和交流。在数据类型方面同样体现着这些特征，如把字节型数据抽象为 char 型数据，把一组不同类型的数据封装成 struct 型数据。使用不同计算机语言编程的难易程度不同，但实现的程序功能却是相同的，且不管程序是采用何种语言生成的，机器语言程序是计算机唯一能识别和执行的程序。

本节的示例以 IA-64 架构上用 C 语言编写的程序编译后生成的可执行程序作为反编译的输入。

1. 研究现状

数据类型恢复是反编译研究的热点和难点问题。近二十年的数据类型恢复研究表明，数据类型恢复基本上是依据库函数类型信息、指令语义、习惯用语、数据流分析和形式化的类型推导等进行的，到目前为止，数据类型没有得到完备的恢复方法。下面介绍一些代表性的研究工作。

8086 反编译器第一次对数据类型恢复进行了尝试性研究，它基于 C 语言对各类数据类型变量的操作原理，从理论层面探讨数据类型的恢复。它介绍的数据类型恢复技术建立在诸多假设之上（如数组的应用是采用全变量下标的形式；完全使用" -> "操作符访问结构体成员的情况并不多见等），并且没有对数据类型恢复效果进行介绍。

Cifuentes 的博士论文介绍了他使用的数据类型恢复技术，根据库函数的类型信息、指令语义和习惯用语提取简单的数据类型信息，同时使用类型传播技术进行数据类型的恢复。给出的实验数据显示将 short 型数据变量恢复成 int 型数据变量、将 long 型数据变量恢复成 int 型数据变量，这在某些情况下可能会导致问题。此外，文中没有介绍对数组、结构体和指针等数据类型的恢复。

Guilfanov 介绍的数据类型恢复技术，同样依据程序中标准 C 库函数的类型信息和类型传播技术进行用户自定义函数类型的恢复，但它提供的实验数据显示：平均只有 20% 的用户自定义函数的类型可以被成功恢复。

二进制翻译器 UQBT 同样利用库函数的类型信息、指令语义分析和类型传播技术处理 RTL 代码恢复得到四种数据类型：int 型、float 型、数据地址型和指令地址型。关于其他数据类型的恢复没有介绍。

Radetzki 等基于数据流分析实现数据类型恢复，但分析得到的仅为字节型、字型、寄存器地址型和指令地址型等低级数据类型。

Mycroft 介绍了将无类型语言 BCPL 生成的二进制程序反编译到 C 程序所使用的数据类型恢复技术。它针对每条指令给出相应的类型限制条件（即类型求解方程），最后统一求解这些方程。然而，当程序规模比较大时其对应的方程数目就比较多，求解方程耗时多，算法效率不高。其声称对结构体和数组类型变量进行了成功的恢复，然而，对成功恢复的结构体类型变量而言，它拥有的内存空间可能恰好是几个不同类型变量连续存储造成的，这是因为 BCPL 程序是无类型语言程序，以致恢复出的 C 程序数据类型因没有参考物而无法对其进行评判。另外，它没有对存储于栈中的局部变量数据进行相应的类型恢复。

Stitt 和 Vahid 指出：机器语言程序中的数据类型是由指令语义指示说明的，分为整型和浮点两大类型，其中整型数据分为指令地址型和数据地址型数据。指令地址型数据通过分析间接跳转指令来恢复，数据地址型数据是通过分析存取指令使用的寄存器和存取指令操作内存空间的大小（字节、字等）来恢复的。然后，使用类型传播技术恢复其他指令所含数据对应的数据类型。但遗憾的是它同样没有介绍如何恢复字符和字符串数据类型。

2. C 语言的数据类型

由于 C 语言拥有丰富的数据类型且应用广泛，另外，由于汇编语言和机器语言没有本质的区别。因此，本章将以 C 语言生成的可执行程序所对应的汇编程序作为最终的研究对象。

（1）数据类型介绍

C 程序用到的所有数据都必须为其指定数据类型。数据类型可以分为：基本数据类型、构造数据类型和指针数据类型。具体分类见表 13-6。

表 13-6　数据类型分类表

分类		类型声明符
基本数据类型	有符号整型	short、int、long、long long
	无符号整型	unsigned short、unsigned int、unsigned long、unsigned long long
	字符型	char、字符串
	实型	float、double、long double
	枚举	enum
构造数据类型	数组	如：int A[]
	结构体	struct
	共用体	union
指针数据类型		如：int *A

C 语言拥有的数据类型都有与之对应的数组和指针数据类型。数据类型是为了方便程序的编写和交流而定义的事物。使用以上数据类型可以定义更复杂的数据类型（数据结构），如链表、树、栈等，但这些复杂的数据类型可以分解成简单的数据类型，另外，复杂数据类型不具有标准性。因此，本章将不考虑此类用户定义的复杂数据类型。

需要说明的一点是，字符数组和字符串有时是不同的（如库函数 printf 的输出格式字符串），后面将给出具体的说明。

（2）涉及的 IA-64 特性

IA-64 定义了 128 个通用寄存器、128 个浮点寄存器和其他几组专用寄存器（相关细节请参考其他文献）。

通用寄存器用于存储地址和整型数据。r0 是常量寄存器，存储的值恒为 0；r1 是专用寄存器，存储 .got 段的起始地址；r12 是专用寄存器，存储栈顶地址，且其总是模 16 的值；其他 125 个寄存器是一般通用寄存器。但有些寄存器会被附加指定特殊的用途：r8 ~ r11 用于存储函数返回的整数值；r32 ~ r39 用于存储函数的 8 个输入变元；r32 ~ r127 用于存储栈式输出数据。

浮点寄存器可以存储浮点和整型数据。f0 是常量寄存器，存储的值恒为 +0.0；f1 是常量寄存器，存储的值恒为 +1.0；其他 126 个寄存器是一般浮点寄存器。但浮点寄存器 f8~f15 被指定用于存储函数的浮点变元及返回值。

IA-64 使用的基本信息单位是 8 位的字节，多字节单位包括 16 位的字（2 字节）、32 位的双字（4 字节）以及 64 位的四字（8 字节）。关于数据的存储存在两种约定 little-endian 和 big-endian，little-endian 约定将数据的最低位的字节存储在最低位的地址上，big-endian 约定将数据的最高位的字节存储在最低位的地址上，而两者对单字节内位的存储保持一致。IA-64 属于 little-endian，如 4 字数据 0x0F0E0D0C0B0A0908 存储于地址 Q，则 Q 也是双字数据 0x0B0A0908、字数据 0x0908 和字节数据 0x08 的地址，另外 Q+1 是字节数据 0x09、未对齐字数据 0x0A09 等的地址。

IA-64 使用不同的存取操作码（ld1，ld2，ld4，ld8）和（st1，st2，st4，st8），用于指定在存储器和寄存器之间传送的数据的信息单位类型（字节、字、双字、4 字）。

3. 数据类型在 IA-64 上的表现特性

short 数据类型对应的汇编代码如图 13-2 所示，完成将 short 型变量 a 的值赋给 short 型变量 b 的功能，使用的数据存取操作码分别为 ld2 和 st2。第一条语句将旧的栈顶地址赋予通用寄存器 r35；第二条语句调整栈顶并把新的栈顶地址存于寄存器 r12；第三条语句把地址 r35+2 赋给寄存器 r15；第四条语句从寄存器 r35 所存地址取两字节的数据，并将此数据存于寄存器 r14 中；第五条语句将寄存器 r14 拥有的值存到以寄存器 r15 所存地址起始的两字节空间中。综合分析上述代码片段可知，变量 a 对应以寄存器 r35 所存地址开始的第一和第二两字节存储空间，变量 b 对应以寄存器 r35 所存地址开始的第三和第四两字节存储空间，如图 13-3 所示。部分数据类型对应的存取操作码和存储空间大小见表 13-7 所示。

```
mov     r35=r12
adds    r12=-16, r12
adds    r15=2, r35
ld2     r14=[r35]
st2     [r15]=r14
```

图 13-2　short 对应的汇编代码

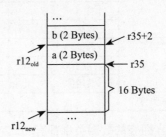

图 13-3　变量 a 和 b 对应的存储空间

long long 型数据在汇编代码层级表现的特征完全等同于 long 型数据的特征，因此，long long 和 long 两种类型的数据都可看成 long 型数据。

（1）无符号整型

分析 SPEC2006 测试集中的 C 程序可知，无符号整型数据在 IA-64 上都被当成相对应的有符号整型数据处理，如把 unsigned int 型数据当成 int 型数据处理，只是在数据输出时根据输出格式进行相应的类型调整。

有符号和无符号整型数据的唯一区分应用是分支判断，见图 13-4。

表 13-7　数据类型对应的操作码和存储空间大小

数据类型	操作码	存储空间大小（字节）
char	ld1, st1	1
short	ld2, st2	2
int	ld4, st4	4
long	ld8, st8	8
long long	ld8, st8	8
float	ldfs, stfs	4
double	ldfd, stfd	8
long double	ldfe, stfe	16

```
     int  a;
     unsigned int  b;
     ...
①   if(a<0)  printf("a is %d little than zero.\n",a);
②   if(b<0)  printf("b is %u below zero.\n",b);
③   if(a>2147483647)  printf("a is %d upper flow.\n",a);
④        if(b>2147483647)  printf("b is %u great than 2147483647.\n",b);
```

图 13-4　有符号和无符号整型数据的区分应用

编译图 13-4 所给程序片段，生成的机器代码中将不存在分支②和③对应的代码。因为 unsigned int 型变量 b 的值不可能小于 0，同样 int 型变量 a 的值不可能大于整型常量 2147483647（int 型变量的存储空间为 32 位，$2^{32-1}-1=2147483647$），因此，分支②和③代码属于不可达代码，编译器必然会将其删除。分支④判断语句对应的汇编代码见图 13-5，IA-64 将无符号整型常量 2147483647 转化为等价的有符号整型常量 0，使用数值 0 与无符号整型变量 b 对应的等价有符号整型数据进行比较判断。

（2）字符串

值得注意的是，程序不可避免要使用标准输入库函数 scanf 和标准输出库函数 printf，而库函数 scanf 和 printf 都需要格式字符串作为参数，字符串对应的汇编代码如图 13-6 所示。第一条语句以寄存器 r1 的值为基础加上偏移量 72 获得一个新的地址存于寄存器 r14；第二条语句从寄存器 r14 所指内存空间中取出一个 8 字节的数据，并将其存于寄存器 r36 中。经分析知，寄存器 r36 拥有的数据为字符串存储空间的起始地址，即 r36 存储的是地址数据且它将作为库函数 scanf 和 printf 的参数被使用。

人们基本上都把 C 程序中的字符串当成字符数组看待，但显然库函数 scanf 和 printf 所使用的字符串在汇编语言级仅是一个地址，跟字符数组没有任何关系。

（3）double 数据类型

当 double 型数据作为库函数 printf 的参数使用时，参数变量 a 和 b 对应的汇编代码如图 13-7 所示。针对 double 型数据使用的取数操作码是 ld8，即此时 double 型数据和 long 型数据在汇编代码层级的表现特征完全相同。

（4）long double 数据类型

当 long double 型数据作为库函数 printf 的参数使用时，参数变量 a 和 b 对应的汇编代码如图 13-8 所示。针对 long double 型数据使用的取数操作码是 ld8，两个 long double 型参数 a 和 b 对应于 5 个寄存器数据 r37、r38、r39、r40、r41，其中寄存器 r37 存储第一个参数 a 对应的内存地址（分析大量程序用例可知，r37 的值可以是任意值），其他四个寄存器存储的是具体数据值。因为 long double 型数据分配的存储空间为 16 字节（见表 13-7），寄存器 r38 拥有变量 a 的前 8 字节数据，r39 拥有变量 a 的尾 8 字节数据，r40 拥有变量 b 的前 8 字节数据，r41 拥有变量 b 的尾 8 字节数据。

```
mov      r35=r12
adds     r12= -16,r12
         ...
adds     r14=4,r35
ld4      r14=[r14]
cmp4.lt  p7,p6=r14,r0
```

图 13-5　图 13-4 分支④判断语句对应的汇编代码

```
addl   r14=72,r1
ld8    r36=[r14]
```

图 13-6　输入输出格式字符串对应的汇编代码

```
mov      r35=r12
adds     r12= −16,r12
adds     r14=8,r35
ld8      r37=[r35]
ld8      r38=[r14]
```

图 13-7　double 对应的汇编代码

（5）enum 数据类型

对枚举数据类型而言，枚举元素是常量且枚举元素具有特定的值。以图 13-9a 为例，C 语言编译时按定义的顺序 {red，yellow，blue，white，black} 赋予它们的值分别为 A、A+1、A+2、A+3、A+4，其中 A=−1。

图 13-9a 程序对应的汇编代码见图 13-9b，完成对枚举变量 a 和 b 的赋值功能，使用的数据存取操作码分别为 ld4 和 st4。由分析知，变量 a 对应以寄存器 r35 所存地址开始的四字节存储空间，变量 b 对应以寄存器 r35 所存地址开始的第 5 ~ 8 字节构成的四字节存储空间；另外，使用整型常量 −1、1 替代了枚举元素 red、blue。

mov	r35=r12
adds	r12= −32,r12
adds	r14= −16,r35
mov	r37=r14
ld8	r38=[r14]
adds	r14= −8,r35
ld8	r39=[r14]
adds	r14=r35
ld8	r40=[r14]
adds	r14=8,r35
ld8	r41=[r14]

enum color{red= −1,yellow,blue,white,black};
enum color a,b;
a=red;
b=blue;
printf（"the value is a= %d b= %d\n"，a,b);

a)

mov	r35=r12
adds	r12= −16,r12
mov	r14= −1
st4	[r35]=r14
adds	r15=4,r35
mov	r14= 1
st4	[r15]=r14
…	
adds	r14=4,r35
ld4	r37=[r35]
ld4	r38=[r14]

b)

图 13-8　long double　　　　　图 13-9　enum 对应的源程序及汇编代码
　　对应的汇编代码

（6）struct 数据类型

图 13-10a 程序对应的汇编代码见图 13-10b，完成对结构体变量 num 的成员 a 和 b 的赋值及为调用函数 sum 准备数据的功能。结构体变量 num 的成员 a 属于 int 型，占 4 字节的存储空间；成员 b 属于 double 型，占 8 字节的存储空间，成员 a 和 b 的存储空间之间有 4 字节的空隙。

需要注意的是，sum 函数在源程序中只有一个参数，即结构体变量 num，而其在汇编程序中却拥有两个参数 r36、r37，且 r36 和 r37 拥有的数据都是使用操作码 ld8 从 8 字节存储空间中取出的。另外，由于汇编语言不能像对待整型常量一样有效地表示浮点常量，因此它将浮点常量存于内存单元中，使用时再将其取出，赋值语句 num.b=4.25 对应于第 8 ~ 10 这三条汇编语句。

（7）union 数据类型

union 数据类型使用了覆盖技术，使它的成员变量共占同一段内存空间。

图 13-11a 程序对应的汇编代码见图 13-11b，完成对共用体变量 num 的成员 a、b 和 c 的赋值功能。共用体变量 num 的成员 a 属于 int 型，占 4 字节的存储空间；成员 b 属于 char 型，占 1 字节的存储空间；成员 c 属于 double 型，占 8 字节的存储空间。成员变量 a、b 和 c 对应的内存地址相同，都是 r35+8。

（8）数组数据类型

数组是有序数据的集合。数组中的每一个元素都属于同一个数据类型，用一个统一的数组名和下标来唯一地确定数组中的元素。

所有数据类型都有与自己对应的数组类型。如 int 型对应的数组类型为 int []。

```
mov      r35=r12
adds     r12= −32,r12
mov      r15=r35
mov      r14=3
st4      [r15]=r14
mov      r14=r35
adds     r15=8,r14
addl     r14= 136,r1
ldfd     f6=[r14]
stfd     [r15]=f6
mov      r14=r35
ld8      r36=[r14]
adds     r14=8,r14
ld8      r37=[r14]
```

```
struct number
{
       int a;
       double b;
};
struct number num;
num.a=3;
num.b=4.25;
sum(num);
```

a)   b)

图 13-10   struct 对应的源程序及汇编码

```
union number
{
       int a;
       char b;
       double c;
};
union number num;
num.a=3;
num.b='x';
num.c=4.25;
```

```
mov      r35=r12
adds     r12= −16,r12
adds     r15=8,r35
mov      r14=3
st4      [r15]=r14
adds     r15=8,r35
mov      r14=120
st1      [r15]=r14
adds     r15=8,r35
addl     r14=144,r1
ldfd     f6=[r14]
stfd     [r15]=f6
```

a)   b)

图 13-11   union 对应的源程序及汇编码

（9）指针数据类型

指针数据类型是 C 语言的一个特色和重要概念。无论什么类型的数据变量，转化为机器语言后与之对应的都是一个内存空间地址。指针型变量存储的是其他变量的内存地址，使得它可以灵活操作其他变量，因此，引入指针数据类型可以使程序简洁、紧凑、高效。

图 13-12a 程序对应的汇编代码见图 13-12b，完成对 long 型指针变量 aa 的赋值功能及为调用库函数 printf 准备数据的功能。分析上述代码片段可知，变量 a 对应从 r35−128 地址开始的 8 字节存储空间，指针变量 aa 对应从 r35−120 地址开始的 8 字节存储空间。

分析 SPEC2006 测试集中含有指针的 C 程序知，无论指针变量属于哪种数据类型其所占的内存空间都是 8 字节。

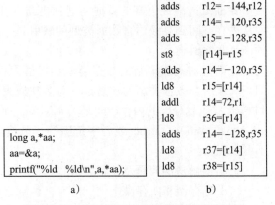

```
long a,*aa;
aa=&a;
printf("%ld   %ld\n",a,*aa);
```

```
mov      r35=r12
adds     r12= −144,r12
adds     r14= −120,r35
adds     r15= −128,r35
st8      [r14]=r15
adds     r14= −120,r35
ld8      r15=[r14]
addl     r14=72,r1
ld8      r36=[r14]
adds     r14= −128,r35
ld8      r37=[r14]
ld8      r38=[r15]
```

a)   b)

图 13-12   指针类型对应的源程序及汇编码

4. 数据类型对应的存取操作码

由前面节对数据类型的全面分析可知，汇编语言程序中除整型常量和单字符常量外其他类型的数据都存储在数据区域，局部变量数据存储在寄存器 r12 指示的栈空间，全局变量和常量数据存储在寄存器 r1 指示的数据段。

C 语言对变量的赋值和引用操作转换到汇编语言后，变为对内存空间的存取操作，具体对应关系见表 13-8。特别是将一个 long double 型数据转换为两个 8 字节整型数据实现等价操作；将函数调用的一个结构体变量参数转换为多个 8 字节整型参数实现等价操作。

表 13-8   数据类型对应的存取操作码

数据类型	存取操作码	数据类型	存取操作码
short	st2，ld2	unsigned short	st2，ld2
int	st4，ld4	unsigned int	st4，ld4

（续）

数据类型	存取操作码	数据类型	存取操作码
long	st8，ld8	unsigned long	st8，ld8
long long	st8，ld8	unsigned long long	st8，ld8
char	st1，ld1	string	ld8
float	stfs，ldfs	double	stfd，ldfd 或 ld8
long double	stfe，ldfe 或 ld8	pointer	st8，ld8

5. 数据类型恢复

由前面介绍的数据类型恢复研究现状可知，到目前为止数据类型没有完备的恢复方法，主要原因是研究人员受制于两个论断。

论断一：常规高级语言程序对应的机器语言程序完全缺失数据类型信息。

高级语言程序中各种数据类型变量的声明语句经过编译后，并不产生任何对应的机器代码。但并不能由此得出论断一，因为编译器会根据数据类型声明语句为各个变量分配合适的存储空间，同时将对变量的访问转换为对相应存储空间的访问。

由前面关于计算机编程语言的论述可知，使用包含 char、int、float、union、struct 和指针等数据类型的高级语言编制的程序，同样可以使用汇编语言或者机器语言对其进行等价实现，即高级语言、汇编语言和机器语言对相同数据的操作是功能等价的。

由于数据和作用其上的操作及相应的数据类型是密不可分的，且数据类型完全是为了方便程序的编写而抽象出来的事物，因此，断定机器语言程序完全缺失高级语言使用的数据类型信息是不正确的。

论断二：高级语言的数据类型到机器内存空间的映射是多对一映射关系（n:1，n ≥ 1)，而从内存空间到高级语言数据类型的映射是一对多映射关系（1:n，n ≥ 1)，因此对数据类型的恢复非常困难。

论断二对高级语言的数据类型到机器内存空间的映射是多对一映射关系，而从存储空间到高级语言数据类型的映射是一对多映射关系的断定是正确的，如表 13-7 所示：为 int 型和 float 型变量分配的内存空间都为 4 字节，而占 4 字节内存空间的变量的数据类型却可能是 int、float、union、struct 或者字符串等。虽然对数据类型的恢复存在一定的困难，但并不是不可实现。

6. 需要解决的问题及处理方法

（1）寄存器和内存操作

由于通用寄存器 r0 ~ r127 的宽度为 64 位，long 型数据的存储宽度也为 64 位，因此将通用寄存器 r0 ~ r127 恢复成 long 型变量 r0 ~ r127。由于浮点寄存器 f0 ~ f127 的宽度为82 位，double 型数据的存储宽度为 64 位，long double 型数据的存储宽度为 128 位，因此将浮点寄存器 f0 ~ f127 恢复成 long double 型变量 f0 ~ f127 即可满足程序需要。通用寄存器和浮点寄存器都可以存储多种类型的数据，而仅把其分别恢复成 long 型变量和 long double型变量是没有问题的，因为可以通过数据类型转换实现对多种类型数据的存取。

程序执行时计算机的处理单元不区分数据的类型，对它来说数据都是由 0 和 1 组成的二进制串，只有数据和具体操作相结合时才能确定数据的类型并保证程序正确执行，而操作数据的指令序列在编译阶段已经被确定。

图 13-12 中指针型变量 aa 对应的语句集合为 AA={ adds r14= −120，r35；adds r15= −128，r35；st8 [r14]=r15；adds r14= −120，r35；ld8 r15=[r14]；ld8 r38=[r15] }。如果撇开变

量 aa 仅考虑集合 AA，使用复写传播和删除无用代码等代码优化技术处理集合 AA 得到集合 BB={ st8 [r35-120]=r35-128；ld8 r15=[r35-120]；ld8 r38=[r15] }。因为寄存器 r35 存储的是栈地址，则 r35-120 和 r35-28 都是内存地址。集合 BB 的第一条语句针对内存地址 r35-120 使用 st8 内存存操作，第二条语句针对内存地址 r35-120 使用 ld8 内存取操作，第三条语句针对内存地址 r15 使用 ld8 内存取操作，因此，内存地址 r35-120、r35-128 和 r15 存储的数据对应的类型都是 long 型。如果定义 long 型变量 *A、*B 和 *T，则语句集合 BB 可恢复成高级语言语句集合 CC={ *B=A；r15=*B；T=r15；r38=*T }，其中 A=r35-128，B=r35-120，指针变量 *T 是处理集合 BB 的第三条语句而引入的中间变量，因为上句中 r15 的数据类型为 long，而本语句却将 r15 作为地址型数据使用，需要进行数据类型转换。

　　基于上述分析，给出数据类型恢复使用的指导原则——惰性原则。

　　惰性原则：由于数据的类型是由数据和作用其上的操作共同决定的，因此，数据类型恢复时我们采用逐条语句分析的策略，分析一条语句立即对相关数据进行类型恢复，如果当前语句使用的数据类型跟前面的分析结果不一致，则仍根据当前分析结果进行类型恢复，但要引入中间变量实施数据类型转换。

　　（2）数组和 struct 数据类型

　　数组和 struct 都属于用户自定义的数据类型，程序对数组元素和结构体变量成员的访问机制相同：首先取得数组（结构体变量）的内存起始地址 A，然后加上特定数组元素（结构体变量成员）距离地址 A 的偏移量生成地址 B，最后根据内存地址 B 访问数组元素（结构体变量成员）。

　　根据上述访问机制，理论上可以对数组或 struct 数据类型进行恢复。但对数组的恢复具有不确定性，如果程序没有对数组元素进行足够多的访问，或者数组元素的下标值是通过输入获得的，这些都将导致数组很难被恢复；另外，数组和 struct 数据类型可能被混淆，难以正确恢复，如图 13-13 所示。

　　图 13-13a 为数组类型对应的代码，图 13-13b 为 struct 类型对应的代码，两者对应的汇编代码完全相同如图 13-13c 所示。

　　针对图 13-13c 所示汇编代码，是将它使用的数据恢复成数组，还是将其恢复成 struct 型变量？

　　分析此段汇编代码可知，它并不符合对数组元素或结构体变量成员的访问机制，因此，无法将其恢复成数组或者结构体变量。然而，却可以将它使用的数据恢复成两个 long 型变量 *A 和 *B，其中：A=r2-16，B=r2。

　　（3）union 数据类型

　　union 数据类型对应的源程序及汇编代码中 union 型变量 num 的成员 a（int 型）、b（char 型）和 c（double 型）的存储地址相同，都为 r35+8，但它们对应的存储操作码分别为 st4、st1 和 stfd，因此，地址 r35+8 所指内存空间存储的数据具有单字节、4 字节和 8 字节三种数据类型，如不进行特殊处理将造成数据类型冲突。

　　当遇到同一地址 Aaddr 内存空间所存数据对应多种数据类型时，因为它符合 union

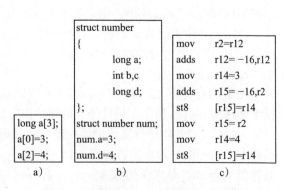

图 13-13　数组和 struct 数据类型的对比

型数据的表现特征，因此，使用它拥有的数据类型分别定义一个变量，并把这些变量捆绑在一起定义一个 union 型变量 A，当遇到对地址 Aaddr 的存取操作时，就根据操作码的类型将其替换为变量 A 的相应成员以实现数据类型恢复，但如此处理将导致恢复过程相当复杂。另外，由表 13-8 知 long double 数据类型对应的存取操作码为 stfe、ld8、ldfe，因此，将 long double 型数据恢复成 union 型变量，可能导致程序错误。

如果不恢复 union 数据类型，而是定义三个指针型变量 int *B、char *C 和 double *D，并使三个指针同时指向内存空间 r35+8，然后按照存取操作码的类型直接将其替换为对相应指针的操作，如此恢复数据类型将会简单很多且不存在问题。

（4）存取操作码对应的数据类型

第 2 点和第 3 点的分析充分体现了这样的思想：随着编程语言的发展抽象出了数据类型，但数据类型同高级语言一样仅仅是为了方便程序的编写、维护和交流。只要使用恢复出的数据类型足以表达程序要表达的思想，并且人们比较容易理解，就已经达到了数据类型恢复的目标。因此，数据类型恢复没必要非得恢复出某些数据类型（如数组类型、struct 类型、union 类型和 long double 类型等），况且某些数据类型根本就无法恢复（如 enum 数据类型在理论上就无法恢复）。数据类型恢复将按照表 13-9 所给对应关系进行。

表 13-9　存取操作码对应的数据类型

存取操作码	数据类型
st1，ld1	char *
st2，ld2	short *
st4，ld4	int *
st8，ld8	long *
stfs，ldfs	float *
stfd，ldfd	double *
stfe，ldfe	long double *

7. 数据类型恢复的基本思想

针对程序实施数据类型恢复，完全可以将存储空间大于 8 字节的数据恢复成多个单独的类型变量，但由于前面介绍的将一个数据拆分成多个数据使用的情况依赖于数据的连续存储，如果将其恢复成多个独立的数据变量，而目标机器却无法保证将相邻变量按正确的顺序存储在连续的内存空间内，那么程序的正确性将无法保障。由于汇编语言程序中除整型常量和单字符常量外其他类型数据都存储在数据区域，局部变量数据存储在寄存器 r12 指示的栈空间，全局变量和常量数据存储在寄存器 r1 指示的数据段。因此，定义两个字符数组 ar1 和 ar12 来模拟程序的数据段和栈空间以支持数据类型的恢复，将恢复出的数据变量对应到 ar1 或 ar12 的特定数组空间。

确定字符数组 ar1、ar12 大小的方法是：

1）分析整个程序并提取与寄存器 r1 相关的最大正负偏移量以确定数组的大小，如语句 " addl r14=vm-，r1" 对应最大负偏移量 vm- 字节，没有负偏移量时 vm- 取默认值 0，而语句 " addl r14=vm+，r1" 对应最大正偏移量 vm+ 字节，与 vm+ 相关的全局变量或常量数据占据的内存空间为 vn 字节，则定义数组 ar1 为 " char ar1[v_{m+}+「$v_n/16$」×16-v_{m+}]"，取数值是「$v_n/16$」×16 为了保证数组空间绝对够用。

2）根据当前过程的栈顶地址调整语句 " adds r12= vr，r12" 中的 vr 值，定义数组 ar12 为 " char ar12[2×|v_r|]"。

图 13-14a 是图 13-14b 所示内容的对应的汇编码，使用复写传播和删除无用代码等优化技术处理图 13-14a 所示汇编代码，得到的代码见图 13-14b，其中对栈顶地址调整语句 "adds r12= -144，r12" 不进行复写传播处理，同时记录分析获得的数组大小值：因栈顶地址的调整值为 vr= -144，因此字符数组 ar12 的大小为 2×|vr|=288 ；因为与寄存器 r1 相关的最大负偏移量 vm-=0、最大正偏移量 vm+=72，且与 vm+ 相关的字符串占据的内存空间为 vn=13 字节，因此字符数组 ar1 的大小为 v_{m+}+「$v_n/16$」×16-v_{m-}]=88。

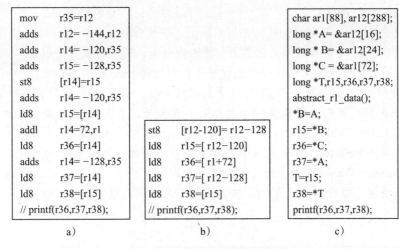

图 13-14 数据类型恢复阶段图

针对图 13-14b 所示代码，定义寄存器 r1、r12 存储的地址分别为 &ar1[0]、&ar12[144]，根据表 13-10 使用惰性原则建立内存地址到数组地址及指针变量的对应关系。

通用寄存器 r1 存储 .got 段的起始地址，当内存操作使用的地址涉及寄存器 r1 时，需要分析数据段从中提取字符串、常量和全局变量数据。为了保持数据类型恢复的规整性和简单性，在程序开始处引入一个函数 abstract_r1_data() 来实现相关数据的提取工作，如针对图 13-14b 中内存地址 r1+72 间接提取出字符串 "%ld %ld\n"，并将字符串的首地址赋值给数组地址 &ar1[72] 对应的指针变量 C。

表 13-10 内存地址到数组地址及指针变量的对应关系

内存地址	数组地址	指针变量
r12−128	&ar12[16]	long *A
r12−120	&ar12[24]	long *B
r1+72	&ar1[72]	long *C

图 13-14b 中最后一条内存操作使用的地址数据来自寄存器 r15，而寄存器 r15 所拥有的数据又是从其他内存空间读取的，因为寄存器 r15 存储的地址没有显式对应于栈空间地址，因此不易将它映射到数组的某一地址，我们引入一个 long 型指针变量 *T 继续实现数据类型恢复。

基于表 13-10 所给对应关系完成数据类型恢复工作，图 13-14a 所示汇编代码对应的生成程序代码见图 13-14c，它对应的源 C 程序代码见图 13-12a。

8. 数据类型恢复算法

前面介绍了针对数据类型恢复的解决方案，本节依据上述思想给出数据类型恢复算法，具体见算法 13.1。

算法 13.1 数据类型恢复算法

算法输入： 汇编程序代码

算法输出： C 程序代码

步骤：

1. 从头到尾逐条分析汇编语句，记录与寄存器 r1 相关的所有内存地址，提取相对 r1 的最大正负偏移量 v_{m-} 和 v_{m+}，并分析获得与 v_{m+} 相关的内存空间的大小值 v_n，同时建立链表 Proc_List 记录程序包含的所有过程。

2. 根据数值 v_{m-}、v_{m+} 和 v_n 定义全局字符数组变量 $ar1[v_{m+}+\lceil v_n/16 \rceil \times 16 - v_{m-}]$。

3. 定义寄存器 r1 存储的地址为 $\&ar1[-v_{m-}]$，针对步骤 1 记录的所有内存地址生成数据提取函数 abstract_r1_data()。

4. 当链表 Proc_List 不空时，从链表头部取出一个过程 Proc；否则，转步骤 10。

5. 根据过程 Proc 中的栈顶地址调整语句提取数值 v_r，同时将此语句删除。

6. 使用复写传播和删除无用代码等优化技术处理过程 Proc 的所有语句。

7. 根据数值 v_r 定义局部字符数组变量 ar12[$2 \times v_r$]，并定义寄存器 r12 存储的地址为 &ar12[v_r]；依据惰性原则处理 Proc 拥有的所有内存地址，参考表 13-9 建立形如表 13-10 的对应关系表 Relation_Table。

8. 根据关系表 Relation_Table 定义各种类型的指针变量，并对 Proc 的所有语句实施变量替换。当在 Relation_Table 中找不到某语句使用的内存地址 A 时，可依据内存操作码参考表 13-9 引入一个特定类型的指针变量 *T，并在此语句之前插入赋值语句 T=A。

9. 转步骤 4。

10. 退出。

上述数据类型恢复算法采用多遍处理的策略，其目的是为了方便算法描述、增强算法的可理解性。第一遍从头到尾逐条分析整个汇编程序，提取与寄存器 r1 相关的最大正负偏移量 vm-、vm+ 及与 vm+ 相关的 vn 值为定义全局字符数组 ar1 做准备，同时建立程序的过程链表 Proc_List 为进行数据类型恢复奠定基础；第二遍分析整个程序并提取与寄存器 r1 相关的所有数据，生成数据提取函数 abstract_r1_data()；第三遍根据过程链表 Proc_List 针对每个过程进行数据类型恢复。

9. 实验结果

针对前面所给数据类型恢复算法，下面使用四个测试集（基准测试集 SPEC2006、IEEE 浮点测试软件、Fortran78 Test Suite 测试集和自编测试集）的 1800 个测试用例测试它的恢复效果。由于 IEEE 浮点测试软件的某些程序、SPEC2006 基准测试程序和 Fortran78 Test Suite 测试程序规模大，不利于演示对数据类型的恢复效果，而其他小规模测试程序因单个使用的数据类型有限也不利于对数据类型恢复效果的演示，因此我们使用一个简单的 C 程序 a.c 来展示数据类型恢复效果。

图 13-15 所示 C 程序使用的数据类型包括 char、int、float、double、long double、union 和 struct，其中 long double 型对应有局部变量、全局变量和指针变量；它使用的常量数据有单字符 'w'、整型数 5、浮点数 4.25 和字符串 "the sum is %Lf\n"。它对应的汇编程序见图 13-16。

```
union number_1                          long double t=0;
{       float a;                        main()
        double b;                       {
        long double c;        };                struct number_2 num;
struct number_2                                 long double *p=&t;
{       char w1;                                num.w1='w';
        int w2;                                 num.w2=5;
        union number_1 w3;    };                num.w3.b=4.25;
long double sum(struct number_2 ww)             *p=sum(num);
{       long double s;                          printf("the sum is  %Lf\n",t);
        s=ww.w1+ww.w2-ww.w3.b;          }
        return s;             }
```

图 13-15　程序 a.c

<sum>:		mov	r14=r2		sum(r36,r37,r38,r39)	
mov	r2=r12	ldfe	f6=[r14]	mov	f6=f8	
adds	r12=−32,r12	mov	f8=f6	mov	r14=r35	
adds	r14=−32,r2	<main>:		ld8	r14=[r14]	
st8	[r14]=r32	mov	r35=r12	stfe	[r14]=f6	
adds	r14=−24,r2	adds	r12=−48,r12	add	r14=−504,r1	
st8	[r14]=r33	mov	r15=r35	mov	r15=r14	
adds	r14=−16,r2	add	r16=−504,r1	add	r14=72,r1	
st8	[r14]=r34	mov	r14=r16	ld8	r36=[r14]	
adds	r14=−8,r2	st8	[r15]=r14	ld8	r38=[r15]	
st8	[r14]=r35	mov	r14=119	adds	r14=8,r15	
mov	r16=r2	adds	r15=−32,r35	ld8	r39=[r14]	
adds	r15=−32,r2	st1	[r15]=r14	printf(r36,r37,r38,r39);		
ld1	r14=[r15]	adds	r15=−28,r35			
sxt1	r14=r14	mov	r14=5	- -		
mvo	r15=r14	st4	[r15]=r14			
adds	r14=−28,r2	adds	r15=−16,r35	the values be stored in address is:		
ld4	r14=[r14]	add	r14=136,r1			
add	r14=r15,r14	ldfd	f6=[r14]	r1−504: 0x0000000000000000		
sxt4	r14=r14	stfd	[r15]=f6			
setf.sig	f7=r14	adds	r16=−32,r35	r1+136: 4.25		
fcvt.xf	f6=f7	ld8	r36=[r16]			
fnorm.d.s0	f7=f6	adds	r14=−24,r35	r1+72: 0x4000000000000b50		
adds	r14=−16,r2	ld8	r37=[r14]			
ldfd	f6=[r14]	adds	r14=−16,r35	0x4000000000000b50:		
fsub.d.s0	f6=f7,f6	ld8	r38=[r14]			
fnorm.s0	f6=f6	adds	r14=−8,r35	"the sum is %Lf\n"		
stfe	[r16]=f6	ld8	r39=[r14]			

图 13-16 程序 a.c 对应的汇编代码

图 13-16 给出了分析数据段获得的数据结果：内存地址 r1−504 存储的数据为 0；内存地址 r1+136 存储的数据为 4.25 ；内存地址 r1+72 存储的为地址数据 0x4000000000000b50，而此地址又是字符串"the sum is %Lf\n"对应的存储空间的首地址。

使用数据类型恢复算法 13.1 处理图 13-16 给出的汇编代码，获得的 C 代码如图 13-17 所示。

由图 13-17 所示 C 程序代码可知，它对程序 a.c 使用的 char、int、double、long double、整型常量、浮点常量、字符串和指针等数据类型都进行了成功恢复，对 union number_1 和 struct number_2 用户自定义数据类型做了等价数据类型恢复：将 union number_1 变量 w3 的成员 b 直接恢复成 double 型变量，将 struct number_2 变量 num 恢复成四个 long 型变量 r36、r37、r38 和 r39。生成的 C 程序不仅与源 C 程序功能等价，而且可读性强、易于理解。

运用数据类型恢复算法，处理我们 C 语言测试程序组的 1110 个测试用例对应的汇编程序，同样可以获得较好的效果。

机器语言或汇编语言程序一般是由高级语言程序编译生成的，但生成的机器语言或汇编语言程序同具体的高级语言程序已基本没有多少关系。对应于 C 程序的汇编程序可以进行数据类型恢复，同样对应于 Fortran 程序的汇编程序也可以进行数据类型恢复并生成对应的 C 程序代码，只是需要提供函数库 libf2c 以保证程序功能等价。经我们 Fortran 语言测试程序组 690 个测试用例的测试，验证获知本章给出的数据类型恢复算法同样适用于 Fortran 程序生成的汇编程序。

```
char ar1[656];                          main()
abstract_r1_data()                      {    char ar12[96];
{    char str[32]= "the sum is %Lf\n" ;       long *A=&ar1[0], *B=&ar1[8];
     long *A=&ar1[0], *B=&ar1[576];           long *C=&ar1[576],*D=&ar12[16];
     double *C=&ar1[640];                     long *E=&ar12[24],*F=&ar12[32];
     *A=0;                                    long *G=&ar12[40],*H=&ar12[48];
     *B=str;                                  char *I=&ar12[16];
     *C=4.25;    }                            int  *J=&ar12[20];
long double sum(r32,r33,r34,r35)              double *K=&ar1[640],*L=&ar12[32];
long r32,long r33,long r34,long r35;          long double *M,f6,f8;
{    char ar12[64];  long r14,r15;            long r14,r36,r37,r38,r39;
     long *A=&ar12[0], *B=&ar12[8];           abstract_r1_data();
     long *C=&ar12[16] , *D=&ar12[24];        *H=A;       *I=119;     *J=5;
     char *E=&ar12[0];                        f6=*K;      *L=f6;      r36=*D;
     int *F=&ar12[4];                         r37=*E;     r38=*F;     r39=*G;
     double *G=&ar12[16];                     f8=sum(r36,r37,r38,r39);
     long double *H=&ar12[32],f6,f7,f8;       r14=*H;     M=r14;      *M=f8;
     *A=r32;     *B=r33;      *C=r34;         r36=*C;     r38=*A;     r39=*B;
     *D=r35;     r14=*E;      r15=r14;        printf(r36,r37,r38,r39);
     r14=*F      r14=r15+r14; f7=r14;    }
     f6=*G;      f6=f7-f6;    *H=f6;
     f6=*H;      f8=f6;       return f8;}
```

图 13-17　图 13-16 汇编代码对应的 C 代码

13.1.3　小结

本节首先对经典数据流分析方法给出了简介，并给出数据流问题的分类，然后给出了数据流方程式的求解。接下来对 C 语言使用的数据类型在 IA-64 上的表现特性进行了全面的分析，获知对汇编代码实施数据类型恢复是可行的，但同时也发现对某些数据类型无法进行恢复或者对其恢复具有不确定性，如：理论上对 enum 数据类型是无法恢复的；针对数组在某些情况下可成功恢复，而在另外的情况下则很难恢复。

基于数据类型同高级语言一样仅是为了方便人们编写、维护和交流程序的特性，我们不拘泥于非得恢复出某些数据类型，而是采取等价恢复策略进行数据类型恢复。我们以针对内存空间的存取操作为突破点，结合对栈空间和数据段的模拟分析给出数据类型恢复算法，它对 C 语言使用的基本数据类型都能成功恢复，另外将构造数据类型恢复成等价的基本数据类型，同时解决了关于字符串和指针的数据类型恢复问题。在保证恢复生成程序正确的前提下，使得生成程序易于理解。经四个测试集中 1110 个 C 语言测试用例和 690 个 Fortran 语言测试用例的验证，使用该算法进行数据类型恢复获得了不错的效果。

本节所给数据类型恢复方法以汇编程序为研究对象，因为此时没有对库函数进行恢复，恢复得到的数据类型在通用分析模块可能需要根据库函数的类型信息进行调整。

13.2　高级控制流恢复

本节在对流图的各种复杂情况进行讨论的基础上，介绍高级控制流恢复技术，给出识别

if…then…else、switch、while、do…while、for 等高级语言控制结构的方法。

13.2.1　控制流恢复概述

1. 控制语句在中间代码中的组织特点

控制语句具有以下特点：

- 控制语句模式可确定性：在目标代码中，一条高级语句对应着若干条机器指令，如果编译是不优化的，则这些机器指令的类型序列是确定的。因此，按机器指令的类型（功能）码来划分，就可确定控制语句在目标代码中的构成模式。

- 反编译控制语句可确定归约性：即便是不优化的编译器，也会存在不同高级语句对应相同的低级代码结构的情况，如在 C 语言中的 for 和 while 可能会具有完全相同的目标结构，从而对应相同的目标模式。但是，因为反编译的目标是生成与原可执行程序功能等价的高级代码，所以在反编译过程中，只要限制将所有满足循环模式的低级代码块都归约成 while 循环即可解决这个问题，达到确定性归约。

由于反编译工作人员与编译器开发人员常常不是同一人，使得直接由编译器对控制语句的处理方式来逆推，从而确定反编译控制流的归约方法几乎是不可能的。因此，只能在实践基础上，通过分析大量的目标代码来获得控制语句在中间代码中的构成模式。表 13-11 给出了分析的结果，其中，左边是 C 语言控制结构，右边是其对应的 RTL 模式。一般来说，对于 IA-64 体系结构，条件转移语句的执行皆由谓词寄存器来控制，通过判断谓词寄存器的值是否为 1 来控制条件转移语句的执行，没有 >、<、!=、>=、<= 等类型的条件判断，只有当用 ICC（Intel C++ Compiler）编译的可执行文件中含有软件流水指令时，才会出现判断特定寄存器大于 0 的情况。

表 13-11　常见控制语句分类及对应的 RTL 语句

语句	C 语言控制结构	对应的 RTL
(1) if	if(condition) Statementl other statements	JCOND offset2，condition equals High level: r[518] = 1<64i> Statementl offset2: other statements

(2) if-else	if (condition)
	statement1
	else
	statement2
	other statements
		JCOND offset1，condition equals
		High level: r[518] = 1<64i>
		Statementl
		JUMP offset2
		offset1: statement2
		offset2: other statements

(3) for	for(expression1；expression2；expression3) loop body other statements	offset1:loop header JCOND offset2，condition equals High level: r[518] = 1<64i> JUMP offset3 offset2: loop body JUMP offset1 offset3: other statements （注：loop header 包含条件转移语句 JCOND，为了易于理解才将它单独列出）

（续）

语句	C 语言控制结构	对应的 RTL
(4) while	while (condition) loop body other statements	offset1:loop header JCOND offset2，condition equals High level: r[518] = 1<64i> JUMP offset3 offset2: loop body JUMP offset1 offset3: other statements
(5) do…while	do {loop_ body} while (condition) other statements	offset1:loop header loop body offset2:loop latch JCOND offset1，condition equals High level: r[518] = 1<64i> （注：loop 的 latch 结点（尾结点）包含条件转移语句 JCOND，单独列出它的目的也是为了便于理解）

(6) switch	switch(expression)
	{
	case constants expression_1 :
	statements_1；
	case constants expression_2 :
	statements_2；
	case constants expression_n :
	statements_n；
	default: statements_default；
	}
	other statements
		NWAY_JUMP
		switch variable: v0
		offset1: statements_1
		JUMP offsetn+1
		offset2: statements_2
		JUMP offsetn+1
		offsetn: statements_n
		JUMP offsetn+1
		offset_default: statements_default
		offsetn+1: other statements
		（其中 v0 为索引跳转变量，根据它的值跳入相应 switch 分支）

(7) 无限循环语句，以 while 语句为例	while()
	{
	statementblockl；
	if (condition)
	break ；
	statementblock2；
	}
	other statements
		offset1: statementblockl
		JCOND offset2，condition equals
		High level: r[518] = 1<64i
		statementblock2
		JUMP offset1
		offset2: other statements

(8) goto	goto label	JUMP offset_label
(9) break	break；	JUMP offset_other_statements
(10) continue	continue；	对于 while 循环为：JUMP offsetl 对于 for 循环为：JUMP offsetl 对于 do…while 循环为： JUMP offset2
(11) return	retum{(expression)}	RET

2. 基本块的划分及控制流图的构建

基本块是一个连续的语句序列，这里的语句指的是 RTL 语句。程序的控制流从它的开始进入，并从它的末尾离开，不可能有中断或分支（末尾除外）。基本块中的语句都是以指令包 (bundle) 的形式存放组织的，且 IA-64 体系结构每次取指均得到一个包含三条指令的指令包。可见在大多数情况下，IA-64 基本块的控制流入口都在指令包的开始位置。但是在少数情况下，IA-64 体系结构的基本块并不是从指令包的第一条指令开始。下面针对 IA-64 体系结构的基本块划分进行详细说明。经典编译理论中的基本块划分算法见算法 7.1。

为了构建控制流图，每个基本块按照该块内最后一条指令的类型被指定为相应的基本块类型。在理想的情况下，共可划分六种基本类型，然而在二进制可执行程序的静态解码过程中，有时并不能确定间接跳转的目标分支和变址的控制转移地址，因此使用一个叫做"nowhere"的结点来表示不指向任何地址的结点，此结点的目的结点是在程序运行的时候动态分析得到的。下面介绍几种我们定义的基本块类型：

1）**ONE-WAY:** 基本块中最后一条指令是一个有确定目标地址的无条件跳转语句。此时，基本块有一条出边（out-edge）。

2）**TWO-WAY:** 基本块中最后一条指令是一个有确定目标地址的条件跳转语句。此时，基本块有两条出边。

3）**N-WAY:** 基本块中最后一条指令是一个有确定目标地址的变址 / 间接跳转，放在索引表中的 n 个跳转分支成为此基本块的 n 条出边。

4）**CALL:** 基本块中最后一条指令是一个过程调用。在这个基本块中有两个出边，一个是跟在过程调用后的指令，另一个是被调用的过程。

5）**RETURN:** 基本块中最后一条指令是一个过程返回语句。此时这个基本块没有出边。

6）**FALL:** 基本块的下一条指令是某跳转分支的目标地址。此时基本块只有一条出边。

7）**NOWHERE:** 基本块中最后一条指令是一个变址 / 间接跳转或是一个没有确定目标地址的调用。此时基本块没有出边。

当完成对当前过程的基本块划分之后，需要根据程序控制流将基本块构建为控制流图的形式。在此，介绍一下与控制流相关的一些基本概念。

定义 13.26 有向图 G 表示为 (N, E)，这里 N 是结点的集合，E 是边的集合，有 E⊆N×N。结点的直接前驱和后继由映射 pred 和 succ 定义，这里 pred(n)={m|(m, n) ∈ E} 并且 succ(n)={m|(n, m) ∈ E}。G 的有限路径定义为结点序列 $\omega = n_1$、…、n_k，并且对所有的 1 ≤ i<k，有 $(n_i, n_{i+1}) \in$ E。

定义 13.27 控制流图 G = (N, E, start, end) 为有向图 (N, E)，这里 n ∈ N 表示包含单个程序的语句的基本块。边 (m, n) ∈ E 表示程序的分支结构。Start 和 end 是图 G 的唯一开始和结束结点，假定它们分别没有前驱和后继。

通过构造称为控制流图的有向图，可以把控制流信息加到组成程序的基本块集合中。流图的结点是基本块，当前过程的第一个基本块结点称为首结点，这个基本块的入口语句是当前过程的第一条语句。如果在某个执行序列中基本块 B2 跟随在基本块 B1 之后，则从 B1 到 B2 有一条有向边，即如果：

1）从 B1 的最后一条语句有条件或无条件转移到 B2 的第一条语句；

2）或者按程序的次序，B2 紧跟在 B1 之后，并且 B1 不是结束于无条件转移。

按照以上规则，可以很容易地设计出控制流图的构建算法。

针对以上讨论，在实践中需要维护两个基本的数据结构：基本块结构和控制流图结构。基本块中主要包括块中 RTL 语句的个数、指向入口语句的指针、前驱基本块表和后继基本块表。控制流图则主要需要维护指向当前过程的指针、图中所有基本块列表、指向入口基本块的指针等，这部分工作已由前端解码模块完成。我们可能遇到的流图形式如图 10-7 所示。

3. 控制流恢复术语

在论述如何进行控制流恢复之前，首先介绍一些比较重要的术语和定义，以便以后的控制流分析。假定有一个图 G =（N，E，h，e)，其中 h 为入口结点，e 为结束结点。

定义 13.28   结点 $n_i \in N$ 的后继是 $\{n_j \in N \mid n_i \to n_j\}$。结点 $n_i \in N$ 的直接后继是 $\{n_j \in N \mid (n_i, n_j) \in E\}$（这里"→"表示结点间存在一条路径）。

定义 13.29   结点 $n_i \in N$ 的前驱是 $\{n_j \in N \mid n_j \to n_i\}$。结点 $n_i \in N$ 的直接前驱是 $\{n_j \in N \mid (n_j, n_i) \in E\}$。

定义 13.30   结点 $n_i \in N$ 是结点 $n_j \in N$ 到结点 e 的后必经结点，如果从结点 n_j 到结点 e 的每一条路径都包含 n_i。

定义 13.31   结点 $n_i \in N$ 是结点 $n_k \in N$ 到结点 e 的直接后必经结点，如果不存在 $n_j \in N$，n_j 是 n_k 到结点 e 的后必经结点并且 n_i 是 n_j 到结点 e 的后必经结点（即 n_i 是 n_k 最近的后必经结点）}。

定义 13.32   深度优先遍历（DFS）：在访问图中的结点时，首先访问的是该结点的后裔，而不是其兄弟，只要这个兄弟不同时又是其后裔。

我们将流图中的有向边归结为两类：

1）回边（Back Edges）——$\{(v, w) \mid (v, w) \in E \cap w \to v$ 存在一条可达路径 }。

2）前向边（Forward Edges）——流图中的其他边。

回边用来识别循环结构体，前向边用来对流图进行有效的遍历与分析。在一条边（x，y）中，x 称为边的起点，y 称为边的终点。

除了控制流图，循环结构恢复算法并不需要额外的数据结构，不过仍需要为每个结点增加一个 parenthesis 属性，这个属性对于 TWO–WAY 条件结构化同样很有作用。属性的定义依赖于控制流图 G=(N，E，h)。此外我们还要利用 DFS 遍历统计每个结点第一次和最后一次被访问的时间，下面我们对它进行详细说明。

为了获得图结构的大量信息，我们需要利用深度优先遍历来对流图进行搜索，并且在遍历的同时为每个结点加盖时间戳，每个结点有两个时间戳：当结点 n 第一次被发现时记录下第一个时间戳 d[n]，当结束检查 n 的邻接结点时记录下第二个时间戳 f[n]，对于每一个结点 n 有 d[n]<f[n]。此外，深度优先遍历的另一重要特性是发现和完成时间具有括号结构，如果我们把发现结点 n 用左括号"(n"表示，结束检查时间用右括号"n)"表示，则被记录下来的"发现与结束的成对关系"在括号被正确套用的前提下就是一个完整的表达式。例如，图 13-18 演示了深度优先遍历的性质。

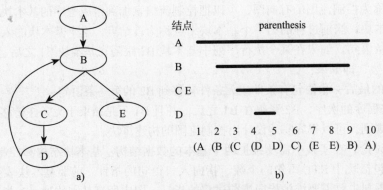

图 13-18   括号定理图示

图 13-18a 是一个 CFG 流图。图 13-18b 是图 13-18a 中对应于每个结点的发现时刻和结束时刻组成的区间，直线左端对应的数字是发现时间戳 d[n]，直线右端对应的数字是结束时

间戳 f[n]，每条直线跨越相应结点的发现时间与结束时间所设定的区间。如果两个区间有重叠，则必有一个区间嵌套于另一个区间中，且对应于较小区间的结点是对应于较大区间的结点的后裔。现在，我们可以引入一个括号定理。

定理 13.1（括号定理（parenthesis）） 在对有向图的深度优先遍历中，对于图中任意两结点 m 和 n，下面三个条件有一条（仅有一条）成立：

- 区间 [d[m]，f[m]] 和区间 [d[n]，f[n]] 是完全分离的。
- 区间 [d[m]，f[m]] 完全包含于区间 [d[n]，f[n]] 中且在深度优先遍历中 m 是 n 的后裔。
- 区间 [d[n]，f[n]] 完全包含于区间 [d[m]，f[m]] 中且在深度优先遍历中 n 是 m 的后裔。

根据这个定理的内容，我们可以将它应用在循环结构的恢复上，我们引申它的几个附加定义：

定义 13.33 结点 n 的 parenthesis 描述为 [d[n]，f[n]]，d[n] 是结点 n 在 DFS 遍历中第一次访问的时间，f[n] 是结点 n 结束访问的时间。

定义 13.34 称 parenthesis[d[n]，f[n]] 被 parenthesis[d[m]，f[m]] 包含，如果在相同 DFS 遍历中 d[m] < d[n] < f[n] < f[m]。

定义 13.35 结点 n1 包含于 n2 当且仅当存在 P1、P2，且 P1 是 n1 的 parenthesis，P2 是 n2 的 parenthesis 并且 P1 被 P2 包含。

应该意识到从相同的起始结点可能有不唯一的 DFS 遍历次序，对于 TWO-WAY 或 N-WAY 结点，出边为真与出边为假的遍历次序显然是不同的。据此我们进行两次对称的 DFS 遍历。对于 TWO-WAY 结点，一次遍历条件为真的分支，另一次遍历条件为假的分支。对于 N-WAY 结点，是两次反向的对称遍历。

使用结点 parenthesis 属性的循环恢复算法的具体描述见算法 13.2。

算法 13.2　使用结点 parenthesis 属性的循环恢复算法

输入：s 是程序流图入口结点，branch 选择真假分支

输出：结点 s 的 branch 分支遍历的 parenthesis 被确定

步骤：

```
1. procedure SetParenthesis(s, branch, int time)
2. traversed(s) = true
3. parenthesisbranch(s) = time
4. time = time+1
5. for (n ∈ succ(s))
6.     if (! traversed(n))
7.         SetParenthesis(n, branch, time)
8. parenthesisbranch(n) = time
9. time = time + 1
10.end procedure
```

为了以后引用方便，后续章节中我们使用 PT(Parenthesis Theory) 来描述使用结点 parenthesis 属性的循环恢复算法。

13.2.2　高级控制流恢复分析

1. 可结构化和不可结构化循环子图

结构化循环子图是一个单入口单出口的子图，包括 while、for、do…while 循环，见图 10-7。对于任何循环，我们需要知道以下信息：

- **Header**——循环子图的入口结点。

- **Latch**——该结点有一条边指向 Header 结点从而形成一个循环结构。
- **Follow**——循环结束后控制流首先到达的结点。
- **Loop Nodes**——循环子图中的所有结点。
- **Loop Type**——分为 while、do…while、for 三种循环。

我们引入一个符号"h ○ 1"来表示以 h 为头结点、1 为 latch 结点的循环。

非结构化循环子图由于在循环中使用了 break、continue 等非结构化语句从而导致了循环子图结构化的失败，图 13-19 中所示的例子说明了这种情况。对于这种情况的处理通常有两种方法：消除程序代码中的非结构化因素，或者是尽量保持源程序的风格和结构。这里我们采用第二种方法，通过在反编译后处理阶段加入程序风格变换器来实现。例如，对于 C 语言程序的反编译，可以将某些 while 语句转换成 for 语句，将 continue、break 等非结构化语句都改造为 goto 语句以进行目标重定位，使其更符合 C 语言的特点。

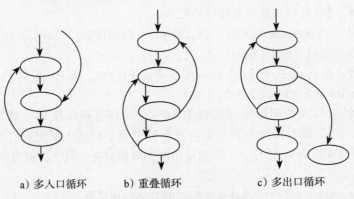

a）多入口循环　　　　b）重叠循环　　　　c）多出口循环

图 13-19　非结构化循环图

2. 可结构化和不可结构化 TWO-WAY 条件子图

结构化 TWO-WAY 条件子图也是单入口、单出口形式，对于每个 TWO-WAY 条件结构的头结点，一般有两条分支（从头结点到两条出边）。分别属于不同分支的各结点之间不应有任何连接。见图 10-7 中所示例子。

为了正确处理这两种条件结构，我们需要知道以下信息：

- **Header**——TWO-WAY 条件子图的入口结点。
- **Follow**——TWO-WAY 条件子图两条分支唯一的合并结点。
- **Conditional Type**——判断 TWO-WAY 条件子图是 if…then 形式还是 if…then…else
  形式。

我们引入一个符号"h ◇ f"来表示一个 TWO-WAY 条件结构，h 为 Header 结点，f 为 Follow 结点。

非结构化 TWO-WAY 条件结构子图是那些有异常入口结点或者出口结点的子图，如图 13-20 所示。图 13-20a 包含两个 if…then…else 结构，结点 1、3 为 Header 结点，我们将其分解为两个子图，图 13-20c 在它的右分支包含一个异常出口，图 13-20b 在它的左分支包含一个异常入口结点。

3. 可结构化和不可结构化 N-WAY 条件子图

简单地说，如果一个 N-WAY 条件结构从它的头结点出发，经过各个出边可以遍历到所有结点，并且不同分支结点之间没有边相连，所有分支最后将合并于一个结点，这个结点是结构的 Follow 结点，那么它是可以被结构化的。

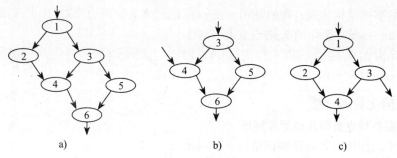

图 13-20　非结构化 TWO-WAY 条件子图

对于 N-WAY 条件结构，我们同样需要知道 Header 结点和 Follow 结点信息，这里使用与 TWO-WAY 条件同样的符号来表示 N-WAY 结构。对于一个循环，也要了解 N-WAY 子图范围内的结点集，这有助于我们处理非结构化循环的情况。

我们可能遇到三种非结构化的 N-WAY 条件结构形式，如图 13-21 所示。

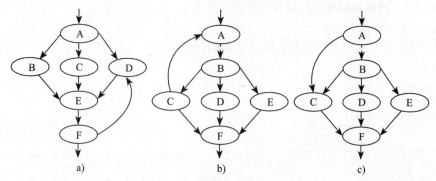

图 13-21　非结构化 N-WAY 条件子图

在图 13-21a 中 N-WAY 条件"A ◇ E"有一个由回边（F，D）引入的异常入口结点 D，图 13-21b 中"B ◇ F"有一个经过回边（C，A）的异常出口结点 C，图 13-21c 中"B ◇ F"有一个经过边（A，C）的异常入口结点 C。图 13-21a 和图 13-21b 所示的问题需要我们特殊处理，这两个图中的回边很可能被识别为一个循环的回边，这样在后端生成低级 C 的时候将会覆盖 N-WAY 条件结构，并且生成的循环结构会导致大量的 goto 语句的产生。为了防止这种情况的发生我们提升 N-WAY 的优先级在循环之前，即首先结构化 N-WAY 结构，不结构化循环结构，这样我们只要产生一条 goto 语句来表示回边就可以了。可以看到，非结构化 N-WAY 条件子图中没有从 N-WAY 结构中向前跳出的情况，这是因为如果有这样一个 TWO-WAY 结点从 N-WAY 结构中跳出，则它的 Follow 结点就会成为 N-WAY 结构的 Follow 结点，这并不影响 N-WAY 结构的结构化，我们能够对其进行正确识别。这种情况理论上存在，但目前我们还没有遇到。

4. 多重结构头结点子图

一个结点不一定被限制为只能是一种控制结构类型的头结点。当一个结点是 while 循环或 endless 循环的头结点时，它同时也是一个 TWO-WAY 条件的头结点。这种特殊情况在结构化和非结构化流图中都有可能出现。如图 13-22 所示。

在图 13-22a 中，结点 1 同时是一个 endless 循环结构和一个 TWO-WAY 条件结构的头结点，直观感觉是结点 1 并不控制 endless 循环的跳出，它仅仅是循环内的第一个结点。如果这种情况的多重结构出现，我们就用一条 goto 语句来表示回边（3，1）。在图 13-22b 中，结点 1 既是 do…while 循环的头结点又是 TWO-WAY 条件结构的头结点。边（2，5）、（4，1）都将以一条 goto 语句表示。

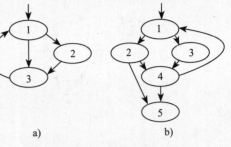

13.2.3　结构化算法介绍

1. 对流图各结点进行正向后序遍历

为了确定流图中的各种控制流结构，要对流图中的结点进行遍历，这对流图结构的掌握有很大帮助。首先对流图进行正向后序遍历，在遍历

图 13-22　多重结构头结点图示

过程中最后一个访问到的结点将被第一个加入序列，第一个访问到的结点将最后一个加入序列，流图入口结点的序列号将与流图中的结点个数相同。也就是说，结点按照后序序列来进行排序。上述排序算法的具体描述见算法 13.3。

算法 13.3　流图各结点进行正向后序遍历排序

输入：s 是流图入口结点

输出：流图结点反向排序序列已记录在 order 队列中

步骤：

```
1. procedure DefineOrdering(s, int ord)
2. Traversed(s)= true
3. for (n∈succ(s))
4.     if (!traversed(n))
5.         DefineOrdering (n, ord)
6. order(s):= ord
7. ord :=ord + 1
8. end procedure
```

注：最小的正向后序遍历序列号为 0，结果放入 order 队列中。

2. 对流图各结点进行反向后序遍历

在正向遍历中我们建立的是流图结点的正向后序序列，而在反向遍历中我们建立的是流图结点的反向后序序列，即从流图的结束结点后序遍历流图，这样有利于对流图的全面了解。进行反向遍历的目的是为了我们定位一个结点的直接后必经结点。依赖于两次遍历的结果，直接后必经结点的正确性可以得到有效保证。上述排序算法的具体描述见算法 13.4。

算法 13.4　流图各结点进行反向后序遍历排序

输入：e 是流图结束结点

输出：流图结点反向后序序列已记录在 revOrder 队列中

步骤：

```
1. procedure DefineReverseOrdering(e, int ord)
2. Traversed(e)= true
3. for (n∈pred(e))
4.     if (!traversed(n))
5.         DefineReverseOrdering (n, ord)
6. revOrder(e) = ord
7. ord = ord + 1
8. end procedure
```

注：最小的反向后序遍历序列号为 0，结果放入 revOrder 队列中。

3. 直接后必经结点的确定

为了保证正确性，算法对流图进行了三次遍历，算法如下：

算法 13.5　直接后必经结点的确定算法

输入： 各结点的正向、反向后序序列号已确定

输出： 流图结点的直接后必经结点已确定

```
1. procedure FindImmediatePostDominators()
   // 第一次遍历
2. for( 从结束结点开始，在队列 revOrder 中的所有结点 n)
3.     for(all c∈succ(n))
4.         if(revOrder(c) > revOrder(n))
5.             iPDom(n) = CommPostDom(iPDom(n), c)
   // 第二次遍历
6. for( 从结束结点开始，在队列 order 中的所有结点 n)
7.     if(succ(n) > 1)
8.         for(all c∈succ(n))
9.             iPDom(n) = CommPostDom(iPDom(n), c)
   // 第三次遍历
10. for ( 从结束结点开始，在队列 order 中的所有结点 n)
11.    if(succ(n) > 1)
12.        for (all c∈succ(n))
13.            if(isBackEdge(n, c) && order(iPDom(c)) < order(iPDom(n)))
14.                iPDom(n) = CommPostDom(iPDom(n), iPDom(c))
15.            else
16.                iPDom(n) = CommPostDom(iPDom(n), c)
17. end procedure
```

4. 结构化含有条件判断的子图

条件判断子图包含所有出边超过一个的结点（即 TWO-WAY 结点和 N-WAY 结点，以及带有软件流水特性的一些结点，如 CTOP、CEXIT 等结点）的子图。它们有一个共同的特点：从头结点到各条出边的所有路径最后都要汇聚到唯一一个结点，这个结点就是头结点的直接后必经结点。从头结点的一条出边指向的后继结点开始的一条路径称为一个分支，它不包含头结点和头结点的 Follow（直接后必经结点）结点。如果一个子图是结构化条件子图，那么它必须满足以下条件：

- 一个分支中的结点不能同时属于另外一个不同的分支。
- 一个分支中任何结点的前驱必须是同一分支中的其他结点或是条件子图的头结点。

对于图 13-23，结点 13、12、11、10、9、7、5都是潜在的条件结构头结点。虽然经过进一步分析，其中有些结点将被结构化为循环的头结点或尾结点，但是由于一个头结点既可能属于条件结构也可能属于循环结构，因此为了保证正确性，在这里我们将其都视为条件结构的头结点，在后面结构化循环子图阶段再进行更正。

（1）确定一个 TWO-WAY 条件判断子图的类型

对于 TWO-WAY 条件子图，我们必须确定它的类型，可能的类型有以下三种：

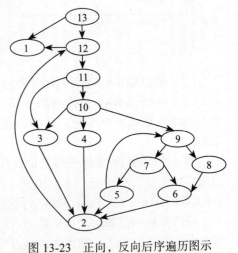

图 13-23　正向，反向后序遍历图示

- if…then…else ——头结点的两条路径上的直接后继结点都不是 Follow 结点，或者至少有一个直接后继结点含有一条回边。

- if…then ——头结点假分支上的直接后继结点是 Follow 结点。
- if…else ——头结点真分支上的直接后继结点是 Follow 结点。

在图 13-24 中，条件子图（13 ◇ 1）和（12 ◇ 1）是 if…else 类型的，因为它们的真分支指向 Follow 结点。在后面生成高级控制流目标代码阶段，我们可以选择生成一个 then 分支为空的 if…then…else 语句，或者在头结点中将判断条件取反生成一个 if…then 语句。后者更符合我们的编程习惯，所以我们选择后者。条件结构（7 ◇ 2）、（9 ◇ 2）和（11 ◇ 2）是 if…then…else 类型的子图，因为头结点的后继结点没有一个是 Follow 结点。条件结构（5 ◇ 2）的一个出边是回边，这种类型的子图我们先将它设为 if…then…else 类型，在对循环结构子图的识别阶段再进一步判断它是条件结构的头结点还是一个循环结构的 latch 结点。

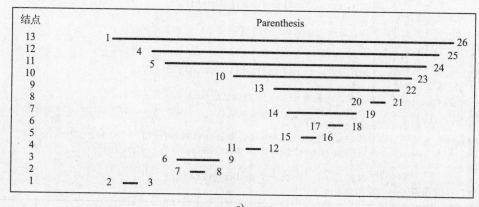

a)

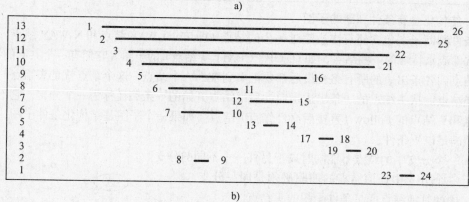

b)

图 13-24   图 13-23 的每个结点的真假分支 parenthesis

（2）确定 N-WAY 条件判断子图内的结点集

对于一个 N-WAY 条件判断子图，我们希望将属于最内层的 N-WAY 条件子图的各分支上的结点都做一个标记，这样一级一级向外层延伸。这对后面恢复循环结构有一定的帮助。

将一个 N-WAY 条件子图 " h ◇ f" 内的结点进行标记的算法是一个改进的从 h 开始进行深度优先遍历的算法。除了 Header 结点和 Follow 结点，其他所有的结点都将标记 h 为它们的 N-WAY header 结点，除非该结点已经标记上其他的 N-WAY header 结点，或者它是由一个回边所指向。如果 " h ◇ f" 包含其他的 N-WAY 条件子图 " h_2 ◇ f_2" （f_2 也可能是 f），那么所有在 " h_2 ◇ f_2" 范围内的结点应该已经被标记过了。因为我们使用的是 order 队列中流图结点的反向序列，内层的 N-WAY 条件子图首先被结构化。因此，一旦我们遇到一个内层的 N-WAY 条件子图，就可以直接跳到它的 Follow 结点。这就意味着对于整个 CFG 流图，在标记 N-WAY 结点期间，每个结点只被遍历一次。在图 13-23 中只有一个 N-WAY 条件子图（10 ◇ 2），结点 3、4、5、6、7、8、9 都将被标记，以结点 10 作为它们的 N-WAY 头结点，通过以上分析我们将算法总结如下：

算法 13.6　确定 N-WAY 条件判断子图内的结点集算法

输入：n 是当前结点，h 是 N-WAY 条件子图头结点，f 是 Follow 结点

输出：所有在"h ◇ f"范围内的结点如果未被标记上其他 N-WAY 头结点，将被打上标记

步骤：

```
1. procedure setCaseHead (n, h, f)
2. if (n != h)
3. caseHead(n) = h
4. if (nodeType(n) = = N-WAY && n != h)   // 判断是否为一个外层嵌套 N-WAY 子图
5.     if(condFollow(n) != f && traversed(condFollow(n)) != true)
6.         setCaseHead(condFollow(n), h, f)
7.     else
8.         for (c∈succ(n) && caseHead(c) = = NULL)
9.             if (c != f && ! isBackEdge(n, c) && traversed(c) != true)
10.                setCaseHead ( c, h, f )
11. end procedure
```

对于我们研究的 IA-64 体系结构来说，当使用 ICC 编译器（2 级优化以上）编译程序时，为了充分发挥 IA-64 体系结构的优势，编译器就会产生带有软件流水特性的代码。鉴于此，我们提出了能够处理软件流水特性的代码，以完全满足我们要求的完整的条件子图结构化算法：

算法 13.7　软件流水特性处理算法

输入：每个结点的直接后必经结点已经确定

输出：所有在"h ◇ f"范围内的结点如果未被标记上其他 N-WAY 头结点，将被打上标记，Follow 结点也已确定，TWO-WAY 条件子图的类型已经确定

步骤：

```
1. procedure StructConds ()
2. for (order 中从流图结束结点开始的所有结点 n)
3.     if(succ(n)>1)
4.         if (∃m && isBackEdge(n, m) && (nodeType(n) = = TWO-WAY ||
               nodeType(n) = = CLOOP || nodeType(l) = = CTOP || nodeType(l) = =
               CEXIT || nodeType(l) = = WTOP || nodeType(l) = = WEXIT))
5.             structType(n) = Cond   // 当前结点有两条出边并且有回边，不能有 Follow 结点
6.         else
7.             condFollow(n) = iPDom(n)
8.             structType(n) = Cond
9.             if (n is an N-WAY node)
10.                condType(n) = Case
11.                setCaseHead(n, n, condFollow(n))
12.            elseif (succ(n, Then) = = condFollow(n))
13.                condType(n) = ifElse
14.            elseif (succ(n, Else) = = condFollow(n))
15.                condType(n) = ifThen
16.            else
17.                condType(n) = ifThenElse
18. end procedure
```

5. 使用 PT 定理结构化循环子图

下面介绍我们提出的能够处理软件流水特性并与 PT 定理相配合能完全满足需求的循环子图结构化算法。

对于循环结构的识别，我们首先依靠回边的出现来识别备选的循环，然后依据 PT 定理进一步精确识别循环结构。整个过程主要参照流图的正向后序遍历序列，从流图的入口结点开始遍历，一个含有结构化循环的流图其外层的循环将首先被识别。一旦找到一个回边 (1，h)，我们首先检查 1 和 h 结点是否满足以下三个条件，然后才能确定它们为一个新循环的 Latch 和 Header 结点。

- h 和 1 当前属于同一个 loop（有相同的循环 Header 结点），这保证我们不结构化重叠（overlapping）循环。
- h 和 1 属于相同的 N-WAY 条件子图（有相同的 N-WAY Header 结点），防止两个 N-WAY 条件子图间的跳入跳出误识别为一个循环。如果没有被任何 N-WAY 条件子图包含，则允许为空。
- 流图中没有其他的回边 (l_2，h)，使得 l_2 的位置比 1 还要低，这样我们就可以保证循环包含最大数量的成员结点。

当找到一个新的循环 "h ○ 1" 后，接着确定它的成员结点数、类型和 Follow 结点。具体算法如下：

算法 13.8　基于 PT 定理的结构化循环子图处理算法

输入：order 中结点集

输出：循环中的结点集、循环类型、循环的 Follow 结点被确定

步骤：

```
1.  procedure StructLoops()
2.  for (order 中从流图入口结点开始的所有结点 h)
3.      latch = NULL
4.      for(x∈pred(h))
5.          if (∃x∈pred(h)·(loopHead(x) = = loopHead(h) &&
                caseHead(x) = = caseHead(h) && isBackEdge(x, h) &&
                (! latch || order(latch) > order(x)))
6.              latch = x;
7.      if (latch != NULL)
8.          loopLatch(h) = latch
9.          if (latch != h && structType(latch) = = Cond)
            /* 防止以后将 Latch 结点误识别为 TWO-WAY 结构 Header 结点 */
10.             structType(latch) = Seq
11.         structType(h) = Loop
12.         FindLoopNodes(h, x)
13.         DetermineLoopType(h, l)
14.         FindLoopFollow(h, x)
15. end procedure
```

图 13-23 中有两个回边 (2，12) 和 (5，9) 作为备选循环进行分析。回边 (2，12) 首先被分析，因为在流图中它比结点 5 的位置要低。这条回边将产生一个新的循环 "12 ○ 2"，因为它满足算法要求的三个条件：两个结点都不属于任何一个循环，都不属于任何 N-WAY 条件子图，结点 2 是唯一的有回边的结点（位置是最低的）。

接下来对算法中用到的确定循环中的结点（FindLoopNodes()）、确定循环的类型（DetermineLoopFollow()）这两个算法的分析过程做一简要介绍。

（1）确定循环中的结点

当遇到一个循环"h ○ l"，我们使用 PT 定理确定循环中的结点。如果结点 h 包含 n 并且 n 包含 l，那么结点 n 在循环范围内，将其记入循环结点集 loopNodes 中。Latch 结点被认为包含在循环体范围内，Header 结点被认为在循环体外。图 13-24 显示了流图中各结点真分支 parenthesis 和假分支 parenthesis，黑线左边的数字是结点第一次访问的时间，黑线右边的数字是结点最后一次访问的时间。对于循环"12 ○ 2"，结点 2（即 Latch 结点）假分支的 parenthesis 在结点 6 的范围内，结点 6 在结点 8 范围内，结点 8 在结点 9 范围内，结点 9 在结点 10 范围内。而结点 10 的 parenthesis 又在结点 12（即 Header 结点）的范围内。所以结点 10、9、8、6 都在"12 ○ 2"范围内；同样道理，对于真分支的 parenthesis，结点 11、3 都在"12 ○ 2"范围内。

当我们分析到回边（5，9）时，结点 9 已先被标记为属于循环"12 ○ 2"，此时，结点 5 还不属于任何循环。所以，回边（5，9）不能满足作为循环结构的第一个条件，不能被结构化为一个循环。查找一个循环内的所有结点的算法如下：

算法 13.9　循环内结点查找算法

输入："h ○ l"是一个循环

输出：循环中的结点集被确定

步骤：

```
1. procedure FindLoopNodes(h, l)
2. for(order 中从流图入口结点开始的所有结点 n)
3.     if(order(h) > order(n) >= order(l))
4.         if ((n 包含于 h) && (l 包含于 n || n = = l))
5.             loopNodes(h ○ l)= loopNodes(h ○ l) ∪ {n}
6.             loopHead(n) = h
7. end procedure
```

（2）确定循环的类型

循环类型的确定依赖于 Header 和 Latch 结点。我们知道，编译是多对一映射，例如 C 编译时 for 和 while 具有相同机器代码结构。反编译是一个一对多变换，具体反编译时，可对高级语句集进行限制，如在循环类型分析过程中将 for、while 的目标结构只对应成 while 语句，将反编译变换为一一对应之后，就可以建立确定性算法恢复循环，但是，所得到的结果是原高级语言集的子集。

算法 13.10　循环类型确定算法

输入：h 为循环的 Header 结点，l 为 Latch 结点，循环内结点集已经确定

输出：循环类型被确定

步骤：

```
1. procedure DetermineLoopType(h, l)
2. if (nodeType(l) = = TWO-WAY || nodeType(l) = = CLOOP || nodeType(l) = =
CTOP ||
        nodeType(l) = = CEXIT || nodeType(l) = = WTOP || nodeType(l) = = WEXIT)
3.     loopType(h) = dowhile
4.     if ((nodeType(h) = = TWO-WAY || nodeType(h) = = CLOOP ||
            nodeType(h) = = CTOP || nodeType(h) = = CEXIT ||
            nodeType(h) = = WTOP || nodeType(h) = = WEXIT) && h != l )
5.         structType(h) = loopCond
6. else if (nodeType(h) = = TWO-WAY || nodeType(h) = = CLOOP ||
            nodeType(h) = = CTOP || nodeType(h) = = CEXIT ||
```

```
                    nodeType(h) = = WTOP || nodeType(h) = = WEXIT)
7.       if (condFollow(h) != NULL && condFollow(h) ∈ loopNodes(h ○ l))
8.            loopType(h) = endless
9.            structType(h) = loopCond
10.       else
11.            loopType(h) = while
      /*header 结点、latch 结点都是 ONE-WAY 类型，必定为 endless 循环 */
12.  else
13.       loopType(h) = endless
14.  end procedure
```

while 循环的 Header 结点是一个 TWO-WAY（含软件流水中的 CTOP、CEXIT 等类型，下同）结点，它控制着整个循环的往复，Latch 结点只有一条出边并且指向 Header 结点。Header 结点的一条出边指向 Header 的 Follow 结点，这在先前的结构化 TWO-WAY 条件子图时已经确定。do…while 循环可能有一个 TWO-WAY 或 ONE-WAY 的 Header 结点、一个 TWO-WAY 的 Latch 结点。endless 循环有一个 TWO-WAY 或者 ONE-WAY 的 Header 结点，Latch 结点只有一条出边并且指向 Header 结点，这一点与 while 循环很相似。拥有 TWO-WAY Header 结点的 endless 循环与 while 循环唯一不同的是，endless 的 Header 结点的 Follow 结点是在循环体内的，也就是说，在确定循环中结点的阶段已做了标记。对于图 13-24 来说，"12 ○ 2" 是一个 while 循环，这是因为：首先，它有一个 TWO-WAY 的 Header 结点，其中一个后继结点是 header 的 Follow 结点；其次，它有一个 ONE-WAY 的 Latch 结点。

由以上分析，我们可以得出具体的确定循环类型的算法。需要注意的是，对于只有一个结点的循环，如果它是 TWO-WAY 的，则为 do…while 类型，如果它是 ONE-WAY 的，则为 endless 类型。具体算法见算法 13.10。

（3）确定循环的 Follow 结点

while 循环与 do…while 循环的 Follow 结点比较容易确定，通过 while 循环的 Header 结点和 do…while 循环的 Latch 结点就能找到。对于一个循环"h ○ l"，我们对正向后序遍历序列范围 order(l)…order(h) 内的结点进行遍历，endless 的 Follow 结点要满足以下条件：

1）Follow 结点的父结点是一个在循环体内的条件判断结构的 Header 结点。

2）Follow 结点可能在循环体的外部。

3）在可能的 Follow 结点中正向后序遍历序列号最大的是正确的 Follow 结点。

对于图 13-25 中所示的 endless 循环，带阴影的结点已标记为循环内结点，结点上方为正向后序遍历序列号，满足这三个条件的 endless 循环"8 ○ 1"的 Follow 结点是 6。确定循环的 Follow 结点的算法见算法 13.11。表 13-12 为图 13-25 中每个结点的真假分支 parenthesis。

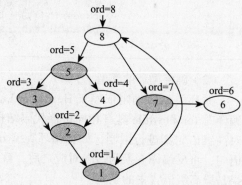

图 13-25　确定 endless 循环 Follow 结点示例

表 13-12　图 13-25 中每个结点的真假分支 parenthesis

结点	真分支 parenthesis	假分支 parenthesis
1	(5, 6)	(5, 6)
2	(4, 7)	(10, 11)
3	(3, 8)	(13, 14)
4	(9, 10)	(9, 12)
5	(2, 11)	(8, 15)
6	(13, 14)	(3, 4)
7	(12, 15)	(2, 7)
8	(1, 16)	(1, 16)

算法 13.11 确定循环的 Follow 结点的算法

输入：h 为循环的 Header 结点，l 为 Latch 结点，循环类型已经确定

输出：循环 Follow 结点已被找到

步骤：

```
1. procedure FindLoopFollow(h, l)
2. if (loopType(h) = = while)
3.     if (succ(h, true) = = condFollow(h))
4.         loopFollow(h) = succ(h, true)
5.     else
6.         loopFollow(h) = succ(h.false)
7. else if (loopType(h)= do…while)
8.     if (succ(l, true) = h)
9.         loopFollow(h)= succ(l, false)
10.    else
11.        loopFollow(h)= succ(l, true)
12. else    /* endless loop */
13.     follow = NULL
14.     for ( 在 order 队列中所有正向后序遍历序列号在 "h ○ l" 范围内的结点 m)
15.         if(structType(m) = = cond && condFollow(m) != NULL)
16.             if (condFollow(m)∈loopNodes(h ○ l))
17.                 if (order(m) > order(condFollow(m))
18.                     m = condFollow(m)
19.                 else
20.                     break /* 存在回边指向前面的结点，后面所有的结点都在一个 TWO-WAY 条
                            件结构中，所以不需要考虑 */
21.             else
22.                 if (∃x∈succ(m) • (x ∉loopNodes(h ○ l) &&
                        (follow = = NULL || order(follow) < order(x))))
23.                     Follow = x
24.         if (follow != NULL)
25.             loopFollow(h) = follow
26. end procedure
```

13.2.4 可能的问题与解决办法

在对可执行程序进行二进制翻译时，如果在高级控制流恢复阶段出现了异常中止，一般可以从两个方面考虑：

1）程序中是否含有非结构化成分。

2）查找直接后必经结点是否正确。

13.2.5 小结

高级控制流代码恢复是一项艰巨的工作，需要考虑流图的各种复杂情况，进而设计出相应的算法。本节首先简要论述了流图的构建并介绍了控制流恢复的一些术语，将括号定理应用到了高级控制流恢复当中。接下来对各种高级控制流结构进行了详细的分析，然后，综合考虑可能遇到的实际问题，给出了重新结构化 TWO-WAY、N-WAY、循环条件子图，从而成功识别出了 if…then…else、switch、while、do…while、for 等高级语言控制结构，为下一步高级控制流代码生成做好了准备。

13.3 过程恢复

过程和函数（本节统称为过程）恢复是广泛应用于静态二进制翻译和反编译等逆向工程领域的一项关键技术。过程分析的主要目标是分析出过程调用的高级结构，采用的主要方法是对二进制代码或者是某种中间表示进行分析，从而恢复出调用的高级结构。过程恢复技术的应用，可以增加生成代码的可读性，同时也给目标代码更好的优化提供了可能。

13.3.1 相关知识简介

一个过程（或者是函数）在目标代码中的表现形式，往往与指定的体系结构、操作系统以及编译器有关。从这个意义上来说，通过使用编译器得到的目标代码中的函数要想能够相互调用，必须要遵循指定操作系统的 ABI 中规定的格式。这个要求只作用于外部函数，虽然大部分编译器都使得其生成的全部代码遵守 ABI 约定。

过程抽象的目标就是要根据 ABI 中与过程调用相关的内容，从目标代码里恢复出与过程调用相关的信息。它能使得我们从目标代码中提取出与机器相关的内容，如参数是如何传递给一个过程的、返回值是如何返回的，以及局部变量是如何表示的等。

具体来说，过程抽象的目标就是恢复出以下的高级结构：

1）与函数声明相关的信息，如 integer Func1(integer1，integer2)。

2）高级的函数调用，如 variable1 = sum(1，variable2)。

3）高级返回语句，如 return variable1。

为了便于分析，这里我们考虑三种基本数据类型：

1）整型（包括大小和符号）。

2）地址（指向指令或数据）。

3）浮点型（包括大小和符号）。

1. 基本概念

无论处于何种平台，函数（或过程）的使用都存在着主调方和被调方。主调方是函数调用的发起者，称为调用者（Caller）；被调方是函数调用执行的具体实施者，称为被调用者（Callee）。函数的 Prologue 一般指的是函数开始部分的几行代码（二进制形式），它们为函数内要使用的栈和寄存器资源做准备，包括对原来资源状态的保存等；相应的，函数的 Epilogue 是指出现在函数末端的几行代码，它们用来将栈和寄存器资源恢复到函数调用开始前的状态。Prologue 和 Epilogue 都是在编译过程中，由编译器给函数添加的附加代码。

反编译中的各源平台的调用约定各异，但其基本原理类似，可描述为如下几个步骤：

1）Caller 的 Prologue 确定了参数传递的方式，即通过栈传递、寄存器传递，或者二者联合传参，Caller 按照归约将实参放入相应存储位置，同时改变程序控制流，并跳转到 Callee 的首指令地址。

2）Callee 的 Prologue 负责建立其自身过程内的栈帧结构，并为局部变量等分配足够的空间，然后才开始执行过程内的其余代码。

3）当过程执行到返回语句时，Callee 的 Epilogue 则按照归约将返回值存入指定存储位置，接下来恢复调用前的栈帧状态，并返回到 Caller。

4）最后，由 Caller 的 Epilogue 获取并对 Callee 的返回值做相应处理，完成此次过程调用。

调用约定 (Calling Convention) 是以下四部分内容的综合：调用过程（caller）、被调用过程（callee）、一个运行的系统以及一个操作系统。所有这四个部分必须对于从内存栈中分配多少空间以及如何使用该空间的问题达成一致：每个过程都需要使用分配的内存栈空间来保存需要保存的寄存器以及私有数据；操作系统在收到一个信号的时候需要使用内存栈空间来保存当前的状态；运行系统需要对内存栈进行遍历，以检查是否存在被暂停了的计算的状态并对其进行修改。除了与其他部分共享栈空间以外，调用过程和被调用过程还必须在如何传递参数和返回值的问题上达成一致。

编译器在为一个源程序生成其可执行程序时，必须遵循相应的调用约定。实际的编译过程中，当一个编译器为一次过程调用生成目标代码时，它首先需要决定如何传递参数（通过寄存器还是通过内存栈），然后把参数放在合适的地方；接下来，编译器将发出一个调用，跳转到该过程调用的目标地址上，而被调用的过程将从内存中划分出一片区域作为该过程的内存栈帧，并且保证该区域的大小能够为本地变量以及 ABI 的需要提供足够的空间；当过程返回时，该过程需要将返回值放到合适的位置，并将其栈帧恢复到调用前的值；一旦从被调用过程返回，就由调用过程按照需要决定是否将被返回的值移动到寄存器中或是变量里。

以上编译的片段可以相应地用 Caller 和 Callee 的 Prologue 和 Epilogue 分别进行概括和抽象。Caller 的 Prologue 将参数放置到合适的位置，然后唤醒被调用过程。Callee 的 Prologue 建立起当前过程的内存栈帧。Callee 的 Epilogue 设置返回值，保存栈帧然后返回。Caller 的 Epilogue 在调用完成后选择性地完成现场清理工作，如将实参从内存栈中弹出等。

2. IA-64 的调用约定

以 IA-64 体系结构为例，我们来分析一下 IA-64/Linux ABI 中所描述的调用约定。首先需要介绍的是 IA-64 体系结构中特有的寄存器栈机制（RSE）及寄存器重命名机制，然后简要给出 IA-64 的参数传递以及存放返回值的有关约定。

IA-64 处理器提供了大量的寄存器供程序使用，其中包括 128 个通用寄存器和 128 个浮点寄存器。通用寄存器主要用于整型数据及一般意义的计算，浮点寄存器则主要用于浮点计算以及整型的乘法和除法。

我们将通用寄存器和浮点寄存器分别命名为 R0 ～ R127、F0 ～ F127。IA-64 将 128 个通用寄存器分成两个部分，前 32 个为静态通用寄存器（static general register），为每个过程所共用，并约定内存栈指针始终存放在寄存器 R12 中；后 96 个寄存器构成一个通用寄存器栈，在发生过程调用时供过程使用并且由寄存器栈机制（RSE）来控制和管理。对于每个过程，处理器会根据实际使用情况，依次从通用寄存器栈中划分出一片连续的区域，作为一个寄存器栈帧提供给该过程使用。每个寄存器栈帧都会被分成大小动态分配的三个区域，分别用来存放输入参数、本地变量以及需要输出的参数。

当发生过程调用时，由硬件自动对寄存器进行重命名，然后供被调用过程使用，从而保证每个过程使用的栈帧都会从 R32 开始分配，并且让被调用过程的寄存器栈帧的输入区域与调用过程寄存器栈帧的输出区域重叠。这种寄存器栈的操作方式使得 outs 寄存器对于调用过程和被调用过程都是可见的；调用过程和被调用过程看到的是同样的物理寄存器，只是该寄存器具有的逻辑名不同而已。图 13-26 中给出了一个寄存器重命名的示例。这种做法相对于 SPARC 处理器的寄存器窗口机制而言，在窗口的尺寸和窗口的划分上提供了更大的灵活性。当从被调用过程返回的时候，寄存器栈又恢复成调用以前的状态，被调用过程的寄存器栈帧将会自动从寄存器栈中弹出。当实际使用到的寄存器超过了物理寄存器的最大数量，即超过了 96 个时，将由硬件将整个物理寄存器文件释放到内存栈中。

以上介绍的是 IA-64 体系结构特有的寄存器栈机制（RSE）和寄存器重命名机制。IA-64 的 ABI 中对于参数的传递有以下约定：当需要将参数传递给过程时，参数个数少于 8 个时用寄存器传递；多于 8 个时，前 8 个参数仍然用寄存器传递，多出的部分则使用内存传递。整型参数用通用寄存器传递，浮点参数用浮点寄存器传递。当参数类型为可变参数列表时情况比较特殊，所有的参数将被溢出到内存栈中等待使用。

用于存放返回值的寄存器在 IA-64 的 ABI 中都有详细的约定。整型返回值用寄存器 R8 存放，浮点返回值用浮点寄存器 F8 存放。如果需要返回的是一个结构体，则有以下两种情况：当结构体的大小超过 32 字节时，则返回寄存器 R8，R8 中存放的是指向该结构体的指针；

若结构体的大小小于等于 32 字节，则根据需要使用 R8 ～ R11 这四个寄存器中的多个来存放返回值（每个寄存器可用于存放大小为 8 字节的返回值）。

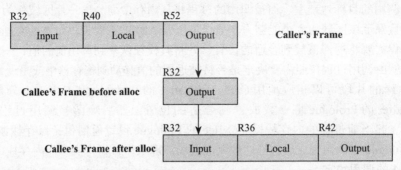

图 13-26　IA-64 寄存器重命名

3. 过程抽象语言 PAL

PAL（Procedural Abstraction Language）是昆士兰大学在 1999 年研发 UQBT 项目时开发的一种用于过程抽象的语言。设计该语言的目的是为了对一个过程中与机器体系结构相关的部分进行抽象。经过抽象后的中间表示与源机器无关，因而不同体系结构下的过程都能够使用同一段翻译程序进行分析与恢复，从而达到该项目建立一个能够分析多源机器的二进制文件和支持多目标机的静态二进制翻译器通用框架的目的。

PAL 的文法由一套 EBNF 范式所定义。基于 PAL 描述来实现过程抽象的主要思路，是从解码的角度来捕捉一个过程中与参数传递、栈帧的创建以及调用规范相关的信息，并将这些信息用与机器无关的表示形式抽象出来。概括而言，需要用 PAL 描述的内容包括以下几部分：

- 对内存栈的抽象（FRAME ABSTRACTION）。
- 对本地变量的抽象（LOCALS）。
- 对参数的抽象（PARAMETERS）。
- 对返回值的抽象 (RETURNS)。

以上每一部分描述的具体内容都由括号内的关键字（即文法的终结符）引出。对内存栈的抽象，主要是指出处理器用于存放内存栈指针的寄存器；本地变量以及用内存传递的参数存储在一个过程的内存栈帧里，而不同体系结构为过程分配的栈帧的方式和大小各不相同。为了在最终生成的 C 语言程序中对内存栈进行模拟，需要对处理器为过程分配的栈帧大小进行描述；在对参数的描述中，需要从调用过程和被调用过程两个角度分别给出出参或入参可能的位置；对返回值的描述，则主要是指出返回值的类型与用于存放返回值的寄存器或者内存单元之间的对应关系。

13.3.2　库函数的识别技术

对库函数的识别过程相当于链接程序链接的逆过程，目标是将嵌入程序中的库函数代码或库函数调用识别出来。库函数识别在逆向工程中具有极为重要的作用，它给反编译工作带来了如下好处：屏蔽了依赖于某一体系结构机器低级特性的影响、降低了后续处理过程的复杂性、增强了中间表示及后端代码的可读性和正确性、同时也提高了反编译生成代码移植时的运行效能。系统库函数的识别是相关研究中最热门的问题之一，也是极具应用价值的一项研究内容。

　　库函数的恢复与编译器及版本都有关系，因此研究通用的识别器极其困难。从目前发表的几篇代表性的文章可以看出，均是针对特定编译器版本的系统库函数而进行的识别和恢复研究。早期，库函数识别方法多为针对某种编译器的特定版本和特定模式手工构造库函数识别模板库，这种方法耗时太长，且效率低下。后来，又有学者提出了自动生成模板库的方法和技术，但构造模板库的工作量仍然很大。

　　本节所述内容同以往工作有所不同，讨论的是 IA-64 体系结构下 ELF64 格式二进制可执行文件通过动态链接机制进行调用的库函数的快速识别方法。当编译器编译程序代码时，对库函数调用的处理一般会采用动态链接机制，即在编译生成可执行程序时不对其进行链接，而是将链接过程推迟到程序开始运行时，甚至推迟到程序已经开始运行后。由于运行程序时可以获得的信息要多于编译时获得的信息，因此采用动态链接机制可以增加链接阶段的灵活性。但是，动态链接机制给反编译中对库函数的识别带来了困难，二进制程序中调用系统库函数处给出的调用地址并不是该函数真正的装载地址，因此反编译时无法预见所调用的到底是哪个库函数。

　　因为库函数的正确识别是对后继技术（用户函数与库函数同名的区分技术、内嵌数学库函数恢复技术等）进行研究的基础，所以本小节将就此问题给出具体的描述及相应的解决方案。

1. IA-64 动态链接技术

　　尽管反编译系统都不翻译库函数的函数体，但是由于库函数的定义可以通过其他途径获得，因此只要能够在翻译过程中识别出所调用库函数的函数名，就可以得到与该函数相关的其他信息，包括该函数的参数个数、参数类型、返回值的类型等。因此，库函数名的识别是库函数识别及恢复的关键所在。

　　（1）IA-64 库函数名识别的困难

　　动态链接机制的采用使得反编译中库函数名恢复变得困难起来，但是对于某些体系结构，仍然可以较容易地从二进制代码中得到所调用函数的函数名。使用的方法是当翻译到使用动态链接的代码时（如库函数调用），可根据二进制代码中给出的目标地址到符号表中查找该地址对应的符号，该符号即为所调用库函数的函数名。

　　例如，对于 i386 体系结构，可将调用的目标地址同符号表中各项的 symbol value 域进行匹配，根据匹配结果提取符号名，完成库函数名的识别，实例如下。

例 13.2　程序 hello.c

```
int main( )
{
    printf("Hello, world! \n");
}
```

在 i386 体系结构下编译，生成的二进制可执行文件中同库函数 printf 调用相对应的汇编代码为：

```
call   80482f0   <_init+0x58>
```

在二进制可执行文件的符号表中可以找到同地址 80482f0 对应的项为：

```
080482f0     DF *UND*   00000039  GLIBC_2.0   printf
```

根据该符号表项，即可知 call 语句是对库函数 printf 的调用。

但是例 13.1 所示代码在 IA-64 体系结构下编译后，printf 语句对应的汇编代码为：

```
br.call.sptk.many b0=4000000000000400; ;
```

而在符号表中同符号 printf 对应的地址却为 0：

```
0000000000000000  F  *UND*  00000000000000b0  printf@@GLIBC_2.2
```

可见，在翻译 IA-64 二进制程序时，仅根据汇编代码中的调用地址无法在符号表中找到函数名 printf。因此，这种通过调用地址直接从符号表中找出函数名的方法，对于 IA-64 二进制代码的库函数名恢复问题是不适用的，而且 strip 工具的广泛应用也在一定程度上限制了这种方法的可用性。

要解决库函数名识别问题，需要仔细分析 IA-64 软件规范中的动态链接机制。在介绍动态链接机制以前，先简单了解一下动态链接器（dynamic linker）。

当构建一个使用动态链接的可执行文件时，由链接编辑器在可执行文件中添加一个程序头单元，其类型为 PT_INTERP。这样做的目的是告知系统调用动态链接器，并将其作为程序解释器来使用。动态链接器的位置将被记录在 PT_INTERP 字符串中，并随着代码模式、体系结构以及字节顺序的变化而发生改变。

（2）全局偏移表 GOT

全局偏移表（Global Offset Table, GOT）是 ELF64 可执行文件中一个重要的表。通常，位置无关代码不能包含绝对虚拟地址，GOT 在私有数据中存放绝对地址，这样可以在不影响程序代码的位置无关性及共享性的前提下使得这些地址可用。程序通过全局指针（Global Pointer, GP），使用位置无关的寻址方式来引用它自身的 GOT，从中取出绝对地址，从而将与位置无关的引用重定位到绝对地址上。

在初始情况下，GOT 中存放重定位项所需要的信息。在系统为一个可装入对象文件创建了内存段后，动态链接器开始处理重定位项，其中有部分入口项会使用到全局偏移表。动态链接器确定相关的符号值，计算其绝对地址，并且将内存表项与其对应起来。尽管在链接编辑器创建一个目标文件时并不知道该文件的绝对地址，但是动态链接器知道所有内存中段的地址，因此可以通过计算得到文件中所有符号的绝对地址。

如果一个程序要求直接读取一个符号的绝对地址，那么这个符号必须在 GOT 中有一个入口项。由于每个可执行文件和共享对象都有其独立的全局偏移表，因此一个符号的地址可能出现在多个 GOT 中。在将控制转移到进程映像（process image）中的任意代码之前，动态链接器将对所有的全局偏移表进行重定位，因此保证了程序运行时各个表中的绝对地址都是正确的。

对于不同的程序共有的共享对象，系统可能会选择不同的内存段地址；对于同一个程序的不同执行，系统甚至可能会选择不同的库地址。尽管如此，进程映像一旦建立，内存段的地址不会改变。只要进程仍然存在，该进程的内存段将始终处于一个固定的虚拟地址处。

（3）函数地址

在 IA-64 体系结构下，当一个函数调用另一个函数时，调用函数（caller）需要为包含的被调用函数（callee）对象重置全局指针 GP，使其包含正确的值。因此，为了调用一个过程，caller 需要两方面的信息：被调用函数的地址以及该函数应当具有的 GP 值。这两方面的信息包含在一个名为函数描述符（function descriptor）的结构中。这样，函数指针可以在函数之间进行传递，并且仍然包含足够的信息以保证通过该函数指针可以调用到欲调用的函数，函数指针被定义为指向该函数的函数描述符的指针。

为了更高效地访问函数描述符，每个可执行文件或共享对象都有包含它所调用的所有函数的函数描述符入口项的拷贝。但是当共享对象或可执行文件需要引用函数的地址时，每个这样的引用都应该得到相同的地址，否则，函数指针之间的比较将会没有意义。因此，需要有一个唯一的函数描述符入口项，这个入口项在获取函数地址时可以进行引用。这个入口项被称为一个函数的"官方"函数描述符 (official procedure descriptor)。任何函数的"官方"函数描述符将由动态链接器在需要重定位的时候进行创建和初始化。

（4）过程链接表 PLT

过程链接表（Procedure Linkage Table, PLT）在动态链接过程中起着重要的作用。链接编辑器不能解析在可执行程序或共享对象之间的执行转移，如函数调用。如果希望在不影响程序代码的位置无关性及共享性的前提下能够在运行时对函数地址进行动态赋值，则函数地址必须保存在私有数据区，并且当函数被调用时进行地址的获取。对于 IA-64 体系结构，函数地址存放在本地函数描述符中。每个函数描述符都包括函数地址以及包含该函数定义的对象的全局指针的值。动态链接器计算函数的绝对地址以及全局指针的值，并对该函数的函数描述符的内容进行相应的修改。

通过一段被称作函数入口桩（import stub）的代码，程序可以从本地函数描述符中获取函数地址和全局指针的值。编译器在发生过程调用的调用点上对 import stub 进行 inline，或者是将 import stub 放置在过程链接表中。过程链接表位于一个对象的只读段。该对象直接调用的外部函数都会有一个本地函数描述符。

动态链接器可以采用惰性绑定（lazy binding）的方式，即直到某次调用使用到某个本地函数描述符的时候，才对该本地函数描述符进行绑定。在该方式下，每个函数描述符的函数地址域的初始值由链接编辑器初始化为二级 PLT 入口项的地址，该地址对于被调用函数来说是唯一的。二级 PLT 入口项必须将控制转移到动态链接器的惰性绑定的入口点，在该入口点上对引用进行解析，并更新本地函数描述符，然后执行函数调用。

为了保证惰性绑定的正确实现，对于如何将控制转移到动态链接器的惰性绑定入口点，应用程序必须遵循以下约定：

- 链接编辑器必须分配一段 PLT 保留区域，该区域处于对象的数据段中，并且由三个连续的双字组成。该区域由动态链接器在程序启动时进行初始化。
- 被调用函数的重定位索引必须放在通用寄存器 r15 中，从而保证动态链接器能够识别出此次调用的目标。该寄存器的值是动态重定位表区域的索引，所指定的重定位入口的类型必须为 R_IA_64_IPLTMSB 或是 R_IA_64_IPLTLSB，且它的偏移将指定此次调用所引用的本地函数描述符项。
- 与调用模块唯一对应的 8 字节的标志符必须放置到通用寄存器 r16 中，从而动态链接器可以分辨出调用是由哪个对象发起的，从而定位该对象的重定位表。该标志符可以从 PLT 的保留区域的第一个双字中找到。
- GP 寄存器必须被设成动态链接器自身的 GP 值。该值可以从 PLT 保留区域的第二个双字中找到。
- 动态链接器的惰性绑定入口点可以从 PLT 保留区域的第三个双字中找到。

需要指出的是，当控制转移到二级 PLT 入口时，GP 值的正确性是无法保证的，因为本地函数描述符的 GP 域的初始化只有到该函数被绑定时才进行。因此，import stub 必须在从函数描述符中装载 GP 值之前将 GP 的值拷贝到临时寄存器中，这样，二级 PLT 入口项中可以恢复最初的 GP 值以定位 PLT 的保留区域。

链接编辑器必须创建 import stub、二级 PLT 入口项，并为不能静态绑定的直接调用分配本地函数描述符。

（5）实例研究

为了对上述动态链接过程有一个直观的印象，我们使用 gdb 工具对动态链接的过程进行了跟踪，下面将就例 13.1 中的源代码的链接过程进行实例分析。

通过 objdump 工具，得到例 13.1 源代码编译后的二进制文件中 .plt 段部分内容，见图 13-27。

```
40000000000003a0 <.plt>:
40000000000003a0:        0b 10 00 1c 00 21    [MMI]    mov r2=r14; ;
40000000000003a6:        e0 00 08 00 48 00             addl r14=0, r2
40000000000003ac:        00 00 04 00                  nop.i 0x0; ;
40000000000003b0:        0b 80 20 1c 18 14    [MMI]    ld8 r16=[r14], 8; ;
40000000000003b6:        10 41 38 30 28 00             ld8 r17=[r14], 8
40000000000003bc:        00 00 04 00                  nop.i 0x0; ;
40000000000003c0:        11 08 00 1c 18 10    [MIB]    ld8 r1=[r14]
40000000000003c6:        60 88 04 80 03 00             mov b6=r17
40000000000003cc:        60 00 80 00                  br.few b6; ;
40000000000003d0:        11 78 00 00 00 24    [MIB]    mov r15=0
40000000000003d6:        00 00 00 02 00 00             nop.i 0x0
40000000000003dc:        d0 ff ff 48                  br.few 40000000000003a0; ;
40000000000003e0:        11 78 04 00 00 24    [MIB]    mov r15=1
40000000000003e6:        00 00 00 02 00 00             nop.i 0x0
40000000000003ec:        c0 ff ff 48                  br.few 40000000000003a0; ;
...
4000000000000400:        0b 78 40 03 00 24    [MMI]    addl r15=80, r1; ;
4000000000000406:        00 41 3c 30 28 c0             ld8 r16=[r15], 8
400000000000040c:        01 08 00 84                  mov r14=r1; ;
4000000000000410:        11 08 00 1e 18 10    [MIB]    ld8 r1=[r15]
4000000000000416:        60 80 04 80 03 00             mov b6=r16
400000000000041c:        60 00 80 00                  br.few b6; ;
4000000000000420:        0b 78 80 03 00 24    [MMI]    addl r15=96, r1; ;
4000000000000426:        00 41 3c 30 28 c0             ld8 r16=[r15], 8
400000000000042c:        01 08 00 84                  mov r14=r1; ;
4000000000000430:        11 08 00 1e 18 10    [MIB]    ld8 r1=[r15]
4000000000000436:        60 80 04 80 03 00             mov b6=r16
400000000000043c:        60 00 80 00                  br.few b6; ;
```

图 13-27 例 13.1 对应的 .plt 代码实例

具体的链接过程如下：

1）当为程序创建内存映像时，动态链接器将 .got 段的前三个保留的 8 字节的字，由全 0 设置为特定的值。通过调试工具 gdb，可以观察到此时的 .got 段的内容：

```
(gdb) x/6x 0x6000000000000cc0
0x6000000000000cc0: 0x00043320 0x20000000 0x0001aaf0 0x20000000
0x6000000000000cd0: 0x000418c8 0x20000000
```

其中，0x6000000000000cc0 为 .got 段的开始地址。

2）当程序调用 printf 时，执行转移到 0x4000000000000400 处，该地址是 printf 在 .plt 段的入口项地址，从该地址开始即为 printf 的 import stub（至 br.few b6 结束）。

3）从地址 0x4000000000000400 开始，第一条指令用于计算 printf 的本地函数描述符入口项地址，计算的方法是将 GP 的值同相对于 GP 的偏移进行相加，同时将计算结果保存到 r15 中，本例中的结果为 0x6000000000000d10。从该地址处可以找到本地函数描述符的入口项内容为：

```
6000000000000d10  <.IA_64.pltoff>:
6000000000000d10: d0 03 00 00 00 00 00 00 40 c0 0c 00 00 00 00 60
```

4）第三条指令将当前的 GP 值保存到寄存器 r14 中，而第二条指令和第四条指令则分别从本地函数描述符中提取信息：函数地址（保存到 r16 中）以及本地函数描述符中保存的 GP 值。链接编辑器对本地函数描述符入口项进行初始化，在本例中，函数地址的值是 0x40000000000003d0。经过跳转，执行转移到该地址位置。

5）从地址 0x40000000000003d0 处开始，程序将重定位索引保存到寄存器 r15 中，重定位索引为一个有符号的 22 位立即数，用于指示在重定位表（.rela 表）中的索引。该索引对应的重定位项的偏移指明了前面的 addl 指令中引用的本地函数描述符，同时，该重定位项中还包含一个符号表索引，用于告知动态链接器当前被引用的符号名，即所调用函数的函数名。本例中，重定位索引值为 0，从重定位表对应的项中可以取出符号表的索引值，本例中为 1。

```
40000000000002c0 <.rela.IA_64.pltoff>:
40000000000002c0: 10 0d 00 00 00 00 00 60 81 00 00 00 01 00 00 00
```

这表明该函数对应于符号表中索引值为 1 的符号，本例中为 printf。

```
DYNAMIC SYMBOL TABLE:
0000000000000000  DF *UND*    00000000000000b0  GLIBC_2.2  printf
0000000000000000  DF *UND*    0000000000000280  GLIBC_2.2  __libc_start_main
```

6）重定位索引的赋值完成以后，程序跳转到 0x40000000000003a0 处执行。前五条指令通过寄存器 r14 提取动态链接器在第一步中保存的三个特定的值，第一条指令将 r14 保存到临时寄存器 r2，这样可以在第二条指令中使用 22 位立即数，因为 addl 指令只能使用通用寄存器 r0、r1、r2 和 r3。第二条指令将 r2 与调用对象的全局指针同动态链接器为该对象设置的三个特定值的第一个值之间的偏移（本例中为 0）相加，相加的结果写回到 r14 中。第三条指令提取第一个特定值并将其保存到临时寄存器 r16，同时 r14 的值加上 8，这个值为动态链接器提供了 8 字节的标识信息。第四条指令提取第二个特定值并将其保存到临时寄存器 r17，同时 r14 的值再次加 8，这个值由动态链接器初始化为动态链接器自身所包含的函数绑定例程的地址。第五条指令提取第三个特定值，并将该值赋给全局指针 GP。动态链接器将这个特定值设置为包含动态链接器的对象的 GP 值。程序将分支寄存器 b6 的值设置为 r17 中所保存的地址，然后跳转到该地址，该地址内容如下：

```
(gdb) disass 0x200000000001aaf0
Dump of assembler code for function _dl_runtime_resolve:
......
0x200000000001ab62 br.call.sptk.many b0=0x200000000001a440 <fixup>
```

7）动态链接器接收控制，调用真正的解析函数 fixup。此时两个寄存器中包含着重定位函数调用所需要的信息：r15 中包含重定位入口项的索引，r16 包含 8 字节的标识。动态链接器查看重定位入口项，找到符号的值以及包含该符号的对象的 GP 值，将它们保存到同 printf 相对应的本地函数描述符入口项，并将控制转移到合适的目标地址。调试信息如下：

```
(gdb) x/4x 0x6000000000000cc0
0x6000000000000bb0: 0x001172f0  0x20000000  0x0025c1c8  0x20000000
(gdb) disass 0x20000000001172f0
Dump of assembler code for function printf:
0x20000000001172f0  <printf>: alloc r42=ar.pfs, 15, 12, 0
...
```

8）此时，本地函数描述符入口项中保存的内容已经是 printf 函数的重定位后的地址 0x20000000001172f0，以及包含 printf 函数的对象的 GP 值。本段代码最后将控制转移到

printf 函数。之后的过程链接表入口项将会直接转移到函数，跳过对动态链接器的调用。

由于我们的目标是恢复出低级 C 程序中的库函数调用，因此更关注的是库函数名的识别，而目标机上的实际链接工作则交由目标机上的编译器来完成。

2. 库函数名的识别算法

在 IA-64 结构中，符号名的解析与绑定是在函数第一次被调用时发生的，二进制代码中函数的调用地址是该函数在 .plt 段中的 32 字节 import stub 入口地址（即该函数的入口桩的起始地址），而在符号表中函数的 symbol value 域为 0。因此，无法直接根据符号表中的内容判定转移指令中给出的跳转地址对应的函数名。但由于该跳转地址对应的函数在 .plt 段中的 32 字节入口地址对于该函数而言是唯一的，因此问题的关键就转化为如何在函数名和 .plt 段中的 32 字节入口地址之间建立起一一映射的关系。

（1）函数名和调用地址的映射关系

实际上，在对链接过程的分析进行到第 5 步时，我们就已经找到问题的解决办法。主要思路是通过寻找二进制文件中的 .plt、.got、.pltoff、.rela、.dynstr 这五个段的联系，来建立函数名和函数在 .plt 段中的 import stub 入口地址之间的映射关系。

首先，由于 .IA_64.pltoff 段中每一项的大小是固定的，因此通过该段的大小可以得到需要进行重定位的函数个数；根据 .plt 段的结构，通过函数的个数可以精确定位函数在 .plt 段中的 import stub 入口地址；接着根据重定位索引值可以找到 .rela.IA_64.pltoff 段中该索引值对应的重定位项，从该项中可以取出此次重定位对应的符号在符号表中的索引值，再根据该值从 .dynstr 段中找到对应的符号串，如果在符号串中包含子串"@@GLIBC_2.0"，则需要将此子串去除，之后得到的符号串即是重定位函数对应的函数名。

（2）ITA 中的实现举例

在 ITA 反编译器的二进制文件解码器部分，根据以上的分析，通过如下算法建立所有系统函数名同 import stub 入口地址之间的一一映射关系，并通过名字—值对的形式加入 ITA 反编译系统符号表中。具体描述见算法 13.12。

算法 13.12   建立库函数名同 .plt 段中 import stub 入口地址之间的映射

输入：IA-64 二进制可执行文件（ELF64 格式）

输出：包含库函数名同 import stub 入口地址构成的名字—值对的符号表

步骤：

1. 获取 .IA_64.pltoff 段的信息并计算段中的项数 count；

2. 获取 plt 段开始地址 pltstart；

3. 计算函数在 .plt 段中入口项地址 val；

4. 对 val 进行对齐操作；

5. 获取 .rela.IA_64.pltoff 段的信息；

6. 将 .rela.IA_64.pltoff 当前项设为第一项；

7. **for** i := 1 **to** count **do**

8. **begin**

9. 计算 .rela.IA_64.pltoff 当前项对应的动态字符串索引 idx；

10. 根据 idx 在 .dynstr 段中获取相应的字符串；

11. 如果获取的字符串中包含类似"@@GLIBC_2.0"的子串，则将子串删除；

12. 用字符串和 val 构建名字—值对，加入符号表中；

13. 将 val 指向 .plt 段中下一个函数的入口项；

14. .rela.IA_64.pltoff 中的当前项后移，使其指向该段的下一项；

15. **end**

通过以上算法，即可以建立起函数名同 .plt 段中 import stub 入口地址之间的映射关系，并通过重建符号表将结果记录到符号表中。这样，在随后的反编译过程中就可以直接通过对符号表的查找来识别库函数的函数名。

3. 小结

由于 IA-64 二进制可执行程序的符号表中与库函数名对应的地址项为 0，因此无法通过二进制可执行程序中函数调用处的调用地址来判定所调用的库函数。但在深入分析动态链接器工作机理的基础上，利用二进制文件中与此相关的 .plt、.got、.pltoff、.rela、.dynstr 五个段的信息，提出了由 import stub 入口地址反推对应函数名的库函数识别算法。建立了库函数和函数在 .plt 段中的 import stub 入口地址之间的一对一映射关系。

在 IA-64 体系结构下生成的 ELF64 文件中，有两个段中包含符号信息：.symtab 和 .dynsym 段。其中 .symtab 段包含所有符号的调试信息，但应用 strip 命令可将该段完全或部分清除。而 .dynsym 段中包含所使用的外部符号的信息，这些信息是 strip 工具所不能去除的，因这些信息是动态链接在链接时所必需的。本章所提供的方法不依赖于 .symtab 段，而只使用了 .dynsym 段，因此不会受到应用 strip 工具的影响。经实例测试，对经过 strip 处理的二进制可执行文件进行翻译，库函数调用仍然能够被正确地恢复。

13.3.3　用户自定义函数的过程恢复

用户自定义函数的过程恢复是 IA-64 静态二进制翻译系统 ITA 设计中的难点，在实际的工作过程中遇到的问题也最多。本章将分函数名、参数以及返回值三部分来介绍此类函数的恢复，重点介绍的是多种复杂情况下参数的恢复方法。

1. 函数名恢复

介绍过程模型的时候已经提到，用户自定义函数存在有名函数和无名函数两种。因此，需要对这两种情况分别处理。

在介绍这两种函数的函数名恢复方法以前，首先了解一下二进制工具 strip。使用 strip 工具可以去除对象文件中所有的符号信息，从而达到减小可执行文件的大小的目的。以 spec2000 测试集中的 bzip2 为例，在 IA-64 下编译得到的 bzip2 可执行文件大小为 126.9KB，经过 strip 工具处理后的大小为 77.1KB，仅为原来的 60.76%。除此以外，应用 strip 工具的另外一个目的是为了增加程序的安全性，因为一旦去除了可执行文件中的符号信息，再想对程序进行逆向工程分析时可以利用的信息就少了，因而增加了分析的难度。正是出于以上考虑，目前许多软件的发布版本都是使用 strip 工具进行处理后的版本。对开发商来说，这无疑是一种保护其产品不被抄袭的好方法。

但是从静态二进制翻译角度来看，由于去除了符号信息，在生成的二进制文件中就无法找到任何与函数名有关的信息，因此使用该工具带来的直接后果就是在翻译经 strip 过的二进制代码时，会出现函数无名的情况。由于经过 strip 后的二进制代码中 .plt、.dynstr 等段的名字仍然是存在的，因此第 3 章中介绍的算法仍然可以定位库函数的函数名，这也是为什么在库函数的函数名恢复中不考虑函数无名情况的原因。但是用户自定义函数的函数名是会被 strip 掉的，因此我们在考虑用户自定义函数的函数名恢复问题时，必须考虑函数无名的情况。

从 C 程序角度来说，函数名只是一个函数的标识，只要符合 C 语言规范的任何字符串都可以作为函数名。基于这种考虑，当出现无名函数，即从二进制文件中查找函数名失败时，可以采用依次对出现的无名函数进行重命名的恢复策略。实际工作中采用如下命名格式：Proci。其中，i 是一个从 1 开始递增的序号，该序号只与恢复过程的顺序有关。经过这样的处理后，所有的无名函数都有了函数名，而且函数名在整个程序体内相对唯一，从而达到了函数名恢复的目的。

当函数有名，即从二进制文件中可以找到函数的名字时，可以根据调用的地址在符号表中找出该函数对应的函数名。此类函数的函数名恢复方法较之库函数的函数名恢复方法而言要容易得多，因此这里不做过多的介绍。

2. 参数的恢复

对于用户自定义函数的参数恢复，难点在于可能出现的参数情况繁多而复杂，如对使用内存传递的参数的识别、对空过程的参数的恢复，以及带有软件流水特性的循环程序中的参数恢复等。

为了叙述的清晰，这里首先给出参数恢复的基本流程，再针对典型的参数恢复问题进行分析并给出解决方法。

（1）参数恢复的基本流程

IA-64 二进制翻译中的参数恢复融合了 IA-64 体系结构的特性、对 IA-64 ABI 中的调用约定的 PAL 描述，以及活跃变量分析三方面的内容。所谓基本流程，指的是该流程可以适用于参数情况比较简单的函数的参数恢复工作，如函数只有一个整型参数等。

参数的主要分析流程如下：首先通过词法分析与语法分析工具 Flex++ & Bison++，对 IA-64 的 PAL 描述进行分析，提取其中的关键信息并存入相应的数据结构；然后运用得到的信息，采用变量替换的方法对中间表示 RTL 中与内存栈帧相关的操作进行抽象；接着采用数据流分析方法对处理后的 RTL 中出现的表达式进行分析，得到每个过程在入口处和出口处活跃的变量的集合；最后再次使用第一步中得到的信息对得到的活跃变量进行过滤，最终确定过程的参数和返回值，并将得到的机器无关的高级中间表示 HRTL 输出。

从以上流程不难发现，IA-64 参数恢复的首要工作，是使用 PAL 语言对 IA-64 ABI 中与调用约定相关的内容进行描述。

1）IA-64 调用约定的 PAL 描述。

从前面章节中对调用约定的介绍可知，对过程调用进行编译的过程可以用 caller prologue、caller epilogue、callee prologue 以及 callee epilogue 这四个模板进行抽象和概括，并且 caller prologue 包含关于输出参数的信息，callee prologue 包含输入参数以及内存栈帧分配的信息、callee epilogue 中包含返回值的信息，而这些都是需要在 IA-64 的 PAL 描述中进行描述的内容。因此，如果能对每个 IA-64 过程识别出这四个模板，就能够使用 PAL 语言对不同模板中带有的调用约定信息进行描述。

通过对大量实例的总结可以发现，从使用 GCC 编译器在 0 级优化选项下生成的汇编码中，基本上都能归纳出一组或者是多组汇编指令来完成对应模板的功能。因此，IA-64 二进制翻译中可以采用模式匹配的方法，对 IA-64 程序的汇编代码中出现的这类指令或指令序列进行提取，然后使用与机器无关的指令模板名对该段指令代码进行替换。经过这样的抽象后，才可以使用 PAL 语言来描述不同的指令模板下的调用信息。在 IA-64 的 PAL 描述中，我们会用到以下指令模板名：

- leaf_entry & std_entry：分别对应于叶子过程和非叶子过程的 callee prologue。
- leaf_ret & std_ret：分别对应于叶子过程和非叶子过程的 callee epilogue。

下面将从内存栈帧的抽象、本地变量的描述、参数位置的描述以及返回值的描述四个部分来介绍 IA-64 的 PAL 描述。

① 内存栈帧的抽象。

为了将一个与源机器相关的内存栈帧转化成机器无关的栈空间，我们定义了一个抽象栈指针 AFP（或 %afp）。AFP 指向栈帧的起始位置。当在 callee 的 prologue 已经开始时使用栈帧抽象，此时 AFP 必须是该内存栈帧指针的值。在 IA-64 体系结构中，AFP 实际上被初始化为用于存放栈指针的寄存器 r12。具体描述如下：

```
FRAME ABSTRACTION
INIT = %r12
```

在后续的 IA-64 过程恢复中，将对过程中与 r12 相关的操作进行跟踪，随后会将所有对内存栈帧的操作用包含 AFP 的表达式进行替换。后端生成低级 C 代码时，将定义一个数组 _Locals[] 来模拟内存栈帧，此时 AFP 被定义为指向 _Locals[] 数组的起始位置。由于与栈相关的地址都已经被转换成与表达式 AFP 相关的地址，因此所有对内存栈帧的操作在低级 C 代码中都被转换为对本地数组 _Locals[] 的操作，这也就等同于在生成的 C 代码内部搭建了一个抽象的栈空间，从而实现了对内存栈帧的抽象。

② 本地变量的描述。

本地变量存放在一个过程的内存栈帧中，而内存栈帧的大小可以从 callee prologue 中得到。下面给出对 IA-64 的本地变量描述：

```
LOCALS
  leaf_entry
  std_entry
  {
  locals
  }
```

IA-64 给每个过程分配内存栈帧的操作是通过内存栈指针 r12 的移动来完成的。r12 的移动距离表示的就是该过程的栈帧大小。在以上描述中，locals 是指令模板 leaf_entry 和 std_entry 的一个参数，由指令模板从指令中获取。locals 的值记录的是栈指针 r12 的移动距离。在后端生成 C 代码时该值将被用来生成 _Locals[] 数组的定义，用于表示该数组的大小。

③ 过程参数的描述。

在机器代码级，我们无法区分变量和变量的类型。但是这些信息在高级语言代码里是会被用来决定使用哪个位置传递参数更加合适。

ABI 中给出了用于传递参数的位置，以及使用这些传参位置的顺序。同一个参数对于调用过程和被调用过程而言，值相同但引用的方式不同。因此在描述中对参数的抽象要从调用者和被调用者两个方面分别描述，从调用者角度看的是出参，从被调用者角度看的是入参。为了区分这种角度的变换带来的传参位置的变化，我们在 PAL 描述中要分为调用过程和被调用过程两个方面分别描述。

参数描述的第一部分给出的是从 caller 角度来看出参的可能位置，以 CALLER 为关键字引出：

```
PARAMETERS
  CALLER
  {
  INTEGER REGISTERS -> %r32%r33 …%r127
  DOUBLE REGISTERS  -> %f8 %f9 %f10 %f11 %f12 %f13 %f14 %f15
  STACK             -> BASE = [%afp + 16]
          OFFSET = 8
  }
```

以上描述中，每个子句都是可选的，并且子句的顺序也是与 IA-64 "先寄存器后内存栈" 的传参顺序一致。

由关键字 INTEGER REGISTERS 后给出的描述表明，从寄存器 r32 一直到 r127 都有可能被用来将整型参数传递给被调用过程；DOUBLE REGISTERS 后的寄存器则表明，如果可以知道参数的类型为浮点，则用浮点寄存器 f8 到 f15 进行传递；由调用约定可知，寄存器只能用于传递前 8 个参数，因此参数描述的最后给出的是对内存传参的说明。

从图 13-28 中可以看到，过程的出参存放在从该过程的栈底加 16 字节处开始的出参区域内。虽然没法静态地指定栈底在何处，但是可以给出一个固定的栈基址（由 stack->base 给出）和一个偏移量（由 offset 给出）。这表示所有从该地址加上该偏移量的整数倍的位置都有可能是参数所在的位置。对 IA-64 的调用过程而言，栈基址为 "%afp + 16"，偏移量为 8 字节。

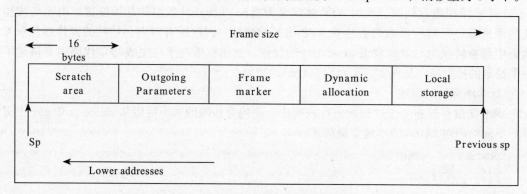

图 13-28   IA-64 过程栈帧的结构

参数描述的第二部分给出的是从 callee 角度来看入参可能的位置。

```
leaf_entry
std_entry
{
  INTEGER REGISTERS -> %r32 %r33 %r34 %r35 %r36 %r37 %r38 %r39
  DOUBLE REGISTERS  -> %f8 %f9 %f10 %f11 %f12 %f13 %f14 %f15
  STACK             -> BASE = [%afp + locals + 16]
          OFFSET = 8
}
```

IA-64 的寄存器重命名机制使得每个过程分到的寄存器栈都是从 r32 开始的。由于使用寄存器传递的参数最多只能有 8 个，因此可能用于存放入参的整型寄存器从 r32 开始到 r39 结束。如果入参中存在内存参数，则必定存放在当前过程父亲栈的出参区域内，而在 callee prologue 模板下，AFP 已经指向当前过程的栈底，因此需要经过 "%afp + locals + 16" 的计算后才能指向其父亲栈的出参区域的起始位置。

④ 返回值的描述。

通常情况下，用于存放或者是接收返回值的位置都是指定的寄存器或内存单元，具体是使用寄存器还是内存则由返回值的类型决定。IA-64 对于返回位置的约定比较简单，整型和地址类型的返回值存放在寄存器 r8 中；浮点类型的返回值放在浮点寄存器 r8 中。

```
RETURNS
leaf_ret
std_ret
CALLER
{
    INTEGER.64  IN %r8
```

```
INTEGER.32   IN %r8
FLOAT.82     IN %f8
FLOAT.64     IN %f8
ADDRESS      IN %r8
```
}

　　以上四部分介绍的是如何使用过程抽象语言 PAL 对 IA-64 的调用约定进行描述。在二进制翻译系统 ITA 的装入阶段，将通过工具 Flex++ & Bison++ 对以上描述进行词法和语法的分析。从描述中提取出的关键内容将被存入相应的数据结构中，为下一步的过程恢复工作提供必要的信息。

　　需要特别说明的是，由于经过编译器 ICC 编译后的汇编代码没有固定的顺序，因此无法采用模板匹配的方法得到与过程相关的信息。目前，在翻译使用 ICC 编译器得到的二进制代码时，我们采用的方法是直接从汇编码中的特定指令中获取相关信息，然后直接存入相应的数据结构中。这种做法的效果与经过 PAL 描述后的效果基本相同，仍然可以使用下面将要介绍的参数分析方法进行参数的恢复工作。特定指令的信息获取不是本文介绍的内容，这里不做更多的介绍。

　　2）基于 PAL 描述的参数分析流程。

　　对于一个过程来说，基于 PAL 描述的参数分析流程具体分为以下四步：

　　① 使用与抽象帧指针 %afp 相关的表达式替换掉该过程中出现的内存栈帧地址。

　　② 恢复其形参信息。

　　③ 对于该过程调用的每一个过程，如果该过程还未分析过，则对该过程执行步骤 1 和 2。

　　④ 对该过程里发生的每个调用进行实参的分析，若被调用过程不是库过程，则还需要分析出被调用过程的返回值的类型。

　　需要指出的是，第 3 步中分析过程的顺序是按照对控制流图进行深度优先搜索的顺序进行的。换句话说，如果一个过程调用另一个过程，则分析的顺序是先分析被调用过程，然后再分析调用过程。这样做的目的是要保证在第 4 步中分析实参时，被调用过程已经恢复出了其形参。

　　实参一般由调用过程放置在 PAL 描述中给出一个或多个位置，描述中由关键字 CALLER 引出的部分给出了实参所有可能的位置。因此，将通过活跃变量分析得到的在调用的出口处活跃的变量的集合，与 PAL 描述中给出的可以用来传递参数的位置的集合取交集，得到的就是调用函数的出参位置。

　　从被调用过程角度来看的形参位置，则应该出现在由 leaf_entry 和 std_entry 后给出的位置里。在被调用过程中，这些形参是直接拿来使用的，也就是说，在被调用过程中对这些存放参数的位置的引用是先于定义进行的。因此，只要找到被调用过程中所有在入口处活跃的变量的集合，然后与 PAL 中给出的形参可能位置取交集，就可以确定函数的入参位置。

　　在实际的算法实现过程中，以上分析中涉及的集合都是使用位向量来简洁表示的。变量集合间的交和并运算此时便可以分别用集合里面的逻辑与（and）和逻辑或（or）操作来实现。

　　每个出现在基本块中的变量都会被分配一个编号 i（i 是从 0 开始的自然数），而该变量存在于某个集合的充要条件，是定义该集合的位向量在位置 i 上的值为 1。

　　在 ITA 系统中，对每个基本块定义了以下三个集合：

- UseSet：所有在基本块中被引用的变量的集合。
- DefSet：所有在基本块中被定义了的变量的集合。
- useUndefSet：所有在基本块中引用先于定义的变量的集合。

这里仅给出参数恢复的总控函数 analyse() 的流程图，如图 13-29 所示。

3）实例说明。

下面结合例 13.2 对以上分析方法进行详细说明。

例 13.3　程序 Intadd

```
main() {
        int x, y, z;
        x = 5;
        y = 6;
        z = add(x, y); }
int add (int a, int b) {
        int m;
        m = a + b;
        return m; }
```

使用 GCC 编译在 0 级优化选项下生成的汇编代码如图 13-30 所示。

在例 13.2 中，main() 调用 add() 函数，传递了两个整型参数即 5 和 6。对 main() 函数中 br.call 指令处活跃的变量与 PAL 描述中给出的出参可能的位置取交集，得到出参位置的集合 Live 如下：

$$Live = \{r36, r37\}$$

下面来看对入参的分析。经过对整个被调用函数语句的逐条分析，可以得到在被调用函数 add() 入口处活跃的变量的集合，将其与 PAL 描述中给出的入参可能的位置做交运算后，可以得到入参位置的集合 LiveIn 如下：

$$LiveIn（add） = \{r32, r33\}$$

从 LiveIn 集合可以得知，add() 函数有两个输入参数 r32 和 r33。结合 main() 函数的分析结果，变量 r32、r33 分别对应于 main() 函数中的变量 r36 和 r37。由此可以确定，main() 函数传给 add() 函数的参数有两个。

经过转换后的 CALL 指令如下：

CALL add[<ret type>] < (r36, <type>), (r37, <type>) >

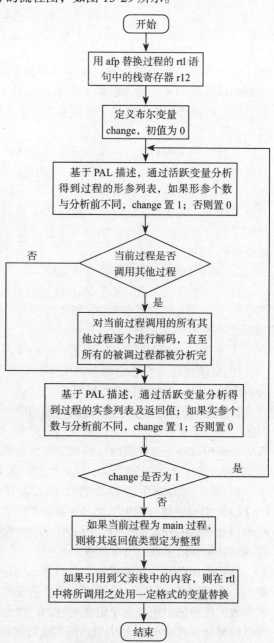

图 13-29　参数恢复总控程序 analyse() 的流程图

再通过对参数类型和返回值的分析，最终完成对以上程序的过程恢复工作。

（2）典型参数的恢复

以上介绍的是参数恢复的基本流程，可用于过程间简单参数的恢复。本节介绍的参数恢复技术及实现，是在研究与实现用户自定义过程的参数恢复的过程中遇到的几类比较复杂的情况，具有一定的典型性。因此，接下来将参照 IA-64 体系结构的特征，结合例子对各类问题进行描述和分析，部分给出解决算法的描述。

1）内存参数的恢复。

IA-64 的 ABI 中约定，少于 8 个的参数用寄存器传递，多于 8 个的部分用内存传递，我们将这多于 8 个的部分称为使用内存传递的参数，这里简称为内存参数。

要判断是否存在用内存传递的参数，需要从 caller 和 callee 两方面着手。一方面，caller 在发生调用之前有没有往自身的内存栈帧的出参区域内填值，而且该值在 caller 调用 callee 的调用点上活跃；另一方面，callee 有没有到其父亲栈帧（即 caller 的内存栈帧）的出参区域内取值，且该值在 callee 的入口处活跃。只有这两方面都满足的变量，才能判定是一个 caller 传递给 callee 的内存参数。

为了恢复内存传递的参数，IA-64 的 PAL 描述中做了两方面的准备工作。一个是指定了内存栈帧指针 r12；另一个是给出了计算内存栈中参数区域的方法，即基址加步长。给出了这些信息就可以完成对 caller 的

```
main:                                          add:
        alloc r34 = ar.pfs, 0, 4, 2, 0                 mov r2 = r12
        mov r35 = r12                                  st4 [r2] = r32
        adds r12 = −16,r12                             adds r14 = 4, r2
        mov r33 = b0                                   st4 [r14] = r33
        addl r14 = 5, r0                               adds r16 = 8, r2
        st4 [r35] = r14                                adds r14 = 4, r2
        adds r15 = 4,r35                               ld4 r15 = [r2]
        addl r14 = 6,r0                                ld4 r14 = [r14]
        st4 [r15] = r14                                add r14 = r15, r14
        adds r14 = 4,r35                               st4 [r16] = r14
        ld4 r36 = [r35]                                adds r14 = 8, r2
        ld4 r37 = [r14]                                ld4 r14 = [r14]
        mov r32 = r1                                   mov r8 = r14
        br.call.sptk.many b0 = add#                    mov r12 = r2
        mov r1 = r32                                   br.ret.sptk.many b0
        mov r15 = r8
        adds r14 = 8, r35
        st4 [r14] = r15
        mov r8 = r14
        mov ar.pfs = r34
        mov b0 = r33
        mov r12 = r35
        br.ret.sptk.many b0
```

图 13-30　Intadd 的 IA-64 汇编代码

出参的分析。具体做法是：首先在过程中将所有直接或间接引用到内存栈帧指针的指令里的 r12 寄存器替换成虚拟帧指针 %afp，使得所有使用 r12 进行计算的内存地址都被替换成 %afp 加一个偏移的形式；接下来，如果出现往内存中写数据的情况，则对该数据的内存地址进行分析。

设某内存数据的地址为 %afp+X，如果 X 满足以下条件，则该数据落在出参区域内：

$$(X >= 16) \& (X \% 8 == 0) \tag{13.1}$$

如果 X 满足以下条件，则该数据落在入参区域内：

$$(X >= (Locals+16)) \& (X \% 8 == 0) \tag{13.2}$$

若活跃变量分析结果显示该内存数据在调用点上也是活跃的，再结合 callee 的分析结果，就可以确定该内存数据是否为该过程的内存参数。

但是在实际的程序翻译过程中可以发现，依靠 IA-64 的 PAL 描述中提供的信息，仅使用一个指针 AFP 来判断过程的入参和出参会错误地将存放于内存的部分临时变量识别成该过程的出参。

① 问题的描述及分析。

要深入理解错误地将存放于内存的临时变量识别成内存参数的原因，需要重新研究 IA-64 过程的内存栈帧的结构（见图 13-28）。

从图 13-28 中可以发现，IA-64 上的过程栈帧一般由五个部分组成，其中栈的底部是该过程的 local storage，作为该过程的临时变量存储区域来使用；栈的首部是 scratch area，提

供给被该过程调用的函数作为溢出区来使用。可见，从当前过程的角度来看，该过程的内存栈帧中用于存放临时变量的区域，与该过程的父亲栈（即调用该过程的函数的内存栈帧）的溢出区相邻。由于这两个相邻区域的地址都是直接或间接地通过栈指针"r12+ 偏移"的形式得到的，因此存放在这两个区域内的变量的地址都会被替换成"%afp 加偏移"的形式。显然，当参数个数超过 8 个时，使用内存临时存储区存储临时结果的情况是经常会遇到的，而这些临时变量只要满足公式（13.1）的要求就会被识别成当前过程的出参。

通过对 IA-64 上使用 GCC 编译器在 0 级优化选项下生成的大量程序的汇编代码的研究，可以发现，在一个过程的开始阶段，会首先通过一条 mov 指令将上一个过程的 sp（stack pointer，IA-64 将其存放于寄存器 r12）值保存到一个通用寄存器（只有 main 函数不保存其父过程的 sp 值，而是直接将 r12 移动到 main 的内存栈的起始处）中，该寄存器将被当作该过程的本地变量来使用。这里，当前过程的 sp 称为栈指针，当前过程的父过程的 sp 被称为帧指针；相应的，存放栈指针的寄存器 r12 被称为内存栈指针寄存器，用来存放内存帧指针的寄存器被称为内存帧指针寄存器。在经过这样的保存操作后，接下来，内存栈指针 sp 才会被移动到当前过程的栈顶处。在当前过程的内部，所有对当前内存栈的 local storage 区域和其父亲栈的 scratch area 区域进行读写的操作，其寻址都是通过被保存的内存帧指针寄存器进行的；所有对当前内存栈的其他区域的操作，其寻址都是通过内存栈指针寄存器 r12 进行的。在退出一个过程以前，r12 将通过内存帧指针寄存器中保存的值，重新指向当前过程的父过程的内存栈的起始位置，从而将当前过程的内存栈帧从内存栈中弹出。

因此，仅基于 PAL 描述的内存参数分析出现错误的原因，是在分析的过程中将帧寄存器与栈寄存器统一起来考虑。如果能够切断栈寄存器和帧寄存器之间的联系，将二者区别对待，就能够在分析的时候过滤掉 local storage 和 scratch area 中的本地变量。

问题的关键就转换为，如何在参数分析时得到一个过程的帧寄存器。由于 IA-64 上实际分配给每个过程的内存帧寄存器决定于当前寄存器栈的使用情况，因此每个过程中用于存放帧指针的内存帧寄存器各不相同。而 PAL 只能用于描述每个过程中固定不变的信息，因此无法参照指定栈寄存器 r12 的方法，在 PAL 描述中直接指定一个内存帧寄存器来解决该问题。显然，这也是过程抽象语言 PAL 的设计过程中没有考虑周全的一个问题。

② 内存参数的恢复思路。

由前面的分析可以知道，要想恢复内存参数，关键是记录一个过程中用于保存父亲栈指针的内存帧寄存器，并对所有使用该寄存器访问内存的语句进行跟踪。

但是，由于每个过程用于存放父亲栈指针的寄存器是根据寄存器栈的使用情况动态分配的，因此不能通过 PAL 描述的方法静态给出。显然，需要在 PAL 以外给出解决的办法。

解决的办法仍然可以参考对 r12 的处理方法。首先，在每个过程的对象中定义一个类似 AFP 的虚拟帧指针 VFP（或 %vfp，即 Virtual Frame Pointer，AFP 与 VFP 之间的关系见图 13-31）。在解码到一个过程的开始阶段时，遇到的第一条 mov 指令，且该指令的源操作数和目的操作数分别是 r12 和某一个寄存器，就将被赋值的寄存器做一个标记，表明这是一个帧指针寄存器。接下来，对所有的语句使用到该寄存器的地方用表达式 %vfp+Locals 进行替换，使用到栈指针寄存器 r12 的地方仍然用 %afp 进行替换。

实际上，AFP 和 VFP 都是指向当前栈的起始位置。但是经过这样的替换后，所有的出参只能出现在形如 %afp+offset 的地址处，所有的入参只可能出现在形如 %vfp+offet 的地址处。仍然可以通过式（13.1）和式（13.2）分析偏移量的方法来判断入参和出参。同样，在后端生成低级 C 代码时，定义一个数组 _Viruals[] 来模拟内存帧指针的移动，此时 VFP 被定

义为指向 _Virtuals[] 数组的起始位置。

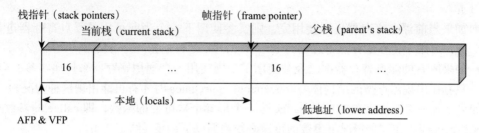

图 13-31　AFP 与 VFP 之间的关系

下面给出一个传递 9 个参数的简单例子来说明以上分析内存参数的方法。

例 13.4　程序 memParam

```
main() {
            int i;
            i = sum(1, 2, 3, 4, 5, 6, 7, 8, 9); }
int sum(int a, int b, int c, int d, int e, int f, int g, int h, int i) {
            int m;
            m = a+b+c+d+e+f+g+h+i;
            printf("result = %d\n", m);
            return m; }
```

上例中，main() 调用函数 sum()，并传给 sum() 函数 9 个整型参数；函数 sum() 中将这 9 个整数相加，然后将相加的结果输出到屏幕。

GCC 编译器在 0 级优化选项下得到的部分汇编代码如图 13-32 所示。

在 sum() 函数中，r43 是帧寄存器，用来保存 main() 函数的栈指针。分配给 sum() 的内存栈的大小为 48 字节。这些信息都可以在解码阶段得到，根据这些信息可以建立如下的替换关系：

```
r12->%afp
r43->%vfp+48
```

经过替换后，main 过程中往内存中写第 9 个参数，以及 sum 过程中从父亲栈中取第 9 个参数的操作生成的中间表示分别如表 13-13 所示。

```
main:                      sum:
 …                          …
adds r12=-32,r12           mov r43=r12
 …                         adds r12=-48,r12
mov r15=9                    …
adds r14=16,r12            adds r17=16,r43
st4 [r14]=r15              ld4 r14=[r17]
mov r36=1                   …
 …                         mov r12=r43
mov r42=7                  br.ret.sptk.many b0
mov r43=8
mov r32=r1
br.call.sptk.many b0=40000000000006e0 <sum>
```

图 13-32　memParam 程序的部分汇编代码

表 13-13　memParam 程序的第 9 个参数在替换前后的中间表示

过程名	汇编指令	替换前的中间表示	替换后的中间表示
main	st4 [r14] = r15	m[r14] = r15	m[%afp+16] = r15
sum	ld4 r14 = [r17]	r14 = m[r17]	r14 = m[%vfp+48+16]

参照式（13.1）和式（13.2），m[%afp+16] 将被识别成 main 过程的出参，而 m[%vfp+48+16] 将被识别成 sum 过程的形参。

2）浮点类型参数的恢复。

无论是单精度浮点、双精度浮点，还是双精度扩展型浮点参数，都需要根据调用点上形参的相关信息（如对函数原型的描述等）进行传递。

如果已知一个实参对应的形参是一个浮点类型的数据，则参数的传递必须遵循以下约定（约定 1 ）：

- 如果当前浮点寄存器还未使用完，则实参使用下一个当前可用的浮点寄存器进行传递。可用于传参的浮点寄存器为 f8 ～ f15，从 f8 开始按顺序分配。
- 如果所有的浮点寄存器都已经被使用了，则使用一个通用寄存器来传递实参。当然，只有在出现浮点型的结构体 homogeneous aggregates 时才有可能出现这种情况。

如果已知一个浮点实参对应的 callee 是一个形参个数可变的函数，即 callee 的参数类型是可变参数列表，在这种情况下参数的传递必须遵循以下约定（约定 2 ）：

- 使用合适的通用寄存器传递浮点参数。

如果在调用点上，编译器无法决定被调用过程的形参是否为可变参数列表，编译器将生成通用的代码来满足以上两方面的约定。正是这种临界情况，造成了浮点参数准确恢复的困难。

从下面的分析中我们也会看到，这种临界情况在翻译二进制代码时是经常会遇到的。下面将给出一个具体的例子对该问题进行说明。

① 浮点参数恢复问题描述。

例 13.5 程序 floatintParam

```
main () {
    extern int add();
    int a = add(1, 2.4, 3.6, 4);
    printf("the result is %d \n", a); }
int add (int a, double b, double c, int d){
    int e = a + b + c + d;
    return e; }
```

main() 中定义了一个外部函数 add()，然后传递给 add() 函数两个浮点参数和两个整型参数，最后调用 printf() 输出 add() 函数返回的值。由于 main() 中对 add() 函数的参数并没有给出定义，因此编译器在编译到 main() 函数调用 add() 函数处时，并不知道 add() 函数的形参是否为可变参数列表。这正好属于前面所介绍的临界情况。

首先来看 main() 的汇编代码（见图 13-33）。从汇编代码中可以发现，经过"r1+ 偏移"取出的是第一个浮点参数的内存地址，编译器先将该内存单元的值取出来放到浮点寄存器 f7 中，接下来通过临时寄存器 f6 将其存入浮点寄存器 f8 中，再使用 getf.d 指令将该值存入通用寄存器 r37 中。可见，同一个浮点参数被放入两个不同的寄存器 f8 和 r37 中。相应的，第二个参数也被先后放入寄存器 f9 和 r38 中。

再来看 add() 的汇编代码。可以发现，add() 函数在读取浮点参数的值时，并没有用到 r37 和 r38 这两个寄存器，而仅仅使用到浮点寄存器 f8 和 f9 来获取浮点参数的值。显然，如果仅仅采用例 13.2 中给出的方法恢复参数，则实参的个数将大于形参的个数，因此实参和形参是无法匹配成功的。

要解决这类参数问题，无疑可以找到两种思路：过滤多余的实参或是添加冗余的形参。我们采用的是过滤多余实参的方法。但是无论是添加或是过滤参数，都需要有添加或是过滤的参考依据。这里可以参

```
Main:                           Add:
addl r14 = @gprel(.LC0), gp     ...
ldfd f7 = [r14]                 stfd [r14] = f8
addl r14 = @gprel(.LC1), gp     ...
ldfd f9 = [r14]                 stfd [r14] = f9
...                             ...
mov f6 = f7
mov f8 = f6
getf.d r37 = f7
mov f6 = f9
mov f7 = f9
mov f9 = f6
getf.d r38 = f7
...
```

图 13-33　floatintParam 的 IA-64 汇编代码片段

照 IA-64 参数的参数槽号及参数槽的分配策略来过滤多余的参数。

　　② IA-64 参数槽分配策略。

　　参数列表是将每个单独的参数放置到一个固定大小的单元中，再由这些固定大小的单元组合而成的。这些固定大小的单元就被称为参数槽。在 IA-64 机器上，每个参数槽的大小都为 64 位，即 8 字节。如果参数的大小大于 8 字节，则根据其大小将其放置到若干个连续的参数槽中。前 8 个参数槽的内容常常是通过寄存器传递的。剩下的参数则通过内存栈传递，而且只能是从 caller 的栈指针加 16 字节的位置处开始。如图 13-34 所示。

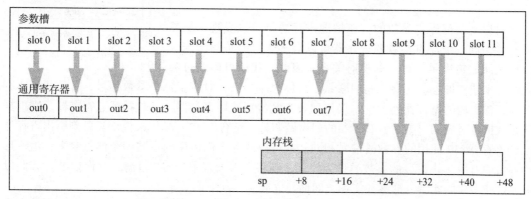

图 13-34　参数及参数槽

　　每个参数都会分配有参数槽，分配策略是基于参数的类型和大小来实现的，按照从左到右的顺序进行。分配的原则如下：

- 如果当前需要分配的参数大小是在 1～64 位的区间内 (包括 64 位)，其类型是整型或指针，则给该参数分配当前尚未使用的参数槽中的第一个。
- 如果当前参数大小是在 65～128 位的区间内，且参数类型为整型，则将当前尚未使用的参数槽中从第一个编号为偶数的参数槽开始的连续两个参数槽分配给该参数。
- 如果当前参数为 32 位的单精度浮点，则分配当前可用的第一个参数槽给该参数。
- 如果当前参数为 64 位的双精度浮点，则分配当前可用的第一个参数槽给该参数。
- 如果当前参数为 80 位的扩展双精度浮点，则将从当前可用的第一个编号为偶数的参数槽开始的连续两个参数槽分配给该参数。
- 如果当前参数为 128 位的浮点，则将从下一个编号为偶数的参数槽开始的连续两个参数槽分配给该参数。
- 如果当前参数为结构体 (aggregates)，其大小是随着结构体大小的变化而变化的，则给其分配的槽号是从下一个对齐后的槽开始的，且分配的槽的个数为 (size+63)/64。

我们考虑以下两种外部函数的定义情况：

- 当声明的函数描述中给出了参数描述时。
- 当声明的函数描述中不包含参数描述时。

　　定义一个外部函数 func（i，a，b，j），其中第一个和第四个参数类型为整型，第二个和第三个参数类型为浮点。

　　在第一种情况下，函数的定义及传参情况如图 13-35 所示。

```
Extern Int func(Int,double,double,Int);
func(I,a,b,j);

parameters passing as follows
  slot0  I   out0
   slot1  a   f8
   slot2  b   f9
   slot3  j   out3
```

图 13-35　有参数描述时浮点参数的传递

虽然浮点参数只使用了浮点寄存器来传递，但是该浮点参数所在参数槽对应的通用寄存器也没有被继续用于整型参数的传递，因此传递第四个参数时使用的是通用寄存器 out3，而 out1 和 out2 被设置为已用状态直接跳过。

```
Extern Int func();
func(I,a,b,j);

parameters passing as follows
    slot0   I    out0
    slot1   a    out1 and f8
    slot2   b    out2 and f9
    slot3   j    out3
```

图 13-36　无参数描述时浮点
参数的传递

在第二种情况下函数的定义及传参情况如图 13-36 所示。

虽然同一个浮点参数会用一个通用寄存器和一个浮点寄存器同时进行传递，但是这两个寄存器对应的参数槽却仍然是同一个。

对以上两种浮点参数的传递情况进行总结可以发现，虽然用于传递同一个浮点参数的寄存器可以有多个，但是形参与参数槽之间始终满足一对一的映射关系。因此，我们可以通过参数槽号来建立形参与实参之间的联系。具体思路如下：对应于每个参数槽号，首先找到所有占用该参数槽的寄存器列表。如果该列表中既包括通用寄存器，又包括浮点寄存器，则根据该参数槽号对应的形参类型对实参的列表做调整。结合例 13.4 具体来说，只要判断出寄存器 f8 和寄存器 r37 使用的参数槽槽号相同，就可以认为它们传递的是同一个浮点参数；由于形参列表中对应于该槽号的参数类型为浮点，则将实参列表中的 r37 过滤，仅保留 f8。如此以来，过滤多余的实参，形参和实参之间便建立起一一映射的关系。

因此，问题的关键就转变成如何通过程序来模拟参数槽的分配策略，从而找出同一参数槽对应多个寄存器的情况。

③ 参数槽分配算法。

通过仔细的分析可以发现，在以上两种传参情况中，还可以找到另外一个二元组：通用寄存器和参数槽，且两者之间也满足一一映射的关系。因此，可以将通用寄存器在用于传参的寄存器列表中的序号看成参数槽的槽号。如果寄存器为浮点类型，则将当前可用参数槽的第一个作为该寄存器对应的参数槽的槽号。如果是一个内存参数，仍然是将当前可用参数槽的第一个作为该内存参数对应的参数槽的槽号。

3）空函数的参数恢复。

称一个函数为空函数（或空过程），指的是该函数的函数体内不做任何操作，没有任何实际作用，仅用来表明"这里要调用一个函数"。由于空函数的函数体内不会引用到任何参数，因此采用前面介绍的参数恢复流程对该函数体进行分析，得到的实参和形参的结果也必将是空集。这样参数就无法通过空函数传递给下一级函数。由于空函数在程序设计中常常是有用的，因此这类函数在高级语言程序中经常会遇到。我们必须在原有的参数恢复流程以外对空函数的参数情况给出专门的处理。

① 空函数参数问题描述。

为了便于说明，这里我们仍然以例子为基础，对该问题进行描述。

例 13.6　程序 fparamchain

```
void addem(double a, int b, float c, int* res){
    *res = (int)a+b+(int)c; }
void passem(double a, int b, float c, int* res){
    addem(a, b, c, res); }
int main(){
    int res;
    passem(5., 10, 40., &res);
```

```
    printf("Fifty five is %d\n", res);
    return 0; }
```

在以上例子中，main() 函数调用函数 passem()，并且传递了四个参数，其中两个为浮点类型，一个为整型，一个为指针类型；在函数 passem() 中没有对以上参数做任何操作，而是直接将这四个参数原样传递给函数 addem()；在函数 addem() 中，将浮点数据经过强制类型转换转换成整型之后，计算四个数的整数和。很显然，在这三个函数中，passem() 函数就是一个空函数。

在 IA-64 机器上使用 ICC 编译器在 2 级优化选项下生成该程序的二进制代码，然后使用 objdump 工具得到该例子的汇编代码。摘取其中 passem() 函数的汇编代码进行分析，如图 13-37 所示。

```
4000000000001040 <passem>:
4000000000001040:    00 20 29 0c 80 05    [MII]    alloc r36=ar.pfs,10,6,0
4000000000001046:    50 02 00 62 00 20             mov r37=b0
400000000000104c:    05 18 01 84                   mov r41=r35
4000000000001050:    09 38 01 42 00 21    [MMI]    mov r39=r33
4000000000001056:    00 00 00 02 00 00             nop.m 0x0
400000000000105c:    00 00 04 00                   nop.i 0x0;;
4000000000001060:    11 00 00 00 01 00    [MIB]    nop.m 0x0
4000000000001066:    00 00 00 02 00 00             nop.i 0x0
400000000000106c:    68 ff ff 58                   br.call.sptk.many b0=4000000000000fc0 <addem>;;
4000000000001070:    02 00 00 00 01 00    [MII]    nop.m 0x0
4000000000001076:    00 20 01 55 00 00             mov.i ar.pfs=r36;;
400000000000107c:    50 0a 00 07                   mov b0=r37
4000000000001080:    11 00 00 00 01 00    [MIB]    nop.m 0x0
4000000000001086:    00 00 00 02 00 80             nop.i 0x0
400000000000108c:    08 00 84 00                   br.ret.sptk.many b0;;
```

图 13-37　passem() 函数的汇编代码

图 13-37 中给出的是用工具 objdump 得到的 passem() 函数的汇编代码。第三列给出的是汇编指令，第一列给出的是该指令的装载地址，第二列给出的是指令的二进制码。

从汇编码中可以发现，passem() 函数体内仅使用了通用寄存器 r33 和 r35，并没有引用 main() 函数传过来的浮点参数 f8 和 f9。因此对 passem() 函数出参的分析结果中不会包含浮点寄存器 f8 和 f9。但是在 addem() 函数中，对 f8 和 f9 的引用是先于定义进行的，因此会被当成 addem() 函数的形参。这必然导致 main() 函数和 passem() 函数，以及 passem() 函数和 addem() 函数之间的形参与实参匹配不成功。

② 问题的分析及解决思路。

实际上，从 passem() 函数的汇编代码中，还是可以看到隐含的浮点寄存器的信息。根据 IA-64 的 PAL 描述可以知道，一个函数的形参一般是从寄存器 r32 开始分配的，而 passem() 使用到的第一个通用寄存器却是 r33。参照 IA-64 参数槽的分配策略，必定有一个参数正好占用了第一个参数槽，才使得第一个整型参数并没有放置到寄存器 r32 中，而是放置到对应于第二个参数槽的寄存器 r33 里。通过这些信息可以判断出，第一个参数必定是一个浮点数据，并且放置在浮点寄存器中。由于无论是从出参还是入参的角度来看，存放浮点参数的浮点寄存器肯定是从 f8 开始的，据此可以判定，main() 传递给 passem() 的第一个参数是一个浮点数据，而且是通过 f8 传递的。同理，可以判断出 passem() 的第三个参数也是一个浮点数据，且存放于浮点寄存器 f9。

之所以在 passem() 函数中没有对浮点寄存器的引用，但是却有对通用寄存器的赋值操作，是因为寄存器 r33 和 r35 处于 passem() 函数寄存器栈的 INPUT 区域，只对 passem() 函数本身可见。要将其传递给 addem() 函数，则需要先将其放置到 passem() 函数的 OUTPUT 区域，再通过寄存器栈机制，使得 addem() 函数寄存器栈的入参区域与 passem() 函数寄存器栈的出参区域重叠，从而保证在 addem() 函数里这些参数可用。而浮点寄存器对于所有函数而言，始终是可以使用的公共资源，因此并不需要类似的操作就可以直接传递给被调用函数 addem()。

以上分析思路可以帮助解决空函数的参数恢复问题。具体来说，就是根据参数槽分配的连续性往空过程的实参列表中添加浮点参数。在实际的算法设计中，由于对过程的分析是按照深度优先的顺序进行的，所以在分析 caller（如 passem() 函数）时已经获得了 callee（如 addem() 函数）的形参信息。因此只需要将 callee 函数的浮点寄存器参数直接添加到 caller 函数的出参列表中就可以了，而不需要进行复杂的参数槽的分析。

采用这种方法的理由是假定形参分析的结果永远是正确的，因为被调用过程里使用的未定义的变量只可能是该过程的形参。由于含哑元参数的函数、空函数等特殊情况的存在，使得实参分析的结果可能会多于或少于形参分析的结果，因此需要参考被调过程的形参分析结果来对调用过程的实参分析结果进行修正。

3. 返回值的恢复

机器代码级的函数返回值并不像高级语言（如 C 语言中的 return()）那样显式地返回某个类型的值，而是被调用函数根据约定在返回之前将欲返回的值放到规定的位置，而调用函数则到规定的位置取返回值。

为了决定一个过程是否有返回值，就要对 IA-64 机器规定的返回值的位置进行分析。当一个过程调用返回后没有紧跟着对其返回位置的使用先于定义的使用，则此过程被认为无返回值（而不管源代码中过程是否有返回值）。

返回值的恢复思路与参数的恢复思路大致相同，仍然是通过活跃变量的分析结合 PAL 描述中关于返回值位置的说明，来确定一个过程的返回值。

仍以例 13.2 为例。对 add() 函数出口处活跃变量的集合与 PAL 描述中给出的返回值可能位置的集合取交集，得到返回值位置的集合如下：

```
Liveout = {r8}
```

Main() 函数在调用 add() 函数之后使用了寄存器 r8 的值，并且在使用前并没有给出定义，因此，r8 就是 add() 函数的返回值。函数 add() 中的 br.ret 指令就被翻译为：

```
RET r8
```

而在 main() 中，CALL 语句得以转换成以下格式：

```
r8 = CALL add < (r36, <type>), (r37, <type>) >
```

4. 小结

本节主要给出的是用户自定义过程的过程恢复技术及实现，包括函数名、函数参数及函数返回值的恢复方法。函数名的恢复方法针对函数有名和函数无名两种情况分别给出。函数参数的恢复策略是本章重点研究的内容。

13.4　本章小结

在本章的起始作者提到了三个词：从无到有，按图索骥，恢复还原。通过本章的学习，读者可以理解数据流（或数据）恢复的过程，是一个从无到有的变化，从没有任何类型和变量到确定数据类型，并对各变量命名；而高级控制流恢复则需要利用大量与图有关的处理，类似按图索骥；最后的过程恢复很好地诠释了"恢复还原"的理念，从低级代码中识别并还原成高级语言中的过程和函数。

习题

1. 数据流分析中，"定义"和"使用"这两个定义的基本含义是什么？
2. 把一个数据流问题认为是向前流的依据是什么？
3. 把一个数据流问题认为是向后流的依据是什么？
4. 近二十年的数据类型恢复研究主要集中在哪几个方面？
5. 控制语句在中间代码中的组织特点有哪些？
6. 请列出 3 种非结构化循环的图示。
7. 在编译过程中函数的 Prologue 是指什么？
8. 在编译过程中函数的 Epilogue 是指什么？
9. ELF64 文件中的全局偏移表 GOT 有什么主要作用？
10. 请列举出 3 种非结构化 TWO-WAY 条件子图。

第14章 编译优化的反向处理

编译优化伴随着编译器的产生，在传统的编译领域中已研究得比较深入。在 GCC 编译器的众多编译选项中，很多都是与优化相关的。本章着重分析一些常用的编译优化技术，并从反编译角度对优化效果的消除进行分析。

14.1 常用的编译优化方法

14.1.1 编译优化的原则

编译优化的目的是以最小的代价实现最大的收益。在进行代码变化时，我们需要遵循几条规则：

1）代码的功能必须被正确保持。即给定相同的输入，代码产生相同的输出，并且不会引起代码中出现错误，如段错误等。亦即必须在保证程序功能正确的情况下进行优化，否则宁可失去优化的机会。

2）优化的效果用平均加速效果来评估。若一种优化手段对大部分的程序产生了好的效果，而对于个别程序其速度反而会有所降低，此时认为优化是有效的。

3）综合考虑优化的效果与实施优化时分析的耗时。有些情况下非优化的编译器对调试等反而有益。

14.1.2 优化手段的分类

优化通常分为局部优化、循环优化、全局优化，是根据优化范围的不同而划分的，局部优化发生在基本块范围内，循环优化发生在循环内的基本块，而全局优化可以是整个函数范围。不管范围的大小，可采用的优化手段大致有以下几种：

- 公共子表达式删除。
- 复制传播。
- 无用代码删除。
- 常量传播。

循环优化手段还包含代码外提、归纳变量删除、强度削弱。

14.2　部分编译优化的消除——谓词执行

14.2.1　谓词执行

谓词执行技术的研究已经相对成熟，在支持谓词执行的体系结构中，指令会被附加一个限定谓词，当谓词为真时指令执行，否则把该指令当作空指令处理。谓词执行指令可有效地降低程序中的分支指令，从而克服分支指令带来的限制，提高指令级的并行。

谓词 pred 引导的指令具有这样的形式：

```
dst = operation; <pred>
```

这种指令的语义是：如果 pred 为真，dst 的值用 operation 的结果来更新，否则 dst 的值不变。因此，可以以引入 if 条件的方式来表达这个语义。

```
if(pred){ dst = operation; }
```

使用 pset 作为谓词定义指令，它的语义可以表示为：

```
pT, pF = pset(cond)
```

pset 以 cond 作为源操作数，pT、pF 是两个目标操作数。源操作数是之前的比较结果，目标操作数是谓词变量，用来引导后续的指令。pset 的语义是 pred 为真时，pT=cond 并且 pF != cond。当 pred 为假的时候，pT 和 pF 均不变。

编译过程中使用一种称作 if 转换的技术实现条件分支代码向谓词执行指令的变换。如下面的程序段：

```
if(a>b)  c=c+1
else d=e+f
```

使用 if 转换技术把上述代码变换为谓词执行代码后，形成的代码如下：

```
pT, pF=compare(a>b)
(pT)  c=c+1
(pF)  d=e+f
```

可以看出，当条件 a>b 成立时，pT 为真，pF 为假；反之，pT 为假，pF 为真。使用 pT、pF 作为谓词后消除了条件分支，此时，编译器就能够调度 pT 和 pF 控制的指令使其并行执行。

if 转换可以充分利用处理器提供的谓词执行指令来提高程序的运行性能，针对支持谓词执行指令的目标平台，编译器一般都采用了这种技术。下面以 IA-64 平台为例，分析谓词执行的消除。

14.2.2　IA-64 平台的谓词指令

IA-64 平台支持全谓词指令，它有 64 个可独立寻址的谓词寄存器和大量的谓词定义指令，几乎所有的 IA-64 指令都可以附加一个限定谓词：指定一位的谓词寄存器，如果该寄存器值为真，则指令执行；否则不执行。

例如：

```
(p6) add r15=r15, r16
```

如果寄存器 p6 的值为 1，则将寄存器 r15 和 r16 的和写到 r15 中；否则不做任何操作。在 IA-64 的 64 个谓词寄存器中，寄存器 p0 的值恒为 1。程序中许多指令应用 p0 作为谓词寄存器，并且约定在汇编表示中不出现。带有谓词寄存器（除去 p0 以外）的指令被称为有防护的指令，条件分支也可以表示为有防护的分支指令。

谓词寄存器的值由比较指令设置，其比较类型规定了指令如何根据比较的结果和限定谓词向目的谓词寄存器赋值，IA-64 的比较指令可以分为 5 种类型：正常、无条件、AND、OR或 DeMorgan 类型。

正常比较指令形式如下：

```
(p) cmp.rel dst1, dst2 = src1, src2
```

Rel 是一个关系，dst1 和 dst2 是谓词寄存器，语义为：若限定谓词为假，则两个目标谓词寄存器的值不变，否则将比较结果写入一个目标谓词寄存器，并将结果的补值写入另一个目标谓词寄存器。

例如指令：

```
(p6) cmp.eq p7, p8 = r10, r11
```

行为如下：如果寄存器 p6 的值为 1，r10 和 r11 相等，则分别设置谓词寄存器 p7 和 p8为 1 和 0，否则分别为 0 和 1。如果 p6 的值为 0，则 p7 和 p8 的值不受影响。

无条件比较的形式如下：

```
(p) cmp.unc.rel dst1, dst2 = src1, src2
```

无条件比较的行为与正常类型一样，只是如果限定谓词是 0，则将两个目标谓词寄存器清零，这可以认为是与正常比较结合起来的谓词寄存器的初始化。无条件类型的比较指令在它们的限定类型为假时，要修改体系结构状态。

AND、OR 和 Demorgan 类型称作"并行"比较类型，因为它们允许多个同时的比较（同一类型）以单个谓词寄存器为目标。"并行—或比较"在比较结果为真时设置两个谓词寄存器，否则都不改变。"并行—与比较"在比较结果为假时清空两个谓词寄存器，否则都不改变。并行比较用于计算逻辑 OR 和逻辑 AND 序列。

程序使用指令组来表示指令的并行，每一个指令组是不含有寄存器相关性的指令序列，可以并行地发射。3 条指令为一个指令束，尽可能并行执行。谓词结合指令调度可以明显地减少分支指令以及提高指令并行性。例如以下 C 语句：

```
if( x > 0)
  x += y;
else
  x*=z;
```

可以翻译成下面的形式：

```
cmp.gt  p 6, p7=r14, 0   /*x in r14*/
(p6)add   r14=r14, r15    /*y in r15*/
(p7)mul   r14=r14, r16    /*z in r16*/
```

这里因为谓词寄存器 p6 和 p7 是互补的，所以只有一条指令可以执行。因此，add 和mul 指令作为一个指令束的部分可以并行地取指令和执行，而没有分支指令的开销。

虽然编译器充分利用这些架构特征可以得到明显的性能提升，但是由于谓词执行会改变程序中指令的顺序和位置，使得优化后代码的逻辑结构与源代码的结构差异很大，非常模糊，对于程序理解和逆向工程来说都比较困难。例如下面一段 C 代码：

```
  while(ptr!=NULL) {
if(i==0) {
sum+=ptr->data1;
}
else{
sum-=ptr->data2;
}
ptr=ptr->next;
```

```
i--;
}
```

图 14-1a 显示了从源代码片段直接产生的不使用 if 转换的 IA-64 机器代码。该段代码的逻辑清楚，测试和条件转移到两个不同的计算。图 14-1b 显示的代码是经过 if 转换后的代码，带有谓词执行的特性。在图 14-1a 中基本块 B_1 的条件转移与 B_{then} 和 B_{else} 中的条件执行指令被图 14-1b 中基本块 B_1 中的谓词指令所代替。这样优化后，代码虽然提高了效率，但是需要检验谓词寄存器 p8 和 p9 之间的关系来确定计算是否执行。可以从图 14-1 看出，谓词和指令调度改变了指令在源程序中的顺序和位置。这就使得优化后的代码在结构和操作上都与源代码相差比较大，从而给程序理解和代码的二进制翻译工作增加了很大的难度。

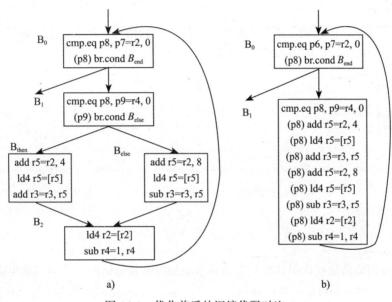

图 14-1　优化前后的汇编代码对比

14.2.3　谓词消除

1. 反调度

在充分利用谓词寄存器之间的关系进行谓词消除之前，要解决两个问题。首先，谓词关系在 IA-64 代码中不是显式出现的，而是通过一条或多条写谓词寄存器的指令隐含地产生。这时谓词关系可以用上节中提出的谓词分析算法进行计算。另外，谓词相关的指令不一定是相邻的，这样在谓词消除中将相关谓词结合到相同的 CFG 结点是比较困难的。为了缓解这个问题，在谓词消除之前，需要将相关指令物理地组合在一起，称为反调度。

编译器的调度优化改变一个基本块中指令的序列。虽然调度后程序语义保持不变，但是因为调度可能破坏物理关系和语义关系的一致性，所以程序控制流识别比较困难。特别是，编译产生的谓词组在调度时被不相关的指令分离。考虑下面代码：

```
mov r4 = r5
(p6) mov r1=r2
(p6) add  r2=8, r2
sub r3=8, r 1
```

这个片段包含两条被 p6 判定执行的指令。因为它们是相邻的，所以在应用简单谓词消除算法时容易被结合到一个结点。如下：

```
mov r4 = r5
(p6) br.cond  Labell
br Label2
Labell:
mov r1=r 2
add  r2=8, r2
Label2:
sub r3=8, r1
```

但是这些指令的相关性使得编译器可能会在调度时将两个带谓词的指令分离，例如：

```
(p6) mov rl=r 2
sub r3=8, r 1
(p6) add r2=8, r2
mov r4=r5
```

在这种情况下，不能确定指令 2 和指令 3 能否放到相同的基本块中。如果不能正确地确定这两条指令间的关系，则谓词消除后代码如下：

```
(p6) br.cond  Labell
br Label2
Labell:
/* 第一条谓词指令 */
mov r1=r 2
Label2:
sub r3=8, r1
(p6) br.cond  Label3
br.cond Label4
Label3:
/* 第二条谓词指令 */
add r2=8, r 2
Label4:
mov r4=r 5
```

这样经过谓词消除后代码片段包含的基本块是指令相邻情况下谓词消除生成的基本块的两倍，并且包含两条不可能到达的路径。

反调度的目的是将编译器指令调度阶段分离的相关指令重新组合在一起。为了更精确地说明这一概念，首先定义谓词消除的基本单元——谓词组。

定义 14.1（谓词组） 谓词组是一个基本块中连续带谓词的指令的最大序列 $(p_1)I_1$，$(p_2)I_2$，$\cdots$，$(p_n)I_n$，其中 p_1，$\cdots$，p_n 为相关谓词。

不带谓词的指令（谓词寄存器为 p_0）也可以组成谓词组，因为每一条指令由相同的谓词判定。此时连续的不带谓词的指令就形成谓词组。

我们提出反调度算法的目的是改变一个基本块中的指令序列，以减少基本块中谓词组的个数。该方法可以尽可能地合并谓词组。如果两个谓词组 A、B 满足下列条件，则它们可以被合并：

1）A 中出现的每一个谓词都与 B 中的每一个谓词相关。

2）A 和 B 可以移动为相邻的。

一个谓词组在移动时具有一定的自由，即谓词组 A 可以越过相邻的谓词组 B，只要这些组中指令不存在相关性。我们的反调度算法可以分两部分：首先查找每一个谓词组的向前范围。并在该范围中查找第一个可以合并的谓词组；然后在向后的范围做相同的工作。前向扫描算法详细描述如算法 14.1 所示，向后扫描方法完全类似。

算法 14.1　前向扫描算法

输入： 基本块 B

输出： 合并谓词组后的基本块 B
步骤：

```
/* 向前扫描谓词组范围 */
1.  for 第一个基本块 B do
2.      for 每一个谓词组 G（逆向序列）do
3.          if G 是 B 的最后一个组 then
4.              continue
5.          end if
6.          for G 后的每一个谓词组 G' do
7.              if G 和 G' 可以合并 then
8.                  拆开 G
9.                  将 G 插入 G' 之前
10.                 将 G 和 G' 合并到一个谓词组中
11.                     break
12.             else if G' 某些指令与 G 和 G' 之间的指令相关 then
13.                     break
14.             else if G 是基本块 B 的最后一个谓词组 then
15.                     break
16.             end if
17.         end for
18.     end for
19. end for
```

扫描必须是两个方向的，因为两组合并过程有时是不对称的。也就是说，有可能组 G 不能向前移动到另一个组 G'，但是 G' 却有可能向后移动到 G 处。反之亦然。

```
(p6) mov r1=r2
sub r3=8, r1
(p6) add r2=8, r2
mov r4=r5
```

因为存在指令相关性，第 1 个谓词组不能向后与第 2 个谓词组合并，但是，不能阻止第 2 个谓词组向前与第 1 个谓词组合并。

2. 反谓词

谓词消除，也称为反谓词（逆向 if 转换），是指使用判定结点替换谓词，并支持控制流结构。我们这里提出的算法是基于谓词组上的操作，主要有两步：①查找谓词组；②对每一个谓词组 G，从 CFG 图上将 G 中的每一条指令都拆开放入新的基本块，然后调整基本块之间的边。由于谓词消除的核心算法实现与谓词组细节高度相关，所以首先给出谓词组的定义，然后再说明谓词消除算法如何做相应的改变。并且，反谓词算法的效率与谓词组的定义复杂度相关——反谓词算法中保留的谓词关系与谓词组中的谓词关系一致。下面应用例 14.1 说明谓词消除算法。

例 14.1 已知 C 代码如下：

```
if(x==0){
if (y==0){
z=1:
}else{
z=2;
}
}else{
z=3;
}
```

对应的 IA-64 的汇编程序：

```
cmp.eq p, q=x, 0
```

```
(p) cmp.eq r, s=y, 0
(r) mov z=1
(s) mov z=2
(q) mov z=3
```

谓词组最简单的情况是被相同的谓词指示的连续指令序列，称其为简单谓词组。查找程序中所有简单谓词组的方法很简单，但是应用该谓词组定义作为算法的基础意味着隐含在谓词间的关系在谓词消除时将丢失。

更灵活的定义谓词组的方法是使用互补关系：互补谓词组是指连续的指令序列，每一条指令的谓词不是 p 就是 q，这里 p 和 q 是互补的谓词。查找互补谓词也比较容易，因为谓词关系分析在每一个程序点给出了互补信息。为了对互补的谓词组进行反谓词操作，产生两个新的块：谓词为 p 的指令组成的真块，谓词为 q 的指令组成的假块。算法保留了谓词寄存器之间的互补关系。通过转换为 if…then…else 控制流结构的形式，去除了谓词的支配关系。在这种情况下，例 14.1 中指令 mov z=1 和指令 mov z=2 在 p 为真时的执行并没有在控制流图中表现出来。

在谓词组的定义中包含支配关系使得定义更加复杂。虽然一个谓词在任何时候最多只有一个互补谓词，但是可以被其他多个谓词所支配。前面提到的支配关系定义了谓词寄存器间的偏序，对于寄存器 p，存在唯一的最大支配链 $p \Rightarrow p_1 \Rightarrow p_2 \Rightarrow \cdots \Rightarrow p_k$。此时称该指令被多个谓词寄存器控制，描述为（$p_1$，$p_2$，…，$p_k$），并且当且仅当它的每一个谓词为真时执行该指令。这样指令 I 判定谓词为 p，则存在支配链 $p \Rightarrow p_1 \Rightarrow p_2 \Rightarrow \cdots \Rightarrow p_k$。为了使支配关系显式化，可以将指令 (p)I 转换为等价的（p_1，p_2，…，p_k），称这种新模型为多谓词模型。例如，在多谓词模型下，例 14.1 可以写成如下形式：

```
cmp.eq p, q=x, 0
(p) cmp.eq r, s=y, 0
(r, p) mov z=1
(s, p) mov z=2
(q) mov z=3
```

考虑支配和互补关系，可以建立谓词组的形式化定义：

定义 14.2 谓词组是一个基本块中连续的谓词指令的最大序列，$(p_1)I_1$、$(p_2)I_2$、…、$(p_n)I_n$，对于序列中控制指令执行的任何谓词寄存器对 p_i、p_j，下面中的一项成立：① $p_i = p_j$；② p_i 支配 p_j 或反之亦然；③ p_i 与 p_j 为互补的。

作为特殊情况，无谓词的指令序列也形成指令组，因为所有的谓词都是相同的。通过谓词分析，在程序的一点推断出支配关系集合 D，（p_1，p_2，…，p_k）为最大谓词序列，于是存在：

$$D_1 \Rightarrow p_1 \Rightarrow p_2 \Rightarrow \cdots \Rightarrow p_k$$

"|=" 表示逻辑蕴涵，换句话说，从 D 可以得到 p_k 支配 p_{k-1}、…、p_2 支配 p_1。这里称这种最大支配关系链为 p_1 的控制链。链表的最后一个元素 p_k 称为 p_1 的锚。在前面提到过，程序中谓词寄存器之间的支配关系反映了原始程序控制流的嵌套条件。给定指令：

```
I=(p)instr
```

p 的控制链对应于影响指令 I 执行的谓词控制流嵌套。假定存在控制链 (p_1，p_2，…，p_k)，支配关系的定义意味着 p_1、p_2、…、p_k 的每一个谓词都为真时才可以执行。上面的描述可以表示为：

```
(p₁, p₂, …, pₖ)instr
```

一旦控制链比较明确，就可以基于这些控制链的锚之间的互补关系识别谓词组，然后在这些谓词组上实现反谓词。

为了进一步说明算法的工作情况。在例 14.1 的多谓词模型上运行算法，经过每一遍后代码的变化情况如图 14-2 所示。

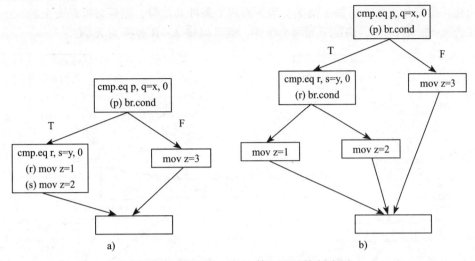

图 14-2　算法第一遍 vs 第二遍的控制流图

首先，基本块中有一个谓词组，包括 3 条指令谓词为 p，一条指令谓词为 p 的互补 q。经过第一遍，4 条指令被分割成两个基本块。

3 条由 p 断言的指令被放到 then 块，然后 p 可以从谓词链表中消除；由 q 断言的指令被移动到 else 块，同时 q 可以从谓词链表中消除。在这一遍之前，谓词 r 和 s 与 p 是条件互补的，也就是如果 p 为真，则 r 和 s 必为互补谓词。经过这一遍之后，由 r 和 s 判定的指令存在它们专门的路径，并且它们之间的关系变得更强了。换句话说，只有当 p 为真时，这些指令执行，因为包含这些指令的基本块只有在 p 为真时才能唯一到达；因此，r 和 s 为互补的条件总成立。

谓词消除算法的下一遍，新互补的指令被分离到两个不相交的路径，如图 14-2b 所示。在这个点，只有条件转移指令可以被谓词执行，于是算法终止。最后生成的控制流图显式地表达了包含谓词链表的代码中重要的信息。剩余的问题是如何将单谓词代码转换成使用谓词链的代码。解决方法可以是通过谓词分析计算每一个程序点的支配链。在实现中计算得到的支配链尾端忽略了 p_0，因为将 p_0 断言的指令看作没有判定是非常有用的，否则算法将不会结束。

3. 控制边简化

迭代谓词消除算法的基础是在一个基本块中的谓词关系。从该算法得到的控制流图可以利用基本块边界之间的谓词关系进一步简化。如例 14.2 所示。

例 14.2

```
begin:
cmp.eq P, Q=x, 0
(P) mov y=1
(Q)br.cond after
Fall through:
(P)mov Z=1
after:
(Q)mov Z=2
```

例 14.2 的代码片段包含 3 个基本块，谓词消除以后产生的控制流图如图 14-3 所示。

在控制流图上可以看到，存在多条路径无法到达，例如，基本块 B2、B4、B6 的序列是不可能执行的，因为 B2 只有在 P 为真时才可能到达，所以，如果 B4 是从 B2 到达的，则到

B4 的分支总成立。所以，可以直接将 B2 到 B4 的路径重定向到 B5。我们称这种边的重定向为边简化。边简化主要考虑如下情况：当下面两个条件满足时，路径替换是安全的，也就是当存在边 A->B 和 B->C，满足下面两个条件，就可以将 A->B 替换为 A->C。

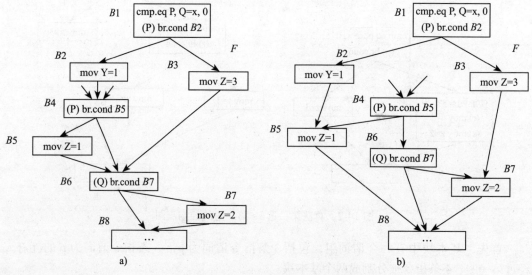

图 14-3　控制边简化前后的控制流图

1）执行基本块 B 不会改变任何寄存器或内存单元的值。所以唯一能改变的程序状态是程序计数器。

2）只要控制流从 A 到 B，则必经过边 B->C。

如果基本块 B 只包含一条指令，并且该指令为分支指令，则 B 满足第一个条件。下面两个（弱）条件可以代替上面的第二个条件：

存在谓词 P 满足：

① A 的出口 P 为真。

② 除 C 之外，P 在 B 的每一个后继的入口都为假。

如果 P 在 A 的出口总为真，则当控制流从 A 到 B 沿着边 A->B，则 P 在 B 的入口处总为真。如果条件 1）满足，则 B 不改变 P 的值，P 在 B 的分支基本块的开始为真。在 B 的后继中，P 只有在 C 的入口为真，所以控制流到 C。因此，条件 1）和①、②隐含条件 2）。

在任何基本块入口处谓词值的真假信息可直接利用数据流分析得到。在概念上类似于谓词分析中使用的常数传播方法。经过路径简化后的 CFG 图如图 14-3b 所示。与未简化前相比，基本块的数量和边没有改变，但是从 B1 到 B8 的路径从 6 条减到了 2 条。

14.3　本章小结

本章分析了反编译中较为复杂的反向处理情况：编译优化的反向处理。通常编译优化会改变程序的指令和数据等情况，从而使程序呈现不同的形式。这对反编译中的高级控制流恢复等过程造成了困难。对于谓词执行这种典型的优化方法，本章介绍了反调度与反谓词的处理方法，从而使处理后的代码中不再含有谓词。

习题

1. 什么是谓词执行，哪些处理器有谓词执行指令？

2. 谓词执行优化手段消除的方法是什么？

第15章 反编译与信息安全

近年来，反编译技术得到了长足的发展，在诸多领域中得到了应用。由于反编译技术中能够获取程序的全面信息，所以其在安全研究中得到重视，本章就反编译技术在恶意代码分析方面的应用进行分析。

15.1 基于反编译的恶意行为识别

恶意代码是对那些在不被用户所知的情况下渗透或破坏计算机系统的代码的简称，是各种攻击、入侵、破坏软件或代码的泛指，包括计算机病毒、蠕虫、特洛伊木马、大部分的 Rootkits、间谍软件等。代码的恶意性是由代码编写者的意图而非代码的其他特性来表现的，恶意代码的编写技术千变万化，加壳、多态、变形、混淆等技术使得病毒的生存机会大大增加，传统的防御与检测技术变得愈加被动，新的检测技术亟待出现。

15.1.1 恶意代码检测背景

1. 病毒的自保护技术

在病毒与反病毒的斗争中，病毒处于攻的地位。为了更好地对抗反病毒软件的查杀，病毒广泛地使用了各种自保护技术。从技术层面上说，自保护技术要实现的目标有三点：逃避基于特征码的反病毒软件的查杀、阻碍对病毒的静态或动态分析、破坏杀毒软件或防火墙的正常功能。

自保护技术并没有统一的分类，近些年的病毒作者往往在源代码层次上使用多态、混淆和加密等高级手段使得病毒的生存能力大大加强。多态和变形技术能够使病毒在拷贝自身的时候在字节码水平上进行变异，而同时保持程序的功能不变。加密和混淆主要用来阻碍代码分析，但是它们的不同使用可以产生与多态相同的效果，比如著名的 Cascade 病毒，它的每份拷贝都以不同的密钥进行加密。病毒也可以在拷贝自身的同时使用不同的混淆技术，产生的效果也是相似的。这些手段可以有效地逃避基于特征码的病毒检测方法的检测。

壳是病毒作者广泛使用的自保护技术，它不仅可以减小可执行文件的体积，而且可以使病毒的字节序列完全改变。病毒作者往往通过修改一小部分病毒的源代码再通过加壳的方法就可以使病毒呈现完全不同的状态。

隐藏技术同样是病毒常使用的自保护技术。它起源于 DOS 时代，在 Windows 时代中的 Rootkits 中得到了大量应用。

2. 病毒检测技术

在目前已有的研究中，针对可执行程序的恶意性分析系统的系统架构主要有以下几种：

（1）基于特征码扫描的系统架构

扫描法是目前在工业界使用最为广泛的程序恶意性分析方法。扫描的对象可以是程序中的字符串、指令等。经过多年的发展后，扫描器已经从最初的简单字符串扫描发展为当今成熟的启发式扫描。不过，从目标文件中搜索相关特征的基本方法仍然保持不变。

按照扫描方式的不同，基于特征码扫描的系统架构又分为两类：基于静态扫描的系统架构和基于混合式扫描的系统架构。无论在哪种架构中，特征码库和一个静态扫描器是架构组成必不可少的部件，其中，特征码库中存放了被用于扫描的字符串等静态数据。

混合式扫描则是一类使用多种扫描方法的程序恶意性分析方法。在使用混合式扫描的系统架构中，还需要添加一个用于从程序中动态收集信息的模拟器。基于混合式扫描的系统架构的程序恶意性分析工具也有很多，如赛门铁克（Symantec）公司的 Norton 反病毒软件。该软件中使用了赛门铁克公司引入的 Bloodhound 技术。该技术中使用了一个静态启发式扫描器和一个动态启发式扫描器。前者通过特征码扫描实现，后者通过模拟器收集信息。

特征码扫描法的优点在于检测准确快速，可识别出恶意代码的名称，以及误报率低。特征码扫描的最大不足是无法检测使用了多态技术的恶意代码，甚至无法完成对经过了简单变化的已知恶意代码的检测。

（2）基于反汇编的系统架构

对可执行代码的恶意性进行分析，其分析对象是晦涩难懂的机器代码。要提高可执行代码的可理解性，一种常用的方法是对二进制代码进行反汇编。

在基于反汇编的程序恶意性分析架构中，用于分析程序恶意性的特征是反汇编结果中的相关指令序列。分析过程有两步：首先，定义一组完成某些恶意行为所必需的指令序列；然后分析待检测程序中是否存在该指令序列，若存在，则判定该程序带有恶意性。

为了对抗代码混淆等程序变换技术给基于反汇编技术的程序恶意性分析工作带来的影响，近几年来出现了许多采用形式化方法研究程序恶意性的分析系统框架。第一类是基于语义提升的系统框架，其中具有代表性的研究包括 Mila Dalla Preda、Mihai Christodorescu、Danilo Bruschi 以及我国高鹰等人的研究及相关论文的发表。第二类是基于模型检测的系统框架，其中具有代表性的研究工作包括 Johannes Kinder 等提出的基于计算树谓词逻辑（CTPL）语言描述的恶意代码检测方法等。这些研究通过将指令序列提升为语义模板或者是有限状态机模型等更为高级的抽象形式，以对抗代码混淆等技术，实现检测混淆或变形后恶意代码变体的目的。由于分析的对象仍然为程序的反汇编代码，因此以上研究所采用的系统架构仍然可以看作基于反汇编技术的系统架构。不过，也有研究人员认为这种通过形式化手段建立程序行为模型的方法只能是一种理想化的方法。

在以上研究中，较有影响力的研究成果是美国麦迪逊大学的 Mihai 等人设计并实现的可执行程序静态分析原型系统（Static Ananlyzer for Executables，SAFE）。该原型系统的系统架构见图 15-1。

在 SAFE 系统中，需要首先建立一套针对控制流图和类型系统的形式化描述。在检测的过程中，如果在标注后的未知程序的 CFG 图上出现已知的恶意代码模板，则认为该未知程序存在恶意性。在 SAFE 的系统架构中，可执行程序的装载器集成了 IDApro 和 CodeSurfer 两个工具。其中，IDApro 是 DataRescue 公司开发的商业交互式反汇编器，它在 SAFE 中主要用于实现对可执行程序的反汇编；CodeSurfer 是 GammaTech 公司开发的一个基于静态分析的程序理解工具，它在 SAFE 中主要用于完成静态分析工作。在这两部分之间加入了一个连接器模块，该模块主要完成从 IDApro 输出的程序中间表示形式到 CodeSurfer 可分析的程序表示形式之间的转换工作。这种集成已有工具的方法虽然能够很大程度上降低工作难度、减少工作量，但是所获取的可执行程序相关信息的正确性完全依赖于其他工具分析的正确性。许多恶意代码分析技术的研究都对 IDApro 的反汇编能力进行了分析，分析结果表明，IDApro 并不能保证从恶意程序的二进制代码中获取信息的准确性和完整性。

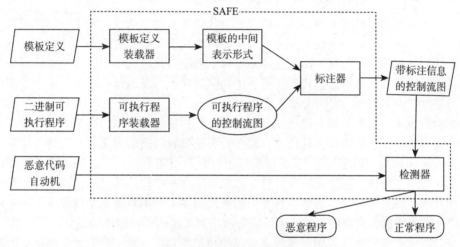

图 15-1　SAFE 的系统架构

　　除此以外，SAFE 系统虽然能够成功检测出运行在 x86 平台上的多种计算机病毒程序，但是对其他类型的恶意代码以及未知病毒都不具备检测能力。

　　然而，一个不安全的程序不一定会对系统造成很大的伤害，除非其与底层的操作系统交互。因此，要分析可执行程序的恶意性，除了对可执行程序中的指令序列进行分析外，还应该对该程序中的系统函数调用行为进行研究。

　　（3）基于反编译的系统架构

　　反编译技术是一种从二进制代码中恢复高级语言结构，从而得到高级语言程序的技术。基于反编译的程序恶意性分析系统架构，除了完成对可执行程序的反汇编功能以外，还需要展开基于数据流与控制流的一系列分析工作，用于从可执行程序中获取更多的信息，并生成高级语言程序。目前，对反编译技术的研究较多，对基于反编译架构的程序恶意性分析问题的研究还比较少。

　　1999 年，加拿大 Laval 大学 LSFM 研究组对基于反编译的程序恶意性分析进行了研究。他们所设计的主要方法如下：首先，对可执行程序进行反汇编，获取程序的汇编代码；其次，将汇编代码提升成更高级别的中间表示形式；最后，采用切片技术获取程序代码片段，检测代码片段是否具有恶意性。不过，该论文仅对保留程序语义的指令语义提升问题进行了研究，对于如何检测恶意代码并没有深入地展开讨论，也没有提供相关的实验数据。

　　在反编译系统的研究中，最具有代表性的研究成果是澳大利亚 Queensland 大学的

Cristina Cifuentes 和 Micheal 等人开发的 UQBT 二进制翻译系统以及在 UQBT 基础上研发的 Boomerang 反编译系统。其中，Boomerang 反编译系统主要是通过指令解码与语义映射，得到二进制可执行程序的 SSA(Static Single Assignment) 中间表示形式，然后再将这种中间表示逆向为 C 代码。Boomerang 在开发之初并没有定位于商业和反恶意代码方面的应用，因此该系统反编译得到的 C 代码并不完整。

不过，在进行了一系列关于二进制翻译和反编译相关研究后，上述作者提出了将反编译技术与高级调试器相结合的可执行程序安全性分析方法。通过将 Boomerang 原型系统与高级调试器结合的方法来动态获取静态反编译无法得到的信息，从而帮助安全人员追踪恶意代码。作者认为，通过反编译技术可以将形式简单却内容繁杂的汇编指令提升为语义丰富且明了的高级中间表示形式，这种方法不仅能有效减少安全分析人员的工作量，也能减少用于培训安全分析人员汇编代码阅读能力上的开销。

不过，由于反编译技术实现的困难以及恶意代码本身的复杂性，基于反编译的程序恶意性分析方法也具有一定的局限性。其中，最大的困难在于无法通过静态方法完全区分二进制程序中的数据与代码。这与冯·诺依曼体系结构下数据与代码采用相同存储方式有关。除此以外，使用反编译技术分析恶意代码的另一个局限性在于，反编译技术仅适用于检测可执行程序，但是对于脚本病毒、宏病毒却无能为力。

病毒检测技术一直在发展，已经从最初的特征码扫描进入当前的行为检测阶段。行为检测是一个宽泛的概念，包含很多种技术，程序行为也没有明确的定义，一般将程序在运行期间所进行的操作称为"程序行为"，泛指程序运行时表现相对比较明显的操作，如连接网络进行通信、访问注册表、创建读写文件等，而程序除这些操作之外做的内部运算、逻辑、判断等操作并不是需要关注的。而恶意行为指恶意代码在不为用户所知的情况下，为实现控制用户主机、网络通信、窃取资料或对系统进行破坏而实施的各种操作的总称。

大量的研究表明，对于采用了各种高级保护技术的病毒变种，它们的代码特征虽然改变了，但行为功能的流程几乎不变，存在着较高的相似度。此时，基于特征码的检测方法已经无能为力了，而基于行为的检测方法可以通过各种策略分析"列出系统进程"、"创建系统目录中的文件"、"打开特定端口"这样的行为或行为序列，对程序的恶意性做出评估，有效地解决前面提到的变形、多态等技术带来的问题，这对于改变当前基于特征码的检测方法的不利局面具有重要意义。

通常有两种方法来对程序行为进行抽象：一是结果分析法，通过对比程序运行前后操作系统状态的变化来分析，如注册表启动项、网络端口、系统目录中的文件的变化等。二是过程分析法，在程序执行过程中提取程序的 API 调用等信息来反映程序的行为。

行为提取的方式主要分为动态获取和静态获取两种。动态获取的方式有很多，传统的四大监控为文件监控、进程监控、注册表监控及关键 API 调用监控。前三者都可以通过对系统进行快照的方式轻松实现，属于环境比较法，通过比较恶意代码运行前后系统的各种状态信息的变化来分析恶意代码的功能；API 获取的方式主要依靠使用诸如 API 钩子之类的技术，在实际操作系统或虚拟环境下截取程序运行时与操作系统交互的函数调用。这种技术源于 debug 等程序调试器，实现方式很多，在各种 API 监控软件中得到了大量应用。总地来说，动态获取程序行为方式的优点在于获取信息准确，通过跟踪程序的运行与比较环境状态的变化可以准确地把握程序的行为，但是它的致命缺点在于严重依赖于程序的运行，这样每次只能获取到程序的某一次执行的信息，对于在某些特定条件下发作的恶意代码就无能为力了，如某个病毒只在每年的某一天运行，而动态跟踪软件无法把一年的每一天都模拟一遍，现有的一些改进的动态监控的方法都无法较好地解决该问题。安全领域的基本要求是精确，不能把误报、询问等工作都交给用户来做，在这个基础上动态监控的这个缺点被放大了，甚至遮住了它体现出的优点。

　　静态获取的方法主要是指利用各种反汇编工具把恶意代码反汇编成汇编代码，通过分析恶意代码的汇编指令得到 API 等调用信息。常见的反汇编工具有 IDA pro、Ollydbg、W32dasm 等。通过静态分析的方法可以分析出恶意代码的结构、函数调用、控制流图等信息，进一步可获得恶意代码的发作条件与发作原理等信息，以及如何对恶意代码进行消除与预防。静态分析的优势在于获取信息全面、快速、安全，但其缺陷也正是对采用阻碍正常反汇编的加密、混淆等技术的恶意代码的反汇编效果不好，有时甚至得不到任何有用的信息。

　　基于反编译的静态分析的方法，利用反编译技术在对可执行文件反编译过程中获取程序的各种行为信息。相对于常用的反汇编工具，反编译系统不仅能够把二进制代码恢复到高级语言水平，而且能够有效地对抗恶意代码常用的混淆技术。与当前的大部分研究仅从函数调用来挖掘程序行为的方法相比，该系统可以实现在多个层次对程序的行为信息进行提取，从而使行为获取的方式更为广泛。整体的恶意性判定框架如图 15-2 所示。

　　由图 15-2 可看出，恶意性判定框架包含两个关键部分：行为提取模块和恶意性判定模块。在行为提取模块中，基于反编译的静态分析方法主要在三个层次对恶意代码的行为信息进行获取，依次是文件格式分析、指令序列行为分析、函数调用分析。这三个层次抽象程度逐步增高，贯穿反编译的整个过程。

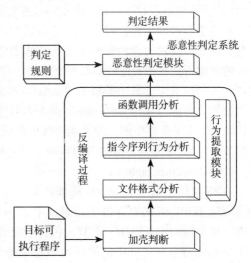

图 15-2　恶意性判定框架

15.1.2　文件格式异常信息

　　研究发现，病毒在感染过程中对 PE 文件格式的很多方面需要进行修改，这造成了被感染后的文件在文件格式上产生异于一般的正常文件的一些特点。本小节首先对 PE 可执行文件格式进行简要分析，然后归纳出被感染程序的六种典型的异常文件格式，作为病毒修改文件格式的恶意行为的体现。

1. 可执行文件格式

　　Win32 病毒广泛采用 Windows 系统中的 PE 文件格式（Portable Executable File Format），即可移植执行文件格式，这种文件格式的框架如表 15-1 所示。

　　（1）DOS MZ header 和 DOS stub

　　所有的 PE 文件（包含 32 位的 DLL）必须以一个简单的 DOS MZ header 开始。该结构的作用是判断操作系统的类型：若程序在 DOS 下执行，DOS 系统就能识别出这是有效的执行体，然后运行紧随 MZ header 之后的 DOS stub。DOS stub 实际上是一个有效的可执行文件，在不支持 PE 文件格式的操作系统中，它将简单显示一个错误提示，类似于字符串"This program cannot run in DOS mode"，或者程序员

表 15-1　PE 文件格式框架

DOS MZ header	Section 1
DOS stub	Section 2
PE header	Section ...
Section table	Section n

可根据自己的意图实现完整的 DOS 代码。通常 DOS stub 结构没有特殊作用。

（2）PE header

PE header 是 PE 文 件 头 结 构 IMAGE_NT_HEADERS 的 简 称， 包 含 IMAGE_FILE_HEADER 和 IMAGE_OPTIONAL_HEADER32 两个结构，其中定义了许多 PE 装载器用到的关键字段，如 Machine 字段指明硬件平台类型、Characteristics 字段指明文件类型是 DLL 还是普通的可执行文件、AddressOfEntryPoint 字段指明文件执行的入口地址、DataDirectory 字段指明不同用途的数据块等。执行体在支持 PE 文件结构的操作系统中执行时，PE 装载器将从 DOS MZ header 中的 e_lfanew 字段找到 PE header 的起始偏移量。因而跳过了 DOS stub 直接定位到真正的文件头 PE header。

（3）Section

PE 文件的真正内容划分成块，称之为 Section（节）。每节是一块拥有共同属性的数据，比如代码 / 数据、读 / 写等。Windows 在将可执行文件装载到内存时，采用与文件映射类似但又不完全相同的做法，根据不同的节属性和节大小等因素把节加载到不同的内存区域中，内存页的属性反映对应的节的属性。节的划分基于各组数据的共同属性，而不是逻辑概念。划分的依据不是数据或代码是如何使用的，若 PE 文件中的数据或代码拥有相同属性，它们就能被归入同一节中。节中类似于 "data"、"code" 或其他逻辑概念（节名称仅仅是区别不同节的符号，类似 "data"、"code" 的命名只为了便于识别，只有节的属性设置决定了节的特性和功能）并无重要作用，如果某块数据想赋予只读属性，就可以将该块数据放入置为 "只读" 的节中，当 PE 装载器映射节内容时，它会检查相关节属性并置对应内存块为指定属性。

（4）Section table

PE 文件中所有节的属性都被定义在节表中，PE header 接下来的数组结构 Section table（节表）在 PE 格式中等价于目录。节表由一系列 IMAGE_SECTION_HEADER 结构排列而成，每个结构用来描述一个节，包含对应节的属性、文件偏移量、虚拟偏移量等。节表的顺序与数量与节在文件中的顺序与数量是一致的，因此，可以把节表视为逻辑磁盘中的根目录，每个数组成员等价于根目录中的目录项，节就相当于各种文件。

2. 文件格式异常信息

对可执行文件的格式进行判断并加载是反编译的第一步，恶意程序往往利用二进制文件格式的一些检查不严格的地方来增加格式分析的难度，另外恶意程序在对正常程序进行感染时，由于技术方面的缺陷，也会造成正常程序在感染后的格式不正常。出于安全的考虑，文件加载模块从文件中读取信息而不是把文件装入内存通过相对虚拟地址来得到相关信息，这样，对文件的格式检查要求将更为严格。经分析，恶意程序表现出的格式异常主要体现在以下几方面：

（1）PE 格式可执行文件的文件头结构中映像值小于实际文件的映像大小

这种情况产生的主要原因是 Windows 操作系统在加载可执行文件时，是根据 PE 文件的实际大小加载的，如果该情况出现，实际运行时可能不会发生错误。但若这种情况出现，只有一种可能就是文件被加入了其他内容，那么这种情况是不正常的，即很有可能是病毒代码。

判断方法：将文件头结构的映像值与文件最后一个节的映像地址与节区大小之和相比较，若不等则表明该情况发生。

处理方法：在对 PE 文件进行静态加载时申请比文件头映像值大一个节区的内存空间，这样足够容纳 PE 文件的各个节。

（2）PE 文件的入口点处使用 JMP 指令进行跳转

入口点混淆是病毒经常使用的阻碍静态分析的方法，这种方法改变传统的修改 PE 文件头的入口点，使其直接指向病毒代码入口而使病毒代码得以执行的典型方法。它不改变原来的 PE 文件头中的 AddressOfEntryPoint 字段值，而是用一条或几条连续的 JMP 指令进行多次跳转，然后执行到病毒体的代码。

判断及处理方法：从 PE 可执行文件的入口点处读取一个字节的内容，判断是否为 JMP指令的操作码 E8h，若是，则表明该特征存在，将 JMP 跳转的目标地址提取出来，作为静态分析的一个入口。

（3）某些非代码节具有可执行的属性

一般情况下，一个 PE 格式文件会有一个 .code 命名的代码节，其属性是可读与可执行的。而其他的多个非代码节如 .data、.rdata 节等，它们的属性一般是可读可写但不可执行的。因此，当非代码节具有了代码节的可执行属性时，很有可能是病毒将代码存放在该节中，尤其是变形病毒经常这样做，因为变形病毒的代码一般是要经过加密处理的，这就要求对其代码能够可读可写可执行。

判断方法：循环读取出 PE 格式文件的节表结构 IMAGE_SECTION_HEADER 中的characteristics 字段，因为该字段的数据位代表了节的不同属性，所以可以通过该字段的值来判断，如该字段的值为 0x60000020 时，表明该节是可读可写可执行的。另外，再读取出表示节名的 name 字段，若节名不是 .text、.code 且属性字段是 0x60000020，则表明符合该特征。

（4）入口点指向文件头或最后一个节区

通过前面的 PE 格式分析可以看出，PE 格式文件的入口点即 AddressOfEntryPoint 字段，一般是要指向某个具有可执行属性的节区的，通常是 .text 或者 .code 为名字的节区。当该入口点的值指向 PE 文件头或者最后的节区时，该 PE 文件极有可能已经被病毒感染了，因为病毒在实施感染的过程中一般要把入口点修改为指向病毒代码的节，而且病毒的通常做法是在 PE 格式文件的最后添加一个新节来存放病毒代码，因此，入口点指向这些异常位置就表明可疑代码的存在。

判断方法：读取出 PE 格式文件的 IMAGE_OPTIONAL_HEADER32 结构中的 Address-OfEntryPoint 字段，然后依次读取节表结构 IMAGE_SECTION_HEADER，计算出首个节区的地址及最后节区的地址，判断入口点是否在这个范围之外或在最后的节区内，若是则表明该特征存在。

（5）连续节之间首尾地址不连续

编译器在编译产生 PE 可执行文件时，会指定两个连续的节之间首尾相连，不存在间隙。当一些病毒在感染目标文件时，由于没有精确计算目标文件的大小，而是简单地计算一个预定位置将病毒代码添加在这个位置，因此，这很有可能造成两个节区之间产生间隙。

判断方法：从 PE 格式文件的文件头结构 IMAGE_FILE_HEADER 中读取每个节的首地址 Pointer_To_Raw_Data 与节大小 Size_Of_Raw_Data，计算出尾地址，然后判断连续两个节的首尾地址是否相连。

（6）文件头中的 SizeOfCode 与可执行代码长度不符

PE 文件头的 SizeOfCode 字段表示该文件中所有具有代码节属性的节区的大小之和，这是由编译器自动完成的。当有些病毒在目标文件中添加了病毒代码后，没有修正该字段的值，导致了 SizeOfCode 字段与所有代码节的长度之和不符。

判断方法：读取所有的属性是 0x60000020（即可读可写可执行的代码节属性）的节的大

小，并计算其和值，再与可选文件头结构 IMAGE_OPTIONAL_HEADER 中的 SizeOfCode 字段相比较，如果不同，则认为该特征存在。

综上所述，如果在文件加载过程中发现了这些异常格式，那么就认为识别到了可疑文件格式操作行为。

15.1.3　指令序列层行为信息提取

程序的指令包含着程序的所有行为信息，恶意代码也是如此。可执行文件经反汇编可以得到的汇编指令的完整程度与程序的复杂程度和反汇编算法有关，通常得到的是部分汇编指令片段。另外，由于指令的可替换性，同一行为可以有很多不同的指令表示，这就造成了通过指令获取程序行为的难度。通常的做法是将汇编指令提升到一种中间表示，在中间表示层上构建程序行为的模板，这样可以在一定程度上消除指令变换带来的影响。

1. 指令序列层可疑行为

在病毒的感染过程中，搜索可感染文件、内存映射文件、实施感染三个典型的恶意行为可以通过检测 API 调用的方式进行识别，放在后面进行介绍。重定位、获取 API 地址、返回宿主程序不涉及函数调用，必须放在指令序列层检测，这里仅对获取 kernel32 基地址的行为进行分析。

相关研究得知，恶意代码在使用 API 时通用的技术是从 4GB 的地址空间中直接搜索 kernel32 的基地址，然后从 kernel32.dll 的导出表中找到所需要的 API 的地址，之后就可以使用 kernel32 的 API 导入其他 DLL 的 API。恶意代码往往在获取 kernel32 基地址的时候采用各种手段来隐藏该行为，经过分析，恶意代码常用的手段主要有三种：

1）利用 ExitThread 函数的地址获取 kernel32 的基地址。ExitThread 地址在 kernel32.dll 空间中，Windows 系统在初始化线程时，使其堆栈指针指向 ExitThread 函数的地址，然后在程序执行完且以 ret 返回时调用 ExitThread 函数结束。因此一般可以在主线程的主函数入口点处首先获得堆栈指针中 ExitThread 函数的地址，如直接通过指令" mov edx, [esp]"获取堆栈指针中 ExitThread 地址到 edx 寄存器，然后通过它向上搜索来获得基地址。搜索方法如下：kernel32.dll 的块对齐值是 00001000h，并且一般 DLL 以 1MB 为边界，所以可以通过 0x10000 作为跨度，以增加搜索速度。当搜索到某一个地址时，可以使用通常判断 PE 文件的方法，即先判断这个地址的前两字节的内容是否是" MZ"，若是，则定位到 PE 文件头结构，判断是否是" PE"，如果这两个条件都符合则表示搜索到的地址是 kernel32 的基地址。

示例代码如下：

```
      mov   edx, [esp]
.Next:
            dec   edx
            xor   dx, dx; 减去跨度
            cmp   word [edx], "MZ"
            jz    .IsPe
            jmp   .Next
   ...
.IsPe:
      mov   eax, [edx+3ch]
            cmp   word [eax+edx], 'PE'
            jnz   .Next
            xchg  eax, edx   ; eax 即为 kernel32 基地址
```

2）遍历 SEH 异常链，然后获得 EXCEPTION_REGISTRATION 结构的 prev 为 −1 的异常处理过程地址，因为这个异常处理过程地址位于 kernel32.dll 中，所以通过它搜索也可以

得到 kernel32.dll 的基地址。搜索的方法与上面相同，通过减去跨度，然后判断该地址前两字节是否是"MZ"，以及 PE 文件头结构地址处的前两字节是否是"PE"，若不是则继续减去跨度搜索，直到"是"为止。EXCEPTION_REGISTRATION 结构定义如下：

```
struct EXCEPTION_REGISTRATION
            prev dd ?
              handler dd ?
ends
```

遍历的方法很简单，因为 [fs:0] 的 ExceptionList 指向 EXCEPTION_REGISTRATION 结构，所以通过 [fs:0] 获得 EXCEPTION_REGISTRATION 结构后，判断 prev 成员是否是 −1，如果是则取异常处理过程地址，然后进行搜索。示例代码如下：

```
    mov   edx, [fs:0]  ; 获得 EXCEPTION_REGISTRATION 结构地址
.Next:
    inc   dword [edx]  ; 将 prev 成员加 1
    jz    .Krnl    ; 如果 ZF 等于 1，则跳转 .Krnl
    dec   dword [edx]
    mov   edx, [edx]
    jmp   .Next
.Krnl:
    dec   dword [edx]  ; 恢复 −1
      mov  edx, [edx+4]  ; 获得 handler，然后进行搜索
.Loop:
      cmp  word [edx], 'MZ'
    jz    .IsPe
      dec  edx
      xor  dx, dx
      jmp  .Loop
          ...
.IsPe:
    mov   eax, [edx+3ch]
    cmp   word [eax+edx], 'PE'
    jnz   .Next
    xchg  eax, edx ; eax 即为 kernel32 基地址
```

3）通过 TEB 获得 PEB 结构地址，然后再获得 PEB_LDR_DATA 结构地址，再遍历模块列表，查找 kernel32.dll 模块的基地址。

TEB 是线程环境块（Thread_Environment_Block)结构，fs 段选择符所对应的段指向 TEB，也就是 fs:0 指向 TEB。那么 TEB 的结构成员 Process Environment Block 指向 PEB 进程环境块（Process_Environment_Block）结构，然后通过 PEB 结构来获得 PEB_LDR_DATA。示例代码如下：

```
mov eax, [fs:30h] ; Get PEB
mov eax, [eax+0ch] ; Get PEB_LDR_DATA
mov eax, [eax+1ch] ; Get InInitialization_Order_Module_List.Flink, 此时 eax 指向是
ntdll 模块的 InInitialization_Order_Module_List 线性地址，所以它的下一个模块则是 kernel32.
dll
mov eax, [eax]
mov eax, [eax+8]
```

2. 指令序列行为的识别

在总结上述行为之后，接下来的工作是对其进行识别。本文提出利用 RTL（Register Transfer List，寄存器传递列表）构造指令序列模板对其识别的方法。

RTL 是一种中间表示，使用这种中间表示可以部分消除指令等价替换带来的影响。中间表示是对机器指令行为的抽象描述，它的提升与构造是一个复杂的问题，有很多文献提出了

很多不同的 RTL 表示形式，本文选取昆士兰大学提出的 RTL 表示形式作为反编译的中间表示。RTL 执行由 SSL（语义描述语言）描述所表达的语义信息。

RTL 是由机器的存储单元或寄存器以及描述中使用的操作符一起定义的。RTL 是指令作用的顺序组合，它通过每个存储单元或寄存器上的一系列指令作用捕获机器指令的语义信息。RTL 是简单的、对机器指令作用的低级的寄存器传递描述。一条指令对应一个 RTL，一个 RTL 由多条 RT（Register Transfer，寄存器传递）组合而成，每一条 RT 将一个表达式赋值给一个寄存器或存储单元。通过这种形式可以显式地表示状态的变换，从而获得机器指令的精确信息。例如，I386 的加法指令"add rs1, rs2"由以下的 RTL 表示：

```
r[rs1] := r[rs1] + r[rs2];
```

表示将两个源操作数相加并将结果放在目标寄存器。

可见 RTL 主要描述以下三个部分：数据单元（如 r[rs1] 和 r[rs2]）、表达式（如 r[rs1] + r[rs2]）和赋值语句（如 r[rs1] := r[rs1] + r[rs2]）。

在工程实现中，RTL 指令流为具有上述 RTL 语言特征的对象的列表。RTL 对象不仅需要维护描述当前指令的 RTL 赋值语句，还需要维护当前指令的类型、指令所在的基本块地址等信息，组成 RTL 的对象称为 statement。

以上是对 RTL 的简单描述，接下来对构造的 RTL 模板进行具体解释，以病毒常用的重定位操作为例，反汇编后得到的代码序列如下：

```
00401A9E        E8 00000000      call        00401AA3;
00401AA3        5D               pop         ( ebp );
00401AA4        81ED A31A4000    sub         ( 00401AA3, ebp );
```

其典型代码对应的 RTL 序列模板如下：

```
00401A9E        0 *32* r28 := r28 - 4
                0 *32* m[r28] := %pc
                0 *32* %pc := %pc + 0
                0 <all> := CALL proc1(<all>)
00401AA3        0 *32* r29 := m[r28]
                0 *32* r28 := r28 + 4
00401AA4        0 *32* tmp1 := r29
                0 *32* r29 := r29 - 0x401aa3
                0 *v* %flags := SUBFLAGS32( tmp1, 0x401aa3, r29 )
```

该 RTL 序列包含了 9 条 statement：call 指令的 RTL 包含了 4 条，r28 表示堆栈寄存器 esp，这 4 条 statement 形成的动作就是将原来的 pc 寄存器值保存到堆栈中，然后指向新的 pc 值；pop 指令包含了两条 RTL，完成出栈的动作，r29 对应寄存器 ebp；sub 指令包含 3 条 statement，除完成减法操作外，还要对标志位进行处理。针对重定位行为，这里在解码的过程中完成对它的判定，检测算法流程如下：

1）对地址 addr1 的指令解码。

2）判断指令的 RTL 是否是 call 类型（由最后一条 statement 决定），若是，转步骤 3；否则更新解码地址 addr1，转步骤 1。

3）判断 call 指令的目标地址是否为紧接着的下一条指令的地址 addr2（由第三条 statement 决定），若是，转步骤 4；否则更新解码地址 addr1，转步骤 1。

4）对地址 addr2 的指令解码，判断第一条 statement 是否将栈顶的内容保存到一个寄存器（设为 rx1）中，且第二条 statement 将堆栈指针加 4。若是，转步骤 5；否则更新解码地址 addr1，转步骤 1。

5）对第三条指令 addr3 解码，判断第二条 statement 是否利用 rx1 和 addr2 作为操作数进行了减法操作，且第三条 statement 对标志位进行了处理。若是，表明识别出了重定位行为；否则，更新解码地址 addr1，转步骤 1 继续进行解码。

由算法的实施过程可以分析出，该算法能在一定程度上识别出利用指令替换、寄存器替换等方法的重定位行为，如 rx1 可以是任意通用寄存器，这样就可以在 RTL 层次上消除重定位行为带来的影响。

15.1.4　函数调用信息提取

1. 函数调用信息的提取

在反编译过程中，对指令序列进一步提升，可得到控制流图和数据流图，进而得到 API 调用图，此时就可以对恶意代码中的函数调用行为进行识别，识别方法可采用特定条件下的子图匹配法，这种方法的有效性已经在文献中得到验证。恶意代码为了避免其使用的函数调用被检测到，使用各种方法阻碍反汇编，常用的就是混淆的方法。

通过对病毒的函数调用方式的总结，对常用的恶意代码的函数调用方式分为如下四类：导入表方式、硬编码方式、同名函数调用方式、数组方式。

（1）导入表方式

导入表方式是正常程序最常用的函数调用方式。导入函数是指被程序调用但其执行代码又不在程序中的函数，通常这些函数的代码位于一个或者多个动态链接库 DLL 中，在调用者程序中只保留一些函数信息，包括函数名及其所在的 DLL 名等。

对于加载前的 PE 文件来说，它无法得知所需的导入函数在内存中的具体地址，只有当 PE 文件被加载到内存的时候，Windows 装载器才会将所需的 DLL 装入，并将调用导入函数的指令和函数实际所处的内存地址联系起来，这就是所谓的"动态链接"。这个过程是通过 PE 文件中定义的"导入表"（Import Table）来完成的，导入表中保存的正是函数名和其所在的 DLL 名等动态链接所必需的信息。

1）PE 文件中的导入表。

导入表由一系列的 IMAGE_IMPORT_DESCRIPTOR 结构组成，每个结构对应一个 DLL 文件，结构的数量取决于程序要使用的 DLL 文件的数量，IMAGE_IMPORT_DESCRIPTOR 结构的定义如下：

```
IMAGE_IMPORT_DESCRIPTOR STRUCT
union
    Characteristics    dd    ?
    OriginalFirstThunk dd    ?
    ends
    TimeDateStamp      dd    ?
    ForwarderChain     dd    ?
    Name               dd    ?
    FirstThunk         dd    ?
IMAGE_IMPORT_DESCRIPTOR ENDS
```

该结构中的 Name 字段是一个相对虚拟地址，它指向此结构所对应的 DLL 文件的字符串名称。

OriginalFirstThunk 字段和 FirstThunk 字段的含义可以看成是相同的，它们都指向一个包含一系列 IMAGE_THUNK_DATA 结构的数组，数组中的每个 IMAGE_THUNK_DATA 结构定义了一个导入函数的信息，数组的最后以一个内容为 0 的 IMAGE_THUNK_DATA 结构作为结束。

一个 IMAGE_THUNK_DATA 结构的定义如下：

```
IMAGE_THUNK_DATA STRUCT
  union u
    ForwarderString    dd    ?
    Function           dd    ?
    Ordinal            dd    ?
    AddressOfData      dd    ?
  ends
IMAGE_THUNK_DATA ENDS
```

IMAGE_THUNK_DATA 结构实际上就是一个双字，之所以把它定义成结构，是因为它在不同的时刻有不同的含义，它以这样的方式来指定一个导入函数：当双字的最高位为 1 时，表示函数以序号的方式导入，这时双字的低位就是函数的序号。当双字的最高位为 0 时，表示函数是以字符串类型的函数名方式导入的，这时双字的值是一个相对虚拟地址，指向一个用来定义导入函数名称的 IMAGE_IMPORT_BY_NAME 结构，此结构的定义如下：

```
IMAGE_IMPORT_BY_NAME STRUCT
    Hint dw      ?
    Name db      ?
IMAGE_IMPORT_BY_NAME ENDS
```

结构中的可选的 Hint 字段也表示函数的序号，不过有些编译器总是将它设置为 0，Name 字段定义了导入函数的名称字符串。

下面举例来说明导入的整个过程，如图 15-3 所示，可执行文件需要导入 kernel32.dll 中的 ReadFile、WriteFile、Exit.Process 和 lstrcmp 共 4 个函数，其中，前 3 个函数按照名称方式导入，最后的 lstrcmp 函数按照序号导入，这 4 个函数的序号分别是 0111h、002bh、02f6h 和 0010h。

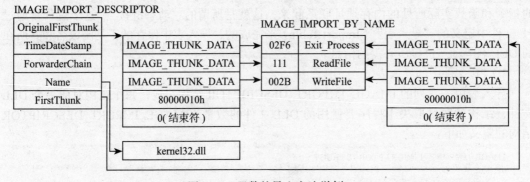

图 15-3　函数的导入方法举例

在图 15-3 中可以看出，导入表中 IMAGE_IMPORT_DESCRIPTOR 结构的 Name 字段指向字符串"kernel32.dll"，表明导入函数所在的动态链接库是 kernel32.dll，OriginalFirst-Thunk 和 FirstThunk 字段指向两个同样的 IMAGE_THUNK_DATA 数组，因为要导入 4 个函数，所以数组中包含 4 个有效项目且最后以一个内容为 0 的项目作为结束。

在 IMAGE_THUNK_DATA 结构数组中，由于 lstrcmp 函数是以序号导入的，与其对应的 IMAGE_THUNK_DATA 结构的最高位等于 1，与函数的序号 0010h 组合起来的数值就是 80000010h，而其余的 3 个函数是以函数名导入的，所以 IMAGE_THUNK_DATA 结构的数值是一个相对虚拟地址，分别指向 3 个 IMAGE_IMPORT_BY_NAME 结构，每个 IMAGE_IMPORT_BY_NAME 结构的第一个字段是函数的序号，后面就是函数的字符串名称。

2）内存中的导入表。

图 15-3 中有两个一模一样的 IMAGE_THUNK_DATA 数组，当 PE 文件被装入内存

的时候，其中一个数组的值将被改作它用，Windows 系统装载器会将指令 Jmp dword ptr
[xxxxxxxx] 指定的 xxxxxxxx 处的相对虚拟地址替换成真正的函数地址，而 xxxxxxxx 地址正
是由 FirstThunk 字段指向的那个数组中的一员。

当 PE 文件被装入内存后，内存中的映像就被 Windows 装载器修正成了图 15-4 所示的
样子，其中原来由 FirstThunk 字段指向的那个数组中的每个双字都被替换成了真正的函数入
口地址，之所以在 PE 文件中使用两份 IMAGE_THUNK_DATA 数组的拷贝并修改其中的一
份，是为了在导入函数名及其入口地址处建立映射，从而可以相互查询。

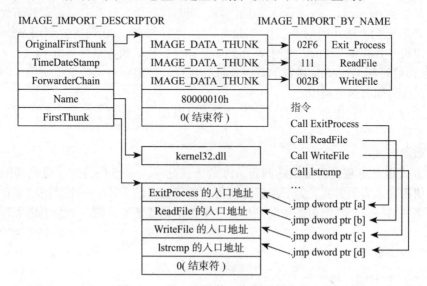

图 15-4　导入表被装入内存后的变化

3）导入地址表（IAT）。

IMAGE_IMPORT_DESCRIPTOR 结构中 FirstThunk 字段指向的数组最后会被替换成
导入函数的真正入口地址，这个数组可以称为导入地址数组。在 PE 文件中，所有 DLL 对
应的导入地址数组在位置上是被排列在一起的，全部这些数组的组合也被称为导入地址
表（Import Address Table，IAT），导入表中第一个 IMAGE_IMPORT_DESCRIPTOR 结构的
FirstThunk 字段指向的就是 IAT 的起始地址。

正常程序一般都使用导入表的方式，但恶意程序为了隐藏其行为，很少利用该方式实现
对一些敏感 API 的调用，因为这很容易暴露程序的意图，因此，对于恶意代码，它们常使用
的是后面几种函数调用方式。

（2）硬编码方式

恶意代码经常使用的 API 一般都在 kernel32.dll、user32.dll、advapi.dll 中，这些系
统动态链接库通常加载在内存的相同位置，如对 Windows XP Professional 来说，函数
LoadLibraryA 的加载地址是 0x7C801D7B。因此，恶意代码在程序中直接使用 call 指令调用
函数的地址，以隐藏函数名等敏感信息。但是这种方法有一个缺点，就是不同版本的系统的
函数加载位置是不一样的。还是考虑 LoadLibraryA 函数，在 Windows 2000 系统中，该函
数的加载地址却不是这个值。这样就造成了不兼容的问题，某个恶意代码可以在 Windows
2000 下正确运行，但在 Windows XP 系统下就无法运行了，所以采用此种方式的恶意代码也
相对较少。

（3）同名函数调用方式

恶意代码为了隐藏函数调用信息，通常会使用一些手段来阻碍反汇编，使分析人员无法得到正确的汇编指令，同名函数调用就是其中的一种。如以下代码片段所示：

```
WriteFile:
        db      0B8h
        dd      ?
        jmp     eax
        db      'WriteFile', 0
```

B8h 是指令 mov eax, xxxxxxxx 的操作码，病毒代码执行时首先会搜索到函数 WriteFile 的地址，并填充到上述代码的第三行"dd ？"处。然后，病毒代码需要调用 WriteFile 函数时，会使用指令 call WriteFile，此时 WriteFile 是标号，然后执行指令 mov eax, xxxxxxxx 和 jmp eax 从而跳转到 WriteFile 函数的真正地址处执行。调用标号实质上也调用了相同名字的函数，因此称为同名函数调用。

采用这种方式，将指令与数据混放在一起，可以在一定程度上阻碍正常的反汇编，是病毒惯用的手段。

（4）数组方式

数组方式也是恶意代码常用的调用 API 的方式之一。恶意代码为了隐藏其函数调用行为，并不使用导入表的方式，为了编码方便常常使用数组的方式，一个数组用来存放要使用的函数名字，另外一个数组用来指向函数名字字符串偏移地址，第三个数组用来存放函数地址，例如：

函数名地址数组：

```
lpApiAddrs label near :
    dd offset sGetModuleHandle
    dd offset sGetProcAddress
    dd offset sLoadLibrary
    dd offset sFreeLibrary
    dd offset sCreateFile
        ...
```

函数名数组：

```
sGetModuleHandle    db    "GetModuleHandleA", 0
sGetProcAddress     db    "GetProcAddress", 0
sLoadLibrary        db    "LoadLibraryA", 0
sFreeLibrary        db    "FreeLibrary", 0
sCreateFile         db    "CreateFileA", 0
...
```

函数地址数组：

```
aGetModuleHandle    dd    0
aGetProcAddress     dd    0
aLoadLibrary        dd    0
aFreeLibrary        dd    0
aCreateFile         dd    0
...
```

恶意代码运行时首先获取函数名数组中的每个函数名，然后利用函数名在内存空间中搜索函数地址，搜索到后存入地址数组，接下来当这些函数被调用时，直接可以使用 call 指令调用地址数组中的地址。

针对硬编码、同名函数以及简单的数组方式的函数调用，分析表明，对加入混淆的数组方式进行处理时，典型情况如下：一个数组用来存放函数地址，函数名不再通过数组来存放，而是通过一种压栈的方式来进行获取，这种方式不仅可以节省代码空间，而且可以产生混淆的效果从而影响反汇编。

部分代码如下：

函数地址数组：

```
ApiAddressList struc
    KnlLoadLibraryA     dd   ?
    KnlCreateMutexA     dd   ?
    KnlGetLastError     dd   ?
    KnlGetCommandLineA  dd   ?
    KnlWinExec          dd   ?
    ...
```

程序代码片段：

```
RelocalKnlApi:
    sub    esp, ApiAddressList   ; 在堆栈中存放 API 的地址
    mov    edi, esp
    call   PushKnlApiStr19    ; 将函数名推入堆栈
    db     'LoadLibraryA', 0
PushKnlApiStr19:
    call   PushKnlApiStr18    ; 将函数名推入堆栈
    db     'CreateMutexA', 0
PushKnlApiStr18:
    call   PushKnlApiStr17    ; 将函数名推入堆栈
    db     'GetLastError', 0
PushKnlApiStr17:
    call   PushKnlApiStr16    ; 将函数名推入堆栈
    db     'GetCommandLineA', 0
PushKnlApiStr16:
    call   PushKnlApiStr15    ; 将函数名推入堆栈
    db     'WinExec', 0
...
call   [esi.KnlGetCommandLineA]   ; 具体的函数调用
```

针对上述情况，进一步分析发现，在代码混淆中 call 指令后插入数据是一种常见的并且十分有效的迷惑反汇编器的方法。目前流行的反汇编工具如 Windbg、IDA pro 都不能有效地解决该问题。针对 call 指令后混淆数据的识别在下面具体介绍。

2. call 指令后混淆数据的识别

在保留源程序的语义和功能的条件下，所使用的一些使提取和理解逆向过程中得到的高级语言结构表示的结果更为困难的方法称为混淆。如同病毒与反病毒之间的斗争永不止歇一样，混淆与反混淆之间的斗争同样激烈。Linn 和 Debray 曾在 2003 年发表论文探讨了常见的混淆技术，而 Kruegel 在随后进行的研究中提出了解决这些常见的混淆技术的方法，随着技术的发展，混淆手段不断更新，call 指令后插入数据进行混淆出现了新的形式。

（1）call 指令后插入混淆数据的形式

Linn 和 Debray 所探讨的混淆技术主要有两种方法：一是在程序实际运行时不可达的位置插入垃圾代码；二是使用条件函数来代替常规的子过程调用；这里所提到的 call 指令后插入混淆数据的情况利用了上述两种技术并同时综合了其他方法，主要采用以下两种形式。

1）call 指令后跟有用数据。

这种方式的典型情况是 call 指令后插入一段字符串。由于 call 指令可以分解为压栈和无条件跳转两个动作，所以它后面的字符串的起始地址被压入堆栈，该字符串可被用来作为函

数调用的参数。如图 15-5 所示，在指令 call addr1 后定义了字符串"ntdll"，而标号 addr1 处是函数调用指令 call LoadLibrary，字符串"ntdll"实际是该函数的参数。call addr1 指令执行后，字符串"ntdll"的首地址会被压入堆栈，作为函数 LoadLibraryA 执行时的参数。

正常情况		call 指令后插入数据混淆	
.data		.data	
libname	db "ntdll",0	…	
		.code	
.code		…	
…		call	addr1
push	offset libname	db	"ntdll",0
call	LoadLibrary	addr1:	
…		call	LoadLibrary
		…	

图 15-5   call 指令后插入字符串用作函数的参数

图 15-5 展示了常见的字符串定义方式与 call 指令后定义字符串的情况。对于前者，一般的静态反汇编器都能够得到准确无误的反汇编结果；而对于后者，对于大部分反汇编器，典型的如采用线性扫描算法的 Windbg 和采用递归分析算法的 IDA 都将字符串错误地解码成指令，它们的反汇编结果见图 15-6（＊表示反汇编出错），两种反汇编工具都从 call 指令紧接着的地址处解码，将 0x6e 解码成 outs 指令，将 0x7464 解码成条件分支指令 jz 或 je，而实际上这三字节是字符串"ntd"的 ASCII 码。

此外，还可以对上述情况进行扩展，如可以使用几条连续这样的 call 指令来传递参数，也可以在定义字符串后进行出栈动作从而把字符串的首地址传递给寄存器或变量，这两种情况的示例代码片段见图 15-7。

2）call 指令后跟垃圾代码。

这种情况是在 call 指令后定义一些垃圾字节数据，如图 15-8 所示，指令 call sub 后定义了一个无用字节 E8h。在程序运行过程中，call 指令所调用的子过程在返回时使用 push 等指令修改栈顶的值从而修改返回地址使过程返回到了其他位置，而并不返回到 call 指令的下一条指令执行（此时是数据），但是这种方法却造成了反汇编的错误。IDA 的反汇编结果见图 15-8，它把 E8h 和它后面的 4 字节解码成 call 指令。

目前市场上的大部分反汇编器基本基于两种静态反汇编算法，即线性扫描算法和递归分析算法，代表产品是 Windbg 和 IDA pro。call 指令的特殊性和这两种反汇编算法的固有缺陷，导致了上面错误的反汇编结果。线性扫描算法需要顺序反汇编每一条指令，因此在解码完 call 指令后会

```
00401000 e806000000        call      image00400000+0x100b
00401005 6e                *outs     dx,byte ptr [esi]
00401006 7464              *je       image00400000+0x106c
…
```
a）Windbg 的反汇编结果

```
.text:00401000            call      near ptr loc_40100A+1
.text:00401005            *outsb
.text:00401006            *jz       short ptr dword_40106C
…
```
b）IDA pro 的反汇编结果

图 15-6   Windbg 和 IDA pro 的反汇编结果

扩展情况 1		扩展情况 2	
…		…	
call	addr1	call	addr1
db	"FindFirstFile",0	db	"ntdll",0
addr1:		addr1:	
call	addr2	pop	eax
db	"FindNextFile",0		
addr2:			
…			

图 15-7   call 指令后插入字符串的扩展

立即解码随后的地址，这样就会把数据解码为指令；递归分析算法沿着控制流进行，遇到控制转移指令会改变解码的方向，但由于它默认 call 指令的返回地址是 call 指令的下一条指令的地址，忽视了 call 指令调用的子过程中对堆栈的修改，因此在子过程返回后会继续解码，这种处理方法同样会将无用数据解码成指令。

call 指令后插入垃圾数据			IDA pro 的反汇编结果	
.code			.text:00401000	push 40100Ch
…			.text:00401005	retn
sub:			--------------------	
	push	@F	.text:00401006	public start
	ret		.text:00401006 start:	
start:			.text:00401006	call sub_401000
	call	sub	.text:0040100B	*call near ptr 228107Ah
	db	0E8h	.text:00401010	*dd 0CC000000h, 200025FFh
@@:				
…				

图 15-8　call 指令后插入垃圾数据

（2）call 指令后混淆数据的识别算法

为解决 call 指令后插入混淆数据带来的反汇编出错的问题，可采用统一的识别算法来解决该问题并识别出混淆数据。

首先，针对现有反汇编算法的缺陷并为了缩小问题的规模，在此介绍一种本书作者所在课题组改进的递归分析算法，它与一般的递归分析算法的区别在于：在遇到 call 指令时，对其进行分析，如需要则产生新的子过程，对子过程做标记，但并不立即对子过程进行解码，随后从 call 指令的下一条指令的地址继续解码；对其他的控制转移指令的处理方法与一般的递归分析方法相同，这样直到整个程序解码结束。最后对子过程依次再进行解码，并在解码过程中逐步建立起控制流图。

该算法分为两个阶段，第一阶段是对 call 指令是否满足第一种形式的混淆做判断，第二阶段是在整个程序初步解码完成后对 call 指令是否满足第二种形式的混淆做判断。具体流程如图 15-9 所示。

第一阶段：

1）对 call 指令进行解码。

2）设 call 指令的目标地址为 addr2，call 指令的下一条指令（数据）的地址为 addr1。进行如下判断：若 addr2−addr1 的结果大于 0 且小于一个常量值（字符串长度应有一个限制，此处设为 50），转步骤 3，否则转步骤 7。

3）取出 addr1 到 addr2−1 范围内的每一

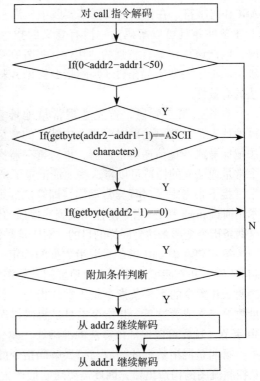

图 15-9　识别算法第一阶段流程图

字节判断其是否为 ASCII 字符，是则转步骤 4，否则转步骤 7。

4）addr2-1 地址处的字节是否为 0（ASCII 字符串以 0 结束），是转步骤 5，否则转步骤 7。

5）判断 addr2 后的指令是否是 call 指令或者赋值传递指令。是转步骤 6，否则转步骤 7。

6）提取字符串，处理基本块信息。从 addr2 继续解码。

7）从 addr1 继续解码。

图 15-9 给出了上述算法的流程图。

第二阶段：

1）对子过程解码。

2）判断子过程是否是通过 push 压栈和 ret 返回的动作完成过程调用返回。是转步骤 3，否则转步骤 5。

3）找到调用该子过程的 call 指令，设其下一条指令的地址为 addr3，从全局常量地址表中寻找比 addr3 大的最小地址 addr4。进行判断：若 addr4-addr3 的值大于 0 且小于一个常量值（插入的混淆数据长度应有限制，此处设为 30），转步骤 4，否则转步骤 5。

4）提取混淆数据，即为 addr3 到 addr4 范围内的数据。清除解码错误的指令产生的基本块及控制流图信息。

5）继续对下一子过程解码，转步骤 1，直至所有的子过程解码结束。

图 15-10 给出了上述算法对应的流程图。

（3）算法有效性说明

在算法第一阶段，对 call 指令后字符串的识别主要依靠字符串的特征：以 0 结尾并且每一字节都是 ASCII 码字符，在长期的反汇编实践中，尚未发现满足上述条件并且可以解码为一段有意义的指令序列的情况，因此该算法具有较强的适用性，另外在算法的第 5 步又添加了一些附加条件（判断指令类型）来确保该方法的有效性。

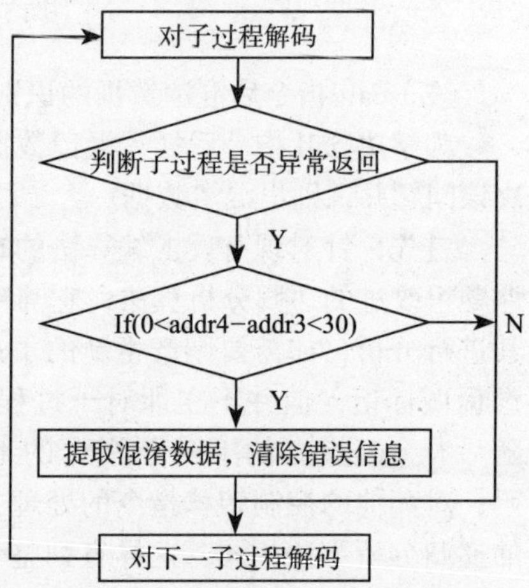

在算法第二阶段，首先考虑常量地址表的构造，

图 15-10　识别算法第二阶段流程图

该地址表是在解码的同时对指令中涉及的常量地址记录而得到的，恶意代码经常使用一些方法把标号或变量传递给寄存器，再对寄存器操作从而增加反汇编时数据分析的难度，因此这个常量地址表的构造可以将这些地址记录下来，以便于判断是否存在混淆。

接下来考虑子过程异常返回，即算法的第 2 步所做的判断，大多数的病毒通常采用的技术是通过 push 和 ret 指令使控制流到达栈顶的值所确定的地址，而一些高级的技术可以通过对这两条指令变形来达到同样的目的。对于这种情况，可通过简单的语义判断来确定它的行为。

第三要考虑 call 指令后混淆数据的确定，从常量地址表中确定了大于 addr3 的最小地址 addr4 后，并不能就此确定两个地址间就是混淆数据，必须要判断 addr4-addr3 的值，若为 0 表明 call 指令的下一条指令是正常的指令，若大于预先设定的范围，则表明 call 指令后是大量数据定义或者这条 call 指令本身是解码错误的。经过对大量病毒的分析确定该值范围值为 30 字节，这样可以保证该算法的准确性，减少误报的可能。

第四是混淆数据的提取与错误解码指令的清除，解码错误的指令会导致基本块的划分以及控制流图的构造出错，因此需要对它们产生的错误结果进行清除。此时需要注意一种情况，解码错误的指令可能会涉及后面的部分正常指令，这时候需要对解错的指令重新进行解码。

3. 可疑函数调用信息的归纳

通过对典型的恶意代码进行分析，这里提取出病毒在进行感染与传播的时候最常使用的函数调用信息。按照相似功能的行为归类的方法，将这些函数调用归结为 7 个大类，每个大类均由 3 个子类构成，共 21 个行为子类。行为子类或以单个的 API 来表示，或以几个 API 组成的 API 序列来表示。具体归类情况如下：

1）文件搜索。目录搜索（GetWindowsDirectoryA，GetSystemDirectoryA，GetCurrent-DirectoryA，SetCurrentDirectoryA）；文件搜索（FindFirstFileA，FindNextFileA，FindClose）；资源搜索（FindResource，LoadResource，LockResource）。

2）文件内容操作。文件写操作（CreateFilea，SetFilePointer，WriteFile，CloseHandle）；文件读操作（CreateFileA，ReadFile，CloseHandle）；16 位文件操作（_lopen，_lwrite，_lread，_lclose）。

3）文件属性操作。修改文件时间（GetFileTime，SetFileTime）；文件映射（CreateFile-MappingA，MapViewofFile）；重置文件属性（GetFileAttributesA，SetFileAttributesA）。

4）文件操作。复制文件（CreateFileA，CopyFileA）；移动文件（CreateFileA，Move-FileA）；删除文件（CreateFileA，DeleteFileA）。

5）内存分配。虚拟内存分配（VirtualAlloc，VirtualFree）；进程堆栈分配（GetProcess-Heap，HeapAlloc，HeapFree）；全局内存分配（GlobalAlloc，GlobalFree）。

6）进程操作。创建新进程（CreateProcess，WinExec，CloseHandle）；创建新线程（CreateThread，ExitThread，CloseHandle）；远程创建进程（CreateRemoteThread，ExitThread，CloseHandle）。

7）注册表操作。创建键值写入（RegCreateKeyA，RegSetValueA，RegCloseKey）；打开键值查询（RegOpenKeyA，RegQueryValue，RegCloseKey）；删除键值（RegOpenKeyA，RegDeleteKeyA，RegCloseKey）。

上述行为子类中的行为序列存储在反编译过程中抽象的函数调用流图中，以保持它们之间的关系。

15.2　反编译在恶意代码检测中的应用

基于反编译得到程序行为之后，可以利用恶意性判定系统对程序的恶意性进行分析判定，本节将对基于反编译的多重多维模糊推理系统进行介绍。

15.2.1　系统架构的提出

本节介绍一种基于推理的程序恶意性分析系统架构，该架构主要由六个模块组成：文件结构分析模块、反汇编模块、数据流与控制流分析模块、代码生成模块、程序恶意性推理机以及一个用于存放知识的数据库。系统架构的输入是可执行程序的二进制代码，输出则分为两部分，一部分是通过程序恶意性分析得到的程序恶意性近似判定结果；另一部分则是与可执行程序对应的 C 高级语言程序，该程序中带有对程序恶意性的标注信息。基于推理的程序恶意性分析系统架构的组成和各组件间的连接关系如图 15-11 所示。

在以上系统架构中，知识库用于存放程序恶意性分析中需要用到的已有知识，包括静态数据等。文件结构分析模块、反汇编模块、数据流与控制流分析模块以及代码生成模块，主要完成从二进制可执行程序到 C 程序的反编译过程。文件结构分析模块主要完成文件的装载及文件结构的分析工作，其主要目标有两个：一是从可执行程序的二进制代码中提取能够反映程序恶意性的二进制序列特征；二是按照文件格式将二进制流解析成二进制指令流，为下一步反汇编的实现做准备。反汇编模块主要完成的工作是将二进制指令流解码成汇编指令流，并将汇编指令流通过语义映射抽象成易于分析的中间表示形式。该模块的另一项重要工作是检测程序的指令流中是否存在完成恶意行为的指令序列。数据流与控制流分析模块的主要工作分为两部分：一是对中间代码中的数据结构和控制结构进行分析，为生成 C 语言程序中的高级数据结构和高级控制结构做准备；二是在控制流图的基础上提取关键系统函数调用图（Critical System Call Graph, CSCG），然后从 CSCG 上提取程序的系统函数调用序列信息。代码生成模块的主要工作是生成带有恶意性标注信息的 C 语言程序。该模块在系统架构中的作用有三点：一是通过标注策略的使用，增加程序恶意性分析工作的可展示性；二是相对于汇编指令来说，生成 C 语言程序提高了程序的可读性，当程序恶意性分析模块无法得出正确的结论或是得出结论不正确时，分析人员可以对生成的带标注信息的 C 语言程序做进一步分析工作；第三，针对程序中恶意代码的标注能够提示用户在系统中存在的潜在威胁，并且帮助用户理解这种威胁产生的原因以及分析恶意行为一旦执行之后的破坏性，用户可以根据分析结果及标注信息做相应的处理。

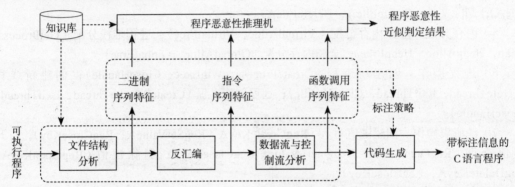

图 15-11   基于推理的程序恶意性分析系统架构

程序恶意性推理机的主要工作是根据以上模块所获取的程序恶意性相关信息以及知识库中的相关知识，对程序的恶意性进行推理，最终得出程序恶意性的近似判定结果。在基于推理的程序恶意性分析系统架构中一共采用了三类程序特征来分析程序的恶意性：程序的二进制序列特征、指令序列特征以及系统函数调用行为特征。在分析一段未知程序的恶意性时，由程序恶意性推理机根据对程序的反编译分析结果，以及知识库中的相关知识，采用合适的分析及推理方法，推导出该程序恶意性的分析结果。

基于以上系统架构，本节建立一个程序恶意性分析原型系统 REMARQUE (Recognizer and Marker of Qestionable and Malicious Code)。按照系统架构的设计，REMARQUE 原型系统通过对可执行程序的反编译，收集用于分析程序恶意性的相关特征；通过基于对所收集特征的分析与推理，实现对程序恶意性的近似判定。由于反编译技术是 REMARQUE 原型系统实现可执行程序恶意特征提取的基础，所以在前期工作中也对反编译技术中的函数恢复、参数识别等问题进行了研究。在这些前期工作的基础上，本节重点针对系统架构中程序恶意性推理机的设计与实现相关的问题进行研究，包括程序恶意性分析的模型研究、算法研究等。

15.2.2   推理算法研究的基本内容

1. 程序恶意性分析的推理流程

在基于推理的程序恶意性分析系统架构中，程序恶意性推理机是一个重要的组成部件。

按照基于推理的程序恶意性分析系统架构模型的设计，实现程序恶意性推理的基本流程如图
15-12 所示。

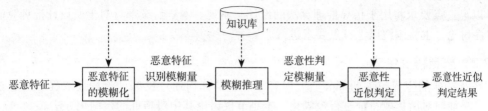

图 15-12　程序恶意性推理的基本流程

程序恶意性分析的推理过程由以下三步实现：

（1）恶意特征的模糊化

该步骤主要完成对三种类型的恶意特征的模糊化工作。具体来说，就是将从反编译流程
中提取出来的程序恶意特征，按照基于推理的程序恶意性分析系统架构模型中对模型输入的
要求，转换成各恶意特征的识别程度，从而实现从恶意特征到恶意特征识别模糊量之间的转
变。本节研究的内容之一，就是如何实现对恶意特征的模糊化。

（2）模糊推理

该步骤主要完成从恶意特征识别模糊量到程序恶意性模糊分类结果的推理工作。在基
于推理的程序恶意性分析系统架构模型中，模糊推理由多重多维的模糊推理算法完成。按照
基于推理的程序恶意性分析系统架构模型的求解过程设计，该算法的功能主要由以下三步完
成：规则约简、前提约简以及单重单维模糊推理求解。如何设计并实现模糊推理算法以完成
模糊推理的功能，是本节所要重点研究的内容。

（3）恶意性近似判定

该步骤主要完成对程序恶意性判定模糊量的反模糊化工作，具体来说，就是根据恶意性
判定模糊量得出程序恶意性的近似判定结果。此步骤完成了基于推理的程序恶意性分析系统
架构模型求解中结论约简的功能。由于结论约简的方法较为简单，因此本节中仅对其实现过
程进行简要介绍。

以上推理流程的实现，还需要相关知识库的支持。知识库中存放有程序恶意性分析所需
的知识，包括静态知识和推理规则等。推理规则库中规则的相容性与推理过程的相容性密切
相关，因此推理规则库的建立及规则库相容性的讨论也是本节需要研究的内容之一。

2. 推理算法设计的要求

为了使得所设计的模糊推理算法更符合问题研究的需要，本节针对模糊推理算法的设计
提出了以下三点要求：

1）算法应该很好地满足程序恶意性分析模型的需求。

首先，推理算法本身应该满足一个算法所具备的四点性质，即有输入、有输出、具有确
定性和有限性。其次，算法应该具备合理性。这种合理性体现在两个方面：第一，算法设计
过程的合理性；第二，由算法推出的结论的合理性，比如是否会推出自相矛盾的结论等。

2）由算法实现的模糊推理满足推理相容性要求。

算法的还原性体现了推理的相容性或和谐性，算法是否具备还原性已成为判断一个模糊
推理算法优劣性的核心要求。因此，本章所设计的推理算法还应该满足推理相容性的要求。

3）算法应该简单易行，开销尽量小。

对于任意给定的问题，设计出复杂性尽可能低的算法是算法设计者追求的一个重要目

标，也是判断算法优劣性的一个重要标准。因此，本章所设计的推理算法时间开销和空间开销应该尽量小。

以上三点要求将用于指导推理算法的设计与实现。本章后续部分对于所设计推理算法的优劣性讨论，也将围绕以上三点要求进行。

15.2.3 恶意特征生成

恶意特征的生成包含两部分研究内容，一个是如何通过反编译流程提取程序的恶意特征；二是如何对所提取特征进行模糊化。本小节仅讨论其中对特征的模糊化方法。

1. 恶意特征的分类

将可执行程序中的 API 函数调用序列与预先定义的恶意程序的 API 调用序列进行对比，是检测恶意代码及其变体的一种常用方法。但是，经过分析可以发现，这种检测方法存在一定的局限性。首先，不同的 API 函数序列有可能完成相似的功能，换句话说，如果恶意代码编写者在其编写的恶意代码变体中使用与源代码中不同的 API 函数序列，上述检测方法就有可能无法得到正确的分析结果。其次，仅从 API 序列考虑恶意代码的检测问题并不够全面，有些恶意特征并不需要通过调用 API 来实现（比如文件结构异常等文件特征）。

为了更加全面地把握可执行程序中的可疑特征，在对程序恶意性的特征进行总结和抽象后，REMARQUE 原型系统中最终确定了 7 类恶意特征用来表示程序的恶意性，$U=(u_1,u_2,\cdots,u_7)$；每一特征分量的特征值用该特征的识别程度来表示，即从程序中识别出某一恶意特征类的程度。其中，$u_1 \sim u_4$ 与 API 函数调用有关，包括文件搜索特征类、内存进程操作类等；每类特征分别对应若干恶意特征子类，比如文件搜索特征类中包含类型文件搜索、目录文件搜索等特征子类；每个恶意特征子类又与若干 API 函数序列对应，这些序列都完成相同的特征子类功能；u_5 和 u_6 与文件结构异常情况有关，分别对应文件头大小异常、起始节指向非代码节等异常的文件结构特征；u_7 与指令序列有关，该序列主要完成对 kernel32 等动态链接库文件基地址的搜索工作。

新的分类方法将对单一特征的检测提升为对某一特征类的检测。与针对单一特征的检测方法相比，基于恶意特征类的检测方法中对恶意特征的选取范围更加广泛，获取的恶意特征来自于文件装载、指令解析以及控制流图分析等多个阶段，因而有利于降低恶意代码检测的漏报率。

2. 函数序列的加权相似度算法

当从可执行程序中提取的 API 函数调用序列与特征库中存储的恶意特征序列不能完全匹配时，需要采用模糊模式匹配的方法计算二者之间的相似程度，并以相似度作为此程序具备该恶意特征的程度。除此以外，考虑到每个 API 函数序列中都存在着一个或多个关键的函数以完成该恶意特征类的大部分或核心功能，因此在计算 API 序列相似度时还需要考虑不同函数对序列相似度的影响因子。

假设特征库中某一恶意特征 u_1 类对应的某个 API 函数序列为 $(f_1, f_2, \cdots, f_n)$。根据各个 API 函数对序列功能的影响力不同，给每个 API 函数分配一个权值 τ_{fk}（$1 \leqslant k \leqslant n$），并使得该序列中所有 API 函数的权值之和为 1，即 $\sum_{k=1}^{n} \tau_{f_k} = 1$。

本节选用 LD 算法计算两序列之间的相似度 Sim，并利用点乘运算来计算加权相似度 τ-Sim 设分析得到的未知程序的某个 API 序列为 $(f_1', f_2', \cdots, f_m')$，则该序列与特征库中序列 $(f_1, f_2, \cdots, f_n)$ 的加权相似度 $\tau-\text{Sim} = \text{Sim} \cdot \sum_{k=1}^{m} \tau_{f_k'}$，其中 Sim 是采用 LD 算法计算得到的两序列之间的相似度，权值的求和则遵循以下约定：

1）设 $f_i' \in \{f_1', f_2', \cdots, f_m'\}$，$f_j \in \{f_1, f_2, \cdots, f_n\}$，其中 $1 \le i \le m$ 且 $1 \le j \le n$。若 $f_i'=f_j$，则 $\tau_{fi'}=\tau_{fi}$。

2）否则 $\tau_{fi}=0$。

按照以上描述，求解两序列间加权相似度的算法见算法 15.1。

算法 15.1　计算两函数调用序列之间的加权相似度

输入： 已识别函数调用序列 A 和函数调用特征序列 B，A 和 B 的长度分别为 m 和 n；特征序列 B 中函数的权值序列 C

输出： 序列 A 和序列 B 的加权相似度 $\omega-\mathrm{Sim}$

步骤：

1. 初始化 $(n+1) \times (m+1)$ 阶距离矩阵 D，并令 $D[1][j]=j-1$，$D[i][1]=i-1$，其中 $1 \le i \le m+1$，$1 \le j \le n+1$。

2. 初始化距离增量 temp=0。

3. 初始化权值变量 weight=0。

4. 遍历两字符串，如果 A[i]=B[j]，则令 temp=0，weight=weight+C[j]；否则，令 temp=1，weight 值不变。

5. 矩阵元素 $D[i][j]$ 取以下值中的最小值：$D[i-1][j]+1$、$D[i][j-1]+1$ 和 $D[i-1][j-1]+$ temp。

6. 扫描完后，令 $d=D[m+1][n+1]$，d 即为序列 A 和 B 之间的距离值。

7. 按照下式计算 A 和 B 的相似度 $\mathrm{Sim}=1-\dfrac{d}{\max\{m,n\}}$。

8. 计算序列 A 和 B 的加权相似度，$\omega-\mathrm{Sim}=\mathrm{weighr} \times \mathrm{Sim}$。

9. 算法结束，返回 $\omega-\mathrm{Sim}$ 的值。

15.2.4　推理规则库的建立

前面介绍的内容主要用于获得待分析程序 x 的恶意特征模糊集 A^*。本小节中将根据基于推理的程序恶意性分析系统架构模型的设计方案，采用贝叶斯算法建立用于模糊推理的推理规则组。

1. 贝叶斯算法

贝叶斯算法是一种概率统计的方法，其基本思想是根据先验的联合概率计算后验概率。设 C 为某特定的类，F 为某种假定；P(F) 是条件 F 成立的概率，P(C) 是 C 的先验概率，P(F/C) 是在 C 中条件 F 成立的先验概率，则有以下贝叶斯公式：

$$P(C/F) = \frac{P(C)P(F/C)}{P(F)} \tag{15.1}$$

其中，P(C/F) 是在条件 F 下 C 的后验概率。因此，贝叶斯算法实际上提供了一种由 P(F)、P(C) 和 P(F/C) 计算后验概率 P(C/F) 的方法。

假设 C_1，C_2，$\cdots$，C_n 互斥构成一个完备事件组，已知它们的先验概率分别为 $P(C_1)$，$P(C_2)$，$\cdots$，$P(C_n)$。假定事件 x 与 C_1，C_2，$\cdots$，C_n 伴随出现，且已知事件 x 在条件 C_i（$1 \le i \le n$）下发生的概率为 $P(x/C_i)$，则事件 x 发生原因为 C_i 的条件概率 $P(C_i/x)$ 可由下式计算得到：

$$P(C_i / x) = \frac{P(C_i) P(x / C_i)}{\sum_{j=1}^{n} P(C_j) P(x / C_j)} \tag{15.2}$$

当 $n=2$ 时，由式 (15.2) 可知贝叶斯算法满足性质：$P(C_1/x)+P(C_2/x)=1$。

2. 推理规则的建立

由贝叶斯算法的基本思想可知，建立推理规则需要分两步实现：第一步是通过划分样本空间以获取相应的先验概率；第二步则是由先验概率计算相应的后验概率。

（1）建立样本空间

本节建立的样本空间中的样本程序主要来自于以下三种途径：

1）Windows XP 安装后，系统分区下 Windows 目录中的全部 PE 可执行程序。

2）正版应用软件中随机采集的各种 PE 程序。

3）网络上的经多种途径收集到的病毒程序。

其中，前两种途径收集到的程序共 3583 个，途径 3 收集到的程序共 3572 个，因此样本空间由 7155 个 PE 程序构成。将样本空间按照 9：1 的比例随机划分为训练样本集 $S_{training}$ 和测试样本集 S_{test} 两个集合，其中，训练样本集 $S_{training}$ 用于推理规则的建立，且训练样本集和测试样本集不相交。

接下来，根据收集来源，将训练样本集 $S_{training}$ 划分为病毒程序集 S_{virus} 和正常程序集 S_{benign}，且有 $S_{virus} \cup S_{benign}=S_{training}$，$S_{virus} \cap S_{benign}=\varnothing$。经过划分后的样本空间如表 15-2 所示。

表 15-2 样本空间划分

	样本空间	训练集 $S_{training}$	测试集 S_{test}
正常程序	3583	3225	358
病毒程序	3572	3215	357
合计	7155	6440	715

（2）建立推理规则

定义分类集 {恶意，正常}，令 C 表示正常程序集，$\overline{C}$ 表示恶意程序集，因而有公式 (15.2) 中 $n=2$。设用于训练的样本程序 y，且经过恶意特征分析后得到的样本程序 y 的恶意特征模糊集为 A_y。该程序隶属于恶意程序集的隶属度可通过计算特征向量 A_y 在恶意程序集中出现的频率得到。由公式 (15.2) 可得计算公式如下：

$$P(\overline{C}/A_y) = \frac{P(\overline{C}) \cdot P(A_y/\overline{C})}{P(C) \cdot P(A_y/C) + P(\overline{C}) \cdot P(A_y/\overline{C})} \tag{15.3}$$

其中，$P(A_y/\overline{C})$ 为 A_y 在病毒程序训练集中出现的概率；$P(A_y/C)$ 为序列 A_y 在正常程序训练集中出现的概率，$P(\overline{C})$ 为病毒程序在整个训练集中出现的概率；$P(C)$ 为正常程序在整个训练集中出现的概率，因此 $P(\overline{C}/A_y)$ 计算的是在已知 A_y 的条件下，具有恶意特征 A_y 的程序隶属于 $\overline{C}$ 的概率。

由贝叶斯算法性质可知，$P(C/A_y) + P(\overline{C}/A_y) = 1$。因此，在已知特征 A_y 的条件下，具有恶意特征 A_y 的程序隶属于 C 的概率可由下式计算得出：

$$P(C/A_y) = 1 - P(\overline{C}/A_y) \tag{15.4}$$

至此，可得一条推理规则如下：

$$A_y \rightarrow (P(C/A_y), P(\overline{C}/A_y)) \tag{15.5}$$

需要说明的是，若某个恶意特征模糊集在正常程序和恶意程序出现的次数相同，则说明该恶意特征模糊集恶意性不明显，应该将其从规则组中删除。

（3）推理规则模糊化

此时，对式 (15.5) 中的规则进行模糊化，构建用于模糊推理的模糊推理规则。

首先，参考模糊集的定义，可将处于正常程序和恶意程序的过渡点上的一类程序，称为可疑程序。由可疑程序组成的集合称为可疑程序集，记为 $\tilde{C}$。

其次，按照以上定义，建立程序恶意性模糊分类集合 { 正常程序，可疑程序，恶意程序 }，即令论域 $V = \{C, \tilde{C}, \overline{C}\}$。由于 $P(C/A_y), P(\overline{C}/A_y) \in [0,1]$，因此可将 $P(C/A_y)$ 和 $P(\overline{C}/A_y)$ 看作 y 隶属于模糊分类集 C 和 $\overline{C}$ 的隶属度。令 $B_y(C) = P(C/A_y)$，$B_y(\overline{C}) = P(\overline{C}/A_y)$，则由程序 y 通过贝叶斯算法可得到一条形如式 (15.5) 的推理规则。

随后，需要考虑如何计算 $B_y(\tilde{C})$。为此，首先做以下定义：

定义 15.1 (正常度)　在已知 A_y 的条件下，具有恶意特征 A_y 的程序隶属于模糊分类集 C 的隶属度 $B_y(C)$，称为该程序的正常度。

定义 15.2 (恶意度)　在已知 A_y 的条件下，具有恶意特征 A_y 的程序隶属于模糊分类集 $\overline{C}$ 的隶属度 $B_y(\overline{C})$，称为该程序的恶意度。

定义 15.3 (可疑度)　在已知 A_y 的条件下，具有恶意特征 A_y 的程序隶属于模糊分类集 $\tilde{C}$ 的隶属度 $B_y(\tilde{C})$，称为该程序的可疑度。

在设计式 (15.5) 中推理规则的模糊化方法时，有以下考虑：

1）$P(C/A_y)$ 和 $P(\overline{C}/A_y)$ 之间的差值越大，程序 y 隶属于模糊分类集 C 或 $\overline{C}$ 的程度越高，说明程序 y 越"明显"地属于正常程序集或是恶意程序集，此时程序 y 隶属于可疑程序集的程度应该越低。

2）$P(C/A_y)$ 和 $P(\overline{C}/A_y)$ 和之间的差值越小，说明程序 y 的模糊性越明显，程序 y 距离正常程序集和恶意程序集的过渡点越近，此时程序 y 隶属于可疑程序集的程度应该越高。

由此可见，程序 y 的可疑度随着 $P(C/A_y)$ 和 $P(\overline{C}/A_y)$ 之间的差值的增大而减小；随着二者之间的差值的减小而增大。因此，可由以下公式计算程序 y 的可疑度，即程序 y 隶属于可疑程序集 $\tilde{C}$ 的隶属度：

$$
\begin{aligned}
B_y(\tilde{C}) &= P(\tilde{C}/A_y) \\
&= 1 - \left| B_y(C) - B_y(\overline{C}) \right| \\
&= 1 - \left| P(C/A_y) - P(\overline{C}/A_y) \right|
\end{aligned}
\tag{15.6}
$$

最终，按照以上步骤，由样本程序 y 得到的一条模糊推理规则如下：

$$
R_y : A_y \rightarrow (P(C/A_y), P(\tilde{C}/A_y), P(\overline{C}/A_y))
\tag{15.7}
$$

其中，A_y 为 7 元向量，即 $A_y = (A_y(u_1), A_y(u_2), \cdots, A_y(u_7))$，每一分量分别对应一类恶意特征的识别程度。$(P(C/A_y)、P(\tilde{C}/A_y)、P(\overline{C}/A_y))$ 中每一分量分别对应于程序 y 的正常度、可疑度和恶意度。

若将以上规则转化为 "IF-THEN" 的规则形式，则可将以上规则理解为：

IF 程序 y 中恶意类 u_1 的识别度为 $A_y(u_1)$

$\wedge$ 恶意特征类 u_2 的识别度为 $A_y(u_2)$

$\wedge$ 恶意特征类 u_1 的识别度为 $A_y(u_3)$

$\wedge \cdots$

$\wedge$ 恶意特征类 u_7 的识别度为 $A_y(u_7)$

THEN 程序 y 隶属于模糊分类集合 C、$\tilde{C}$ 和 $\overline{C}$ 的隶属度分别为 $P(C/A_y)$、$P(\tilde{C}/A_y)$ 和 $P(\overline{C}/A_y)$。

其中，运算符 "$\wedge$" 为逻辑与操作（模糊逻辑中用 min() 函数处理逻辑与操作，用 max() 函数处理逻辑或操作）。

按照以上流程对样本集中的样本程序进行训练，即可得到最初的模糊推理规则组。

在推理规则的建立过程中还需要考虑规则的模糊真值 ξ 的设置问题。由于 REMARQUE 原型系统根据程序行为出现的概率值建立规则，而概率值反映的是客观事实，不具有主观性，所以 REMARQUE 原型系统将推理规则库中不同规则的模糊真值都设为相等的值。目前，该值在 REMARQUE 原型系统中被设为 0.5。

3. 推理规则优化

优化推理规则的目的是保证规则库中原始推理规则组的相容性。

一般来说，对模糊推理规则的优化主要有两个目标：一是消除推理规则组中不一致的模糊推理规则；二是消除推理规则组中冗余的模糊推理规则。

首先讨论对冗余规则的消除。冗余的模糊推理规则的定义如下：

定义 15.4（冗余的模糊推理规则） 设模糊推理规则库中任意两个形如式 (15.7) 的规则为 R_i 和 R_j，若 R_i 和 R_j 的前件相同后件也相同，则称规则 R_i 和 R_j 是冗余的。

由于在基于推理的程序恶意性分析系统架构模型设计过程中并不考虑不同规则的真度的不同，而认为规则库中所有规则的真度相等，所以当规则库中出现冗余的推理规则时，保留其中的一条而将其余的模糊推理规则从推理规则库中剔除即可。

接下来讨论不一致的模糊推理规则的消除方法。不一致的模糊推理规则的定义如下。

定义 15.5（不一致的模糊推理规则） 设模糊推理规则库中任意两个形如式 (15.7) 的规则为 R_i 和 R_j，若 R_i 和 R_j 的前件相同而后件不同，则称规则 R_i 和 R_j 是不一致的。

针对模糊推理规则的不一致问题，有以下定理成立：

定理 15.1 REMARQUE 的推理规则库中，不存在不一致的模糊推理规则。

证明：不妨采用反证法，假设存在不一致的模糊推理规则。若设不一致的模糊推理规则有 m 条，分别为 R_1、R_2、$\cdots$、R_m，则由式 (15.7) 和定义 15.5 可知以下结论成立：

结论 1：$A_1 = A_2 = \cdots = A_m$

结论 2：$(P(C/A_i), P(\tilde{C}/A_i), P(\overline{C}/A_i)) \neq (P(C/A_j), P(\tilde{C}/A_j), P(\overline{C}/A_j))$，且 $1 \leqslant i, J \leqslant m$，$i \neq j$。

在已知的训练集中 $S_{training}$，正常程序和恶意程序在整个训练集中所占的比例是不变的，因此其在 $S_{training}$ 中出现的概率值，即式 (15.2) 中的先验概率 $P(C)$ 和 $P(\overline{C})$ 的值都可看作常量。若设 a、b 为实数，且有 $a = P(C)$ 和 $b = P(\overline{C})$，则由式 (15.3) 可得：

$$P(\overline{C}/A_i) = \frac{b \cdot P(A_i/\overline{C})}{a \cdot P(A_i/C) + b \cdot P(A_i/\overline{C})} \tag{15.8}$$

又由于同一个恶意特征模糊集 A_i 在已知训练集 $S_{training}$ 中出现的次数是仍然为一固定值，因此 A_i 在病毒程序集 S_{virus} 和正常程序集 S_{benign} 中出现的概率值也为一常量。若设 c、d 为实数，且有 $c = P(A_i/C)$ 和 $d = P(A_i/\overline{C})$，则由式 (15.8) 可得：

$$P(\overline{C}/A_i) = \frac{b \cdot d}{a \cdot c + b \cdot d} \tag{15.9}$$

由式 (15.9) 可知，在一个已知训练集 $S_{training}$ 中，$P(\overline{C}/A_i)$ 的值只与 A_i 有关。进一步由式 (15.4) 和式 (15.6) 可知，$P(C/A_i)$ 和 $P(\tilde{C}/A_i)$ 的值同样只与 A_i 有关。因此，由结论 1 可得，

$$(P(C/A_i), P(\tilde{C}/A_i), P(\overline{C}/A_i)) = (P(C/A_j), P(\tilde{C}/A_j), P(\overline{C}/A_j))$$

其中 $1 \leqslant i, j \leqslant m$，$i \neq j$。

以上结论显然与结论 2 相矛盾，由此可知，原假设不成立。即证定理 15.1 成立。　　□

由于 REMARQUE 的推理规则库中不存在不一致的模糊推理规则，所以只需对冗余的规则进行消除，即完成对推理规则的优化工作。

除此以外，由定理 15.1 的证明过程易知 REMARQUE 的推理规则库有以下推论成立：

推论 15.1　在 REMARQUE 的推理规则库中，所有推理规则的规则前件不相等。

证明：假设存在规则前件相等的推理规则。由定理 15.1 可知，这些推理规则的规则后件必相等。又由定义 15.4 可知，规则前件和规则后件都相等的推理规则为冗余的模糊推理规则，而冗余的推理规则在 REMARQUE 系统的推理规则优化过程中已经被消除，由此可知，在 REMARQUE 的推理规则库中不存在规则前件相等的推理规则。推论 15.1 得证。　　□

推论 15.2　REMARQUE 的推理规则组具有相容性。

证明：当推理规则组中不存在前件相等而后件不相等的规则时，该规则组是相容的或是无矛盾的。定理 15.1 证明了 REMARQUE 的推理规则库中不存在规则前件相等而规则后件不相等的推理规则，因此可知 REMARQUE 的推理规则组具有相容性。推论 15.2 得证。　　□

15.2.5　多重多维模糊推理算法的研究与实现

基于推理的程序恶意性分析系统架构模型的推理算法由四步完成，分别是规则约简、前提约简、单重单维模糊推理以及结论约简。由于基于推理的程序恶意性分析系统架构模型中求解单重单维模糊推理时采用的是相似度推理法，其中对相似度的计算实际上隐含完成了前提约简的功能，所以本节主要对约简算法以及单重单维模糊推理算法进行研究，并简要给出结论约简的相关策略。

1. 规则约简算法

在基于推理的程序恶意性分析系统架构的规则约简方法设计中虽然将相似系数的概念等同于贴近度的概念，但是为了与模糊推理算法中的贴近度算法相区别，因此本节中将实现规则约简的算法称为规则约简算法，并将其命名为规则约简算法 φ'。

规则约简算法的第一步是以分析得到的程序的恶意特征模糊集合 A^* 作为给定的事实，计算恶意特征 A^* 与规则库中规则的前提条件 A 之间的相似度。衡量相同论域上两个模糊集之间的相似性有两类度量方法，一种是距离度量法，另一种是贴近度度量法。这两类度量方法各自又有多种不同的成熟算法以供选择。在经过对多种算法的实验与比较后，本章选用贴近度度量方法中的最大最小法以实现 A^* 和 A 之间相似度的计算。

定义 15.6（最大最小贴近度）　设 U 为有限域，$A, B \in F(U)$，称

$$\text{near}(A, B) = \frac{\sum_{i=1}^{n} [\mu_A(u_i) \wedge \mu_B(u_i)]}{\sum_{i=1}^{n} [\mu_A(u_i) \vee \mu_B(u_i)]} \tag{15.10}$$

为 A、B 之间的（最大最小）贴近度（$\wedge$ 和 $\vee$ 分别表示求最小值和最大值）。

设最大最小贴近度算法为 φ。由分析得到的未知程序的恶意特征模糊集 $A^* = (A_1^*, A_2^*, \cdots, A_7^*)$，规则库中的某条规则为 $R_k : A_{ki} \to B_{kj}$，其中 k 是区间 $[1, n]$ 上的一个常数，且有 $1 \leq i \leq 7, 1 \leq j \leq 3$，则由式 (15.10) 可得最大最小贴近度算法 φ 的计算公式如下：

$$\varphi(A^*, A_k) = \frac{\sum_{i=1}^{7} (A_i^* \wedge A_{ki})}{\sum_{i=1}^{7} (A_i^* \vee A_{ki})} = \frac{\min\{A_1^*, A_{k1}\} + \min\{A_2^*, A_{k2}\} + \cdots + \min\{A_7^*, A_{k7}\}}{\max\{A_1^*, A_{k1}\} + \max\{A_2^*, A_{k2}\} + \cdots + \max\{A_7^*, A_{k7}\}}$$

$$= \frac{\min\{A_1^*(u_1), A_{k1}(u_1)\} + \min\{A_2^*(u_2), A_{k2}(u_2)\} + \cdots + \min\{A_7^*(u_7), A_{k7}(u_7)\}}{\max\{A_1^*(u_1), A_{k1}(u_1)\} + \max\{A_2^*(u_2), A_{k2}(u_2)\} + \cdots + \max\{A_7^*(u_7), A_{k7}(u_7)\}} \tag{15.11}$$

考虑到不同恶意特征对于程序恶意性的最终分析结果的影响力应该有所不同，因此在计

算相似度时，应该对不同的恶意特征根据其对程序恶意性影响力的不同设置相应的权值。

设论域 U 中各个元素 u_i 对程序恶意性影响力的权值因子为 ω_i，其中 $\omega_i \in [0,1], 1 \leqslant i \leqslant 7$。因此，式 (15.11) 中最大最小贴近度的加权算法 $\varphi_\omega(A^*, A_k)$ 的计算公式如下：

$$\varphi_\omega(A^*, A_k)$$

$$= \frac{\sum\limits_{i=1}^{7} \omega_i(A_i^* \wedge A_{ki})}{\sum\limits_{i=1}^{7} \omega_i(A_i^* \vee A_{ki})} = \frac{\omega_1 \min\{A_1^*, A_{k1}\} + \omega_2 \min\{A_2^*, A_{k2}\} + \cdots + \omega_m \min\{A_7^*, A_{k7}\}}{\omega_1 \max\{A_1^*, A_{k1}\} + \omega_2 \max\{A_2^*, A_{k2}\} + \cdots + \omega_m \max\{A_7^*, A_{k7}\}}$$

$$= \frac{\min\{\omega_1 A_1^*(u_1), \omega_1 A_{k1}(u_1)\} + \min\{\omega_2 A_2^*(u_2), \omega_2 A_{k2}(u_2)\} + \cdots + \min\{\omega_7 A_7^*(u_m), \omega_7 A_{k7}(u_7)\}}{\max\{\omega_1 A_1^*(u_1), \omega_1 A_{k1}(u_1)\} + \max\{\omega_2 A_2^*(u_2), \omega_2 A_{k2}(u_2)\} + \cdots + \max\{\omega_7 A_7^*(u_m), \omega_7 A_{k7}(u_7)\}}$$

$$(15.12)$$

由式 (15.11) 和式 (15.12) 可知，当 $\omega_1 = \omega_2 = \cdots = \omega_7$ 时，$\varphi(A^*, A_k) = \varphi_\omega(A^*, A_k)$。

规则约简算法的第二步是由择近原则得出模糊推理所需的推理规则。由择近原则的定义，可得规则约简算法 φ' 的计算公式如下：

$$\varphi'(A^*, A) = \max\{\varphi_\omega(A^*, A_1), \varphi_\omega(A^*, A_2), \cdots, \varphi_\omega(A^*, A_n)\} \qquad (15.13)$$

若令

$$\varphi'(A^*, A) = \varphi_\omega(A^*, A_k) \qquad (15.14)$$

其中 $1 \leqslant k \leqslant n$，则说明第 k 条规则的规则前件与 A^* 最为贴近，规则 R_k 即为规则约简算法 φ' 所求的结果。

在 REMARQUE 原型系统中，以上过程通过两个算法来实现：算法 15.2 和算法 15.3。算法 15.2 用于求解 A^* 与单一规则前件 A 之间的加权最大最小贴近度。该算法中 A^* 和 A 都是 7 维向量，因此采用数组的形式存储向量中各个元素的值。

算法 15.2   求解恶意特征模糊集 A^* 与 A_i 之间的加权贴近度

输入： 以数组形式输入的：① 程序 x 的恶意特征模糊集 A^*；② 某一规则 R 的规则前件 A；③ 恶意特征类影响因子 ω

输出： A^* 与 A 之间的加权贴近度 $\varphi_\omega(A^*, A)$

步骤：

1. 初始化浮点变量 $\varphi_\omega = 0$，$i = 1$，dividend=0，divisor=0。

2. 若 $i < 7$，转步骤 3；否则，转步骤 6。

3. 比较 $A^*[i]$ 与 $A[i]$ 之间的大小关系，若 $A^*[i] \geqslant A[i]$，则令 dividend = dividend + $\omega[i] \times A[i]$，divisor = divisor + $\omega[i] \times A^*[i]$，转步骤 5；否则，转步骤 4。

4. 若 $A^*[i] < A[i]$，则令 divisor = divisor + $\omega[i] \times A^*[i]$，divisor = divisor + $\omega[i] \times A[i]$。

5. i++，转步骤 2。

6. 计算加权贴近度 $\varphi_\omega = \varphi_\omega(A^*, A_i) = \dfrac{\text{dividend}}{\text{divisor}}$。

7. 算法结束，输出 φ_ω 的值。

算法 15.3   根据程序 x 的恶意特征模糊集 A^* 从规则库中求解出最适于推理的规则

输入： 以数组形式输入的：① 程序 x 的恶意特征模糊集 A^*；② 推理规则库中的所有规则 R_i（$1 \leqslant i \leqslant n$）的规则前件 A_i 和规则后件 B_i；③ 贴近度阈值 ξ

输出： 贴近度最大值 $\varphi_{\max}$，及所求规则在规则库中的序号 k（$1 \leqslant k \leqslant n$）

步骤：

1. 令初始化整型数组 S[n] 为 0；初始化整型变量 $i=1$，$j=0$，$k=0$；初始化浮点变量

$\varphi_{\max}=0$，temp=0。

2. 若 $i \leqslant n$，则从规则库中读取序号为 i 的规则 R_i 的规则前件 A_i；否则转步骤 8。

3. 若 $A^*=A_i$，则 $\varphi_{\max}=1$，$k=i$，转步骤 11；否则，计算 A^* 与 A_i 之间的加权贴近度 $\varphi_\omega(A^*,A_i)$。

4. 若 $\varphi_\omega(A^*,A_i) > \varphi_{\max}$，则令 $\varphi_{\max}=\varphi_\omega(A^*,A_i)$，$S[j]=i$，$j++$，转步骤 6。

5. 若 $\varphi_\omega(A^*,A_i)=\varphi_{\max}$，且 $\varphi_{\max} \neq 0$，则令 $S[j]=i$，$j++$。

6. $i++$，转步骤 2。

7. 若 $\varphi_{\max} \leqslant \xi$，令 $\varphi_{\max}=0$，$k=0$，转步骤 12。

8. 若 $j > 1$，则令 $i=j-1$；否则，令 $k=S[0]$，转步骤 12。

9. 若 $i \geqslant 0$，则读取规则 $R_{S[i]}$ 的规则后件 $B_{S[i]}$ 中第二个元素 $B_{S[i]}[1]$ 的值；否则，转步骤 12。

10. 若 $B_{S[i]}[1] \geqslant temp$，则令 $temp=B_{S[i]}[1]$，$k=S[i]$；否则转步骤 11。

11. $i--$，转步骤 9。

12. 算法结束，输出 $\varphi_{\max}$ 和 k 的值。

算法 15.3 用于比较各个贴近度的大小关系，并从中选出最大者。在设计算法 15.3 时，需要对规则约简过程中出现的式 (15.14) 中 k 不唯一的情况进行专门处理。常见的处理方法主要有两种：① 取所有具有相同贴近度的推理规则的规则后件的正常度、可疑度和恶意度的平均值；② 取所有具有相同贴近度的推理规则的规则后件中正常度、可疑度和恶意度中的最大者。方法 1 虽然考虑到了所有可能的情况，但是取平均值的方法却缺少依据。在方法 2 中，若取正常度最大者，则存在增加漏报率的可能；若取恶意度最大者，又存在增加误报率的可能。因此，为了更好地平衡误报率和漏报率，REMARQUE 原型系统中选用可疑度最大者所在规则，作为规则约简算法 φ' 的最终结果。

除此以外，实现规则约简还需要考虑推理规则的模糊真值 ξ，只有当贴近度大于 ξ 时，才能激活相应的规则；否则，认为规则库中不存在与 A^* 相似的规则。

2. 单重单维模糊推理算法

（1）模糊推理算法设计

基于相似度推理法的单重单维模糊推理算法主要由贴近度算法及调整算法组成。其中，贴近度算法主要用于计算模糊集合 A^* 和 A 的相似度；调整算法主要用于根据贴近度算法的计算结果对规则后件 B 进行调整，以求解 B^* 的值。

为了简化问题求解过程，模糊推理算法中的贴近度计算仍然采用算法 15.2 给出的最大最小加权贴近度算法 φ_ω。因此，本节中主要研究调整算法的设计与实现。

设调整算法为 λ。调整算法的主要功能是根据函数 $\varphi_\omega(A^*,A_k)$ 的计算结果，对规则后件 B_k 进行调整，以求解 B^* 的值。在已有的基于相似度推理的模糊推理算法中，AARS 方法是一类具有代表性的算法。因此，采用该算法可得如下调整算法：

$$\lambda : B^* = B_k \bullet \varphi_\omega(A^*,A_k)$$

该调整算法的主要思路是将相似度 $\varphi_\omega(A^*,A_k)$ 理解为对规则后件的影响因子，然后采用点乘法计算 B^* 的值，因此有：

$$B^*(v_j) = B_k(v_j) \bullet \varphi_\omega(A^*,A_k) \tag{15.15}$$

但是，在基于推理的程序恶意性分析系统架构模型中，采用式 (15.15) 计算出的 B^* 的值却会造成与经验不符的情况。下面以一个例子对该问题进行说明。

例 15.1　设降重后得到的规则为 $R : A \rightarrow B$，且有

$$R:(1,0.675,1,0.225,1) \rightarrow (0.16,0.32,0.84)$$

暂不考虑论域 U 中各个元素 u_i 对程序恶意性影响力不同。若已知 $A_1=(1,0.6,1,0.225,1)$，$A_2=(1,0.751,1,0.225,1)$，求 B_1 和 B_2。

解：1）首先，由于不考虑论域 U 中各个元素 u_i 对程序恶意性影响力不同，因此有 $\omega_1=\omega_2=\cdots=\omega_m$。接下来，根据式 (15.12) 计算 $\varphi_\omega(A^*,A_1)$ 和 $\varphi_\omega(A^*,A_2)$ 的值，则有

$$\varphi_\omega(A^*,A_1) = \frac{1+0.6+1+0.225+1}{1+0.675+1+0.225+1} = 0.981$$

$$\varphi_\omega(A^*,A_2) = \frac{1+0.675+1+0.225+1}{1+0.751+1+0.225+1} = 0.981$$

2）采用式 (15.15) 对 B 进行调整，以求解 B_1 和 B_2 的值，则有

$$B_1 = B \cdot \varphi_\omega(A^*,A_1) = 0.981 \cdot (0.16,0.32,0.84) = (0.157,0.314,0.824)$$
$$B_2 = B \cdot \varphi_\omega(A^*,A_2) = 0.981 \cdot (0.16,0.32,0.84) = (0.157,0.314,0.824)$$

从例 15.1 的求解过程可以看出，虽然 $A_1 \neq A_2$，但是由于 $\varphi_\omega(A^*,A_1)=\varphi_\omega(A^*,A_2)$，因此有 $B_1=B_2$。

然而，对模糊集 A_1 和 A_2 的分析可以发现，因为 $A_1(u_2)<A_2(u_2)$，且有 $A_1(u_1)=A_2(u_1)$，其中 $1 \leqslant i \leqslant 5$ 且 $i \neq 2$ 成立，因而由模糊集合运算定义可知，有 $A_1 \subset A_2$ 成立。而 $A_1 \subset A_2$ 用语言值可以表述为：模糊集 A_1 具备恶意特征的程度要低于模糊集 A_2。如果按照分析经验判断，模糊集 A_2 的恶意性模糊分类结果中各个分量的值应该高于模糊集 A_1 的恶意性分类结果中各个分量的值，即 $B_1 \subset B_2$。显然，这一结论与例 15.1 中求解出的 $B_1=B_2$ 的结果并不相符。

因此，AARS 方法并不能完全适应程序恶意性分析的需求，需要对其算法进行改进。

（2）贴近方向的提出

从例 15.1 的分析可知，上文中提出的调整算法会造成算法结果与经验不符情况的出现。

实际上，在基于推理的程序恶意性分析系统架构模型中，对模糊推理算法的设计隐含有以下的要求：设两个未知程序的恶意特征模糊集分别为 A_1 和 A_2，若有 $A_1 \subset A_2$，且由规则约简得出的规则为同一条，则由调整算法所得结果 B_1 和 B_2 应该满足 $B_1 \subset B_2$ 的关系。

因此，为了使得所设计的调整算法满足以上设计要求，本节提出了贴近方向的概念。贴近方向的提出在原有贴近度概念的基础上，区分了"贴近"与"被贴近"之间的区别，通过区分不同的贴近方向，达到区分拥有不同恶意特征但却具有相同贴近度值的不同程序间恶意性的不同。贴近方向的定义如下：

定义 15.7（贴近方向） 设论域 $X=\{x_1,x_2,\cdots,x_n\}$，模糊集 A、$B \in F(X)$。S 是 $F(X)$ 中的贴近度。若有 $\left[\sum_{i=1}^{n}(B(x_i)-A(x_i))\right]>0$，则称模糊集 A 正向贴近 B，记为 $\vec{S}(A,B)$；若有 $\left[\sum_{i=1}^{m}(B(x_i)-A(x_i))\right]<0$，则称模糊集 A 负向贴近 B，记为 $\overleftarrow{S}(A,B)$；若有 $\left[\sum_{i=1}^{m}(B(x_i)-A(x_i))\right]=0$，则称模糊集 A 零贴近 B，记为 $S^0(A,B)$。

若给论域中各个元素设定相关权值，则加权贴近方向定义如下。

定义 15.8（加权贴近方向） 设论域 $X=\{x_1,x_2,\cdots,x_n\}$，各个元素的权值分别为 ω_1，ω_2，$\cdots$，ω_n。模糊集 A、$B \in F(X)$，S 是 $F(X)$ 中的贴近度。若有 $\left[\sum_{i=1}^{n}\omega_i(B(u_i)-A(u_i))\right]>0$，则称模糊

集 A 加权正向贴近 B，记为 $\vec{S}_{\omega}(A,B)$；若有 $\left[\sum\limits_{i=1}^{n}\omega_i(B(u_i)-A(u_i))\right]<0$，则称模糊集 A 加权负

向贴近 B，记为 $\bar{S}_{\omega}(A,B)$；若有 $\left[\sum\limits_{i=1}^{n}\omega_i(B(u_i)-A(u_i))\right]=0$，则称模糊集 A 加权零贴近 B，记

为 $S_{\omega}^0(A,B)$。

由定义 15.8 可得计算 A^* 和 A_k 之间的加权贴近方向的公式如下所示：

$$\sum_{i=1}^{m}\omega_i(A_{ki}(u_i)-A^*(u_i)) \tag{15.16}$$

根据式 (15.16) 的计算结果即可得出 A^* 和 A_k 之间的加权贴近方向。

贴近方向的提出使得"贴近"的概念具有了方向的性质，因而丰富了"贴近度"概念的内涵。

（3）基于贴近方向的模糊推理算法实现

采用相似度推理法的单重单维模糊推理算法主要由贴近度算法和调整算法两部分组成。

按照前面对加权贴近方向的定义，需要根据加权贴近方向的不同对规则后件 B_k 进行调整。对式 (15.15) 进行调整后可得考虑加权贴近方向的调整算法 λ 如下：

$$\lambda: B^*(v_j)=\begin{cases} B_k(v_j)\cdot\varphi_{\omega}(A^*,A_k) & \vec{\varphi}_{\omega}(A^*,A_k) \\ 1\wedge\dfrac{B_k(v_j)}{\varphi_{\omega}(A^*,A_k)} & \bar{\varphi}_{\omega}(A^*,A_k) \\ B_k(v_j) & \varphi_{\omega}^0(A^*,A_k) \end{cases} \tag{15.17}$$

按照算法 λ 的计算式 (15.17)，实现算法 λ 的调整功能还需要完成对加权贴近方向的计算。算法 15.4 实现了加权贴近方向计算，算法 15.5 则完成了调整算法的功能。

算法 15.4　求解恶意特征模糊集 A^* 与 A_i 之间的加权贴近方向

输入： 1. 以数组形式输入的程序 x 的恶意特征模糊集 A^*

　　　　2. 以数组形式输入的某一规则 R 的规则前件 A

　　　　3. 以数组形式输入的恶意特征类影响因子 ω

　　　　4. 规则约简算法得到的贴近度最大值 φ_{max}

输出： A^* 与 A 之间的加权贴近方向 S_{ω}

步骤：

　　1. 若 $\varphi_{max}=1$，则令 $S_{\omega}=0$，转步骤 7。

　　2. 初始化整型变量 $S_{\omega}=0$，$i=0$；初始化浮点变量 $sum=0$。

　　3. 若 $i>6$，转步骤 6。

　　4. 计算 sum 的值，且 $sum=sum+\omega[i]\times(A[i]-A^*[i])$。

　　5. $i++$，转步骤 3。

　　6. 若 $sum=0$，则令 $S_{\omega}=0$；

　　　　若 $sum>0$，则令 $S_{\omega}=1$；

　　　　若 $sum<0$，则令 $S_{\omega}=2$。

　　7. 算法结束，输出 S_{ω} 的值。

仍然以例 15.1 为例说明以上调整算法与未考虑贴近方向的调整算法的不同。根据式 (15.16) 计算 A 与 A_1、A_2 之间的加权贴近度方向可知，有 $\vec{\varphi}_{\omega}(A_1,A)$ 和 $\bar{\varphi}_{\omega}(A_2,A)$ 成立。因此，

由式 (15.17) 给出的调整算法可得：

$$B_1 = B \cdot \vec{\varphi}_\omega(A_1, A) = 0.981 \cdot (0.16, 0.32, 0.84) = (0.157, 0.314, 0.824)$$

$$B_2 = 1 \wedge \frac{B}{\vec{\varphi}_\omega(A_2, A)} = (1 \wedge \frac{0.16}{0.981}, 1 \wedge \frac{0.32}{0.981}, 1 \wedge \frac{0.84}{0.981}) = (0.163, 0.326, 0.856)$$

并且，显然有 $B_1 \subset B_2$ 成立。

算法 15.5   求解程序 x 的恶意性模糊分类结果

输入： 1）以数组形式输入的程序 x 的恶意特征模糊集 A^*

2）规则约简算法得到的贴近度最大值 φ_{max}，以及最贴近规则在规则库中的序号 k

输出： 以数组形式输出的程序 x 的恶意性模糊分类结果 B^*

步骤：

1. 若 $k=0$，则令 $B^*[0]=0.5$，$B^*[1]=1$，$B^*[2]=0.5$，转步骤 9。

2. 从推理规则库中取出第 k 条规则，并将其规则前件和规则后件分别存入临时数组 A 和 B 中。

3. 若 $\varphi_{max} = 1$，则令 $B^*=B$，转步骤 9。

4. 计算 A^* 与 A 之间的加权贴近方向 S_ω。

5. 若 $S_\omega=1$，说明 $\vec{\varphi}_\omega(A^*, A)$，则令 $B^*[0]=B[0] \times \varphi_{max}$，$B^*[1]=B[1] \times \varphi_{max}$，$B^*[2]=B[2] \times \varphi_{max}$，转步骤 9。

6. 若 $S_\omega = 0$，说明 $\varphi_\omega^0(A^*, A)$，则令 $B^*=B$，转步骤 9。

7. 若 $S_\omega = 2$，说明 $\vec{\varphi}_\omega(A^*, A)$，则令 $B^*[0] = \frac{B[0]}{\varphi_{\ddot{u}}}$，$B^*[1] = \frac{B[1]}{\varphi_{max}}$，$B^*[2] = \frac{B[2]}{\varphi_{max}}$。

8. 若 $B^*[0]>1$，则令 $B^*[0]=1$；

   若 $B^*[1]>1$，则令 $B^*[1]=1$；

   若 $B^*[2]>1$，则令 $B^*[2]=1$。

9. 算法结束，返回数组 B^*。

按照前文中的分析，此结果符合根据经验分析得出的结果，因而该算法的效果优于式 (15.15) 的计算效果。由此可见，考虑贴近方向的调整算法与未考虑贴近方向的调整算法相比，得出的推理结果更加贴近于分析人员依据经验分析的结果，这也是本章中所提出的贴近方向概念的主要意义所在。

3. 结论约简

参照基于推理的程序恶意性分析系统架构模型中设计的结论约简方法，按照最大隶属原则，对由算法 15.5 得到的结果 $B=\{B_1^*, B_2^*, B_3^*\}$ 进行约简。

若设 $B_{Final}=\max\{B_1^*, B_2^*, B_3^*\}$，则有：

1）若 $B_{Final}=B_3^*$，说明待分析程序 x 相对隶属于恶意程序集合，判定该程序具有明显的恶意性，建议程序分析人员或用户清除该程序。

2）若 $B_{Final}=B_1^*$，说明待分析程序 x 相对隶属于正常程序集合，判定该程序为正常程序，认为其不具有恶意性。

3）若 $B_{Final}=B_2^*$，说明待分析程序 x 相对隶属于可疑程序集合，则判定程序具有一定的恶意性，可建议程序分析人员或用户消除该程序中的恶意功能，或者将该程序隔离。

若在判定过程中，出现 B_{Final} 不唯一，即 B_1^*、B_2^*、B_3^* 中有两者相等或是 $B_1^*=B_2^*=B_3^*$ 的

情况时，则考虑将程序 *x* 划入可疑程序集合。按照处理可疑程序的方法将该程序提交程序分析人员做进一步的分析。

以上过程在实现对程序恶意性的近似判定的同时，也根据恶意性的强弱对未知程序分别进行了初期的处理。如何清除程序的恶意性不是本书讨论的重点，因此本章中不做赘述。

15.3　本章小结

反编译技术在信息安全领域特别是恶意代码检测方面发挥着重要作用。本章着重介绍了反编译过程中可以获取到文件格式、指令序列、函数调用等层次包含的行为信息，这些信息可以用来进行程序恶意性的判定。然后介绍基于推理的程序恶意性分析系统架构，该架构包含六个模块：文件结构分析模块、反汇编模块、数据流与控制流分析模块、代码生成模块、程序恶意性推理机以及一个用于存放知识的数据库。该架构在输出反编译得到的 C 程序的同时，也给出对程序的恶意性判定结果。

习题

1. 使用不同编译器编译出可执行文件，分析 PE 及 ELF 格式文件的特点。
2. 使用反汇编器分析执行的函数调用行为。
3. 分析商用的恶意代码检测软件采用的技术及与基于反编译的方法的区别。

参 考 文 献

[1] Sushil Jajodia，等．Moving Target Defense:Creating Asymmetric Uncertainty for Cyber Threats [M]. Springer，2011.

[2] 陈火旺，刘春林，谭庆平，等．程序设计语言编译原理 [M]. 3 版．北京：国防工业出版社，2013.

[3] 陈火旺，钱家骅，孙永强．编译原理 [M]．北京：国防工业出版社，1980.

[4] 陈意云．编译原理和技术 [M]. 2 版．合肥：中国科学技术大学出版社，1997.

[5] 陈意云，张昱．编译原理 [M]. 3 版．北京：高等教育出版社，2014.

[6] 陈意云，张昱．编译原理习题精选与解析 [M]. 3 版．北京：高等教育出版社，2014.

[7] 张幸儿．计算机编译原理 [M]. 3 版．北京：科学出版社，2008.

[8] 赵雅芳，白克明，易兴忠，等．编译原理例解析疑 [M]．长沙：湖南科学技术出版社，1986.

[9] Kenneth C Louden. 编译原理及实践 [M]．冯博琴，冯岚，等译．北京：机械工业出版社，2000.

[10] Dick Grune, Henri E Bal, Ceriel J H Jacobs，等．现代编译程序设计 [M]．冯博琴，傅向华，等译．北京：人民邮电出版社，2003.

[11] Andrew W Appel. 现代编译原理 C 语言描述 [M]．赵克佳，黄春，沈志宇，译．北京：人民邮电出版社，2006.

[12] Charles N Fischer, Richard J LeBlanc. 编译器构造 C 语言描述 [M]．郑启龙，姚震，译．北京：机械工业出版社，2005.

[13] Alfred V Aho, Monica S Lam. 编译原理（原书第 2 版）[M]．赵建华，等译．北京：机械工业出版社，2009.

[14] 高仲仪，金茂忠．编译原理及编译程序构造 [M]．北京：北京航空航天大学出版社，1998.

[15] 张莉，杨海燕，史晓华，等．编译原理及编译程序构造 [M]．北京：清华大学出版社，2011.

[16] 刘坚．编译原理基础 [M]．西安：西安电子科技大学出版社，2002.

[17] 蒋立源，康慕宁，等．编译原理 [M]. 3 版．西安：西北工业大学出版社，2005.

[18] 张素琴，吕映芝，等．编译原理 [M]. 2 版．北京：清华大学出版社，2013.

[19] 肖军模．程序设计语言编译方法 [M]．大连：大连理工大学出版社，2003.

[20] 王磊，胡元义，等．编译原理 [M]. 3 版．北京：科学出版社，2009.

[21] 李文生．编译原理与技术 [M]．北京：清华大学出版社，2009.

[22] 蒋宗礼，姜守旭．编译原理 [M]．北京：高等教育出版社，2013.

[23] 何炎祥．编译原理 [M]. 3 版．武汉：华中科技大学出版社，2010.

[24] 李劲华，丁洁玉．编译原理与技术 [M]．北京：北京邮电大学出版社，2005.

[25] 陈凯明，刘宗田．反编译研究现状及其进展 [J]．计算机科学，2001，28(5): 113-115.

[26] 欧阳清华，赵其峰，唐正力，等．反编译到 VAXC 的设计与实现技术——兼论反编译面临的难点 [J]．武汉大学学报（自然科学版），1991.

[27] 李军，张翰英．C 语言反编译系统的研究与实现 [J]．计算机工程与设计，1991.

[28] 候文永，陆纪权，史树民，等．软件移植和理解工具——VAX-C 反编译系统的研究和实现 [J]．计算机工程，1992.

[29] 周明德，王开铸.Tubro C 反编译中主要目标的实现技术 [J]．哈尔滨工业大学学报，1994.

[30] 齐宁．静态二进制翻译中基于软件规范的函数识别及恢复技术研究 [D]．郑州：解放军信息工程大学，2006.

[31] 王伟，韦韬，罗海宁．基于流分析的可执行程序结构化表示工具 [J]．计算机工程与应用，43(16):

95-98，2007.

[32]　李永伟.基于 Hex-Rays 的缓冲区溢出漏洞挖掘 [D].郑州：解放军信息工程大学，2013.

[33]　张一弛.基于反编译的恶意代码检测关键技术研究与实现 [D].郑州：解放军信息工程大学，2009.

[34]　周侃.基于数据流跟踪和库函数识别检测溢出攻击 [D].上海：上海交通大学，2011.

[35]　杨天放，李舟军.基于 TEMU 动态二进制分析平台的程序控制流转移指令追踪 [J].信息安全与技术，12: 8-14，2012.

[36]　Bungale P P，Luk C K. PinOS: A Programmable Framework for Whole-system Dynamic Instrumentation [C]. Proceedings of the 3rd international conference on Virtual execution environments，2007.

[37]　D Ung, C Cifuentes. SRL – A simple Retargetable Loader[C]. Proceedings of the Australian Software Engineering Confernce，1997.

[38]　N Ramsey，M Fernandez. Specifying Representations of Machine Instructions[C]. ACM Press，1997.

[39]　付文，赵荣彩，苏铭，等.IA-64 二进制翻译中的过程抽象技术及其实现 [J].微计算机信息，2005.

[40]　Stitt G, Vahid F. Binary Synthesis[C]. ACM Transactions on Design Automation of Electronic Systems，2007.

[41]　N Ramsey，M Fernandez. The New Jersey Machine-code Toolkit[C]. Proceedings of the 1995 USENIX Technical Conference，1995.

[42]　Rajeev Krishna，Todd Austin. Efficient Software Decoder Design[R]. IEEE Computer Society Technical Committee on Computer Architecture (TCCA)，2001.

[43]　S Onder，R Gupta. Automatic Generation of Microarchitecture Simulators[C]. Proceedings of International Conference on Computer Languages，1998.

[44]　T Ball，J Larus. Efficient Path Profiling[C]. Proceedings of Micro-29，1996.

[45]　M Freericks. The nML Machine Description Formalism[R]. TU Berlin Computer Science Technical Report，1993.

[46]　Cristina Cifuentes，Shane Sendall. Specifying the Semantics of Machine Instructions[C]. Proceedings of the 6th International Workshop on Program Comprehension，1998.

[47]　Norman Ramsey，Mary F Fernandez. Specifying Representations of Machine Instructions[J].ACM Transactions on Programming Languages and Systems，19(3): 492–524，1997.

[48]　Cristina Cifuentes，Mike van Emmerik, et al. Preliminary Experiences with the Use of the UQBT Binary Translation Framework[C]. Proceedings of the 6th Workshop on Binary Translation，1999.

[49]　Cristina Cifuentes，B Lewis, D Ung. Walkabout：A Retargetable Dynamic Binary Translation Framework[C]. Proceedings of the Fourth Workshop on Binary Translation，2002.

[50]　Cristina Cifuentes，Mike van Emmerik. UQBT：Adaptable Binary Translation at Low Cost[J]. Computer，33(3): 60-66，2000.

[51]　D Ung，Cristina Cifuentes. Machine-Adaptable Dynamic Binary Translation[C]. Proceedings of the ACM SIGPLAN Workshop on Dynamic and Adaptive Compilation and Optimization，2000.

[52]　Poletto Massimiliano. Linear Scan Register Allocation[J]. ACM Transactions on Programming Languages and Systems，21(5): 895-913，1999.

[53]　Sagonas Konstantinos，Stenman Erik. Experimental Evaluation and Improvements to Linear Scan Register Allocation[J]. Software，Practice and Experience，33(11):1003–1034，2003.

[54]　赵荣彩，庞建民，张靖博，等.反编译技术与软件逆向分析 [M].北京：国防工业出版社，2009.

[55]　岳峰.基于动态模糊神经网络的程序行为二义性判定关键技术研究 [D].郑州：解放军信息工程大学，2010.

[56]　付文.可执行程序函数调用行为及其恶意性研究 [D].郑州：解放军信息工程大学，2009.

推荐阅读

信息安全导论
作者: 何泾沙 等 ISBN: 978-7-111-36272-2 定价: 33.00元

操作系统安全设计
作者: 沈晴霓 等 ISBN: 978-7-111-43215-9 定价: 59.00元

网络攻防技术
作者: 吴灏 等 ISBN: 978-7-111-27632-6 定价: 29.00元

网络协议分析
作者: 寇晓蕤 等 ISBN: 978-7-111-28262-4 定价: 35.00元

金融信息安全工程
作者: 李改成 ISBN: 978-7-111-28262-4 定价: 35.00元

信息安全攻防实用教程
作者: 马洪连 等 ISBN: 978-7-111-45841-8 定价: 25.00元